# 現代測量學

葉怡成 編著

東華書局

國家圖書館出版品預行編目資料

現代測量學 / 葉怡成編著. -- 1 版. -- 臺北市：臺灣東華，2015.10

520 面 ; 17x23 公分

ISBN 978-957-483-847-9（平裝）

1. 測量學

440.9　　　　　　　　　　　　104021225

# 現代測量學

| 編 著 者 | 葉怡成 |
|---|---|
| 發 行 人 | 蔡彥卿 |
| 出 版 者 | 臺灣東華書局股份有限公司 |
| 地　　址 | 臺北市重慶南路一段一四七號三樓 |
| 電　　話 | (02) 2311-4027 |
| 傳　　真 | (02) 2311-6615 |
| 劃撥帳號 | 00064813 |
| 網　　址 | www.tunghua.com.tw |
| 讀者服務 | service@tunghua.com.tw |

2028 27 26 25 24 JF 10 9 8 7 6 5

ISBN　978-957-483-847-9

版權所有 ‧ 翻印必究

# 作者簡介

**葉 怡 成**　博士
　現職：淡江大學土木工程學系教授
　賜教處：淡江大學土木工程學系工程館 E721
　電話：(02)26215656-3181
　e-mail：140910@mail.tku.edu.tw

## 學經歷

1963　年出生於桃園
1978-1983　台北工專五年制土木工程科畢業
1983　土木工程科公務員高考及格
1983-1985　工兵排長
1985　土木技師及格
1985-1985　公務員 (土木工程)
1986-1986　中華工程工程師
1986-1988　成功大學土木工程研究所碩士班畢業
1987　結構技師及格
1988-1992　成功大學土木工程研究所博士班畢業
1992-1999　中華大學土木工程學系副教授
1999-2005　中華大學土木工程學系教授
2005-2011　中華大學資訊管理學系教授
2011-　淡江大學土木工程學系教授

# 序

　　本書「現代測量學」為作者另一本書「測量學—21 世紀觀點」的姊妹作。為適應測量學的近期進展,「測量學—21 世紀觀點」這本書的第四版進行了大幅修改,並分為兩冊,將較基礎的測量技術集結沿用原書名,而將較先進的測量技術另外集結為本書「現代測量學」。前者可滿足 2~3 學分課程的需求;兩冊合併教學可滿足 4~6 學分課程的需求。

　　「測量學—21 世紀觀點」這本書包含下列測量學的基礎內容:
第 1 章　概論
第 2 章　高程測量
第 3 章　角度測量
第 4 章　距離測量
第 5 章　座標測量(一) 座標幾何
第 6 章　座標測量(二) 全站儀
第 7 章　衛星定位測量概論
第 8 章　測量基準與座標系統
第 9 章　控制測量
第 10 章　細部測量與數值地形測量
第 11 章　施工放樣
第 12 章　面積測量與體積測量
第 13 章　路線測量
第 14 章　誤差理論

　　本書「現代測量學」包含下列較為先進的內容:
第 1 章　座標轉換:詳述四種座標轉換,即
- 空間直角座標與地理 (橢球) 座標之間的轉換
- 平面直角座標與地理 (橢球) 座標之間的轉換
- 平面直角座標之間的轉換
- 空間直角座標之間的轉換

第 2 章　數值地形模型:詳述數值地形模型 (DTM) 的原理與應用。
第 3 章　衛星定位測量方法:詳述 DGPS、RTK、RTN、靜態基線等各種方法。
第 4 章　衛星定位控制測量:詳述 GNSS 網之規劃、外業、內業 (基線解算與檢核、基線向量網形平差、座標轉換)。
第 5 章　光達測量簡介:對這種極富潛力的新方法做了簡要的介紹。

第 6 章　攝影測量簡介：對這種歷史悠久，但在電腦普及後，因新一代的數字攝影測量興起而有所突破的方法做了詳細的介紹。全章內容包括大部分攝影測量的重要幾何公式的推導證明、以及豐富的數值例題。

第 7 章　地籍測量

第 8 章　工程監測

第 9 章　誤差理論：詳述誤差傳播定律的「矩陣法」與「誤差橢圓」。

第 10 章　平差理論：詳述直接平差法、間接平差法、條件平差法的原理與應用。

第 11 章　地理資訊系統 (GIS)

然作者才疏學淺，內容如仍有疏漏誤謬之處，尚祈各界先進不吝賜教。

　　　　　　　　　　葉怡成　　中華民國 104 年 7 月 30 日

# 目錄

## 第 1 章　座標轉換

1-1 本章提示 ........................................................................................... 1-1
1-2 空間直角座標與地理 (橢球) 座標之間的轉換 ................................ 1-3
1-3 平面直角座標與地理 (橢球) 座標之間的轉換 ................................ 1-6
1-4 平面直角座標之間的轉換 .................................................................. 1-12
1-5 空間直角座標之間的轉換 .................................................................. 1-22
1-6 本章摘要 ............................................................................................... 1-29
習題 ............................................................................................................ 1-30

## 第 2 章　數值地形模型

2-1 本章提示 ............................................................................................... 2-1
2-2 數值地形模型的建立與應用 (一)：規則網格 ................................... 2-1
2-3 數值地形模型的建立與應用 (二)：不規則三角網 ........................... 2-9
2-4 數值地形模型資訊的建置 .................................................................. 2-23
2-5 本章摘要 ............................................................................................... 2-25
習題 ............................................................................................................ 2-26

## 第 3 章　衛星定位測量(一) 方法

3-1 本章提示 ............................................................................................... 3-2
3-2 衛星定位測量方法概論 ...................................................................... 3-3
3-3 動態絕對定位：導航單點定位 (SPS 與 PPS) ................................... 3-10
3-4 靜態絕對定位：精密單點定位 (PPP) ............................................... 3-15
3-5 動態相對定位 (1)：電碼即時差分 (DGPS) ..................................... 3-16
3-6 動態相對定位 (2)：相位即時差分 (RTK) ....................................... 3-23
3-7 動態相對定位 (3)：網路即時差分 (RTN) ....................................... 3-32
3-8 靜態相對定位：靜態基線測量 .......................................................... 3-36
3-9 精度稀釋因子 DOP ............................................................................. 3-47
3-10 全球導航衛星系統的應用 ................................................................ 3-63
3-11 全球導航衛星系統的現代化 ............................................................ 3-64
3-12 本章摘要 ............................................................................................. 3-64
習題 ............................................................................................................ 3-65

## 第 4 章　衛星定位測量(二) 控制測量

4-1 本章提示 ............................................................................................... 4-1
4-2 GNSS 網之規劃 ................................................................................... 4-3
4-3 GNSS 網之外業 ................................................................................... 4-18
4-4 GNSS 網之內業：基線向量解算與檢核 .......................................... 4-24
4-5 GNSS 網之內業：基線向量網形平差 .............................................. 4-35
4-6 GNSS 網之內業：座標轉換 .............................................................. 4-41
4-7 本章摘要 ............................................................................................... 4-43
習題 ............................................................................................................ 4-44

# 第 5 章　光達測量簡介

5-1 本章提示 .................................................................. 5-1
5-2 光達測量原理 .......................................................... 5-7
5-3 雲點處理方法 .......................................................... 5-11
5-4 空載光達測量 .......................................................... 5-16
5-5 地面光達測量 .......................................................... 5-19
5-6 本章摘要 .................................................................. 5-22
習題 .................................................................................. 5-23

# 第 6 章　攝影測量簡介

6-1 本章提示 .................................................................. 6-3
6-2 航空攝影測量概論 .................................................. 6-8

### 第一部分：航空攝影測量原理

6-3 航空攝影測量基礎 1：內方位參數與外方位參數 ........ 6-17
6-4 航空攝影測量基礎 2：共線方程式與共面方程式 ........ 6-22
6-5 航空攝影測量基礎 3：後方－前方交會解法 ................ 6-39
6-6 航空攝影測量基礎 4：相對－絕對定位解法 ................ 6-48

### 第二部分：航空攝影測量程序

6-7 航空攝影測量程序概論 .......................................... 6-65
6-8 航空攝影測量程序 1：航空攝影 .......................... 6-68
6-9 航空攝影測量程序 2：控制測量 .......................... 6-78
6-10 航空攝影測量程序 3：影像匹配 .......................... 6-78
6-11 航空攝影測量程序 4：模型解析 .......................... 6-92
6-12 航空攝影測量程序 5：數值高程模型 (DEM) ........ 6-94
6-13 航空攝影測量程序 6：正射影像圖 (DOM) .......... 6-95

### 第三部分：攝影測量進階主題

6-14 航空攝影測量系統 .................................................. 6-98
6-15 無人飛行系統 (UAS) .............................................. 6-100
6-16 近景攝影測量 .......................................................... 6-111
6-17 遙感探測 .................................................................. 6-129
6-18 本章摘要 .................................................................. 6-133
習題 .................................................................................. 6-138

# 第 7 章　地籍測量

7-1 本章提示 .................................................................. 7-1
7-2 戶地測量 .................................................................. 7-2
7-3 地籍調查 .................................................................. 7-4
7-4 地籍圖展繪 .............................................................. 7-6
7-5 土地分割 .................................................................. 7-7
7-6 地界整正 .................................................................. 7-9
7-7 本章摘要 .................................................................. 7-10
習題 .................................................................................. 7-11

## 第 8 章　工程監測

| | |
|---|---|
| 8-1　本章提示 | 8-1 |
| 8-2　工程監測原理 | 8-2 |
| 8-3　工程監測儀器 | 8-4 |
| 8-4　垂直變位監測 | 8-4 |
| 8-5　水平變位監測 | 8-5 |
| 8-6　傾斜變位監測 | 8-5 |
| 8-7　監測數據處理 | 8-7 |
| 8-8　工程監測實例：高樓建築 | 8-10 |
| 8-9　本章摘要 | 8-11 |
| 習題 | 8-12 |

## 第 9 章　誤差理論

| | |
|---|---|
| 9-1　本章提示 | 9-1 |
| 9-2　誤差傳播定律：矩陣法 | 9-2 |
| 9-3　誤差橢圓 | 9-9 |
| 9-4　本章摘要 | 9-17 |
| 習題 | 9-18 |

## 第 10 章　平差理論

| | |
|---|---|
| 10-1　本章提示 | 10-1 |
| 10-2　平差原理：最小二乘法 | 10-2 |
| 10-3　平差方法：直接、間接、條件平差法 | 10-5 |
| 10-4　直接平差法(一)：算術平均法 | 10-10 |
| 10-5　直接平差法(二)：加權平均法 | 10-16 |
| 10-6　間接與條件平差法 (一)：觀測方程式法 | 10-21 |
| 10-7　間接與條件平差法 (二)：矩陣法 | 10-41 |
| 10-8　本章摘要 | 10-50 |
| 習題 | 10-53 |

## 第 11 章　地理資訊系統 (GIS)

| | |
|---|---|
| 11-1　本章提示 | 11-2 |
| 11-2　地理資料表達 | 11-6 |
| 11-3　地理資料建構 | 11-15 |
| 11-4　地理資料管理 | 11-20 |
| 11-5　地理資料處理 | 11-26 |
| 11-6　地理資料展示 | 11-39 |
| 11-7　地理資料應用 | 11-42 |
| 11-8　本章摘要 | 11-45 |
| 習題 | 11-46 |

| | |
|---|---|
| 附錄 A. 電腦輔助測量試算表簡介 | 附-1 |
| 附錄 B. Excel 使用補充說明 | 附-3 |

# 第 1 章 座標轉換

1-1 本章提示
1-2 空間直角座標與地理 (橢球) 座標之間的轉換
    1-2-1 大地座標轉成空間直角座標
    1-2-2 空間直角座標轉成大地座標
1-3 平面直角座標與地理 (橢球) 座標之間的轉換
1-4 平面直角座標之間的轉換
    1-4-1 概論
    1-4-2 四參數轉換 (一)：二個已知點
    1-4-3 四參數轉換 (二)：二個以上之已知點
    1-4-4 六參數轉換
    1-4-5 八參數轉換
1-5 空間直角座標之間的轉換
    1-5-1 理論模型
    1-5-2 簡化模型
    1-5-3 常用模型
1-6 本章摘要

## 1-1 本章提示

測量上常用的座標系統有三種：**(1)** 地理 (橢球) 座標系統；**(2)** 平面直角座標系統；**(3)** 空間直角座標系統。例如表 1-1 為新竹市某三等三角點之座標記錄表，它便包含了上述三種座標系統的座標值：

1. 地理 (橢球) 座標系統: 採用 **TWD67** (經度，緯度，高程)。
2. 平面直角座標系統: 採用 **UTM** (橫座標，縱座標) 與 **2°TM** (橫座標，縱座標)。
3. 空間直角座標系統: 採用 **WGS84** (經度，緯度，幾何高) 與 **(X, Y, Z)**。

關於座標系統可參考本書的姊妹作「測量學 − 21 世紀觀點」或其它相關書籍，在此不再贅述。

不同的測量目的需要不同的座標系統，因此產生了座標系統之間的轉換問題，它們之間的關係如圖 **1-1**：

1. 空間直角座標與地理 (橢球) 座標之間的轉換。
2. 平面直角座標與地理 (橢球) 座標之間的轉換。
3. 平面直角座標之間的轉換。
4. 空間直角座標之間的轉換。

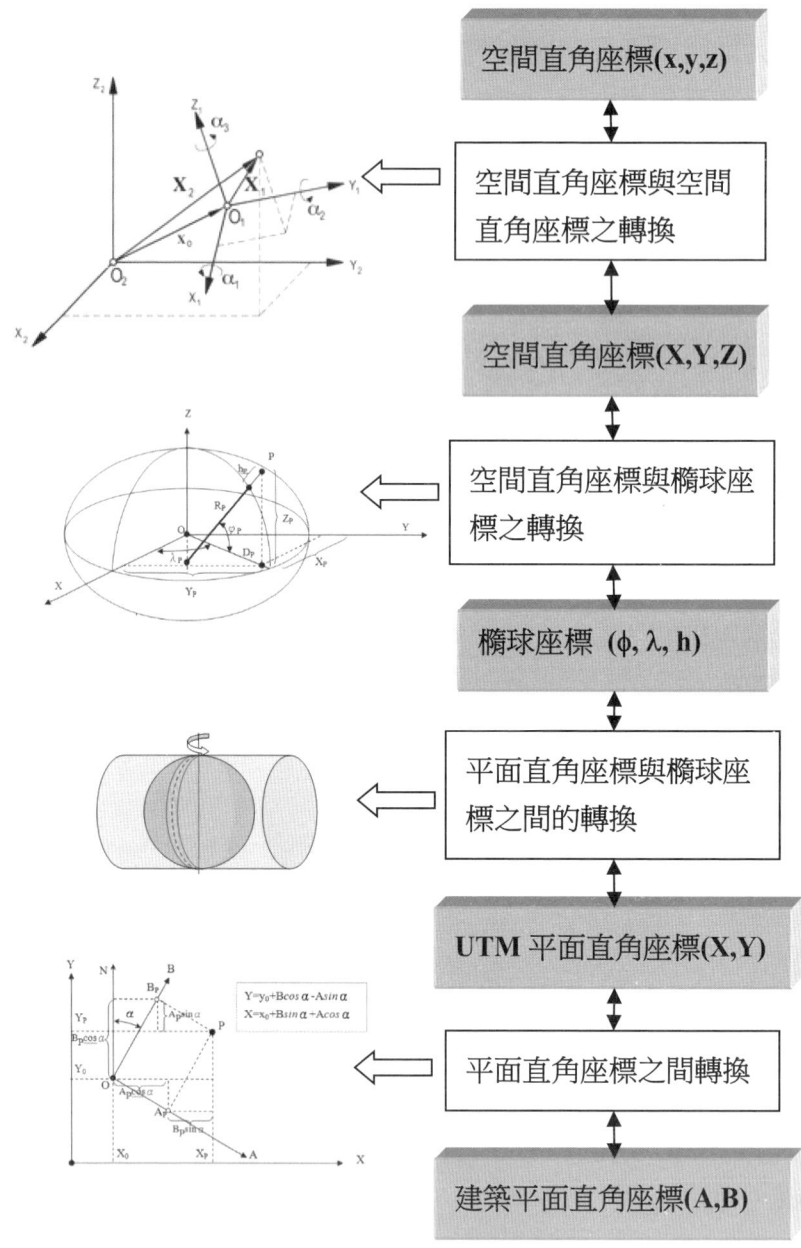

**圖 1-1　座標轉換之間的關係**

表 1-1 三角點之座標記錄表

| 點名 | | 點號 | | 等級 | 三 | 標樁種類 | 鋼標 |
|---|---|---|---|---|---|---|---|
| TWD67 經度 | 120°56'36.16312" | TWD67 緯度 | 24°45'39.43422" | | | 高程 | 120.296 m (僅供參考) |
| WGS84 經度 | 120°57'05.68311" | WGS84 緯度 | 24°45'33.11008" | | | WGS84 幾何高 | 140.338 m |
| WGS84 X 座標 | -2980633.687 m | WGS84 Y 座標 | 4970116.945 m | | | WGS84 Z 座標 | 2654934.779 m |
| 平面座標 二度分帶 | 橫座標 244273.611 m | | 縱座標 2739311.472 m | | | 中央經線東經 121° 尺度比：0.9999 | |

## 1-2 空間直角座標與地理(橢球)座標之間的轉換

空間直角座標系 (X, Y, Z) 可與大地座標 ($\phi$, $\lambda$, h) 相互轉換 (圖 1-2)。

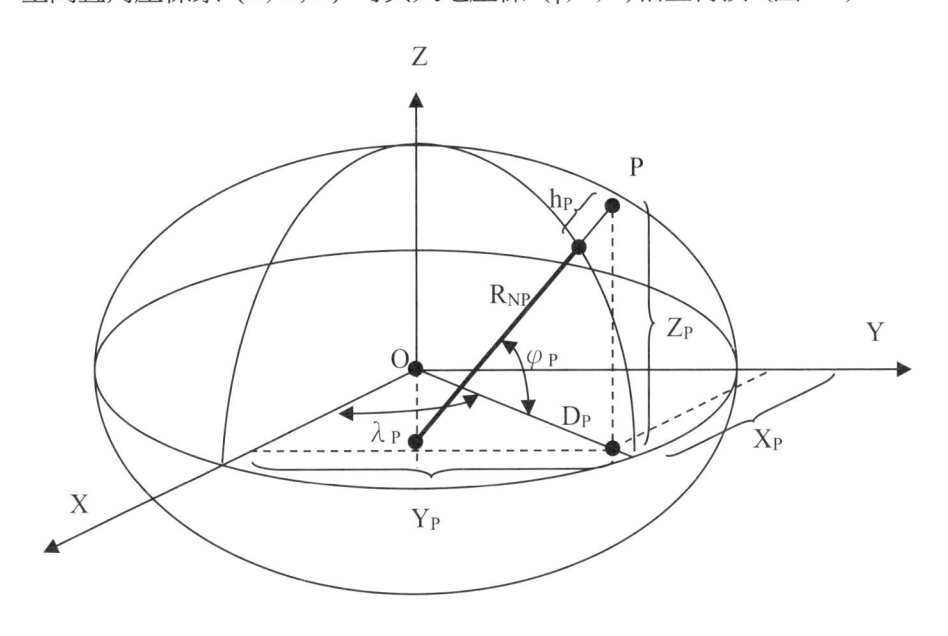

圖 1-2 空間直角座標與地理座標之間的轉換

### 1-2-1 大地座標轉成空間直角座標

可用下列公式求得：

$$X_P = (R_{N_P} + h_p) \cos\phi_p \cos\lambda_p \qquad (1\text{-}1 \text{ 式})$$

$$Y_P = (R_{N_P} + h_p) \cos\phi_p \sin\lambda_p \qquad (1\text{-}2 \text{ 式})$$

$$Z_P = \left(R_{N_P}(1-e^2) + h_p\right)\sin\phi_p \tag{1-3 式}$$

其中 φ=大地緯度；λ=大地經度；h=橢球面高程；**a**=長半徑；**b**=短半徑。**e**=離心率；$R_{NP}$=卯酉圈曲率半徑。橢球面上一點的法線的法截面中，與該點子午面相垂直的法截面，同橢球面相截形成的閉合的圈稱為卯酉圈。卯酉圈上的曲率半徑稱為「卯酉圈曲率半徑」。

$$e = \sqrt{\frac{a^2 - b^2}{a^2}} \tag{1-4 式}$$

$$R_{NP} = \frac{a}{\sqrt{1 - e^2 \sin^2 \phi_P}} \text{ (卯酉圈曲率半徑)} \tag{1-5 式}$$

---

**例題 1-1 大地座標轉成空間直角座標**

WGS84(經度, 緯度, 幾何高)=(120°57'05.68311",24°45'33.11008",140.338 m)
試求 WGS84 (X,Y,Z)=?

[解]

WGS84 長半徑 $a$=**6378137 m**

WGS84 短半徑 $b$ = **6356752.3142 m**

$$e^2 = \frac{a^2 - b^2}{a^2} = 0.0066943799$$

$$R_{N_P} = \frac{a}{\sqrt{1 - e^2 \sin^2 \phi}} = 6381884.845 \text{ m}$$

$$X_P = (R_{N_P} + h_p)\cos\phi_p \cos\lambda_p = -2980633.687 \text{ m}$$

$$Y_P = (R_{N_P} + h_p)\cos\phi_p \sin\lambda_p = 4970116.945 \text{ m}$$

$$Z_P = \left(R_{N_P}(1-e^2) + h_p\right)\sin\phi_p = 2654934.779 \text{ m}$$

---

## 1-2-2 空間直角座標轉成大地座標

可用下列步驟求得：

**步驟 1.** 計算經度　　$\lambda_p = \tan^{-1}\left(\dfrac{Y_p}{X_p}\right)$ (1-6 式)

**步驟 2.** 計算赤道面投影長　　$D_p = \sqrt{(X_P^2 + Y_P^2)}$ (1-7 式)

步驟 3. 計算概略緯度　　$\phi_0 = \tan^{-1}\left(\dfrac{Z_p}{D_p(1-e^2)}\right)$ **(1-8 式)**

步驟 4. 計算卯酉圈曲率半徑　　$R_{NP} = \dfrac{a}{\sqrt{1-e^2\sin^2\phi_0}}$ **(1-9 式)**

步驟 5. 計算緯度　　$\phi = \tan^{-1}\left(\dfrac{Z_p + e^2 R_{N_p}\sin\phi_0}{D_p}\right)$ **(1-10 式)**

步驟 6. 重複步驟 4~5，直到緯度收斂

步驟 7. 計算橢球高

當緯度小於 45 度　　$h_P = \dfrac{D_P}{\cos\phi_P} - R_{N_P}$ **(1-11(a)式)**

當緯度大於 45 度　　$h_P = \dfrac{Z_P}{\sin\phi_P} - R_{N_P}(1-e^2)$ **(1-11(b)式)**

在求得橢球面高程 h 後，可用下式求得大地水準面高程，即正高 H (圖 1-3):

大地水準面高程(H)=橢球面高程(h) － 大地起伏(N) **(1-12 式)**

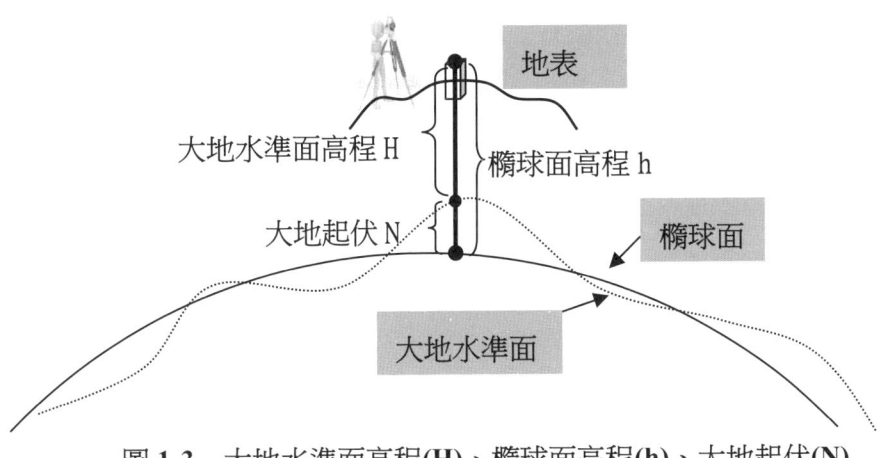

**圖 1-3**　大地水準面高程(H)、橢球面高程(h)、大地起伏(N)

---

**例題 1-2** 空間直角座標轉成大地座標
WGS84(X,Y,Z)=( －2980633.687，4970116.945，2654934.779)
試求 WGS84 (經度, 緯度, 幾何高)=?
[解]

步驟 1. 計算經度　　$\lambda_p = \tan^{-1}\left(\dfrac{Y_p}{X_p}\right)$ =**120°57'05.682988"**

步驟 2. 計算赤道面投影長　　$D_p = \sqrt{(X_P^2 + Y_P^2)}$ =**5795363.632**

步驟 3. 計算概略緯度　　$\phi_0 = \tan^{-1}\left(\dfrac{Z_p}{D_p(1-e^2)}\right)$ =**24°45'33.12171"**

步驟 4. 計算卯酉圈曲率半徑　　$R_{NP} = \dfrac{a}{\sqrt{1-e^2\sin^2\phi_0}}$ =**6381884.846**

步驟 5. 計算緯度　　$\phi = \tan^{-1}\left(\dfrac{Z_p + e^2 R_{N_P}\sin\phi_0}{D_p}\right)$ =**24°45'33.11014"**

步驟 6. 重複步驟 4~5，直到緯度收斂

$$\phi = \tan^{-1}\left(\dfrac{Z_p + e^2 R_{N_P}\sin\phi_0}{D_p}\right) = \mathbf{24°45'33.11008"}$$

步驟 7. 計算橢球高：因緯度小於 45 度　　$h_P = \dfrac{D_P}{\cos\phi_P} - R_{N_P}$ =**140.338**

## 1-3 平面直角座標與地理(橢球)座標之間的轉換

　　如果地球是正圓形，那麼將三維「正球面」上的點投射在二維平面上將會簡單很多，因為圓形周長的理論公式是存在的，而且能用簡單的公式表示。圖 **1-4** 顯示投影的方法。

　　然而真實的地球是橢球體。雖然橢圓周長的理論公式也是存在的，不過它不能用初等函數表示，它是一個與離心率有關的複雜的無窮收斂級數。同理，**UTM** 平面座標系是將三維「橢球面」上的點投射在二維平面上，由於橢球的數學比正圓球複雜太多，因此將一個橢球面上的點的大地經度與緯度換算成平面座標 (橫座標，縱座標) 的理論公式也是存在的，它也是一個與離心率有關的複雜的無窮收斂級數。它的推導過程屬於大地測量學範疇，因此在此不介紹其理論公式的推導過程，只列出公式如下：

$$E = R_N \times \cos B \times l + \dfrac{1}{6} R_N (1 - t^2 + \eta^2) \cos^3 B \times l^3 + \cdots \qquad \text{(1-13(a)式)}$$

$$N = S + \dfrac{1}{2} R_N \times t \times \cos^2 B \times l^2 + \cdots \qquad \text{(1-13(b)式)}$$

第 1 章 座標轉換　　1-7

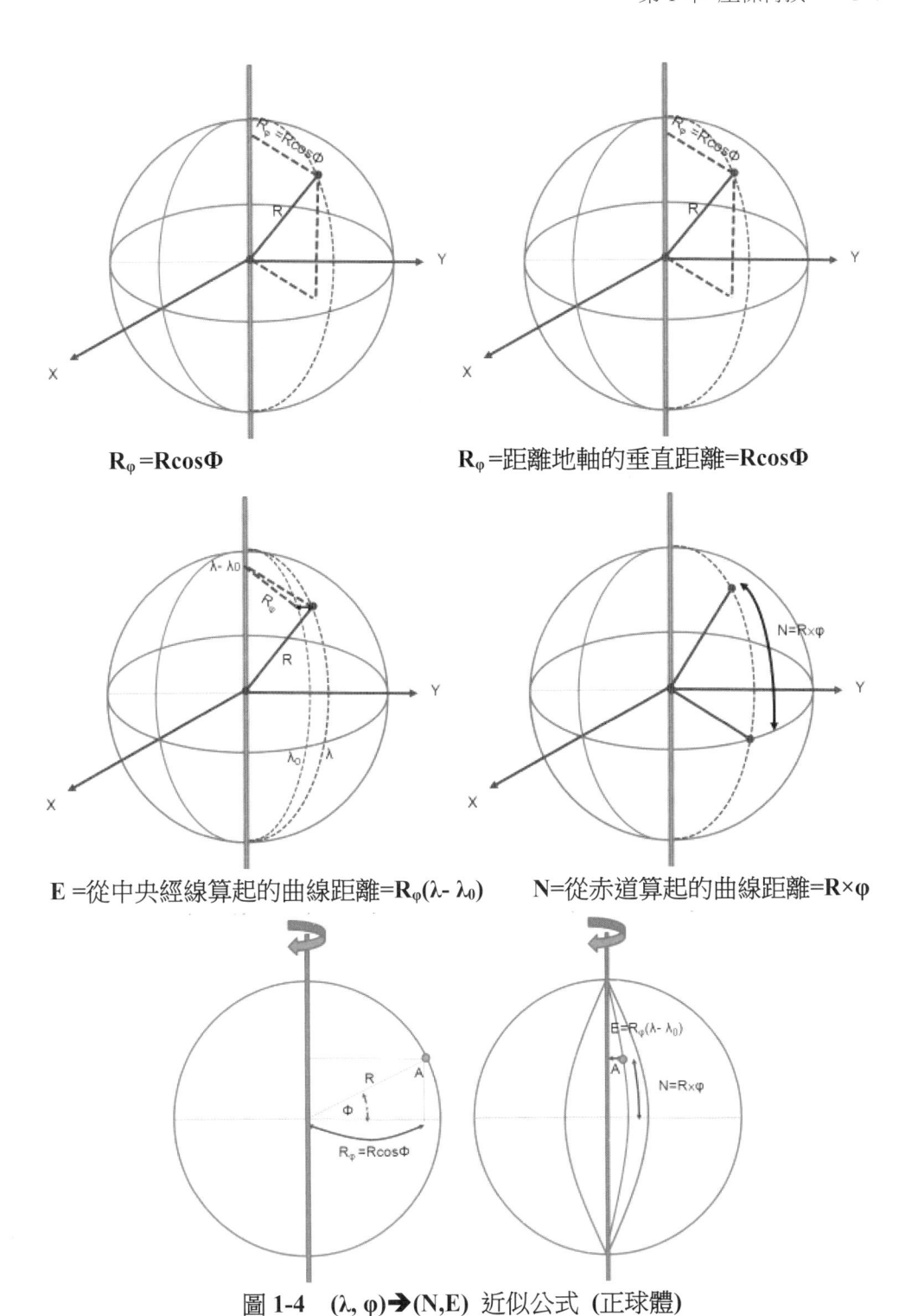

$R_\varphi = R\cos\Phi$

$R_\varphi =$ 距離地軸的垂直距離 $= R\cos\Phi$

E = 從中央經線算起的曲線距離 $= R_\varphi(\lambda - \lambda_0)$

N = 從赤道算起的曲線距離 $= R \times \varphi$

圖 1-4　$(\lambda, \varphi) \rightarrow (N, E)$ 近似公式 (正球體)

其中

$B$ =大地緯度；$t = \tan B$；$\eta = e' \cos B$；$l = L - L_0$ =經度差，其中 $L, L_0$ =分別為大地經度、中央子午線大地經度，單位須用 **rad**；

$e = \sqrt{\dfrac{a^2 - b^2}{a^2}}$ =離心率；  $e' = \sqrt{\dfrac{a^2 - b^2}{b^2}}$ =第二離心率 **(1-14 式)**

$R_N = \dfrac{a}{\sqrt{1 - e^2 \sin^2 B}}$ =卯酉圈曲率半徑 **(1-15 式)**

S=在中央子午線起算的弧長，公式如下

$S = a(1 - e^2)(A_0 B + A_2 \sin 2B + A_4 \sin 4B + \cdots)$ **(1-16 式)**

其中 $A_0 = 1 + \dfrac{3}{4}e^2 + \dfrac{45}{64}e^4 + \dfrac{350}{512}e^6 + \cdots$

$A_2 = -\dfrac{1}{2}\left(\dfrac{3}{4}e^2 + \dfrac{60}{64}e^4 + \dfrac{525}{512}e^6 + \cdots\right)$

$A_4 = \dfrac{1}{4}\left(\dfrac{15}{64}e^4 + \dfrac{210}{512}e^6 + \cdots\right)$

　　上述公式已可達到公分級的精度，要達到 **mm** 級的精度需要更多項。要得到 **UTM 2 度分帶投影**，則要考慮尺度比與橫移：

UTM 2 度分帶投影橫距 = 高斯投影橫距×長度比+250000 = $m \times E + 250000$
UTM 2 度分帶投影縱距 = 高斯投影縱距×長度比 = $m \times N$

例題 1-3 試求以下經緯度的二度分帶 UTM 座標：
經度=120 度 0 分 0 秒；緯度=24 度 0 分 0 秒
[解]
基本參數

| 扁率 | $f$ | 0.003352811 |
|---|---|---|
| 長半徑 | $a$ | 6378137 |
| 短半徑 | $b$ | 6356752.3141 |
| 離心率 | $e = \sqrt{\dfrac{a^2 - b^2}{a^2}}$ | 0.081819191 |
| 第二離心率 | $e' = \sqrt{\dfrac{a^2 - b^2}{b^2}}$ | 0.082094438 |

| 卯酉圈曲率半徑 | $R_N = \dfrac{a}{\sqrt{1-e^2\sin^2 B}}$ | 6381671.775 |
|---|---|---|
| $t$ | $t = \tan B$ | 0.445228685 |
| $\eta$ | $\eta = e'\cos B$ | 0.074997001 |
| 經度差 | $l = L - L_0$ | -1 度 = -0.017453293 rad |
| 長度比 | $m$ | 0.9999 |

計算

| $A_0$ | $A_0 = 1 + \dfrac{3}{4}e^2 + \dfrac{45}{64}e^4 + \dfrac{350}{512}e^6 + \cdots$ | 1.0050525 |
|---|---|---|
| $A_2$ | $A_2 = -\dfrac{1}{2}\left(\dfrac{3}{4}e^2 + \dfrac{60}{64}e^4 + \dfrac{525}{512}e^6 + \cdots\right)$ | -0.002531553 |
| $A_4$ | $A_4 = \dfrac{1}{4}\left(\dfrac{15}{64}e^4 + \dfrac{210}{512}e^6 + \cdots\right)$ | 2.65663E-06 |
| 中央子午線弧長 | $S = a(1-e^2)(A_0 B + A_2 \sin 2B + A_4 \sin 4B + \cdots)$ | 2655288.666 |
| 高斯投影縱距 | $N = S + \dfrac{1}{2}R_N \times t \times \cos^2 B \times l^2 + \cdots$ | 2655649.829 |
| 高斯投影橫距 | $E = R_N \times \cos B \times l + \dfrac{1}{6}R_N(1 - t^2 + \eta^2)\cos^3 B \times l^3 + \cdots$ | -101755.2558 |
| UTM 縱距 | =高斯投影縱距×長度比 | 2655384.264 |
| UTM 橫距 | =高斯投影縱距×長度比+250000 | 148254.9197 |

討論：

正確的 UTM 投影縱距、橫距：N=2655384.288　E=148254.920

計算的 UTM 投影縱距、橫距誤差：縱距誤差= -0.024 m　　橫距誤差= 0.000 m

　　將東經 120, 121, 122 度，緯度 0, 25, 50, 75, 90 度構成點繪成圖 1-5。可知整個二度帶被投影成一個像帆船的平面圖，要注意此圖並非等比例，實際比例更細長，因為是二度分帶，故末端夾角應為 2 度，但此圖上的末端夾角約 12 度。

　　在此以東經 120, 121, 122 度，北緯 23, 24, 25 度構成的 3×3=9 個點為例，將其 TWD97 基準的平面直角座標與地理座標列於表 1-2，並繪於圖 1-6。可知
(1) 同樣 2 度經差 (122−120=2)，緯度愈高，橫距差愈小。
(2) 同樣 2 度緯差 (25−23=2)，中央經線 (東經 121) 縱距差最小，兩側較大。

(3) 經線、緯線與平面座標的縱線、橫線並不平行，距中央經線愈遠偏差愈大。兩點的 E 值相等，其連線並不正確指向南北，兩點的 N 值相等，其連線並不正確指向東西。

表 1-2(a)　東經 120, 121, 122 度，北緯 23, 24, 25 度的 3×3=9 個點之 2°TM 橫距

|  | 東經 120 | 東經 121 | 東經 122 | 東經 122-120 之差額 |
| --- | --- | --- | --- | --- |
| 北緯 25 | 149056.687 | 250000.000 | 350943.313 | 201886.626 |
| 北緯 24 | 148254.920 | 250000.000 | 351745.080 | 203490.160 |
| 北緯 23 | 147484.076 | 250000.000 | 352515.924 | 205031.848 |

表 1-2(b)　東經 120, 121, 122 度，北緯 23, 24, 25 度的 3×3=9 個點之 2°TM 縱距

|  | 東經 120 | 東經 121 | 東經 122 |
| --- | --- | --- | --- |
| 北緯 25 | 2766149.872 | 2765777.564 | 2766149.872 |
| 北緯 24 | 2655384.288 | 2655023.125 | 2655384.288 |
| 北緯 23 | 2544632.705 | 2544283.125 | 2544632.705 |
| 北緯 25-23 之差額 | 221517.167 | 221494.439 | 221517.167 |

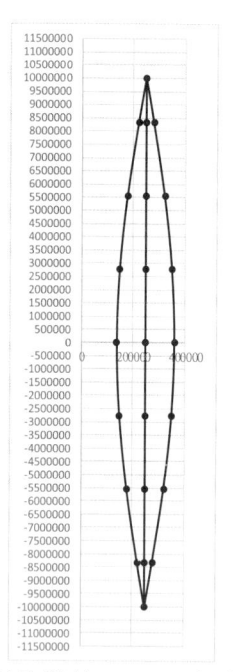

| 經度 | 緯度 | X | Y |
| --- | --- | --- | --- |
| 121 | -90 | 250000 | -10000965.53 |
| 121 | -75 | 250000 | -8326104.894 |
| 121 | -50 | 250000 | -5540292.957 |
| 121 | -25 | 250000 | -2765777.564 |
| 121 | 0 | 250000 | 0 |
| 121 | 25 | 250000 | 2765777.564 |
| 121 | 50 | 250000 | 5540292.957 |
| 121 | 75 | 250000 | 8326104.894 |
| 121 | 90 | 250000 | 10000965.53 |
| 122 | -90 | 250000 | -10000965.53 |
| 122 | -75 | 278897.845 | -8326348.49 |
| 122 | -50 | 321687.956 | -5540772.213 |
| 122 | -25 | 350943.313 | -2766149.872 |
| 122 | 0 | 361314.048 | 0 |
| 122 | 25 | 350943.313 | 2766149.872 |
| 122 | 50 | 321687.956 | 5540772.213 |
| 122 | 75 | 278897.845 | 8326348.49 |
| 122 | 90 | 250000 | 10000965.53 |

圖 1-5 二度分帶的 UTM 平面投影 (注意左圖並非等比例，實際比例更細長，末端夾角 2 度)

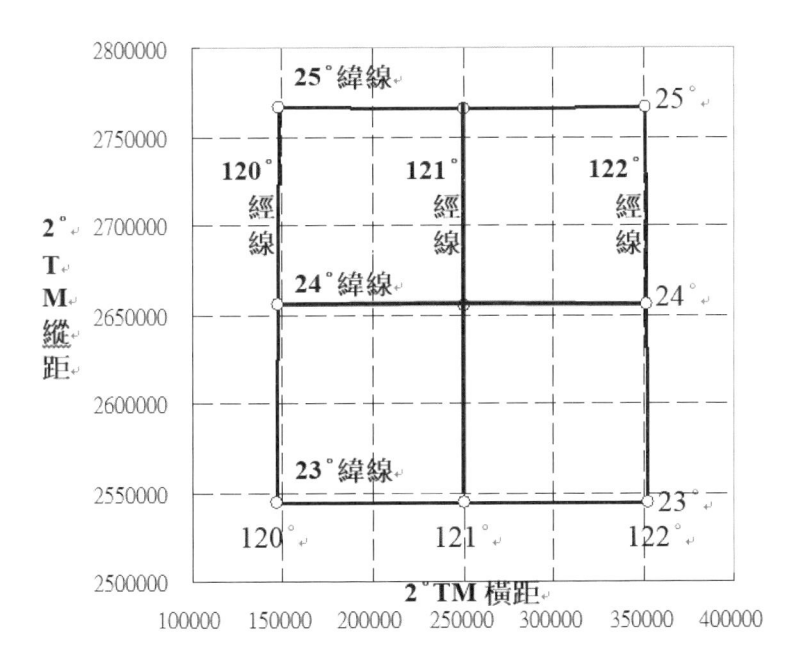

圖 1-6(a) 東經 120, 121, 122 度，北緯 23, 24, 25 度的 3×3=9 個點繪於 2°TM 平面

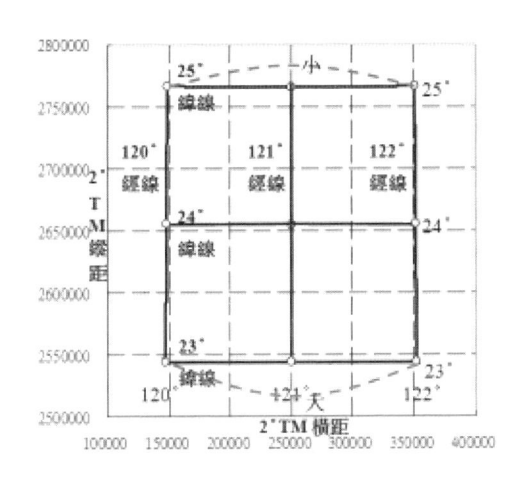

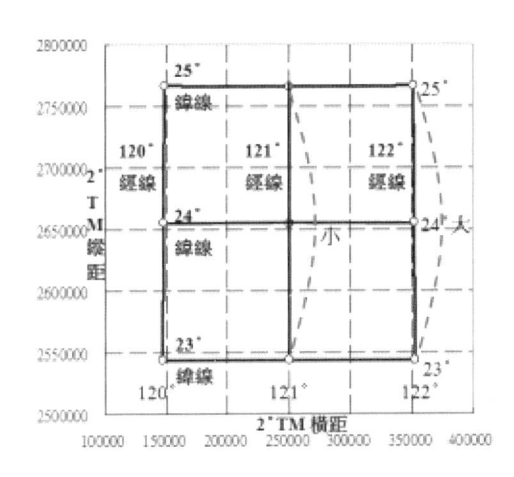

同樣 2 度經差(122-120=2)，緯度愈高，橫距差愈小。

同樣 2 度緯差(25-23=2)，中央經線（東經 121）縱距差最小，兩側較大。

圖 1-6(b) 東經 120, 121, 122 度，北緯 23, 24, 25 度的 3×3=9 個點繪於 2°TM 平面

## 1-4 平面直角座標之間的轉換
### 1-4-1 概論

由於整理測量成果時可能必須整合來自不同座標系統的資料，因此必須將這些資料整理到一個統一的座標系統。一般而言，整合可以分成兩種做法：

**(1) 相對位置校正**：以一張圖為準，另一張依照它來校正。
**(2) 絕對位置校正**：二張圖均依一絕對座標系統 (如三角點) 來校正。

但二者的步驟相似，均在二張圖上選數個共同的控制點，求得轉換參數，進行座標轉換。例如圖 **1-7** 中有四個共同控制點，利用這些點求得轉換參數，進行座標轉換。

座標轉換根據所處理的轉換步驟之複雜度，而有多種方法 (圖 **1-8**)：

**(1) 四參數轉換**

又稱為線性相似性 (**Linear conformal**)、**Helmert** 轉換。這種轉換要求轉換前和轉換後的座標系統之 **X-Y** 軸都是正交的，而且兩個座標系統間長度的縮放比例在整個座標系統內是固定的，不因座標位置之不同，而有所不同。四參數轉換有四個未知參數，故至少需要有兩個共同的控制點，但如有更多的控制點可收平差之效。四參數轉換公式：

$X' = AX - BY + C$                 **(1-17 式)**

$Y' = BX + AY + D$                 **(1-18 式)**

**(2) 六參數轉換**

當原有的座標系統 **X-Y** 軸並非正交，**X** 軸和 **Y** 軸的縮放比例不同，但可以各自維持一致不變時，可以用六參數轉換來進行轉換。六參數轉換有六個未知參數，故至少需要有三個共同的控制點，但如有更多的控制點可收平差之效。六參數轉換公式：

$X' = AX + BY + C$                 **(1-19 式)**

$Y' = DX + EY + F$                 **(1-20 式)**

**(3) 八參數轉換**

當原有的座標系統 **X-Y** 軸並非正交，**X** 軸和 **Y** 軸的縮放比例不同，且不能各自維持一致不變時，可以用八參數轉換來進行轉換。

$$X' = \frac{A_1 X + B_1 Y + C_1}{A_3 X + B_3 Y + 1}$$             **(1-21 式)**

$$Y' = \frac{A_2 X + B_2 Y + C_2}{A_3 X + B_3 Y + 1}$$             **(1-22 式)**

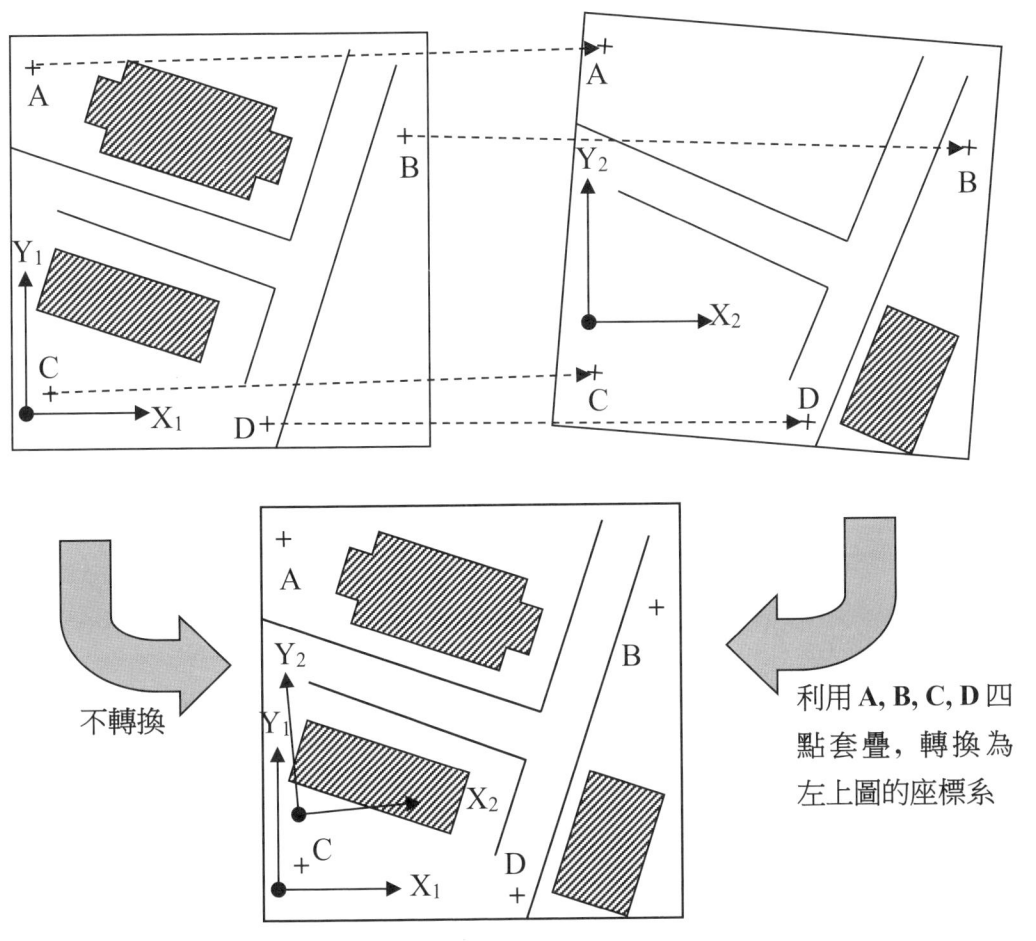

圖 1-7　座標轉換 (左上與右上測量成果圖使用兩個不同的座標系統，以左上方圖為準，將右上方圖數據進行座標轉換。)

| 轉換方法 | 四參數轉換 | 六參數轉換 | 八參數轉換 |
|---|---|---|---|
| X 軸和 Y 軸的正交關係 | 正交 | 非正交 | 非正交 |
| X 軸和 Y 軸的長度縮放比例 | 相同且固定 | 不同但固定 | 不同且不固定 |

圖 **1-8** 平面直角座標之間的轉換

## 1-4-2 四參數轉換(一) 二個已知點

在測量中經常會遇到座標換算的工作。設未知座標系為 (X, Y) 直角座標系，已知座標系為 (A, B) 直角座標系，如圖 1-10 由一點的 (A, B) 值化算為 (X, Y) 值的計算公式為

$$\begin{bmatrix} Y \\ X \end{bmatrix} = \begin{bmatrix} y_0 \\ x_0 \end{bmatrix} + k \begin{bmatrix} \cos\alpha & -\sin\alpha \\ \sin\alpha & \cos\alpha \end{bmatrix} \begin{bmatrix} B \\ A \end{bmatrix}$$ (1-23 式)

其中　$(x_0, y_0)$ 為已知座標系的原點在未知座標系中的座標；

α 為已知座標系的主軸在未知座標系中的方位角；

k 為已知座標系的單位長度在未知座標系中的長度，稱「尺度比」。

如果已知兩點 $P_1$、$P_2$，它們在兩個座標系中的座標分別為 $(A_1, B_1)$、$(A_2, B_2)$ 和 $(X_1, Y_1)$、$(X_2, Y_2)$，則可用這些座標代入(1-23 式)，得

$$\begin{bmatrix} Y_1 \\ X_1 \end{bmatrix} = \begin{bmatrix} y_0 \\ x_0 \end{bmatrix} + k \begin{bmatrix} \cos\alpha & -\sin\alpha \\ \sin\alpha & \cos\alpha \end{bmatrix} \begin{bmatrix} B_1 \\ A_1 \end{bmatrix}$$

$$\begin{bmatrix} Y_2 \\ X_2 \end{bmatrix} = \begin{bmatrix} y_0 \\ x_0 \end{bmatrix} + k \begin{bmatrix} \cos\alpha & -\sin\alpha \\ \sin\alpha & \cos\alpha \end{bmatrix} \begin{bmatrix} B_2 \\ A_2 \end{bmatrix}$$

聯立上述四個方程式，可求得 (1-23 式) 式中的四個參數：

$$k = \frac{L(X,Y)}{L(A,B)} = \frac{\sqrt{(X_2-X_1)^2 + (Y_2-Y_1)^2}}{\sqrt{(A_2-A_1)^2 + (B_2-B_1)^2}}$$ (1-24 式)

$$\alpha = \phi(X,Y) - \phi(A,B)$$ (1-25 式)

$$\begin{bmatrix} y_0 \\ x_0 \end{bmatrix} = \begin{bmatrix} Y_1 \\ X_1 \end{bmatrix} - k \begin{bmatrix} \cos\alpha & -\sin\alpha \\ \sin\alpha & \cos\alpha \end{bmatrix} \begin{bmatrix} B_1 \\ A_1 \end{bmatrix}$$ (1-26 式)

其中　$L(X,Y)$ 與 $L(A,B)$ 為 $P_1P_2$ 在 (X, Y) 與 (A, B) 座標系之距離。$\phi(X,Y)$ 與 $\phi(A,B)$ 為 $P_1P_2$ 在 (X, Y) 與 (A, B) 座標系之方位角。

當二個座標系統採用相同的長度單位時，k 應該等於 1，但是受到高斯投影改正以及海平面歸化改正的影響常不為 1，但是 k 應接近 1，這可作為計算的校核，如果 k 偏離 1 太大，例如超過 1/10000，就要仔細檢查原因。

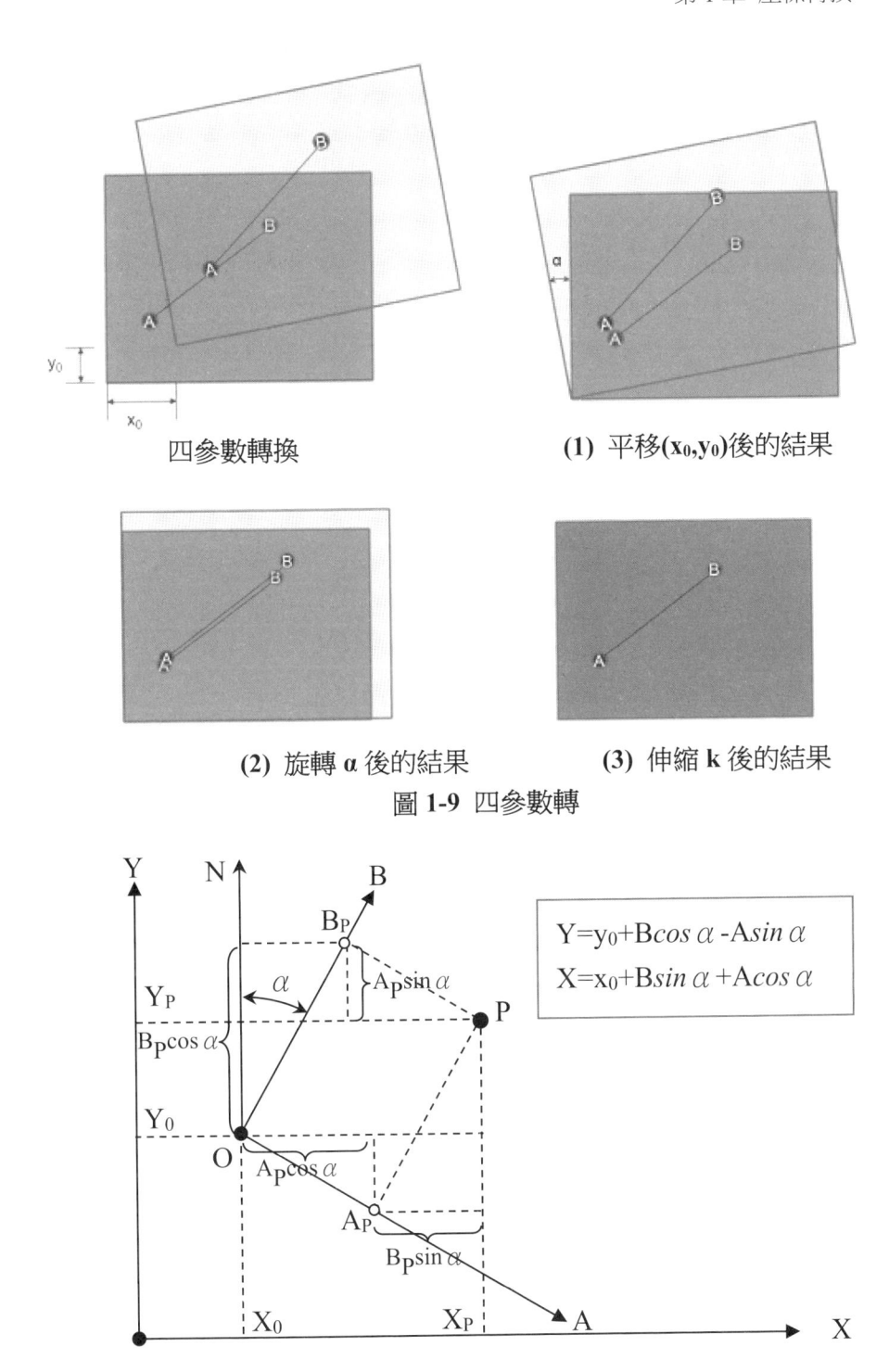

四參數轉換　　　　　　　　　(1) 平移$(x_0, y_0)$後的結果

(2) 旋轉 α 後的結果　　　　　(3) 伸縮 k 後的結果

**圖 1-9　四參數轉**

$Y = y_0 + B\cos\alpha - A\sin\alpha$
$X = x_0 + B\sin\alpha + A\cos\alpha$

**圖 1-10　座標之換算 (將(A,B) 座標轉為 (X,Y) 座標)**

**例題 1-4　座標之換算 (一): 二個已知點**

已知 A, B 基準點之總體座標，以及 A, B, C, D, E, F 點之區域座標，如表 1-5 所示，試求 C, D, E, F 之總體座標?

[解]

由(1-24 式)、(1-25 式)及(1-26 式) 得

$$k = \frac{L(X,Y)}{L(A,B)} = \frac{\sqrt{(X_2-X_1)^2+(Y_2-Y_1)^2}}{\sqrt{(A_2-A_1)^2+(B_2-B_1)^2}} = \frac{\sqrt{(900-100)^2+(300-100)^2}}{\sqrt{(847-90)^2+(337-10)^2}}$$

$$= \frac{824.621125}{824.607785} = 1.00002$$

$\alpha = \phi(X,Y) - \phi(A,B) = $ 75.96375653 - 66.63718637 = 9°19'36"

$$\begin{bmatrix} y_0 \\ x_0 \end{bmatrix} = \begin{bmatrix} Y_1 \\ X_1 \end{bmatrix} - k \begin{bmatrix} \cos\alpha & -\sin\alpha \\ \sin\alpha & \cos\alpha \end{bmatrix} \begin{bmatrix} B_1 \\ A_1 \end{bmatrix}$$

$$= \begin{bmatrix} 100 \\ 100 \end{bmatrix} - k \begin{bmatrix} \cos\alpha & -\sin\alpha \\ \sin\alpha & \cos\alpha \end{bmatrix} \begin{bmatrix} 10 \\ 90 \end{bmatrix} = \begin{bmatrix} 104.718 \\ 9.568 \end{bmatrix}$$

用(1-23 式)可得各點座標如表 1-3 灰底處數據。

表 1-3　計算結果

|   | A | B | X | Y | 備註 |
|---|---|---|---|---|---|
| A | 90.00 | 10.00 | 100.000 | 100.000 | 基準點 |
| B | 847.00 | 337.00 | 900.000 | 300.000 | 基準點 |
| C | 518.56 | 485.73 | 600.000 | 499.995 | 未知點 |
| D | 453.74 | 880.44 | 600.004 | 899.998 | 未知點 |
| E | 732.84 | 723.60 | 850.001 | 699.997 | 未知點 |
| F | 190.12 | 634.47 | 300.002 | 699.999 | 未知點 |

## 1-4-3 四參數轉換(二): 二個以上之已知點

如果有 n(n>2) 個點既具有未知座標 (X, Y)，又具有已知座標 (A, B)，則可利用最小二乘法求得精確的座標換算公式如下:

$$\overline{X} = \sum X_i / n$$
$$\overline{Y} = \sum Y_i / n \qquad i=1, 2, ..., n \qquad (1\text{-}27 \text{ 式})$$

$$\overline{A} = \sum A_i / n$$
$$\overline{B} = \sum B_i / n \qquad i=1, 2, ..., n \qquad (1\text{-}28 \text{ 式})$$

$$A'_i = A_i - \overline{A}$$
$$B'_i = B_i - \overline{B} \qquad i=1, 2, ..., n \qquad (1\text{-}29 \text{ 式})$$

$$a = \sum (A'_i X_i + B'_i Y_i) / \sum (A'^2_i + B'^2_i) \qquad i=1, 2, ..., n \qquad (1\text{-}30 \text{ 式})$$

$$b = \sum (B'_i X_i - A'_i Y_i) / \sum (A'^2_i + B'^2_i) \qquad i=1, 2, ..., n \qquad (1\text{-}31 \text{ 式})$$

$$\begin{bmatrix} Y \\ X \end{bmatrix} = \begin{bmatrix} \overline{Y} \\ \overline{X} \end{bmatrix} + \begin{bmatrix} a & -b \\ b & a \end{bmatrix} \begin{bmatrix} B - \overline{B} \\ A - \overline{A} \end{bmatrix} \qquad (1\text{-}32 \text{ 式})$$

上述 a, b 與前一節的已知座標系的主軸在未知座標系中的方位角 α，以及已知座標系的單位長度在未知座標系中的長度 (尺度比) k 之關係如下：

$$\begin{cases} a = k \cdot \cos\alpha \\ b = k \cdot \sin\alpha \end{cases} \qquad (1\text{-}33 \text{ 式})$$

也可以用下式表示：

$$\begin{cases} k = \sqrt{a^2 + b^2} \\ \alpha = \tan^{-1}\left(\dfrac{b}{a}\right) \end{cases} \qquad (1\text{-}34 \text{ 式})$$

**例題 1-5　座標之換算 (二)：二個以上之已知點**

已知 A, B, C 基準點之總體座標，以及 A, B, C, D, E, F 點之區域座標，如表 1-4 所示，試求 D, E, F 之總體座標？

表 1-4 已知數據

|   | A | B | X | Y | 備註 |
|---|---|---|---|---|---|
| A | 90.00 | 10.00 | 100.000 | 100.000 | 基準點 |
| B | 847.00 | 337.00 | 900.000 | 300.000 | 基準點 |
| C | 518.56 | 485.73 | 600.000 | 500.000 | 基準點 |
| D | 453.74 | 880.44 |  |  | 未知點 |
| E | 732.84 | 723.60 |  |  | 未知點 |
| F | 190.12 | 634.47 |  |  | 未知點 |

[解]

$\overline{X} = \sum X_i / n = 533.33$  $\overline{A} = \sum A_i / n = 485.19$

$\overline{Y} = \sum Y_i / n = 300.00$  $\overline{B} = \sum B_i / n = 277.58$

a 與 b 之詳細計算過程見表 **1-5**。

表 1-5 計算過程

|  | A' | B' | A'² | B'² | A'X | B'Y | B'X | A'Y |
|---|---|---|---|---|---|---|---|---|
| A | -395.19 | -267.58 | 156175.14 | 71599.06 | -39519.00 | -26758.00 | -26758.00 | -39519.00 |
| B | 361.81 | 59.42 | 130906.48 | 3530.74 | 325629.00 | 17826.00 | 53478.00 | 108543.00 |
| C | 33.37 | 208.15 | 1113.56 | 43326.42 | 20022.00 | 104075.00 | 124890.00 | 16685.00 |
| 總和 |  |  | 288195.17 | 118456.22 | 306132.00 | 95143.00 | 151610.00 | 85709.00 |

$a = \sum (A'_i X_i + B'_i Y_i) / \sum (A'^2_i + B'^2_i)$

=(306132.00+95143.00)/(288195.17+118456.22)=401275.00/406651.38=0.98678

$b = \sum (B'_i X_i - A'_i Y_i) / \sum (A'^2_i + B'^2_i)$

=(151610.00-85709.00)/(288195.17+118456.22)=65901.00/406651.38=0.16206

故得轉換公式

$$\begin{bmatrix} Y \\ X \end{bmatrix} = \begin{bmatrix} \overline{Y} \\ \overline{X} \end{bmatrix} + \begin{bmatrix} a & -b \\ b & a \end{bmatrix} \begin{bmatrix} B - \overline{B} \\ A - \overline{A} \end{bmatrix} = \begin{bmatrix} 300.00 \\ 533.33 \end{bmatrix} + \begin{bmatrix} 0.98680 & -0.16206 \\ 0.16206 & 0.98680 \end{bmatrix} \begin{bmatrix} B - 277.58 \\ A - 485.19 \end{bmatrix}$$

用上式可得各點座標如表 **1-6** 所示。

表 1-6 計算結果

|  | X | Y | 備註 |
|---|---|---|---|
| D | 600.004 | 900.002 | 未知點 |
| E | 850.002 | 700.000 | 未知點 |
| F | 300.001 | 700.002 | 未知點 |

## 1-4-4 六參數轉換

　　二維仿射座標轉換又稱六參數轉換，與正形座標轉換有些微差異，在四參數轉換中，調整比例時，是將雙軸方向的比例調整視為相同；若雙軸方向的比例調整不同時，則座標轉換參數由四個變成六個。

$X' = (S_X \cos\theta_X)X - (S_Y \sin\theta_Y)Y + T_X$

$Y' = (S_X \sin\theta_X)X + (S_Y \cos\theta_Y)Y + T_Y$

**(1-35(a)式)**

即

$X' = aX + bY + c$

$Y' = dX + eY + f$ (1-35(b)式)

若有三個控制點，則可唯一求解六參數；若有三個以上控制點，則有多餘觀測，可利用最小自乘法求解。

---

**例題 1-6 六參數轉換**

已知 A，B，C 基準點之總體座標，以及 A, B, C, D, E, F 點之區域座標，如表 1-7 所示，試求 D, E, F 之總體座標？

表 1-7 已知數據

|   | X | Y | X' | Y' | 備註 |
|---|---|---|----|----|------|
| A | 90.00 | 10.00 | 100.000 | 100.000 | 基準點 |
| B | 847.00 | 337.00 | 900.000 | 300.000 | 基準點 |
| C | 518.56 | 485.73 | 600.000 | 500.000 | 基準點 |
| D | 453.74 | 880.44 | | | |
| E | 732.84 | 723.6 | | | |
| F | 190.12 | 634.47 | | | |

[解]

**(1) 解 a, b, c**

將 A, B, C 三點座標代入 $X' = aX + bY + c$ 得

$$\begin{Bmatrix} 100.000 \\ 900.000 \\ 600.000 \end{Bmatrix} = \begin{bmatrix} 90.00 & 10.00 & 1 \\ 847.00 & 337.00 & 1 \\ 518.56 & 485.73 & 1 \end{bmatrix} \begin{Bmatrix} a \\ b \\ c \end{Bmatrix}$$

解得 $\begin{Bmatrix} a \\ b \\ c \end{Bmatrix} = \begin{bmatrix} -0.00068 & 0.00216 & -0.00149 \\ -0.00149 & -0.00195 & 0.00344 \\ 1.07577 & -0.17515 & 0.09936 \end{bmatrix} \begin{Bmatrix} 100.000 \\ 900.000 \\ 600.000 \end{Bmatrix} = \begin{Bmatrix} 0.986797 \\ 0.162063 \\ 9.567632 \end{Bmatrix}$

**(2) 解 d, e, f**

將 A, B, C 三點座標代入 $Y' = dX + eY + f$ 得

$$\begin{Bmatrix} 100.000 \\ 300.000 \\ 500.000 \end{Bmatrix} = \begin{bmatrix} 90.00 & 10.00 & 1 \\ 847.00 & 337.00 & 1 \\ 518.56 & 485.73 & 1 \end{bmatrix} \begin{Bmatrix} d \\ e \\ f \end{Bmatrix}$$

解得

$$\begin{Bmatrix} d \\ e \\ f \end{Bmatrix} = \begin{bmatrix} -0.00068 & 0.00216 & -0.00149 \\ -0.00149 & -0.00195 & 0.00344 \\ 1.07577 & -0.17515 & 0.09936 \end{bmatrix} \begin{Bmatrix} 100.000 \\ 300.000 \\ 500.000 \end{Bmatrix} = \begin{Bmatrix} -0.16207 \\ 0.986815 \\ 104.7183 \end{Bmatrix}$$

(3) 將 D, E, F 三點座標代入 (1-35(b)式) 得

|   | X | Y | X' | Y' |
|---|---|---|---|---|
| D | 453.74 | 880.44 | 600.004 | 900.0113 |
| E | 732.84 | 723.6 | 850.0007 | 700.0049 |
| F | 190.12 | 634.47 | 300.0023 | 700.0099 |

## 1-4-5 八參數轉換

當原有的座標系統 X-Y 軸並非正交，X 軸和 Y 軸的縮放比例不同，且不能各自維持一致不變時，可以用八參數轉換來進行轉換。

$$X' = \frac{A_1 X + B_1 Y + C_1}{A_3 X + B_3 Y + 1}$$

$$Y' = \frac{A_2 X + B_2 Y + C_2}{A_3 X + B_3 Y + 1}$$

(1-36 式)

### 例題 1-7 八參數轉換

有一操場上有 9 個點，其高程均相同，其平面座標如下 (圖 1-11 與圖 1-12)：

表 1-8 已知數據

|   | 相片座標 X | 相片座標 Y | 地面座標 X' | 地面座標 Y' |
|---|---|---|---|---|
| 1 | 0.074058 | -0.08581 | 450.000 | 250.000 |
| 2 | 0.063429 | -0.06597 | 475.000 | 250.000 |
| 3 | 0.054518 | -0.04933 | 50.0000 | 250.000 |
| 4 | 0.026551 | -0.04588 | 50.0000 | 275.000 |
| 5 | -0.00658 | -0.04178 | 50.0000 | 300.000 |
| 6 | -0.00233 | -0.06101 | 475.000 | 300.000 |
| 7 | 0.002938 | -0.0848 | 450.000 | 300.000 |
| 8 | 0.042143 | -0.08536 | 450.000 | 275.000 |
| 9 | 0.033597 | -0.06372 | 475.000 | 275.000 |

試以前 8 個點推估八參數，並驗算第 9 點。

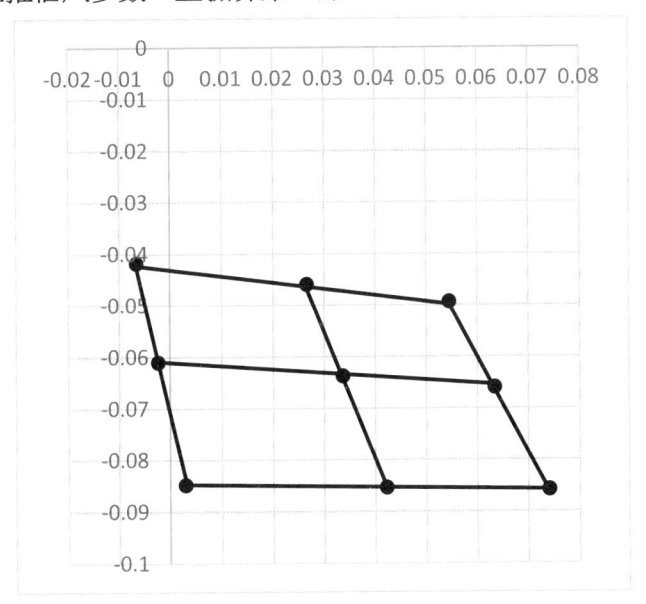

圖 1-11 相片座標

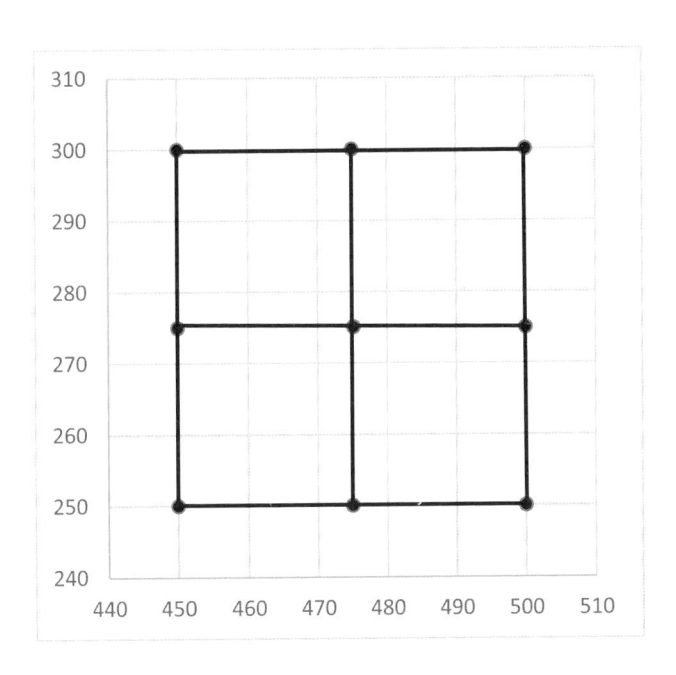

圖 1-12 地面座標

[解]
將第 1~8 點座標代入以下誤差平方和公式

$$\left(X' - \frac{A_1 X + B_1 Y + C_1}{A_3 X + B_3 Y + 1}\right)^2 + \left(Y' - \frac{A_2 X + B_2 Y + C_2}{A_3 X + B_3 Y + 1}\right)^2$$

將上式中的八參數視為可調整變數，以 Excel 的規劃求解功能最小化誤差平方和，可得到誤差最小平方和之下的最佳解如下：

| $A_1$ | -0.00047 | $A_2$ | 0.001391 | $A_3$ | 0.00882 |
|---|---|---|---|---|---|
| $B_1$ | -0.00359 | $B_2$ | 0.000871 | $B_3$ | -0.00979 |
| $C_1$ | 1.294312 | $C_2$ | -1.05978 | | |

驗算第 9 點得 X=475.147, Y= 275.103，與第 9 點正解 X=475.000, Y= 275.000 有小誤差。

## 1-5 空間直角座標之間的轉換

在三度空間內同一點的兩組卡氏座標進行轉換時，在三軸保持直交，三軸的尺度參數固定且相同的理想情形下，只需利用七參數即可進行座標的正交轉換，其中七參數包括一個尺度參數、三個原點平移參數以及三個軸旋轉參數，因模式由七個參數組成，故至少需三個共同之平面高程控制點 (X,Y,Z) 才能加以求解。

空間直角座標之間的轉換是一個重要的基本公式，因為有很多測量的理論公式就是在此基礎上進一步演化得出的。例如，在解析攝影測量中有廣泛應用的「共線條件方程式」，就是根據它的反算式作進一步演化得出。

### 1-5-1 理論模型

三維正形座標轉換又稱為七參數相似轉換，可將一個三維座標系轉換到另一個三維座標系，常應用於 GPS 測量與航空測量。此轉換有七個參數，包含三個旋轉參數、三個平移參數與一個比例參數。三個旋轉參數是分別繞 x、y、z 軸的一連串二維旋轉，稱為絕對定位的七參數。故至少要有三個共同之平面高程控制點 (X,Y,Z)，但理想數則為四個平面高程控制點 (X,Y,Z)，如此才有較多的多餘觀測量，以提升模型的控制精度。其推導過程如下(圖 1-13)：

兩個三維座標系的轉換關係如下：

將原始座標系 $(x,y,z)$ 繞 $x$ 軸逆時針轉 $\omega$ 角，旋轉矩陣 $\mathbf{M}_1 = \begin{bmatrix} 1 & 0 & 0 \\ 0 & \cos\omega & \sin\omega \\ 0 & -\sin\omega & \cos\omega \end{bmatrix}$

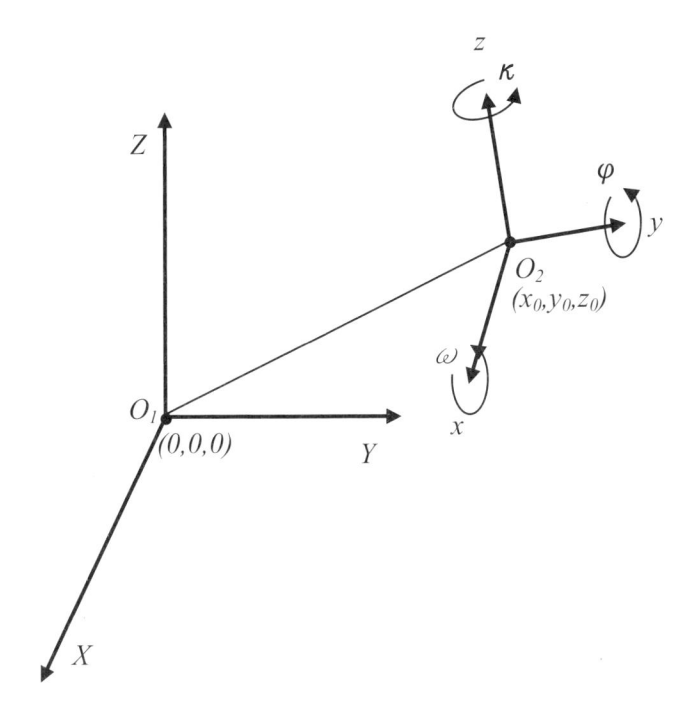

圖 1-13 空間直角座標之間的轉換

再繞 $y$ 軸逆時針轉 $\varphi$ 角，旋轉矩陣 $\mathbf{M}_2 = \begin{bmatrix} \cos\varphi & 0 & -\sin\varphi \\ 0 & 1 & 0 \\ \sin\varphi & 0 & \cos\varphi \end{bmatrix}$

再繞 $z$ 軸逆時針轉 $\kappa$ 角，旋轉矩陣 $\mathbf{M}_3 = \begin{bmatrix} \cos\kappa & \sin\kappa & 0 \\ -\sin\kappa & \cos\kappa & 0 \\ 0 & 0 & 1 \end{bmatrix}$

故新座標系 $(X, Y, Z)$ 為

$$\begin{Bmatrix} X \\ Y \\ Z \end{Bmatrix} = \mathbf{M}_3 \mathbf{M}_2 \mathbf{M}_1 \begin{Bmatrix} x \\ y \\ z \end{Bmatrix} = \mathbf{M} \begin{Bmatrix} x \\ y \\ z \end{Bmatrix} \qquad \text{(1-37 式)}$$

故旋轉矩陣

$$\mathbf{M} = \mathbf{M_1 M_2 M_3} = \begin{bmatrix} 1 & 0 & 0 \\ 0 & \cos\omega & \sin\omega \\ 0 & -\sin\omega & \cos\omega \end{bmatrix} \cdot \begin{bmatrix} \cos\varphi & 0 & -\sin\varphi \\ 0 & 1 & 0 \\ \sin\varphi & 0 & \cos\varphi \end{bmatrix} \cdot \begin{bmatrix} \cos\kappa & \sin\kappa & 0 \\ -\sin\kappa & \cos\kappa & 0 \\ 0 & 0 & 1 \end{bmatrix}$$

$$= \begin{bmatrix} m_{11} & m_{12} & m_{13} \\ m_{21} & m_{22} & m_{23} \\ m_{31} & m_{32} & m_{33} \end{bmatrix} \tag{1-38 式}$$

$m_{11} = \cos\varphi\cos\kappa$

$m_{12} = \sin\omega\sin\varphi\cos\kappa + \cos\omega\sin\kappa$

$m_{13} = -\cos\omega\sin\varphi\cos\kappa + \sin\omega\sin\kappa$

$m_{21} = -\cos\varphi\sin\kappa$

$m_{22} = -\sin\omega\sin\varphi\sin\kappa + \cos\omega\cos\kappa \tag{1-39 式}$

$m_{23} = \cos\omega\sin\varphi\sin\kappa + \sin\omega\cos\kappa$

$m_{31} = \sin\varphi$

$m_{32} = -\sin\omega\cos\varphi$

$m_{33} = \cos\omega\cos\varphi$

有了旋轉矩陣後，再考慮座標原點的三軸平移，以及一個尺度參數，可得三維正形座標轉換

$$\begin{cases} X = S(m_{11}x + m_{12}y + m_{13}z) + T_x \\ Y = S(m_{21}x + m_{22}y + m_{23}z) + T_y \\ Z = S(m_{31}x + m_{32}y + m_{33}z) + T_z \end{cases} \tag{1-40 式}$$

上式可寫成矩陣式

$$\begin{Bmatrix} X \\ Y \\ Z \end{Bmatrix} = S \cdot \begin{bmatrix} m_{11} & m_{12} & m_{13} \\ m_{21} & m_{22} & m_{23} \\ m_{31} & m_{32} & m_{33} \end{bmatrix} \begin{Bmatrix} x \\ y \\ z \end{Bmatrix} + \begin{Bmatrix} T_x \\ T_y \\ T_z \end{Bmatrix} \tag{1-41 式}$$

其中 S=比例參數，$\begin{bmatrix} m_{11} & m_{12} & m_{13} \\ m_{21} & m_{22} & m_{23} \\ m_{31} & m_{32} & m_{33} \end{bmatrix}$ =旋轉矩陣，$\begin{Bmatrix} T_x \\ T_y \\ T_z \end{Bmatrix}$ =平移向量

七參數轉換為非線性方程式，必須先予以線性化。將上式以泰勒級數(Taylor`s Series) 予以線性化後，再組成觀測方程式求解。

Series) 予以線性化後，再組成觀測方程式求解。

$$\begin{bmatrix} \left(\frac{\partial X}{\partial S}\right)_0 & \left(\frac{\partial X}{\partial \omega}\right)_0 & \left(\frac{\partial X}{\partial \varphi}\right)_0 & \left(\frac{\partial X}{\partial \kappa}\right)_0 & 1 & 0 & 0 \\ \left(\frac{\partial Y}{\partial S}\right)_0 & \left(\frac{\partial Y}{\partial \omega}\right)_0 & \left(\frac{\partial Y}{\partial \varphi}\right)_0 & \left(\frac{\partial Y}{\partial \kappa}\right)_0 & 0 & 1 & 0 \\ \left(\frac{\partial Z}{\partial S}\right)_0 & \left(\frac{\partial Z}{\partial \omega}\right)_0 & \left(\frac{\partial Z}{\partial \varphi}\right)_0 & \left(\frac{\partial Z}{\partial \kappa}\right)_0 & 0 & 0 & 1 \end{bmatrix} \begin{bmatrix} dS \\ d\omega \\ d\varphi \\ d\kappa \\ dT_x \\ dT_y \\ dT_z \end{bmatrix} = \begin{bmatrix} X - X_0 \\ Y - Y_0 \\ Z - Z_0 \end{bmatrix}$$

**(1-42 式)**

**例題 1-8** 空間直角座標之間的**轉換**

已知兩個空間直角座標系之間的七參數如下：

| $T_x$ | 100.000 | $\omega$ | 10.000 |
|---|---|---|---|
| $T_y$ | 200.000 | $\varphi$ | 20.000 |
| $T_z$ | 300.000 | $\kappa$ | 30.000 |
| $S$ | 1.00001 | | |

試求 (X,Y,Z)=(120,220,320) 之**轉換**座標。

[解]

首先計算旋轉矩陣

| $\sin \omega$ | 0.173648 |
|---|---|
| $\cos \omega$ | 0.984808 |
| $\sin \varphi$ | 0.342020 |
| $\cos \varphi$ | 0.939693 |
| $\sin \kappa$ | 0.500000 |
| $\cos \kappa$ | 0.866025 |

$$M = \begin{bmatrix} 0.8137977 & 0.5438381 & -0.2048741 \\ -0.4698463 & 0.8231729 & 0.3187958 \\ 0.3420201 & -0.1631759 & 0.9254166 \end{bmatrix}$$

將 (X,Y,Z) = (120,220,320) 代入 (1-41 式) 得

$$\begin{Bmatrix} X_2 \\ Y_2 \\ Z_2 \end{Bmatrix} = 1.00001 \cdot \begin{bmatrix} 0.8137977 & 0.5438381 & -0.2048741 \\ -0.4698463 & 0.8231729 & 0.3187958 \\ 0.3420201 & -0.1631759 & 0.9254166 \end{bmatrix} \begin{Bmatrix} 120 \\ 220 \\ 320 \end{Bmatrix} + \begin{Bmatrix} 100 \\ 200 \\ 300 \end{Bmatrix}$$

$$= \begin{Bmatrix} 251.742 \\ 426.733 \\ 601.280 \end{Bmatrix}$$

例題 1-9 空間直角座標之間的轉換
已知兩個空間直角座標系之間有四個共同點，試求其七參數。

|   | 第1共同點 |  | 第2共同點 |  | 第3共同點 |  | 第4共同點 |  |
|---|---|---|---|---|---|---|---|---|
|   | 原座標 | 新座標 | 原座標 | 新座標 | 原座標 | 新座標 | 原座標 | 新座標 |
| X | 120.000 | 251.742 | 150.000 | 252.987 | 320.000 | 417.409 | 350.000 | 471.548 |
| Y | 220.000 | 426.733 | 200.000 | 415.302 | 150.000 | 211.381 | 280.000 | 368.059 |
| Z | 320.000 | 601.280 | 380.000 | 670.330 | 120.000 | 496.022 | 320.000 | 670.155 |

[解]

將四個點的三維座標代入 (1-41 式) 得到 (X, Y, Z) 計算值

$$\begin{Bmatrix} \hat{X} \\ \hat{Y} \\ \hat{Z} \end{Bmatrix} = S \cdot \begin{bmatrix} m_{11} & m_{12} & m_{13} \\ m_{21} & m_{22} & m_{23} \\ m_{31} & m_{32} & m_{33} \end{bmatrix} \begin{Bmatrix} x \\ y \\ z \end{Bmatrix} + \begin{Bmatrix} T_x \\ T_y \\ T_z \end{Bmatrix}$$

將 (X, Y, Z) 計算值與實際值代入以下誤差平方和公式

$$\sum_{i=1}^{4}(\hat{X}_i - X_i)^2 + \sum_{i=1}^{4}(\hat{Y}_i - Y_i)^2 + \sum_{i=1}^{4}(\hat{Z}_i - Z_i)^2$$

因為 (1-41 式) 是七參數的函數，故誤差平方和也是七參數的函數，將七參數視為可調整變數，以 Excel 的規劃求解功能最小化誤差平方和，可得到誤差最小平方和之下的最佳解如下：

| $T_x$ | 100.0007 | $\omega$ | 10.00001 |
|---|---|---|---|
| $T_y$ | 199.9994 | $\varphi$ | 20.00002 |
| $T_z$ | 300.0002 | $\kappa$ | 29.99984 |
| $S$ | 1.00001 |  |  |

## 1-5-2 簡化模型

如果測量時，二個三維座標系統的旋轉角很小，此時可假設

$\cos \alpha_i \to 1$

$\sin \alpha_i \sin \alpha_j \to 0$

因此上面的旋轉矩陣可以簡化如下：

$m_{11} = \cos\varphi\cos\kappa$ $\quad\Rightarrow m_{11} = 1$
$m_{12} = \sin\omega\sin\varphi\cos\kappa + \cos\omega\sin\kappa$ $\quad\Rightarrow m_{12} = \sin\kappa$
$m_{13} = -\cos\omega\sin\varphi\cos\kappa + \sin\omega\sin\kappa$ $\quad\Rightarrow m_{13} = -\sin\varphi$
$m_{21} = -\cos\varphi\sin\kappa$ $\quad\Rightarrow m_{21} = -\sin\kappa$
$m_{22} = -\sin\omega\sin\varphi\sin\kappa + \cos\omega\cos\kappa$ $\quad\Rightarrow m_{22} = 1$ **(1-43 式)**
$m_{23} = \cos\omega\sin\varphi\sin\kappa + \sin\omega\cos\kappa$ $\quad\Rightarrow m_{23} = \sin\omega$
$m_{31} = \sin\varphi$ $\quad\Rightarrow m_{31} = \sin\varphi$
$m_{32} = -\sin\omega\cos\varphi$ $\quad\Rightarrow m_{32} = -\sin\omega$
$m_{33} = \cos\omega\cos\varphi$ $\quad\Rightarrow m_{33} = 1$

故 $M = \begin{bmatrix} 1 & \sin\kappa & -\sin\varphi \\ -\sin\kappa & 1 & \sin\omega \\ \sin\varphi & -\sin\omega & 1 \end{bmatrix}$ **(1-44 式)**

令 $\varepsilon_X = \sin\omega \quad \varepsilon_Y = \sin\varphi \quad \varepsilon_Z = \sin\kappa$，

則 $M = \begin{bmatrix} 1 & \varepsilon_Z & -\varepsilon_Y \\ -\varepsilon_Z & 1 & \varepsilon_X \\ \varepsilon_Y & -\varepsilon_X & 1 \end{bmatrix}$ **(1-45 式)**

**例題 1-10 空間直角座標之間的轉換**

已知兩個空間直角座標系之間的七參數如下：

| $T_x$ | 100.000 | $\omega$ | 0.100 |
|---|---|---|---|
| $T_y$ | 200.000 | $\varphi$ | 0.200 |
| $T_z$ | 300.000 | $\kappa$ | 0.300 |
| $S$ | 1.00001 | | |

試求 (X,Y,Z) = (120,220,320) 之轉換座標。

[解]
理論模型

$M = \begin{bmatrix} 0.99998 & 0.00524 & -0.00348 \\ -0.00524 & 0.99998 & 0.00176 \\ 0.00349 & -0.00175 & 0.99999 \end{bmatrix} \begin{Bmatrix} X \\ Y \\ Z \end{Bmatrix} = \begin{Bmatrix} 220.038 \\ 419.935 \\ 620.036 \end{Bmatrix}$

簡化模型

$$M = \begin{bmatrix} 1.00000 & 0.00524 & -0.00349 \\ -0.00524 & 1.00000 & 0.00175 \\ 0.00349 & -0.00175 & 1.00000 \end{bmatrix} \begin{Bmatrix} X \\ Y \\ Z \end{Bmatrix} = \begin{Bmatrix} 220.036 \\ 419.932 \\ 620.038 \end{Bmatrix}$$

結論：因為角度達到 **0.1~0.3** 度，很小，因此理論模型、簡化模型無明顯差異。

---

**例題 1-11** 空間直角座標之間的轉換

已知兩個空間直角座標系之間的七參數如下：

| | | | |
|---|---|---|---|
| $T_x$ | 100.000 | $\omega$ | 1 |
| $T_y$ | 200.000 | $\varphi$ | 2 |
| $T_z$ | 300.000 | $\kappa$ | 3 |
| $S$ | 1.00001 | | |

試求 **(X,Y,Z) = (120,220,320)** 之轉換座標。

[解]

理論模型

$$M = \begin{bmatrix} 0.99802 & 0.05294 & -0.03393 \\ -0.05230 & 0.99845 & 0.01925 \\ 0.03490 & -0.01744 & 0.99924 \end{bmatrix} \begin{Bmatrix} X \\ Y \\ Z \end{Bmatrix} = \begin{Bmatrix} 220.551 \\ 419.545 \\ 620.110 \end{Bmatrix}$$

簡化模型

$$M = \begin{bmatrix} 1.00000 & 0.05234 & -0.03490 \\ -0.05234 & 1.00000 & 0.01745 \\ 0.03490 & -0.01745 & 1.00000 \end{bmatrix} \begin{Bmatrix} X \\ Y \\ Z \end{Bmatrix} = \begin{Bmatrix} 220.347 \\ 419.307 \\ 620.352 \end{Bmatrix}$$

結論：因為角度達到 **1~3** 度，已經不算很小，因此理論模型、簡化模型已出現明顯差異。

---

## 1-5-3 常用模型

一、七參數轉換法

　　七參數轉換法有三個旋轉參數、三個平移參數、一個尺度參數，因此需三個三維共同點才可得到轉換參數。由於 GPS 測量時，二個三維座標系統的旋轉角很小，此時七參數轉換法較常使用的二種模式分別是：

1. **Bursa-Wolf** 模式：

　　二個三維座標系統的旋轉角很小，故轉換模式採用簡化模式，即

$$\begin{Bmatrix} X \\ Y \\ Z \end{Bmatrix} = S \cdot \begin{bmatrix} 1 & \varepsilon_Z & -\varepsilon_Y \\ -\varepsilon_Z & 1 & \varepsilon_X \\ \varepsilon_Y & -\varepsilon_X & 1 \end{bmatrix} \begin{Bmatrix} x \\ y \\ z \end{Bmatrix} + \begin{Bmatrix} T_X \\ T_Y \\ T_Z \end{Bmatrix}$$ (1-46 式)

其中 $(x, y, z)$=舊座標系；$(X, Y, Z)$=新座標系；$(T_X, T_Y, T_Z)$=平移參數；S=尺度參數；$(\varepsilon_X, \varepsilon_Y, \varepsilon_Z)$=旋轉參數。

2. **Molodensky-Badekas 模式**：

為避免平移與旋轉參數產生高度相關的現象，可先將座標原點平移至轉換區域重心後再進行轉換，即

$$\begin{Bmatrix} X \\ Y \\ Z \end{Bmatrix} = S \cdot \begin{bmatrix} 1 & \varepsilon_Z & -\varepsilon_Y \\ -\varepsilon_Z & 1 & \varepsilon_X \\ \varepsilon_Y & -\varepsilon_X & 1 \end{bmatrix} \begin{Bmatrix} X - x_m \\ Y - y_m \\ Z - z_m \end{Bmatrix} + \begin{Bmatrix} x_m \\ y_m \\ z_m \end{Bmatrix} + \begin{Bmatrix} T_X \\ T_Y \\ T_Z \end{Bmatrix}$$ (1-47 式)

其中 $(x_m, y_m, z_m)$=轉換區域之重心座標。

## 二、四參數轉換法

四參數轉換法是七參數轉換法的特例，它假設旋轉參數為 **0**，只剩三個平移參數 $(T_X, T_Y, T_Z)$ 與一個尺度參數 **S**，因此只需二個三維共同點就可得到轉換參數。

## 三、三參數轉換法

三參數轉換法是七參數轉換法的特例，它假設旋轉參數為 **0**，且尺度參數為 **1**，只剩三個平移參數 $(T_X, T_Y, T_Z)$，因此只需一個三維共同點就可得到轉換參數。

# 1-6 本章摘要

1. 空間直角座標 **(X,Y,Z)** 與橢球座標 **(ϕ, λ, h)** 之轉換：參考第 **1-2** 節。

$$X_P = (R_{N_P} + h_p)\cos\phi_p \cos\lambda_p$$
$$Y_P = (R_{N_P} + h_p)\cos\phi_p \sin\lambda_p$$
$$Z_P = (R_{N_P}(1 - e^2) + h_p)\sin\phi_p$$

其中 $R_{NP} = \dfrac{a}{\sqrt{1 - e^2 \sin^2 \phi_P}}$    $e^2 = \dfrac{a^2 - b^2}{a^2}$

2. 平面直角座標與橢球座標之轉換：參考第 **1-3** 節。

$$E = R_N \times \cos B \times l + \frac{1}{6} R_N (1 - t^2 + \eta^2) \cos^3 B \times l^3 + \cdots$$

$$N = S + \frac{1}{2} R_N \times t \times \cos^2 B \times l^2 + \cdots$$

3. 平面直角座標之間的轉換：參考第 **1-4** 節。

   **(1)** 四參數轉換
   $$X = (S\cos\theta)x - (S\sin\theta)y + T_X$$
   $$Y = (S\sin\theta)x + (S\cos\theta)y + T_Y$$
   即
   $$X = ax - by + c$$
   $$Y = bx + ay + d$$

   **(2)** 六參數轉換
   $$X = (S_X\cos\theta_X)x - (S_Y\sin\theta_Y)y + T_X$$
   $$Y = (S_X\sin\theta_X)x + (S_Y\cos\theta_Y)y + T_Y$$
   即
   $$X = ax + by + c$$
   $$Y = dx + ey + f$$

   **(3)** 八參數轉換
   $$X = \frac{A_1 x + B_1 y + C_1}{A_3 X + B_3 Y + 1} \qquad Y = \frac{A_2 x + B_2 y + C_2}{A_3 x + B_3 y + 1}$$

4. 空間直角座標之間的轉換：參考第 **1-5** 節。

   $$\begin{Bmatrix} X \\ Y \\ Z \end{Bmatrix} = S \cdot M \cdot \begin{Bmatrix} x \\ y \\ z \end{Bmatrix} + \begin{Bmatrix} T_x \\ T_y \\ T_z \end{Bmatrix}$$

   理論模型

   $$M = \begin{bmatrix} m_{11} & m_{12} & m_{13} \\ m_{21} & m_{22} & m_{23} \\ m_{31} & m_{32} & m_{33} \end{bmatrix}$$

   簡化模型

   $$M = \begin{bmatrix} 1 & \sin\kappa & -\sin\varphi \\ -\sin\kappa & 1 & \sin\omega \\ \sin\varphi & -\sin\omega & 1 \end{bmatrix}$$

# 習 題

**1-2** 空間直角座標與地理 (橢球) 座標之間的轉換

同例題 **1-1**，但數據改為
**WGS84(經度, 緯度, 幾何高)=(121°27'02.570", 25°10'33.529", 81.491 m)**
**[解] WGS84(X,Y,Z)= (-3013621.439, 4927292.140, 2696764.080)**

同例題 **1-2**，但數據改為
**WGS84(X,Y,Z)= (-3013621.439, 4927292.140, 2696764.080)**
**[解] WGS84(經度, 緯度, 幾何高)=(121°27'02.570", 25°10'33.529", 81.491 m)**

**1-3 平面直角座標與地理 (橢球) 座標之間的轉換**

同例題 **1-3**，試求已下經緯度的二度分帶 **UTM** 座標：
經度=122 度 0 分 0 秒；緯度=25 度 0 分 0 秒
[解] 橫距=350943.3126；縱距=2766149.845

**1-4 平面直角座標之間的轉換**

同例題 **1-4**，但數據改成下表。

| 點號 | A | B | X | Y | 備註 |
|---|---|---|---|---|---|
| A | 60.00 | 500.00 | 200.00 | 300.00 | 基準點 |
| B | 550.02 | 100.03 | 800.00 | 100.00 | 基準點 |
| C | 392.17 | 541.02 | 495.95 | 456.22 | 未知點 |
| D | 640.11 | 926.12 | 591.07 | 904.19 | 未知點 |
| E | 832.50 | 592.00 | 889.48 | 660.13 | 未知點 |
| F | 232.10 | 969.12 | 194.41 | 799.60 | 未知點 |

[解]

$$k = \frac{\sqrt{(x_2 - x_1)^2 + (y_2 - y_1)^2}}{\sqrt{(A_2 - A_1)^2 + (B_2 - B_1)^2}} = 0.99988$$

α= -20°47'15"

$$\begin{bmatrix} y_0 \\ x_0 \end{bmatrix} = \begin{bmatrix} y_1 \\ x_1 \end{bmatrix} - k \begin{bmatrix} \cos\alpha & -\sin\alpha \\ \sin\alpha & \cos\alpha \end{bmatrix} \begin{bmatrix} B_1 \\ A_1 \end{bmatrix} = \begin{bmatrix} -188.687 \\ 321.343 \end{bmatrix}$$

C, D, E, F 的 (X, Y) 座標如上表灰底處數據。

同例題 **1-5**，但數據改成下表。

| 點號 | A | B | X | Y | 備註 |
|---|---|---|---|---|---|
| A | 60.00 | 500.00 | 200.00 | 300.00 | 基準點 |
| B | 550.02 | 100.03 | 800.00 | 100.00 | 基準點 |
| C | 392.17 | 541.02 | 495.95 | 456.22 | 基準點 |
| D | 640.11 | 926.12 | 591.07 | 904.19 | 未知點 |
| E | 832.50 | 592.00 | 889.48 | 660.13 | 未知點 |
| F | 232.10 | 969.12 | 194.41 | 799.60 | 未知點 |

[解] 如上表灰底處數據。

同例題 **1-5**，但數據改成下表。

| 點號 | GPS N | GPS E | 全站儀 N | 全站儀 E | 備註 |
|---|---|---|---|---|---|
| HD147 | 2785342.617 | 295446.570 | 2785342.69 | 295446.552 | 基準點 |
| HD154 | 2785300.621 | 295372.825 | 2785300.684 | 295372.794 | 基準點 |
| TK8 | 2785154.294 | 295085.795 | 2785154.386 | 295085.737 | 基準點 |
| TK25 | 2785431.756 | 295304.598 | 2785431.823 | 295304.567 | 基準點 |
| TK11 | 2785200.554 | 295325.564 | | | 未知點 |
| TK17 | 2785257.111 | 295626.843 | | | 未知點 |
| TK28 | 2785323.948 | 295186.789 | | | 未知點 |
| TK30 | 2785250.616 | 295175.609 | | | 未知點 |
| TK99 | 2785108.524 | 295101.781 | | | 未知點 |

試求 GPS 座標對全站儀座標之轉換參數。

[解]

k  =  1.000037
α  =  359°59'43"
a  =  1.00004
b  =  -0.00008
X0  =  2785307.396 m
Y0  =  295302.413 m

| 點號 | N | E |
|---|---|---|
| HD147 | 2785342.680 m | 295446.544 m |
| HD154 | 2785300.689 m | 295372.793 m |
| TK08 | 2785154.380 m | 295085.740 m |
| TK25 | 2785431.834 m | 295304.574 m |
| TK11 | 2785200.622 m | 295325.521 m |
| TK17 | 2785257.156 m | 295626.816 m |
| TK28 | 2785324.032 m | 295186.752 m |
| TK30 | 2785250.698 m | 295175.565 m |
| TK99 | 2785108.607 m | 295101.723 m |

橫座標誤差均方根  =  0.009633 m
縱座標誤差均方根  =  0.006504 m

同例題 1-6 六參數轉換，但數據改成下表。

| 點號 | A | B | X | Y |
|---|---|---|---|---|
| A | 453.74 | 880.44 | 600 | 900 |
| B | 732.84 | 723.6 | 850 | 700 |
| C | 190.12 | 634.47 | 300 | 700 |
| D | 90 | 10 | | |
| E | 847 | 337 | | |
| F | 518.56 | 485.73 | | |

[解]

| 參數 | 參數值 |
|---|---|
| a | 0.986801 |
| b | 0.162051 |
| c | 9.573117 |
| d | -0.16206 |
| e | 0.986796 |
| f | 104.7183 |

| 點號 | A | B | X | Y |
|---|---|---|---|---|
| D | 90 | 10 | 100.006 | 100.001 |
| E | 847 | 337 | 900.004 | 300.004 |
| F | 518.56 | 485.73 | 600.001 | 499.997 |

同例題 1-7 八參數轉換，但數據改成下表。

| 點號 | 相片座標 X' | 相片座標 Y' | 地面座標 X | 地面座標 Y |
|---|---|---|---|---|
| 1 | 0.074058 | -0.08581 | 455 | 255 |
| 2 | 0.063429 | -0.06597 | 480 | 255 |
| 3 | 0.054518 | -0.04933 | 505 | 255 |
| 4 | 0.026551 | -0.04588 | 505 | 280 |
| 5 | -0.00658 | -0.04178 | 505 | 305 |
| 6 | -0.00233 | -0.06101 | 480 | 305 |
| 7 | 0.002938 | -0.0848 | 455 | 305 |
| 8 | 0.042143 | -0.08536 | 455 | 280 |
| 9 | 0.033597 | -0.06372 | 480 | 280 |

[解]

使用 Excel 的規劃求解之最佳化方法，得到最小平方和之下的參數如下：

| $A_1$ | -0.0009414 | $A_2$ | 0.002814 | $A_3$ | 0.020155 |
|---|---|---|---|---|---|
| $B_1$ | -0.00748 | $B_2$ | 0.001752 | $B_3$ | -0.01941 |
| $C_1$ | 2.722934 | $C_2$ | -2.17495 | | |

驗算第 9 點得 X=480.000, Y= 280.000。

## 1-5 空間直角座標之間的轉換

同例題 **1-8** 空間直角座標之間的**轉換**，已知兩個空間直角座標系之間的七參數如下：

| | | | |
|---|---|---|---|
| $T_x$ | 110.000 | $\omega$ | 11.000 |
| $T_y$ | 210.000 | $\varphi$ | 21.000 |
| $T_z$ | 310.000 | $\kappa$ | 31.000 |
| $S$ | 0.99999 | | |

試求 (X,Y,Z)=(120,220,320) 之轉換座標。
[解] (265.104, 439.978, 607.068)

同例題 **1-10** 空間直角座標之間的**轉換**，但數據改成下表。

| | | | |
|---|---|---|---|
| $T_x$ | 110.000 | $\omega$ | 0.110 |
| $T_y$ | 210.000 | $\varphi$ | 0.210 |
| $T_z$ | 310.000 | $\kappa$ | 0.310 |
| $S$ | 0.99999 | | |

試求(X,Y,Z)=(120,220,320)之轉換座標。
[解]理論模型: (230.019, 429.966, 630.012)　簡化模型: (230.016, 429.963, 630.014)

同例題 **1-11** 空間直角座標之間的**轉換**，但數據改成下表。

| | | | |
|---|---|---|---|
| $T_x$ | 110.000 | $\omega$ | 1.1 |
| $T_y$ | 210.000 | $\varphi$ | 2.1 |
| $T_z$ | 310.000 | $\kappa$ | 3.1 |
| $S$ | 0.99999 | | |

試求 (X,Y,Z)=(120,220,320) 之轉換座標。
[解] 理論模型: 230.418, 429.910, 629.900)　簡化模型: (230.170, 429.652, 630.171)

# 第 2 章 數值地形模型

2-1 本章提示
2-2 數值地形模型的建立與應用(一)：規則網格
    2-2-1 建立網格式 DEM
    2-2-2 網格式 DEM 的內插方程式
    2-2-3 內插等高線
    2-2-4 網格式 DEM 的應用
2-3 數值地形模型的建立與應用(二)：不規則三角網
    2-3-1 建立不規則三角網式 DEM
    2-3-2 不規則三角網式 DEM 的內插方程式
    2-3-3 判定內插點被哪一個三角形包含的方法
    2-3-4 內插等高線
    2-3-5 其他高階內插法
2-4 數值地形模型資訊的建置
2-5 本章摘要

## 2-1 本章提示

常用的數值地形模型包括不規則三角網 (TIN)、規則網格(Grid)二種。

(1) 不規則三角網 (TIN) (圖 2-1)

以不規則大小之三角形組成數值地型以表示地形。TIN 的三角形之每個頂點有一高程值，由於三點即能定一個平面，故將各高程點視為各三角形之頂點，即可組成一個數值地形模型。

(2) 規則網格 (圖 2-2)

以規則大小之方格組成數值地型以表示地形。每個方格點有一高程值。故將各高程點組成一個方陣，即可組成一個數值地形模型。

不規則三角網與規則網格之比較如表 2-1。

## 2-2 數值地形模型的建立與應用(一)：規則網格

### 2-2-1 建立網格式 DEM

建立網格式 DEM 的方法有二種：

1. 直接測量法：以方格法用地面測量或 GNSSS 測量得到方格點的高程。
2. 間接內插法：從地形要點法的成果以內插計算得到方格點的高程。

　　間接內插法必須先建立地形要點三維座標數據庫，然後對所有 DEM 上的網格點以下面步驟建立 DEM：

**(1)** 選點：選出最靠近網格點的四個地形要點。
**(2)** 建模：利用這四個點的三維座標 (X,Y,Z) 列出下列雙線性方程式

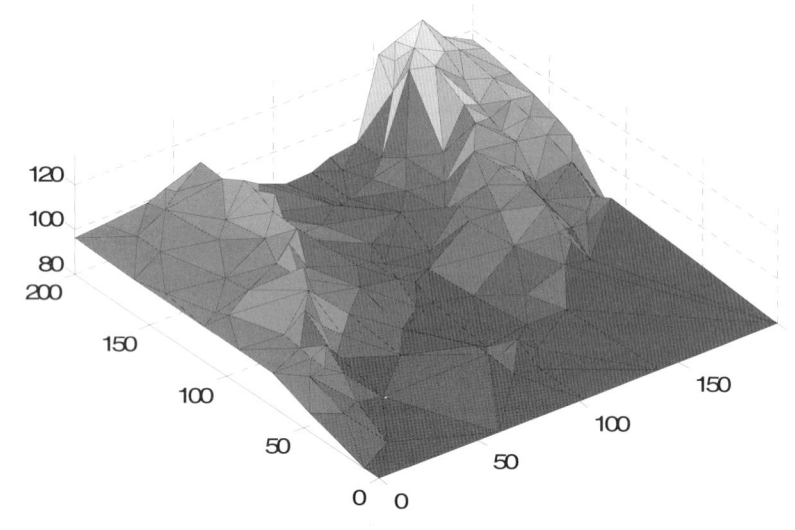

圖 2-1 不規則三角網 (TIN)

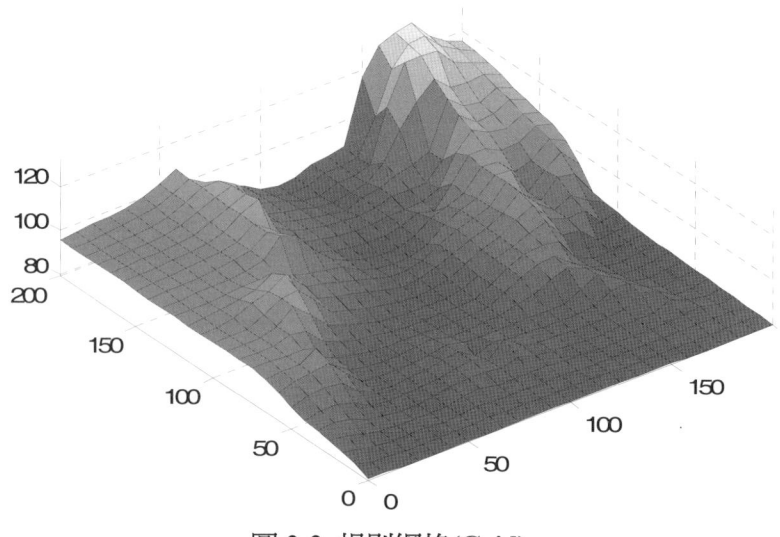

圖 2-2 規則網格(Grid)

表 2-1 不規則三角網與規則網格之比較

| | 不規則三角網 | 規則網格 |
|---|---|---|
| 優點 | (1) TIN 數據以不規則的點分佈方式蒐集之，現場測量較為簡便。<br>(2) TIN 具有表現地形特徵（如山脊、山谷、山頂、山窪）之優點。<br>(3) TIN 可指定地形斷線處，具有表現地形斷線之優點。<br>(4) TIN 與規則網格模式比較，所需儲存之資料量較少。 | (1) 許多空間運算所需之計算時間較 TIN 為短。<br>(2) 與數位影像結合時不需額外之處理，故易於與遙測數位影像結合。<br>(3) 資料結構十分簡單。 |
| 缺點 | (1) 許多空間運算所需之計算時間較規則網格模式為長。<br>(2) TIN 與數位影像結合時須額外之處理。<br>(3) 資料結構較為複雜。 | (1) 數據以規則的點分佈方式蒐集之，現場測量較為困難。<br>(2) 地形特徵點之表現能力較差。<br>(3) 地形斷線之表現能力較差。<br>(4) 與 TIN 比較，所需儲存之資料量較大 (依網格大小而定)。 |

$$\begin{pmatrix} Z_1 \\ Z_2 \\ Z_3 \\ Z_4 \end{pmatrix} = \begin{bmatrix} 1 & X_1 & Y_1 & X_1Y_1 \\ 1 & X_2 & Y_2 & X_2Y_2 \\ 1 & X_3 & Y_3 & X_3Y_3 \\ 1 & X_4 & Y_4 & X_4Y_4 \end{bmatrix} \begin{pmatrix} a \\ b \\ c \\ d \end{pmatrix}$$ 
(2-1 式)

解出雙線性方程式的係數 a, b, c, d

$$\begin{pmatrix} a \\ b \\ c \\ d \end{pmatrix} = \begin{bmatrix} 1 & X_1 & Y_1 & X_1Y_1 \\ 1 & X_2 & Y_2 & X_2Y_2 \\ 1 & X_3 & Y_3 & X_3Y_3 \\ 1 & X_4 & Y_4 & X_4Y_4 \end{bmatrix}^{-1} \begin{pmatrix} Z_1 \\ Z_2 \\ Z_3 \\ Z_4 \end{pmatrix}$$
(2-2 式)

(3) 內插：用雙線性方程式以內插計算得到網格點的高程。
$$Z = a + b \cdot X + c \cdot Y + d \cdot X \cdot Y$$
(2-3 式)

## 例題 2-1 建立網格式 DEM

以地形要點法測量得到地形要點的高程如下圖，試求網格點(X,Y)=(200,100)之內插高程。

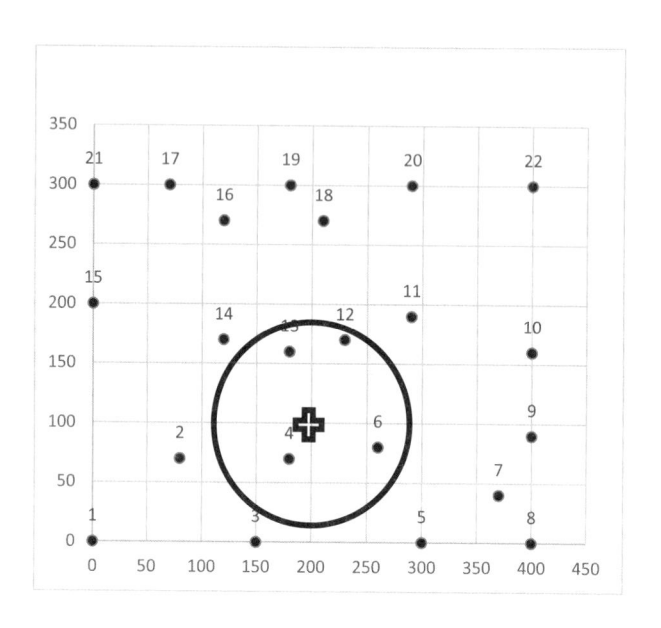

圖 2-3 建立網格式 DEM

[解]
**(1) 選點**：選出最靠近網格點的四個地形要點如下：

| 地形要點 | x | y | z |
|---|---|---|---|
| 4 | 180 | 70 | 280 |
| 6 | 260 | 80 | 280 |
| 13 | 180 | 160 | 270 |
| 12 | 230 | 170 | 350 |

**(2) 建模**：利用這四個點的三維座標 (X,Y,Z) 列出下列雙線性方程式

$$\begin{pmatrix} Z_1 \\ Z_2 \\ Z_3 \\ Z_4 \end{pmatrix} = \begin{bmatrix} 1 & X_1 & Y_1 & X_1Y_1 \\ 1 & X_2 & Y_2 & X_2Y_2 \\ 1 & X_3 & Y_3 & X_3Y_3 \\ 1 & X_4 & Y_4 & X_4Y_4 \end{bmatrix} \begin{pmatrix} a \\ b \\ c \\ d \end{pmatrix} = \begin{bmatrix} 1 & 180 & 70 & 12600 \\ 1 & 260 & 80 & 20800 \\ 1 & 180 & 160 & 28800 \\ 1 & 230 & 170 & 39100 \end{bmatrix} \begin{pmatrix} a \\ b \\ c \\ d \end{pmatrix}$$

$$\begin{pmatrix} a \\ b \\ c \\ d \end{pmatrix} = \begin{bmatrix} 1 & X_1 & Y_1 & X_1Y_1 \\ 1 & X_2 & Y_2 & X_2Y_2 \\ 1 & X_3 & Y_3 & X_3Y_3 \\ 1 & X_4 & Y_4 & X_4Y_4 \end{bmatrix}^{-1} \begin{pmatrix} Z_1 \\ Z_2 \\ Z_3 \\ Z_4 \end{pmatrix} = \begin{bmatrix} 5.9111 & -4.2500 & -3.8611 & 3.2000 \\ -0.0230 & 0.0236 & 0.0171 & -0.0178 \\ -0.0378 & 0.0250 & 0.0528 & -0.0400 \\ 0.0001 & -0.0001 & -0.0002 & 0.0002 \end{bmatrix} \begin{pmatrix} 280 \\ 280 \\ 270 \\ 350 \end{pmatrix}$$

$$= \begin{pmatrix} 542.61 \\ -1.4157 \\ -3.3277 \\ 0.017870 \end{pmatrix}$$

**(3) 內插**：用雙線性方程式以內插計算得到網格點的高程。

$Z = a + b \cdot X + c \cdot Y + d \cdot X \cdot Y$

$Z = 542.61 - 1.4157 \times 200 - 3.3277 \times 100 + 0.017870 \times 200 \times 100 = 284.1$

## 2-2-2 網格式 DEM 的內插方程式

當建立網格式 DEM 後，網格內的任意點可用下面的雙線性內插方程式內插得到 **(圖 2-4)**

$$Z = Z_P \frac{(L-x)}{L}\frac{(L-y)}{L} + Z_Q \frac{x}{L}\frac{(L-y)}{L} + Z_R \frac{x}{L}\frac{y}{L} + Z_S \frac{(L-x)}{L}\frac{y}{L} \qquad \text{(2-4 式)}$$

其中 $Z_P, Z_Q, Z_R, Z_S$=方格四個角落高程，$x, y$=以左上方原點之內插點平面座標。

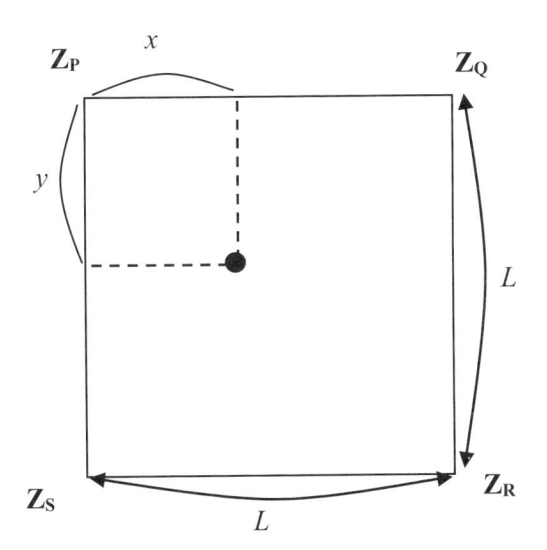

圖 2-4 網格式 DEM 的內插方程式

例題 2-2　網格式 DEM 的內插方程式

同圖 2-4，L=10 m，P, Q, R, S 點的高程分別為 10, 12, 16, 14m，試求 (x, y)=(4,6) 點的高程

[解]

$$Z = Z_P \frac{(L-x)}{L}\frac{(L-y)}{L} + Z_Q \frac{x}{L}\frac{(L-y)}{L} + Z_R \frac{x}{L}\frac{y}{L} + Z_S \frac{(L-x)}{L}\frac{y}{L}$$

$$Z = \frac{(10-4)}{10} \times \frac{(10-6)}{10} \times 10 + \frac{4}{10} \times \frac{(10-6)}{10} \times 12 + \frac{4}{10} \times \frac{6}{10} \times 16 + \frac{(10-4)}{10} \times \frac{6}{10} \times 14$$

$$= 13.20$$

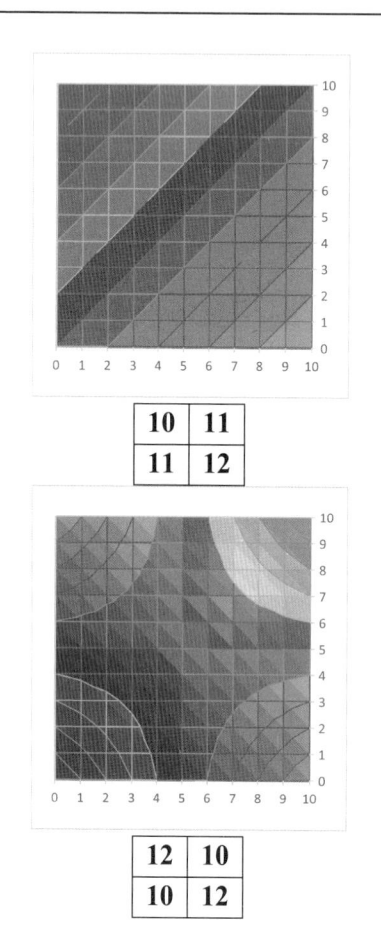

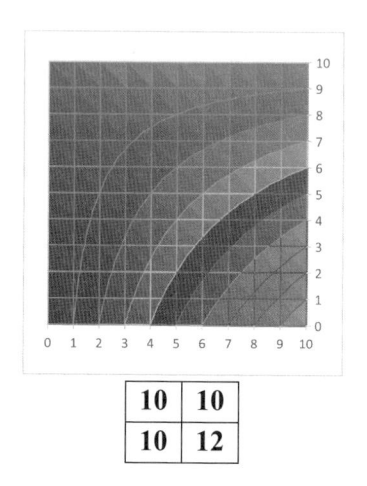

| 10 | 11 |
|----|----|
| 11 | 12 |

| 10 | 10 |
|----|----|
| 10 | 12 |

| 12 | 10 |
|----|----|
| 10 | 12 |

四方格內數字為方格四個角落的高程
- 左上圖為平面
- 右上圖為單調曲面
- 左下圖為鞍形曲面

圖 2-5 網格式 DEM 的內插方程式可能產生的模型

## 2-2-3 內插等高線

當建立網格式 DEM 後，可用內插法得到等高線。方法有兩個：

**(1) 方格內插法**：用前節的方法建立每一個網格的內插方程式後，在每個方格內繪

等高線，集合每個方格的等高線即得全體的等高線。
(2) 三角形內插法：將每個方格切成兩個三角形，再用 TIN 的方法得到等高線。

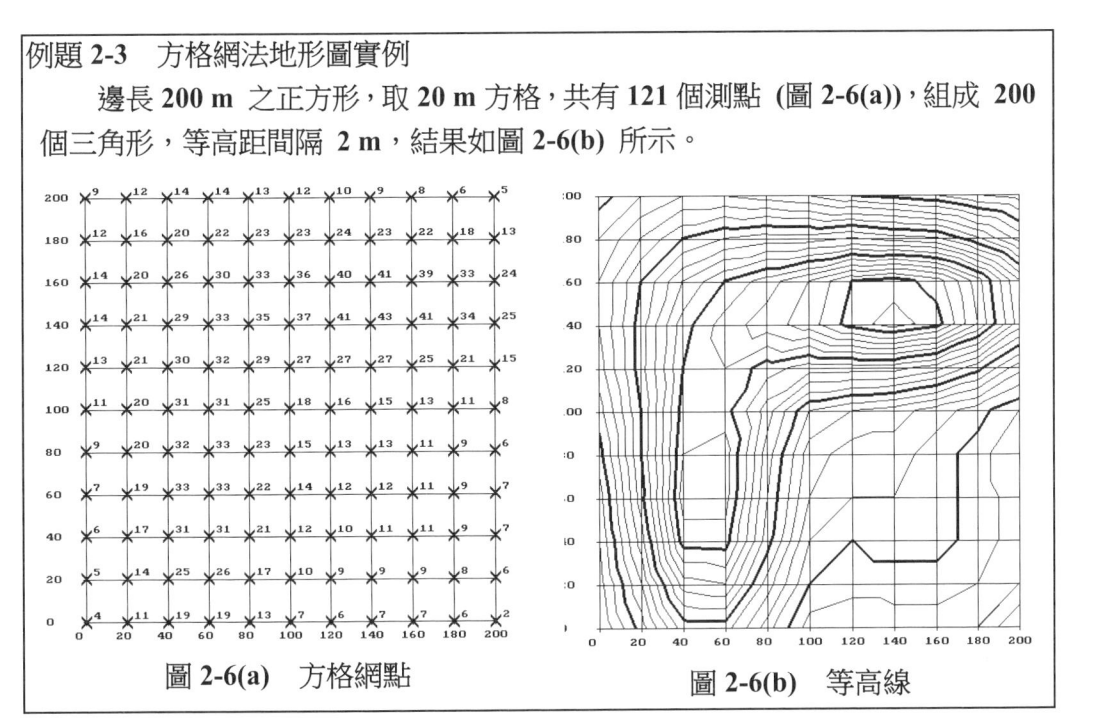

---

**例題 2-3　方格網法地形圖實例**

邊長 200 m 之正方形，取 20 m 方格，共有 121 個測點 (圖 2-6(a))，組成 200 個三角形，等高距間隔 2 m，結果如圖 2-6(b) 所示。

圖 2-6(a)　方格網點　　　　　圖 2-6(b)　等高線

---

## 2-2-4 網格式 DEM 的應用

當建立網格式 DEM 後，可用進行許多有用的分析：

**(1) 坡度**

假設方格的大小為 $\Delta X \times \Delta Y$，四個角落的高程如右圖：

| $Z_{01}$ | $Z_{11}$ |
|---|---|
| $Z_{00}$ | $Z_{10}$ |

則 X 方向坡度　$\tan\theta_X = \dfrac{\dfrac{Z_{10}+Z_{11}}{2} - \dfrac{Z_{00}+Z_{01}}{2}}{\Delta X}$ 　　(2-5 式)

Y 方向坡度　$\tan\theta_Y = \dfrac{\dfrac{Z_{01}+Z_{11}}{2} - \dfrac{Z_{00}+Z_{10}}{2}}{\Delta Y}$ 　　(2-6 式)

總坡度(與平面的夾角)　$\tan\theta = \sqrt{\tan^2\theta_X + \tan^2\theta_Y}$ 　　(2-7 式)

**(2) 坡向　T**

坡向(與 X 軸夾角)　$\tan T = \dfrac{\tan\theta_Y}{\tan\theta_X}$　故　$T = \tan^{-1}\left(\dfrac{\tan\theta_Y}{\tan\theta_X}\right)$　(2-8 式)

**(3) 體積 V**

$$V = \Delta X \cdot \Delta Y \cdot \dfrac{(Z_{00}-Z)+(Z_{10}-Z)+(Z_{01}-Z)+(Z_{11}-Z)}{4} \quad (2\text{-}9\text{ 式})$$

Z=開挖的目標高程

**(4) 表面積 A**

將四邊形切成二個三角形，計算各三角形之邊長 a, b, c

$$A = \sqrt{S(S-a)(S-b)(S-c)} \qquad 式中 S = \dfrac{a+b+c}{2} \quad (2\text{-}10\text{ 式})$$

---

**例題 2-4 網格式 DEM 的應用**

假設方格的大小為 $\Delta X \times \Delta Y = 10 \times 10$，四個角落的高程如下：
$Z_{00} = 77.7$　$Z_{10} = 88.7$　$Z_{01} = 74.9$　$Z_{11} = 75.5$
假設開挖高程 Z=50。

| 77.7 | 88.7 |
|---|---|
| 74.9 | 75.5 |

**[解]**

**(1) 坡度**

X 方向坡度　$\tan\theta_X = \dfrac{\dfrac{Z_{10}+Z_{11}}{2} - \dfrac{Z_{00}+Z_{01}}{2}}{\Delta X} = \dfrac{82.1-76.3}{10} = 58\%$　坡度 **30.1** 度

Y 方向坡度　$\tan\theta_Y = \dfrac{\dfrac{Z_{01}+Z_{11}}{2} - \dfrac{Z_{00}+Z_{10}}{2}}{\Delta Y} = \dfrac{83.2-75.2}{10} = 80\%$　坡度 **38.7** 度

總坡度(與平面的夾角)　$\tan\theta = \sqrt{\tan^2\theta_X + \tan^2\theta_Y} = 98.8\%$　坡度 **44.7** 度

**(2) 坡向**

$T = \tan^{-1}\left(\dfrac{\tan\theta_Y}{\tan\theta_X}\right) = \tan^{-1}\left(\dfrac{0.80}{0.58}\right) = 54.12°$

**(3) 體積**：四個角點挖到 **50.000** 各需挖

$$V = \Delta X \cdot \Delta Y \cdot \dfrac{(Z_{00}-Z)+(Z_{10}-Z)+(Z_{01}-Z)+(Z_{11}-Z)}{4}$$

$$= 10 \cdot 10 \cdot \dfrac{24.9+25.5+27.7+38.7}{4} = 2920$$

**(4) 表面積**

$A = \sqrt{S(S-a)(S-b)(S-c)}$

|  | a | b | c | S | A |
|---|---|---|---|---|---|
| △ACD | 10 | 16.6 | 19.8 | 23.2 | 82.9 |
| △ABD | 10.4 | 14.9 | 19.8 | 22.5 | 75.6 |

合計 158.5

## 2-3 數值地形模型的建立與應用(二)：不規則三角網

不規則的三角網是一種以連續的小三角形構成網狀，來代表連續的二度空間資料 (例如地形資料) 的資料結構。不規則三角網的佈點密度可隨空間資料複雜度之不同而改變。表 2-2 為不規則三角網的資料結構。對於資料中的每一個節點，需節點編號、X、Y、Z 等四個值來存放；每一個三角形，需三角形編號、節點 i、節點 j、節點 k 等四個值來存放。

表 2-2(a) 不規則三角網的節點資料

| 編號 | X | Y | Z |
|---|---|---|---|
| 1 | 0.2 | 0.4 | 135.5 |
| 2 | 80.3 | 70.6 | 200.3 |
| 3 | 150.5 | 0.3 | 170.8 |
| 4 | 180.4 | 70.2 | 280.2 |
| 5 | 300.9 | 0.3 | 180.1 |
| 6 | 260.2 | 80.4 | 280.5 |

表 2-2(b) 不規則三角網三角形資料

| 編號 | 節點 i | 節點 j | 節點 k |
|---|---|---|---|
| 1 | 1 | 2 | 3 |
| 2 | 2 | 3 | 4 |
| 3 | 3 | 4 | 5 |
| 4 | 4 | 5 | 6 |

由於同一三角形內之地表被視為一個平面，故將地形要點編成不規則三角網時，應盡量使三角形平面與地表貼近。圖 2-7 為不規則三角網法立體展現實例。圖 2-8 為現地佈點與編網實況。

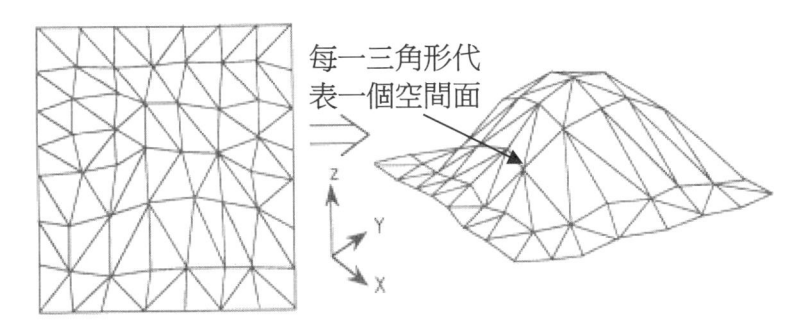

圖 2-7 不規則三角網法：立體展現

圖 2-8 不規則三角網法：現地佈點

但以人工方式編三角網費時且易出錯，因此常以人工指定地形線(或稱地形斷線)，再用電腦以三角形的邊不穿越地形斷線原則下自動編三角網。地形線 (或稱地形斷線) 是指坡度急遽變化之處，例如邊坡的上下邊緣、山稜線、山谷線、河岸…等。等高線遇到地形線時，等高線的走向會有劇烈變化。由於在不規則三角網中，同一個三角形內之地表被視為一個平面，故三角形內之等高線等間距且平行，因此無法在一個三角形內表現走向有變化的等高線，故三角形的邊不可穿越地形斷線。例如，圖 2-9(a) 為地形要點的分佈，圖 2-9(b) 為不規則三角網法的分佈，因遵守三角形的邊不穿越地形斷線的原則，故三角形平面與地表貼近，可精準表達地表起伏狀況，是一個良好的編網。

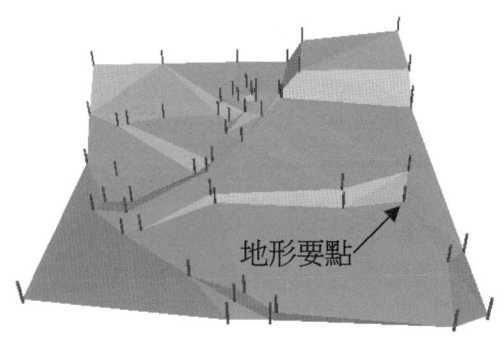

圖 2-9(a) 不規則三角網法：地形要點 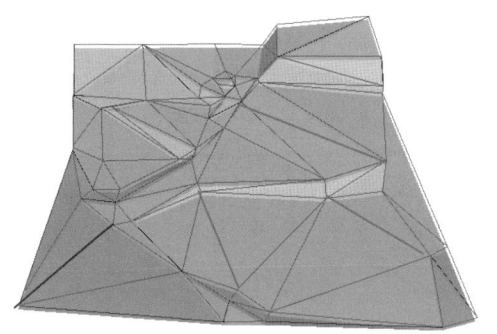　　圖 2-9(b) 不規則三角網法：三角網

以不規則三角網法建構地形模型之步驟如下:

步驟 1：選擇地形要點：估計地形斷線(breakline) (邊坡的上下邊緣、山脊、山谷、河岸、湖邊、道路、壕溝…等)。沿地形線在坡度有變化處取點，例如山頂、山窪、山崖、山腳、山脊、山谷。

步驟 2：測量地形要點：以全站儀等實測地形要點三維座標。將成果輸入電腦，並指定斷線。

步驟 3：連結地形要點成不規則三角網：以適當的演算法在斷線的限制下 (三角形之邊線不可橫越斷線) 產生不規則三角網，常用之法有角度判斷法、**Dealunay** 三角法 (將在下節詳述之)。

步驟 4：內插等高線：以內插法繪出等高線 (將在下節詳述之)。

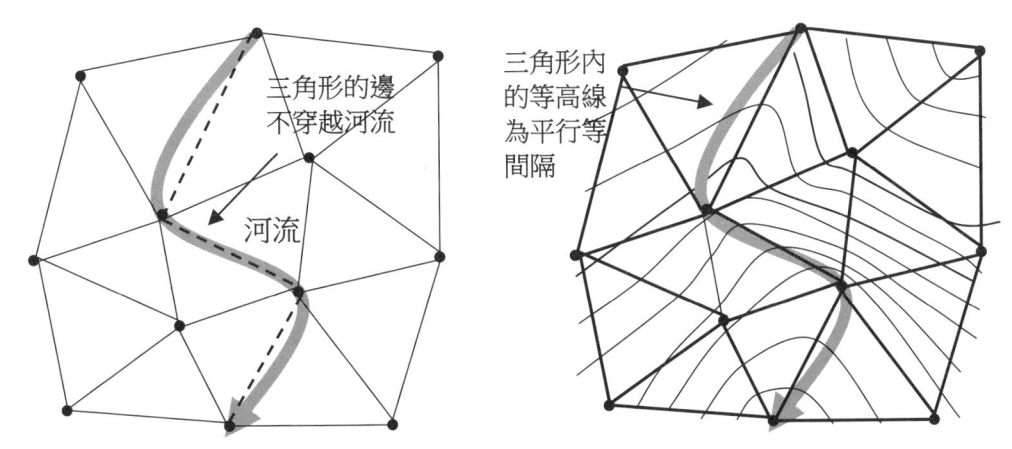

**(a)** 正確的三角網 (三角形的邊不穿越河流)，三角形內的等高線為平行等間隔

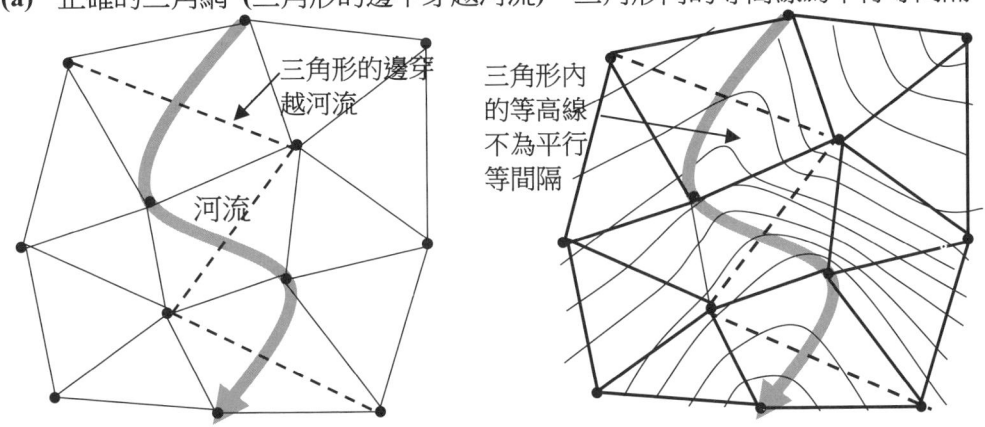

**(b)** 不正確的三角網 (三角形的邊穿越河流)，三角形內的等高線不為平行等間隔

圖 **2-10**　連成三角網 (三角形的邊不可穿越地形斷線為原則)

例如，圖 **2-10(a)** 左圖中有一條 S 形的河流為「地形斷線」，因此三角形的邊不可穿越河流。右圖則展示將這些三角網與正確的等高線套疊的結果，可見每一個三角形內的等高線為近似平行等間隔的直線。圖 **2-10(b)** 左圖則展示三角形的邊穿越河流的錯誤作法。右圖則展示將這些錯誤三角網與正確的等高線套疊的結果，可見邊長穿越河流的三角形其內部的等高線不是近似平行等間隔的直線，而是走向有變化的曲線。由於在不規則三角網中，同一個三角形內之地表被視為一個平面，故三角形只能產生等間距且為平行直線之等高線，無法產生走向有變化的曲線之等高線，故這些的三角形無法表達正確的地形。

圖 **2-11** 與 **2-12** 是指定地形斷線產生不規則三角網的實例，可見指定地形斷線有助於產生更貼近實際地形的不規則三角網，提高數值地形模型的精度。

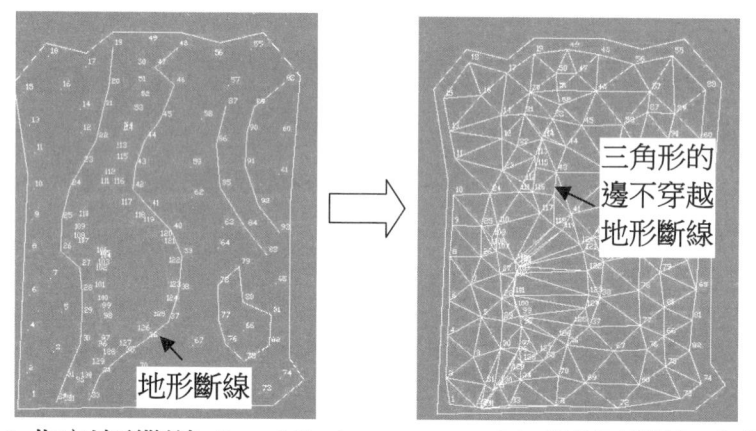

**(a)** 指定地形斷線 **(breakline)**     **(b)** 產生不規則三角網

圖 **2-11** 指定地形斷線產生不規則三角網實例：邊坡

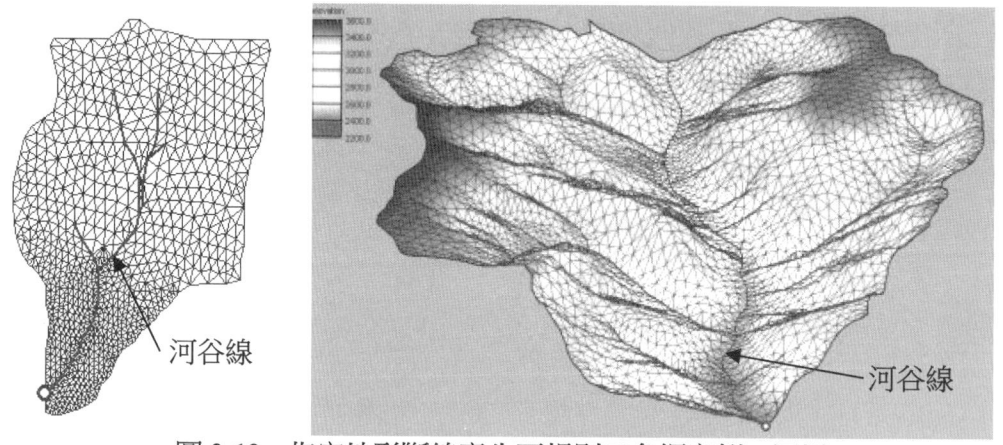

圖 **2-12** 指定地形斷線產生不規則三角網實例：河川
(左圖中樹狀粗線即河谷線，右圖為建模後 **3D** 展示)

## 2-3-1 建立不規則三角網式 DEM

不規則三角網 (TIN) 以數位方式來表示表面形態。**TIN** 是基於向量的數位地理資料的一種形式，通過將一系列頂點組成三角形來構建。各頂點通過由一系列邊進行連接，最終形成一個三角網。**TIN** 的各邊形成不疊置的連續三角面，可用於捕獲在表面中發揮重要作用的線狀要素（如山脊線或河道）的位置。由於結點可以不規則地放置在表面上，所以在表面起伏變化較大或需要更多細節的區域，**TIN** 可具有較高的解析度，而在表面起伏變化較小的區域，則可具有較低的解析度。

**TIN** 最大優點是可精確表現地形。最大缺點是在空間運算時，三角形及鄰接關係都需要即時再生成，計算量大，不便於 **TIN** 的快速檢索與顯示。因此 **TIN** 模型的適用範圍不及網格地形模型那麼廣泛。但是在較小區域的高精度建模，例如在工程應用中，需精確地計算平面面積、表面積和體積，此時 **TIN** 非常有用。

建構 **TIN** 時應盡可能保證每個三角形是銳角三角形或三邊的長度近似相等，避免出現過大的鈍角和過小的銳角。形成這些三角形的插值方法有很多種，主要有角度判斷法、**Delaunay** 三角法。

### 一、角度判斷法 (圖 2-13)

當已知三角形的兩個頂點後，利用餘弦定理計算在兩個頂點一側的備選第三頂點的三角形內角的大小。

$$\cos \angle C_i = \frac{a_i^2 + b_i^2 - c^2}{2a_i b_i} \tag{2-11 式}$$

選擇最大者對應的點為該三角形的第三頂點。

$$\angle C = \max\{\angle C_i\} \tag{2-12 式}$$

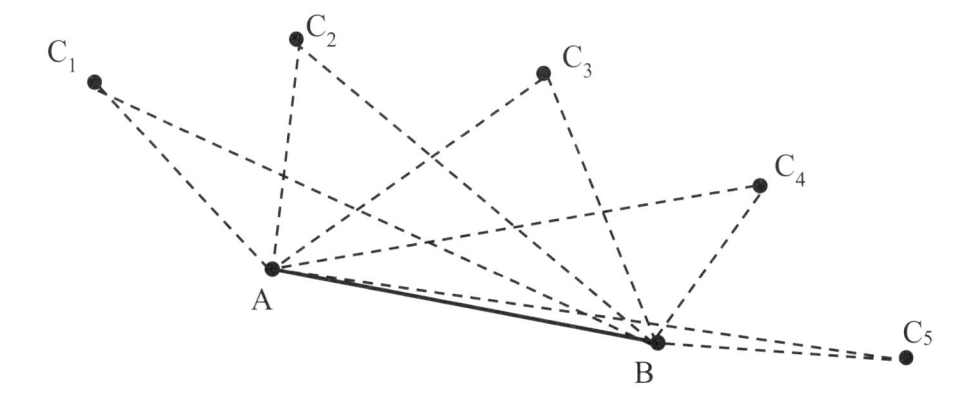

**圖 2-13 角度判斷法**

## 二、Dealunay 三角法 (圖 2-14)

以 Delaunay 三角法建構的三角網符合兩個重要的準則：

1. 最大化最小角特性：三角網的三角形的最小角最大。從這個意義上講，Delaunay 三角網是「最接近於規則化的」的三角網。
2. 空圓特性：當任意四點不共圓下，三角網中任一三角形的外接圓範圍內不會有其它點存在。從這個意義上講，Delaunay 三角網是唯一的。

Delaunay 三角法十分複雜，可參考專門書籍。

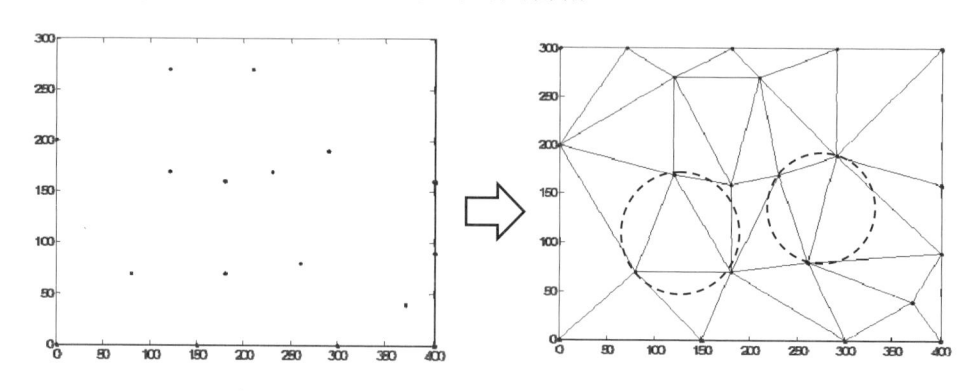

圖 2-14　Dealunay 三角法 (右圖顯示產生的三角網具有空圓特性)

## 2-3-2 不規則三角網式 DEM 的內插方程式

當建立不規則三角網後，三角形內的任意點可用下面的三維空間中的平面方程式內插得到 (圖 2-15)：

$$Z = a + bX + cY$$

其中 X, Y, Z=空間座標。

由於三點即可決定一個平面，不規則三角網的每一個三角形之每個節點有一高程值，故可將各節點之高程值作為上式之邊界條件：

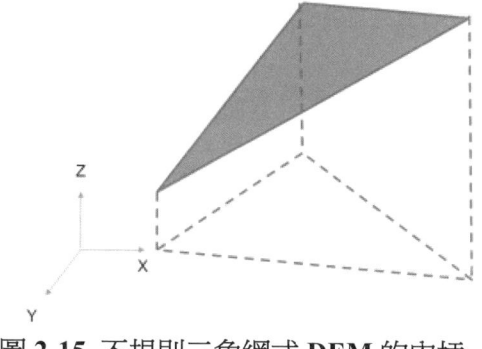

圖 2-15　不規則三角網式 DEM 的內插方程式

$$\begin{pmatrix} Z_1 \\ Z_2 \\ Z_3 \end{pmatrix} = \begin{bmatrix} 1 & X_1 & Y_1 \\ 1 & X_2 & Y_2 \\ 1 & X_3 & Y_3 \end{bmatrix} \begin{pmatrix} a \\ b \\ c \end{pmatrix}$$

(2-14 式)

故 $\begin{pmatrix} a \\ b \\ c \end{pmatrix} = \begin{bmatrix} 1 & X_1 & Y_1 \\ 1 & X_2 & Y_2 \\ 1 & X_3 & Y_3 \end{bmatrix}^{-1} \begin{pmatrix} Z_1 \\ Z_2 \\ Z_3 \end{pmatrix}$ (2-15 式)

其中 $(X_1, Y_1, Z_1), (X_2, Y_2, Z_2), (X_3, Y_3, Z_3)$ 為三角形三頂點的三維座標。

利用上述模式求得三角形邊線上特定高程之點位，以直線連接這些點位即得等高線。

---

例題 2-5 高程內插方程式：解聯立方程式
A 之座標 $(X_1, Y_1, Z_1)$=(100.00, 100.00, 101.00)
B 之座標 $(X_2, Y_2, Z_2)$=(900.00, 300.00, 102.00)
C 之座標 $(X_3, Y_3, Z_3)$=(600.00, 500.00, 150.00)
(1) 試求在 ΔABC 三角形高程內插方程式？
(2) (X,Y)=(500, 300) 時，Z=?
(3) (X,Y)=(500, 100) 時，Z=?

[解]
(1) ΔABC 三角形高程內插方程式

$\begin{pmatrix} a \\ b \\ c \end{pmatrix} = \begin{bmatrix} 1 & X_1 & Y_1 \\ 1 & X_2 & Y_2 \\ 1 & X_3 & Y_3 \end{bmatrix}^{-1} \begin{pmatrix} Z_1 \\ Z_2 \\ Z_3 \end{pmatrix} = \begin{pmatrix} 87.68 \\ -0.04273 \\ 0.1759 \end{pmatrix}$

Z= a+bX+cY=87.68-0.04273X+0.1759Y

(2) (X,Y)=(500, 300)時，Z= a+bX+cY=87.68-0.04273X+0.1759Y=129.09

(3) (X,Y)=(500, 100)時，此點不在此三角形之內，不可用此內插方程式。

---

TIN 內插法的另一個方法是公式法

$$Z = Z_1 - \frac{(X-X_1)(Y_{21}Z_{31} - Y_{31}Z_{21}) + (Y-Y_1)(Z_{21}X_{31} - Z_{31}X_{21})}{X_{21}X_{31} - X_{31}X_{21}}$$ (2-16 式)

其中 $X_{ij} = X_j - X_i$　$Y_{ij} = Y_j - Y_i$　$Z_{ij} = Z_j - Z_i$

與 $Z = a + bX + cY$ 比較，可知平面方程式的係數可用下列公式解出：

$$a = Z_1 + \frac{X_1(Y_{21}Z_{31} - Y_{31}Z_{21}) + Y_1(Z_{21}X_{31} - Z_{31}X_{21})}{X_{21}X_{31} - X_{31}X_{21}}$$ (2-17(a)式)

$$b = -\frac{(Y_{21}Z_{31} - Y_{31}Z_{21})}{X_{21}X_{31} - X_{31}X_{21}}$$ (2-17(b)式)

$$c = -\frac{(Z_{21}X_{31} - Z_{31}X_{21})}{X_{21}X_{31} - X_{31}X_{21}} \qquad \text{(2-17(c)式)}$$

證明：

內插點 (X, Y, Z) 與三角形三頂點 $(X_1, Y_1, Z_1), (X_2, Y_2, Z_2), (X_3, Y_3, Z_3)$ 共面，因此滿足下式

$$\begin{vmatrix} X & Y & Z & 1 \\ X_1 & Y_1 & Z_1 & 1 \\ X_2 & Y_2 & Z_2 & 1 \\ X_3 & Y_3 & Z_3 & 1 \end{vmatrix} = 0$$

上式展開得

$(X - X_1)(Y_{21}Z_{31} - Y_{31}Z_{21}) + (Y - Y_1)(Z_{21}X_{31} - Z_{31}X_{21})$
$+ (Z - Z_1)(X_{21}X_{31} - X_{31}X_{21}) = 0$

由上式移項可導出 Z 公式

$$Z = Z_1 - \frac{(X - X_1)(Y_{21}Z_{31} - Y_{31}Z_{21}) + (Y - Y_1)(Z_{21}X_{31} - Z_{31}X_{21})}{X_{21}X_{31} - X_{31}X_{21}}$$

---

**例題 2-6** 高程內插方程式：公式法

同前一題的資料，以公式法求 ΔABC 三角形高程內插方程式。

[解]

ΔABC 三角形高程內插方程式

$$a = Z_1 + \frac{X_1(Y_{21}Z_{31} - Y_{31}Z_{21}) + Y_1(Z_{21}X_{31} - Z_{31}X_{21})}{X_{21}X_{31} - X_{31}X_{21}} = 87.68$$

$$b = -\frac{(Y_{21}Z_{31} - Y_{31}Z_{21})}{X_{21}X_{31} - X_{31}X_{21}} = -0.04273 \qquad c = -\frac{(Z_{21}X_{31} - Z_{31}X_{21})}{X_{21}X_{31} - X_{31}X_{21}} = 0.1759$$

得 Z = a+bX+cY = 87.68 – 0.04273X + 0.1759Y

## 2-3-3 判定內插點被哪一個三角形包含的方法

不規則三角網 (TIN) 的線性內插公式雖然簡單，但是須先判斷內插點落在哪個三角形內。判斷 P 點是否在三角形 Δijk 之中的方法如下：

(1) 從 P 點平行 x 軸向右作一半射線。它與三角形之邊可能有實交點、虛交點 (反向延長半射線與邊相交之點)或者沒有交點。例如在圖 2-16 中，$P_1$ 有實交點，$P_2$ 有虛交點，$P_3$ 與 $P_4$ 無交點。

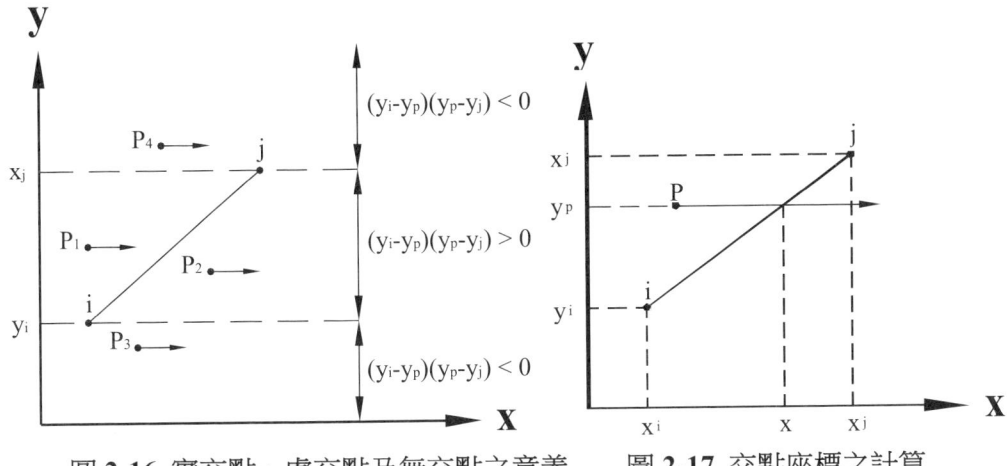

**圖 2-16 實交點、虛交點及無交點之意義**

**圖 2-17 交點座標之計算**

(2) 射線與某邊 **ij** 是否有實交點的算法如下：

對於 **ij** 邊

如果 $(y_i-y_p)(y_p-y_j)<0$ 則無交點。

如果 $(y_i-y_p)(y_p-y_j)>0$ 則須先求半射線與 **ij** 邊的交點之橫座標值 (圖 2-17)：

$$x = \frac{(y_i - y_p)x_j + (y_p - y_j)x_i}{y_i - y_j} \quad \text{(2-18 式)}$$

如果 $x > x_p$ 則是實交點；$x < x_p$ 是虛交點。

(3) 當射線與某三角形的三條邊有一個實交點，則 P 點在此三角形內。如果有兩個實交點，或沒有實交點，則 P 點不在此三角形之內 (圖 2-18)。

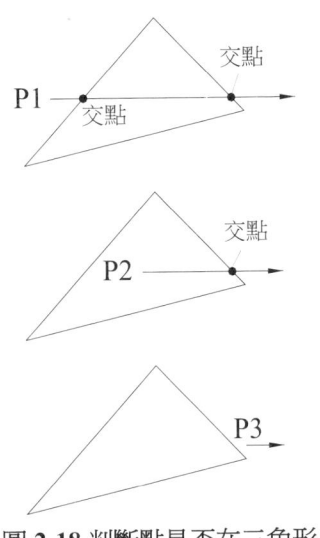

**圖 2-18 判斷點是否在三角形中**

---

**例題 2-7** 判定內插點被哪一個三角形包含的方法

續上題，如圖 2-19，試判別 P(X, Y)= (500, 250) 對 ΔABC 三邊的交點情形？

[解]

(1) 對 AB

$(y_i-y_p)(y_p-y_j)=(100-250)(250-300)>0$

$$x = \frac{(y_i - y_p)x_j + (y_p - y_j)x_i}{y_i - y_j}$$

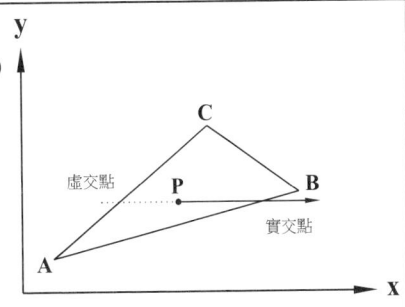

**圖 2-19 交點座標之計算實例**

> = [(100–250)900+(250–300)100] /(100–300)
> = 700 > P 點橫座標，有實交點。
> (2) 對 AC 邊 $(y_i-y_p)(y_p-y_j)=(100-250)(250-500)>0$
> $$x = \frac{(y_i - y_p)x_j + (y_p - y_j)x_i}{y_i - y_j} = [(100–250)600+(250–300)100]/(100–500)$$
> $\qquad\qquad\qquad\qquad$ =287.5< P 點橫座標，有虛交點。
> (3) 對 BC 邊 $(y_i-y_p)(y_p-y_j)=(300-250)(250-500)<0$，故無交點。

如果在一個不規則三角網中，三角形的數目很大，則上述判斷運算要花很多時間。為了加速判斷，可以採取以下措施：

1. 對於每個三角形預先找到一個外接矩形，此矩形由 $x_S$、$x_B$、$y_S$、$y_B$ 構成 (圖 2-20)。
2. 如果 $x_P>x_S$，$x_P<x_B$，$y_P>y_S$，$y_P<y_B$ 條件全滿足，P 點才有可能落在該三角形內。

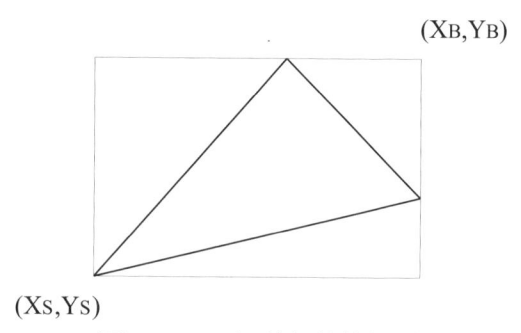

圖 2-20 三角形之外接矩形

上述判斷所費時間很少，而經此判斷將刪除極大部分三角形。一般只有 1～3 個三角形能夠滿足，然後只需對這 1～3 個三角形作前面介紹的確切的判斷運算。

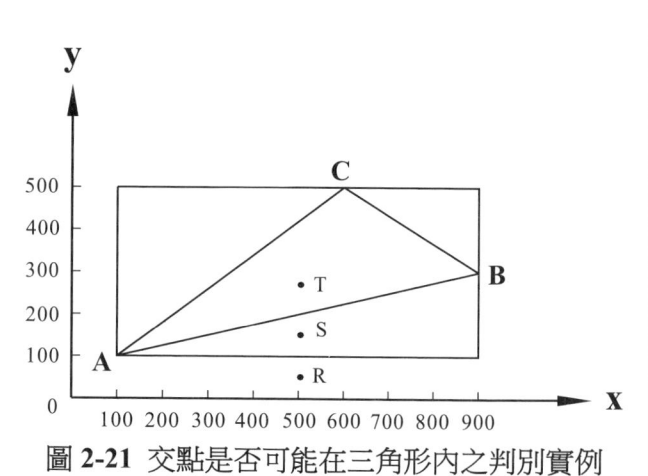

---

例題 2-8 判定內插點被哪一個三角形包含的方法

續上題，試判別下列三點否在 ΔABC 中？R(X, Y)=(500, 50)，S(X, Y)=(500, 150)，T(X, Y)=(500, 250)

[解]

由上列數據知：$x_S=100$，$x_B=900$，$y_S=100$，$y_B=500$

用 $x_P>x_S$，$x_P<x_B$，$y_P>y_S$，$y_P<y_B$ 作篩選，可知只有 S 與 T 二點有可能在 ΔABC 中。

圖 2-21 交點是否可能在三角形內之判別實例

## 2-3-4 內插等高線

在編成不規則三角網與產生內插方程式後,可用解方程式的方法得到等高線。原理是利用三角形邊的直線方程式與等高線的直線方程式,交得一點的原理。以下以一個例題為例。

---

**例題 2-9** 內插等高線:解聯立直線方程式

同前一題的資料,試求 AC 線上高程為 110.00 之點位座標,及距 A 點之距離?

[解]

由三角形高程內插方程式知,當 Z=110.00 時得

$$0.04273X - 0.1759Y + 22.32 = 0 \tag{1}$$

由直線方程式知,AC 上的點須合於下式

$$\frac{X_C - X_A}{Y_C - Y_A} = \frac{X - X_A}{Y - Y_A} \Rightarrow \frac{600-100}{500-100} = \frac{X-100}{Y-100}$$

$$\Rightarrow X - 1.25Y + 25 = 0 \tag{2}$$

聯立 (1),(2) 式得 X=191.87,Y=173.50,該點距 A 點 117.65 m。

---

TIN 等高線產生也可以使用公式法

$$X = X_1 + \frac{X_2 - X_1}{Z_2 - Z_1}(z - Z_1) \qquad Y = Y_1 + \frac{Y_2 - Y_1}{Z_2 - Z_1}(z - Z_1) \qquad \text{(2-19 式)}$$

其中 z=要內插的等高線高程

---

**例題 2-10** 內插等高線:公式法

同前一題的資料,但改用公式法求解。

[解]

第 1、2 點分別為 A、C 點

$$X = X_1 + \frac{X_2 - X_1}{Z_2 - Z_1}(z - Z_1) = 100 + \frac{600-100}{150-101}(110-101) = 191.84$$

$$Y = Y_1 + \frac{Y_2 - Y_1}{Z_2 - Z_1}(z - Z_1) = 100 + \frac{500-100}{150-101}(110-101) = 173.47$$

該點距 A 點 117.65 m。

---

圖 2-22 為三角形等高線內插實例。由圖可知同一三角形內的等高線具有平行等

間距的特性，這是因為同一三角形內的地表被假設為一個平面，以一個平面方程式來表達所致。

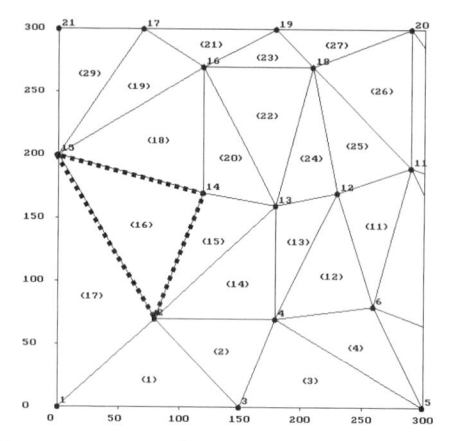

圖 2-22(a)　三角形編碼 (括號內為三角形編號，其餘為節點編號)

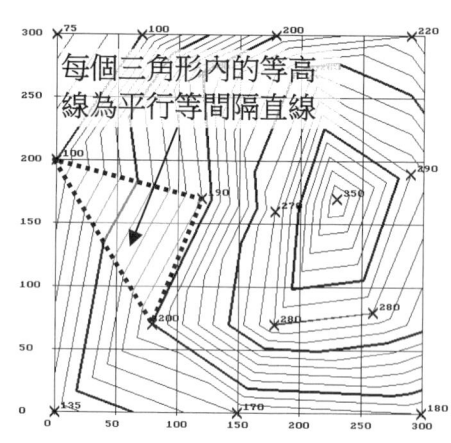

圖 2-22(b)　等高線內插 (注意每個三角形內的等高線為平行等間隔直線)

例題 2-11　不規則三角網的建構

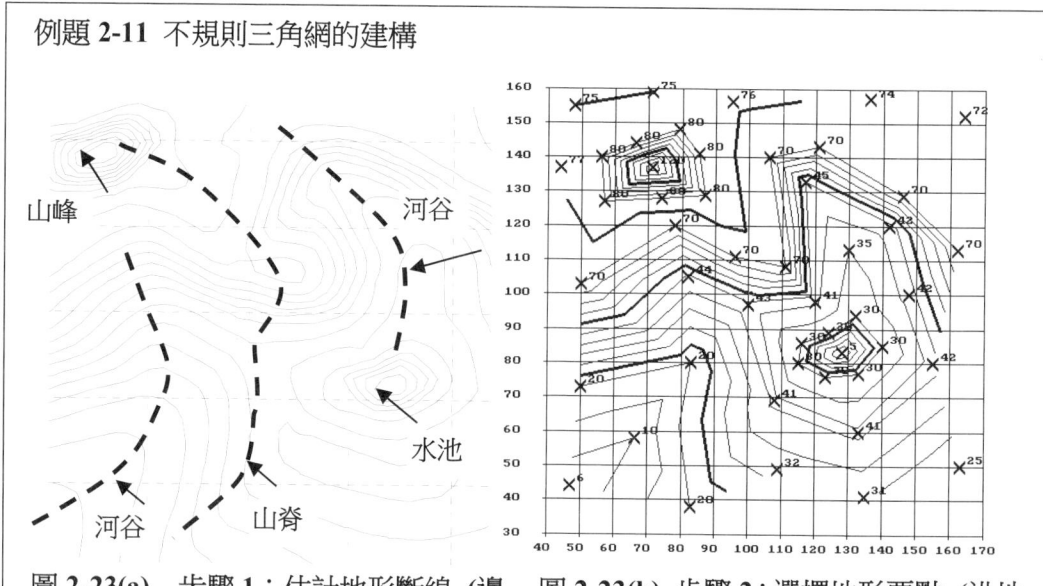

圖 2-23(a)　步驟 1：估計地形斷線 (邊坡的上下邊緣、山稜線、山谷線、河岸⋯等)

圖 2-23(b)　步驟 2：選擇地形要點 (沿地形線在坡度有變化處取點)

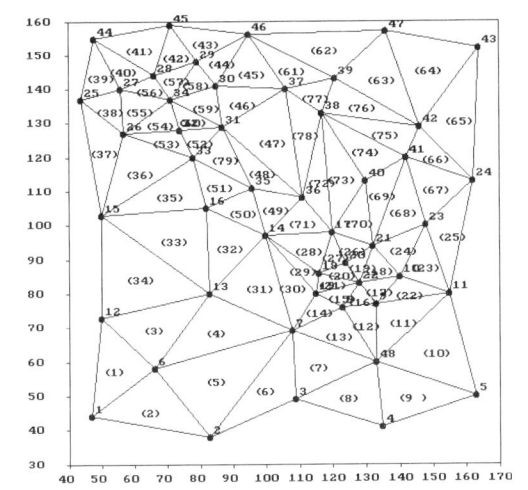

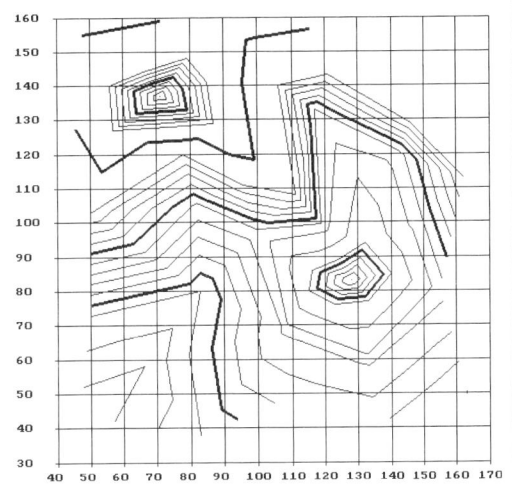

圖 2-23(c) 步驟 3：連成三角網 (三角形的邊不可穿越地形斷線)

圖 2-23(d) 步驟 4：以內插法繪出等高線 (將在下節詳述)

## 例題 2-12 不規則三角網法地形圖實例

邊長 200 m 之正方形，取 82 個測點 (圖 2-24(a))，組成 140 個三角形 (圖 2-24(b))，等高距間隔 2 m，結果如圖 2-24(c) 所示。

讀者可發現在圖(b)中，不規則三角網的密度並不均勻，這是因為在圖 (a) 中虛線為稜線，在稜線附近地形變化較劇，故地形要點較密，不規則三角網也較密。此外三角形的邊也遵守不可穿越地形斷線 (稜線) 的原則。

與前述的規則網格法比較可知，不規則三角網法可以更精確地表現地形特徵，例如稜線、山峰等，這是規則網格難以達成的優點。

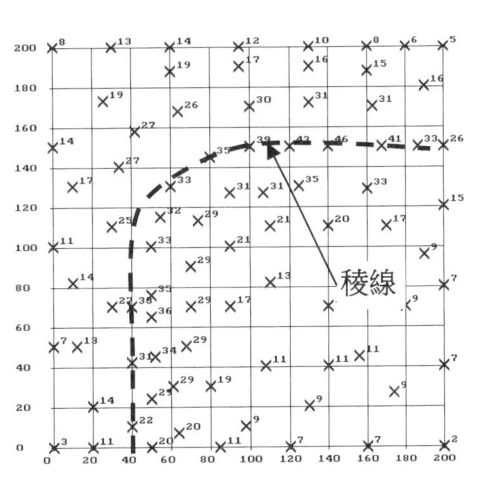

圖 2-24(a)地形要點 (×旁數字為高程)

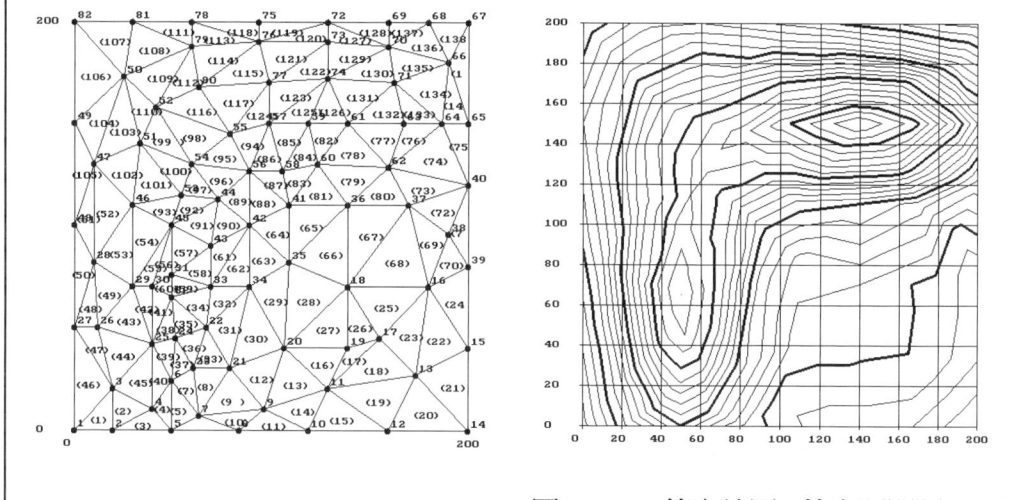

圖 2-24(b) 三角形編碼(● 旁數字地形要點編號，( )內數字三角形編號)　　圖 2-24(c) 等高線圖 (等高距間隔 2 m)

## 2-3-5 其他高階內插法

上述產生等高線的方法屬於線性內插法，還有其他高階內插法，簡述如下：

(1) 線性內插法 (linear)：同一個三角形內的等高線為平行等間隔直線。
(2) 三次內插法 (cubic)：同一個三角形內的等高線為三次曲線。
(3) V4 內插法：為 Matlab 軟體提供的方法。等高線比三次曲線更平滑。

例題 2-13 高階內插法

數據如下表，以 Matlab 產生等高線結果如圖 2-25。

| 節點 | X | Y | Z |
|---|---|---|---|
| 1 | 13 | 16 | 44 |
| 2 | 36 | 31 | 35 |
| 3 | 45 | 12 | 5 |
| 4 | 59 | 38 | 28 |
| 5 | 77 | 12 | 28 |
| 6 | 87 | 43 | 84 |

| 節點 | X | Y | Z |
|---|---|---|---|
| 7 | 62 | 62 | 93 |
| 8 | 33 | 52 | 63 |
| 9 | 7 | 45 | 72 |
| 10 | 17 | 78 | 95 |
| 11 | 51 | 86 | 94 |
| 12 | 87 | 81 | 125 |

[解]

**(a) 線性內插法 (linear)**

**(b) 三次內插法 (cubic)**

說明

(a) 線性內插法(linear)：同一個三角形內的等高線為平行等間隔直線。

(b) 三次內插法(cubic)：同一個三角形內的等高線為三次曲線。

(c) V4 內插法：為 Matlab 軟體提供的方法。等高線比三次曲線更平滑。

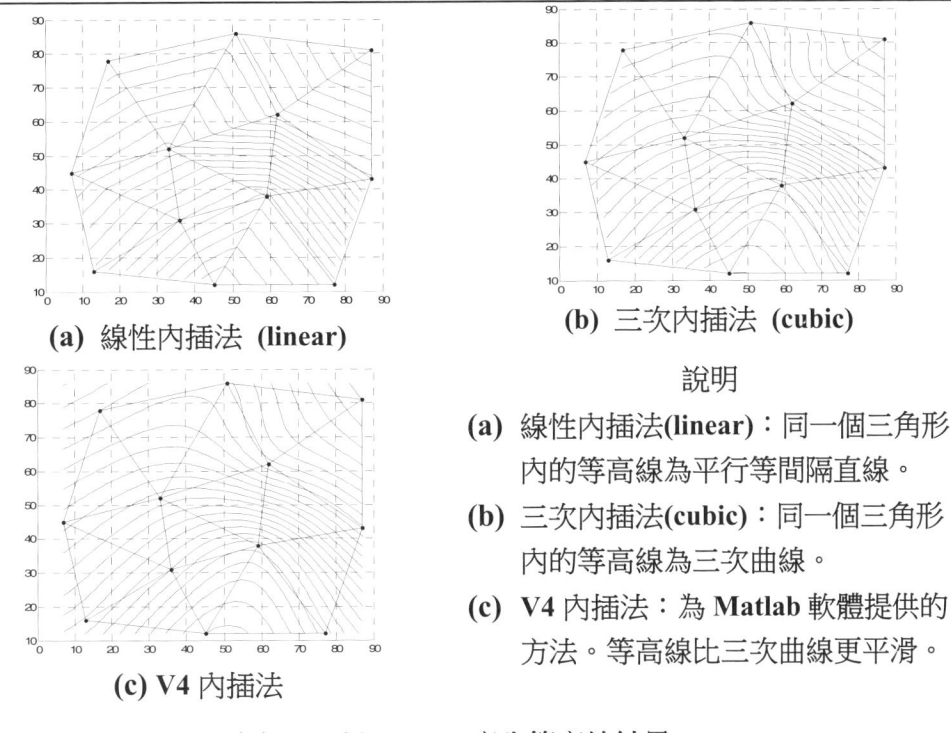

**(c) V4 內插法**

圖 2-25 以 Matlab 產生等高線結果

## 2-4 數值地形模型資訊的建置

地形資訊為國土資訊系統之核心及共用性資料，為國土規劃、國土保育、防救災、經濟建設等所需基礎資料。內政部國土測會中心完成以下地形資訊建置。

（一）基本地形圖 (1/5000)

臺灣地區像片基本圖測製自 65 年起實施，海拔 1000 公尺以下測圖比例尺為 1/5000，1000 公尺以上山地測圖比例尺為 1/10000。自 86 年起全面採數值法測圖，測圖比例尺統一為 1/5000，並於 95 年完成臺灣地區數值基本圖修測，即第四版基本圖，96 年度以後仍持續辦理基本圖修測工作。

（二）基本地形圖 (1/5000) GIS 圖層資料

86 年度開始以數值法測製基本圖，惟該圖係以 CAD 向量格式測製，致 GIS 資料需求單位於取得後，需進行 GIS 圖形物件、屬性資料及位相處理等工作，始得應用。故國土測繪中心自 95 年度進行數值地形圖 CAD 資料轉置 GIS 資料格式，建置基本圖（1/5000）GIS 資料庫。本項工作已於 98 年度完成，計建置 3561 幅，並自 97 年度起辦理基本圖修測時一併產製基本圖 GIS 圖資(數值地形圖地理資訊圖層)。

## （三）中小比例尺 (1/25000、1/50000、1/100000) 地形圖

為有系統建立不同比例尺地形圖，提供各種專業使用，內政部自 97 年度起辦理基本地形圖修測時，直接運用基本地形圖修測成果以縮編方式一併辦理中小比例尺(1/25000、1/50000、1/100000)地形圖修編工作。

## （四）大比例尺 (1/1000) 地形圖

一千分之一地形圖屬大比例尺圖資，原則上以都市土地（都會區）、快速或即將發展地區作為測製範圍。一千分之一地形圖為辦理都市計畫、土地重劃、公共管線、防救災、土木、水利及交通等業務之參考現況資料。所有縣市都會區 (都市計畫區) 皆於 102 年建置完成，完成後面積約占臺灣地區面積 13％。

## （五）數值地形模型

數值地形模型為國家各項重大建設的基礎，舉凡遙測衛星影像糾正、水資源決策與管理、水文模擬應用、洪氾地區溢淹模式分析、工程設計與規劃、飛航安全管理等，均需有精確詳實之數值地形資料以資應用。

### (1) 40 m DEM

臺灣第一次製作 DEM 是於民國 72 年到 74 年間，40 公尺間隔的 DEM。臺灣地區舊有網格間距為 40 公尺之 DEM 資料為行政院農委會林務局農林航空測量所在早期所測製，採用航測方式以傳統解析立體測圖儀掃描量測而得。由於經費及技術的限制，該 DEM 製作時是以人工在解析測圖儀內於預先設定好坐標的 40 公尺間距網格點上，直接量測該點之地表高程做 DEM，如果預設好的網格點剛好有樹木或建物時要如何處理也不清楚。一開始此版本並未開放使用，後來經過陸續的修測、提升精度後，才交由中央大學太空及遙測中心管理，供各單位申請使用。長期以來，該 DEM 資料是學術及工程界使用 DEM 的唯一來源，對臺灣地區的科學研究及應用貢獻十分卓著。

### (2) 5 m DEM

但隨精度要求愈高，40 公尺網格的 DEM 間距太大，不符合土地利用密集的現況需求，加上福衛二號遙測衛星 2 公尺高解析力影像之需求，內政部於 93 年使用農航所所拍攝的比例尺 1:20,000 航空影像，全面重測間格 5 公尺的高精度高解析度 DEM，並同時產製 DSM 資料。新測 5M 網格數值地形模型均依照內政部「高精度及高解析度數值地型模型測製規範」辦理，對於製程、品質、精度、資料格式皆有較明確之規範。DEM 與 DSM 之品質依地形類別及地表植被覆蓋情形而定。平面中誤差在平地及丘陵地為 0.5 m，在山地及陡峭地為 0.8 m。內政部於 95 年完成台灣地區 5 公尺解析度數值高程模型(DEM)、數值地表模型 (DSM)。

### (3) 1 m DEM

內政部自 96 年度起持續以空載光達測製 1 公尺網格數值地形模型。

## 2-5 本章摘要

**1.** 規則網格與不規則三角網之優缺點比較：詳見第 **2-1** 節。

**2.** 規則網格 **DEM**

  **(1)** 規則網格式 **DEM** 的建立

$$\begin{pmatrix} a \\ b \\ c \\ d \end{pmatrix} = \begin{bmatrix} 1 & X_1 & Y_1 & X_1Y_1 \\ 1 & X_2 & Y_2 & X_2Y_2 \\ 1 & X_3 & Y_3 & X_3Y_3 \\ 1 & X_4 & Y_4 & X_4Y_4 \end{bmatrix}^{-1} \begin{pmatrix} Z_1 \\ Z_2 \\ Z_3 \\ Z_4 \end{pmatrix}$$

$$Z = a + b \cdot X + c \cdot Y + d \cdot X \cdot Y$$

  **(2)** 規則網格式 **DEM** 的內插方程式

$$Z = Z_P \frac{(L-x)}{L}\frac{(L-y)}{L} + Z_Q \frac{x}{L}\frac{(L-y)}{L} + Z_R \frac{x}{L}\frac{y}{L} + Z_S \frac{(L-x)}{L}\frac{y}{L}$$

  **(3)** 規則網格式 **DEM** 的應用

  總坡度(與平面的夾角)　$\tan\theta = \sqrt{\tan^2\theta_X + \tan^2\theta_Y}$

  坡向(與 **X** 軸夾角)　$T = \tan^{-1}\left(\dfrac{\tan\theta_Y}{\tan\theta_X}\right)$

  體積 $V = \Delta X \cdot \Delta Y \cdot \dfrac{(Z_{00}-Z)+(Z_{10}-Z)+(Z_{01}-Z)+(Z_{11}-Z)}{4}$

**3.** 不規則三角網 **DEM**

  **(1)** 不規則三角網式 **DEM** 的建立

  **(a)** 角度判斷法　**(b) Delaunay** 三角法。

  **(2)** 不規則三角網式 **DEM** 的內插方程式

  **(a)** 解聯立方程式法

$$\begin{pmatrix} a \\ b \\ c \end{pmatrix} = \begin{bmatrix} 1 & X_1 & Y_1 \\ 1 & X_2 & Y_2 \\ 1 & X_3 & Y_3 \end{bmatrix}^{-1} \begin{pmatrix} Z_1 \\ Z_2 \\ Z_3 \end{pmatrix}$$

$$Z = a + b \cdot X + c \cdot Y$$

**(b)** 公式法

$$Z = Z_1 - \frac{(X-X_1)(Y_{21}Z_{31} - Y_{31}Z_{21}) + (Y-Y_1)(Z_{21}X_{31} - Z_{31}X_{21})}{X_{21}X_{31} - X_{31}X_{21}}$$

(3) 判定內插點被哪一個三角形包含的方法：見第 **2-16-3** 節。

(4) 內插等高線

    **(a)** 解聯立方程式法：利用三角形邊的直線方程式與等高線的直線方程式，交得一點的原理。參考 **2-16** 節例題。

    **(b)** 公式法　　$X = X_1 + \dfrac{X_2 - X_1}{Z_2 - Z_1}(z - Z_1)$　　$Y = Y_1 + \dfrac{Y_2 - Y_1}{Z_2 - Z_1}(z - Z_1)$

4. 數值地形模型資訊的建置：**(1)** 基本地形圖**(1/5000) (2)** 基本地形圖 **(1/5000) GIS 圖層資料 (3)** 中小比例尺 **(1/25000、1/50000、1/100000)** 地形圖 **(4)** 大比例尺 **(1/1000)** 地形圖 **(5)** 數值地形模型 **(40 m, 5 m, 1 m)**。

# 習題

**2-1 本章提示**

(1) 試述數值地形模型之種類及其優缺點？ [96 年公務員高考]
(2) 比較不規則三角網與規則網格之優缺點。
**[解] (1)** 不規則三角網法、規則網格法。**(2)** 參考第 **2-1** 節。

---

**2-2 數值地形模型的建立與應用(一)：規則網格**

同例題 **2-1** 建立網格式 **DEM**。內插點的最近四點如下表，試求網格點 **(X,Y)=(300,100)** 之內插高程。

| 地形要點 | x | y | z |
|---|---|---|---|
| 6 | 260 | 80 | 280 |
| 11 | 290 | 190 | 290 |
| 7 | 370 | 40 | 200 |
| 12 | 230 | 170 | 350 |

**[解] (a, b, c, d)=(355.588, -0.4174907, 1.451769, -0.0039991), Z=255.544**

---

同例題 **2-2** 網格式 **DEM** 的內插方程式。方格邊長 **10 m, P, Q, R, S** 點高程分別為 **15, 12, 16, 14 m**，試求**(x, y)=(3,7)**的高程。
**[解] 14.45**

同例題 2-4 網格式 DEM 的應用。假設方格的大小為 $\Delta X \times \Delta Y = 10 \times 10$，四個角落的高程如下：

$Z_{00}=14 \quad Z_{10}=16 \quad Z_{01}=15 \quad Z_{11}=12$

假設開挖高程 Z=10

[解] 總坡度=9.0 度，坡向=71.6 度，體積=425，表面積=82.9+75.6=158.5。

## 2-3 數值地形模型的建立與應用(二)：不規則三角網

高程內插方程式：

A 之座標 $(X_1, Y_1, Z_1)$=(10.00, 10.00, 11.00)
B 之座標 $(X_2, Y_2, Z_2)$=(80.00, 20.00, 22.00)
C 之座標 $(X_3, Y_3, Z_3)$=(60.00, 70.00, 35.00)

(1) 試解聯立方程式求在 ΔABC 三角形高程內插方程式？
(2) 以公式法重解。

[解] (1)(2) Z=6.8108+0.113514X+0.305405Y

假設 A, B, C 點數據同上題，P(X, Y)=(60, 40), R(X, Y)=(90, 60), S(X, Y)= (20, 50), T(X, Y)=(70, 60)，(1) 試問 P 點與三邊的關係為何？ (2) R, S, T 三點何者有可能在三角形內？

[解]
(1) P 點對 AB 邊無交點，對 AC 邊有虛交點，對 BC 邊有實交點。
(2) 只有 S 點與 T 點有可能在 ΔABC 中。

假設 A, B, C 點數據同上題。
(1) 試解聯立直線方程式求 AC 線上高程為 15.00 之點位座標？
(2) 以公式法重解。

[解] (1)(2) 18.333, 20.000

# 第 3 章　衛星定位測量(一) 方法

3-1 本章提示
3-2 衛星定位測量方法概論
　　3-2-1 動態絕對定位概論
　　3-2-2 靜態絕對定位概論
　　3-2-3 動態相對定位概論
　　3-2-4 靜態相對定位概論
3-3 動態絕對定位：導航單點定位 (SPS 與 PPS)
　　3-3-1 目的
　　3-3-2 原理
　　3-3-3 方法：線性化聯立方程式
3-4 靜態絕對定位：精密單點定位 (PPP)
　　3-4-1 目的
　　3-4-2 原理
　　3-4-3 優點與缺點
3-5 動態相對定位(1)：電碼即時差分 (DGPS)
　　3-5-1 目的
　　3-5-2 原理
　　3-5-3 方法
　　3-5-4 技術
3-6 動態相對定位(2)：相位即時差分 (RTK)
　　3-6-1 目的
　　3-6-2 原理
　　3-6-3 方法
　　3-6-4 技術
　　3-6-5 品質控制
　　3-6-6 控制測量
　　3-6-7 優點與缺點
　　3-6-8 RTK 與 DGPS 的比較
3-7 動態相對定位(3)：網路即時差分 (RTN)
　　3-7-1 目的
　　3-7-2 原理
　　3-7-3 方法
　　3-7-4 優點與缺點
　　3-7-5 網路 RTK 與傳統 RTK 的比較
3-8 靜態相對定位：靜態基線測量
　　3-8-1 目的

　　　　3-8-2 原理：測站、衛星、曆元差分
　　　　3-8-3 方法 1：一次差分
　　　　3-8-4 方法 2：二次差分
　　　　3-8-5 方法 3：三次差分
　　　　3-8-6 技術：差分方程式的求解
3-9 精度稀釋因子 DOP
　　　　3-9-1 DOP 的目的
　　　　3-9-2 DOP 的原理
　　　　3-9-3 DOP 的方法：DOP 計算公式
　　　　3-9-4 DOP 的實務
　　　　3-9-5 影響定位精度的因素
3-10 全球導航衛星系統的應用
3-11 全球導航衛星系統的現代化
3-12 本章摘要

## 3-1 本章提示

　　衛星測量乃是利用接收衛星廣播的導航電文得知衛星的座標，並接收電碼或載波相位測距訊號計算接儀與衛星之間的距離，然後以空間距離交會法定出接收儀之座標的測量技術。因為是應用接收的衛星播送之電磁波訊號進行測量，因此只要接收天線的對空通視沒有遮蔽即可測量，測量作業不受天侯影響，而且可以免除以往地面測量的測點與測點之間必須通視，以及精度受網形圖形強度控制的問題。

　　全球導航衛星系統 (GNSS) 的

- 發展簡史
- 優點與缺點
- 系統架構
- 基本原理
- 座標系統
- 測距訊號
- 測距誤差來源
- 測距方程式

可參考本書的姊妹作「測量學 — 21 世紀觀點」或其他相關書籍，在此不再贅述。本章將詳述各種衛星定位測量方法，下一章則說明以衛星定位測量進行控制測量的程序，包括 GNSS 網之規劃、外業、內業 (基線解算、檢核與平差、座標轉換)。

## 3-2 衛星定位測量方法概論

為了滿足不同的需求，衛星測量發展了不同的方法，分類如下 (圖 3-1)：

### 一、按定位計算的原理分類

**(1) 絕對定位 (單點定位)**

單點定位是根據一台接收儀的觀測資料來確定接收儀位置的方法，因此得到的座標為絕對位置。

**(2) 相對定位 (relative positioning)（差分定位）**

相對定位是根據兩台以上接收儀的觀測資料來確定觀測點之間的相對位置的方法。相對定位需要一部接收儀安置在參考站（reference），其座標已知；其他接收儀安置在移動站上（rover），其座標待測。參考站與移動站之間的距離不可太遠，一般受限在 10~20 公里以下。參考站與移動站上的接收儀同時觀測四顆以上 GPS 衛星訊號。因為參考站與移動站的觀測值具有時間 (同步觀測) 與空間 (有限距離) 相近性，因此參考站與移動站的系統誤差相近或相同，可以透過差分的程式，將參考站與移動站之間的共同系統誤差削弱或抵消。例如：

- 測站差分：二測站對同一衛星作同步觀測，因此二測站與衛星之間的距離觀測值有相同的衛星時鐘誤差，可因差分而抵消。如果參考站與移動站之間的距離不遠，則因時間與空間都相近，二測站與衛星之間的距離觀測值有相似的衛星軌道誤差、對流層誤差、電離層誤差，可因差分而削弱。
- 衛星差分：同一測站對二顆衛星作同步觀測，測站與二衛星之間的距離觀測值有相同的接收儀時鐘誤差，可因差分而抵消。

因為削弱或抵消了許多系統誤差，相對定位的精度遠比絕對定位高。由於移動站的座標是相對於參考站，因此得到的座標為相對位置。

### 二、按定位目標的狀態分類

**(1) 靜態測量**

靜態測量是所有接收儀固定不動一段時間 (例如數十分鐘) 進行觀測。由於通常每隔數秒 (例如 10 秒) 採樣一次，因此可以得到大量的觀測數據，故觀測的精度較高。但因無法快速得到結果，因此效率較低。

**(2) 動態測量**

動態測量是部分接收儀處於運動狀態。運動狀態是相對觀念，可以是步行的速度，也可以是車速或飛機的速度。由於動態測量的觀測時間短，因此無法得到大量的觀測數據，故觀測的精度較低。但因可以快速得到結果，因此效率較高。動態測

量在航空測量時的攝影機空間座標定位、河海測量時的聲納儀探測儀平面座標定位、營建施工機具的定位均十分有用。

### 三、按定位過程的時效分類
**(1) 後處理定位**

後處理定位需要在各站觀測完畢，採集數據後，進行計算，才可得到結果，因此時效性差，但各站之間無需通訊系統傳遞採集的數據。

**(2) 即時定位**

即時定位需要在各站觀測時，立即以通訊系統傳遞採集的數據，進行計算，即時得到結果，因此時效性佳。

### 四、按測距使用的訊號分類
**(1) 電碼測距**

電碼測距可以得到電碼偽距，其中 C/A 碼的最佳精度只有 3 公尺，P 碼的最佳精度只有 0.3 公尺。實際測量時，如採用絕對即時定位，C/A 碼的精度只有 30 公尺，P 碼的精度只有 3 公尺左右。電碼測距精度差，但所需的設備成本低，定位速度快，適用於導航應用。

**(2) 載波測距**

載波測距可以得到相位偽距，最佳精度可達 3 mm。載波測距精度高，但所需的設備成本高，定位速度慢，適用於大地測量或工程測量。載波測距可使用單頻(L1)或雙頻 (L1/L2) 接收儀。雙頻接收儀可以用二種頻率的測距方程式加以線性組合來產生無電離層延遲誤差的測距方程式。因此在精度要求高，但接收儀之間的基線距離較長，兩地大氣狀態有明顯差別，電離層誤差差異較大，差分法無法有效消除電離層誤差時，應選用雙頻接收儀。

依照上面的分類，理論上有 16 種組合，但實際上有些組合不具成本效益，例如不需要高精度的絕對定位通常使用電碼測距。需要高精度的靜態測量都使用相對定位並配合載波測距。因此衛星測量方法的實際分類如圖 3-1。各種方法的儀器、精度、特性、價位如表 3-1。

以下分四類簡介：**(1)** 動態絕對定位，**(2)** 靜態絕對定位，**(3)** 動態相對定位，**(4)** 靜態相對定位。

## 3-2-1 動態絕對定位概論

單點導航定位簡單地說就是使用最便宜、只能收到精度最低的 C/A 碼的 GPS 晶片為硬體，以單點定位法得到座標。例如常見的車用或手機用 GPS 定位系統。由

於不使用相對定位方法消除各種系統誤差，因此雖然 **C/A** 碼的精度有 **3** 公尺，但單點導航定位精度約 **30** 公尺。單點導航定位最大優點是成本極低，不需參考站配合，能即時得到座標，因此非常適合用來導航；但缺點是精度很低，不適合測量應用。

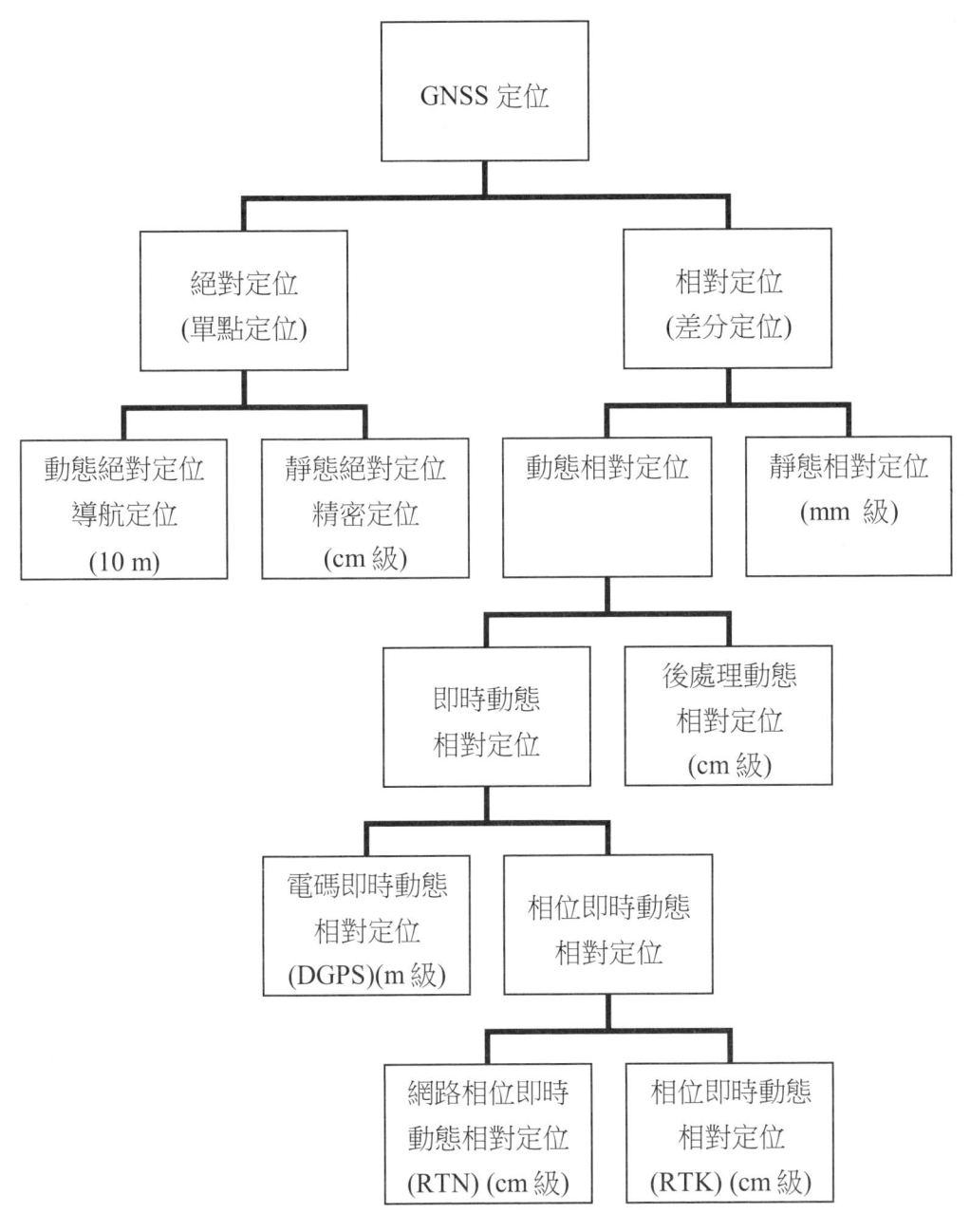

```
                            GNSS 定位
                    ┌──────────┴──────────┐
               絕對定位                相對定位
              (單點定位)              (差分定位)
            ┌─────┴─────┐          ┌─────┴─────┐
       動態絕對定位   靜態絕對定位   動態相對定位  靜態相對定位
        導航定位      精密定位                    (mm 級)
         (10 m)      (cm 級)
                                  ┌─────┴─────┐
                              即時動態       後處理動態
                              相對定位       相對定位
                                             (cm 級)
                            ┌─────┴─────┐
                      電碼即時動態    相位即時動態
                       相對定位        相對定位
                     (DGPS)(m 級)
                                    ┌─────┴─────┐
                              網路相位即時    相位即時動態
                              動態相對定位     相對定位
                              (RTN) (cm 級)  (RTK) (cm 級)
```

**圖 3-1　GPS 定位法分類**

## 3-2-2 靜態絕對定位概論

精密單點定位 (Precise Point Positioning, PPP) 不採用相對定位方法消除各種系統誤差，而是採取相對定位方法以外的方法消除系統誤差，例如利用高精度的 GPS 衛星星曆消除衛星鐘差、衛星軌道誤差，以雙頻載波相位觀測值消除電離層誤差等，達到公分級的定位。優點是不需參考站配合，並且可以得到絕對座標。缺點則是需要較昂貴的儀器，並且需等待高精度的 GPS 衛星星曆發佈，故無法即時得到座標。精密單點定位適合特殊目的的測量，例如海上鑽油平台定位這種沒有參考站可以配合進行相對定位，但需要高精度定位的場合。

表 3-1　GPS 測量方法的儀器、精度、特性、價位

| | 儀器類型 | 精度 | 特性 | 價格(NT 元) |
|---|---|---|---|---|
| 導航級 | 手機導航 GPS (即時動態絕對定位) | 30 公尺 | 導航用 | 約 1 千元 |
| | 汽車導航 GPS (即時動態絕對定位) | 20 公尺 | 導航用 | 約 1 千~1 萬元 |
| | 掌上型簡易 GPS (即時動態絕對定位) | 10 公尺 | 導航用 | 約 1 萬~3 萬元 |
| 測量級 | 掌上型測量用 GPS (電碼即時動態相位定位) (DGPS) | (公寸級) 1~100 公分 | 內置天線，接收訊號能力較差，解算速度慢，一般精度為 25 cm。需選購外部天線、後處理解算才能提高精度。 | 約 10 萬 |
| | 相位即時動態相對定位 (RTK) | (公分級) 10 mm+1ppm | 無需網路，一套通常包含一部固定站接收儀、一部移動站接收儀。 | L1/L2 雙頻 約 100 萬 (二部儀器) |
| | 網路相位即時動態相對定位 (VRS) | (公分級) 10 mm+1ppm | 一定要能上網的地方才能使用，只需一部移動站接收儀與手機就可運作。 | 約 50 萬 (一部儀器) |
| | 靜態相對定位 | (毫米級) 3mm+0.1ppm | 一套通常包含三部以上接收儀。 | 約 150 萬 (三部儀器) |

※以上所標示精度均為平面精度，垂直誤差是平面誤差的 2 倍。

## 3-3-3 動態相對定位概論

動態相對定位可以分成兩大類：(1) 即時動態相對定位，(2) 後處理動態相對定位。簡述如下：

1. 即時動態相對定位

　　即時動態相對定位是在一個已知精確位置的參考站 (或稱基準站) 上安裝接收儀並連續追蹤所有可見衛星，以差分法計算改正值，並將改正值發送給用戶站。依差分訊號 (改正值) 不同可分為位置差分、偽距差分和相位差分。這三類差分方式的工作原理大致相同，都是由基準站發送改正值，由用戶站接收並對其測量結果進行改正，以獲得精確的定位結果。所不同的是，發送改正值的具體內容不一樣，其差分定位精度也不同。由於位置差分的精度較差，因此較少使用。因此即時動態相對定位可依差分訊號分成使用偽距差分訊號的 DGPS (Differential Global Positioning System) 與使用相位差分訊號的即時動態測量 (Real-Time Kinematic, RTK) 與網路 RTK (Network RTK)。簡述如下：

(1) 差分 GPS (DGPS)

　　「差分 GPS」(DGPS) 技術是即時處理兩個測站偽距觀測量的差分方法。雖然偽距差分和載波相位差都是差分技術的應用，但「差分 GPS」一詞通常被用來指偽距差分 GPS。DGPS 的具體方法是：

(a) 在公共基準站上連續追蹤所有可見衛星，測得偽距。
(b) 根據基準站已知座標和各衛星的座標，求出每顆衛星到基準站的真實距離。
(c) 測得的偽距與真實距離比較，得到偽距改正值。
(d) 將改正值傳輸給用戶接收儀，以提高定位精度。

這種差分只能得到公尺級定位精度，但使用者只需要一部能接收 C/A 電碼的 GPS 接收儀就可工作。用於手機的 L1 單頻 GPS 晶片，每片只需美金 1 元，精度 30 m。用於精密導航的 L1/L2 雙頻 GPS 晶片，需美金 2000 元，精度約 1 m。因為成本低廉，一開機就能使用，是應用最廣的一種差分，應用範圍包括導航、為 GIS 系統收集資料、尋找測量的樁點。

(2) 即時動態測量(RTK)

　　即時動態測量 (Real-Time Kinematic, RTK) 是即時處理兩個測站載波相位觀測量的差分方法。RTK 的具體方法是：

(a) 在一個已知測站上架設 GPS 基準站接收儀和資料鏈，連續追蹤所有可見衛星，以載波相位測得距離。
(b) 根據基準站已知座標和各衛星的座標，求出每顆衛星到基準站的真實距離。
(c) 載波相位測得的距離與真實距離比較，得到相位改正值。
(d) 將改正值以無線電數據通訊設備傳送給用戶接收儀。
(e) 移動站接收儀通過移動站資料鏈接收基準站發射來的資料，並在移動站儀器上立即解算，以提高定位精度。

這種方法的精度一般為 2 公分左右。與其他 GPS 測量方法相較，具有精度高、施測快、不需後處理等優點。缺點是需要兩部接收儀，測量範圍受基準站的束縛。應用

範圍包括空曠地區的地籍測量、道路測量、水道測量、工程測量與放樣。

**(3) 網路 RTK**

　　傳統的 RTK 的使用者需要兩部 GPS 接收儀，一部接收儀架設在基準站，連續追蹤所有可見衛星，並透過資料鏈向另一部當做移動站的接收儀發送差分訊號，因此需要兩步接收儀，且測量的範圍受基準站的束縛。網路 RTK 的使用者只需要一部 GPS 接收儀當做移動站，而由配備 GPS 接收儀的公共基準站透過資料鏈向移動站接收儀發送差分訊號。因此只需一部 GPS 接收儀就可工作，因此較為經濟。此外，雖然測量範圍仍受公共基準站覆蓋範圍限制，但公共基準站通常以多站組成網路，覆蓋範圍大。缺點是必須在公共基準站覆蓋範圍內，並且可上網的地方才可測量。

**2. 後處理動態相對定位**

　　後處理動態相對定位是在一個已知精確位置的參考站 (或稱基準站) 上安裝接收儀並連續追蹤所有可見衛星。移動站接收儀需要先用已知點法或其它方式進行初始化，然後依序到各測站停留約一分鐘，以觀測幾個曆元資料。需要注意的是，這種方法要求在觀測時段內確保有 5 顆以上衛星可供觀測；移動站在搬站過程中不能失鎖；移動站與基準站相距應不超過 20 公里。這種方法又稱為半動態測量 (Semi-Kinematic) 又稱為停停走走 (Stop and Go)。半動態測量與即時動態測量 (RTK) 最大的不同是半動態測量不需資料鏈即時傳送資訊、記錄的是原始數據，需要回到辦公室用後處理軟體計算；即時動態測量 (RTK) 需資料鏈即時傳送資訊、記錄的是座標成果，不需要後處理。這種模式可用於空曠地區，點與點間距離在數百公尺以內，且點位密集之小規模測量，如加密控制測量、細部測量、地形測量、地籍測量、道路測量、工程測量與放樣等領域。

## 3-2-4 靜態相對定位概論

**1. 靜態基線測量**

　　靜態基線測量需要兩台以上接收儀分別安置在基線端點，並靜止不動，同步觀測四顆以上相同的衛星約一小時，以確定各點相對位置。靜態基線測量適用於邊長在 5 公里以上的控制測量。常用於全球性或國家級大地控制網、地殼運動監測網、長距離檢校基線之建立、島嶼與大陸之聯測、海上鑽井之定位等。這種模式一般可達到 mm 級精度，即 **3 mm+0.1~1 ppm** 相對定位精度，是所有方法中精度最高的方法。靜態基線測量所需的觀測時間與基線長度成正比，與接收的衛星數成反比。例如

基線長度=**10 km**，衛星數=**6**，約需 **60** 分鐘。
基線長度=**10 km**，衛星數=**8**，約需 **45** 分鐘。
基線長度=**50 km**，衛星數=**6**，約需 **75** 分鐘。

2. 快速靜態測量 (Rapid static)

快速靜態測量需要兩台以上接收儀，一台接收儀安置在一個已知測站上做為基準站，連續追蹤所有可見衛星。其餘接收儀做為移動站，依序到各測站停留約 10 分鐘，以確定各點相對位置。快速靜態測量適用於邊長在 5 公里以下的控制測量。常用於加密控制測量、地籍測量、工程測量等。需要注意的是這種方法要求在觀測時段內確保有 5 顆以上衛星可供觀測；移動站與基準點相距應不超過 20 公里。這種模式一般可達到公分級精度。

3. 虛擬動態測量 (Pseudo-Kinematic)

虛擬動態測量與快速靜態測量類似，但每次停留時間較短，約 5 分鐘，衛星訊號不需維持連續不斷，但它要求每一點要重複設站一次，往測與返測間隔需一小時以上，以便衛星分佈有所不同。適用對象與快速靜態測量相似。

表 3-2　GPS 相對定位方法之比較

| 測量方法 | | | 儀器 | 觀測時間 | 精度 | 使用時機 |
|---|---|---|---|---|---|---|
| 動態測量 | 即時 | DGPS | 單、雙頻均可 | 每個測站停留時間短於 5 秒鐘。 | 公尺級 | 收集 GIS 資料。 |
| | | RTK | 雙頻 + 通訊設備 | 每個測站停留時間短於 5 秒鐘。 | 10mm+ 1ppm | 空曠地區的地籍測量、道路測量、水道測量、工程測量與放樣。 |
| | | RTN | 雙頻 + 通訊設備 | 每個測站停留時間短於 5 秒鐘。 | 10mm+ 1ppm | 適用範圍與 RTK 類似，但必須在網路可通處。 |
| | 後處理 | 半動態 | 單、雙頻均可 | 每個測站停留時間約 1 分鐘。 | 10mm+ 1ppm | 空曠地區，點與點間距離在數百公尺以內，且點位密集之小規模測量。如地形測量、地籍測量等。 |
| 靜態測量 | | 靜態基線 | 單、雙頻均可 | 約需 60 分鐘。基線愈長，衛星愈少，所需觀測時間愈長。 | 3mm+ 0.1ppm | 邊長在 5 公里以上的控制測量。如大區域之大地控制網等。 |
| | | 快速靜態 | 雙頻 | 約需 10 分鐘。基線愈長，衛星愈少，所需觀測時間愈長。 | 10mm+ 1ppm | 邊長在 5 公里以下的控制測量。如加密控制測量等。 |
| | | 虛擬動態 | 單、雙頻均可 | 重複擺站兩次，間隔 1 小時，每次 5 分鐘。 | 10mm+ 1ppm | 適用範圍與快速靜態測量類似。 |

事實上，在 RTK 出現後，因為 RTK 的精度愈來愈高，快速靜態測量、虛擬動態測量、半動態測量已經不常使用，只剩下靜態基線測量仍在使用，原因是 RTK 只能達到 cm 級的精度，只有靜態基線測量可以達到 mm 級的精度。因此以下各節將分別介紹下列 GPS 技術：
- 動態絕對定位：導航單點定位 (標準定位服務 SPS 與精密定位服務 PPS)
- 靜態絕對定位：精密單點定位 (PPP)
- 動態相對定位(1)：電碼即時差分 (DGPS)
- 動態相對定位(2)：相位即時差分 (RTK)
- 動態相對定位(3)：網路即時差分 (RTN)
- 靜態相對定位：靜態基線測量

對測量專業人員而言，後面三種 (RTK, RTN, 靜態基線測量)是最常用的 GPS 技術。

由於測量需要的精度較高，因此都採用相對定位。相對定位法又可分成靜態測量及動態測量兩大類，動態測量還可以分成後處理、即時兩小類。各種相對定位方法的儀器、觀測時間、精度、使用時機歸納如表 3-2。

## 3-3 動態絕對定位：導航單點定位 (SPS 與 PPS)

### 3-3-1 目的

單點導航定位分成標準定位服務 (SPS)、精密定位服務 (PPS)。標準定位服務 (SPS)簡單地說就是使用最便宜、只能收到精度最低的 C/A 碼 GPS 晶片為硬體，以單點定位法得到座標。單點定位法的基本原理是空間距離交會法，即以 GPS 衛星和使用者接收儀天線之間的距離的觀測值為基礎，根據已知的衛星座標來確定接收儀(待定點)的三維座標（X，Y，Z）。GPS 定位的關鍵是測定接收儀至 GPS 衛星之間的距離，測距的方法分成偽距測量和載波相位測量兩種。GPS 單點定位通常採用偽距測量。雖然理論上只需三顆衛星就能三維定位，但由於接收儀鐘差的關係，至少要觀測四顆以上的衛星才能求解。由於不使用相對定位方法消除各種系統誤差，因此單點導航定位精度約 30 公尺。單點導航定位最大優點是成本極低，即時得到座標，因此非常適合用來導航，但因為精度很低，不適合測量應用。

精密定位服務 (PPS) 的主要服務對象是政府部門或其他特許民用部門，使用 P 碼與雙頻接收儀，定位精度可達 3 米。

### 3-3-2 原理

其定位原理如下 (圖 3-2)：

(1) 已知四顆衛星 (編號 1, 2, 3, 4) 的三維座標$(X_1, Y_1, Z_1)$, $(X_2, Y_2, Z_2)$, $(X_3, Y_3, Z_3)$,

(X₄, Y₄, Z₄)，以及 GPS 衛星和使用者接收儀天線 A 之間的偽距的觀測值 $\tilde{\rho}_A^1, \tilde{\rho}_A^2, \tilde{\rho}_A^3, \tilde{\rho}_A^4$。

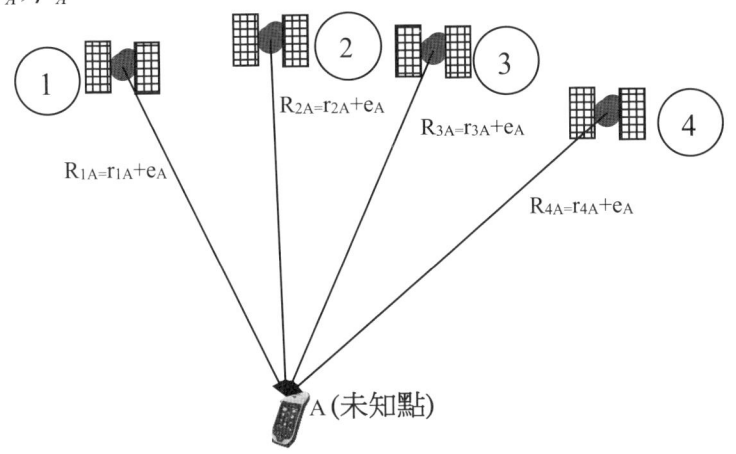

**圖 3-2 單點導航定位原理**

(2) 假設：電碼偽距測量的測距方程式

$$\tilde{\rho}_A^j = \rho_A^j + c \cdot dt^j + c \cdot dt_A + d_{orb,A}^j + \rho_{trop,A}^j + \rho_{ion,A}^j \qquad \text{(3-1 式)}$$

中忽略除了接收儀鐘差之外的系統誤差，即

$$\tilde{\rho}_A^j = \rho_A^j + c \cdot dt_A$$

(3) 試求使用者接收儀天線 A 之座標$(X_A, Y_A, Z_A)$

(4) 求解：由幾何學可知，接收儀至 GPS 衛星之間的幾何距離為

$$\rho_A^1 = \sqrt{(X_1 - X_A)^2 + (Y_1 - Y_A)^2 + (Z_1 - Z_A)^2} \qquad \text{(3-2-1 式)}$$

$$\rho_A^2 = \sqrt{(X_2 - X_A)^2 + (Y_2 - Y_A)^2 + (Z_2 - Z_A)^2} \qquad \text{(3-2-2 式)}$$

$$\rho_A^3 = \sqrt{(X_3 - X_A)^2 + (Y_3 - Y_A)^2 + (Z_3 - Z_A)^2} \qquad \text{(3-2-3 式)}$$

$$\rho_A^4 = \sqrt{(X_4 - X_A)^2 + (Y_4 - Y_A)^2 + (Z_4 - Z_A)^2} \qquad \text{(3-2-4 式)}$$

將上式代入 $\tilde{\rho}_A^j = \rho_A^j + c \cdot dt_A$ 得

$$\tilde{\rho}_A^1 = \sqrt{(X_1 - X_A)^2 + (Y_1 - Y_A)^2 + (Z_1 - Z_A)^2} + c \cdot dt_A \qquad \text{(3-3-1 式)}$$

$$\tilde{\rho}_A^2 = \sqrt{(X_2 - X_A)^2 + (Y_2 - Y_A)^2 + (Z_2 - Z_A)^2} + c \cdot dt_A \qquad \text{(3-3-2 式)}$$

$$\tilde{\rho}_A^3 = \sqrt{(X_3 - X_A)^2 + (Y_3 - Y_A)^2 + (Z_3 - Z_A)^2} + c \cdot dt_A \qquad \text{(3-3-3 式)}$$

$$\tilde{\rho}_A^4 = \sqrt{(X_4 - X_A)^2 + (Y_4 - Y_A)^2 + (Z_4 - Z_A)^2} + c \cdot dt_A \qquad \text{(3-3-4 式)}$$

聯立上述四個方程式可解 $(X_A, Y_A, Z_A)$ 與 $c \cdot dt_A$ 四個未知數。這種定位原理只能消除接收儀鐘差，無法消除其他系統誤差，因此定位精度低。

### 3-3-3 方法：線性化聯立方程式

由於上述方程式為非線性方程式，因此可加以線性化，以方便聯立求解。對於非線性函數，可按泰勒級數展開成線性形式，得

$$f(x) = f(\hat{x}) + f'(\hat{x}) \cdot \Delta x \qquad \text{(3-4 式)}$$

其中 $\hat{x}$ 為展開點。

首先令 $\delta_A \equiv c \cdot dt_A$，則 (3-3-1 式) 可改寫為

$$\tilde{\rho}_A^1 = \sqrt{(X_1 - X_A)^2 + (Y_1 - Y_A)^2 + (Z_1 - Z_A)^2} + \delta_A \qquad \text{(3-5 式)}$$

接下來，以泰勒級數展開成線性形式

$$\begin{aligned}\tilde{\rho}_A^1 = \hat{\rho}_A^1 &+ \frac{\partial}{\partial X_A}\left(\sqrt{(X_1 - X_A)^2 + (Y_1 - Y_A)^2 + (Z_1 - Z_A)^2}\right) \cdot \Delta X_A \\ &+ \frac{\partial}{\partial Y_A}\left(\sqrt{(X_1 - X_A)^2 + (Y_1 - Y_A)^2 + (Z_1 - Z_A)^2}\right) \cdot \Delta Y_A \\ &+ \frac{\partial}{\partial Z_A}\left(\sqrt{(X_1 - X_A)^2 + (Y_1 - Y_A)^2 + (Z_1 - Z_A)^2}\right) \cdot \Delta Z_A \\ &+ \delta_A \end{aligned} \qquad \text{(3-6 式)}$$

得到 $\tilde{\rho}_A^1 = \hat{\rho}_A^1 + \dfrac{\hat{X}_A - X_1}{\hat{\rho}_A^1} \cdot \Delta X_A + \dfrac{\hat{Y}_A - Y_1}{\hat{\rho}_A^1} \cdot \Delta Y_A + \dfrac{\hat{Z}_A - Z_1}{\hat{\rho}_A^1} \cdot \Delta Z_A + \delta_A$ (3-7 式)

其餘 (3-3-2 式)、(3-3-3 式)、(3-3-4 式) 可用相同方式處理，以矩陣表達聯立方程式

$$\begin{Bmatrix} \tilde{\rho}_A^1 - \hat{\rho}_A^1 \\ \tilde{\rho}_A^2 - \hat{\rho}_A^2 \\ \tilde{\rho}_A^3 - \hat{\rho}_A^3 \\ \tilde{\rho}_A^4 - \hat{\rho}_A^4 \end{Bmatrix} = \begin{bmatrix} \dfrac{\hat{X}_A - X_1}{\hat{\rho}_A^1} & \dfrac{\hat{Y}_A - Y_1}{\hat{\rho}_A^1} & \dfrac{\hat{Z}_A - Z_1}{\hat{\rho}_A^1} & 1 \\ \dfrac{\hat{X}_A - X_2}{\hat{\rho}_A^2} & \dfrac{\hat{Y}_A - Y_2}{\hat{\rho}_A^2} & \dfrac{\hat{Z}_A - Z_2}{\hat{\rho}_A^2} & 1 \\ \dfrac{\hat{X}_A - X_3}{\hat{\rho}_A^3} & \dfrac{\hat{Y}_A - Y_3}{\hat{\rho}_A^3} & \dfrac{\hat{Z}_A - Z_3}{\hat{\rho}_A^3} & 1 \\ \dfrac{\hat{X}_A - X_4}{\hat{\rho}_A^4} & \dfrac{\hat{Y}_A - Y_4}{\hat{\rho}_A^4} & \dfrac{\hat{Z}_A - Z_4}{\hat{\rho}_A^4} & 1 \end{bmatrix} \begin{Bmatrix} \Delta X_A \\ \Delta Y_A \\ \Delta Z_A \\ \delta_A \end{Bmatrix} \qquad \text{(3-8 式)}$$

第 3 章　衛星定位測量(一) 方法　3-13

整個求解演算法如下：

**(1)** 猜測一個初始解 $(\hat{X}_A, \hat{Y}_A, \hat{Z}_A, \hat{\delta}_A)$

**(2)** 將解代入 $\hat{\rho}_A^j = \sqrt{(X_j - \hat{X}_A)^2 + (Y_j - \hat{Y}_A)^2 + (Z_j - \hat{Z}_A)^2}$ 計算衛星距測站估計座標的幾何距離 $\hat{\rho}_A^j$

**(3)** 將 $\hat{\rho}_A^j$ 代入 **(3-8 式)** 左端，計算得到向量

**(4)** 將解代入 **(3-8 式)** 右端，計算得到矩陣

**(5)** 將上述的向量與矩陣代入 **(3-8 式)** 解得 $(\Delta X_A, \Delta Y_A, \Delta Z_A, \delta_A)$

**(6)** 更新解答為 $(\hat{X}_A, \hat{Y}_A, \hat{Z}_A, \hat{\delta}_A)_{new} = (\hat{X}_A + \Delta X_A, \hat{Y}_A + \Delta Y_A, \hat{Z}_A + \Delta Z_A, \delta_A)$

**(7)** 如果收斂，則輸出解答，否則回到 **(2)**。

**例題 3-1** 線性化聯立方程式解測站座標

已知衛星座標、衛星距測站的偽距如下表 (以 **km** 為單位)：

|  | X | Y | Z | 偽距 $\tilde{\rho}_A^j$ |
|---|---|---|---|---|
| 衛星 1 | 18787.79267 | 0.00000 | 18787.86168 | 22521.10533 |
| 衛星 2 | 17357.65051 | 17357.71427 | -10167.92134 | 22922.00185 |
| 衛星 3 | 17357.65051 | -17357.71427 | -10167.92134 | 22922.03185 |
| 衛星 4 | 26570.00000 | 0.00000 | 0.00000 | 20200.29000 |

假設測站座標估計值 **(X,Y,Z)=(6371.0000, 0.0000, 0.0000)**，試解測站座標。

[解]

**1.** 猜測一個初始解 $(\hat{X}_A, \hat{Y}_A, \hat{Z}_A, \hat{\delta}_A)$ =**(6371.00000, 0.00000, 0.00000, 0.00000)**

**2.** 將解代入 $\hat{\rho}_A^j = \sqrt{(X_j - \hat{X}_A)^2 + (Y_j - \hat{Y}_A)^2 + (Z_j - \hat{Z}_A)^2}$ 得

$$\begin{Bmatrix} \hat{\rho}_A^1 \\ \hat{\rho}_A^2 \\ \hat{\rho}_A^3 \\ \hat{\rho}_A^4 \end{Bmatrix} = \begin{Bmatrix} 22520.77533 \\ 22921.72185 \\ 22921.72185 \\ 20200.00000 \end{Bmatrix}$$

**3.** 將 $\hat{\rho}_A^j$ 代入 **(3-8 式)** 左端，計算得到向量

$$\begin{Bmatrix} \tilde{\rho}_A^1 - \hat{\rho}_A^1 \\ \tilde{\rho}_A^2 - \hat{\rho}_A^2 \\ \tilde{\rho}_A^3 - \hat{\rho}_A^3 \\ \tilde{\rho}_A^4 - \hat{\rho}_A^4 \end{Bmatrix} = \begin{Bmatrix} 22521.10533 - 22520.77533 \\ 22922.00185 - 22921.72185 \\ 22922.03185 - 22921.72185 \\ 20200.29000 - 20200.00000 \end{Bmatrix}$$

4. 將解代入 (3-8 式) 右端，計算得到矩陣

$$\begin{bmatrix} \dfrac{\hat{X}_A - X_1}{\hat{\rho}_A^1} & \dfrac{\hat{Y}_A - Y_1}{\hat{\rho}_A^1} & \dfrac{\hat{Z}_A - Z_1}{\hat{\rho}_A^1} & 1 \\ \dfrac{\hat{X}_A - X_2}{\hat{\rho}_A^2} & \dfrac{\hat{Y}_A - Y_2}{\hat{\rho}_A^2} & \dfrac{\hat{Z}_A - Z_2}{\hat{\rho}_A^2} & 1 \\ \dfrac{\hat{X}_A - X_3}{\hat{\rho}_A^3} & \dfrac{\hat{Y}_A - Y_3}{\hat{\rho}_A^3} & \dfrac{\hat{Z}_A - Z_3}{\hat{\rho}_A^3} & 1 \\ \dfrac{\hat{X}_A - X_4}{\hat{\rho}_A^4} & \dfrac{\hat{Y}_A - Y_4}{\hat{\rho}_A^4} & \dfrac{\hat{Z}_A - Z_4}{\hat{\rho}_A^4} & 1 \end{bmatrix} = \begin{bmatrix} -0.5514 & 0.0000 & -0.8343 & 1.0000 \\ -0.4794 & -0.7573 & 0.4436 & 1.0000 \\ -0.4794 & 0.7573 & 0.4436 & 1.0000 \\ -1.0000 & 0.0000 & 0.0000 & 1.0000 \end{bmatrix}$$

5. 將上述的向量與矩陣代入(3-8 式)解得 $(\Delta X_A, \Delta Y_A, \Delta Z_A, \delta_A)$

$(\Delta X_A, \Delta Y_A, \Delta Z_A, \delta_A) = (0.03460, 0.01981, -0.02934, 0.32460)$

6. 更新解答 $(\hat{X}_A, \hat{Y}_A, \hat{Z}_A, \hat{\delta}_A)_{new} = (\hat{X}_A + \Delta X_A, \hat{Y}_A + \Delta Y_A, \hat{Z}_A + \Delta Z_A, \delta_A)$

$= (6370.034602, 0.019808, -0.02934, 0.32460)$

7. 因尚未收斂，重新計算衛星距測站新的估計座標的距離 $\hat{\rho}_A^j$

$$\begin{Bmatrix} \hat{\rho}_A^1 \\ \hat{\rho}_A^2 \\ \hat{\rho}_A^3 \\ \hat{\rho}_A^4 \end{Bmatrix} = \begin{Bmatrix} 22520.78073 \\ 22921.67725 \\ 22921.70725 \\ 20199.96540 \end{Bmatrix}$$

8. 將 $\hat{\rho}_A^j$ 代入 (3-8 式) 左端，計算得到向量

$$\begin{Bmatrix} \widetilde{\rho}_A^1 - \hat{\rho}_A^1 \\ \widetilde{\rho}_A^2 - \hat{\rho}_A^2 \\ \widetilde{\rho}_A^3 - \hat{\rho}_A^3 \\ \widetilde{\rho}_A^4 - \hat{\rho}_A^4 \end{Bmatrix} = \begin{Bmatrix} 22521.10533 - 22520.78073 \\ 22922.00185 - 22921.67725 \\ 22922.03185 - 22921.70725 \\ 20200.29000 - 20199.96540 \end{Bmatrix}$$

9. 將解代入 (3-8 式) 右端，計算得到矩陣

$$\begin{bmatrix} \dfrac{\hat{X}_A - X_1}{\hat{\rho}_A^1} & \dfrac{\hat{Y}_A - Y_1}{\hat{\rho}_A^1} & \dfrac{\hat{Z}_A - Z_1}{\hat{\rho}_A^1} & 1 \\ \dfrac{\hat{X}_A - X_2}{\hat{\rho}_A^2} & \dfrac{\hat{Y}_A - Y_2}{\hat{\rho}_A^2} & \dfrac{\hat{Z}_A - Z_2}{\hat{\rho}_A^2} & 1 \\ \dfrac{\hat{X}_A - X_3}{\hat{\rho}_A^3} & \dfrac{\hat{Y}_A - Y_3}{\hat{\rho}_A^3} & \dfrac{\hat{Z}_A - Z_3}{\hat{\rho}_A^3} & 1 \\ \dfrac{\hat{X}_A - X_4}{\hat{\rho}_A^4} & \dfrac{\hat{Y}_A - Y_4}{\hat{\rho}_A^4} & \dfrac{\hat{Z}_A - Z_4}{\hat{\rho}_A^4} & 1 \end{bmatrix} = \begin{bmatrix} -0.5514 & 0.0000 & -0.8343 & 1.0000 \\ -0.4794 & -0.7573 & 0.4436 & 1.0000 \\ -0.4794 & 0.7573 & 0.4436 & 1.0000 \\ -1.0000 & 0.0000 & 0.0000 & 1.0000 \end{bmatrix}$$

10. 將上述的向量與矩陣代入 (3-8 式) 解得 $(\Delta X_A, \Delta Y_A, \Delta Z_A, \delta_A)$
$(\Delta X_A, \Delta Y_A, \Delta Z_A, \delta_A)$ =(0.00000, 0.00000, 0.00000, 0.32460)
11. 更新解答 $(\hat{X}_A, \hat{Y}_A, \hat{Z}_A, \hat{\delta}_A)_{new} = (\hat{X}_A + \Delta X_A, \hat{Y}_A + \Delta Y_A, \hat{Z}_A + \Delta Z_A, \delta_A)$
$\qquad = (6370.03460 , 0.01981, -0.02934, 0.32460)$
12. 因為 $(\Delta X_A, \Delta Y_A, \Delta Z_A)$ =**(0,0,0)**，已經收斂，故輸出解答
$(X_A, Y_A, Z_A) = (6370.03460, 0.01981, -0.02934)$

## 3-4 靜態絕對定位：精密單點定位 (PPP)

### 3-4-1 目的

　　基於傳統的動態 GPS 單點定位精度僅能達到十公尺等級，很難滿足高精度定位的要求，因此相對定位因應而生。由於相對定位方式可以消除或降低接收儀鐘差、衛星鐘差、衛星軌道誤差、電離層延遲、對流層延遲等影響，因此可以達到公尺級(使用電碼偽距的**DGPS**) 或公分級 (使用載波相位的**RTK**) 的精度。但是相對定位需要建立基準站 (Base Station)，且基準站與移動站的基線距離愈長，誤差愈大，這兩個因子限制了相對定位的作業效率與範圍。

　　因此，精密單點定位 (Precise Point Positioning, PPP) 因應而生。**PPP** 不採用相對定位方法消除各種系統誤差，而是採取相對定位方法以外的方法消除系統誤差，以達到公分級的定位。**PPP** 只需要一台雙頻接收儀的觀測數據，即可在全球任意位置得到靜態或動態的高精度定位。靜態的 **PPP** 的點位精度可達公分級，已經可以與相對定位的精度相比擬。隨著愈來愈多的 GNSS 系統相繼投入市場，**PPP** 的觀測將愈來愈快速與精確，因此在高精度的工程測量和動態的導航定位上都具有廣闊的應用前景。

### 3-4-2 原理

　　精密單點定位克服系統誤差的方法如下：
(1) 衛星鐘差：採用精密星曆。
(2) 衛星軌道誤差：採用精密星曆。
(3) 電離層誤差：以雙頻接收儀的二種頻率觀測值用線性組合得到無電離層組合。
(4) 對流層誤差：視為未知數，以最小二乘法在求解點位座標時一併解，或者以物理模型來估計。
(5) 接收儀鐘差：視為未知數，以最小二乘法在求解點位座標時一併解。
(6) 周波未定值：視為未知數，以最小二乘法在求解點位座標時一併解。

### 3-4-3 優點與缺點

精密單點定位的主要優勢有三：

(1) 相對定位要求移動站距離參考站不可太遠，通常不可超過 20 km；絕對定位不需參考站，不受距離限制。
(2) 得到的是絕對位置，而非相對位置。
(3) 只需一部衛星接收儀。

精密單點定位的主要劣勢在於其必須使用精密星曆，但精密星曆無法即時獲得，大約有兩星期左右的時間延遲。以往精密星曆透過人造衛星發送。2011 年已經有營運商建構了用手機通訊的精密星曆服務，可以讓精密單點定位在 30 分鐘內達到 4 公分的精度。

## 3-5 動態相對定位(1)：電碼即時差分 (DGPS)

### 3-5-1 目的

在導航應用上，由於載具不斷的移動，使得利用載波相位測距甚為困難，而需採用電碼測距。然而在 P 電碼的使用受到管制下，一般民間使用者只能使用精度較差的 C/A 電碼。如僅用一部 GPS 接收儀單點定位時，由於無法消除系統誤差，精度只能達到 10 公尺級。對要求較高精度的導航系統而言，精度顯得不足。為了提高精度，可使用相對定位原理消去大部分系統誤差，以獲得較高的精度。以電碼測距，運用相對定位原理定位的方法稱為「差分 GPS」(DGPS)。DGPS 可完全消除衛星鐘差，以及大部分的衛星軌道誤差、電離層延遲誤差、對流層延遲誤差，約可使誤差從 10 公尺級降低一個數量級到公尺級。但當基準站與未知點相距超過 200 km 時，DGPS 便無法提高精度。

### 3-5-2 原理

DGPS 測量由座標已知的參考站 (Reference Station) 與座標未知的移動站 (Roving Station) 組成。兩站之間的距離不可太遠，通常限數十公里。參考站接收儀一直安置在特定已知點上，連續追蹤所有可見衛星。移動站接收儀在參考站的一定範圍內移動作業，可即時得到未知點的三維座標。

DGPS 可以提高移動站定位精度的理論基礎是：在同步觀測下，位於相鄰地區內的基準站與移動站的電碼測距的許多系統誤差大小相近，這些系統誤差包括衛星軌道誤差、對流層誤差、電離層誤差等。因此，在公共基準站上連續追蹤所有可見衛星，根據觀測到的電碼訊號可以得到衛星距基準站的偽距；根據導航電文可以得

到各衛星的座標，用基準站已知座標和各衛星的座標可以得到衛星距基準站的幾何距離。將幾何距離減去偽距可得到系統誤差估計值，即偽距改正值。由於基準站與移動站的許多系統誤差大小相近，因此移動站可將觀測到的偽距加上偽距改正值，以消除偽距中的系統誤差，得到較為精確的幾何距離估計值，提高電碼測距的精度，以提升定位精度。**DGPS** 可以使基準站覆蓋範圍內移動站的定位精度從 **10** 公尺級提升到公尺級。

DGPS 的原理是 (圖 3-3)：

**(1)** 在位置已經精確測定的已知點 (測站 **B**) 上配置一台接收儀做為基準站，並測得與各衛星之間的電碼偽距 $\tilde{\rho}_B^j$。

**(2)** 將基準站已知座標計算得到之幾何距離 $\rho_B^j$ 減去偽距 $\tilde{\rho}_B^j$ 得到即時偽距改正值 $PRC_B^j \equiv \rho_B^j - \tilde{\rho}_B^j$。以廣播或數據通信鏈將即時偽距改正值傳送至附近的移動站 (測站 **A**)。

**(3)** 將在移動站 (測站 **A**) 測到的與各衛星之間的電碼偽距 $\tilde{\rho}_A^j$ 加上來自基準站的即時偽距改正值 $PRC_B^j$，此一改正值可以幫助移動站 (測站 **A**) 完全消除衛星時鐘誤差，部分消除衛星軌道誤差、對流層誤差、電離層誤差。故電碼測距方程式簡化成 $\tilde{\rho}_A^j + PRC_B^j = \rho_A^j + c \cdot (dt_A - dt_B)$。

**(4)** 如果移動站與基準站的 **GPS** 接收儀同時觀測四顆以上的衛星，可以得到四個上述已消除大部分系統誤差的電碼測距方程式，可以解得 $X_A, Y_A, Z_A$ 與 $(dt_A - dt_B)$ 等四個未知數。

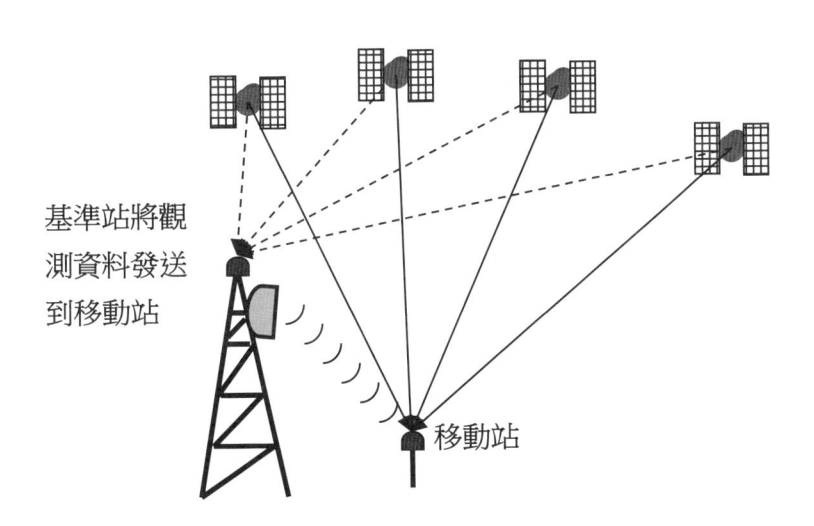

圖 3-3 差分 **GPS (DGPS)** 原理

## 3-5-3 方法

本節將推導 DGPS 的差分方程式。首先列出移動站 A 與基準站 B 的電碼測距方程式：

測站 A (移動站) 與測站 B (基準站) 的電碼偽距測距方程式

$$\tilde{\rho}_A^j = \rho_A^j + c \cdot dt^j + c \cdot dt_A + d_{orb,A}^j + \rho_{trop,A}^j + \rho_{ion,A}^j \quad \text{(3-9 式)}$$

$$\tilde{\rho}_B^j = \rho_B^j + c \cdot dt^j + c \cdot dt_B + d_{orb,B}^j + \rho_{trop,B}^j + \rho_{ion,B}^j \quad \text{(3-10 式)}$$

由測站 B 可以得到偽距改正值 (pseudorange correction, PRC)為

$$PRC_B^j \equiv \rho_B^j - \tilde{\rho}_B^j = -(c \cdot dt^j + c \cdot dt_B + d_{orb,B}^j + \rho_{trop,B}^j + \rho_{ion,B}^j) \quad \text{(3-11 式)}$$

將測站 A 的測距方程加上偽距改正值，推得

$$\begin{aligned}\tilde{\rho}_A^j + PRC_B^j &= \rho_A^j + c \cdot dt^j + c \cdot dt_A + d_{orb,A}^j + \rho_{trop,A}^j + \rho_{ion,A}^j \\ &\quad - (c \cdot dt^j + c \cdot dt_B + d_{orb,B}^j + \rho_{trop,B}^j + \rho_{ion,B}^j) \\ &= \rho_A^j + c \cdot (dt_A - dt_B) \\ &\quad + (d_{orb,A}^j - d_{orb,B}^j) + (\rho_{trop,A}^j - \rho_{trop,B}^j) + (\rho_{ion,A}^j - \rho_{ion,B}^j)\end{aligned} \quad \text{(3-12 式)}$$

因為同步觀測，二測站與衛星之間的觀測距離含有相同的衛星時鐘誤差($c \cdot dt^j$)而抵消。假設二測站之間的距離不遠 (<20 公里)，則二測站與衛星之間的觀測距離不但因同步觀測而具有時間相近性，又因相距不遠而具有空間相近性，因此有相似的衛星軌道誤差、對流層誤差、電離層誤差，故

$$d_{orb,A}^j - d_{orb,B}^j \approx 0$$

$$\rho_{trop,A}^j - d_{trop,B}^j \approx 0$$

$$\rho_{ion,A}^j - d_{ion,B}^j \approx 0$$

將以上三式代入上式得

$$\tilde{\rho}_A^j + PRC_B^j = \rho_A^j + c \cdot (dt_A - dt_B) \quad \text{(3-13 式)}$$

將幾何距離

$$\rho_A^j = \sqrt{(X^j - X_A)^2 + (Y^j - Y_A)^2 + (Z^j - Z_A)^2} \quad \text{(3-14 式)}$$

代入上式得

$$\tilde{\rho}_A^j + PRC_B^j = \sqrt{(X^j - X_A)^2 + (Y^j - Y_A)^2 + (Z^j - Z_A)^2} + c \cdot (dt_A - dt_B) \quad \text{(3-15 式)}$$

如果測站 A 與測站 B 同步觀測四顆衛星，則可以得到四個上述已消除大部分系統誤差的電碼測距方程式

$$\tilde{\rho}_A^1 + PRC_B^1 = \sqrt{(X^1 - X_A)^2 + (Y^1 - Y_A)^2 + (Z^1 - Z_A)^2} + c \cdot (dt_A - dt_B) \quad \text{(3-16-1 式)}$$

$$\tilde{\rho}_A^2 + PRC_B^2 = \sqrt{(X^2 - X_A)^2 + (Y^2 - Y_A)^2 + (Z^2 - Z_A)^2} + c \cdot (dt_A - dt_B) \quad \text{(3-16-2 式)}$$

$$\tilde{\rho}_A^3 + PRC_B^3 = \sqrt{(X^3 - X_A)^2 + (Y^3 - Y_A)^2 + (Z^3 - Z_A)^2} + c \cdot (dt_A - dt_B) \quad \text{(3-16-3 式)}$$

$$\tilde{\rho}_A^4 + PRC_B^4 = \sqrt{(X^4 - X_A)^2 + (Y^4 - Y_A)^2 + (Z^4 - Z_A)^2} + c \cdot (dt_A - dt_B) \quad \text{(3-16-4 式)}$$

雖然上述四個方程式中有測站 A 的座標 $X_A, Y_A, Z_A$ 與測站 A 時鐘誤差 $dt_A$ 與測站 B 時鐘誤差 $dt_B$ 等五個未知數 (c=光速，為常數)，但測量者對 $dt_A, dt_B$ 各多少並無興趣，故可合併 $dt_A - dt_B$ 為單一未知數。因此只剩下四個未知數，可以解上述四個方程式得到 $X_A, Y_A, Z_A$ 與 ($dt_A - dt_B$)。如果觀測五顆以上的衛星，則有多餘觀測，可用最小二乘法求解最可能解，並得到誤差估計值。

由於偽距改正值的傳播需要時間，因此測站 A 收到的偽距改正值會有誤差，可用線性外插法估計即時偽距改正值

$$PRC_B^j(t) = PRC_B^j(t_0) + RRC_B^j(t_0) \cdot (t - t_0) \quad \text{(3-17 式)}$$

其中 $t$ =測站 A 收到偽距改正值的時間；

$t_0$ =測站 B 發出偽距改正值的時間；

$PRC_B^j(t)$ = $t$ 時刻的偽距改正值；

$PRC_B^j(t_0)$ = $t_0$ 時刻的偽距改正值；

$RRC_B^j(t_0)$ = $t_0$ 時刻的「偽距比率改正值」 (range rate correction, RRC)。

## 3-5-4 技術

DGPS 系統由參考站 (Reference Station) 發出偽距改正值給參考站覆蓋範圍內的使用者。其主要設備為一部具有額外計算能力之高品質 GPS 接收儀，它可以量測 GPS 衛星與參考站之間的偽距，進而精確地計算出偽距改正值。接著藉由無線電廣播設備將改正值以 RTCM 所要求之信文格式傳播給使用者。

表3-3　DGPS系統比較

| 特性 | 多基站差分改正 | 各誤差分別改正 | 使用衛星廣播 |
|---|---|---|---|
| 單基站差分 SRDGPS | × | × | × |
| 區域差分 LADGPS | ○ | × | × |
| 廣域差分 WADGPS | ○ | ○ | × |
| 星基增強系統 SBAS | ○ | ○ | ○ |

**DGPS** 分為以下四種類型 (表 3-3)。
**(1) 單基站差分 GPS (SRDGPS)**
　　單基站差分是指僅依據一個基準站所提供的差分改正值進行差分定位的 **DGPS** 系統。即在某區域中，每隔一定距離佈置一個基準站，每個基準站分別向覆蓋區域中的使用者傳送差分改正值。使用者僅依據某個基準站所提供的差分改值進行改正。單基站差分 **GPS** 由基準站、數據通信鏈、用戶端設備構成。基準站的座標已知，並具有衛星接收儀，因此可以計算出改正值，這個改正值是基於各種誤差的綜合影響，並透過數據通信鏈將改正值傳給用戶端。這個改正值是以基準站所的位置為基準，但用戶端的位置不同於基準站，因此其衛星軌道誤差、電離層、對流層延滯誤差不同於基準站。不過當用戶端的位置距離基準站很近時 (例如<10 km)，這些誤差相近，因此可以幫助用戶端消除這些誤差。但隨著用戶端和基準站之間的距離變大，差分定位的精度迅速下降。
**(2) 區域差分 GPS (Local Area Differential GPS, LADGPS)**
　　由於單基站差分只依據一個基準站所提供的差分改正值進行差分定位，因此有兩個缺點：首先，當基準站故障時，無法進行差分定位。其次，即使基準站未故障，因為無多餘差分資訊，無法估計差分資訊的精度。為了克服這二個缺點，產生了依據多個基準站所提供的差分改正值進行差分定位的區域差分 **GPS** (圖 3-4)。組合來自不同的基準站的差分改正值的方法有加權平均法、最小二乘法等。區域差分把各種誤差的影響綜合在一起進行改正，但實際上各種誤差的物理特性不同，例如衛星軌道誤差與用戶端和基準站之間的距離成正比，但電離層延遲誤差、對流層延遲誤差與大氣條件相關，不一定與距離成正比。因此即使綜合多個基準站的改正值進行修正，也會因為各種誤差的影響被混在一起，使得改正無法很精確。

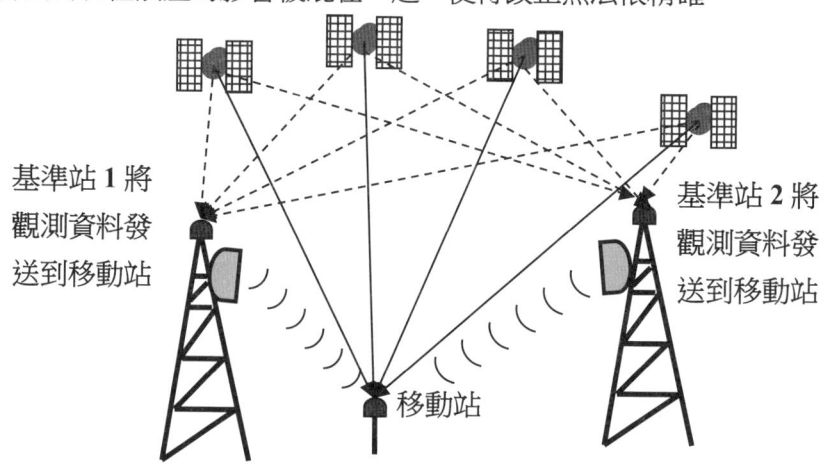

圖 3-4 區域差分 GPS (LADGPS) 原理

## (3) 廣域差分 GPS (Wide Area Differential GPS, WADGPS)

由於區域差分把各種誤差的影響綜合在一起進行改正，但實際上各種誤差的物理特性不同，使得改正不能很精確。為了克服這個缺點，產生了將各種誤差的影響分別建模，分別改正的廣域差分 GPS。它由主站 (數據處理中心)、監測站 (基準站)、數據通信鏈、用戶端構成 (圖 3-5)。各監測站 (基準站) 不是將本站所求得的虛擬距離改正值直接傳給使用者；而是將改正值傳送至廣域 DGPS 網的主站 (數據處理中心)，統一計算，以利將衛星鐘差、衛星軌道誤差、電離層、對流層延滯誤差等各種誤差分別建模。由數據處理中心將各種誤差的改正模型，傳播給使用者，再由使用者對各項誤差分別進行改正。這種方法不僅保持了 LADGPS 的定位精度，還削弱了 LADGPS 技術中基準站和用戶站之間定位誤差對時空的相依性，使得在 WADGPS 系統中，只要資料通訊鏈有足夠能力，主站和用戶站間的距離原則上是沒有限制的。

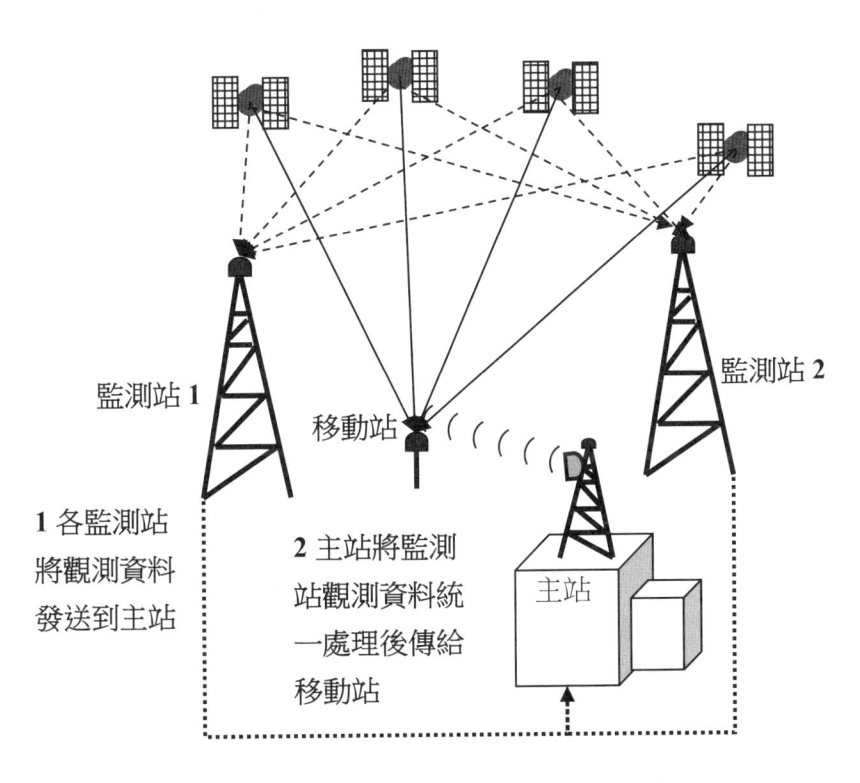

圖 3-5 廣域差分 GPS (WADGPS) 原理

## (4) 星基增強系統 (SBAS)

在廣域差分 GPS 中，數據通訊是一難題，其困難主是來自兩方面：一是改正訊

號的覆蓋面不足；二是用戶端需要額外的通訊設備成本。為了克服這二個缺點，產生了星基增強系統 (SBAS) (圖 3-6)。它由同步衛星及地面站台構成。SBAS 與廣域差分 GPS 一樣，主站將監測站觀測資料統一處理，但 SBAS 不直接傳給移動站，而是將改正值上傳至同步衛星。同步衛星採用 L1 為載波，並在載波上調製了 C/A 電碼來攜帶改正值資訊，將改正值發射給地面上的接收儀。使用同步衛星廣播可以解決覆蓋面問題；使用以 L1 載波與 C/A 電碼來傳送改正值資訊可以讓用戶端不需額外的通訊設備，降低通訊成本。因為同步衛星永遠在太空的某個固定點上，因此屬於局部服務的衛星。這種同步衛星除了通訊外，也可同時肩負 GPS 衛星的角色，強化系統的效能。廣域增強系 (Wide Area Augmentation System, WAAS) 是美國發射的星基增強系統，日本、歐盟等也各自建立類似的系統。

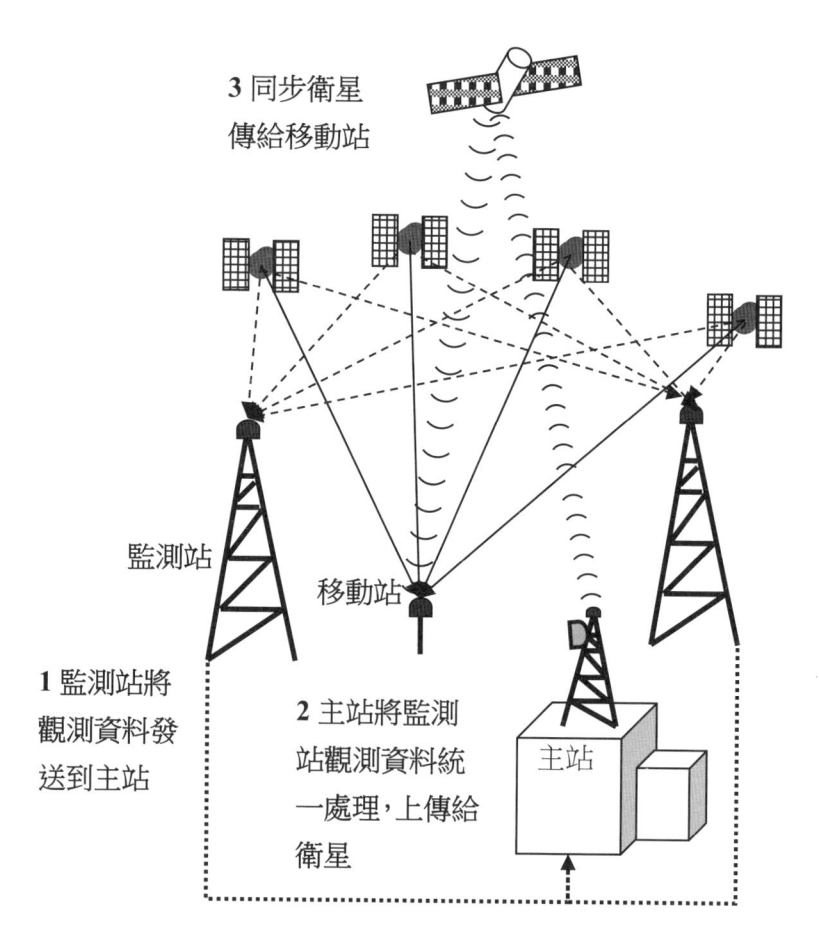

圖 3-6 星基增強系統 (SBAS) 原理

# 3-6 動態相對定位(2)：相位即時差分 (RTK)

## 3-6-1 目的

常規的 GNSS 測量方法，如靜態基線、快速靜態都需要進行後處理解算才能達到公分級的定位精度，而即時動態（Real Time Kinematic, RTK）是一種快速的測量方法，能夠在野外即時得到公分級精度。RTK 不僅大大地提高了外業作業的效率，而且可達到公分級的精度，它的出現為工程放樣、地形測量等測量應用帶來了新希望，是 GNSS 技術的重大里程碑。

前一節介紹的 DGPS 與本節的 RTK 定位技術都是基於相對定位的即時動態測量，但 DGPS 採用電碼測距，而 RTK 採用載波測距，因此 DGPS 只能達到公尺級的精度，而 RTK 能夠達到公分級的精度。

## 3-6-2 原理

RTK 測量由座標已知的基準站 (Base Station)、座標未知的移動站 (Roving Station)、資料鏈三個部分組成。兩站之間的距離不可太遠，通常不可超過數十公里。基準站接收儀一直安置在已知點上，保持追蹤觀測衛星。移動站接收儀在參考站的一定範圍內移動作業，可即時得到未知點的三維座標。

RTK 可以提高移動站定位精度的理論基礎與 DGPS 相似：在同步觀測下，位於相鄰地區內的基準站與移動站的載波相位測距的許多系統誤差大小相近。因此，可以利用座標已知的基準站得到即時相位改正值，並將改正值通過無線電傳輸設備，即時地發送給移動站。在移動站上，接收儀在接收衛星訊號的同時，從無線電接收設備接收基準站傳來的改正值。移動站可利用此改正值消除載波相位測距中的系統誤差，提高載波測距的精度。並根據相對定位的原理，即時計算並顯示移動站的三維座標。

RTK 的原理是 (圖 3-7)：

(1) 在位置已經精確測定的已知點 (測站 B) 上配置一台接收儀做為基準站，連續接受所有可視衛星訊號，並測得與各衛星之間的載波相位偽距 $\lambda \cdot \Phi_B^j$。

(2) 將基準站已知座標計算得到之幾何距離 $\rho_B^j$ 減去偽距 $\lambda \cdot \Phi_B^j$ 得到即時偽距改正值 $PRC_B^j \equiv \rho_B^j - \lambda \cdot \Phi_B^j$。並將改正值資訊通過無線資料鏈發送給移動站的筆記型電腦。

(3) 移動站先進行初始化，以決定週波未定值，然後進入動態作業。

(4) 將在移動站 (測站 A) 測到的與各衛星之間的載波相位偽距 $\lambda \cdot \Phi_A^j$ 加上來自基

準站的即時偽距改正值 $PRC_B^j$。此一改正值可以幫助移動站 (測站 A) 完全消除衛星時鐘誤差，部分消除衛星軌道誤差、對流層誤差、電離層誤差。故載波相位測距方程式簡化成

$$\lambda \cdot \Phi_A^j + PRC_B^j = \rho_A^j + c \cdot (dt_A - dt_B) - \lambda \cdot (N_A^j - N_B^j)$$

(5) 如果移動站與基準站的 **GPS** 接收儀同時觀測四顆以上的衛星，可以得到四個上述已消除大部分系統誤差的載波相位測距方程式。由於移動站已經初始化，週波未定值已經確定，因此這四個方程式中只剩 $X_A, Y_A, Z_A$ 與 $(dt_A - dt_B)$ 等四個未知數，可以聯立這四個方程式求解這四個未知數。

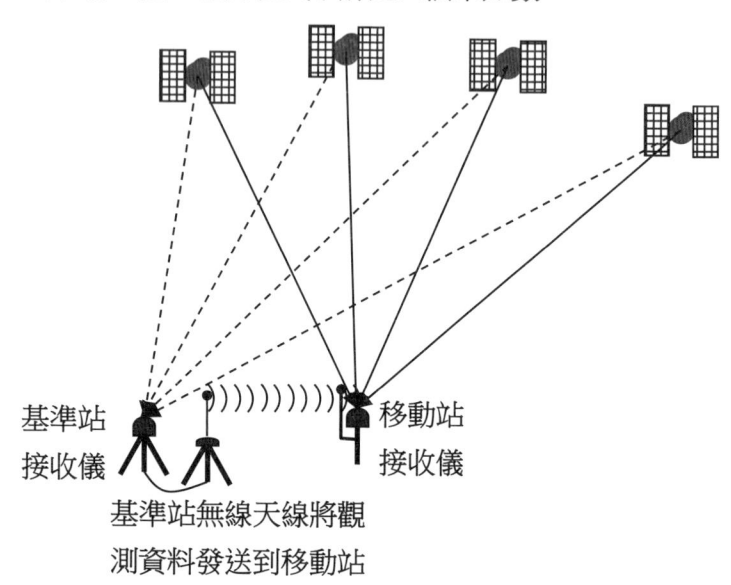

**圖 3-7　RTK 原理**

## 3-6-3 方法

本節將推導 **RTK** 的差分方程式。首先列出移動站 **A** 與基準站 **B** 的載波相位測距方程式：

測站 **A** (移動站) 與測站 **B** (基準站) 的載波相位測距方程式

$$\lambda \cdot \Phi_A^j = \rho_A^j + c \cdot dt^j + c \cdot dt_A + d_{orb,A}^j + \rho_{trop,A}^j + \rho_{ion,A}^j - \lambda N_A^j \qquad \text{(3-18 式)}$$

$$\lambda \cdot \Phi_B^j = \rho_B^j + c \cdot dt^j + c \cdot dt_B + d_{orb,B}^j + \rho_{trop,B}^j + \rho_{ion,B}^j - \lambda N_B^j \qquad \text{(3-19 式)}$$

由測站 **B** 可以得到偽距改正值 (**pseudorange correction, PRC**) 為

$$PRC_B^j \equiv \rho_B^j - \lambda \cdot \Phi_B^j = -(c \cdot dt^j + c \cdot dt_B + d_{orb,B}^j + \rho_{trop,B}^j + \rho_{ion,B}^j - \lambda N_B^j) \text{ (3-20 式)}$$

將測站 A 的測距方程加上偽距改正值，得

$$\lambda \cdot \Phi_A^j + PRC_B^j = \rho_A^j + c \cdot dt^j + c \cdot dt_A + d_{orb,A}^j + \rho_{trop,A}^j + \rho_{ion,A}^j - \lambda N_A^j$$
$$- \left( c \cdot dt^j + c \cdot dt_B + d_{orb,B}^j + \rho_{trop,B}^j + \rho_{ion,B}^j - \lambda N_B^j \right)$$
$$= \rho_A^j + c \cdot (dt_A - dt_B) - \lambda (N_A^j - N_B^j)$$
$$+ (d_{orb,A}^j - d_{orb,B}^j) + (\rho_{trop,A}^j - \rho_{trop,B}^j) + (\rho_{ion,A}^j - \rho_{ion,B}^j)$$

**(3-21 式)**

因為同步觀測，二測站與衛星之間的距離測量含有相同的衛星時鐘誤差($c \cdot dt^j$)而抵消。假設二測站之間的距離不遠(<20 公里)，則二測站與衛星之間的觀測距離同時具有時間相近性與空間相近性，因此有相似的衛星軌道誤差、對流層誤差、電離層誤差，故

$$d_{orb,A}^j - d_{orb,B}^j \approx 0$$

$$\rho_{trop,A}^j - d_{trop,B}^j \approx 0$$

$$\rho_{ion,A}^j - d_{ion,B}^j \approx 0$$

將以上三式代入上式得

$$\lambda \cdot \Phi_A^j + PRC_B^j = \rho_A^j + c \cdot (dt_A - dt_B) - \lambda \cdot (N_A^j - N_B^j) \qquad \text{(3-22 式)}$$

將幾何距離

$$\rho_A^j = \sqrt{(X^j - X_A)^2 + (Y^j - Y_A)^2 + (Z^j - Z_A)^2} \qquad \text{(3-23 式)}$$

代入上式得

$$\lambda \cdot \Phi_A^j + PRC_B^j = \sqrt{(X^j - X_A)^2 + (Y^j - Y_A)^2 + (Z^j - Z_A)^2} + c \cdot (dt_A - dt_B) - \lambda (N_A^j - N_B^j)$$

**(3-24 式)**

如果測站 A 與測站 B 同步觀測四顆衛星，則可以得到四個上述已消除大部分系統誤差的載波相位測距方程式

$$\lambda \cdot \Phi_A^1 + PRC_B^1 = \sqrt{(X^1 - X_A)^2 + (Y^1 - Y_A)^2 + (Z^1 - Z_A)^2} + c \cdot (dt_A - dt_B) - \lambda (N_A^1 - N_B^1)$$

$$\lambda \cdot \Phi_A^2 + PRC_B^2 = \sqrt{(X^2 - X_A)^2 + (Y^2 - Y_A)^2 + (Z^2 - Z_A)^2} + c \cdot (dt_A - dt_B) - \lambda (N_A^2 - N_B^2)$$

$$\lambda \cdot \Phi_A^3 + PRC_B^3 = \sqrt{(X^3 - X_A)^2 + (Y^3 - Y_A)^2 + (Z^3 - Z_A)^2} + c \cdot (dt_A - dt_B) - \lambda (N_A^3 - N_B^3)$$

$$\lambda \cdot \Phi_A^4 + PRC_B^4 = \sqrt{(X^4 - X_A)^2 + (Y^4 - Y_A)^2 + (Z^4 - Z_A)^2} + c \cdot (dt_A - dt_B) - \lambda (N_A^4 - N_B^4)$$

上面四個方程式中，週波未定值可由多種方法求出，可視為已知數。決定週波未定值的過程稱為「初始化」。初始化後，只要沒有發生週波脫落，特定接收儀與特定衛星之間的週波未定值不會改變。因此只剩下測站 A 的三維座標 $X_A, Y_A, Z_A$ 與 $dt_A, dt_B$ 等五個未知數，但測量者對 $dt_A, dt_B$ 各多少並無興趣，故可視 $dt_A - dt_B$ 為單

一未知數。因此只有四個未知數，可以聯立求解上述四個方程式得到 $X_A, Y_A, Z_A$ 與 ($dt_A - dt_B$)。如果觀測五顆以上的衛星，則有多餘觀測，可用最小二乘法求解最可能解，並得到誤差估計值。

RTK 需要至少五顆衛星進行初始化，以決定週波未定值。原因是萬一在測量過程中有一顆衛星發生週波脫落，可利用四顆沒有週波脫落的衛星繼續測量。

由於改正值的傳播需要時間，因此測站 A 收到的改正值會有誤差，可用線性外插法估計即時改正值：

$$PRC_B^j(t) = PRC_B^j(t_0) + RRC_B^j(t_0) \cdot (t - t_0) \tag{3-25 式}$$

## 3-6-4 技術

### 一、RTK 測量作業程序

(1) 設置基準站：在基準站安置一台接收儀，持續追蹤觀測衛星載波相位訊號，並將改正值等資訊通過無線資料鏈發送給移動站的筆記型電腦。
(2) 初始化移動站：移動站接收儀在移動作業開始前，必須進行初始化，以決定週波未定值。
(3) 移動移動站：接著移動站移動到未知點觀測衛星載波訊號，並加上來自基準站的改正值得到已消除大部分系統誤差的載波相位測距方程式。如果移動站與基準站的接收儀同時觀測四顆以上的衛星，即可解得未知點相對於基準站之基線分量 ($\Delta X, \Delta Y, \Delta Z$) 與 ($dt_A - dt_B$) 等四個未知數，進而計算得到未知點的座標 $(X,Y,Z)$。

### 二、RTK 的測量條件

(1) 基準站與移動站距離通常要小於 20 km，否則會增長觀測時間，降低精度。
(2) 基準站與移動站同步觀測的衛星數要大於 5 顆以上。
(3) 基準站要架在高處，透空度良好，以保持對衛星的追蹤鎖定狀態。
(4) 基準站要避免架在有阻礙訊號傳播的障礙物的地方。
(5) 基準站接收儀電力不足會造成失鎖等問題。
(6) 無線電通訊距離不可過長，否則會增長收斂時間，降低精度。
(7) 無線電通訊有效距離會因鄰近大樓、山岳等遮蔽物而縮短。
(8) 無線電通訊天線愈高愈好，以避免被蓋台，保持通訊順暢。
(9) 無線電通訊天線要避免架在有其他無線電訊號干擾的地方。
(10) 無線電通訊設備電力不足會縮短有效距離。

## 三、週波未定值與初始化

RTK 測量必須初始化才可達到公分級測量精度。準確和快速地求解週波未定值，對於確保相對定位的精度，提高作業的效率，開拓高精度動態定位的應用，均非常重要。因此確定週波未定值是 RTK 測量必須解決的一個關鍵問題。近十年來，許多快速解算，甚至動態解算週波未定值的方法被提出。這些方法若按確定週波未定值時，接收儀的運動狀態來分，可分為靜態法和動態法。

- 靜態法：接收儀在靜止狀態中完成求解週波未定值，包括已知點法、交換天線法。其中已知點法最為快速、簡易，但缺點是必須有已知點存在。
- 動態法：接收儀在運動狀態中完成求解週波未定值，這類方法稱為在航初始化 (On The Flying, OTF)，它是實施高精度即時動態定位的基礎。

簡述如下：

1. 已知點法初始化

如果移動站接收儀已經可以接收基準站傳來的改正值，並且可同步觀測四顆或更多顆共同衛星，可使用已知點法進行移動站接收儀的初始化。已知點法是在基準站安置好後，選擇一個適合擺放移動站接收儀的已知點，這個已知點要有良好的透空度，並且沒有反射物會引起多路徑現象。接著，在已知點上安置移動站天線，輸入已知點座標，觀測衛星載波相位訊號，並接收來自基準站的改正值，以進行接收儀初始化。當已知點存在時，已知點法是最快的初始化方法。

2. 在航初始化（OTF）

在航初始化是在運動下解算週波未定值的方法。OTF 初始化至少需要觀測五顆衛星。初始化以後，至少要追蹤四顆衛星。如果衛星數目下降到四個以下，必須重新初始化，才能再繼續測量。初始化之後，測量模式從浮動 (週波未定值採用估計的實數解) 改變為固定 (週波未定值採用正確的整數解)。如果接收儀連續追蹤至少四個衛星，測量模式將維持固定模式，否則模式將變成浮動模式，須重新初始化。

初始化的可靠性取決於所用的初始化方法，以及在初始化期間，是否有反射物（例如光滑地面或建築物）反射衛星訊號，而發生多路徑現象。當執行 OTF 初始化時，應讓移動站接收儀在附近到處移動，以減小多路徑效應的不利影響。

OTF 演算法是 RTK 的關鍵技術，它的演算法很多，不同廠家生產的動態 GPS 接收儀使用不同的 OTF 演算法。例如一個典型的 OTF 演算法如下：

(1) 首先，以二次差分 (見「靜態相對定位」一節) 同時求解座標與週波未定值的實數解，經歷多個曆元後，可以得到週波未定值的最或是值與協方差，並以此決定週波未定值的搜索空間。
(2) 接著，在搜索空間內計算所有可能的週波未定值整數解；

(3) 然後，選擇最小方差的整數解當做最可能的整數解；
(4) 最後,比較最佳整數解和次佳整數解的方差比率,當比率大於某一設定門檻 (顯著水準) 時，認為該組週波未定值為正確的整數解。

表 3-4 總結了 RTK 初始化方法需要的衛星數目以及需要的時間。

表 3-4　RTK 初始化方法

| 初始化方法 | 需要衛星數 | 需要時間 |
|---|---|---|
| 已知點法初始化 | 至少 4 顆衛星 | 至少四個曆元 |
| OTF 初始化(雙頻, <20km) | 至少 5 顆衛星 | 至少 2~5 分鐘 |

## 四、週波脫落

當衛星訊號於傳播過程中受到干擾而中斷，將無法持續地作相位追蹤，直到訊號重新被鎖定後，才能恢復正常的相位追蹤。中斷期間，週波的小數可能可持續地追蹤，但是整數部分累積值產生偏差，使得週波的整數部分產生不連續的現象，使解算載波相位測距方程式發生錯誤，此一現象被稱為週波脫落。

週波脫落是因為在相位觀測資料中由於衛星失鎖而突然產生的相位跳動。失鎖情況的產生原因可能是：

(1)衛星訊號被阻斷，例如衛星訊號被周遭地物 (如樹木、建築物) 阻隔、接收儀通過橋梁下方、穿越隧道等。
(2)由於電離層效應、多路徑效應影響導致訊號的訊噪比過低。
(3)接收儀本身的雜訊干擾。
(4)接收儀的電池沒電。

## 五、週波脫落的偵測

當同時觀測五顆衛星時，三差分 (見「靜態相對定位」一節) 可以得到四個方程式，但只有移動站的三維座標三個未知數，因此可以估計殘差。如果殘差很大，那麼很有可能有一顆衛星發生了週波脫落。

## 六、週波脫落的修復

當同時觀測五顆衛星時，如果排除一顆衛星的觀測值，只用其餘四顆衛星的觀測值，三差分可以得到三個方程式，但只有移動站的三維座標三個未知數，因此可以解得移動站的三維座標。因此可以每次排除一顆衛星的觀測值，解得移動站的三維座標，故可以得到五個解答。如果其中只有一個解答與使用電碼測量的座標接近，則可以判定產生這個解答的四顆衛星沒有週波脫落，發生週波脫落的正是四顆衛星之外的那顆被排除的衛星。

## 3-6-5 品質控制

RTK 測量與靜態測量相比，有更多造成誤差的因素，例如資料鏈傳輸誤差等。因此，RTK 測量更容易出錯，必須進行品質控制。品質控制的方法有：

**(1) 已知點比較法**

用 RTK 測量一些座標已知的控制點的座標，比較座標差異，發現問題即採取措施改正。如果沒有座標已知的控制點，可實施靜態相對測量，或用全站儀測得一些控制點的座標。

**(2) 重測比較法**

每次初始化成功後，先重測 1~2 個已測過的 RTK 點，確認無誤後才進行 RTK 測量。

**(3) 雙基站比較法**

在測區內建立兩個以上基準站，每個基準站採用不同的無線電頻率發送改正資料，移動站用變頻開關選擇性地接收各基準站的改正資料，從而得到兩個以上的解算結果，比較這些結果就可以判斷其品質高低。

以上方法中，最可靠的是已知點比較法，但控制點的數量總是有限的，所以在沒有控制點的地方，需要用重測比較法來檢驗測量成果。雙基站比較法的即時性較佳，但它需要安置兩個基準站，儀器條件較高。

## 3-6-6 控制測量

RTK 測量的精度雖只達公分級，雖不能勝任高精度的大地控制測量，但仍足以勝任中低精度的工程控制測量。為確保控制測量的可靠度與精度，以 RTK 進行控制測量時可採用以下的方法：

**(1)** 中斷重測法：每測完一點，立即阻擋接收儀接收訊號，造成訊號中斷後，重新初始化，並重測。這樣可以得到兩次獨立的觀測，計算平均值，並估計精度。此法較為省時方便，缺點是因為立即重測，觀測的星座沒有變化，不利於提高精度。

**(2)** 雙圈重測法：先將移動站依序測量各點，再重複一次 (圖 3-8)。由於 GPS 系統每隔大約 12 小時會重複一次相同星座，因此間隔 6 小時會出現差異性最大的星座，因此在間隔 4~8 小時內重複測量，可以使用差異性最大的星座作重複測量。這樣可以得到兩次不同星座的獨立觀測，計算平均值，並估計精度。此法的缺點是觀測較為費時。

**(3) 雙基站重測法**：同時安置二個基準站，移動站依序測量各點 (圖 3-9)。這樣可以得到兩次不同基準站的獨立觀測，計算平均值，並估計精度。此法的缺點是需要多出一部接收儀放置在第二個基準站。

**(4) 異基站重測法**：先安置一個基準站，移動站依序測量各點，再重新設定另一個基準站，移動站再次依序測量各點。這樣可以得到兩次不同基準站、不同星座的獨立觀測，計算平均值，並估計精度。此法的缺點是觀測較為費時。

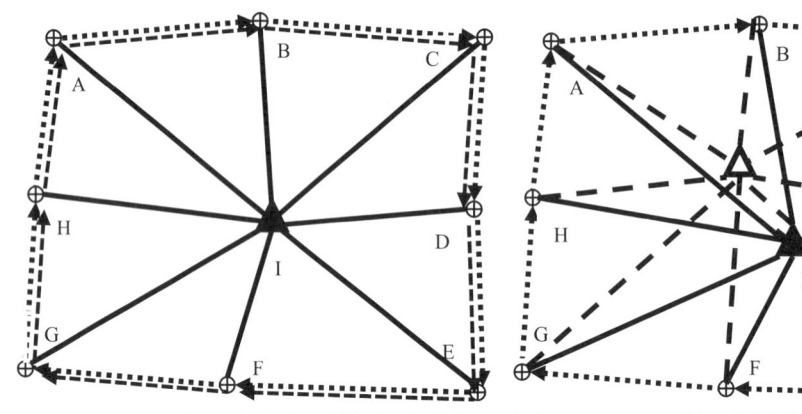

圖 3-8　RTK 控制測量：雙圈重測法　　圖 3-9　RTK 控制測量：雙基站重測法

### 3-6-7　優點與缺點

#### 一、RTK 優點

**(1)** 定位精度高。只要滿足 RTK 的基本工作條件，在一定的作業半徑範圍內，RTK 的平面精度和高程精度都能達到公分級。測量成果可靠，沒有誤差積累。

**(2)** 作業條件低。RTK 技術不要求兩點間滿足光學通視，只要求滿足「電磁波通視」，因此和傳統測量相比，RTK 技術受通視條件、能見度、氣候、季節等因素的影響和限制較小。對於傳統測量而言，由於地形複雜、地物障礙而造成的通視困難的地區，對 RTK 測量而言，只要該地區滿足 RTK 測量的基本工作條件，也能輕鬆地進行快速的高精度定位作業。

**(3)** 作業效率高。只要在設站時進行簡單的設置，就可以邊走邊測，得到座標成果，或進行座標放樣。在一般的地形地勢下，RTK 設基準站一次，即可測完 10 km 半徑的測區，大大減少了傳統測量所需的控制點數量和測量儀器的搬站次數。移動站僅需一人操作，在一般的電磁波環境下，只需幾秒鐘即可測得未知點座標，作業速度快，勞動強度低，節省外業費用，提高勞動效率。

**(4)** 作業自動化、整合化程度高，測繪與資料處理能力強。RTK 可勝任各種測繪作業的內業與外業。移動站利用內裝式軟體控制系統，無需人工干預便可自動

實現多種測繪功能，大大減少輔助測量工作，減少人為誤差，保證了作業精度。資料登錄、儲存、處理、轉換和輸出能力強，能方便快捷地與電腦、其他測量儀器傳輸資料。

表 3-5　RTK 與 DGPS (基於 SBAS) 的比較

| 比較項目＼方法 | RTK 即時動態測量 | DGPS (SBAS) |
| --- | --- | --- |
| 測距方法 | 載波相位測距 | 電碼測距 |
| 初始化 | 需要 | 不需要 |
| 觀測衛星數 | 大於 5 顆 | 大於 4 顆 |
| 觀測時間 | 短 | 即時 |
| 儀器要求 | 高 (雙頻接收儀) | 低 (單頻接收儀) |
| 儀器數量 | 2 組 (基準站+移動站) | 1 組 (移動站) |
| 操作人員 | 2~3 人以上 | 1 人 |
| 使用限制 | 大 | 小 |
| 通訊設備 | 無線電 | 無 |
| 通訊距離 | 10~20 公里以內 | 無限制 (SBAS 範圍以內) |
| 通訊費用 | 低 | 無 |
| 測量精度 | 高 (公分級) | 低 (公尺級) |
| 座標系統 | 區域座標系統 | 基準站座標系統 |

## 二、RTK 缺點

(1) 受基準站位置限制。RTK 需要在已知點上設基準站。測量範圍受基準站位置限制。一般而言，移動站距基準站的距離，即基線長度不可超過 10~20 km。

(2) 受通訊設備限制。RTK 需要通訊設備，資料鏈傳輸易受到各種高頻訊號源的干擾；也易受到高大山體、建築等障礙物阻礙，造成訊號在傳輸過程中衰減，影響外業精度和作業半徑。

(3) 受初始化限制。在有些環境下，需要較長時間的初始化。此外在山區、林區、城鎮等地區作業時，衛星訊號常因被遮蔽，造成失鎖，而需要重新初始化，影響外業精度和作業效率。

(4) 受衛星狀況限制。在高山峽谷深處、密集森林區、城市高樓密佈區，衛星訊號被遮擋的時間較長，使得可作業時間受到限制。

(5) 受天空狀況限制。在電離層干擾大的中午時段，或可見衛星少的時段，初始化所需時間較長，甚至不能初始化，無法進行測量。

(6) 精度和穩定性問題。**RTK** 測量的精度和穩定性都不及全站儀，特別是穩定性方面，這是由於 **RTK** 較容易受衛星狀況、天氣狀況、資料鏈傳輸狀況影響的緣故。不同品質的 **RTK** 系統，其精度和穩定相差別大。

(7) 高程異常問題。**RTK** 測量的高程為橢球高，必須經過大地起伏改正才能得到正高。但大地起伏模型在有些地區，尤其是山區，存在較大誤差，在有些地區還是空白，這使得將橢球高轉換至正高的工作變得困難，精度也不均勻。

## 3-6-8 RTK 與 DGPS 的比較

RTK 與 DGPS 的比較如表 3-5。RTK 測量需要五顆以上的衛星的原因有：

**(1)** 在進行初始化時，需要五顆以上的衛星以決定週波未定值。
**(2)** 在發生週波脫落時，剩餘的四顆衛星仍足以使用差分法定位。

# 3-7 動態相對定位 (3)：網路即時差分 (RTN)

## 3-7-1 目的

傳統的即時動態測量（RTK）是由一個配備 GPS 接收儀的基準站傳送差分訊號給用戶。這個差分訊號是以基準站的位置為基準得到的系統誤差改正值，不論移動站的位置在何處，基準站都提供相同的改正值。因此移動站距離基準站愈遠，移動站與基準站的系統誤差差異愈大，改正值愈無法有效幫移動站消除系統誤差。因此移動站必須相當鄰近基準站。一般而言，基準站和移動站之間的距離不可超過 10~20 公里，否則會嚴重影響定位精度。因此，如果要用 **RTK** 技術在整個國家全面建設永久性的基準站的網絡，需要一個非常密集，也非常昂貴的網絡。

網路 RTK (Real Time Network, RTN) 的概念提供了新的可能性。**RTN** 有多種技術，目前以虛擬參考系統 (Virtual Reference System, VRS) 較普遍。VRS 也稱虛擬基準站系統 (Virtual Base System, VBS)，或稱 eRTK 與 eGPS，這些名詞指的都是 **RTN** 這種測量方法。RTN 只需一組移動站接收儀接收衛星訊號，再利用手機網路接收差分訊號，就可即時解算精確的相對定位。**RTN** 與傳統 **RTK** 最大的不同是它是一個雙向溝通的系統：移動站傳送自己的估計座標給控制及計算中心，控制及計算中心會利用這個估計座標周圍的基準站建立的模型，以這個估計座標為準內插得到一個相應的改正值，並回傳給移動站。因此，這個差分訊號是以移動站的估計位置為基準得到的系統誤差改正值，故移動站的位置不同，參考站會提供不同的改正值。這種作法可以顯著降低測量誤差的時空相依性，增加參考站和移動站之間的容許距離。因此，**RTN** 技術可以不需要非常密集的網絡，就能在全國全面建設永久性的參考站網絡。

## 3-7-2 原理

網路 RTK 原理是：

**(1) 移動站傳送自己的估計座標給控制及計算中心 (圖 3-10(a))**

移動站收儀接用導航單點定位估計自己所在位置的座標，接著移動站用戶利用行動數據傳輸技術，將自己的估計座標傳送到控制及計算中心。雖然這個定位方法的精度只能達到十公尺級，但對建立虛擬參考站已經非常足夠。

**(2) 控制及計算中心回傳改正值給移動站 (圖 3-10(b))**

控制及計算中心會利用這個估計座標 (移動站所在的大略位置) 周圍的基準站建立的模型，以這個估計座標為準內插得到一個相應的改正值，並回傳給移動站。

**(3) 移動站利用改正值消除測距方程式中的系統誤差**

控制及計算中心會為這個移動站的估計座標提供一個相應的觀測資料來計算系統誤差改正值，彷彿這些觀測資料來自一部放在虛擬參考站位置上的接收儀的觀察成果，因此相當於在估計座標的位置上擺設一個「虛擬參考站」。由於移動站的估計座標由導航單點定位法獲得，其精度約數十公尺，而虛擬參考站被擺設在移動站的估計座標上，故虛擬參考站距移動站只有數十公尺。因此虛擬參考站的效果相當於在 RTK 測量時，基準站與移動站只相距數十公尺，形成一條超短基線，故移動站與虛擬參考站有非常相似的系統誤差，因此改正值可以非常有效地幫移動站消除系統誤差。

## 3-7-3 方法

網路 RTK 方法簡述如下(圖 3-10)：

**(1)** 基準站傳送觀測資料給控制及計算中心：基準站連續不斷地傳送觀測資料給控制及計算中心。

**(2)** 控制及計算中心建立內插模型：控制及計算中心利用基準站連續的觀測資料及精確座標，建立區域性改正參數資料庫。

**(3)** 移動站傳送估計座標給控制及計算中心：移動站用戶利用行動數據傳輸技術將自己所在位置的估計座標(通常用導航單點定位法定位)以 NMEA 格式傳送到控制及計算中心。

**(4)** 控制及計算中心回傳虛擬觀測資料給移動站：控制及計算中心依移動站單點定位的估計座標進行系統誤差內插計算，以 RTCM 格式回傳至移動站。

**(5)** 移動站解算精確座標：在移動站與虛擬參考站進行「超短基線」解算，以得到移動站的精確座標。

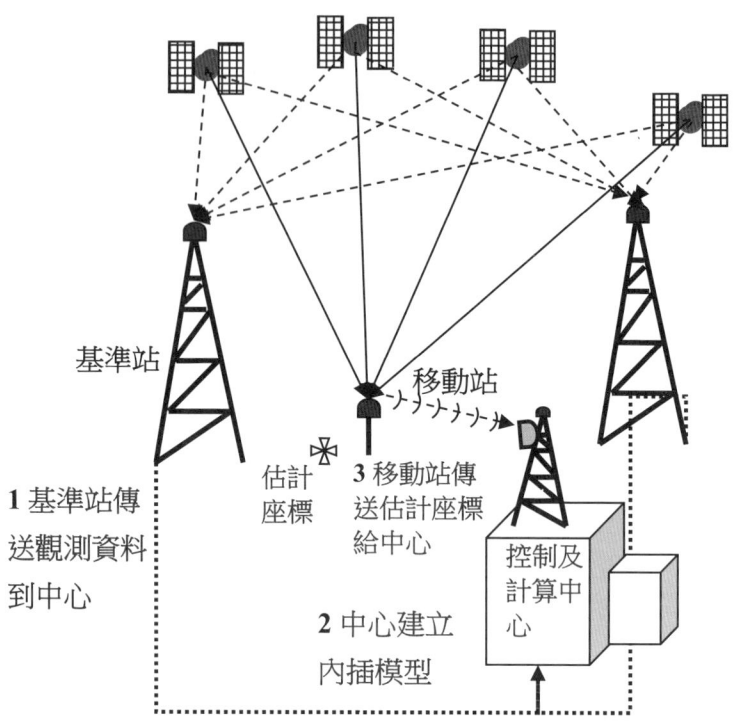

3-34　第 3 章　衛星定位測量(一) 方法

**圖 3-10(a) RTN 原理(1) 移動站傳送自己的估計座標給控制及計算中心**

圖中標示：
- 基準站
- 移動站
- 估計座標
- 控制及計算中心
- 1 基準站傳送觀測資料到中心
- 2 中心建立內插模型
- 3 移動站傳送估計座標給中心

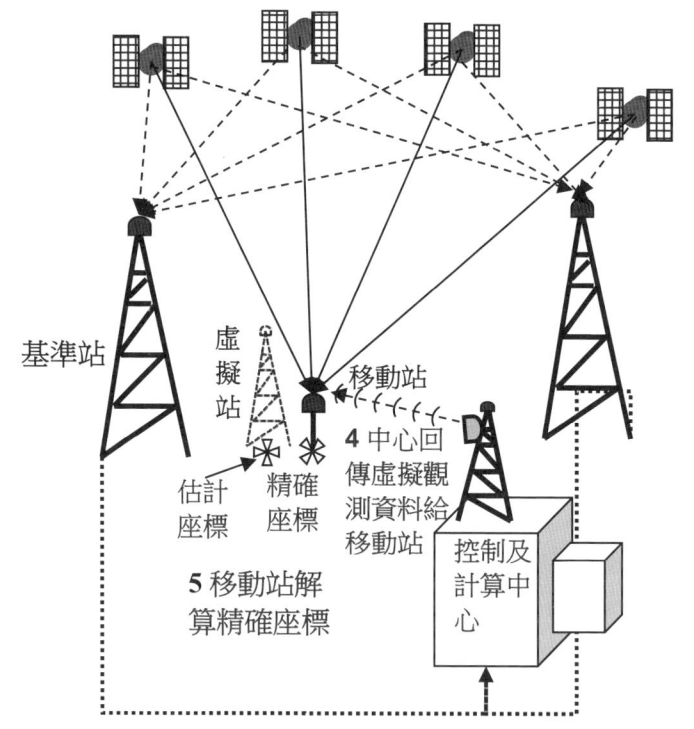

**圖 3-10(b)　RTN 原理(2) 控制及計算中心回傳改正值給移動站**

圖中標示：
- 基準站
- 虛擬站
- 移動站
- 估計座標
- 精確座標
- 控制及計算中心
- 4 中心回傳虛擬觀測資料給移動站
- 5 移動站解算精確座標

## 3-7-4 優點與缺點

網路RTK的優點包括：

**(1) 提高定位的精度及可靠度**

各參考站長期連續的觀測資料經過嚴密的基線計算及網形平差分析，可提升參考站之間的相對定位精度。而採用網路傳輸技術即時結合多個參考站觀測資料，建構區域性定位誤差改正模型，可提供即時定位使用者更準確的誤差改正資訊，讓所有使用者皆在同一框架下進行即時定位，提供全面性的定位成果品質監控。此外，萬一某參考站暫時失效，校正數據仍可由周圍的其它參考站計算得到，因此系統有較佳的可靠性。

**(2) 擴大有效作業的空間範圍**

差分訊號是以移動站的估計位置為準得到的系統誤差改正值，這種作法的測量誤差不因距離增長而大幅增加，可顯著降低測量誤差的時空相依性，有效擴展即時定位的作業距離。此外，採用行動式（Mobile）通訊技術取代傳統無線電數據機，只要網路能通的地方都可傳輸即時定位所需的誤差改正資訊。

**(3) 提升外業作業的效率**

因為參考站是 24 小時連續觀測的固定式基準站，對實施衛星定位測量之使用者而言，就像是多了許多個有精確座標之接收儀配合同時進行測量，使用者不需自行架設基準站，單人單機即可進行即時定位作業，減少儀器數目、提升作業方便性。如此不但可幫助各使用單位提升定位精度，還可提升作業效率、節省作業時間、降低作業成本。此外，初始化時間不因距離增長而增加，較短的初始化時間可明顯改善作業效率。

網路RTK的缺點包括：

**(1)** 需要網路能通的地方才能傳輸即時定位所需的誤差改正資訊，進行作業。

**(2)** 無法為使用者客製化一套即時定位系統，滿足使用者的特殊需求。

## 3-7-5 網路 RTK 與傳統 RTK 的比較

網路RTK與傳統RTK的比較如下(表3-6)：

- **傳統 RTK**

由使用者自己架設基準站，發射差分訊號給移動站用。RTK 需使用兩組接收儀，除了一組移動站接收儀外，需另設一組基準站提供接收儀差分訊號。移動站接收儀合併自己觀測的衛星訊號與來自私設基準站的差分訊號後，解算出座標。

- **網路 RTK**

移動站使用者利用網路通訊方式接收公共基準站的差分訊號。RTN 只需一組移

動站接收儀，不需另設一組基準站接收儀提供移動站差分訊號。移動站接收儀合併自己觀測的衛星訊號與來自公共基準站的差分訊號後，解算出座標。

簡單地說，RTK 是自己產生差分訊號，而 RTN (VRS) 系統需另外購買差分訊號。傳統 RTK 可以看成是基於實體基準站的 RTK，而 RTN (VRS) 可以看成是基於虛擬參考站的 RTK。

表 3-6　RTN (虛擬參考系統 VRS)與 RTK 即時動態測量之比較

| 比較項目＼方法 | RTK 即時動態測量 | 網路 RTK (虛擬參考系統 VRS) |
| --- | --- | --- |
| 儀器數量 | 2 組 (基準站+移動站) | 1 組 (移動站) |
| 操作人員 | 2~3 人以上 | 1~2 人 |
| 使用限制 | 大 | 小 |
| 通訊設備 | 無線電 | 手機、無線網路 |
| 通訊距離 | 10~20 公里以內 | 50 公里以內 |
| 通訊費用 | 低 | 高(需付費給差分訊號供應商) |
| 測量精度 | 高 (公分級) | 高 (公分級) |
| 座標系統 | 區域座標系統 | 基準站座標系統 |

# 3-8 靜態相對定位：靜態基線測量

## 3-8-1 目的

雖然即時動態測量可以快速得到公分級精度，但仍難以勝任 mm 級精度的大地控制網、精密工程控制網。靜態基線測量是目前所有衛星測量方法中精度最高的方法，可以達到 mm 級精度。

靜態基線測量採用兩台以上接收儀，分別安置在各測站，同步觀測 4 顆以上衛星，每時段長 45 分鐘至 2 個小時或更久。測站的連線稱為基線 (baseline)，所有基線應組成一系列閉合圈，以利於外業檢核，提高成果可靠度。並且可以通過網形平差，以進一步提高定位精度。靜態基線測量主要的優點是精度高，相對定位精度可達 3mm+0.1 ppm·D，D 為基線長度。主要的缺點的觀測時間較長，並且需要後處理，才能解算出基線向量，得到高精度的相對定位。適用範圍包括建立大地控制網、精密工程控制網等。

## 3-8-2 原理：測站、衛星、曆元差分

在 GPS 定位中，存在三部分誤差：

(1) 衛星部分誤差：衛星鐘差、衛星軌道誤差等；

(2) 傳播過程誤差：電離層誤差、對流層誤差等；
(3) 測站部分誤差：接收儀鐘差等。

　　為了減少這些誤差對測距精度的影響，可採用將載波相位觀測值進行差分。差分方式分成三種 (表 **3-7** 與圖 **3-11**)：

(1) 測站差分：在兩個測站對同一個衛星進行同步觀測，將觀測值求差。因為對同一個衛星進行同步觀測，二個觀測值都包含相同的衛星鐘差，因此將觀測值求差可消除全部衛星鐘差。如果兩個測站之間的距離不遠 (例如小於 **10** 公里)，因幾何原理的關係 (詳見前述的證明)，二個同步觀測值都包含相似的衛星軌道誤差。此外，因為時間相近、空間相鄰，故大氣條件通常相似，二個同步觀測值都包含相似的電離層延遲誤差、對流層延遲誤差，因此將觀測值求差也可消除大部分衛星軌道誤差、電離層延遲誤差、對流層延遲誤差。但距離愈遠，效果愈差。
(2) 衛星差分：在一個測站對二個衛星進行同步觀測，將觀測值求差。因為從同一個測站進行觀測，二個同步觀測值都包含相同的接收儀鐘差，因此將觀測值求差可消除全部接收儀鐘差。
(3) 曆元差分：在一個測站對一個衛星的兩次觀測量之間進行求差。因為是在同一個測站對同一個衛星進行觀測，如果二次觀測期間衛星訊號維持鎖住狀態，則週波未定不變，故二個觀測值都會包含相同的週波未定值，因此將觀測值求差可消除全部週波未定值。

　　這些差分方式可以組成一次差分（單差法）、二次差分（雙差法）、三次差分（三差法）等三種差分技術(圖 **3-12**)。

表 3-7　三種差分方式可以消除的誤差

| 方法＼誤差 | 測站差分 | 衛星差分 | 曆元差分 |
|---|---|---|---|
| 衛星鐘差 | ☆ | × | × |
| 衛星軌道誤差 | △ | × | × |
| 電離層延遲誤差 | △ | × | × |
| 對流層延遲誤差 | △ | × | × |
| 接收儀鐘差 | × | ☆ | × |
| 週波未定值 | × | × | ☆ |
| 多路徑誤差 | × | × | × |
| 接收儀雜訊 | × | × | × |

☆=幾乎完全消除，△=距離<**20km** 可大部分消除，×=無法消除

**(a)** 測站差分　　　　　**(b)** 衛星差分　　　　　**(c)** 曆元差分

全部消除：衛星鐘差　　　全部消除：接收儀鐘差　　全部消除：週波未定值
部分消除：衛星軌道、電
離層、對流層延遲

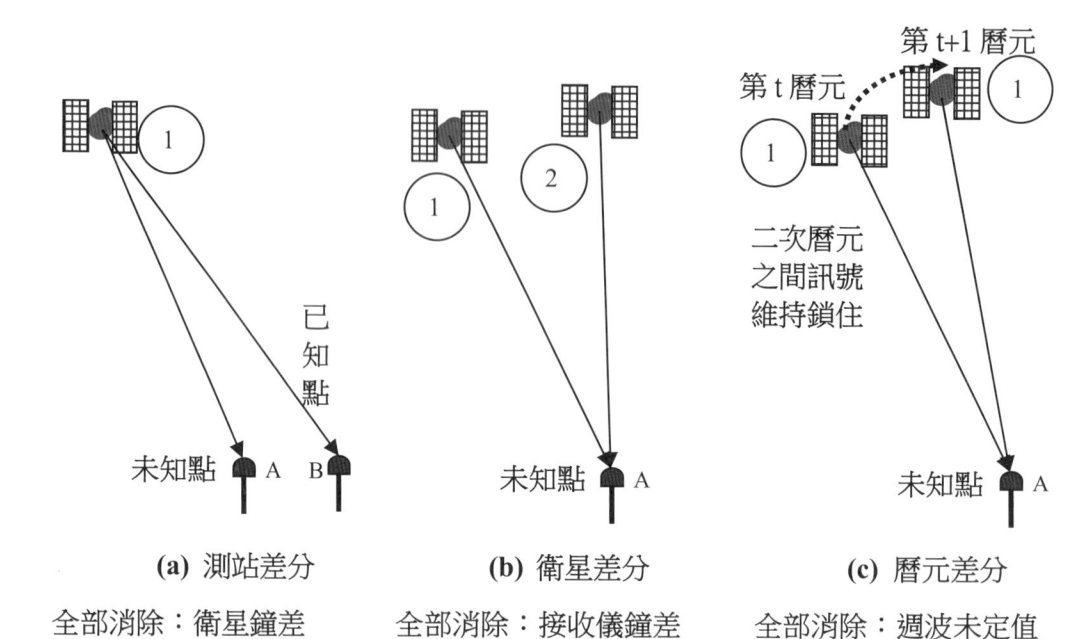

圖 3-11　三種差分方式

```
          衛星定位測量
            差分技術
   ┌──────────┼──────────┐
 一次差分     二次差分      三次差分
 測站差分  (測站+衛星)差分 (測站+衛星+曆元)
                                差分
```

全部消除：衛星鐘差　　　除了一次差分消除者外　　除了二次差分消除者
部分消除：衛星軌道、　　全部消除：接收儀鐘差　　全部消除：週波未定
電離層、對流層延遲

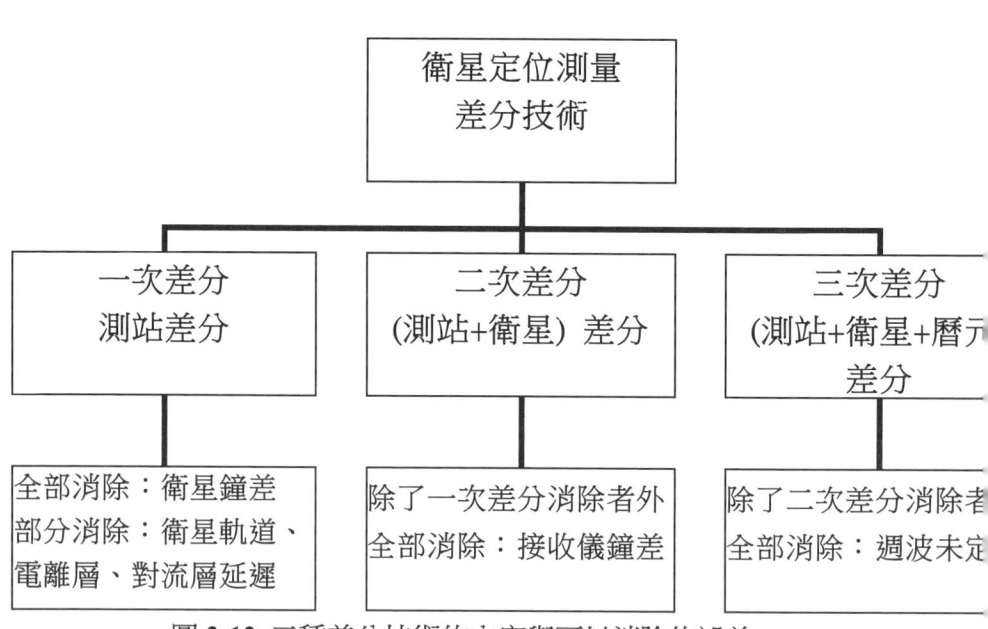

圖 3-12　三種差分技術的內容與可以消除的誤差

## 3-8-3 方法 1：一次差分

理論上，一次差分可以是測站差分、衛星差分、曆元差分三種方式之一。但一般而言都先進行最重要的測站差分：在兩個測站對同一個衛星進行同步觀測，將觀測值求差。即「二站一星一曆元」的觀測。主要的目標是：

- 全部消除：衛星鐘差
- 部分消除：衛星軌道誤差、電離層延遲誤差、對流層延遲誤差

如圖 3-11(a) 所示，如果用兩台接收儀在測站 A 和 B 同步觀測相同衛星 J，可以寫出兩個載波相位測距方程式：

測站 A 的載波相位測量的測距方程式

$$\lambda \cdot \Phi_A^j(t) = \rho_A^j(t) + c \cdot dt^j(t) + c \cdot dt_A(t) + d_{orb,A}^j(t) + \rho_{trop,A}^j(t) + \rho_{ion,A}^j(t) - \lambda N_A^j(t)$$

**(3-26 式)**

測站 B 的載波相位測量的測距方程式

$$\lambda \cdot \Phi_B^j(t) = \rho_B^j(t) + c \cdot dt^j(t) + c \cdot dt_B(t) + d_{orb,B}^j(t) + \rho_{trop,B}^j(t) + \rho_{ion,B}^j(t) - \lambda N_B^j(t)$$

**(3-27 式)**

它們之間求一次差稱為一次差分，即：

$$\begin{aligned}\lambda \cdot \Phi_A^j(t) - \lambda \cdot \Phi_B^j(t) &= \left(\rho_A^j(t) - \rho_B^j(t)\right) + \left(c \cdot dt^j(t) - c \cdot dt^j(t)\right) + \left(c \cdot dt_A(t) - c \cdot dt_B(t)\right) \\ &+ \left(d_{orb,A}^j(t) - d_{orb,B}^j(t)\right) + \left(\rho_{trop,A}^j(t) - \rho_{trop,B}^j(t)\right) \\ &+ \left(\rho_{ion,A}^j(t) - \rho_{ion,B}^j(t)\right) - \left(\lambda N_A^j(t) - \lambda N_B^j(t)\right)\end{aligned}$$

**(3-28 式)**

因為同步觀測，二測站與衛星之間的距離測量含有相同的衛星時鐘誤差而抵消。又因時間與空間相近 (<20 公里)，有相似的衛星軌道誤差、對流層誤差、電離層誤差，故

$$d_{orb,A}^j(t) - d_{orb,B}^j(t) \approx 0$$

$$\rho_{trop,A}^j(t) - d_{trop,B}^j(t) \approx 0$$

$$\rho_{ion,A}^j(t) - d_{ion,B}^j(t) \approx 0$$

將以上三式代入上式得

$$\lambda \cdot \Phi_A^j(t) - \lambda \cdot \Phi_B^j(t) = \left(\rho_A^j(t) - \rho_B^j(t)\right) + \left(c \cdot dt_A(t) - c \cdot dt_B(t)\right) - \left(\lambda N_A^j(t) - \lambda N_B^j(t)\right)$$

**(3-29 式)**

令

$$\Delta\Phi_{AB}^{j}(t) = \Phi_{A}^{j}(t) - \Phi_{B}^{j}(t)$$
$$\rho_{AB}^{j}(t) = \rho_{A}^{j}(t) - \rho_{B}^{j}(t)$$
$$dt_{AB}(t) = dt_{A}(t) - dt_{B}(t)$$
$$N_{AB}^{j}(t) = N_{A}^{j}(t) - \lambda N_{B}^{j}(t)$$

則「測站一次差分方程式」如下：

$$\boxed{\lambda \cdot \Delta\Phi_{AB}^{j}(t) = \rho_{AB}^{j}(t) + c \cdot dt_{AB}(t) - \lambda N_{AB}^{j}(t)} \qquad \text{(3-30 式)}$$

假設有 **R** 個接收儀，**S** 顆衛星，**E** 個曆元 (epoch)，則共有

測站一次差分方程式數目 $= (R-1) \times S \times E$ (3-31 式)

未知值有

- 未知座標值數目 $= (R-1) \times 3$
- 未知接收儀鐘差數目 $= (R-1) \times E$
- 未知週波未定值數目 $= (R-1) \times S$

未知值數目 $= (R-1) \times (3 + E + S)$ (3-32 式)

## 3-8-4 方法 2：二次差分

在完成一次差分，即測站差分後，接著在一次差分的基礎上進行衛星差分，即在已經完成的對各衛星進行測站差分的成果上，實施各衛星之間的差分。即「二站二星一曆元」的觀測。主要的目標是消除接收儀鐘差。

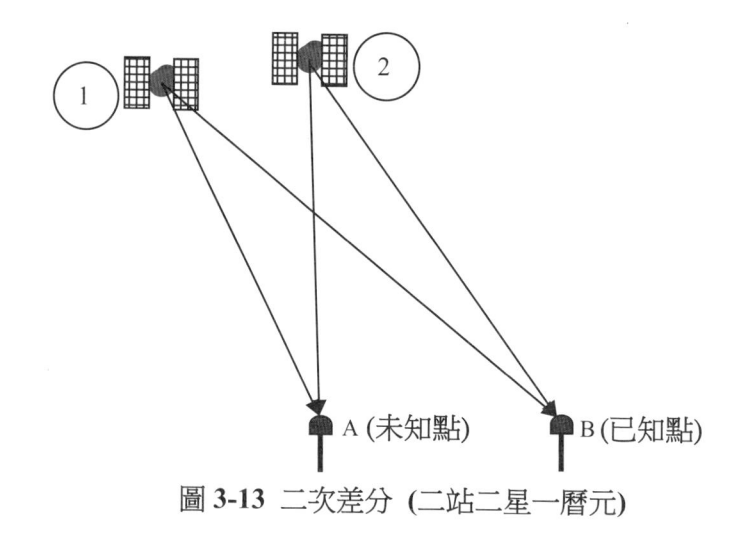

圖 3-13 二次差分 (二站二星一曆元)

如圖 3-13 所示，用兩台接收儀在測站 A 和 B 同步觀測兩顆衛星 J 和 K，可以寫出兩個如下的一次差分方程：

測站 A 與 B 對衛星 J 的一次差分方程式

$$\lambda \cdot \Delta \Phi_{AB}^{j}(t) = \rho_{AB}^{j}(t) + c \cdot dt_{AB}(t) - \lambda N_{AB}^{j}(t) \tag{3-33 式}$$

測站 A 與 B 對衛星 K 的一次差分方程式

$$\lambda \cdot \Delta \Phi_{AB}^{k}(t) = \rho_{AB}^{k}(t) + c \cdot dt_{AB}(t) - \lambda N_{AB}^{k}(t) \tag{3-34 式}$$

它們之間再求差稱為二次差分，即：

$$\lambda \cdot \Delta \Phi_{AB}^{j}(t) - \lambda \cdot \Delta \Phi_{AB}^{k}(t) = \left(\rho_{AB}^{j}(t) - \rho_{AB}^{k}(t)\right) + \left(c \cdot dt_{AB}(t) - c \cdot dt_{AB}(t)\right) \\ - \left(\lambda N_{AB}^{j}(t) - \lambda N_{AB}^{k}(t)\right) \tag{3-35 式}$$

因為同步觀測，二衛星對相同測站組 (A 與 B) 之間的距離測量含有相同的接收儀鐘差 $c \cdot dt_{AB}(t)$ 而抵消，則上式可簡化成

$$\lambda \cdot \Delta \Phi_{AB}^{j}(t) - \lambda \cdot \Delta \Phi_{AB}^{k}(t) = \left(\rho_{AB}^{j}(t) - \rho_{AB}^{k}(t)\right) - \left(\lambda N_{AB}^{j}(t) - \lambda N_{AB}^{k}(t)\right) \tag{3-36 式}$$

令

$$\Delta \Phi_{AB}^{jk}(t) = \Delta \Phi_{AB}^{j}(t) - \Delta \Phi_{AB}^{k}(t)$$

$$\rho_{AB}^{jk}(t) = \left(\rho_{AB}^{j}(t) - \rho_{AB}^{k}(t)\right)$$

$$N_{AB}^{jk}(t) = \left(N_{AB}^{j}(t) - N_{AB}^{k}(t)\right)$$

則「測站-衛星二次差分方程式」如下：

$$\boxed{\lambda \cdot \Delta \Phi_{AB}^{jk}(t) = \rho_{AB}^{jk}(t) - \lambda N_{AB}^{jk}(t) \tag{3-37 式}}$$

假設有 R 個接收儀，S 顆衛星，E 個曆元 (epoch)，則共有

測站-衛星雙差方程式數目 $=(R-1) \times (S-1) \times E$ (3-38 式)

未知值有

- 未知座標值數目 $=(R-1) \times 3$
- 未知週波未定值數目 $=(R-1) \times (S-1)$

未知值數目 $=(R-1) \times (3+S-1)$ (3-39 式)

二次差分除消除了接收儀鐘差的影響外，還繼承了一次差分消去了衛星鐘差的影響，同時也大大減小了衛星軌道誤差、電離層延遲誤差、對流層延遲誤差的影響，這是雙差模型的主要優點。二次差分是基線向量解算中常用的一種形式。

## 3-8-5 方法 3：三次差分

在完成二次差分，即完成測站差分、衛星差分後，接著在二次差分的基礎上進行曆元差分，即在已經完成的二次差分的成果上，實施各曆元之間的差分。即「二站二星二曆元」的觀測。主要的目標是消除週波未定值。

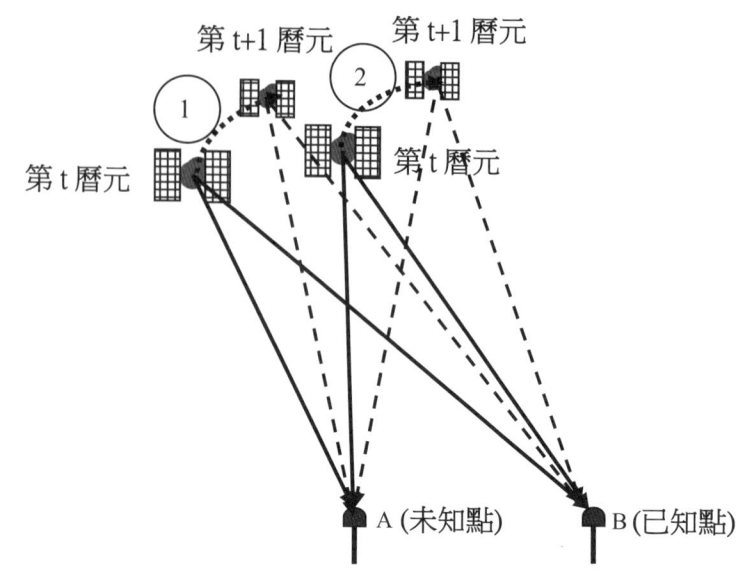

圖 3-14 三次差分(二站二星二曆元)

　　如圖 **3-14** 所示，若在兩個曆元時間$(t_1, t_2)$對兩個二次差分再求差，稱為三次差分，即：

在曆元$t_1$時，測站 **A** 與 **B** 對衛星 **J** 與 **K** 的二次差分方程式

$$\lambda \cdot \Delta\Phi_{AB}^{jk}(t_1) = \rho_{AB}^{jk}(t_1) - \lambda \cdot N_{AB}^{jk}(t_1) \tag{3-40 式}$$

在曆元$t_2$時，測站 **A** 與 **B** 對衛星 **J** 與 **K** 的二次差分方程式

$$\lambda \cdot \Delta\Phi_{AB}^{jk}(t_2) = \rho_{AB}^{jk}(t_2) - \lambda \cdot N_{AB}^{jk}(t_2) \tag{3-41 式}$$

它們之間再求差稱為三次差分，即：

$$\lambda \cdot \Delta\Phi_{AB}^{jk}(t_2) - \lambda \cdot \Delta\Phi_{AB}^{jk}(t_1) = \rho_{AB}^{jk}(t_2) - \rho_{AB}^{jk}(t_1) - \left(\lambda \cdot N_{AB}^{jk}(t_2) - \lambda \cdot N_{AB}^{jk}(t_1)\right) \tag{3-42 式}$$

　　假設觀測時段$t_1 \sim t_2$接收儀都有鎖住衛星訊號，則週波未定值不變，即

$$N_{AB}^{jk}(t_1) = N_{AB}^{jk}(t_2) \tag{3-43 式}$$

故週波未定值可抵消，上式可簡化成

$$\lambda \cdot \Delta\Phi_{AB}^{jk}(t_2) - \lambda \cdot \Delta\Phi_{AB}^{jk}(t_1) = \rho_{AB}^{jk}(t_2) - \rho_{AB}^{jk}(t_1) \tag{3-44 式}$$

令

$$\Delta\Phi_{AB}^{jk}(t_{12}) = \Delta\Phi_{AB}^{jk}(t_2) - \Delta\Phi_{AB}^{jk}(t_1)$$

$$\rho_{AB}^{jk}(t_{12}) = \rho_{AB}^{jk}(t_2) - \rho_{AB}^{jk}(t_1)$$

則「測站-衛星-曆元三次差分方程式」如下

$$\lambda \cdot \Delta\Phi_{AB}^{jk}(t_{12}) = \rho_{AB}^{jk}(t_{12}) \qquad \text{(3-45 式)}$$

假設有 **R** 個接收儀，**S** 顆衛星，**E** 個曆元 (epoch)，則共有

測站-衛星-曆元三次差分方程式數目=$(R-1) \times (S-1) \times (E-1)$ (3-46 式)

未知值數目=未知座標值數目=$(R-1) \times 3$ (3-47 式)

如果把上式展開，可得下式：

$$\lambda \cdot \left( \left( \Phi_A^j(t_2) - \Phi_B^j(t_2) \right) - \left( \Phi_A^k(t_2) - \Phi_B^k(t_2) \right) \right) - \left( \left( \Phi_A^j(t_1) - \Phi_B^j(t_1) \right) - \left( \Phi_A^k(t_1) - \Phi_B^k(t_1) \right) \right) =$$
$$\left( \left( \rho_A^j(t_2) - \rho_B^j(t_2) \right) - \left( \rho_A^k(t_2) - \rho_B^k(t_2) \right) \right) - \left( \left( \rho_A^j(t_1) - \rho_B^j(t_1) \right) - \left( \rho_A^k(t_1) - \rho_B^k(t_1) \right) \right)$$

(3-48 式)

在這個公式中，等號右邊已經無任何常見的系統誤差項或週波未定值 (但是屬於非系統誤差的多路徑效應誤差、接收儀雜訊誤差仍然存在)。因此，所謂三次差分就是組合測站差分、衛星差分、曆元差分來抵消在不同測站之間、衛星之間、曆元之間保持不變的系統誤差，包括：

**(1)** 測站差分：在相同衛星、曆元之下，衛星鐘差相同，衛星軌道誤差、對流層誤差、電離層誤差相似。
**(2)** 衛星差分：在相同測站、曆元之下，接收儀鐘差相同。
**(3)** 曆元差分：在相同衛星、測站之下，週波未定值相同。

在這個公式中，等號左端是八個可以觀測到的載波相位變動觀測值 $\Phi$ 的組合，因此是已知值；等號右邊是八個實際幾何距離的組合，而實際距離由二個衛星的座標與二個接收儀的座標決定。由於衛星的座標可由星曆得知 (衛星軌道誤差已經在測站的一次差分消除)，假如測站 **B** 座標為已知值，則只剩 $X_A, Y_A, Z_A$ 三個未知數。

但是一個方程式無法解出三個未知數。解決的方法是如果再增加兩顆衛星，一共四顆衛星 **(j, k, l, m)**，則可列出三個「測站-衛星-曆元三次差分方程式」：

$$\lambda \cdot \Delta\Phi_{AB}^{jk}(t_{12}) = \rho_{AB}^{jk}(t_{12}) \qquad \text{(3-49 式)}$$

$$\lambda \cdot \Delta\Phi_{AB}^{jl}(t_{12}) = \rho_{AB}^{jl}(t_{12}) \qquad \text{(3-50 式)}$$

$$\lambda \cdot \Delta\Phi_{AB}^{jm}(t_{12}) = \rho_{AB}^{jm}(t_{12}) \qquad \text{(3-51 式)}$$

即同時觀測四顆衛星，選一顆衛星為基準(上面選衛星 **j**)，另外三顆衛星分別與基準衛星作三次差分，可以得到三個「測站-衛星-曆元三次差分方程式」，正好可以解三個未知數。

在三次差分模型中，消除了週波未定值 **(N)**，未知數的數目明顯減少，但獨立的觀測量方程式的數目也會減少。然而「測站-衛星-曆元三次差分方程式」的等號左方是 **8** 個載波相位變動觀測值 $\Phi$ 的差分值，假設每一個觀測值都帶有一個獨立的

隨機誤差項，根據誤差傳播定律，方程式的總誤差是單一載波相位變動觀測值誤差的 $\sqrt{8}$ 倍。這對未知數的解算將會產生不良的影響，使精度降低。因為這種誤差與基線長度無關，因此當基線較長時可以有較高的精度，但基線較短時精度較低。例如載波相位變動觀測值誤差造成 **10mm** 的水平誤差，則當基線長達 **10** 公里時，精度有 $10\,mm/(10\times10^6\,mm)=10^{-6}=1\,ppm$ ，但是當基線短到 **1** 公里時，精度有 **10 ppm**。因此短基線不適合以三次差分方程式求解。故以三次差分方程式解出的未知點座標通常只被當成座標解答的近似值，而在實際工作中常採用雙差方程式解算座標。

## 3-8-6 技術：差分方程式的求解

理論上，當方程式數目等於未知變數數目，即可求解。當方程式數目大於未知變數數目則可用最小二乘法求解。差分方程式的數目與未知數數目如表 **3-8**。

表 3-8 差分方程式的數目與未知數數目 (R=測站數，S=衛星數，E=曆元數)

|  | 未差分前 | 一次差分 | 二次差分 | 三次差分 |
|---|---|---|---|---|
| 方程式數目 | R×S×E | (R–1)×S×E | (R–1)×(S–1)×E | (R–1)×(S–1)×(E–1) |
| 衛星鐘差 | S×E | 0 | 0 | 0 |
| 接收儀鐘差 | R×E | (R–1)×E | 0 | 0 |
| 週波未定值 | R×S | (R–1)×S | (R–1)×(S–1) | 0 |
| 座標 | R×3 | (R–1)×3 | (R–1)×3 | (R–1)×3 |
| 未知數數目 | R×(3+S+E)+S×E | (R–1)×(3+S+E) | (R–1)×(3+S–1) | (R–1)×3 |

例如以「測站-衛星二次差分方程式」求解時，如果有 **2** 個接收儀，**4** 顆衛星 (**j, k, l, m**)，**2** 個曆元 (**epoch**)，如圖 **3-15**，則共有

- 測站-衛星雙差方程式數目 $=(R-1)\times(S-1)\times E =(2-1)(4-1)2=6$
- 未知值數目 $=(R-1)\times(3+S-1)=(2-1)\times(3+4-1)=6$

方程式數目等於未知變數數目，正好可以求解。六個「測站-衛星二次差分方程式」如下：

$$\lambda\cdot\Delta\Phi_{AB}^{jk}(t_1)=\rho_{AB}^{jk}(t_1)-\lambda N_{AB}^{jk}(t_1) \qquad \lambda\cdot\Delta\Phi_{AB}^{jk}(t_2)=\rho_{AB}^{jk}(t_2)-\lambda N_{AB}^{jk}(t_2)$$

$$\lambda\cdot\Delta\Phi_{AB}^{jl}(t_1)=\rho_{AB}^{jl}(t_1)-\lambda N_{AB}^{jl}(t_1) \qquad \lambda\cdot\Delta\Phi_{AB}^{jl}(t_2)=\rho_{AB}^{jl}(t_2)-\lambda N_{AB}^{jl}(t_2)$$

$$\lambda\cdot\Delta\Phi_{AB}^{jm}(t_1)=\rho_{AB}^{jm}(t_1)-\lambda N_{AB}^{jm}(t_1) \qquad \lambda\cdot\Delta\Phi_{AB}^{jm}(t_2)=\rho_{AB}^{jm}(t_2)-\lambda N_{AB}^{jm}(t_2)$$

假設觀測時段 $t_1\sim t_2$ 接收儀都有鎖住衛星訊號，則週波未定值不變，

$$N_{AB}^{jk}(t_1) = N_{AB}^{jk}(t_2) = N_{AB}^{jk}$$
$$N_{AB}^{jl}(t_1) = N_{AB}^{jl}(t_2) = N_{AB}^{jl}$$
$$N_{AB}^{jm}(t_1) = N_{AB}^{jm}(t_2) = N_{AB}^{jm}$$

故

$$\lambda \cdot \Delta\Phi_{AB}^{jk}(t_1) = \rho_{AB}^{jk}(t_1) - \lambda N_{AB}^{jk} \qquad \lambda \cdot \Delta\Phi_{AB}^{jk}(t_2) = \rho_{AB}^{jk}(t_2) - \lambda N_{AB}^{jk}$$
$$\lambda \cdot \Delta\Phi_{AB}^{jl}(t_1) = \rho_{AB}^{jl}(t_1) - \lambda N_{AB}^{jl} \qquad \lambda \cdot \Delta\Phi_{AB}^{jl}(t_2) = \rho_{AB}^{jl}(t_2) - \lambda N_{AB}^{jl}$$
$$\lambda \cdot \Delta\Phi_{AB}^{jm}(t_1) = \rho_{AB}^{jm}(t_1) - \lambda N_{AB}^{jm} \qquad \lambda \cdot \Delta\Phi_{AB}^{jm}(t_2) = \rho_{AB}^{jm}(t_2) - \lambda N_{AB}^{jm}$$

由上式可知，上述六個方程式中，等號左邊是 6 個 Φ 觀測值的差分值，因此是已知值；等號右邊已經無任何誤差項，只剩 3 個週波未定值的差分值，與 6 個幾何距離實際值的差分值，它由四個衛星的座標與二個接收儀的座標決定。因為衛星座標已知，假如基準站 B 的座標為已知值，則只剩移動站 A 的座標 $(X_A, Y_A, Z_A)$ 3 個未知數。因此共有 6 個方程式，6 個未知數 $(N_{AB}^{jk}, N_{AB}^{jl}, N_{AB}^{jm}, X_A, Y_A, Z_A)$，正好可以求解，但無法估計誤差。

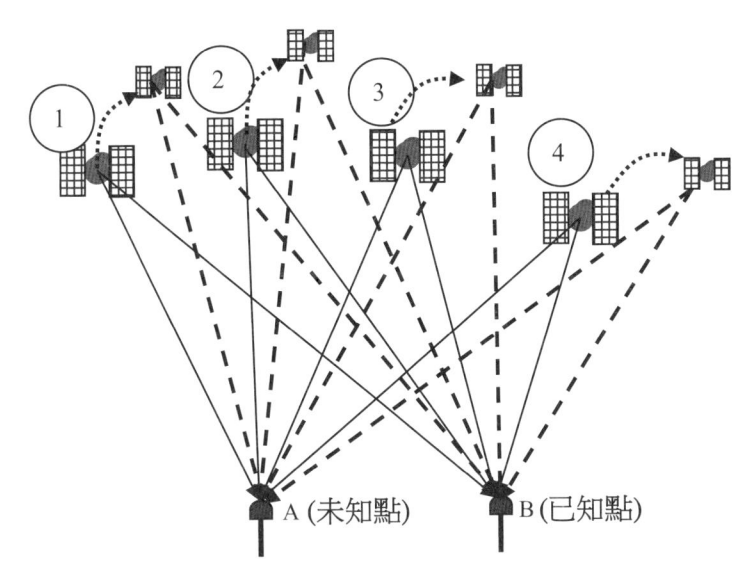

圖 3-15　二測站四衛星二曆元

如果是八顆衛星，則共有

測站-衛星二次差分方程式數目 $=(R-1)\times(S-1)\times E =$ **(2-1)(8-1)2=14**
未知值數目 $=(R-1)\times(3+S-1)=(2-1)\times(3+8-1)=10$

方程式數目大於未知變數數目，可用最小二乘法求解。因為方程式數目比未知變數數目多出 4 個，因此可以估計誤差。

例題 3-2 試分析下列狀況下，未差分前、一次差分、二次差分、三次差分的方程式數目、未知數數目
(1) R=測站數=2，S=衛星數=4，E=曆元數=2
(2) R=測站數=3，S=衛星數=4，E=曆元數=2
(3) R=測站數=2，S=衛星數=5，E=曆元數=2
(4) R=測站數=2，S=衛星數=4，E=曆元數=3
[解]
(1) R=測站數=2，S=衛星數=4，E=曆元數=2

|  | 未差分前 | 一次差分 | 二次差分 | 三次差分 |
|---|---|---|---|---|
| 方程式數目 | 16 | 8 | 6 | 3 |
| 衛星鐘差 | 8 | 0 | 0 | 0 |
| 接收儀鐘差 | 4 | 2 | 0 | 0 |
| 週波未定值 | 8 | 4 | 3 | 0 |
| 座標 | 6 | 3 | 3 | 3 |
| 未知數數目 | 26 | 9 | 6 | 3 |

(2) R=測站數=3，S=衛星數=4，E=曆元數=2

|  | 未差分前 | 一次差分 | 二次差分 | 三次差分 |
|---|---|---|---|---|
| 方程式數目 | 24 | 16 | 12 | 6 |
| 衛星鐘差 | 8 | 0 | 0 | 0 |
| 接收儀鐘差 | 6 | 4 | 0 | 0 |
| 週波未定值 | 12 | 8 | 6 | 0 |
| 座標 | 9 | 6 | 6 | 6 |
| 未知數數目 | 35 | 18 | 12 | 6 |

(3) R=測站數=2，S=衛星數=5，E=曆元數=2

|  | 未差分前 | 一次差分 | 二次差分 | 三次差分 |
|---|---|---|---|---|
| 方程式數目 | 20 | 10 | 8 | 4 |
| 衛星鐘差 | 10 | 0 | 0 | 0 |
| 接收儀鐘差 | 4 | 2 | 0 | 0 |
| 週波未定值 | 10 | 5 | 4 | 0 |
| 座標 | 6 | 3 | 3 | 3 |
| 未知數數目 | 30 | 10 | 7 | 3 |

(4) R=測站數=2，S=衛星數=4，E=曆元數=3

|  | 未差分前 | 一次差分 | 二次差分 | 三次差分 |
|---|---|---|---|---|
| 方程式數目 | 24 | 12 | 9 | 6 |
| 衛星鐘差 | 12 | 0 | 0 | 0 |
| 接收儀鐘差 | 6 | 3 | 0 | 0 |
| 週波未定值 | 8 | 4 | 3 | 0 |
| 座標 | 6 | 3 | 3 | 3 |
| 未知數數目 | 32 | 10 | 6 | 3 |

## 3-9 精度稀釋因子 DOP

### 3-9-1 DOP 的目的

傳統的三角測量是基於平面的三角幾何學。三角測量之邊長由正弦定律計算得到：

$$\frac{a}{\sin A} = \frac{b}{\sin B} = \frac{c}{\sin C}$$

小於 10° 的小角度或大於 170° 的大角度之正弦函數變化率大(正弦函數變化率為餘弦函數)，因此相同的測角的誤差(例如 1 秒)導致的邊長計算誤差，要比 60° 的角度大；當角度逐漸接近 90°時，正弦函數變化率亦隨之逐漸趨近於零，此時測角誤差導致的邊長計算誤差最小。因此邊長誤差之大小與三角形內角之大小有密切關係，且該項誤差又間接影響於三角點位之正確性，故三角測量之成果與地面三角形的形狀有關，例如小於 10° 的銳角或大於 170° 的鈍角都會造成嚴重的誤差傳播效應，使得網形平差的成果不佳。故三角測量選點時如三角形三內角大小相近，則據以計算之點位精確，故稱所選三角圖形強度 (figure strength) 強；反之，內角大小懸殊，則稱所選三角圖形強度弱。圖形強度因子 (strength factor) 用來表達三角圖形強度弱，其值愈小，圖形愈強。例如一個三角分別為 10°, 85°, 85° 的銳角三角形,或 5°,5°,170° 的鈍角三角形,其圖形強度弱,圖形強度因子較大;如為 55°, 60°, 65° 的三角形，則其圖形強度強，圖形強度因子較小。由此可知，圖形強度因子是評估三角測量網形優劣之指標。

與傳統的三角測量以圖形強度因子來衡量三角網形的優劣類似，衛星定位測量用精度稀釋因子 (Dilution of Precision, 簡稱 DOP) 來衡量衛星與地面接收儀之間的空間幾何形狀的優劣。DOP 被定義為測距誤差造成的定位誤差的放大因子：

| 位置測量的誤差 ＝ 精度稀釋因子(DOP) × 使用者相等測距誤差(UERE) | (3-52 式)

因此 DOP 可用來估計測量成果的誤差，是估計定位精度的重要因子。DOP 的值愈小，時間或位置的計算愈精確。DOP 與可見衛星對接收儀的相對位置構成的空間幾何形狀有關。

使用者相等測距誤差 (User Equivalent Range Error, UERE) 表示各種 GPS 測距誤差來源 (如電離層誤差) 的影響總合，通常假設 UERE 是常態分佈的隨機變數，因此 1 個標準差的 UERE 大約可包含 2/3 的機率，2 個標準差大約可包含 95% 的機率。由於誤差大小與使用的測距方法有關，因此其 UERE 不同。一般而言，一個標準差的 UERE：

- 絕對定位 C/A 碼測距：12 公尺
- 絕對定位 P 碼測距：6 公尺
- 相對定位 P 碼測距：2 公尺

但測距誤差不是座標定位誤差，座標定位誤差除了與衛星和地面接收儀之間的距離的誤差有關外，也與衛星與地面接收儀之間的幾何形狀有關。當可見衛星與地面接收儀之間的幾何形狀優良時，其 DOP 較小。一般而言，如果可見衛星仰角適中(例如 30°~60°)，並分佈在四個象限 (東北、東南、西南、西北)，DOP 會較小，甚至可達到 1；衛星分佈集中在一個很小的仰角範圍或象限，DOP 可能非常高，甚至可超過 10，此時位置測量的誤差會比測距誤差大得多。DOP 也與可見衛星數量有關，可見衛星愈多時，DOP 愈小。

## 3-9-2 DOP 的原理

不同於傳統的三角測量是基於平面的三角幾何學，衛星定位測量是基於空間的距離交會法。然而衛星與地面接收儀之間的空間幾何形狀仍然會影響測量成果。為了讓讀者有清楚的認識，先以平面上的距離交會法為例。首先假設我們的世界是二維的，只需要兩個衛星就能定位。由於距離交會法會產生兩個解答，假設我們知道未知點的概略位置，因此可以捨棄兩個之中距概略位置很遠的一個。圖 3-16 假設了三種衛星分佈情況。假設測距有誤差，以大小兩個同心圓代表測距的上、下限範圍。

圖 (a) 情況：交會點的南北方向誤差大，東西方向誤差小。
圖 (b) 情況：交會點的東西方向誤差大，南北方向誤差小。
圖 (c) 情況：交會點的南北方向、東西方向誤差均小。

這些結論也可用在三維空間中的距離交會法：最佳的衛星分佈是衛星均勻分散在不同的方位角與仰角。例如，低仰角衛星對稱分佈在四個象限，高仰角也有衛星，此時平面與高程均可達到良好的精度，是最佳組合。

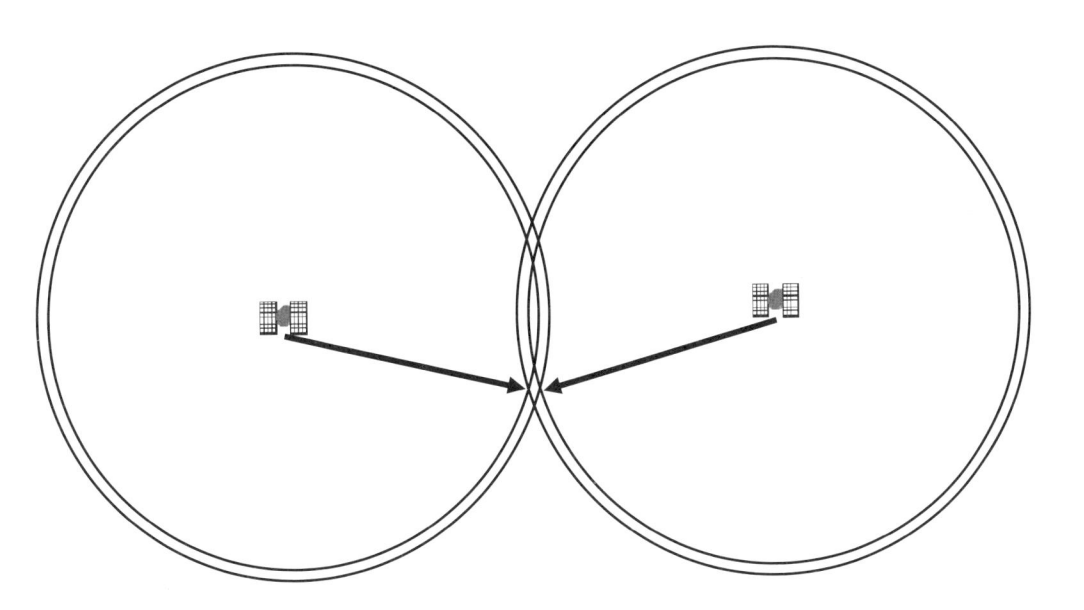

圖 (a) 南北方向誤差大，東西方向誤差小。
圖 3-16 衛星定位測量的衛星分佈與誤差的關係

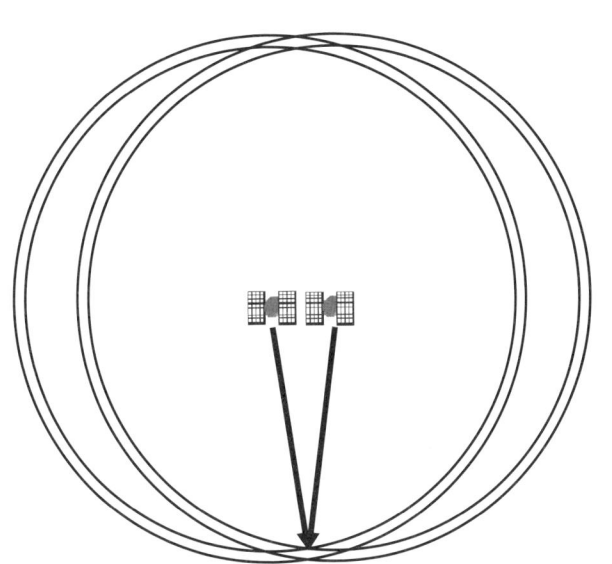

圖 (b) 東西方向誤差大，南北方向誤差小。
圖 3-16 衛星定位測量的衛星分佈與誤差的關係

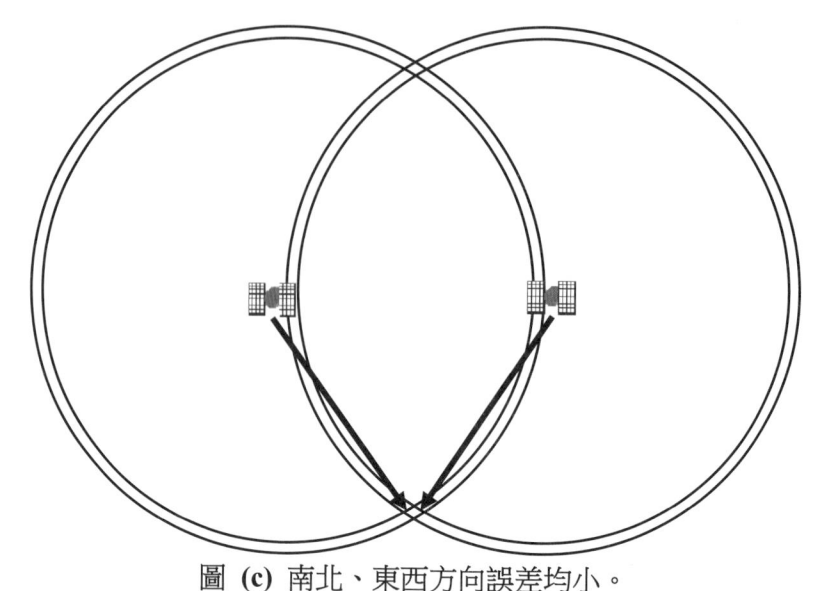

圖 (c) 南北、東西方向誤差均小。
圖 3-16 衛星定位測量的衛星分佈與誤差的關係

## 3-9-3 DOP 的方法：DOP 計算公式

前面導航單點定位一節已推導出聯立線性化方程式可解($X_A$, $Y_A$, $Z_A$) 與 $\delta_A$ 四個未知數

$$\begin{Bmatrix} \tilde{\rho}_A^1 - \hat{\rho}_A^1 \\ \tilde{\rho}_A^2 - \hat{\rho}_A^2 \\ \tilde{\rho}_A^3 - \hat{\rho}_A^3 \\ \tilde{\rho}_A^4 - \hat{\rho}_A^4 \end{Bmatrix} = \begin{bmatrix} \dfrac{\hat{X}_A - X_1}{\hat{\rho}_A^1} & \dfrac{\hat{Y}_A - Y_1}{\hat{\rho}_A^1} & \dfrac{\hat{Z}_A - Z_1}{\hat{\rho}_A^1} & 1 \\ \dfrac{\hat{X}_A - X_2}{\hat{\rho}_A^2} & \dfrac{\hat{Y}_A - Y_2}{\hat{\rho}_A^2} & \dfrac{\hat{Z}_A - Z_2}{\hat{\rho}_A^2} & 1 \\ \dfrac{\hat{X}_A - X_3}{\hat{\rho}_A^3} & \dfrac{\hat{Y}_A - Y_3}{\hat{\rho}_A^3} & \dfrac{\hat{Z}_A - Z_3}{\hat{\rho}_A^3} & 1 \\ \dfrac{\hat{X}_A - X_4}{\hat{\rho}_A^4} & \dfrac{\hat{Y}_A - Y_4}{\hat{\rho}_A^4} & \dfrac{\hat{Z}_A - Z_4}{\hat{\rho}_A^4} & 1 \end{bmatrix} \begin{Bmatrix} \Delta X_A \\ \Delta Y_A \\ \Delta Z_A \\ \Delta \delta_A \end{Bmatrix} \qquad (3\text{-}53 \text{ 式})$$

上式可寫成矩陣公式
$\rho = AX$ (3-54 式)
其中

測距誤差向量 $\rho = \begin{Bmatrix} \tilde{\rho}_A^1 - \hat{\rho}_A^1 \\ \tilde{\rho}_A^2 - \hat{\rho}_A^2 \\ \tilde{\rho}_A^3 - \hat{\rho}_A^3 \\ \tilde{\rho}_A^4 - \hat{\rho}_A^4 \end{Bmatrix}$ (3-55 式) 　定位誤差向量 $X = \begin{Bmatrix} \Delta X_A \\ \Delta Y_A \\ \Delta Z_A \\ \Delta \delta_A \end{Bmatrix}$ (3-56 式)

係數矩陣 $A = \begin{bmatrix} \dfrac{\hat{X}_A - X_1}{\hat{\rho}_A^1} & \dfrac{\hat{Y}_A - Y_1}{\hat{\rho}_A^1} & \dfrac{\hat{Z}_A - Z_1}{\hat{\rho}_A^1} & 1 \\ \dfrac{\hat{X}_A - X_2}{\hat{\rho}_A^2} & \dfrac{\hat{Y}_A - Y_2}{\hat{\rho}_A^2} & \dfrac{\hat{Z}_A - Z_2}{\hat{\rho}_A^2} & 1 \\ \dfrac{\hat{X}_A - X_3}{\hat{\rho}_A^3} & \dfrac{\hat{Y}_A - Y_3}{\hat{\rho}_A^3} & \dfrac{\hat{Z}_A - Z_3}{\hat{\rho}_A^3} & 1 \\ \dfrac{\hat{X}_A - X_4}{\hat{\rho}_A^4} & \dfrac{\hat{Y}_A - Y_4}{\hat{\rho}_A^4} & \dfrac{\hat{Z}_A - Z_4}{\hat{\rho}_A^4} & 1 \end{bmatrix}$ (3-57 式)

上面公式是以地心座標系為準，因此 Z 軸指向北極。但實際上只要是直角座標系都可使用此公式。因為 DOP 的目的是要估計衛星相對於測站的幾何分佈對測距誤差造成的定位誤差的誤差傳播，因此這個直角座標系應該取通過測站的切平面為準，即以測站為原點

**X** 軸：向東

**Y** 軸：向北

**Z** 軸：向上

故

向東座標　$X = \rho_A^j \cos\alpha \sin\phi$ (3-58-1 式)

向北座標　$Y = \rho_A^j \cos\alpha \cos\phi$ (3-58-2 式)

向上座標　$Z = \rho_A^j \sin\alpha$ (3-58-3 式)

其中

$\rho_A^j$=測站 **A** 與衛星 **j** 距離；$\alpha$=測站 **A** 與衛星 **j** 仰角；$\phi$=測站 **A** 與衛星 **j** 方位角。

第 9 章的誤差傳播的矩陣法指出

$Y = AX$ (3-59 式)

其中　Y=因變數向量；X=自變數向量。

則

因變數共變異矩陣　$\Sigma_Y = A \cdot \Sigma_X \cdot A^T$ (3-60 式)

其中　$\Sigma_X$=自變數共變異矩陣。

因為 DOP 的目的是要估計「測距誤差」造成的「定位誤差」，因此自變數是測距誤差，因變數是定位誤差。因此 **(3-53)** 必須改寫成

$X = A^{-1} \rho$ (3-61 式)

因此由誤差傳播的矩陣法可知，定位誤差的共變異矩陣

$$\Sigma_X = A^{-1} \cdot \Sigma_\rho \cdot (A^{-1})^T \tag{3-62 式}$$

其中 $\Sigma_X$ =定位誤差共變異矩陣；$\Sigma_\rho$ =測距誤差共變異矩陣

假設四個衛星的測距誤差的中誤差相等，且互相獨立，則測距誤差的共變異矩陣

$$\Sigma_\rho = \sigma_0 \cdot \begin{bmatrix} 1 & 0 & 0 & 0 \\ 0 & 1 & 0 & 0 \\ 0 & 0 & 1 & 0 \\ 0 & 0 & 0 & 1 \end{bmatrix} \tag{3-63 式}$$

其中 $\sigma_0$ = 使用者相等測距誤差 (UERE)

因此定位誤差的共變異矩陣

$$\Sigma_X = A^{-1} \cdot (A^{-1})^T \sigma_0 \tag{3-64 式}$$

由矩陣定理

$$(A^{-1})^T = (A^T)^{-1} \tag{3-65 式}$$

定位誤差的共變異矩陣可改寫成

$$\Sigma_X = A^{-1} \cdot (A^{-1})^T \sigma_0 = A^{-1} \cdot (A^T)^{-1} \sigma_0 \tag{3-66 式}$$

由矩陣定理

$$B^{-1} \cdot A^{-1} = (AB)^{-1} \tag{3-67 式}$$

定位誤差的共變異矩陣可改寫成

$$\Sigma_X = A^{-1} \cdot (A^T)^{-1} \sigma_0 = (A^T A)^{-1} \sigma_0 \tag{3-68 式}$$

比較上式與 DOP 的公式

$$\boxed{\text{位置測量的誤差} = \text{精度稀釋因子 (DOP)} \times \text{使用者相等測距誤差 (UERE)}}$$

可知 DOP 矩陣如下

$$DOP = (A^T A)^{-1} = \begin{bmatrix} \sigma_x^2 & \sigma_{xy} & \sigma_{xz} & \sigma_{xt} \\ \sigma_{xy} & \sigma_y^2 & \sigma_{yz} & \sigma_{yt} \\ \sigma_{xz} & \sigma_{yz} & \sigma_z^2 & \sigma_{zt} \\ \sigma_{xt} & \sigma_{yt} & \sigma_{zt} & \sigma_t^2 \end{bmatrix} \tag{3-69 式}$$

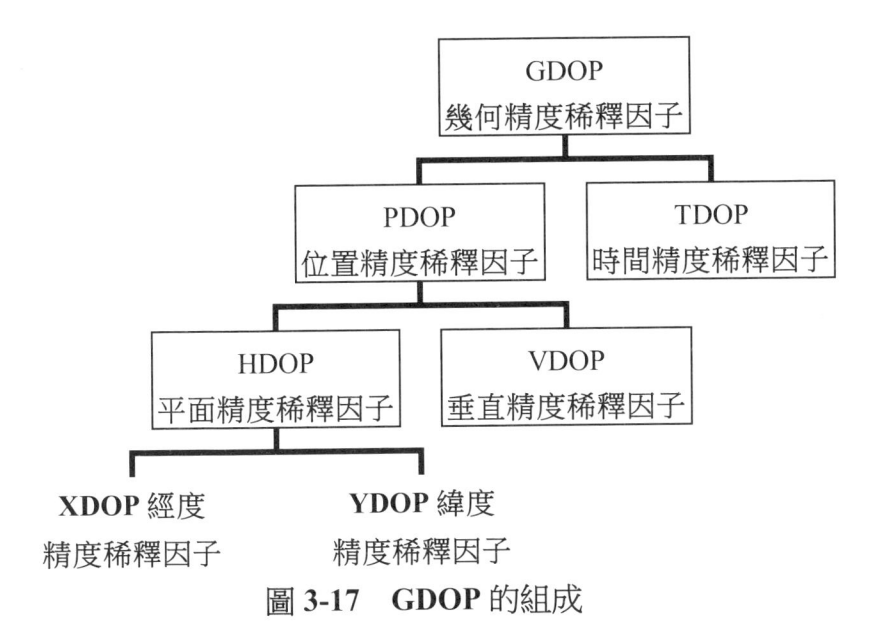

```
                    ┌─────────────────┐
                    │      GDOP       │
                    │  幾何精度稀釋因子  │
                    └────────┬────────┘
                    ┌────────┴────────┐
            ┌───────┴───────┐  ┌──────┴──────┐
            │    PDOP       │  │    TDOP     │
            │ 位置精度稀釋因子 │  │ 時間精度稀釋因子│
            └───────┬───────┘  └─────────────┘
           ┌────────┴────────┐
    ┌──────┴──────┐  ┌───────┴──────┐
    │    HDOP     │  │    VDOP      │
    │ 平面精度稀釋因子│  │ 垂直精度稀釋因子 │
    └──────┬──────┘  └──────────────┘
    ┌──────┴──────┐
 XDOP 經度     YDOP 緯度
 精度稀釋因子   精度稀釋因子
```

圖 3-17　GDOP 的組成

由 DOP 矩陣可定義不同的精度稀釋因子如下(圖 3-17)：

- 經度精度稀釋因子 XDOP

  為經度 (東西) 方向平面座標之誤差平方的開根號值。

  $$XDOP = \sqrt{\sigma_x^2} \qquad\qquad (3\text{-}70\text{ 式})$$

- 緯度精度稀釋因子 YDOP

  為緯度 (南北) 方向平面座標之誤差平方的開根號值。

  $$YDOP = \sqrt{\sigma_y^2} \qquad\qquad (3\text{-}71\text{ 式})$$

- 平面精度稀釋因子 HDOP

  為平面座標之誤差平方和的開根號值，即經度、緯度的綜合精度因子。

  $$HDOP = \sqrt{\sigma_x^2 + \sigma_y^2} \qquad\qquad (3\text{-}72\text{ 式})$$

- 垂直精度稀釋因子 VDOP

  為高程之誤差平方和的開根號值，即高程的精度因子。

  $$VDOP = \sqrt{\sigma_z^2} \qquad\qquad (3\text{-}73\text{ 式})$$

- 位置精度稀釋因子 PDOP

  為三維座標之誤差平方和的開根號值，要注意這裡的 x, y, z 不是地心座標系統的三軸，而是以測站為原點之東西向、南北向、上下方向，即經度、緯度、高程的綜合精度因素。

$$PDOP = \sqrt{\sigma_x^2 + \sigma_y^2 + \sigma_z^2}$$ (3-74 式)

- 時間精度稀釋因子 **TDOP**
  為接收儀內時鐘誤差平方和的開根號值，即時間的精度因子。
  $$TDOP = \sqrt{\sigma_t^2}$$ (3-75 式)

- 幾何精度稀釋因子 **GDOP**
  為位置和時間之誤差平方和的開根號值，所以
  $$GDOP = \sqrt{\sigma_x^2 + \sigma_y^2 + \sigma_z^2 + \sigma_t^2} = \sqrt{PDOP^2 + TDOP^2}$$ (3-76 式)

因此當知道測站的近似座標時，**DOP** 的計算步驟如下：

(1) 以測站的近似座標列出導航單點定位聯立線性化方程式的 $A$ 矩陣
(2) 計算 $DOP = (A^T A)^{-1}$
(3) 利用 $DOP$ 矩陣的對角元素計算 **GDOP, PDOP**...等

---

**例題 3-3** 假設一般 C/A 電碼測距的使用者相等測距誤差(User Equivalent Range Error, UERE)=7.5 公尺。(1) 當 HDOP=2.0，則 95% 的可能誤差為何？(2)如果 HDOP=2.0，PDOP=4.0，則 VDOP=?

[解]

(1) 平面位置測量的誤差 = HDOP × 測距誤差 = 2.0 × 7.5 =15.0
   95%的可能範圍為 1.96 倍標準差，故
   平面位置誤差 95%可能範圍 = 1.96×平面位置標準誤差=1.96×15.0 = 29.4 公尺

(3) 因為 $PDOP = \sqrt{\sigma_x^2 + \sigma_y^2 + \sigma_z^2}$，$HDOP = \sqrt{\sigma_x^2 + \sigma_y^2}$，$VDOP = \sqrt{\sigma_z^2}$
   故 $PDOP^2 = HDOP^2 + VDOP^2$，因此
   $VDOP = \sqrt{PDOP^2 - HDOP^2} = \sqrt{16-4} = $ **3.5**

---

**例題 3-4　DOP 的計算**

已知衛星相對測站的距離、仰角、方位角，計算得衛星的以通過測站的切平面為準的三維座標如下表 (單位 km)，試計算 DOP。

|  | X | Y | Z |
|---|---|---|---|
| 衛星 1 | 0.000 | 18787.862 | 12417.793 |
| 衛星 2 | 17357.714 | -10167.921 | 10987.651 |
| 衛星 3 | -17357.71 | -10167.921 | 10987.651 |
| 衛星 4 | 0.000 | 0.000 | 20200.000 |

**[解]**
**(1)** 以測站的近似座標列出導航單點定位聯立線性化方程式的 $A$ 矩陣

$$A = \begin{bmatrix} 0.0000 & 0.8342 & 0.5514 & 1.0000 \\ 0.7573 & -0.4436 & 0.4794 & 1.0000 \\ -0.7573 & -0.4436 & 0.4794 & 1.0000 \\ 0.0000 & 0.0000 & 1.0000 & 1.0000 \end{bmatrix}$$

**(2)** 計算 $DOP = (A^T A)^{-1} = \begin{bmatrix} 0.87 & 0.00 & 0.00 & 0.00 \\ 0.00 & 0.94 & -0.34 & 0.23 \\ 0.00 & -0.34 & 5.43 & -3.41 \\ 0.00 & 0.23 & -3.41 & 2.39 \end{bmatrix} = \begin{bmatrix} \sigma_x^2 & \sigma_{xy} & \sigma_{xz} & \sigma_{xt} \\ \sigma_{xy} & \sigma_y^2 & \sigma_{yz} & \sigma_{yt} \\ \sigma_{xz} & \sigma_{yz} & \sigma_z^2 & \sigma_{zt} \\ \sigma_{xt} & \sigma_{yt} & \sigma_{zt} & \sigma_t^2 \end{bmatrix}$

**(3)** 利用 $DOP$ 矩陣的對角元素計算 **GDOP, PDOP**…等

$XDOP = \sqrt{\sigma_x^2} = \mathbf{0.9}$  $\qquad YDOP = \sqrt{\sigma_y^2} = \mathbf{1.0}$  $\qquad VDOP = \sqrt{\sigma_z^2} = \mathbf{2.3}$

$HDOP = \sqrt{\sigma_x^2 + \sigma_y^2} = \mathbf{1.3}$  $\qquad PDOP = \sqrt{\sigma_x^2 + \sigma_y^2 + \sigma_z^2} = \mathbf{2.7}$

$TDOP = \sqrt{\sigma_t^2} = \mathbf{1.5}$  $\qquad GDOP = \sqrt{\sigma_x^2 + \sigma_y^2 + \sigma_z^2 + \sigma_t^2} = \mathbf{3.1}$

在此舉出各種四衛星分佈情況 (三個同心圓分別代表 0°, 30°, 60° 仰角)，利用上述公式，計算 **DOP** 如圖 3-18。歸納如下：

(1) 分佈範圍：比較圖 **a, b, c** 可知，衛星在天空中的分佈愈廣，**DOP** 愈小，愈有利於降低誤差。
(2) 四方分佈：由圖 **d** 可知，如果低仰角衛星均佈在四個方位邊緣 (低仰角)，但缺高仰角衛星，則 **HDOP** 小，但 **VDOP** 大，因此平面座標誤差小，但高程誤差大。
(3) 單向分佈：比較圖 **e, f** 可知，如果衛星分佈在南北方向，則 **YDOP** 小，**XDOP** 大，即南北方向誤差小，東西方向誤差大。反之，如果衛星分佈在東西方向，則東西方向誤差小。

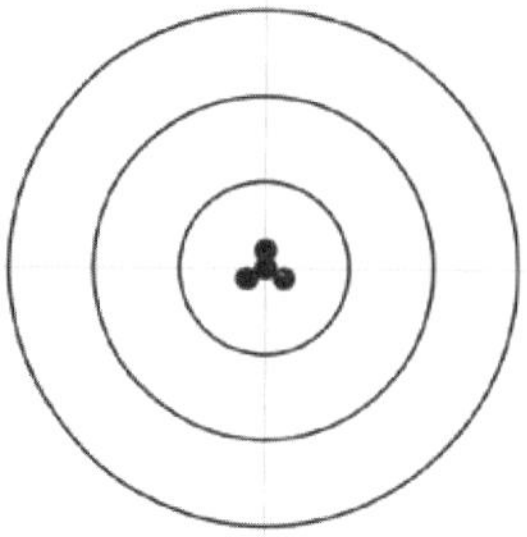

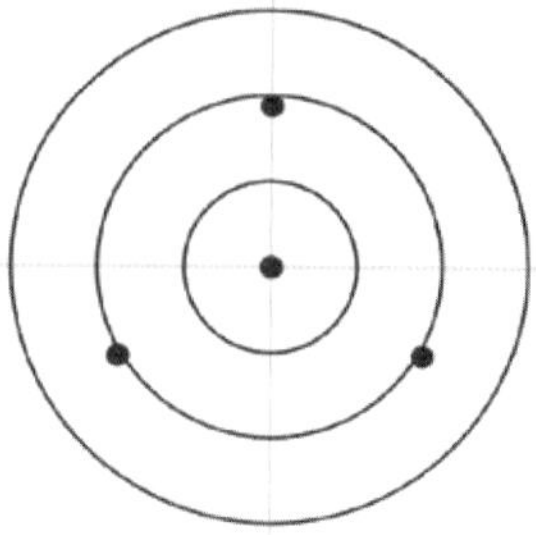

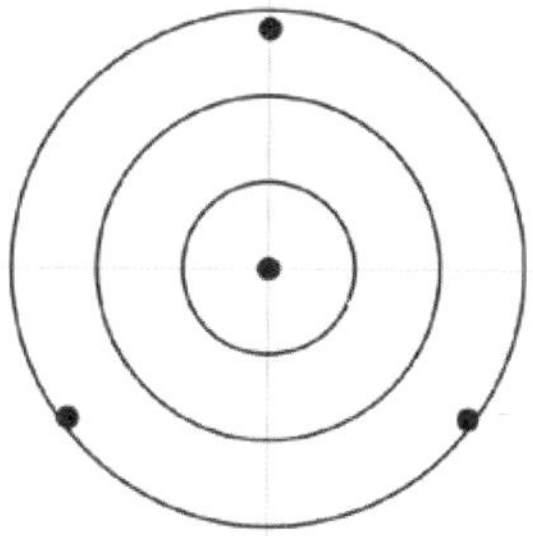

| GDOP | >100 | GDOP | 3.1 | GDOP | 1.8 |
|---|---|---|---|---|---|
| PDOP | >100 | PDOP | 2.7 | PDOP | 1.7 |
| TDOP | >100 | TDOP | 1.5 | TDOP | 0.6 |
| HDOP | 9.5 | HDOP | 1.3 | HDOP | 1.2 |
| VDOP | >100 | VDOP | 2.3 | VDOP | 1.2 |
| XDOP | 6.2 | XDOP | 0.9 | XDOP | 0.9 |
| YDOP | 7.3 | YDOP | 1.0 | YDOP | 0.8 |
| a 分佈範圍小 | | b 分佈範圍大 | | c 分佈範圍很大 | |

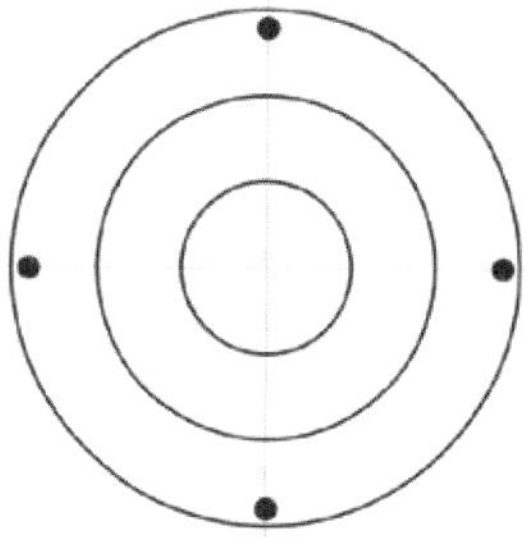

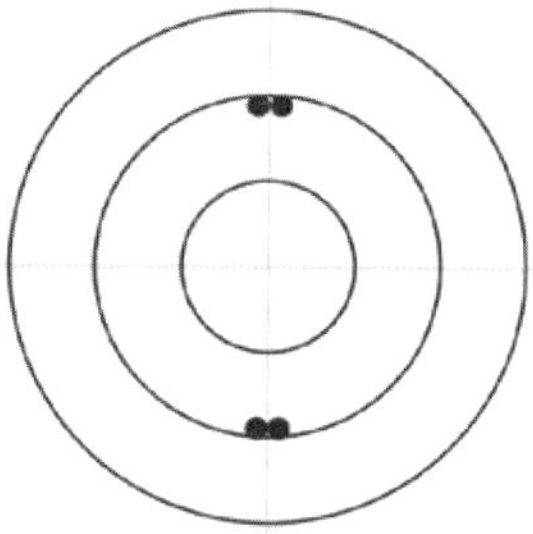

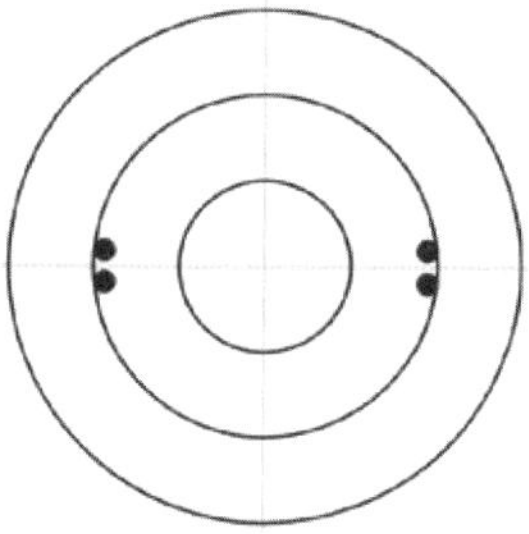

| GDOP | >100 | GDOP | >100 | GDOP | >100 |
|---|---|---|---|---|---|
| PDOP | >100 | PDOP | >100 | PDOP | >100 |
| TDOP | >100 | TDOP | >100 | TDOP | >100 |
| HDOP | 1.4 | HDOP | 8.6 | HDOP | 6.1 |
| VDOP | >100 | VDOP | >100 | VDOP | >100 |
| XDOP | 0.7 | XDOP | 8.6 | XDOP | 0.9 |
| YDOP | 1.2 | YDOP | 0.8 | YDOP | 6.1 |
| d 四方分佈(缺高仰角) | | e 單向分佈(南北) | | f 單向分佈(東西) | |

圖 3-18 各種衛星分佈情況之 DOP

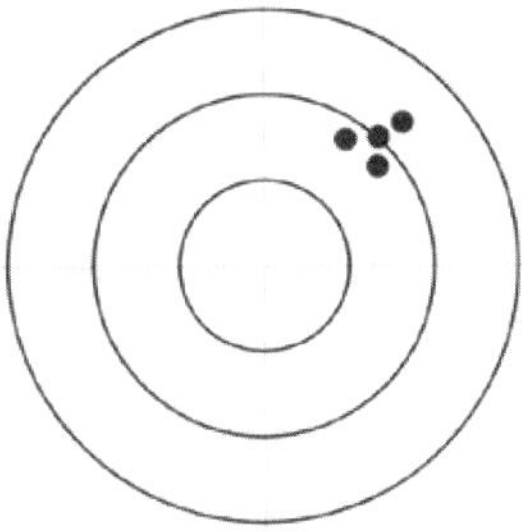

| GDOP | 108.0 | GDOP | >100 | GDOP | >100 |
|---|---|---|---|---|---|
| PDOP | 77.0 | PDOP | >100 | PDOP | >100 |
| TDOP | 75.7 | TDOP | >100 | TDOP | >100 |
| HDOP | 66.6 | HDOP | >100 | HDOP | >100 |
| VDOP | 38.5 | VDOP | >100 | VDOP | >100 |
| XDOP | 44.0 | XDOP | 8.7 | XDOP | >100 |
| YDOP | 50.0 | YDOP | >100 | YDOP | 6.1 |
| g 集中分佈(東北) || h 集中分佈(北方) || i 集中分佈(東方) ||

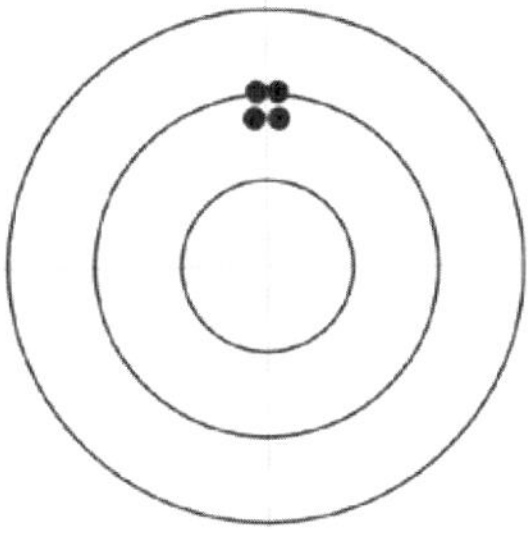

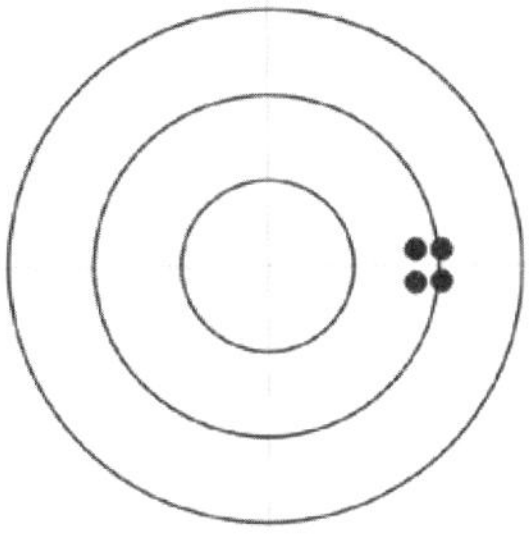

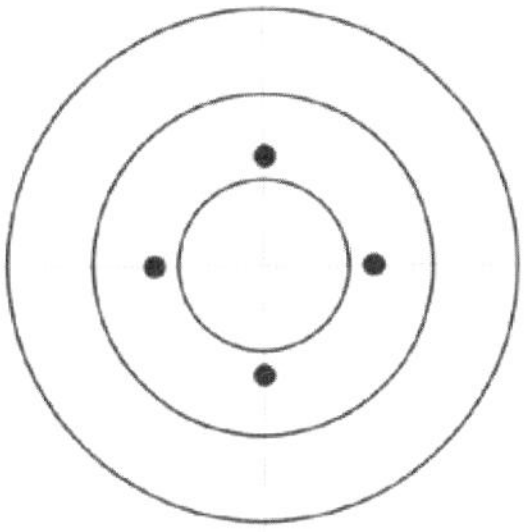

| GDOP | >100 | GDOP | 7.7 | GDOP | 2.7 |
|---|---|---|---|---|---|
| PDOP | >100 | PDOP | 6.2 | PDOP | 2.4 |
| TDOP | >100 | TDOP | 4.6 | TDOP | 1.2 |
| HDOP | 2.3 | HDOP | 3.3 | HDOP | 1.4 |
| VDOP | >100 | VDOP | 5.2 | VDOP | 2.0 |
| XDOP | 1.1 | XDOP | 1.1 | XDOP | 1.1 |
| YDOP | 2.0 | YDOP | 3.1 | YDOP | 0.7 |
| j 仰角分佈(單一) || k 仰角分佈(較廣) || l 仰角分佈(最廣) ||

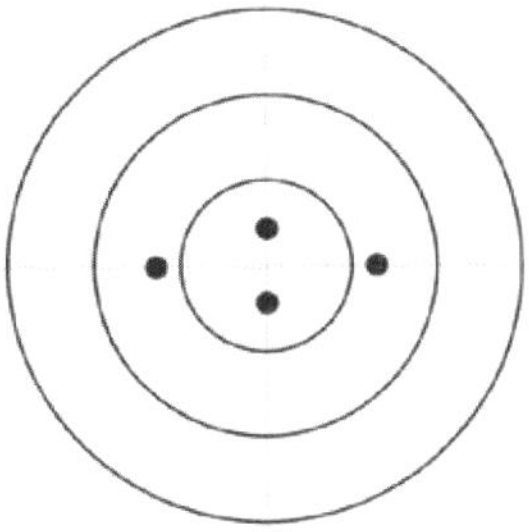

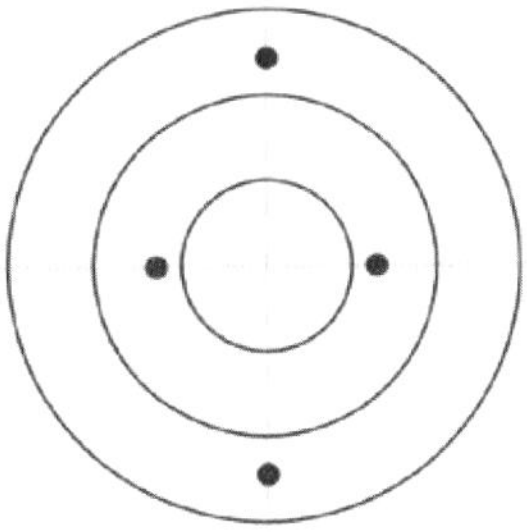

圖 3-18 各種衛星分佈情況之 DOP (續)

| GDOP | 1.7 | GDOP | 2.7 | GDOP | >100 |
|---|---|---|---|---|---|
| PDOP | 1.6 | PDOP | 2.3 | PDOP | >100 |
| TDOP | 0.6 | TDOP | 1.4 | TDOP | 0.8 |
| HDOP | 1.0 | HDOP | 1.3 | HDOP | >100 |
| VDOP | 1.3 | VDOP | 1.8 | VDOP | 1.4 |
| XDOP | 0.7 | XDOP | 0.9 | XDOP | >100 |
| YDOP | 0.7 | YDOP | 1.0 | YDOP | 0.8 |
| m 天頂衛星+四方分佈 || n 雙天頂衛星+三方分佈 || o 帶狀分佈(南北) ||

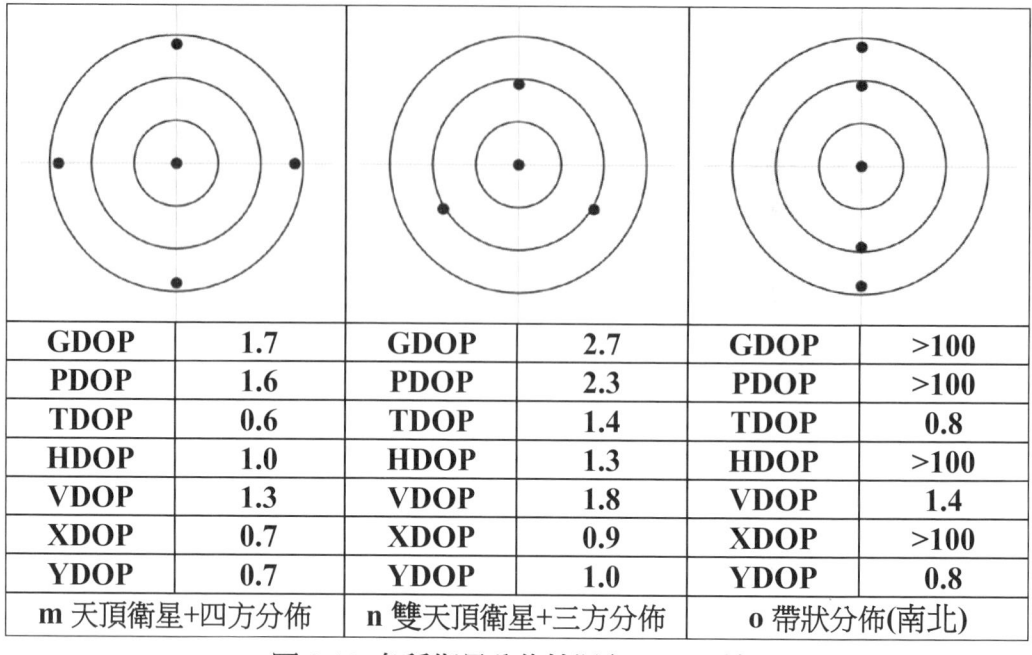

圖 3-18 各種衛星分佈情況之 DOP (續)

(4) 集中分佈：比較圖 g, h, i 可知，如果衛星集中在北方，則 YDOP 極大，XDOP 大。反之，如果衛星集中在東方，則 XDOP 極大，YDOP 大。因此集中分佈不是適當的分佈。

(5) 仰角分佈：由圖 j, k, l 可知，只有單一仰角下(圖 j)，VDOP 很大，仰角分佈範圍愈廣，VDOP 愈小 (圖 k 與圖 l)。因此如果要測高程，仰角分佈範圍要廣，不可集中在單一仰角。

(6) 天頂衛星：圖 m 是在圖 d 的天頂加一顆衛星，結果 VDOP 大幅降低，HDOP 變化很小。圖 n 是在圖 b 的天頂再加一顆衛星，即天頂有兩顆衛星，結果 VDOP 降低，但 HDOP 不變。可見天頂衛星對降低 VDOP 很有幫助。

(7) 帶狀分佈：由圖 o 可知，五星均佈南北時，YDOP 與 VDOP 很小，但 XDOP 很大。因此可以推論，在都市的街道中，當因為建築物的關係造成可見衛星分佈在帶狀的天空中，此時沿著街道的方向的誤差小，垂直於街道的方向的誤差大。

(8) 最佳分佈：綜合上述結論，最佳的衛星分佈是均佈在天空中，即分佈在各象限，並且同時在高低仰角都有衛星。例如如果有五顆衛星，則四個象限各有一顆低仰角衛星，再配合一顆高仰角衛星是最佳的衛星分佈，如圖 m 所示。

## 3-9-4 DOP 的實務

DOP 與可見衛星的幾何分佈以及數目有關，因此可歸納為二個因素：
(1) 觀測時段：由於衛星不斷地繞行地球運動，可見衛星的幾何分佈以及數目與每天的觀測時段有關，故不同時段的 DOP 不同。由於衛星每繞行地球一圈只需 11 小時又 58 分鐘，因此昨天出現的衛星分佈會在今天同一時刻的前四分鐘出現，即每天會早四分鐘看到與昨天相同的衛星分佈。
(2) 觀測地點：由於衛星訊號無法穿透物體，可見衛星的幾何分佈以及數目與測站的透空度有關，故不同地段的 DOP 不同。測站所在的地點四周的建築物、樹林、地形都會遮蔽衛星訊號，因此部分在地平面以上的衛星仍無法被觀測。特別是在都市地區，高樓林立的街道形同一條大峽谷，非常不利於觀測 (如圖 3-36)。故觀測地點的透空度成為高精度觀測的重要限制條件。一般而言，地平面 15° 角以內不宜有遮蔽物。

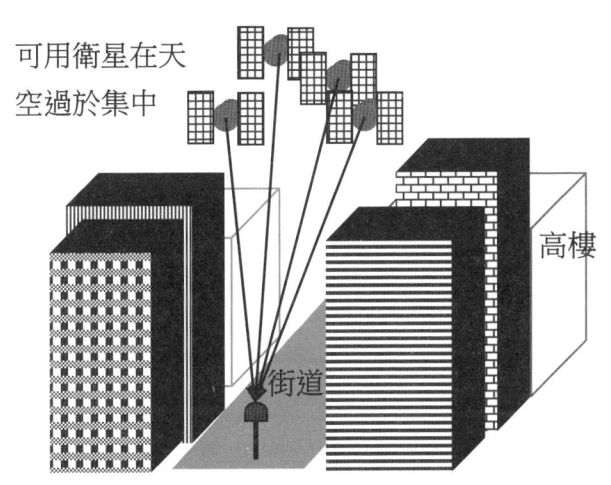

圖 3-19 在都市地區因高樓阻礙造成 PDOP (位置精度稀釋因子) 不良

對於測量人員而言，最關心的就是位置成果的精度，所以上述各種精度稀釋因子最常用的是 PDOP。但有時測量人員可能關注平面座標的精度，此時可使用水平精度稀釋因子 HDOP。如果關注高程的精度，則可使用垂直精度稀釋因子 VDOP。PDOP 值愈小，即指所選之衛星群對接收儀之幾何排列愈佳，因而定位之精度也愈高。當 PDOP 接近 1 時，表示衛星的幾何分佈非常理想。如果該值大於 10，則表示衛星的幾何分佈非常差，不適合測量。透空度良好情況下，PDOP 經常在 2~3 左右。

一般而言，從接收儀至空間衛星的單位向量所構成的多面體體積與 PDOP 成反比 (如圖 3-20)。體積愈大，PDOP 愈小，定位測量的誤差愈小，故所能達到精度愈

高。因此，當能觀察到的衛星分散在四個不同的象限，與各種不同的仰角，則體積愈大，因此 PDOP 愈小，定位測量的誤差愈小，故所能達到精度愈高。反之，當能觀察到的衛星集中在相似的方位角、仰角時，從接收儀至空間衛星的單位向量所構成的體積愈小，因此 PDOP 愈大，定位測量的誤差愈大，故所能達到精度愈低。因此良好的衛星的幾何分佈是指衛星在空間分佈不集中於一個象限與小範圍的仰角，而是均勻分佈在四個象限與大範圍的仰角。

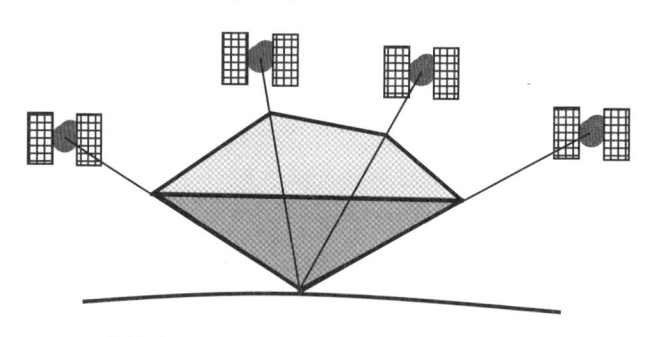

**(a) 體積大，PDOP 值小，觀測結果佳。**

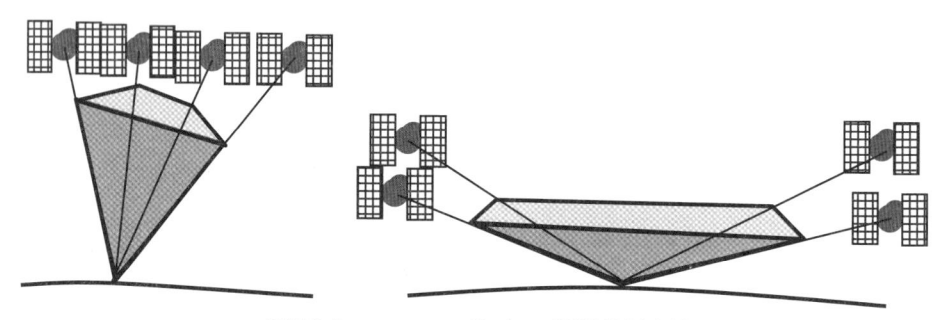

**(b) 體積小，PDOP 值大，觀測結果差。**

圖 3-20 從接收儀至空間衛星的單位向量所構成的體積與 PDOP 關係

如果所接收的衛星在天空的配置極佳，則 PDOP 值有可能達到 2 以下，代表此時的位置誤差可達到理想狀況的 2 倍以下；反之，如果只能接收到 4 顆衛星，而且這些衛星都集中在天空的一角，則 PDOP 值可能達到 10 以上。通常在 PDOP<4 時，大多可以得到相當滿意的定位精度，而在 PDOP>10 時，則不會被使用。一般而言，PDOP =2, 4, 6, 8, 10 可分別視為很佳、佳、普通、差、很差。當然，可接受的 PDOP 會因使用者的精度需求而變，使用者必須依據實際需求來決定。目前衛星數量已大幅增加，因此經常可在 PDOP<3 的情況測量。RTK 測量通常要求 PDOP<5。圖 3-21 是實際的案例。

(1) 實例一：衛星雖少，但分佈極佳。HDOP=1.3, VDOP=2.0, PDOP=2.4。
(2) 實例二：衛星雖多，但分佈普通。HDOP=1.2, VDOP=2.3, PDOP=2.6。

**(3) 實例三：衛星較多，且分佈極佳。HDOP=0.8, VDOP=1.3, PDOP=1.5。**

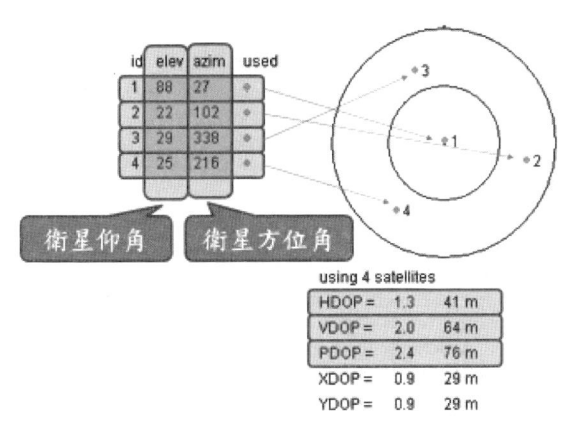

實例一：衛星雖少，但分佈極佳。**HDOP=1.3, VDOP=2.0, PDOP=2.4。**

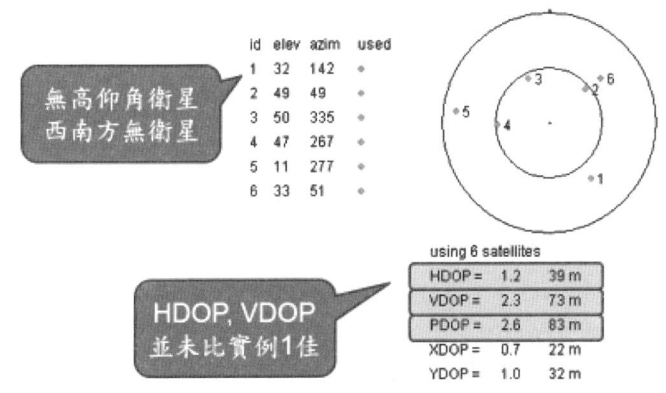

實例二：衛星雖多，但分佈普通。**HDOP=1.2, VDOP=2.3, PDOP=2.6。**

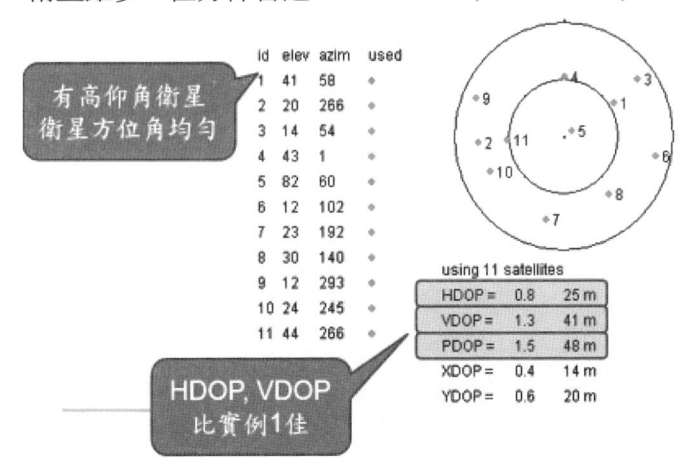

實例三：衛星較多，且分佈極佳。**HDOP=0.8, VDOP=1.3, PDOP=1.5。**

圖 3-21 實際的 DOP 案例

## 3-9-5 影響定位精度的因素

影響定位精度的因素有：

**(1)** 可見衛星的數目
**(2)** 可見衛星的分佈
**(3)** 觀測時段的長度
**(4)** 觀測時空的大氣條件
**(5)** 測站附近的透空條件
**(6)** 多餘觀測的數目
**(7)** 基站座標的精度
**(8)** 測量儀器的性能 (電碼/載波相位，單頻/雙頻)
**(9)** 測量方法的性質 (絕對/相對定位，動態/靜態定位，即時/後處理)
**(10)** 誤差模型的品質
**(11)** 分析軟體的品質

座標定位誤差除了與衛星和地面接收儀之間的距離的測距誤差有關外，也與衛星與地面接收儀之間的幾何形狀有關：

位置測量的誤差 ＝ 精度稀釋因子 (DOP) × 使用者相等測距誤差 (UERE)

因此降低定位誤差的方法可分成兩大類 (如圖 **3-22**)：

- 降低精度稀釋因子 (DOP)
- 降低使用者相等測距誤差 (UERE)

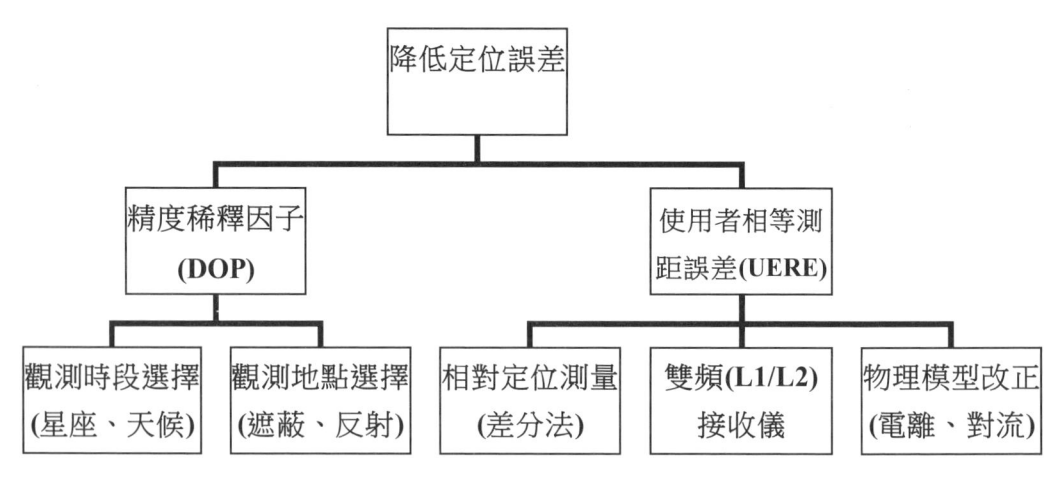

圖 **3-22** 降低定位誤差的方法

## 3-10 全球導航衛星系統的應用

衛星定位測量的精度、應用、方法如表 3-9 所列。基本上,衛星定位測量的應用可以分成屬於公尺級的導航用途(navigation)與公分級的測量用途(surveying)。

表 3-9 衛星定位測量的精度、應用、方法

| 精度 | 應用 | 方法 |
| --- | --- | --- |
| 10 公尺級 | 導航 | 電碼單點定位 |
| 公尺級 | GIS 資料調查 | L1 單頻電碼差分 (DGPS) |
| 公寸級 | 細部測量 | L1 單頻相位差分 (RTK) |
| 公分級 | 工程測量 | L1/L2 雙頻相位差分 (RTK) |
| 毫米級 | 精密控制測量 | L1/L2 雙頻相位差分 (靜態基線測量) |

衛星定位測量的測量級應用簡述如下:

**(1) 控制測量**

　　常規的控制測量採用三角網、導線網來施測,因為要求點與點之間必須通視,不僅費工費時,而且精度分佈不均勻,且在外業中無法即時獲知精度狀況,如果測設完成後,回到內業處理後發現精度不合要求,還必須返測。如採用 GNSS 靜態基線測量、快速靜態測量,因為不要求點間通視,省工省時,而且精度高且分佈均勻,但在外業中仍無法即時獲知精度狀況。而採用 RTK 來進行控制測量,除了具有靜態基線測量、快速靜態測量的優點外,還能夠即時知道定位精度,因此當點位精度滿足了要求,就可以停止觀測,而且測一個控制點只需幾分鐘就可以完成,大大提高作業效率。由於 RTK 的精度只能達到公分級,無法勝任高精度控制測量,但仍可勝任中低精度控制測量。

**(2) 地形圖測繪**

　　常規的地形圖測繪方法的基本步驟為:**(a)** 在測區實施控制測量,例如建立導線網。**(b)** 視需求增加圖根點,以方便測繪地物。**(c)** 在圖根控制點上架設全站儀測量地物座標,並和電子手簿配合地物編碼,利用大比例尺測圖軟體來進行繪圖。

　　這種方法的主要缺點有:**(a)** 要求在測站上測四周的地形地貌等碎部點,因此這些碎部點都必須與測站通視,**(b)** 一般至少需要 2-3 人操作,**(3)** 拼圖時一旦精度不符合要求就需要到外業去返測。

　　RTK 的地形圖測繪方法是一人持接收儀在要測的地形地貌碎部點上待上數秒鐘,並同時輸入特徵編碼,通過手簿可以即時知道點位精度。外業完成後,如有專

業的軟體介面就可以輸出所要求的地形圖。這種方法不要求碎部點必須與測站通視，僅需一人即可操作，大大提高了工作效率。採用 RTK 配合電子手簿，可以測繪各種地形圖，例如山坡地地形圖、鐵公路帶狀地形圖；如配合測深儀，可以用於測繪水庫地形圖等。

**(3) 放樣**

　　放樣是測量的一個應用分支，它要求通過一定方法把人為設計好的點位在實地標定出來。常規的放樣方法很多，例如經緯儀的角度交會放樣法，全站儀的距離角度放樣法等。一般要放樣出一個設計點位時，往往需要來回移動目標，而且要 2-3 人操作，同時在放樣過程中還要求點間通視良好，在生產應用上效率不是很高。有時放樣中遇到困難的情況需借助很多輔助方法才能放樣。如果採用 RTK 技術放樣時，由於 RTK 在行進中不斷計算測站位置、偏移量，放樣就可以與設計很好地結合起來。僅需要把設計好的點位座標輸入到電子手簿中，移動接收儀，它會提醒放樣者走到要放樣的位置，既迅速又方便。由於 GNSS 是通過座標來直接放樣的，精度很高也很均勻，而且只需一人操作，因而大大提高放樣的效率。

## 3-11 全球導航衛星系統的現代化

**1. 訊號方面**

**(1) L2C 碼**：GPS 在 L2 上增加 C/A 碼，即 L2C 碼，可使 C/A 碼同時出現在 L1 與 L2 二種頻率的載波上，因此不需利用差分法，就可以利用雙頻原理改正電離層延遲誤差，提升電碼單點定位的精度。

**(2) L5 頻率**：GPS 增加 L5 載波訊號可提升測量的速度、精確性、可靠性，以及導航的安全性。

**2. 衛星方面**

　　GPS 衛星從 24 顆增加到 30 顆。更多的衛星可以讓用戶有更多的多餘觀測、更強的幾何分佈，提升定位精度，也可以提供用戶更多適合測量的時段、地點，提升作業效率。

**3. 星座方面**

　　GPS 之外的三個星座 (俄國 Glonass，歐盟 Galileo，中國北斗 BDS) 加入營運後，衛星數目大增，可進一步提升 GNSS 測量的定位精度與作業效率，也大大提高系統的可靠度。

## 3-12 本章摘要

**1.**　GPS 衛星測量方法分類如下：

(1) 按定位計算的原理分類：絕對定位 (單點定位)、相對定位（差分定位）
(2) 按定位目標的狀態分類：靜態測量、動態測量
(3) 按定位過程的時效分類：後處理定位、即時定位
(4) 按測距使用的訊號分類：電碼測距、載波測距

2. 即時動態相對定位：使用偽距差分技術的 DGPS、使用載波相位技術的即時動態測量 (RTK) 與網路 RTK (RTN)。
3. DGPS 系統：單基站差分、區域差分、廣域差分、星基增強系統。
4. 電碼偽距改正值(pseudorange correction, PRC)
$$PRC_B^j \equiv \rho_B^j - \widetilde{\rho}_B^j = -(c \cdot dt^j + c \cdot dt_B + d_{orb,B}^j + \rho_{trop,B}^j + \rho_{ion,B}^j)$$
5. 相位偽距改正值(pseudorange correction, PRC)
$$PRC_B^j \equiv \rho_B^j - \lambda \cdot \Phi_B^j = -(c \cdot dt^j + c \cdot dt_B + d_{orb,B}^j + \rho_{trop,B}^j - \rho_{ion,B}^j - \lambda N_B^j)$$
6. 傳統 RTK：由使用者自己架設基準站，發射差分訊號給移動站用。
7. 網路 RTK：移動站使用者利用網路通訊方式接收公共基準站的差分訊號。
8. 差分的形式：測站差分、衛星差分、曆元差分。
9. 差分方程式：
   (1) 一次差分（單差法）：測站一次差分方程式
   $$\lambda \cdot \Delta\Phi_{AB}^j(t) = \rho_{AB}^j(t) + c \cdot dt_{AB}(t) - \lambda N_{AB}^j(t)$$
   (2) 二次差分（雙差法）：測站-衛星二次差分方程式
   $$\lambda \cdot \Delta\Phi_{AB}^{jk}(t) = \rho_{AB}^{jk}(t) - \lambda N_{AB}^{jk}(t)$$
   (3) 三次差分（三差法）：測站-衛星-曆元三次差分方程式
   $$\lambda \cdot \Delta\Phi_{AB}^{jk}(t_{12}) = \rho_{AB}^{jk}(t_{12})$$
10. 位置測量的誤差 ＝ 精度稀釋因子 (DOP) × 使用者相等測距誤差 (UERE)

## 習題

**3-2 測量方法分類與精度**

(1) GNSS 有哪些測法? [90 公務員高考] [91 年公務員高考] [92 公務員普考]
(2) GNSS 絕對定位、相對定位有何差異？
(3) GNSS 靜態測量、動態測量有何差異？
(4) GNSS 後處理定位、即時定位有何差異？
[解] (1)~(4) 見 **3-2** 節。

## 3-3 動態絕對定位：導航單點定位 (SPS 與 PPS)

(1) 何謂 GPS 單點定位測量？
(2) 何謂 SPS？PPS？

[解] (1) 見 3-3 節。(2) 標準定位服務 (SPS)、精密定位服務 (PPS) 見 3-3 節。

## 3-4 靜態絕對定位：精密單點定位 (PPP)

何謂精密單點定位 (PPP)?

[解] 見 3-4 節。

## 3-5 動態相對定位(1)：電碼即時差分 (DGPS)

請解釋應用全球定位系統時，採用之差分定位原理，並就單基站差分、區域差分及廣域差分分別進行說明。[94 公務員高考]

[解] 見 3-5 節。

## 3-6 動態相對定位(2)：相位即時差分 (RTK)

(1) GPS 衛星測量中，請就儀器設備、外業作業程式方法及資料處理計算方式等三方面，以兩台儀器為例，來說明靜態測量與 RTK (Real-time Kinematic) 即時動態測量之不同點為何？[93 公務員高考]
(2) 何謂週波未定值？初始化？週波脫落？
(3) RTK 與 DGPS 的比較有何優缺點？

[解] (1)~(3) 參考 3-6 節。

## 3-7 動態相對定位(3)：網路即時差分 (RTN)

網路即時差分(RTN)與即時動態定位(RTK)之不同點為何？

[解] 參考 3-7 節。

## 3-8 靜態相對定位：靜態基線測量

(1) 何謂測站差分、衛星差分、曆元差分？各可消除哪些誤差？
(2) 何謂一次差分、二次差分、三次差分？各可消除哪些誤差？
(3) 為何兩站相對測量的精度遠高於單站絕對測量？
(4) 使用全球定位系統，相較於單點定位，為何採用差分方式，可以提高定位精度？
    [102 年公務員普考]

[解] 見 3-8 節。

## 3-9 精度稀釋因子 DOP

(1) 何謂 DOP？GDOP？PDOP？HDOP？VDOP？TDOP
(2) 高樓林立的都市透空度較差，使用 GPS（全球衛星定位系統）進行地表定位時

可用之衛星較集中於天頂或沿道路上空。請分析此時測點三維定位誤差最大的方向。[97 年土木技師]

[解]

**(1)** 見 3-9 節。

**(2)** 因為 GPS 為距離交會法，當衛星較集中於沿道路上空時，這些衛星與地面點的距離對沿著道路方向的位置關係靈敏，但對沿著垂直道路方向的位置關係不靈敏，故三維定位誤差最大的方向為與街道垂直的方向。

**3-10 全球導航衛星系統的應用 ～3-11 全球導航衛星系統的現代化**

**(1)** 請解釋 GPS 在土木工程中有何用途？

**(2)** 全球導航衛星系統現代化有哪些內容？帶來哪些好處？

[解] **(1)** 見 3-10 節。**(2)** 見 3-11 節。

行政院公共工程委員會因應風災之後，擬執行大量災後現場環境勘查，以確認災害地點，在道路工程方面，設計對應表格，其部分內容如下表 (略)，其中，對於現場環境定位，採用「GPS 坐標（TWD97）」來註記。試回答：**(1)** 此道路工程災後現場環境調查的空間定位精度，應屬於公分級的測量用途（surveying），還是公尺級的導航用途（navigation）？（2）依據此踏勘任務特性，請比較下列三種觀測內容的可行性：e-GPS、雙頻載波相位的靜態觀測、具有差分處理的虛擬距離觀測。（3）試述 GPS 坐標與 TWD97 的關連性。[102 年公務員高考]

[解]

**(1)** 確認災害地點屬於公尺級的導航用途。

**(2)** 評估如下：

| 測量方法 | 精度 | 速度 | 成本 | 其他限制 |
|---|---|---|---|---|
| e-GPS | 公分級 | 快速 | 中 | 需可上網處 |
| 雙頻載波相位的靜態觀測 | **mm 級** | 慢 | 高 | 需要控制點 |
| 具有差分處理的虛擬距離觀(DGPS) | 公分級 | 最快速 | 低 | 無特殊限制 |

因此具有差分處理的虛擬距離觀 (DGPS) 最可行。

**(3)** TWD97 是根據 1980 年國際地球原子參數 GRS80 定出來的大地基準座標。GRS80 與 GPS 採用的 WGS84 相近，僅差數公分，在一般 GPS 誤差值下，數公分的差異可以忽略不計，不需要轉換座標。

# 第 4 章 衛星定位測量(二) 控制測量

4-1 本章提示
4-2 GNSS 網之規劃
　　4-2-1 網形精度標準
　　4-2-2 網形基準設計
　　4-2-3 網形設計方式
　　4-2-4 網形設計評估
　　4-2-5 網形閉合環設計
　　4-2-6 網形設計報告
4-3 GNSS 網之外業
　　4-3-1 外業觀測計畫
　　4-3-2 選點埋標
　　4-3-3 檢查儀器
　　4-3-4 架設天線
　　4-3-5 開機觀測
　　4-3-6 觀測記錄
4-4 GNSS 網之內業：基線向量解算與檢核
　　4-4-1 基線向量解算
　　4-4-2 基線解算模式
　　4-4-3 基線解算品質
　　4-4-4 基線向量檢核
4-5 GNSS 網之內業：基線向量網形平差
4-6 GNSS 網之內業：座標轉換
4-7 本章摘要

## 4-1 本章提示

　　GNSS 靜態相對測量在長距離測量時，其精度可達 mm 級或 0.1ppm，這是傳統測量很難達到的精度，因此很適合做為國家級的控制測量。此外 RTK 等測量方法

也可達到公分級或 **1 ppm**，可應用於較低等級的控制測量。本章介紹 **GNSS** 靜態相對測量在控制測量的應用，分成規劃、外業、內業三大部分。**GNSS** 控制測量程序如圖 **4-1**。以傳統地面測量和 **GNSS** 測量方式進行控制測量的比較如表 **4-1**。

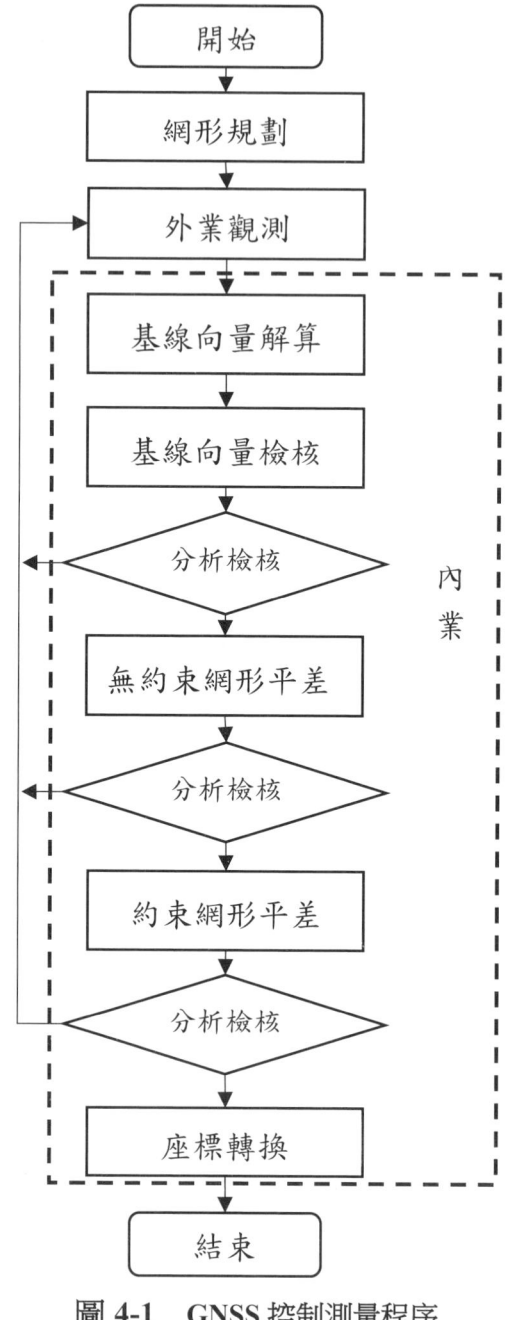

圖 **4-1** GNSS 控制測量程序

## 表 4-1 以傳統地面測量和 GNSS 測量方式進行控制測量的比較

|  | 傳統地面測量 | GNSS 測量 |
| --- | --- | --- |
| 通視要求 | 測站之間必須互相通視，因此三角點常需選在高海拔之山頂，甚至要架設高覘標才可設站觀測。 | 測站之間不需互相通視，不必架設高覘標，只要是透空度良好的地方，都可設站觀測。 |
| 幾何強度 | 精度受在地表上的測站之間的幾何強度影響，當測站之間無法形成良好的幾何形狀，無法減少誤差，提高精度。 | 精度不受在地表上的測站之間的幾何強度影響，只要衛星幾何分佈良好，就可降低精度稀釋因子 DOP，減少誤差，提高精度。 |
| 天候條件 | 經常受到風雨、濛氣、豔陽照射等天候影響而無法施測。 | 不受天候影響，而且一天 24 小時皆可觀測。 |
| 作業效率 | 測量人員則必須背負沉重儀器，爬山涉水才能到達三角點以進行施測，需耗費大量人力、經費及時間。 | 測量人員不需背負沉重儀器，爬山涉水到達山頂才能施測，作業快速，不需耗費大量人力、經費及時間。 |

## 4-2 GNSS 網之規劃

### 4-2-1 網形精度標準

GNSS 測量的精度標準通常用基線（兩測站構成的直線）的長度中誤差表示：

$$\sigma = \sqrt{a^2 + (b \times 10^{-6} \times L)^2} \qquad \text{(4-1 式)}$$

式中：σ=距離中誤差（毫米）；a=固定誤差（mm）；b=比例誤差係數（ppm）；
L=相鄰點之間的距離（km）。

實際工作時，應根據測區大小、GNSS 網的用途，來設計網的等級和精度標準。表 4-2 為內政部頒布之「基本測量實施規則」中，以衛星定位測量方法實施控制測量之精度規範。表中 L=單一基線長度之公里數。

---

例題 4-1 假設 GNSS 測量的精度標準為二等基本控制測量，即 10 mm＋2 ppm，則一條基線長度為 0.1, 1, 10, 100 km 的基線之的容許誤差多少？

[解]

0.1 km 基線：$\sigma = \sqrt{10^2 + (2 \times 10^{-6} \times 100000)^2} = \sqrt{10^2 + 0.2^2} = 10.002$ mm

1 km 基線：$\sigma = \sqrt{10^2 + (2 \times 10^{-6} \times 1000000)^2} = \sqrt{10^2 + 2^2} = 10.2$ mm

10 km 基線：$\sigma = \sqrt{10^2 + (2 \times 10^{-6} \times 10000000)^2} = \sqrt{10^2 + 20^2} = 22.4$ mm

**100 km 基線**：$\sigma = \sqrt{10^2 + (2 \times 10^{-6} \times 100000000)^2} = \sqrt{10^2 + 200^2} = 200.2$ **mm**

可見短基線（<10km）以固定誤差為主，長基線（>10km）以比例誤差為主。

表 4-2 以衛星定位測量方法實施控制測量之精度規範

| 項目 | 種類 等級 | 基本控制測量 一等 | 基本控制測量 二等 | 加密控制測量 |
|---|---|---|---|---|
| 星曆 | 使用之星曆 | 精密星曆 | 精密星曆 | 精密星曆或廣播星曆 |
| 圖形閉合差 | 閉合圈中之基線源自不同觀測時間數 | ≥ 3 | ≥ 3 | ≥ 3 |
| | 閉合圈中獨立觀測之基線數 | ≥ 2 | ≥ 2 | ≥ 2 |
| | 各閉合圈中之基線數 | ≤ 6 | ≤ 10 | ≤ 15 |
| | 閉合圈總邊長（單位：公里） | ≤ 500 | ≤ 300 | ≤ 50 |
| | 可剔除之基線數目佔總獨立基線數比例 | ≤ 5% | ≤ 15% | ≤ 40% |
| | 各分量之平均閉合差（ΔX, ΔY, ΔZ）（單位：公分） | ≤ 15 | ≤ 25 | ≤ 80 |
| | 各分量之閉合差（ΔX, ΔY, ΔZ）對閉合圈總邊長之比數 | ≤ 2.5×10⁻⁶ | ≤ 5×10⁻⁶ | ≤ 7.5×10⁻⁶ |
| | 全系各分量之平均閉合差（ΔX, ΔY, ΔZ）對閉合圈總邊長之比數 | ≤ 1.8×10⁻⁶ | ≤ 3.5×10⁻⁶ | ≤ 5.5×10⁻⁶ |
| 基線重複性 | 重複觀測基線水平分量之差值（單位：毫米） | ≤ (10 + 2×10⁻⁶L) | ≤ (20 + 4×10⁻⁶L) | ≤ (30 + 6×10⁻⁶L) |
| | 重複觀測基線垂直分量之差值（單位：毫米） | ≤ (25 + 5×10⁻⁶L) | ≤ (50 + 10×10⁻⁶L) | ≤ (75 + 15×10⁻⁶L) |
| 精度 | 邊長標準誤差（單位：毫米） | ≤ (5 + 1×10⁻⁶L) | ≤ (10 + 2×10⁻⁶L) | ≤ (15 + 3×10⁻⁶L) |
| | 95% 信心區間（單位：毫米） | ≤ (10 + 2×10⁻⁶L) | ≤ (20 + 4×10⁻⁶L) | ≤ (30 + 6×10⁻⁶L) |

(資料來源：內政部，基本測量實施規則)

## 4-2-2 網形基準設計

在 GNSS 網的技術設計中，必須先決定 GNSS 網的成果所採用的座標系統和起算數據的工作，稱為網形基準設計。網形基準包括位置基準、方位基準和尺度基準。

基準設計應考慮的幾個原則：

(1) 座標轉換：GNSS 網測量的座標是基於 WGS84 基準，為了得到 TWD97 採用的 GRS80 基準的座標，需聯測原有當地平面控制點至少三個以上，而且平面控制點必須均勻分佈於網中，以便進行轉換座標。這些平面控制點最好同時具有精確的水準測量成果，以利三維座標轉換。

(2) 大地起伏：GNSS 網測量的高程是橢球高 (大地高程)。為了得到正高，需與水準點聯測，以便將橢球高轉換成正高。在平坦地區，需聯測原有當地水準控制點至少三個以上，並均勻分佈於網中。在丘陵或山區，需要聯測更多的均勻分佈的水準控制點，以便建立大地起伏的擬合曲面。

(3) 閉合圖形：對 GNSS 網內重合的控制點，除了與未知點連結成閉合圖形外，這些控制點彼此之間也要適當地連結成長邊圖形。

(4) 地面聯測：雖然 GNSS 網的點之間不需通視，但為了將來便於以傳統地面測量方法進行加密測量，每一個點要有一個可通視的點。

## 4-2-3 網形設計方式

GNSS 點位應該均勻分佈在測區。有了點位概略位置後，應根據佈設的 GNSS 網的精度要求，設計出合理的的同步觀測圖形連接，稱為 GNSS 網的網形設計，設計方式如下 (圖 4-2)：

（1）點連式：相鄰同步觀測圖形之間僅有一個公共點的連接。
（2）邊連式：相鄰同步觀測圖形之間有一條公共基線的連接。
（3）混連式：把點連式與邊連式結合起來，組成 GNSS 網的方式。

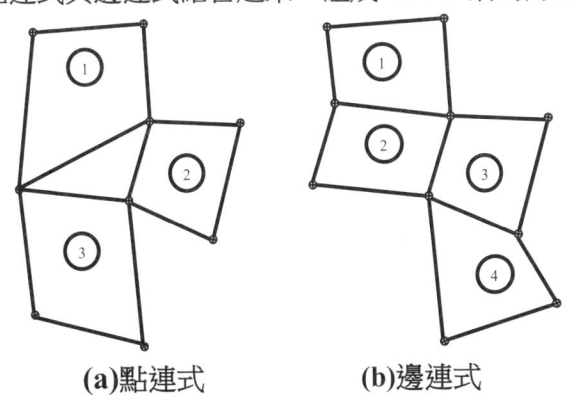

(a)點連式　　　　(b)邊連式
圖 4-2 GNSS 網的網形設計方式 (假設接收儀數=4)

## 4-2-4 網形設計評估

- 觀測時段 (Observation)：測站上開始接收衛星訊號到觀測停止，連續工作的時間段稱觀測時段。需要的觀測時段數可用下式計算

$$S = \frac{m \times P}{r} \tag{4-2 式}$$

其中 $P$=GNSS 網點數，$m$=平均每點設站數，$r$=接收儀數。一般 $m$ 大約 1.5~2.5。

- 同步觀測 (Simultaneous Observation)：兩台或兩台以上接收儀同時對同一組衛星進行的觀測。

- 基線向量 (Baseline Vector)：任意兩站都可構成一條基線向量 (簡稱基線)：

$$\begin{Bmatrix} \Delta X_{ij} \\ \Delta Y_{ij} \\ \Delta Z_{ij} \end{Bmatrix} = \begin{Bmatrix} X_j - X_i \\ Y_j - Y_i \\ Z_j - Z_i \end{Bmatrix} \tag{4-3 式}$$

基線向量主要採用空間直角座標 (地心座標) 的座標差的形式。當接收儀數 $r$=3~5 時，所構成的同步基線向量圖形見圖 4-3。

對於由 $r$ 台 GNSS 接收儀構成的同步觀測圖形中包含的基線數

$$基線數 = \frac{r \times (r-1)}{2} \tag{4-4 式}$$

如果有 S 個觀測時段，則

$$總基線數 = S \times \frac{r \times (r-1)}{2} \tag{4-5 式}$$

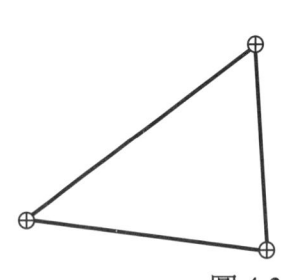

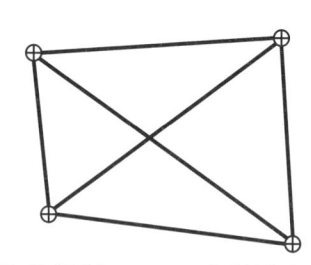

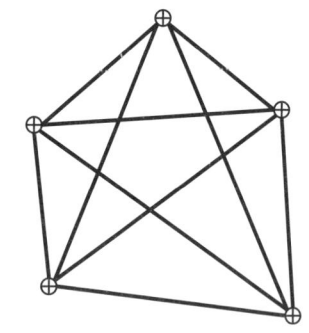

圖 4-3 當接收儀數 $r$=3~5 時所構成的基線向量

- 獨立基線 (Independent baseline)：對於 $r$ 台 GNSS 接收儀的同步觀測環，有 $N=r(r-1)/2$ 條同步觀測基線，但其中只有 $r-1$ 條基線是獨立的。其原因是高精度 GNSS 測量都是相對定位，其測量成果不是測點的絕對座標，而是測點的相

對座標，即基線向量。當有 r 部接收儀時，為了進行測站差分 (參考靜態相對測量)，需有一站為基站，故只能得到 r–1 個獨立的方程式。例如有四部接收儀分置於 A, B, C, D 四站，如果選取 AB, BC, CD 三條基線為獨立基線，其基線向量如下：

$$\begin{Bmatrix} \Delta X_{AB} \\ \Delta Y_{AB} \\ \Delta Z_{AB} \end{Bmatrix} = \begin{Bmatrix} X_B - X_A \\ Y_B - Y_A \\ Z_B - Z_A \end{Bmatrix} \quad \begin{Bmatrix} \Delta X_{BC} \\ \Delta Y_{BC} \\ \Delta Z_{BC} \end{Bmatrix} = \begin{Bmatrix} X_C - X_B \\ Y_C - Y_B \\ Z_C - Z_B \end{Bmatrix} \quad \begin{Bmatrix} \Delta X_{CD} \\ \Delta Y_{CD} \\ \Delta Z_{CD} \end{Bmatrix} = \begin{Bmatrix} X_C - X_D \\ Y_C - Y_D \\ Z_C - Z_D \end{Bmatrix}$$

(4-6 式)

其餘的三條基線都可以用上述三條基線得到，例如 AC 基線向量可由 AB 與 BC 基線向量相加得到：

$$\begin{Bmatrix} \Delta X_{AC} \\ \Delta Y_{AC} \\ \Delta Z_{AC} \end{Bmatrix} = \begin{Bmatrix} X_C - X_A \\ Y_C - Y_A \\ Z_C - Z_A \end{Bmatrix} = \begin{Bmatrix} X_C - X_B \\ Y_C - Y_B \\ Z_C - Z_B \end{Bmatrix} + \begin{Bmatrix} X_B - X_A \\ Y_B - Y_A \\ Z_B - Z_A \end{Bmatrix} = \begin{Bmatrix} \Delta X_{BC} \\ \Delta Y_{BC} \\ \Delta Z_{BC} \end{Bmatrix} + \begin{Bmatrix} \Delta X_{AB} \\ \Delta Y_{AB} \\ \Delta Z_{AB} \end{Bmatrix}$$

故 $\overrightarrow{AC} = \overrightarrow{AB} + \overrightarrow{BC}$，同理 $\overrightarrow{AD} = \overrightarrow{AB} + \overrightarrow{BC} + \overrightarrow{CD}$，$\overrightarrow{BD} = \overrightarrow{BC} + \overrightarrow{CD}$

因此，AC, AD, BD 三組得到的三條基線向量都是前述 AB, BC, CD 三條獨立的基線向量的線性組合，不具獨立性。反過來，如果選 AC, AD, BD 三組進行單基線解算，得到三條獨立的基線向量，則 AB, BC, CD 三組得到的三條基線向量也都是前述三條獨立的基線向量的線性組合。故

獨立基線數 ＝ 接收儀數 $-1 = r - 1$ (4-7 式)

如果有 S 個觀測時段，則 總獨立基線 $= S \times (r-1)$ (4-8 式)

- 非獨立基線 (Trival Baseline)：除獨立基線外的其它基線叫非獨立基線，總基線數與總獨立基線數之差即為非獨立基線數。

非獨立基線數 ＝ 總基線數 － 總獨立基線數 (4-9 式)

- 必要基線數 (Necessary Baseline Number)：測定網中所有點的座標所需要的獨立基線的最少數量。一個有 P 個點的 GNSS 網中，只需 P–1 條基線向量就可連接所有的點，故

必要基線數 ＝ GNSS 網點數 $-1 = P - 1$ (4-10 式)

- 多餘獨立基線數：總獨立基線數與必要基線數之差即為多餘獨立基線數。

多餘獨立基線數 ＝ 總獨立基線數 － 必要基線數 (4-11 式)

- GNSS 網的可靠性指標：多餘獨立基線數與必要基線數的比值。比值愈大，可靠性愈佳。

可靠性指標 ＝ 多餘獨立基線數 / 必要基線數　　　　　　　　　　(4-12 式)

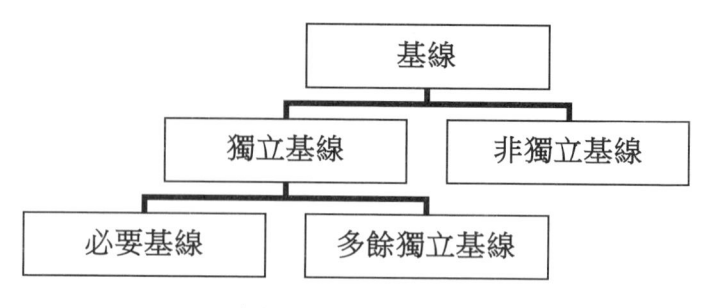

```
                    ┌─────────┐
                    │  基線   │
                    └────┬────┘
              ┌──────────┴──────────┐
         ┌────┴────┐           ┌────┴────┐
         │獨立基線 │           │非獨立基線│
         └────┬────┘           └─────────┘
        ┌────┴────┐
   ┌────┴───┐ ┌───┴──────┐
   │必要基線│ │多餘獨立基線│
   └────────┘ └──────────┘
```

圖 4-4 基線的分類

例題 4-2　一個 GNSS 網由 100 個點構成，計畫用 4 台接收儀進行觀測，如果要求平均重複設站次數不得低於 2.0，問至少需要觀測多少個時段，可測得多少獨立基線，可靠性指標是多少？如果平均重複設站次數不得低於 1.5 或 2.5 又會如何？

[解]

**(1) 平均重複設站次數不得低於 2**

最少觀測時段數 $S = \dfrac{m \times P}{r} = \dfrac{2 \times 100}{4} = 50$

總基線數 $= S \times \dfrac{r \times (r-1)}{2} = 50 \times \dfrac{4 \times (4-1)}{2} = 300$

總獨立基線數＝觀測時段數×(接收儀數–1)$= S \times (r-1) = 50 \times (4-1) = 150$

非獨立基線數 ＝ 總基線數 – 總獨立基線數 ＝ 300–150=150

必要基線數 ＝ GNSS 網點數 – 1 = P – 1 =100–1=99

多餘獨立基線數 ＝ 總獨立基線數 – 必要基線數 =150–99=51

可靠性指標 ＝ 多餘獨立基線數 / 必要基線數 ＝ 51/99=52%

**(2) 平均重複設站次數不得低於 1.5, 2.0, 2.5 之比較**

| 平均重複設站次數 | 1.5 | 2.0 | 2.5 |
|---|---|---|---|
| 最少觀測時段數 | 38 | 50 | 63 |
| 總基線數 | 228 | 300 | 378 |
| 總獨立基線數 | 114 | 150 | 189 |
| 非獨立基線數 | 114 | 150 | 189 |
| 必要基線數 | 99 | 99 | 99 |
| 多餘獨立基線數 | 15 | 51 | 90 |
| 可靠性指標 | 15% | 52% | 91% |

討論：平均重複設站次數愈多，可靠性指標愈高。

例題 4-3 同上一題，平均重複設站次數不得低於 2.0，但如果計畫用 2, 3, 4, 5, 6 台接收儀進行觀測，會如何？
[解]

| 接收儀數 | 2 | 3 | 4 | 5 | 6 |
|---|---|---|---|---|---|
| 平均重複設站次數 | 2 | 2 | 2 | 2 | 2 |
| 最少觀測時段數 | 100 | 67 | 50 | 40 | 34 |
| 總基線數 | 100 | 201 | 300 | 400 | 510 |
| 總獨立基線數 | 100 | 134 | 150 | 160 | 170 |
| 非獨立基線數 | 0 | 67 | 150 | 240 | 340 |
| 必要基線數 | 99 | 99 | 99 | 99 | 99 |
| 多餘獨立基線數 | 1 | 35 | 51 | 61 | 71 |
| 可靠性指標 | 1% | 35% | 52% | 62% | 72% |

討論：接收儀愈多，可靠性指標愈高。無論接收儀多寡，因平均重複設站次數相同，故總擺站次數都是 200 次。但二部接收儀的可靠性指標低，要達到較高的可靠性指標，必須提高平均重複設站次數，故總擺站次數必須增加，因此作業效率低。故一般需要三部以上的接收儀，但四部以上作業效率較佳。

## 4-2-5 網形閉合環設計

### 一、同步觀測環（simultaneous observation loop）

　　三台或三台以上接收儀同步觀測獲得的基線向量所構成的閉合環，簡稱同步環。例如圖 4-5 以四台接收儀同步觀測獲得的基線向量，可以產生四個由三站構成的同步觀測環，以及三個由四站構成的同步觀測環，如圖 4-6。同步環中各邊的基線向量閉合差稱為同步環閉合差 (Loop Closure)。同步環的基線向量之間具有相依性，並非相互獨立。例如 ABC 同步環的 AC 基線向量可由 AB 與 BC 基線向量相加得到；ABCD 同步環的 AD 基線向量可由 AB、BC 與 CD 基線向量相加得到。故同步環的環閉合差理論上應等於零。但由於各台接收儀的觀測並不能嚴格同步，以及可能存在其他的觀測缺陷，可能導致同步環閉合差並不等於零，但此閉合差不能超過規定的上限。若同步環閉合差過大，就表明觀測或基線向量解算有嚴重失誤；若同步環閉合差未超過上限，只能表明觀測無嚴重失誤和基線向量的解算合格，但並不足以表明觀測值的精度高。這是因為同步環的基線向量之間並非相互獨立，而是線性相關，故同步環的環閉合差等於零只是採用一組線性相關觀測值的必然結果，與觀測精度無關。

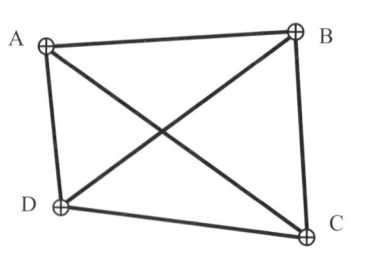

圖 4-5　四台接收儀同步觀測獲得的基線向量

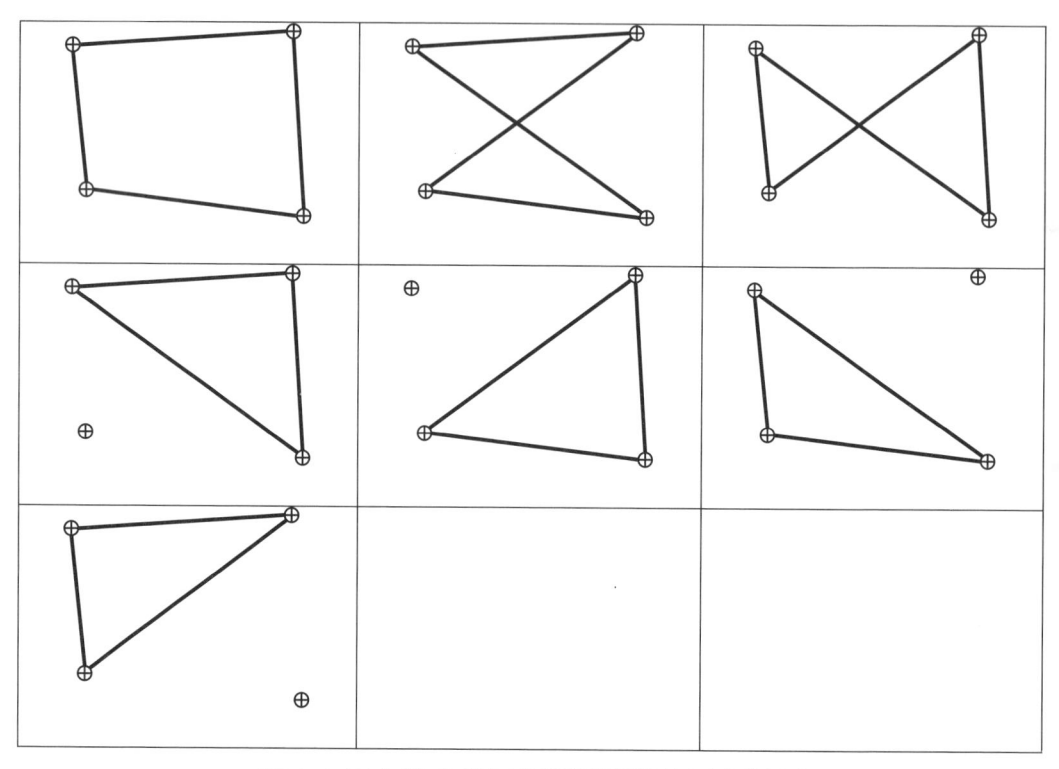

圖 4-6　四台接收儀同步觀測獲得的同步觀測環

## 二、非同步觀測環（non-simultaneous observation loop）

在構成多邊形環路的所有基線向量中，只要有非同步觀測基線向量，則該多邊形環路叫非同步觀測環，簡稱非同步環或異步環。在 GNSS 網中，必須保證有足夠數量的非同步環，才能確保觀測成果的可靠性和有效地發現觀測值中存在的粗差。例如圖 4-7 為非同步觀測環實例。其中異步環 ACD 中 AC, AD, CD 基線來自二個觀測時段，故為異步環。如果一個異步環閉合差很大，則其中必定有一條以上的基線有錯誤。反之，閉合差很小，則通常代表異步環中所有基線無錯誤。

**(1) 四儀器二觀測時段**

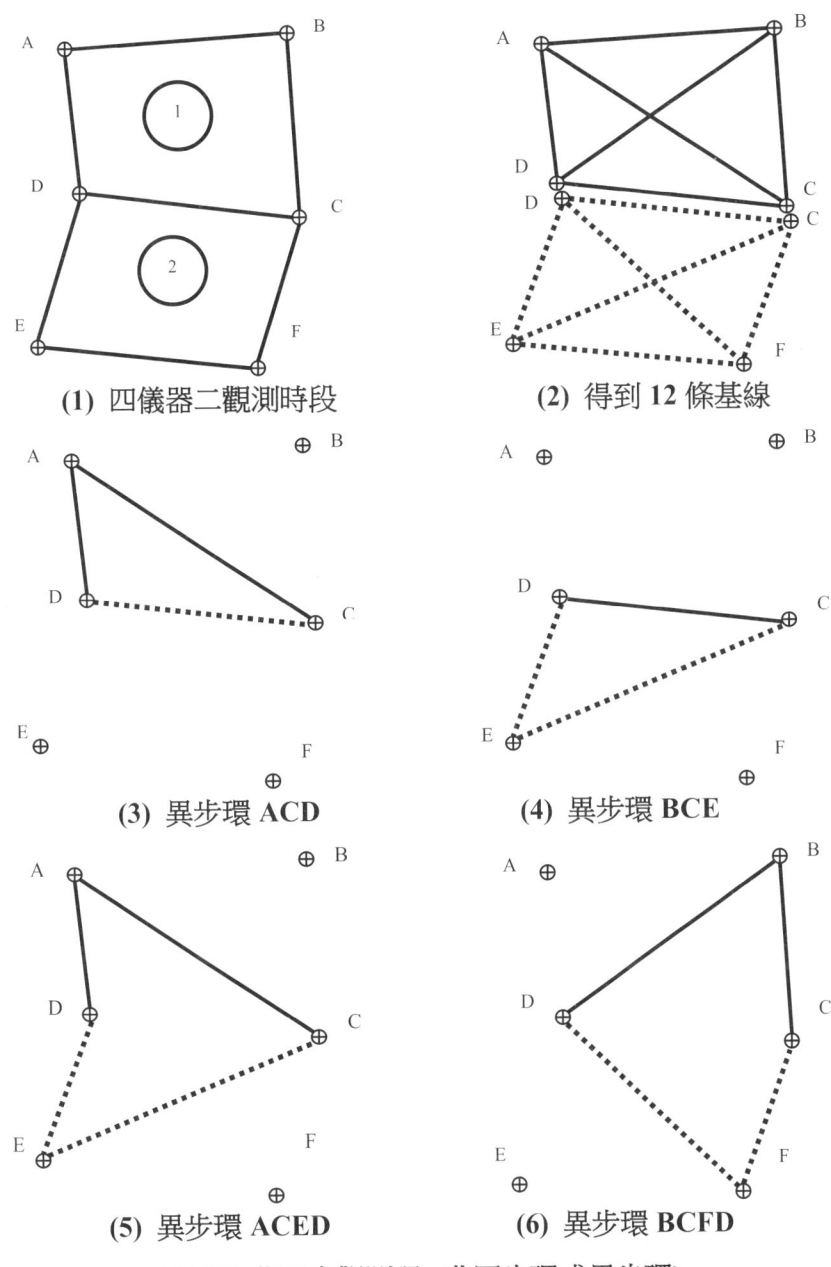

**(2) 得到 12 條基線**

**(3) 異步環 ACD**

**(4) 異步環 BCE**

**(5) 異步環 ACED**

**(6) 異步環 BCFD**

圖 4-7 非同步觀測環 (非同步環或異步環)

## 三、獨立基線環

1. 同步環中獨立基線的選取

在一個同步環的 r(r-1)/2 條同步觀測基線中選出 r-1 條獨立基線向量的方案可用組合的概念算出。例如 r=4 時，共有 r(r-1)/2=6 條同步觀測基線，有 r-1=3 條獨立基線，則從 6 個物件中選取 3 個物件的組合有

$$\frac{6 \times 5 \times 4}{1 \times 2 \times 3} = 20$$

但一個同步環的獨立基線向量的選取不可閉合，因為如果閉合，則其中一條基線必定是另外兩條基線的組合。例如有四部接收儀分置於 A, B, C, D 四站，如果選取 AB, BC, AC 三條構成 ABC 閉合三角形的基線進行單基線解算，會造成 AC 基線向量是另外兩條基線基線向量 AB 與 BC 的組合：

$$\overrightarrow{AC} = \overrightarrow{AB} + \overrightarrow{BC}$$

同理，BCD, CDA, DAB 等三個閉合三角形也不可做為獨立基線向量選取方案，因此當接收儀數 r=4 時，20 個可能組合中須扣除這 4 個閉合三角形的方案，故共有 16 個可行的獨立基線向量選取方案，如圖 4-8。

圖 4-8 當接收儀數 r=4 時所構成的同步環的獨立基線向量選取方案

在一個同步環中選取獨立基線的原則如下：
(1) 選取的獨立基線向量不可構成閉合環。
(2) 選取品質好的基線向量，以利於平差。基線品質好壞可以依據 RMS、RDOP、RATIO、同步環閉合差、非同步環閉合差及重複基線較差等來判定。
(3) 選取邊長較短的基線向量，以利於殘差均佈在網中。

2. 獨立基線環 (Independent Baseline loop)的組成

在非同步環中，所有基線都是獨立基線者稱獨立基線環。獨立基線環是由多個同步環的獨立基線向量選取方案組合而成。

獨立基線環的組成原則如下：
(1) 所選取的多個同步環的獨立基線向量選取方案之間應構成閉合環，以構成檢核條件，發現含粗差的基線。
(2) 因為閉合環中的基線愈多，愈有可能出現同時有多條含粗差的基線的情況，不利於判斷是哪一條基線含粗差，因此應優先選取能構成邊數較少的閉合環的組合，以利於檢核。
(3) 一個同步環有多個獨立基線向量選取方案，而獨立基線環是由多個同步環的獨立基線向量選取方案組合而成，一旦從一個同步環中選取某一個方案，就必須固定不變，以免誤將非獨立基線認定是獨立基線，而加入網中進行平差，造成高估網的精確性的情形。

---

例題 4-4 四個點的獨立基線網設計
(1) 假設三部接收儀，三觀測時段。 (2) 假設四部接收儀，二觀測時段。
[解]
(1) 將三觀測時段 (ABC, ACD, ABD) 的所有基線繪出，再從每個觀測時段的基線取二條獨立基線 (時段 ABC 選 AB, BC；時段 ACD 選 AC, CD；時段 ABD 選 BD, AD)，可以組成具有六條獨立基線的網形(圖 4-9)。

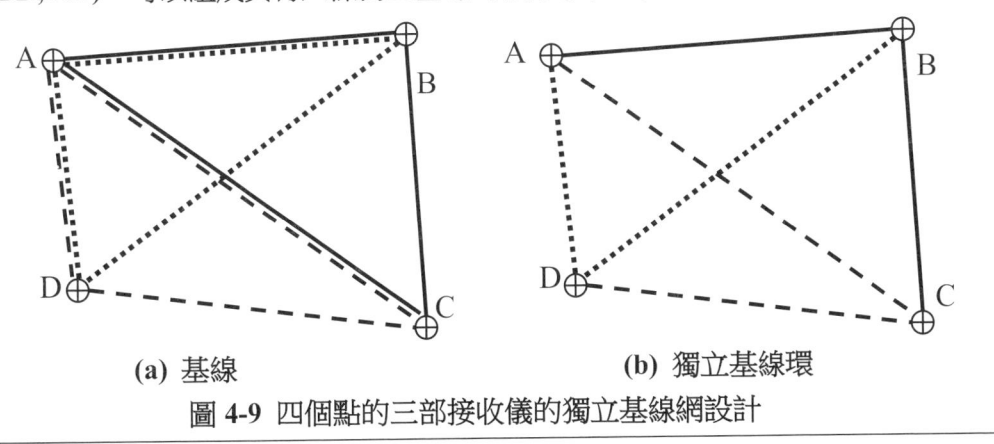

(a) 基線　　　　　　　　　(b) 獨立基線環
圖 4-9 四個點的三部接收儀的獨立基線網設計

(2) 將二觀測時段 (ABCD, ABCD) 所有基線繪出，再從每個觀測時段的基線取三條獨立基線 (第一時段取 AB, BC, AD；第一時段取 AC, BD, CD)，可以組成具有六條獨立基線的網形 (圖 4-10)。

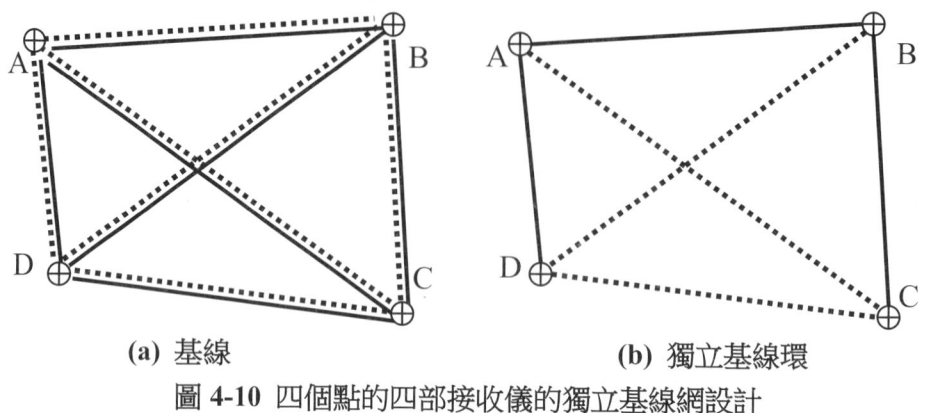

(a) 基線　　　　　　　　　　(b) 獨立基線環

圖 4-10　四個點的四部接收儀的獨立基線網設計

## 例題 4-5　六個點的獨立基線網設計

(1) 假設三部接收儀，三觀測時段。(2) 假設四部接收儀，二觀測時段。(3) 假設四部接收儀，三觀測時段。(4) 假設四部接收儀，四觀測時段。

[解]

(1) 將三觀測時段的所有基線繪出，再從每個觀測時段的基線取二條獨立基線，可以組成具有六條獨立基線的網形 (圖 4-11)。

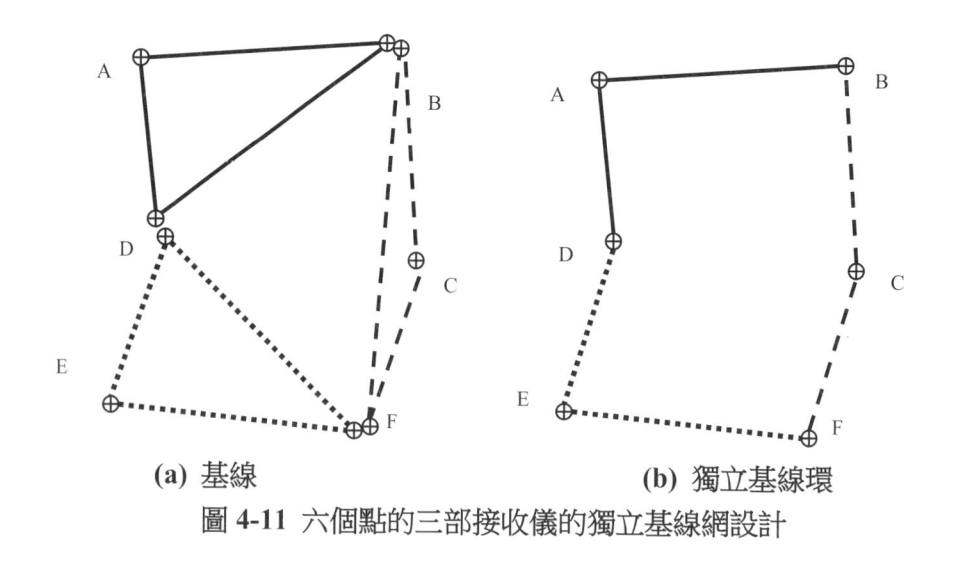

(a) 基線　　　　　　　　　　(b) 獨立基線環

圖 4-11　六個點的三部接收儀的獨立基線網設計

(2) 將二觀測時段的所有基線繪出，再從每個觀測時段的基線取三條獨立基線，可以組成具有六條獨立基線的網形 (圖 4-12(a)(b))。

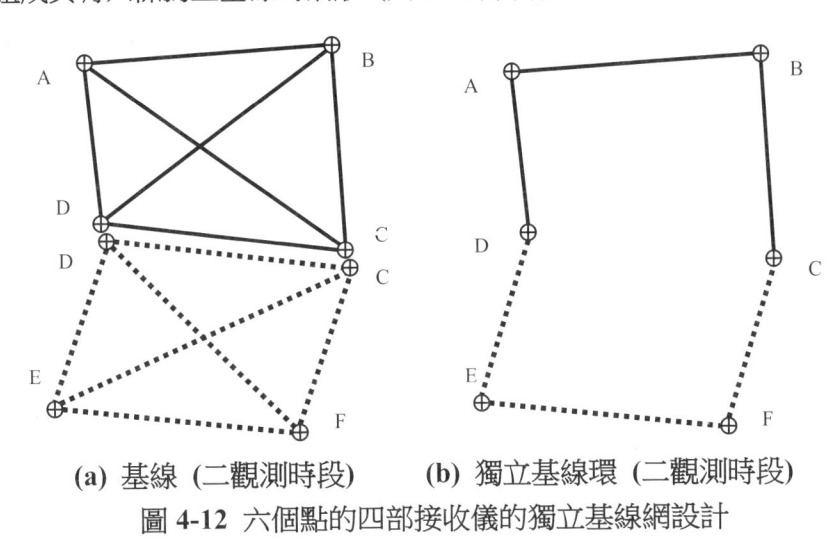

**(a)　基線 (二觀測時段)**　　**(b)　獨立基線環 (二觀測時段)**

圖 4-12　六個點的四部接收儀的獨立基線網設計

(3) 在上述二觀測時段的六條獨立基線的網形上，在 ACDE 四站作第三個觀測時段，選 CA, CD, CE 三條獨立基線，可以組成具有九條獨立基線的網形 (圖 4-12(c))。

(4) 在上述三觀測時段的九條獨立基線的網形上，在 BCDF 四站作第四個觀測時段，選 DB, DC, DF 三條獨立基線，可以組成具有 12 條獨立基線的網形 (圖 4-12(d))。

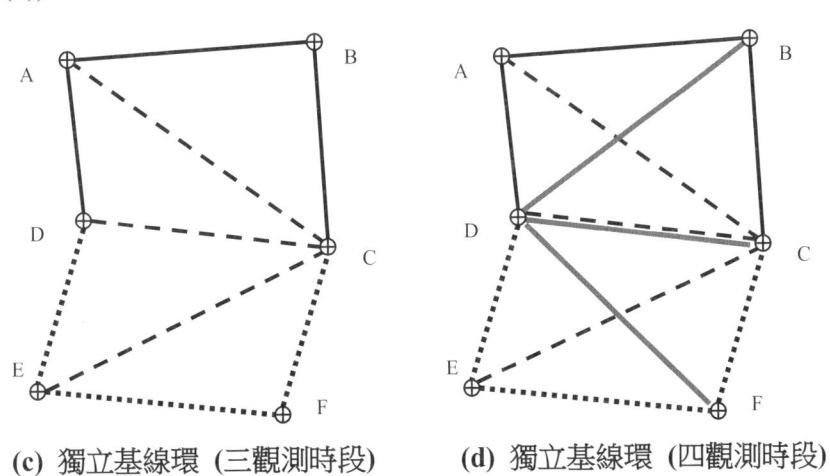

**(c)　獨立基線環 (三觀測時段)**　　**(d)　獨立基線環 (四觀測時段)**

圖 4-12　六個點的四部接收儀的獨立基線網設計

例題 4-6 九個點的獨立基線網設計

(1) 假設 3 部接收儀，8 觀測時段。(2) 假設 4 部接收儀，4 觀測時段。(3) 假設 5 部接收儀，3 觀測時。

[解]

以下不先將各觀測時段的所有基線繪出，直接從每個觀測時段取條獨立基線以組成獨立基線網 (圖 4-13)。

(1) 每個觀測時段的基線取 2 條獨立基線，可組成具有 16 條獨立基線的網形。
(2) 每個觀測時段的基線取 3 條獨立基線，可組成具有 12 條獨立基線的網形。
(3) 每個觀測時段的基線取 4 條獨立基線，可組成具有 12 條獨立基線的網形。

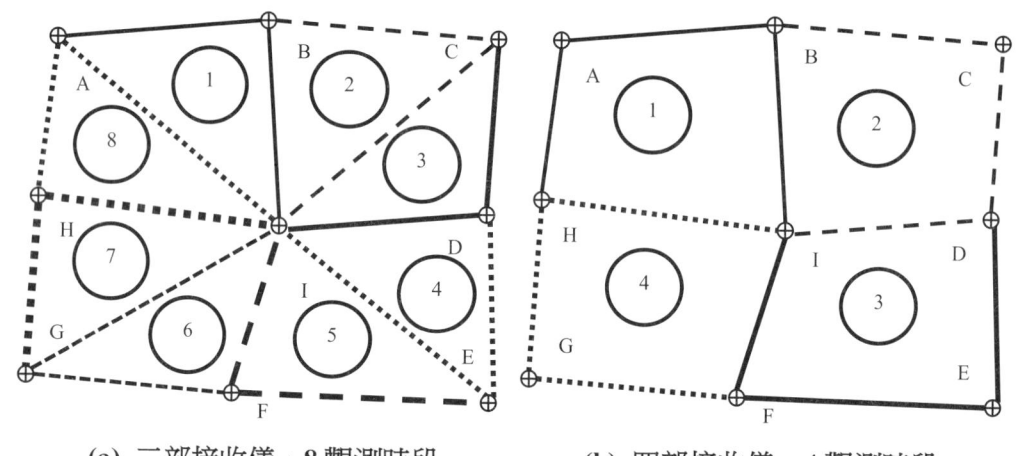

(a) 三部接收儀，8 觀測時段

(b) 四部接收儀，4 觀測時段

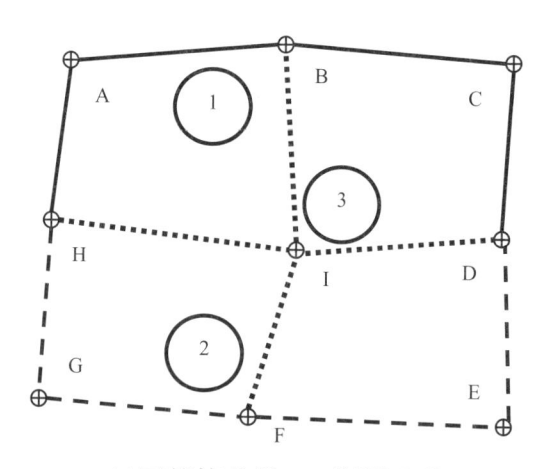

(c) 五部接收儀，3 觀測時段

圖 4-13 九個點的獨立基線網設計

例題 4-7 十六個點的獨立基線網設計
假設 4 部接收儀，8 觀測時段。

[解]
每個觀測時段的基線取 3 條 U 形排列的獨立基線，八個時段的獨立基線順時針排列，可以組成具有 24 條獨立基線的網形 (圖 4-14)。

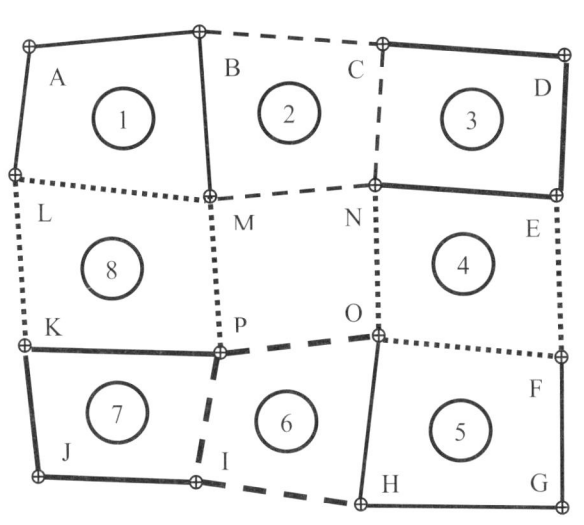

圖 4-14 十六個點的獨立基線網設計

## 4-2-6 網形設計報告

GNSS 網之規劃完成後，應編寫技術設計，主要編寫內容如下：

1. 任務說明：包括專案任務的項目、用途及意義；測量點的數量（包括新定點數、約束點數、水準點數、檢查點數）。
2. 測區概況：測區面積大小、行政管轄、交通狀況、地形狀況、氣候狀況。
3. 網形精度標準：圖形閉合差的標準、點位精度的標準。
4. 網形基準設計：控制點的分佈及對控制點的分析、利用和評價；平面座標系統、高程系統；起算點座標的決定方法。
5. 網形設計方案：網點的圖形及基本連接方法；網結構特徵的計算 (例如平均每點設站數、多餘獨立基線數與必要基線數的比值)；點位佈設圖的繪製。
6. 選點埋標：點位的基本要求；點位標誌的選用及埋設方法；點位的編號。
7. 觀測規則：對觀測工作的基本要求、標準程序、注意事項。
8. 資料處理：資料處理的方法、使用的軟體。

## 4-3 GNSS 網之外業

### 4-3-1 外業觀測計畫

**1.** 擬定觀測計畫的主要依據：
（1）測區的規模大小；
（2）星座的幾何強度；
（3）接收儀的數量；
（4）交通的狀況；
（5）通訊的狀況。

**2.** 觀測計畫的主要內容：
（1）收集衛星的可見性預報圖；
（2）分析衛星的幾何圖形強度；
（3）依據 (1) 和 (2) 項選擇最佳的觀測時段；
（4）觀測區域的設計與劃分；
（5）編排作業時間調度表。

**3.** 規劃外業的步驟

**(1) 可見衛星數量**

　　第一步是利用「可見衛星數量時段預報圖」(圖4-15) 評估在任務時間是否有足夠的可見衛星。該圖顯示白天可能可用的衛星數。但一些衛星可能被建築物、樹木或地貌遮蔽。如果少於 4 顆可見衛星，三維測量是不可能的。通常規劃軟件也可顯示各衛星的可觀測時段 (圖4-16)。

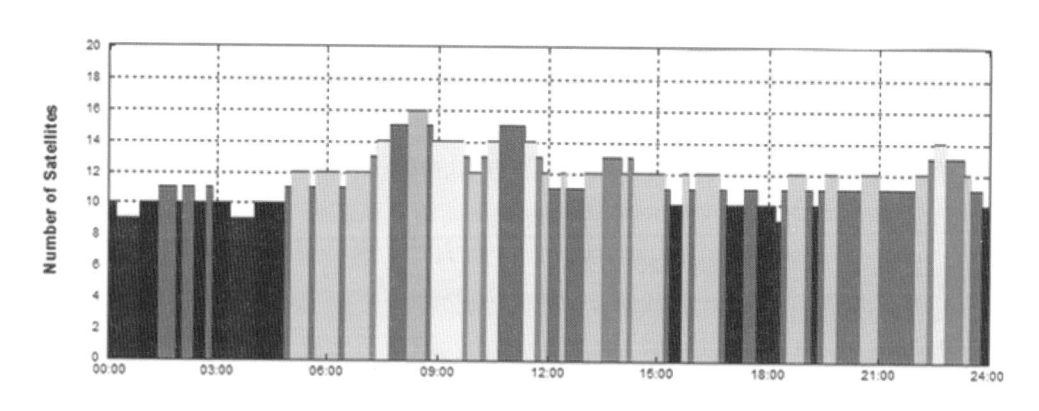

圖4-15 可見衛星數量時段預報圖

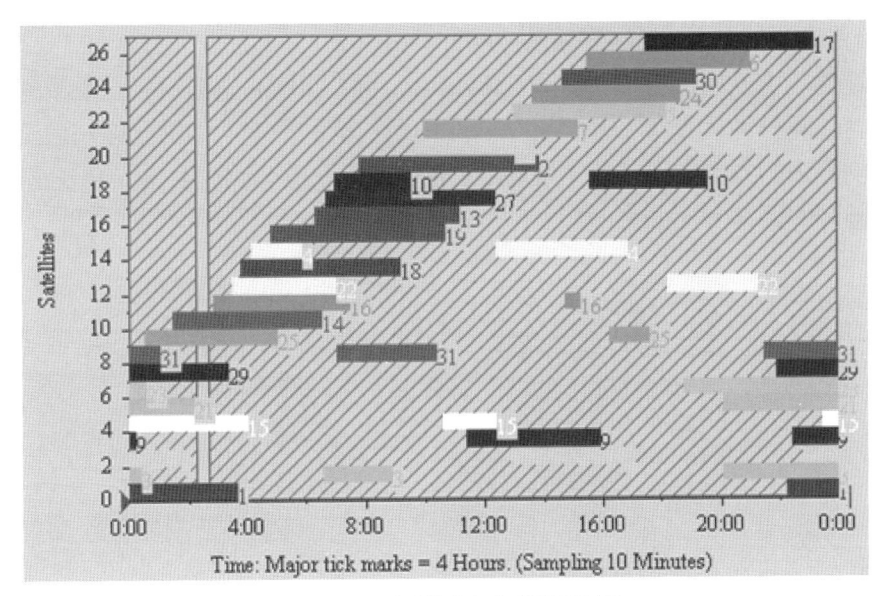

圖4-16 可見衛星時段預報圖

## (2) 可見衛星的 DOP 品質

如果有足夠多的衛星是可見的，下一個步驟是利用「DOP 值時段預報圖」評估衛星的幾何形狀是否可以得到低的 DOP。例如，在圖 4-17 的預報圖中可發現在大約 2:00 左右，PDOP 有一個戲劇性的飆升。我們可以在軟件中設置一個 DOP 的上限，以顯示一天中有哪些時段可用。

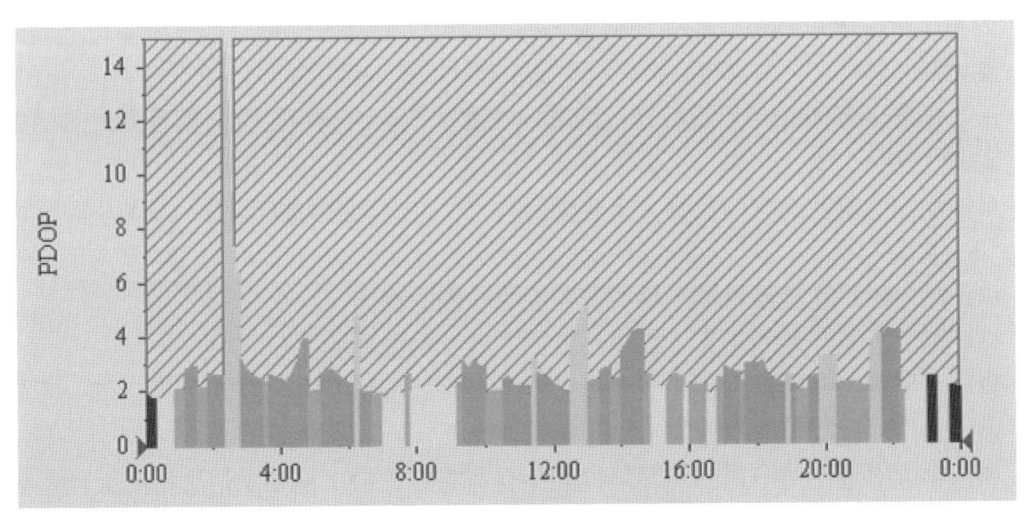

圖4-17　DOP 值時段預報圖

**(3) 可見衛星的軌跡與現場遮蔽的分析**

最後，可以用極座標天空圖 (skyplot) (圖4-18(a)) 來顯示可見衛星的軌跡，圖中的同心圓分別代表 0°, 30°, 60° 的仰角所包含的天空。如果已經知道測站附近的遮蔽物分佈的方位角與仰角，可以將遮蔽物加入天空圖 (圖4-18(b))，分析現場遮蔽物對觀測的影響。

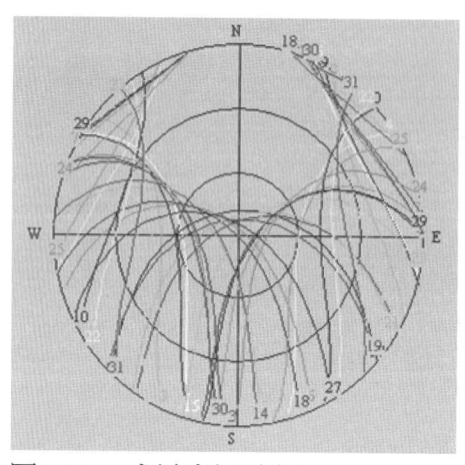

圖4-18(a) 極座標天空圖 (skyplot) 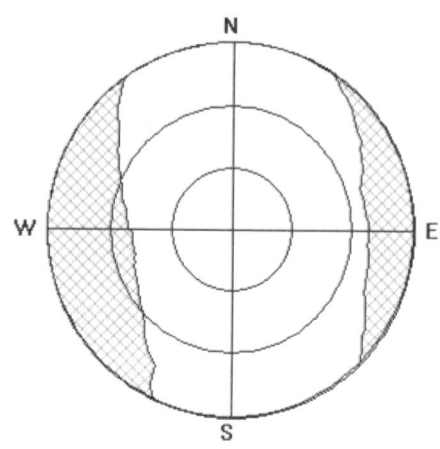　　圖4-18(b) 考慮現場遮蔽的天空圖

## 4-3-2 選點埋標

GNSS 網點應埋設具有中心標誌的標石，以精確標誌點位，點的標石和標誌必須穩定、堅固以利長久保存和利用。在基岩露頭地區，也可以直接在基岩上嵌入金屬標誌。

選點人員應按技術設計進行踏勘，在實地按要求選定點位。衛星測量的選點要點如下：

(1) 點位應選在透空度良好，接收儀仰角 15° 內無障礙物的地方，以減少訊號被遮擋或吸收。
(2) 點位應選在交通方便，易於安裝接收設備的地方。
(3) 點位應選在地面堅實，無局部滑動之虞，點位易於保存的地方。
(4) 點位應選在視野開闊的高處，易於收發無線電訊號的地方。
(5) 點位附近不可有飛行物，以避免訊號斷訊。
(6) 點位附近不可有電磁波源，以避免受電磁波干擾。例如點位應遠離大功率無線電發射源 (廣播電台、雷達站、微波站) 距離大於 200 m；遠離高壓電塔距離大於 50 m。

(7) 點位附近不可有金屬板、平面反射體、大面積水域，以避免發生多路徑效應。
(8) 點位應選在易於用其它測量方法擴展與聯測的地方。
(9) 當所選點位需要進行水準聯測時，應實地踏勘水準路線，提出測量方案。
(10) 當利用舊點時，應對舊點的可靠性作一檢查，符合要求方可利用。
(11) 當設立新點時，以公有地為優先選擇，私有地需徵得地主同意。

## 4-3-3 檢查儀器

接收儀檢驗的內容包括：

- 一般檢驗：主要檢查接收儀設備各部件及其附件是否齊全、完好，緊固部分是否鬆動與脫落，使用手冊及資料是否齊全等。
- 通電檢驗：接收儀通電後有關訊號燈、按鍵、顯示系統和儀錶的工作情況，以及自測試系統的工作情況。
- 實測檢驗：測試檢驗是接收儀檢驗的主要內容。其檢驗方法有：
  (1) 接收儀內部雜訊水準檢驗(零基線檢驗)
  (2) 天線相位中心穩定性檢驗
  (3) 接收儀不同測程精度檢驗

簡述如下：

**1. 接收儀內部雜訊水準檢驗 (零基線檢驗)**

用零基線檢驗接收儀內部雜訊水準的原理為：應用分流器使兩台接收儀接收來自同一天線之衛星訊號，因此所有的誤差將於差分過程中互相抵消；由於兩台接收儀使用同一天線，因此理論上兩台接收儀之間的基線長度為零。然而，因為各接收儀中的內部雜訊引起的接收儀測量時間差的誤差，使得基線長度不為零。故可用基線長度是否接近 0 來檢驗接收儀的內部雜訊水準。

測試方法如下：
(1) 選擇周圍高度角 10° 以上無障礙物的地方安放天線，連接天線、分流器和接收儀。
(2) 連接電源，二台接收儀同步接收四顆以上衛星 1～1.5 小時。
(3) 交換分流器與接收儀介面，再觀察一個時段。
(4) 用儀器的隨機軟體計算基線向量長度。基線向量長度誤差應小於標稱誤差，否則應送廠檢修或降低級別使用。

**2. 天線相位中心穩定性檢驗**

此項檢驗可在標準基線、比較基線或標準檢定場上進行。檢測時將接收儀帶天線置於基線的兩端點。將一個接收儀天線固定指北，另一個接收儀天線繞直立軸順

時針轉動 90°，180°，270° 進行同樣觀察。觀測結束，用隨機軟體解算各時段的基線向量，並與已知基線向量比較，誤差應小於標稱誤差，否則應送廠檢修或降低級別使用。

**3. 接收儀不同測程精度檢驗**

此項測試應在標準檢定場進行。檢定場應含有短邊和中長邊。檢驗時天線應嚴格整平對中，對中誤差小於 ±1 mm。天線指向正北，天線高量至 1mm。測試結果與基線長度比較，誤差應小於標稱誤差，否則應送廠檢修或降低級別使用。

## 4-3-4 架設天線

(1) 點位名稱：複查點位名稱並記入測量手薄中，以免誤認點位。
(2) 定心定平：在正常點位上，天線應架設在三腳架上，架設天線不宜過低，一般應距地 1 m 以上，天線基座上的圓水準氣泡必須整平，對標誌中心仔細精密定心，定心誤差<1 mm。
(3) 天線定向：天線的定向標誌應指向正北，並顧及當地磁偏角的影響，以減弱相位中心偏差的影響。定向誤差依定位精度而異，一般不應超過 3°。
(4) 天線高度：由於儀器的設計不同，要注意儀器使用手冊中關於天線高的測量方法。天線架設好後，在圓盤天線間隔 120° 的三個方向分別量取天線高，三次測量結果之差不應超過 3 mm，取其三次結果的平均值記入測量手薄中，天線高記錄取值 1 mm。
(5) 氣象參數：在高精度 GNSS 測量中，要求測定氣象元素。每時段氣象觀測應不少於 3 次（時段開始、中間、結束）。氣壓讀至 0.1 mbar，氣溫讀至 0.1°C。在中低精度的一般工程測量中，只需記錄天氣狀況。
(6) 特殊天候：颱風天氣安置天線時，應將天線進行三向固定，以防倒地碰壞。雷雨天氣安置時，應該注意將其底盤接地，以防雷擊天線。
(7) 特殊測站：當天線需要安置在三角點覘標的觀測台或回光臺上時，應先將影響接收儀透空度的物體移開，防止對訊號的遮擋。

## 4-3-5 開機觀測

觀測作業的主要目的是捕獲衛星訊號，並對其進行追蹤、處理和量測，以獲得所需要的定位資訊。天線安置完成後，在離開天線適當位置的地面上安放接收儀，接通接收儀的電源、天線、控制器的連接電纜，並經過預熱和靜置，即可啟動接收儀進行觀測。

在外業觀測工作中，儀器操作人員應注意以下事項：

(1) 通電啟動：將天線電纜與儀器連接，經檢查無誤後，方能通電啟動儀器。
(2) 輸入資料：開機後接收儀有關指示顯示正常，並通過自測後，方能輸入有關測站和時段的資訊。
(3) 開始觀測：接收儀在開始記錄資料後，應注意查看觀測衛星數量、衛星編號、相位測量殘差、即時定位結果及其變化、存儲介質記錄等情況。
(4) 結束觀測：結束觀測時要檢核儀器是否保持定心，如果未定心，要估計偏心距離與方向。
(5) 供電情況：在觀測過程中要特別注意供電情況，除在出發前認真檢查電池容量是否充足外，作業中觀測人員不要遠離接收儀，聽到儀器的低電報警要及時予以處理，否則可能會造成儀器內部資料的破壞或丟失。對觀測時段較長的觀測工作，建議儘量採用太陽能電池或汽車電瓶進行供電。
(6) 天線高度：天線高一定要按規定始、末各測一次，並及時輸入及記入測量手薄之中。
(7) 氣象元素：每一觀測時段中，一般應在始、中、末各觀測記錄一次氣象元素，當時段較長時可適當增加氣象元素觀測次數。
(8) 特殊天候：雷雨季節架設天線要防止雷擊，雷雨過境時應關機停測，並卸下天線。
(9) 禁止操作：一個時段觀測過程中，不允許進行以下操作：
   - 關閉又重新啟動；
   - 進行自測試（發現故障除外）；
   - 啟動關閉檔案和刪除檔案等功能鍵；
   - 改變截止角 (衛星高度角)；
   - 改變天線位置；
   - 改變資料採樣間隔。
(10) 對講機使用限制：接收儀在觀測過程中，不要靠近接收儀使用對講機。
(11) 遷站檢核：觀測站的全部預定作業經檢查均已按規定完成，且記錄與資料完整無誤後方可遷站。
(12) 資料儲存：觀測過程中要隨時查看儀器記憶體或硬碟容量，每日觀測結束後，應及時將資料轉存至電腦硬碟上，確保觀測資料不丟失。

## 4-3-6 觀測記錄

觀測記錄和測量手薄都是 GNSS 精密定位的依據，必須認真、及時填寫，不可事後補記。

**1. 測量手薄**

測量手薄是在接收儀啟動前及觀測過程中，由觀測者隨時填寫的記錄，其主要內容有：

**(1)** 點位名稱；
**(2)** 現地情況，例如遮蔽；
**(3)** 儀器及天線的型號、序號；
**(4)** 天線高度、氣象元素；
**(5)** 開始及結束時間；
**(6)** 任何異常狀況。

**2. 觀測記錄**

觀測記錄由接收儀自動進行，均記錄在存儲介質（如硬碟、硬卡或記憶卡等）上，其主要內容有：載波相位觀測值及相應的觀測曆元；同一曆元的電碼偽距觀測值；衛星星曆及衛星鐘差參數；即時絕對定位結果；測站控制資訊及接收儀工作狀態資訊。

外業觀測中存儲介質上的資料檔案應及時拷貝一式兩份，分別保存在專人保管的防水、防靜電的資料箱內。存儲介質的外面，適當處應貼制標籤，注明檔案名、網區名、點名、時段名、採集日期、測量手薄編號等。

接收儀記憶體資料檔案在轉錄到外存介質上時，不得進行任何剔除或刪改，不得調用任何對資料實施重新加工組合的操作指令。

外業常見錯誤有：

**(1)** 測站點號錯誤：誤認測站點號，造成點位不一致。
**(2)** 天線型號錯誤：誤認天線型號，造成參數設定錯誤。
**(3)** 天線高量測錯誤。

## 4-4 GNSS 網之內業：基線向量解算與檢核

### 4-4-1 基線向量解算

對於兩台級以上接收儀同步觀測值進行獨立基線向量（座標差）的平差計算叫基線解算。它的基本內容是：①資料傳輸；②數據分流；③統一資料檔案格式；④衛星軌道的標準化；⑤探測週波脫落、修復載波相位觀測值；⑥對觀測值進行必要改正。

GNSS 基線向量是利用 2 台或 2 台以上接收儀所採集的同步觀測資料形成的差分觀測值，通過最小二乘法所計算出的兩兩接收儀間的三維座標差。常規地面測量測定的基線邊長是只有長度特性的純量，而 GNSS 測量測定的基線向量是既有長度

特性又有方向特性的向量。基線向量主要採用空間直角座標 (地心座標) 的座標差的形式。

基線向量解算時應注意以下幾個問題：

(1) 同一級別的 GNSS 網，根據基線長度不同，可採用不同的差分觀測值。基線解算一般採用雙差相位觀測值，基線>30 Km 可採用三差相位觀測值。
(2) 對於所有同步觀測時間短於 30 分鐘的快速定位基線，必須採用合格的雙差固定解作為基線解算的最終結果。
(3) 在採用多台接收儀同步觀測的一個同步時段中，可採用單基線模式解算。
(4) 起算點座標：基線解算中所需地面起算點座標，應按以下優先順序採用：

- 高等級 GNSS 網控制點的已有 WGS84 系座標。
- 高等級控制點轉換到 WGS84 系後的座標。
- 不少於觀測 30 分鐘的單點定位結果的平均值提供的 WGS84 系座標。

(5) 衛星座標：衛星廣播星曆的衛星座標值可作基線解的起算數據。

## 4-4-2 基線解算模式

基線解算模式主要有單基線解模式、多基線解模式和整體解模式三種。這些模式都使用第 3 章的靜態相對定位的差分方程式來求解。

**(1) 單基線解模式（Single-Baseline Mode）(圖 4-19)**

是最簡單也是最常用的一種。在該模式中，基線逐條進行解算，也就是說，在進行基線解算時，一次僅同時提取 2 台接收儀的同步觀測資料來解求它們之間的基線向量。當在該時段中有多台接收儀進行了同步觀測而需要解求多條基線時，這些基線是逐條在獨立的解算過程中解求出來的。例如，在某一時段中，共有 4 台接收儀進行了同步觀測，可確定 6 條同步觀測基線，要得到它們的解，則需要 6 個獨立的解算過程。在每一個完整的單基線解中，僅包含一條基線向量的結果。由於這種基線解算模式是以基線為單位進行解算的，因而也被稱為基線模式（Baseline Mode）。

單基線解模式的優點是：模型簡單，一次解求的參數較少，計算量小。但該模式也存在以下兩個問題：

(a) 解算結果無法反映同步觀測基線間的統計相關性。由於基線是在不同解算過程中逐一解算的，因此無法給出同步觀測基線之間的統計相關性，這將對網平差產生不利影響。

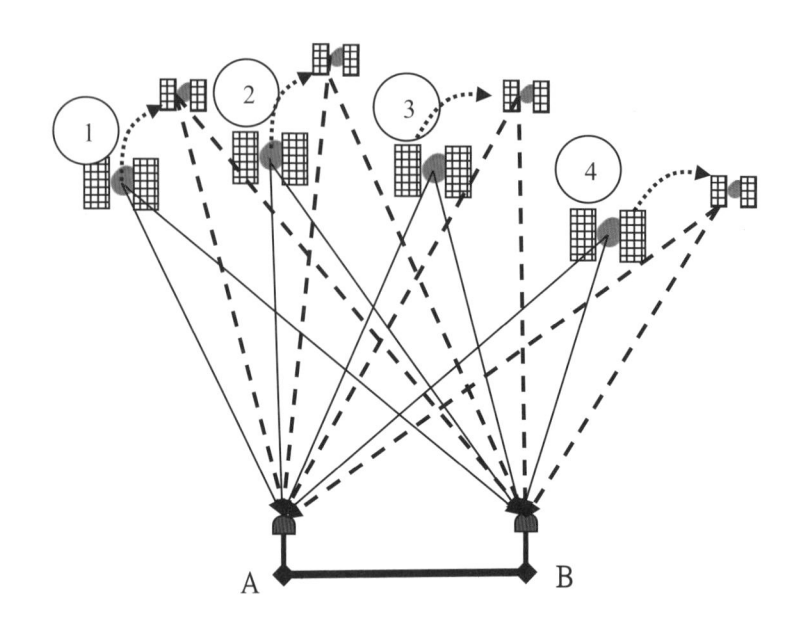

圖 4-19 單基線解模式 (以二測站四衛星二曆元為例)

**(b)** 無法充分利用觀測資料之間的關聯性。基線解算時，某些待定參數間是具有關聯性的，例如若在進行基線解算時，同時估計測站上的天頂方向的對流層延遲一個測站在同一時間，但不同基線的解算過程中，會得出不同天頂對流層延遲結果的矛盾情況。

雖然存在上述問題，但在大多數情況下，單基線解模式的解算結果仍能滿足一般工程應用的要求。它是目前工程應用中採用最為普遍的基線解算模式，絕大多數商業軟體採用這一模式進行基線解算。

**(2) 多基線解模式（Multi-Baseline Mode）(圖 4-20)**

在多基線解模式（Multi-Baseline Mode）中，基線逐時段進行解算，也就是說，在進行基線解算時，一次提取一個觀測時段中所有進行同步觀測的 r 台接收儀所採集的同步觀測資料，在一個單一解算過程中，同時解出所有 r–1 條相互函數獨立的基線。

在採用多基線解模式進行基線解算時，究竟解算哪 r–1 條基線，有不同的選擇方法，常見的方法有射線法和導線法。

**(a) 射線法**：從 r 個點中選擇一個基準點，所解算的基線為該基準點至剩餘 r–1 個點的基線向量。

(b) 導線法：對 r 個點進行排序，所解算的基線為該序列中相鄰兩點間的基線向量。例如有四部接收儀分別在 A, B, C, D 測站。選擇 AB, AC, AD 為射線法；選擇 AB, BC, CD 為導線法。雖然，在理論上，這兩種方法等價，但是由於基線解算模型的不完善，不同選擇方法所得到的基線解算結果還是不完全相同。因此，基本原則是選擇資料品質好的點做為基準點，以及選擇距離較短的基線進行解算。當然，上述兩個原則有時無法同時滿足，這是就需要在兩者之間進行權衡。

由於多基線解模式是以時段為單位進行基線解算的，因而也被稱為時段模式（Session Mode）。與單基線解模式相比，多基線解模式的優點是數學模型嚴密，並能在結果中反映出同步觀測基線之間的統計相關性。但是其數學模型和解算過程都比較複雜，並且計算量也較大。該模式通常用於有高品質要求的應用。絕大多數科學研究用軟體採用這一模式進行基線解算。

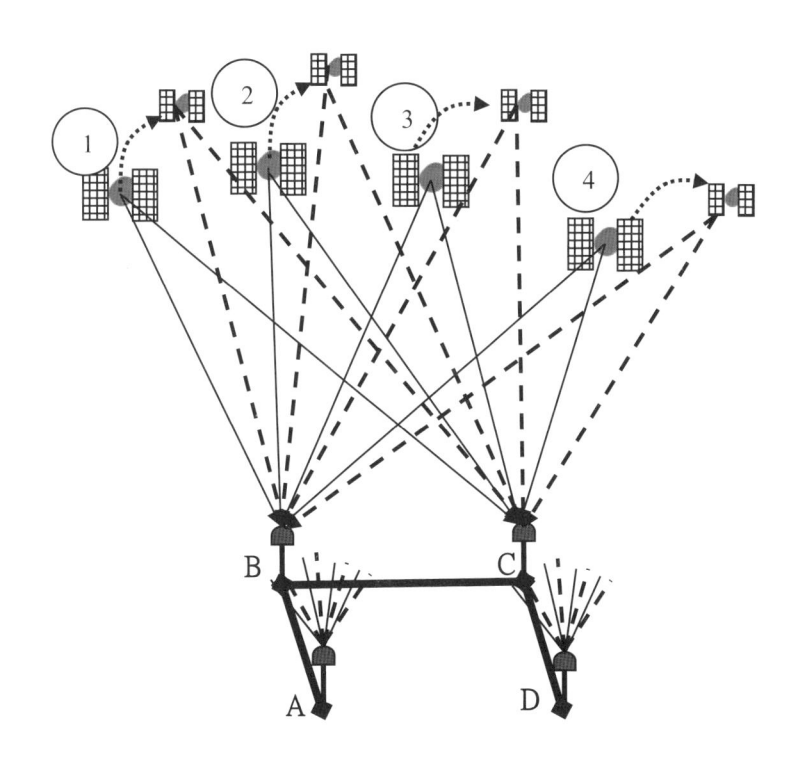

圖 4-20 多基線解模式 (以四測站四衛星二曆元為例)

**(3) 整體解模式 (圖 4-21)**

在整體解模式中,一次性解算出所有參與構網的相互函數獨立的基線。這種基線解算模式是以整個專案為單位進行基線解算。也就是說,在進行基線解算時,一次提取項目整個觀測過程中所有觀測資料,在一個單一解算過程中同時對它們進行處理,得出所有函數獨立基線。除了具有與多基線解一樣的優點外,整體解模式避免了同一基線的不同時段解不一致,以及不同時段基線所組成閉合環的閉合差不為 0 的問題,是最為嚴密的基線解算方式。實際上,整體解模式是將「基線解算」與「網平差」融為了一體。整體解模式是所有基線解算模式中最為複雜的一種,對電腦的存儲能力和計算能力要求都非常高。因此,只有一些大型的高精度定位軟體才採用這種模式進行資料處理。

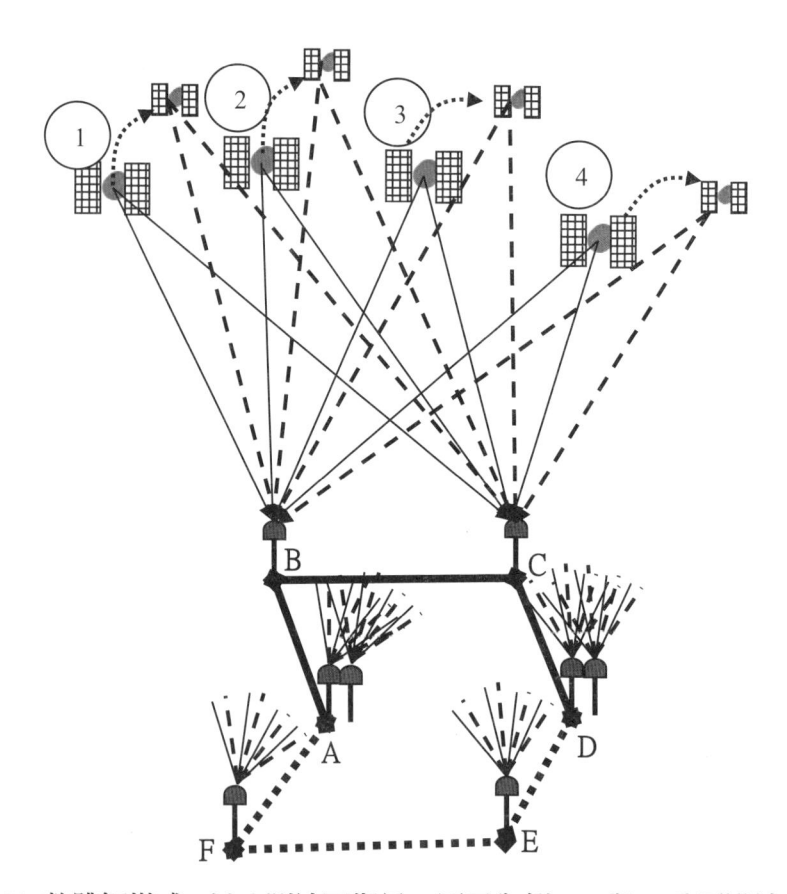

圖 4-21 整體解模式 (以八測站四衛星二曆元為例) (A 與 D 重覆設站)

例如,圖 4-22 為四部接收儀兩觀測時段,採單基線解模式需解 6 次,採多基線解模式需解 2 次,採整體解模式需解 1 次。

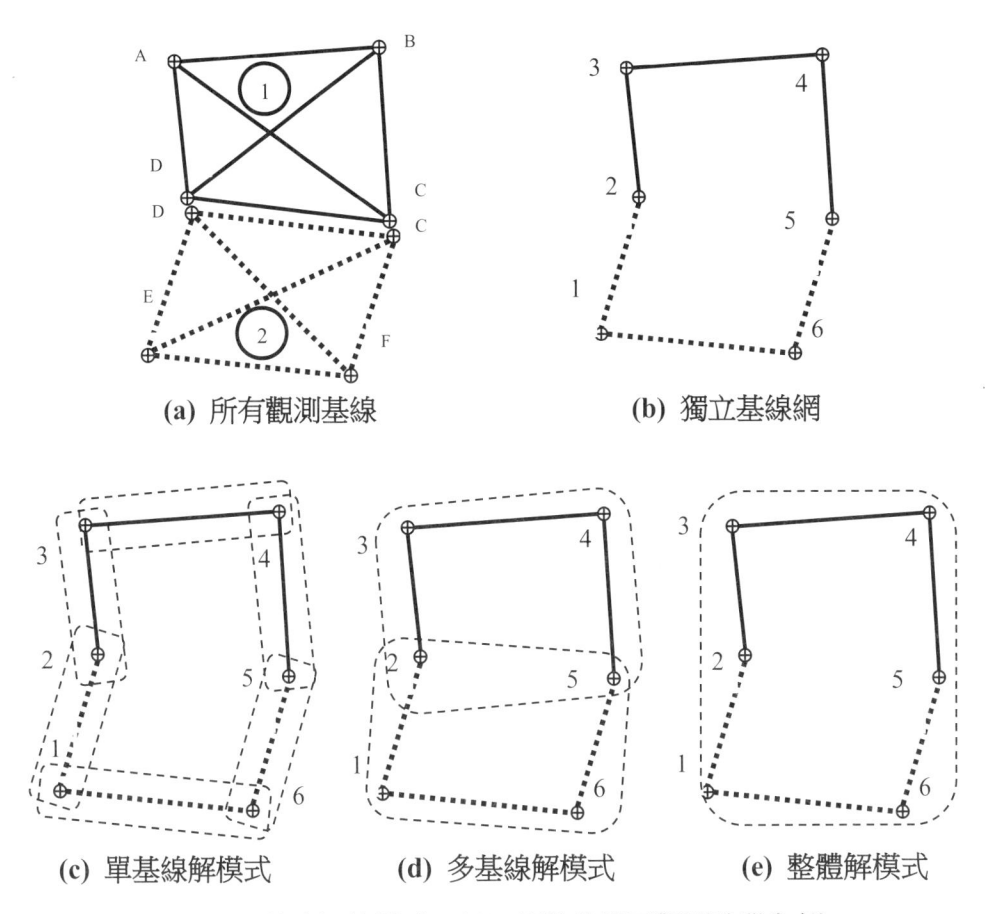

第 4 章　衛星定位測量(二) 控制測量　　4-29

**(a) 所有觀測基線**

**(b) 獨立基線網**

**(c) 單基線解模式**　**(d) 多基線解模式**　**(e) 整體解模式**

圖 4-22　基線解算模式：以四部接收儀兩觀測時段為例

---

**例題 4-8 基線解算模式**

試分析例題 4-6 與例題 4-7 的整體解模式的未知數與方程式數。

[解]

**(1) 例題 4-6**

|  | 公式 | 三部接收儀 | 四部接收儀 | 五部接收儀 |
|---|---|---|---|---|
| 設站次數 | r×S | 24 | 16 | 15 |
| 獨立基線數 | (r–1)×S | 16 | 12 | 12 |
| 未知數 | P×3 | 27 | 27 | 27 |
| 方程式數 | (r–1)×S×3 | 48 | 36 | 36 |

## (2) 例題 4-7

| 網形特徵 | 公式 | 計算 | 數值 |
|---|---|---|---|
| 設站次數 | r×S | 4×8 | 32 |
| 獨立基線數 | (r−1)×S | (4−1)×8 | 24 |
| 未知數 | P×3 | 16×3 | 48 |
| 方程式數 | (r−1)×S×3 | (4−1)×8×3 | 72 |

## 4-4-3 基線解算品質

### 一、影響基線解算結果的因素

影響基線解算結果的因素主要有以下幾條：

(1) 在觀測時段內，接收儀本身出現了問題，致使觀測出現錯誤。
(2) 在觀測時段內，多路徑效應影響過大。
(3) 在觀測時段內，對流層或電離層折射影響過大。
(4) 在觀測時段內，電磁波影響過大。
(5) 衛星的觀測時段太短，導致這些衛星的週波未定值無法準確確定。
(6) 整個觀測時段中有個別時間段的週波脫落太多，使週波脫落修復不完善。
(7) 在基線解算時，所設定的起點座標誤差過大。

### 二、基線品質控制

基線品質控的指標有：

(1) 誤差均方根 (Root Mean Square, RMS)

誤差均方根表明了觀測值的品質。值愈小，觀測值品質愈好；反之，品質愈差

$$RMS = \sqrt{\frac{V^T PV}{n-f}} \quad \text{(4-13 式)}$$

其中 $V$=觀測值的殘差；$P$=觀測值的權；$n-f$=觀測值的總數減去未知數個數。

(2) RATIO 值

RATIO 是週波未定值求解時，週波未定值的誤差均方根的次最小值與最小值比值。其原理是週波未定值具有整數的特性，其正解必為整數解；如果週波未定值的誤差均方根最小之解為正解，那麼其誤差均方根應該是偶然誤差的估計值，而次最小值之解不是正解，其誤差均方根不是偶然誤差，而應明顯大於偶然誤差，因此當 RATIO 值相當大時，週波未定值的誤差均方根最小值應該是偶然誤差，其對應的週波未定值應為正解。RATIO 反映了所確定出的週波未定值參數的可靠性，這一指標取決於多種因素，既與觀測值的品質有關，也與觀測條件的好壞有關。RATIO 是反映基線品質好壞的最關鍵值，在一般情況下，要求 RATIO 值大於 3。

$$RATIO = \frac{週波未定值波未定植的根的次最小值}{週波未定值波未定植的根的最小值} \qquad \text{(4-14 式)}$$

## 4-4-4 基線向量檢核

基線向量檢核的方法如下：

### 一、已知邊的檢核

如果基線的兩端都是已知點，則應檢合其誤差是否合格。

### 二、重複觀測邊的檢核

重複觀測邊是兩測站相連的邊因為接收儀關機後重測，形成的隸屬於不同觀測時段的基線。當重複基線的較差滿足限差要求時，表明這些基線向量的品質是合格的；否則，這些基線向量中至少有一條基線向量的品質不合格。要確定出哪些基線向量的品質不合格，可以透過異步環檢核進行。對於重複觀測邊的任意兩個時段的成果之較差均應符合下式：

重複觀測邊的任意兩個時段的成果互差 $< 2\sqrt{2}\sigma$

其中 $\sigma$ =相應等級的規定精度。

### 三、同步觀測環檢核

同步觀測環是指在測量中，由 3 台或 3 台以上接收儀，同時對同一組衛星進行同步觀測所獲得的基線向量所構成的閉合多邊形。由於同步觀測基線之間具有相依性，使得同步環的環閉合差在理論上應為 0。但由於各台接收儀的觀測並不能嚴格同步，和有可能存在其他的觀測缺陷，將導致環閉合差並不等於零。其環閉合差不可超過規定的限差。若環閉合差過大，就表明組成同步環的基線中至少存在一條基線的觀測或基線向量解算有嚴重失誤；但反過來說，環閉合差不超過限差，只能表明組成同步環的所有基線的觀測無嚴重失誤和基線向量的解算合格，還不能證明各基線的觀測品質合格，具有高精度。這是因為同步觀測環的環閉合差為 0 只是採用了一組線性相依觀測值的必然結果，與觀測精度無關。

各同步環觀測資料應符合下式：
- 數據剔除率應小於 **10%**；
- 採用單基線處理模式時，對於採用同一種數學模型的基線解，其同步時段中任一個三邊同步環的座標分量相對閉合差應符合下式：

$$w_X \leq \frac{\sqrt{3}}{5}\sigma \quad w_Y \leq \frac{\sqrt{3}}{5}\sigma \quad w_Z \leq \frac{\sqrt{3}}{5}\sigma \qquad \text{(4-15(a) 式)}$$

全長相對閉合差應符合下式：

$$w = \sqrt{w_X^2 + w_Y^2 + w_Z^2} \leq \frac{3}{5}\sigma \qquad \text{(4-15(b)式)}$$

**例題 4-9 四部儀器的同步環檢驗**

一個四部儀器的同步觀測如下圖，觀測數據如下表。試檢查所有三邊同步環是否合格。假設精度要求為 $\sigma = 0.010$ 公尺。

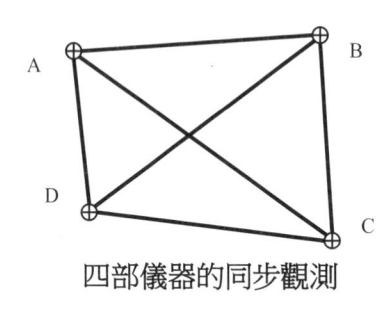

四部儀器的同步觀測

觀測數據

| 基線 | $\Delta X$ | $\Delta Y$ | $\Delta Z$ |
|---|---|---|---|
| A-B | 1000.003 | -0.0001 | 10.002 |
| B-C | -0.001 | -1000.002 | -9.999 |
| C-D | -999.999 | -0.001 | -10.003 |
| A-D | 0.002 | -1000.001 | -10.001 |
| B-D | -1000.001 | -1000.002 | -20.002 |
| A-C | 999.999 | -1000.002 | 0.002 |

[解]
以 ABC 同步環為例

$$w = \begin{Bmatrix} w_x \\ w_y \\ w_z \end{Bmatrix} = \begin{Bmatrix} \Delta X_{AB} + \Delta X_{BC} + \Delta X_{CA} \\ \Delta Y_{AB} + \Delta Y_{BC} + \Delta Y_{CA} \\ \Delta Z_{AB} + \Delta Z_{BC} + \Delta Z_{CA} \end{Bmatrix}$$

$$= \begin{Bmatrix} 1000.003 + (-0.001) - 999.999 \\ -0.001 + (-1000.002) - (-1000.002) \\ 10.002 + (-9.999) - 0.002 \end{Bmatrix} = \begin{Bmatrix} 0.003 \\ -0.001 \\ 0.001 \end{Bmatrix}$$

$$w = \sqrt{w_X^2 + w_Y^2 + w_Z^2} = 0.0033$$

其餘列表如下：

| 同步環 | $w_X$ | $w_Y$ | $w_Z$ | $w$ |
|---|---|---|---|---|
| ABC | 0.003 | -0.001 | 0.001 | 0.0033 |
| BCD | 0.001 | -0.001 | 0.000 | 0.0014 |
| CDA | -0.002 | -0.002 | 0.000 | 0.0028 |
| ABD | 0.000 | -0.001 | 0.001 | 0.0015 |

$w_X \leq \frac{\sqrt{3}}{5}\sigma = 0.0034 \qquad w_Y \leq \frac{\sqrt{3}}{5}\sigma = 0.0034 \qquad w_Z \leq \frac{\sqrt{3}}{5}\sigma = 0.0034$

$w = \sqrt{w_X^2 + w_Y^2 + w_Z^2} \leq 0.0060$ 故全部三邊同步環都合格。

## 四、非同步觀測環檢核

非同步觀測環是指在測量中，不是完全由同步觀測基線向量構成，而由不同時段觀測基線向量所構成的閉合多邊形。其閉合差稱為非同步環閉合差。在網中，必須保證有足夠數量的非同步環，才能確保觀測成果的可靠性和有效地發現觀測值中存在的粗差。當非同步環閉合差滿足限差要求時，表明組成非同步環的基線向量的品質是合格的；當不滿足限差要求時，則表明至少有一條基線向量的品質不合格。要確定出哪些基線向量的品質不合格，可以通過多個相鄰的非同步環閉合差檢驗或重複基線來發現。各獨立環的座標分量閉合差應符合下式：

$$w_X \leq 2\sqrt{n}\sigma \quad w_Y \leq 2\sqrt{n}\sigma \quad w_Z \leq 2\sqrt{n}\sigma \qquad \text{(4-16(a)式)}$$

全長相對閉合差應符合下式：

$$w = \sqrt{w_X^2 + w_Y^2 + w_Z^2} \leq 2\sqrt{3n}\sigma \qquad \text{(4-16(b)式)}$$

其中 $n =$ 非同步環中的邊長數。

**例題 4-10 四部儀器兩個觀測時段的非同步環檢驗**

四部儀器兩個觀測時段的非同步觀測如下圖，觀測數據如下表。試檢查：
(1) ACD 異步環 (AC, AD 來自第一個觀測時段，CD 來自第二個觀測時段)。
(2) ACED 異步環是否合格。假設精度要求為 $\sigma$ =0.010 公尺。

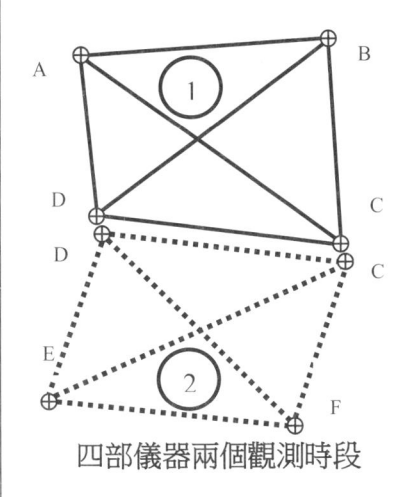

| 時段 | 基線 | $\Delta X$ | $\Delta Y$ | $\Delta Z$ |
|---|---|---|---|---|
| 1 | A-B | 1000.003 | -0.001 | 10.002 |
| | B-C | -0.001 | -1000.002 | -9.999 |
| | C-D | -999.999 | -0.001 | -10.003 |
| | A-D | 0.002 | -1000.001 | -10.001 |
| | B-D | -1000.001 | -1000.002 | -20.002 |
| | A-C | 999.999 | -1000.002 | 0.002 |
| 2 | D-C | 1000.006 | -0.005 | 10.005 |
| | C-F | -0.002 | -1000.005 | -9.997 |
| | F-E | -999.997 | -0.003 | -10.005 |
| | D-E | 0.005 | -1000.003 | -10.004 |
| | C-E | -1000.002 | -1000.004 | -20.003 |
| | D-F | 999.997 | -1000.004 | 0.005 |

四部儀器兩個觀測時段

[解]

| 異步環 | $w_X$ | $w_Y$ | $w_Z$ | $w$ |
|---|---|---|---|---|
| ACD | -0.009 | 0.004 | -0.0020 | 0.010 |
| ACED | -0.010 | -0.002 | 0.0040 | 0.011 |

**ACD 須滿足(n=3)**

$w_X \leq 2\sqrt{n}\sigma = 0.035 \quad w_Y \leq 2\sqrt{n}\sigma = 0.035 \quad w_Z \leq 2\sqrt{n}\sigma = 0.035$

$w = \sqrt{w_X^2 + w_Y^2 + w_Z^2} \leq 2\sqrt{3n}\sigma = 0.060$

**ACED 須滿足(n=4)**

$w_X \leq 2\sqrt{n}\sigma = 0.040 \quad w_Y \leq 2\sqrt{n}\sigma = 0.040 \quad w_Z \leq 2\sqrt{n}\sigma = 0.040$

$w = \sqrt{w_X^2 + w_Y^2 + w_Z^2} \leq 2\sqrt{3n}\sigma = 0.070$

故二個異步環都合格。

---

**例題 4-11 非同步觀測環查核**

有一 3 部接收儀，8 觀測時段的獨立基線環如圖 4-23。假如異步環 **ABI** 閉合差很大，則 **AB, BI, IA** 基線都可能有問題。如何發現哪一條基線有問題？

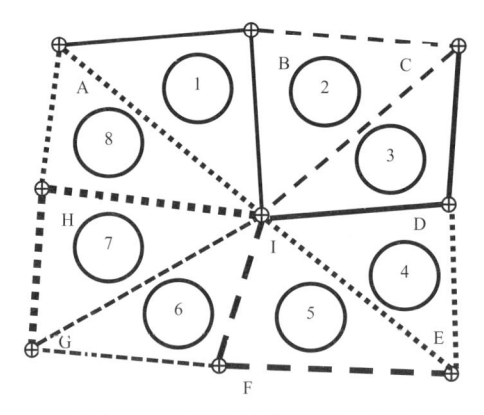

圖 4-23 非同步觀測環查核

**[解]**

可以檢和鄰近的異步環：

(1) 如果異步環 **AIH** 閉合差很大，則很可能 **IA** 基線有問題。
(2) 如果異步環 **BCI** 閉合差很大，則很可能 **BI** 基線有問題。
(3) 如果 **IA**、**BI** 基線都沒有問題，則很可能 **AB** 基線有問題。

## 例題 4-12 非同步觀測環查核

有 4 部接收儀，4 觀測時段的獨立基線環如圖 4-24。如異步環 ABIH 閉合差很大，則 AB, BI, IH, HA 基線都可能有問題。如何發現哪一條基線有問題？

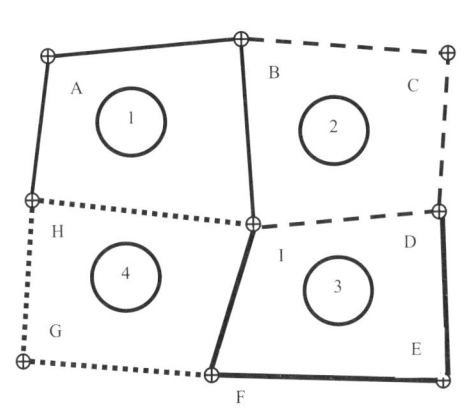

圖 4-24 非同步觀測環查核

[解]

可以檢和鄰近的異步環：

(1) 如果異步環 BCDI 閉合差很大，則很可能 BI 基線有問題。
(2) 如果異步環 HIFG 閉合差很大，則很可能 IH 基線有問題。
(3) 如果 BI、IH 基線都沒有問題，則很可能 AB 或 AH 基線有問題。

# 4-5 GNSS 網之內業：基線向量網形平差

進行 GNSS 網平差的目的主要有三個：

(1) 滿足 GNSS 網的幾何條件

消除由觀測量和已知條件中存在的誤差所引起的 GNSS 網在幾何上的不一致。包括閉合環閉合差不為 0；複測基線較差不為 0；通過由基線向量所形成的導線，將座標由一個已知點傳算到另一個已知點的閉合差不為 0 等。通過網平差，可以消除這些不一致。

(2) 改善 GNSS 網的觀測品質

通過網平差，可得出一系列可用於評估 GNSS 網的精度指標，如觀測值改正數、觀測值驗後方差等。結合這些精度指標，還可以設法確定出可能存在粗差或品質不佳的觀測值，並對它們進行相應的處理，從而達到改善 GNSS 網的品質的目的。

(3) 確定 GNSS 網的各點座標

確定 GNSS 網中點在指定參考座標系下的座標。

前述的基線解算模式中，單基線解模式、多基線解模式無法達成上述網平差的目的，因此需要進行網平差；而整體解模式已經將基線解算模式、網平差融為一體，因此不需要再進行網平差。

在非同步環中，所有基線都是獨立基線者稱獨立基線環。在各項品質檢核都符合要求後，獨立基線環應該以三維基線向量平均值及其相應方差矩陣做為觀測資訊；因為觀測時有多次取樣，方差矩陣的反矩陣可當成各基線向量的權重矩陣。

為了達到上述三個目的，而必須分階段採用不同類型的網平差方法。根據進行網平差時所採用的觀測量和已知條件的類型和數量，可將 GNSS 網形平差方法分為三種 (圖 4-25)：

(1) 無約束平差 (自由網平差)：是以 GNSS 基線向量為基礎，用一個點的 WGS84 系三維座標做為起算數據，進行網的平差。
(2) 約束平差：是在無約束平差確定的有效觀測量的基礎上，在國家座標系或城市獨立座標系下，進行三維約束平差或二維約束平差。
(3) 聯合平差：是除了 GNSS 基線向量外，還包含常規地面觀測得到的邊長、角度、方向和高差等觀測量之平差。聯合平差的作用與約束平差相似，但約束平差通常出現在大地測量應用，而聯合平差則常出現在工程應用中。

這三種類型網平差除了都能消除由於觀測值和已知條件所引起的網在幾何上的不一致外，還具有各自不同的功能：

(1) 無約束平差能夠被用來評定網的內部精度和偵測處理粗差；
(2) 約束平差和聯合平差則能夠確定點在參考座標系下的座標。

此外，根據進行平差時所採用坐標系的類型，GNSS 網平差還可以分為三維平差和二維平差。

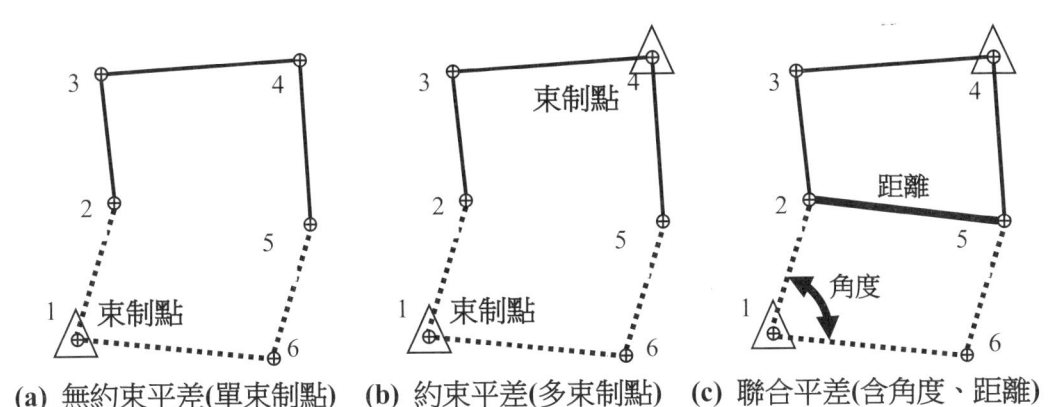

(a) 無約束平差(單束制點)　(b) 約束平差(多束制點)　(c) 聯合平差(含角度、距離)

圖 4-25 GNSS 網形平差

GNSS 網平差步驟如下：

**(1)** 獨立基線環的組成
**(2)** 無約束平差
**(3)** 約束平差/聯合平差
**(4)** 平差品質的分析與控制

分述如下：

## 一、獨立基線環的組成

獨立基線向量環的組成原則如下：

(1) 所選取的多個同步環的獨立基線向量選取方案之間應構成閉合環，以構成檢核條件，發現含粗差的基線。
(2) 因為閉合環中的基線愈多，愈有可能出現同時有多條含粗差的基線的情況，不利於判斷是哪一條基線含粗差，因此應優先選取能構成邊數較少的閉合環的組合，以利於檢核。
(3) 一個同步環有多個獨立基線向量選取方案，而獨立基線環是由多個同步環的獨立基線向量選取方案組合而成，一旦從一個同步環中選取某一個方案，就必須固定不變，以免誤將非獨立基線認定是獨立基線，而加入網中進行平差，造成高估網的精確性的情形。

## 二、無約束平差

GNSS 網無約束平差是以一個點的 WGS84 系三維座標作為起算數據，進行網的無約束平差。目的是滿足由於多餘觀測產生的幾何條件，以反映網的內部符合精度。無約束平差中，基線向量的改正數絕對值應符合下式：

$$v_X \leq 3\sigma \quad v_Y \leq 3\sigma \quad v_Z \leq 3\sigma \tag{4-17 式}$$

當誤差超限時，可認為該基線或其附近基線存在粗差，應採用軟體提供的方法或人工方法剔除含粗差的基線，直至符合上式要求。

**例題 4-13 六個點的 GNSS 網無約束平差**

一個獨立基線網如圖 4-26，觀測數據如下表。為了簡化計算，本例題只考慮三維基線向量平均值，而不考慮其相應方差矩陣，即相當於各基線向量各分量取等權平差。平差方法採間接平差法之矩陣解法，詳細方法參考第十章。本題共有 5 個未知點，每點有 X,Y,Z 三個未知數，因此共有 15 個未知數。共有 6 條獨立基線，每條基線提供 X,Y,Z 分量觀測方程式，因此共有 18 個方程式。假設 1 號點的座標 (X,Y,Z) = (1000.00, 1000.00, 100.00)。

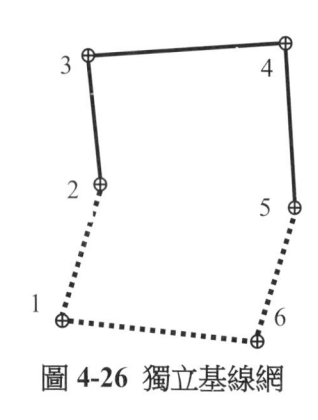

觀測數據

| 基線 | $\Delta X$ | $\Delta Y$ | $\Delta Z$ |
|---|---|---|---|
| 1-2 | 0.01 | 1000.02 | 10.00 |
| 2-3 | 0.02 | 1000.01 | 10.01 |
| 3-4 | 1000.03 | -0.01 | 10.02 |
| 4-5 | -0.01 | -1000.02 | -9.99 |
| 5-6 | -0.02 | -999.98 | -10.02 |
| 6-1 | -999.99 | -0.01 | -10.03 |

圖 4-26 獨立基線網

[解]

**(1) 列出觀測方程式**

$v_1 = X_2 - X_1 - \Delta X_{12}$　　$v_7 = Y_2 - Y_1 - \Delta Y_{12}$　　$v_{13} = Z_2 - Z_1 - \Delta Z_{12}$

$v_2 = X_3 - X_2 - \Delta X_{23}$　　$v_8 = Y_3 - Y_2 - \Delta Y_{23}$　　$v_{14} = Z_3 - Z_2 - \Delta Z_{23}$

$v_3 = X_4 - X_3 - \Delta X_{34}$　　$v_9 = Y_4 - Y_3 - \Delta Y_{34}$　　$v_{15} = Z_4 - Z_3 - \Delta Z_{34}$

$v_4 = X_5 - X_4 - \Delta X_{45}$　　$v_{10} = Y_5 - Y_4 - \Delta Y_{45}$　　$v_{16} = Z_5 - Z_4 - \Delta Z_{45}$

$v_5 = X_6 - X_5 - \Delta X_{56}$　　$v_{11} = Y_6 - Y_5 - \Delta Y_{56}$　　$v_{17} = Z_6 - Z_5 - \Delta Z_{56}$

$v_6 = X_1 - X_6 - \Delta X_{61}$　　$v_{12} = Y_1 - Y_6 - \Delta Y_{61}$　　$v_{18} = Z_1 - Z_6 - \Delta Z_{61}$

其中 *v* = 改正數；*X, Y, Z* = 未知數；$X_1, Y_1, Z_1$ = 起算數據，是已知數；$\triangle X$, $\triangle Y$, $\triangle Z$ = 基線向量的分量，是觀測數據。

**(2)** 由觀測方程式列出改正數向量 **V**，未知數向量 **X**，觀測向量 **L**，觀測係數矩陣 **A**。它們之間的關係為

$V = AX - L$

例如

$v_1 = X_2 - X_1 - \Delta X_{12} = X_2 - (X_1 + \Delta X_{12})$
$\quad = X_2 - (1000.00 + 0.01) = X_2 - 1000.01$

故

$L_1 = 1000.01$。

例如

$v_2 = X_3 - X_2 - \Delta X_{23} = X_3 - X_2 - 0.02$

故

$L_2 = 0.02$。

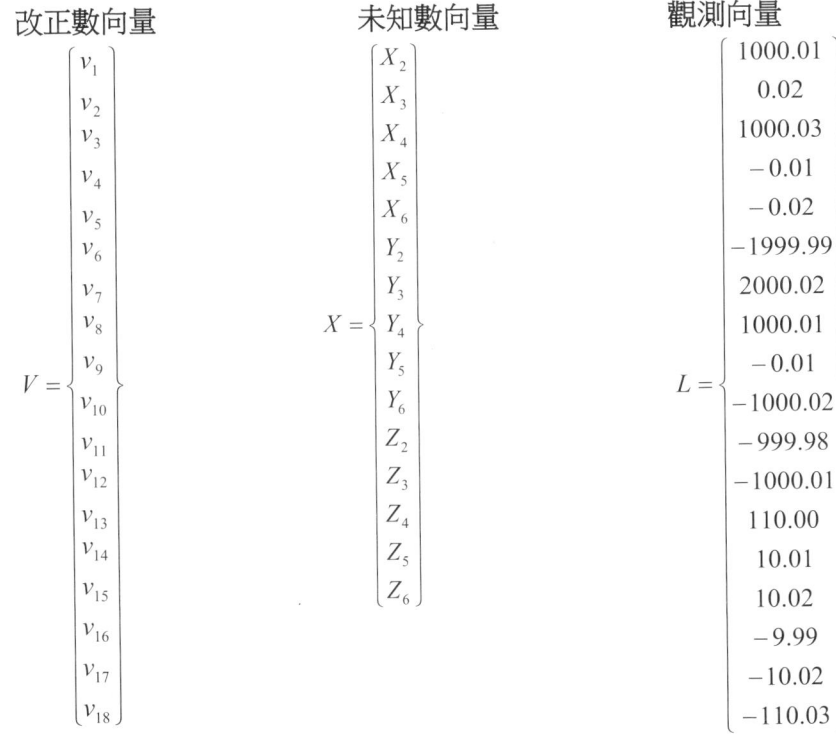

改正數向量　　　　未知數向量　　　　觀測向量

$$V = \begin{Bmatrix} v_1 \\ v_2 \\ v_3 \\ v_4 \\ v_5 \\ v_6 \\ v_7 \\ v_8 \\ v_9 \\ v_{10} \\ v_{11} \\ v_{12} \\ v_{13} \\ v_{14} \\ v_{15} \\ v_{16} \\ v_{17} \\ v_{18} \end{Bmatrix} \quad X = \begin{Bmatrix} X_2 \\ X_3 \\ X_4 \\ X_5 \\ X_6 \\ Y_2 \\ Y_3 \\ Y_4 \\ Y_5 \\ Y_6 \\ Z_2 \\ Z_3 \\ Z_4 \\ Z_5 \\ Z_6 \end{Bmatrix} \quad L = \begin{Bmatrix} 1000.01 \\ 0.02 \\ 1000.03 \\ -0.01 \\ -0.02 \\ -1999.99 \\ 2000.02 \\ 1000.01 \\ -0.01 \\ -1000.02 \\ -999.98 \\ -1000.01 \\ 110.00 \\ 10.01 \\ 10.02 \\ -9.99 \\ -10.02 \\ -110.03 \end{Bmatrix}$$

## 觀測係數矩陣

$$A = \begin{bmatrix} 1 & 0 & 0 & 0 & 0 & 0 & 0 & 0 & 0 & 0 & 0 & 0 & 0 & 0 \\ -1 & 1 & 0 & 0 & 0 & 0 & 0 & 0 & 0 & 0 & 0 & 0 & 0 & 0 \\ 0 & -1 & 1 & 0 & 0 & 0 & 0 & 0 & 0 & 0 & 0 & 0 & 0 & 0 \\ 0 & 0 & -1 & 1 & 0 & 0 & 0 & 0 & 0 & 0 & 0 & 0 & 0 & 0 \\ 0 & 0 & 0 & -1 & 1 & 0 & 0 & 0 & 0 & 0 & 0 & 0 & 0 & 0 \\ 0 & 0 & 0 & 0 & 0 & -1 & 0 & 0 & 0 & 0 & 0 & 0 & 0 & 0 \\ 0 & 0 & 0 & 0 & 0 & 0 & 1 & 0 & 0 & 0 & 0 & 0 & 0 & 0 \\ 0 & 0 & 0 & 0 & 0 & -1 & 1 & 0 & 0 & 0 & 0 & 0 & 0 & 0 \\ 0 & 0 & 0 & 0 & 0 & 0 & -1 & 1 & 0 & 0 & 0 & 0 & 0 & 0 \\ 0 & 0 & 0 & 0 & 0 & 0 & 0 & -1 & 1 & 0 & 0 & 0 & 0 & 0 \\ 0 & 0 & 0 & 0 & 0 & 0 & 0 & 0 & -1 & 1 & 0 & 0 & 0 & 0 \\ 0 & 0 & 0 & 0 & 0 & 0 & 0 & 0 & 0 & -1 & 0 & 0 & 0 & 0 \\ 0 & 0 & 0 & 0 & 0 & 0 & 0 & 0 & 0 & 0 & 1 & 0 & 0 & 0 \\ 0 & 0 & 0 & 0 & 0 & 0 & 0 & 0 & 0 & 0 & -1 & 1 & 0 & 0 \\ 0 & 0 & 0 & 0 & 0 & 0 & 0 & 0 & 0 & 0 & 0 & -1 & 1 & 0 \\ 0 & 0 & 0 & 0 & 0 & 0 & 0 & 0 & 0 & 0 & 0 & 0 & -1 & 1 & 0 \\ 0 & 0 & 0 & 0 & 0 & 0 & 0 & 0 & 0 & 0 & 0 & 0 & 0 & -1 & 1 \\ 0 & 0 & 0 & 0 & 0 & 0 & 0 & 0 & 0 & 0 & 0 & 0 & 0 & 0 & -1 \end{bmatrix} \begin{matrix} v_1 \\ v_2 \\ v_3 \\ v_4 \\ v_5 \\ v_6 \\ v_7 \\ v_8 \\ v_9 \\ v_{10} \\ v_{11} \\ v_{12} \\ v_{13} \\ v_{14} \\ v_{15} \\ v_{16} \\ v_{17} \\ v_{18} \end{matrix}$$

(欄位標題：$X_2\ X_3\ X_4\ X_5\ X_6\ Y_2\ Y_3\ Y_4\ Y_5\ Y_6\ Z_2\ Z_3\ Z_4\ Z_5\ Z_6$)

**(3)** 代入 $X = (A^T A)^{-1} A^T L$ 即得最或是值向量

$$X = (A^T A)^{-1} A^T L = \begin{Bmatrix} 1000.00 \\ 1000.02 \\ 2000.04 \\ 2000.02 \\ 2000.00 \\ 2000.02 \\ 3000.03 \\ 3000.02 \\ 1999.99 \\ 1000.01 \\ 110.00 \\ 120.01 \\ 130.04 \\ 120.05 \\ 110.03 \end{Bmatrix}$$

**(4)** 最或是值向量之中誤差

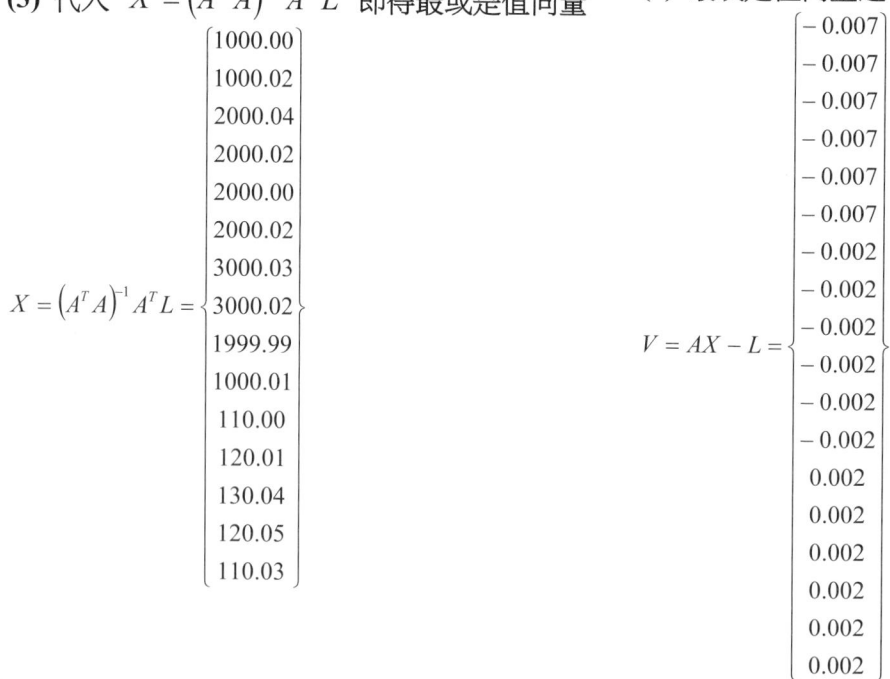

$$V = AX - L = \begin{Bmatrix} -0.007 \\ -0.007 \\ -0.007 \\ -0.007 \\ -0.007 \\ -0.007 \\ -0.002 \\ -0.002 \\ -0.002 \\ -0.002 \\ -0.002 \\ -0.002 \\ 0.002 \\ 0.002 \\ 0.002 \\ 0.002 \\ 0.002 \\ 0.002 \end{Bmatrix}$$

$$\text{(5) 中誤差} \quad M = \sqrt{\frac{V^T V}{r-n}} = \sqrt{\frac{0.0003}{18-15}} = 0.01$$

## 三、約束平差/聯合平差

GNSS 網約束平差／聯合平差是以無約束平差確定的有效觀測量的基礎上，在國家座標系或城市獨立座標系下，進行三維約束平差或二維約束平差。目的是處理由於外部束制條件引起的網內不符值，以反映 GNSS 網的外部符合精度，並確定各點座標。在平差中，基線向量改正數與剔除粗差後的無約束平差結果的同名基線相應改正數的較差應符合下式要求：

$$v_X \le 2\sigma \quad v_Y \le 2\sigma \quad v_Z \le 2\sigma \tag{4-18 式}$$

當誤差超過時，可認為做為約束條件的已知座標、距離、方位與 GNSS 網不相容，應採用軟體提供的或人為的方法剔除某些誤差大的約束值，直至符合上式要求。

## 四、平差品質的分析與控制

在進行 GNSS 網品質的評定時，可以根據基線向量改正數的大小，判斷基線向量中是否含有粗差。如果發現含有粗差的基線，可採用以下方法解決：
**(a)** 刪除含有粗差的基線、
**(b)** 重新解算含有粗差的基線、
**(c)** 重新測量含有粗差的基線。
如果發現個別起算數據的品質有問題，則應該放棄品質有問題的起算數據。

# 4-6 GNSS 網之內業：座標轉換

## 一、空間直角座標之間的轉換

因 GNSS 之座標系統參考橢球體 (WGS84) 與傳統大地之座標系統參考橢球體 (例如 TWD97 採用 GRS80) 並不相同，且目前內政部衛星控制點座標平差計算皆以 TWD97 為基準。因此 GNSS 測量所得之數據要轉換至傳統大地之座標系統，方能與傳統大地座標互相結合使用。兩者之轉換關係可用 3 個以上同時具有二種座標系統座標的已知點進行七參數轉換 (圖 4-27)。可參考第 1 章的「空間直角座標之間的轉換」。

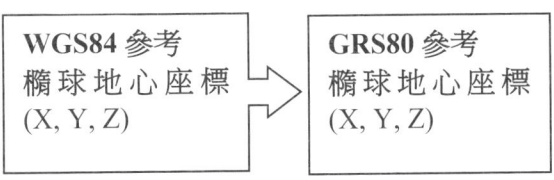

圖 4-27 空間直角座標之間的轉換

## 二、平面直角座標之間的轉換

如果要將 TWD97 基準的成果轉換成 TWD67 基準，有兩個方法

**(1)** 直接法：選擇 2 個以上的共同點用四參數法，或 3 個以上的共同點用六參數法，建立轉換關係(圖 4-28)，可參考第 1 章的「平面直角座標之間的轉換」。

```
TWD97              TWD67
平面座標(N,E)  →   平面座標(N,E)
```

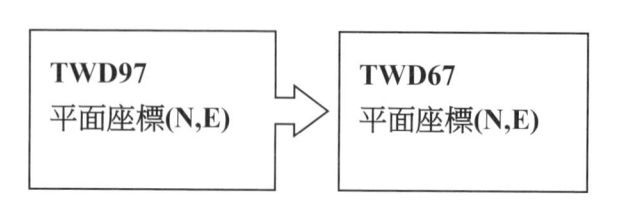

圖 4-28 平面直角座標之間的轉換：直接法

**(2)** 間接法：步驟如圖 4-29。五個轉換中，平面座標與地理座標之間的轉換、地理座標與地心座標之間的轉換均有標準的轉換方法，只有地心座標與地心座標之間的轉換需要建立轉換關係。兩者之轉換關係可用 3 個以上同時具有二種座標系統座標的已知點進行七參數轉換。可參考第 1 章的「空間直角座標之間的轉換」。

```
TWD97 平面座標 (N, E, H) → GRS80 參考橢球地理座標 (經度, 緯度, 橢球高) → GRS80 參考橢球地心座標 (X, Y, Z)
                                                                              ↓
TWD67 平面座標 (N, E, H) ← GRS67 參考橢球地理座標 (經度, 緯度, 橢球高) ← GRS67 參考橢球地心座標 (X, Y, Z)
```

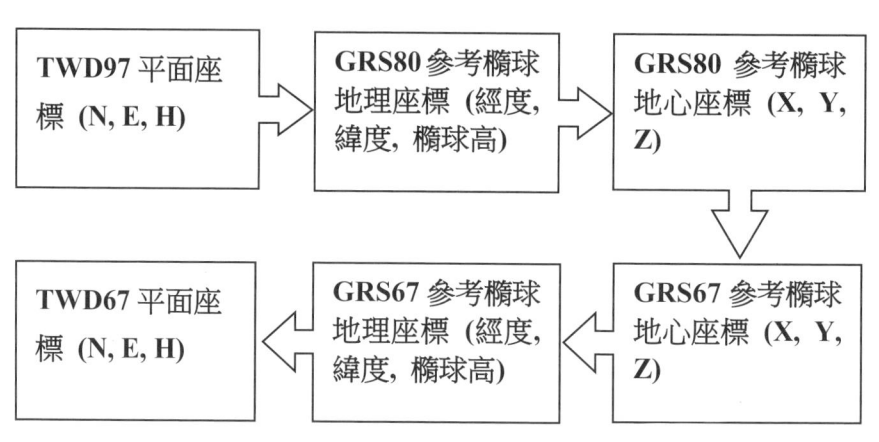

圖 4-29 平面直角座標之間的轉換：間接法

## 三、高程之間的轉換

GNSS 衛星測量所得高程為「橢球高」，係為由地形表面沿旋轉橢球體法線方向至旋轉橢球體之距離。一般地面高程測量測得高程為「正高」，係為由地形表面沿大地水準面鉛錘線方向至大地水準面體之距離。當衛星觀測網強制附合至現行使用的大地座標系統時，必須束制於已知高程點上。已知高程點可以是基本控制點或

水準點，亦可由水準點以水準測量聯測之點位。步驟如圖 **4-30**：

(1) 由地心座標 **(X, Y, Z)** 求解地理座標 **(**經度，緯度，橢球高**)**，方法可參考第一章。

(2) 藉由 GNSS 觀測所得的 A、B 兩處橢球高(幾何高) $h_A$ 與 $h_B$ 與 A、B 兩處的大地起伏 $N_A$ 與 $N_B$ 可得 A、B 兩處正高 $H_A$ 與 $H_B$：

$H_A = h_A - N_A$

$H_B = h_B - N_B$

最終可得到 A、B 兩者的正高差 △H 為

$$\triangle H = H_A - N_B = (h_A - N_A) - (h_A - N_A) = (h_A - h_B) - (N_A - N_B) \qquad (4\text{-}19 式)$$

其中，大地起伏可從大地起伏模型內插得到，或以重力測量得到。

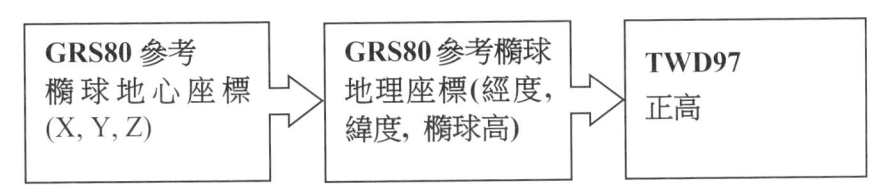

```
┌─────────────┐    ┌─────────────┐    ┌─────────┐
│ GRS80 參考  │    │ GRS80 參考橢球│    │ TWD97   │
│ 橢球地心座標 │──▶│ 地理座標(經度,│──▶│ 正高    │
│ (X, Y, Z)   │    │ 緯度, 橢球高) │    │         │
└─────────────┘    └─────────────┘    └─────────┘
```

圖 **4-30** 橢球高與正高之間的轉換

# 4-7 本章摘要

1. **GNSS 網規劃**：(1) 網形精度標準 (2) 網形基準設計 (3) 網形設計方式 (4) 網形設計評估 (5) 網形閉合環設計 (6) 網形設計報告。

   - 網形基準設：(1) 位置基準 (2) 方位基準 (3) 尺度基準。

   - 網形設計方式：(1) 點連式 (2) 邊連式 (3) 混連式。

   - 網形設計評估：觀測時段、同步觀測、基線向量、獨立基線、非獨立基線、必要基線、多餘獨立基線、可靠性指標。

   - 網形閉合環設計：(1) 同步觀測環、(2) 非同步觀測環、(3) 獨立基線環。

2. **GNSS 網外業**：(1) 外業觀測計畫 (2) 選點埋標 (3) 檢查儀器 (4) 架設天線 (5) 開機觀測 (6) 觀測記錄。

3. **GNSS 網內業**：(1) 基線向量解算 (2) 基線向量檢核 (3) 基線向量網形平差 (4) 座標轉換。

- 基線向量解算：**(1)** 單基線解模式 **(2)** 多基線解模式 **(3)** 整體解模式。
- 基線向量檢核：**(1)** 已知邊的檢核 **(2)** 重複觀測邊的檢核 **(3)** 同步觀測環檢核 **(4)** 非同步觀測環檢核。
- 基線向量網形平差：**(1)** 無約束平差 **(2)** 約束平差/聯合平差。
- 座標轉換：**(1)** 空間直角座標之間的轉換 **(2)** 平面直角座標之間的轉換 **(3)** 高程之間的轉換。

## 習題

**4-2　GNSS 網之規劃**

(1) GNSS 網的精度標準通常用甚麼來表示？
(2) 網形基準設計有哪些項目與原則？
(3) 網形設計有哪些方式？
(4) 何謂觀測時段 (Observation)、同步觀測 (Simultaneous Observation)？
(5) 何謂基線向量 (Baseline Vector)、獨立基線 (Independent Baseline)、非獨立基線 (Trival Baseline)、必要基線 (Necessary Baseline)、多餘獨立基線、可靠性指標？
(6) 何謂同步觀測環 (simultaneous observation loop)、非同步觀測環 (non-simultaneous observation loop)、獨立基線環 (Independent baseline loop)？
(7) 獨立基線向量環的組成原則有哪些？
(8) 何謂環閉合差 (loop closure)？

[解]
(1) 以基線 (兩測站構成的直線) 的長度中誤差表示，見 4-2-1 節。
(2) 位置基準、方位基準、尺度基準，見 4-2-2 節。
(3) 點連式、邊連式、混連式，見 4-2-3 節。
(4)(5) 見 4-2-4 節。
(6)(7) 見 4-2-5 節。
(8) GNSS 的閉合環的基線向量閉合差稱為環閉合差 (Loop Closure)。

七個點分不如下,假設有四部接收儀,試設計獨立基線環。

[解]

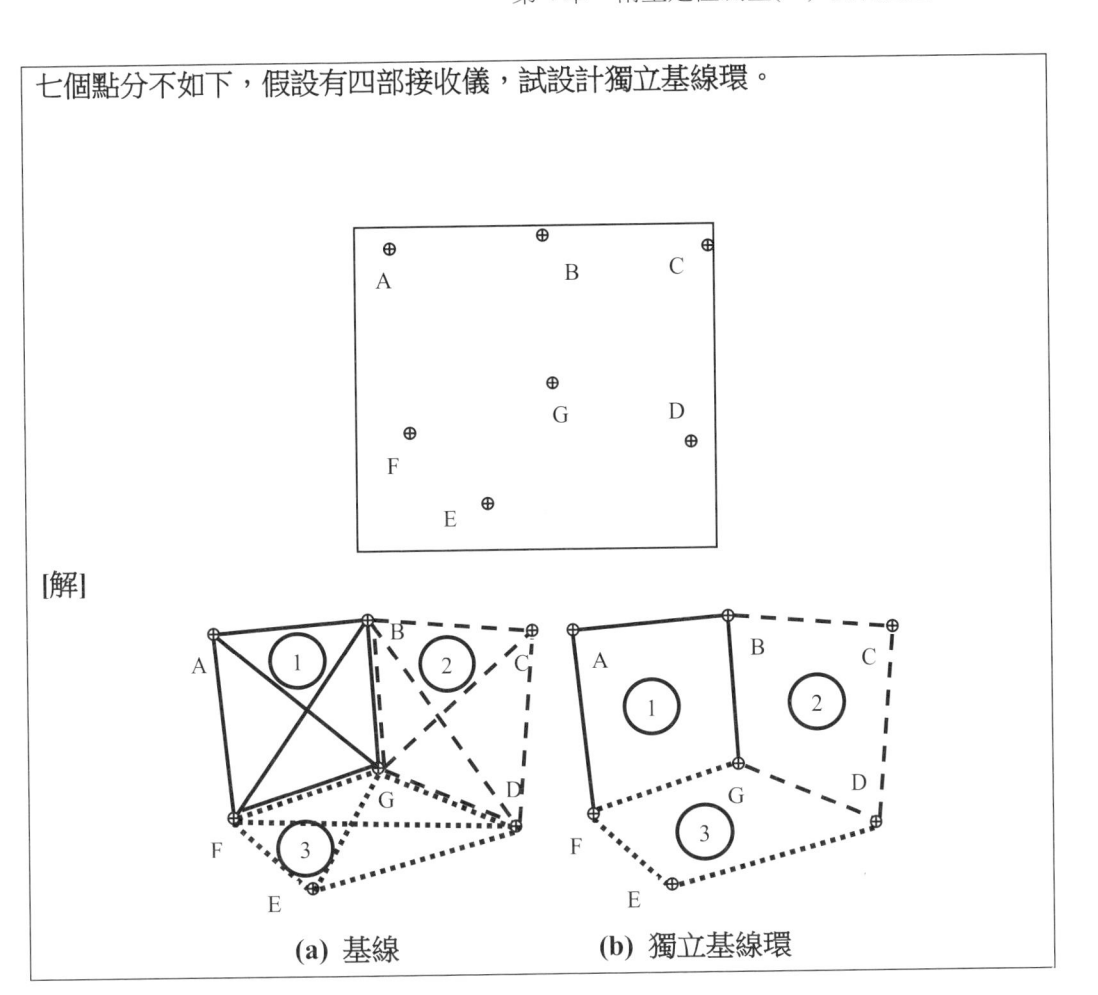

(a) 基線　　　(b) 獨立基線環

### 4-3 GNSS 網之外業

(1) GNSS 測量時外業觀測計畫有哪些項目？
(2) GNSS 測量時選點有哪些原則？
(3) GNSS 測量時檢查儀器有哪些項目？
(4) GNSS 測量時架設天線有哪些注意事項？
(5) GNSS 測量時開機觀測有哪些注意事項？
(6) GNSS 測量時觀測記錄有哪些注意事項？

[解]
(1) 見 4-3-1 節。(2) 見 4-3-2 節。(3) 見 4-3-3 節。(4) 見 4-3-4 節。(5) 見 4-3-5 節。
(6) 見 4-3-6 節。

## 4-4 GNSS 網之內業：基線向量解算與檢核 ～4-5 基線向量網形平差

(1) 基線解算有哪些方法？各有何優缺點？
(2) 閉合環檢核有哪些方法？各有何目的與原理？
(3) 網形平差有哪三種方式？

[解]
(1) 單基線解模式、多基線解模式、整體解模式。見 4-4-2 節。
(2) 已知邊的檢核、重複觀測邊的檢核、同步觀測環檢核、非同步觀測環檢核。見 4-4-4 節。
(3) 無約束平差、約束平差、聯合平差。見 4-5 節。

## 4-6 GNSS 網之內業：座標轉換

如何用 GPS 求得 A、B 兩點 (相距 200 km) 點位之正高差 [98 年公務員普考]

[解]
藉由 GPS 觀測所得的幾何高 h 與 A、B 兩處的大地起伏 N 可得正高 H：

$H_A = h_A - N_A$, $H_B = h_B - N_B$

最終可得到 A、B 兩者的正高差為 $H_A - H_B$。

## 綜合題

控制測量之施作中，「全球導航衛星系統」（GNSS, Global Navigation Satellite System），例如全球定位系統（GPS, Global Positioning System），是近年來常使用之儀器。請分別說明應用「全球導航衛星系統」、與應用全測站經緯儀，從事控制測量時之選點方式與要點，並請交互比較。[103土木公務普考]

[解]
衛星定位的選點要求是不需通視控制點，但透空度要佳；全測站經緯儀的選點要是需通視控制點，但不需透空度。詳見「表 4-1 以傳統地面測量和 GNSS 測量方式進行控制測量的比較」。或衛星定位的選點要求詳見第 4-3-2 節。

有一地區長寬均約三十公里，擬以 GPS 進行加密控制測量，以獲取各點位之三維座標。請就此案具體說明觀測規範、精度要求、外業操作注意事項、計算方法、以及驗收方式。[101土木技師]

[解]
觀測規範、精度要求：見「表 4-2 以衛星定位測量方法實施控制測量之精度規範」
外業操作注意事項：見 4-3 節。

計算方法：基線向量解算見 4-4-2 節、基線向量網形平差見 4-5 節。
驗收方式：基線向量檢核見 4-4-4 節。即以傳統地面測量或 GNSS 測量，抽測基線 (兩測站構成的直線) 的長度，其誤差須小於相應等級的規定精度。

控制測量之另一種施測方式為使用全球定位系統（Global Positioning System, GPS），請說明使用此一測量方式之相關資訊，包含儀器、測量原理、測量方式、觀測量、概要作業規範及選點時需考量之條件等。[92 年公務員普考][95 年公務員高考][101 年土木技師高考]

[解]

儀器：通常須三部以上衛星定位接收儀。

測量原理：三度空間距離交會、相對定位。

測量方式：靜態基線測量。

觀測量：基線向量。

概要作業規範：見「表 4-2 以衛星定位測量方法實施控制測量之精度規範」

選點：見第 4-3-2 節。

# 第 5 章 光達測量簡介

5-1 本章提示
    5-1-1 定義
    5-1-2 歷史
    5-1-3 分類
    5-1-4 應用
    5-1-5 優點
    5-1-6 作業流程
5-2 光達測量原理
    5-2-1 光達的測距原理
    5-2-2 三維雷射掃描儀
    5-2-3 光達的掃描方式
    5-2-4 光達的測量原理
5-3 雲點處理方法
    5-3-1 點雲的內容
    5-3-2 點雲的編輯
    5-3-3 點雲的處理軟體
5-4 空載光達測量
    5-4-1 空載光達系統的組成
    5-4-2 空載光達系統的應用
5-5 地面光達測量
    5-5-1 地面光達系統
    5-5-2 車載光達系統
5-6 本章摘要

## 5-1 本章提示
### 5-1-1 定義

三維雷射掃描,或稱雷射雷達,又稱為「光達」,是「光探測和測距」(Light Detection And Ranging, LiDAR) 簡稱。**3D** 雷射掃描儀 **3D Laser Scanner)** 內含掃描稜鏡之快速雷射測距儀,不需反射稜鏡即可精確測得掃描點之三維座標,其掃描速度可達數萬點/秒。光達的雷射光束可掃描相當大的範圍,可水平旋轉 **360°**,而反射雷射光束的鏡面則在垂直方向快速轉動。儀器所發出的雷射光束可量測儀器中心

到雷射光所打到第一個目標物之間的距離。雷射掃描儀只要能有一個儀器立足點，即能以不接觸被測物的方式快速獲得掃描範圍非常高密度且高精度的三維點位，經由配合的資料處理軟體可形成三維向量圖形的空間資料。

光達具有高效率、高精度的獨特優勢。它能夠提供掃描物體表面的三維點雲 (point cloud) 料，因此可以用於建構高精度、高解析度的數位地形模型、文物古蹟保護、建築規劃、土木工程、工廠改造、室內設計、建築監測、交通事故處理、法律證據收集、災害評估、船舶設計、數字城市、軍事分析等領域。

## 5-1-2 歷史

空載光達技術的發展源自 1970 及 1980 年代美國太空總署 (NASA) 的研發。隨著全球定位系統(Global Positioning System, GPS) 及慣性導航系統 (Inertial Navigation System，INS)商用發展的普及，促使高精度的即時定位方法得以實現。然而，空載雷射掃描儀系統的誕生得歸功於 1980 年代將雷射掃描技術與即時定位定姿態系統加以結合。

光達技術利用雷射測距的原理，通過高速雷射掃描測量的方法，大面積高解析度地快速獲取被測物件表面的三維座標、反射率和紋理等資訊。再利用軟體分析，可快速建立被測目標的三維模型及線、面、體等各種圖件資料，為快速建立物體的三維影像模型提供了一種全新的技術手段。

由於三維雷射掃描系統可以密集地大量獲取目標物件的資料點，因此相對於傳統的單點測量，三維雷射掃描技術也被稱為從單點測量進化到面測量的革命性技術突破。由於光達具有許多傳統測量缺少的優點，其應用推廣很有可能會像 GPS 一樣引起測量技術的又一次革命。

數值地形是國家空間資訊基礎建設的核心圖資，美國等先進國家已將數值地形納入聯邦救災調查機制。臺灣是世界銀行報告 6 種天然災害 (風災、旱災、水災、地震、火山、山崩) 中，遭受複合天然災害名列第一的國家。我國經濟部中央地質調查所於莫拉克颱風災後重建特別條例下，推動「國土保育之地質敏感區調查分析計畫」，製作莫拉克災區 LiDAR 高解析度數值地形，利用空載雷射掃描數值地形進行地質敏感分析，經由建立精細完整的基礎資料，再分析確認地質敏感地區可能影響的程度。

台灣中央地質調查所預定於 2013 年利用 LiDAR 觀測全台灣，目前已幾近完成，台灣將成為世界第三個以 LiDAR 完成國土掃描的國家。這些高精度的觀測資料，將在台灣未來的國土規劃與變更上扮演重要的參考指標，加深我們對於台灣土地的瞭解，將更有利於長期的國土保育。

## 5-1-3 分類

　　光達是指利用雷射光，對目標物進行高密度的掃描以獲取目標物三維形貌的技術。三維雷射掃描系統包含資料獲取的硬體部分和資料處理的軟體部分。按照載體的不同，光達系統又可分為二類：

- 空載光達 (Airborne LiDAR) (圖 5-1)：是一種安裝在飛機上的雷射探測和測距系統，可以量測地面物體的三維座標，是發展最快用途最廣之光達技術。光達也可安裝在衛星上，稱為星載光達。
- 地面光達 (Terrestrial LiDAR, T-LiDAR) (圖 5-2)：是一種安裝在地面上的雷射探測和測距系統，也稱為基於地面雷射雷達 (ground based LiDAR)。光達也可安裝在移動地面平台 (車輛) 上，稱為移動雷射掃描 (MLS)，或稱車載光達。

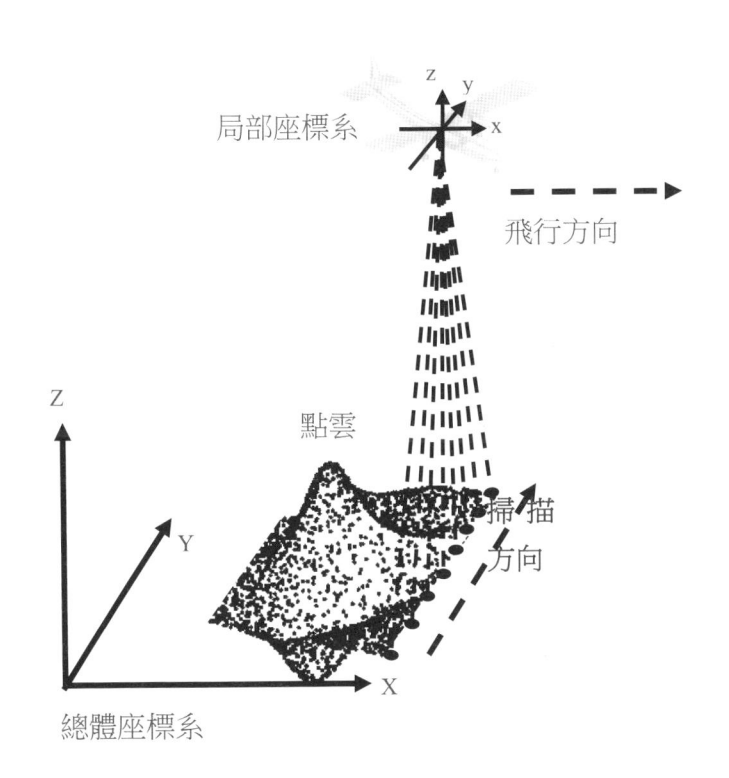

圖 5-1 空載光達系統

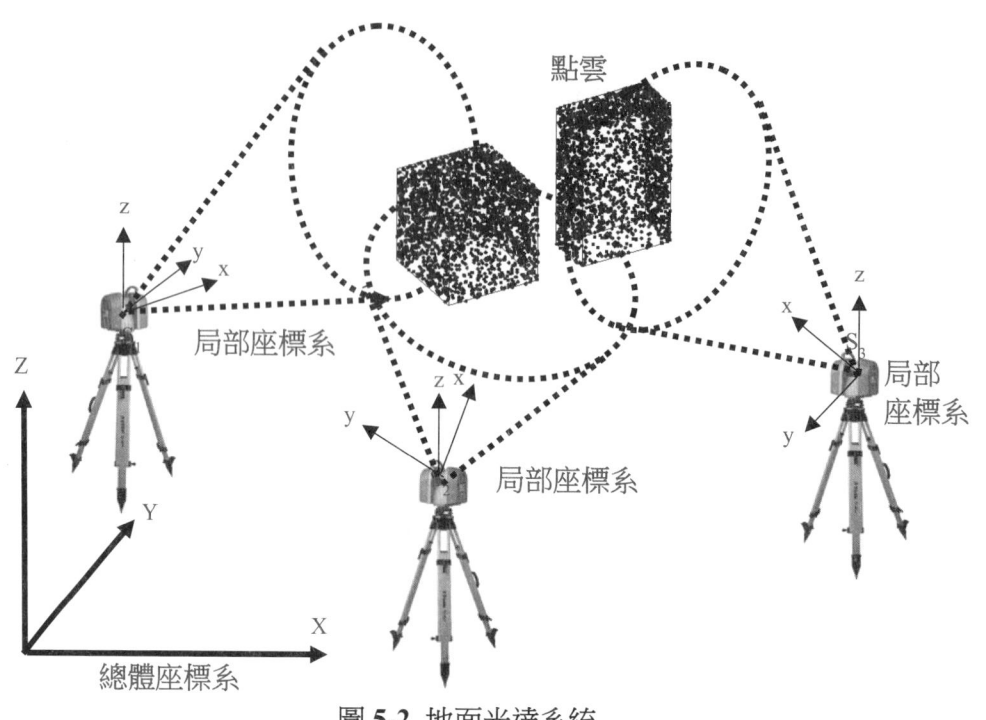

圖 5-2 地面光達系統

表 5-1 光達系統分類

| 系統 | 星載<br>(如 GLAS) | 高海拔空載<br>(如 LVIS) | 空載<br>(ALS) | 地面<br>(TLS) |
|---|---|---|---|---|
| 海拔 | 600 公里 | 10 公里 | 1 公里 | 0 公里 |
| 印跡 | 60 米 | 15 米 | 0.25 米 | 0.01-0.10 米 |
| 垂直<br>精度 | 0.15-10 米<br>取決於坡度大小 | 0.5-1 米<br>取決於地面是裸<br>露/植被 | 0.20 米 | 0.01-0.10 米 |

## 5-1-4 應用

最近幾年，光達技術不斷發展並日漸成熟，光達設備也逐漸商業化，光達的巨大優勢就在於可以快速掃描被測物體，不需反射稜鏡即可直接獲得巨量的高精度的掃描點資料。這些資料被稱為「點雲」(point cloud)，意思是以像雲一樣以無數的點來呈現物體。利用光達獲取的空間點雲資料，可快速建立結構複雜、不規則的場景的三維視覺化模型，既省時又省力，這種能力是現行的三維建模軟體所不可比擬的。

點雲資料可精準保存目標物不規則表面變化的實際尺寸與影像空間資訊，因此

具有廣泛的應用面。以往對於 DEM 或 DSM 等地形資料的蒐集採行二種方式：

**(1)** 地面測量：透過人工取樣的方式進行地面地形要點的測量，再以內業內插方式計算產生地形模型。這種方式是最普遍的方式，雖然精度較高，但是曠日廢時無法大規模進行地面測繪。

**(2)** 攝影測量：採航空攝影測量或是衛星影像遙測技術製作。這種方式雖然速度快可大規模測繪，但精度較差。

　　而光達以高頻率發射雷射光束進行掃描，可在短時間內得到大量的精確的點位資訊。雖然光達的設備成本較高，但它除了可以提高成果精度外，還可節省測製之人力、物力與時間，是近年來大範圍、高精度、高解析度數值地形模型的國際趨勢。

　　利用 LiDAR 觀測的數據，可以繪製出不同的數值地形模型，一般而言可分為：

- 數值高程模型 (Digital Elevation Modeling, DEM)：純粹的地表高程，去除所有地面上的建築物與樹木，也就是地表原本的樣子 (圖 5-3)。
- 數值表面模型 (Digital Surface Modeling, DSM)：記錄地表高度，再加上建築物與樹木等地上物的高度。
- 數值建物模型 (Digital Building Model, DBM)：記錄地表高度，再加上建築物的高度。

航照影像　　　　　　　　　　光達成果
圖 5-3 光達資料與航照影像成果比較 (光達具有穿透性，可穿越樹林)

光達技術的應用領域包括：

**(1)** 數值地形模型建置：測製高精度及高解析度數值地形模型，提供各方面應用所需之地形資訊。例如國土觀測紀錄，以及都市、公路、鐵路、河道、污水下水道、排水設施之設計規劃，以及水土保持、河川整治、海岸線監控、沙洲變化、生態旅遊、森林監測、礦業開發之應用。

**(2)** 工程變形測量：施工的工程變形監測、隧道的檢測及變形監測、水庫工程及變形監測。

**(3)** 結構體測量：結構幾何尺寸測量、空間位置測量、三維高保真建模。例如建築物、大壩、橋樑、海上平台等大型結構、以及造船廠、電廠、化工廠等大型工業企業內部設備的測量。

**(4)** 建築與古蹟測量：建築物內部及外觀的測量保真、歷史建物與古蹟數位保存、古蹟遺址的保護測量。

**(5)** 防災與救災測量：洪水淹沒區評估、森林火災監控、土石流土方量估、滑坡泥石流預警、交通事故、犯罪現場的正射圖繪製。

**(6)** 危險區域測量：在一些危險區域、人員不方便到達的區域測量。例如在塌陷區域、溶洞、懸崖邊等進行三維掃描。

**(7)** 娛樂業：用於影視產品的設計與開發。例如電影場景虛擬，**3D** 遊戲開發，虛擬博物館建置、虛擬旅遊指導。

**(8)** 通訊業：提供第三代行動通訊 **(3G)** 之無線電波遮蔽分析，模擬出架設基地台之最佳方案。

## 5-1-5 優點

　　光達的最大特色之一是能同時測量地面和非地面層。當雷射光束碰到建築或樹木的頂部，會傳回第 1 次回波，其餘未被反射的光束繼續行進，直到地表傳回最後一次回波。可透過回波的時間差異，可將這些地上物的回波排除，獲得地表高程。

　　光達的另一特點是主動式量測不需要可見光源，所以在黑暗中亦可進行量測，此特性對坑道或自然洞穴之測量非常有幫助。有可見光源時，可同時獲取被測點的色彩值，形成三維影像，可方便建立虛擬實境。此種快速獲得物空間三維資訊的儀器，具有相當大的應用潛力與需求，許多困難的工程測量問題，將因此種儀器的引進獲得解決。

　　光達擁有下列優勢：

**(1)** 穿透性：能穿透地表樹林等植被，透過回波的時間差異，同時測量地面和非地面層。

**(2)** 全天候：不需要可見光源，能夠 24 小時全天候工作。

(3) 自動化：能主動、即時、動態獲取數位化資料。
(4) 遙測性：不需要或很少需要進入測量現場。
(5) 快速性：觀測迅速，每秒可得到數萬點的三維座標資料。
(6) 高密度：能夠提供密集的點陣資料，點間距可以小於 1 米。
(7) 高精度：準確度高，絕對精度在 0.3 米以內；數值地形模型精確度可達 0.5 米。

## 5-1-6 作業流程

光達的作業流程如下：
1. 專案計劃：規劃目標、重點、現場限制、後勤、成本等。
2. 點雲收集：從雷射測量裝置、數碼相機、GPS 等收集點雲數據。
3. 點雲定位：單次掃描點雲之註冊 (Registration) 和地理參照 (Geo-Referencing)。
4. 點雲編輯：數據之編輯和清理。
5. 點雲內插：點雲數據的內插。
6. 進階處理：
   - 其他數據集整合 (如空載雷射雷達，透地雷達 GPR 等)
   - 多次掃描活動數據整合 (如時間序列)
   - 真實感建模 (Photorealistic Modeling)
   - 曲面建模 (Surface Modeling)
   - 進階的點雲數據編輯和清理

## 5-2 光達測量原理

### 5-2-1 光達的測距原理

快速掃描是掃描儀誕生產生的新概念。在常規測量手段裡，每一點的測量費時都在 2-5 秒不等；更甚者，要花幾分鐘的時間對一點的座標進行測量。在數位化的今天，這樣的測量速度已經不能滿足測量的需求。光達的誕生改變了這一現狀，現在脈衝掃描儀最大速度已經達到 50000 點每秒，相位式掃描儀最高速度已經達到 120 萬點每秒，這是三維雷射掃描儀對物體詳細描述的基本保證，古蹟、工廠管道、隧道等無法測量的困境已經成為過去式。

光達是一種主動式遙測技術，利用雷射測距的方式，以固定的頻率針對場景進行掃描，加上定位定向系統 (Positioning and orientation system)，可獲取高精度的點雲資料 (三維點群座標)，以及感測物的回訊訊息，即反射雷射光的強度。

因為雷射光束的速度是以光速傳遞，因此我們能以光束從發射至返回接收的時

間來計算光束發射點與物體間距離，得到光束發射點與物體間距離後，再經計算得到載具在座標系統的空間位置，即得物體在座標系統的空間位置。設光波在某一段距離上往返傳播時間為 T，待測定距離可表示為

$$D = \frac{1}{2} \cdot C \cdot T \qquad (5\text{-}1 \text{ 式})$$

其中 C 為光波在真空中的傳播速度，約為 300,000 km/sec。只要精確地求出時間 T 就可以求出距離 D。

三維雷射掃描儀依照測距原理可分為兩種主要類型的：

(1) 脈衝式掃描儀：直接量測脈衝信號傳播時間，因此又稱飛行時間式 (Time-Of-Flight, TOF)，是目前主力。
(2) 相位位移 (phase-shift) 掃描儀：由相位差計算傳播時間。

當代雷射雷達一般將發射和接收光路設計為同一光路。雷射掃描設備裝置可記錄一個單發射脈衝返回的首回波、中間多個回波與最後回波，通過對每個回波時刻記錄，可同時獲得多個高程資訊。空載光達每一個發射的雷射脈衝 (pulse) 可以獲得多重回訊 (echo) (圖 5-4)，而每個回訊在掃描儀記錄為一個獨立三維座標點，因此可以獲得森林的結構，若能濾除未打到地面的座標點，便可以獲得精確地表地形。

## 5-2-2 三維雷射掃描儀

三維雷射掃描儀依照有效掃描距離可分為四種主要類型的：

(1) 短距離雷射掃描儀：其最長掃描距離不超過 3 m，一般最佳掃描距離為 0.6～1.2 m，通常這類掃描儀適合用於小型模具的量測，不僅掃描速度快且精度較高，可以多達三十萬個點精度至 ±0.018 mm。
(2) 中距離雷射掃描儀：最長掃描距離小於 30 m 的三維雷射掃描儀屬於中距離三維雷射掃描儀，其多用於大型模具或室內空間的測量。
(3) 長距離雷射掃描儀: 掃描距離大於 30m 的三維雷射掃描儀屬於長距離三維雷射掃描儀，其主要應用於建築物、礦山、大壩、大型土木工程等的測量。
(4) 航空雷射掃描儀：最長掃描距離通常大於 1 公里，並且需要配備精確的導航定位系統，其可用於大範圍地形的掃描測量。

之所以這樣進行分類，是因為雷射測量的有效距離是三維雷射掃描儀應用範圍的重要條件，特別是針對大型地物或場景的觀測，或是無法接近的地物等等，這些都必須考慮到掃描儀的實際測量距離。此外，被測物距離越遠，地物觀測的精度就相對較差。因此，要保證掃描資料的精度，就必須在相應類型掃描儀所規定的標準範圍內使用。

傳統 LiDAR 將 GPS 動態差分解算之三維座標與 IMU 參數整合後，內插得航

空器瞬時之航跡座標及姿態參數。再將高密度之瞬時座標及姿態結參數合雷射測距數據，求取包含三維座標之光達點雲，且最高只能記錄回訊夠強的 4 個回波訊號。若採用全波形 LiDAR 系統，則可以記錄完整的回波資訊，與傳統 LiDAR 系統比較，能獲取更多地表三維資訊。全波形光達技術的優勢為可獲得高精度之三維地形資訊與記錄不同地物的回波能量，藉由全波形光達資料的波形重建技術，可反映各種地貌之波形特性。

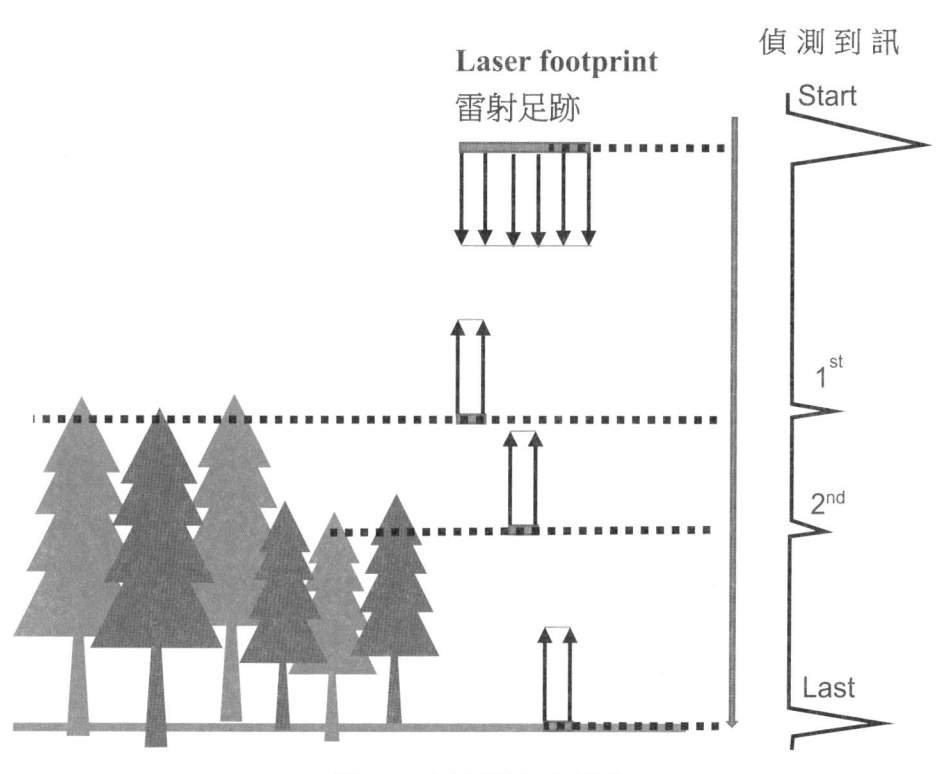

圖 5-4 光達回波示意圖

## 5-2-3 光達的掃描方式

　　雷射測距儀每發一個雷射訊號只能測量單點到儀器的距離。因此，掃描儀若要掃描完整的視野，就必須使每個雷射訊號以不同的角度發射。而雷射測距儀即可透過本身的水平旋轉，或系統內部的旋轉鏡 (rotating mirrors) 達成此目的。常用的掃描方式包括

● 線掃描方式：通過擺動式掃描鏡和旋轉式掃描鏡實現，包括平行線形和"Z"字形兩種。

● 圓錐掃描方式：通過傾斜式掃描鏡實現，掃描鏡的鏡面具有一定傾角，旋轉軸

與發射裝置的雷射光束成 45° 夾角，隨載體的運動，光斑在地面上形成一系列有重疊的橢圓。
- 纖維光學陣列掃描方式：光纖沿一條直線排列，光斑在地面上形成平行或 **Z** 形掃描線。

## 5-2-4 光達的測量原理

三維雷射掃描儀的主要構造是由一台高速精確的雷射測距儀，配上一組可以引導雷射並以均勻角速度掃描的反射稜鏡。雷射測距儀主動發射雷射，同時接受由自然物表面反射的信號從而可以進行測距，針對每一個掃描點可測得測站至掃描點的斜距，再配合掃描的水準和垂直方向角，可以得到每一掃描點與測站的空間相對座標。如果測站的空間座標是已知的，那麼則可以求得每一個掃描點的三維座標。

**1.** 地面型三維雷射掃描系統工作原理

三維雷射掃描儀發射器發出一個雷射脈衝信號，經物體表面漫反射後，沿幾乎相同的路徑反向傳回到接收器，可以計算目標點 **P** 與掃描儀距離 **S**，控制編碼器同步測量每個雷射脈衝橫向掃描角度觀測值 **α** 和縱向掃描角度觀測值 **β**。三維雷射掃描測量一般為儀器自訂坐標系。**X** 軸在橫向掃描面內，**Y** 軸在橫向掃描面內與 **X** 軸垂直，**Z** 軸與橫向掃描面垂直。獲得 **P** 的座標。

可用下列公式求得 (圖 5-5)：

$X_P = S \cos \beta \cos \alpha$ (5-2 式)

$Y_P = S \cos \beta \sin \alpha$ (5-3 式)

$Z_P = S \sin \beta$ (5-4 式)

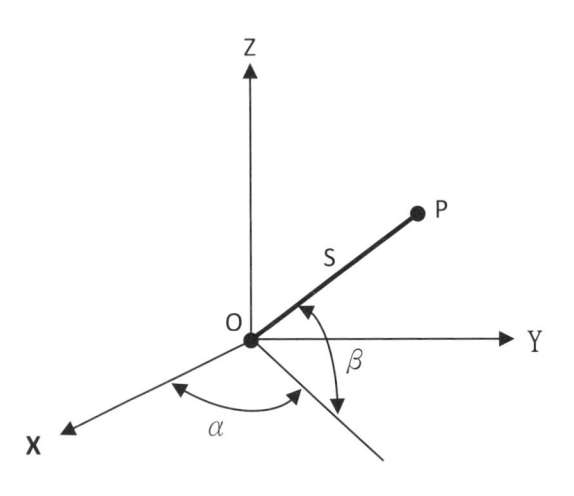

圖 5-5 地面型三維雷射掃描系統工作原理

## 2. 空載型三維雷射掃描系統工作原理 (圖 5-6)

(1) 空載光達使用飛機裝載雷測觀測器具，利用紅外線進行頻率每秒 20 到 40 萬次的雷射觀測，藉由雷射反射時間可以計算出觀測儀器與地表的距離。

(2) 將 IMU/DGPS 系統和雷射掃描技術進行集成，飛機向前飛行時，掃描儀橫向對地面發射連續的雷射光束，同時接受地面反射回波，IMU/DGPS 系統記錄每一個雷射發射點的瞬間空間位置和姿態，從而可計算得到雷射反射點的空間位置。

(3) 結合上述兩種數據，便可以計算出地表觀測點的高程與位置。

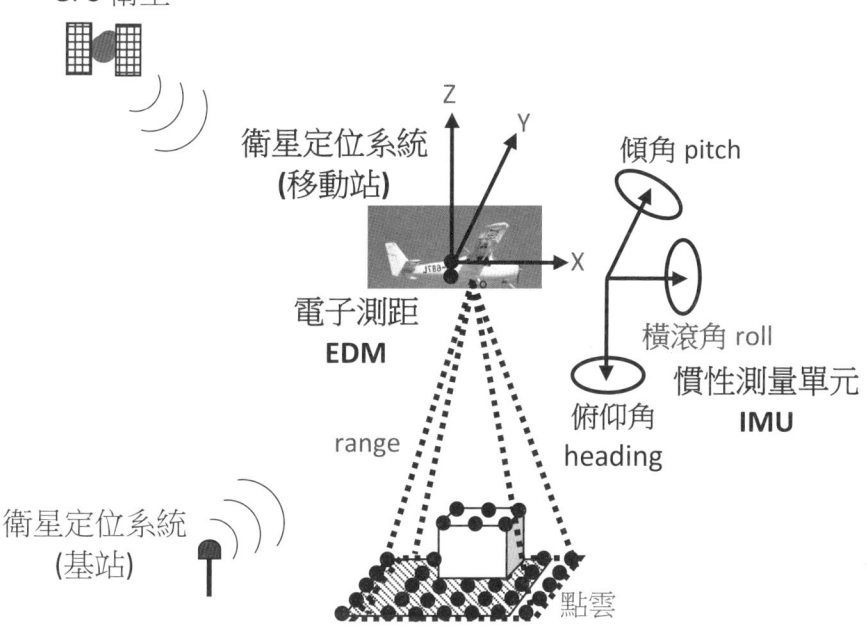

圖 5-6 空載光達系統的組成

## 5-3 雲點處理方法

### 5-3-1 點雲的內容

在獲取物體表面每個採樣點的空間座標後，得到的是一個點的集合，稱之為「點雲」(Point Cloud)。點雲是目標表面特性的海量點集合，用來表現物體的表面形狀。空載光達所產生之原始資料為包含三維空間座標與反射強度 (X, Y, Z, Intensity) 資料，且為多回波 (Multi-return)資訊，資料量非常龐大。強度信息的獲取是雷射掃描儀接受裝置採集到的回波強度，此強度信息與目標的表面材質、粗糙度、入射角方向，以及儀器的發射能量，雷射波長有關。

3D 掃描儀可類比為一部照相機，它們的視線範圍都呈現圓錐狀，資訊的蒐集皆限定在一定的範圍內，因此常需要變換掃描儀與物體的相對位置，經過多次的掃描

以拼湊物體的完整模型。**3D** 掃描儀就像照相機，只是照像機蒐集的資料都是二維的 X、Y 的色彩資料。而 **3D** 雷射掃描儀是測量物體到雷射掃描儀中心原點 (0, 0, 0) 的距離。點雲資料即是大量 (X, Y, Z) 座標點集合。愈高解析度 (高密度) 的點雲可以建立更精確的模型。若搭配照片機或是攝影機掃描儀能夠取得物體表面顏色 (R, G, B)，同時進一步在點雲重建模型的表面上貼上材質，讓點雲模型充滿真實感。

點雲的存檔格式有：

- 雷射測量原理得到的點雲

每個測量點具有一個由掃描儀的方位決定的 (X, Y, Z) 座標值，加上由雷射脈衝特性決定的距離和強度值 (Intensity)。存檔格式

| X1, Y1, Z1, intensity1 |
| X2, Y2, Z2, intensity2 |

其中 X, Y 和 Z 值是指一個特定的座標系。如果該點雲沒有被定位，則默認 y 方向是最經常設置到儀器的方向。註冊後，在 X, Y 和 Z 方向是最經常設置為向東，向北與向上。強度信息與目標的表面材質、粗糙度、入射角方向，以及儀器的發射能量，雷射波長有關，強度值範圍從 0 到 255。

- 結合雷射測量和攝影測量原理得到點雲

每一個測量點具有三維座標 (X, Y, Z, Intensity) 和顏色信息 (R, G, B)。格式

| X1, Y1, Z1, intensity1, R1, G1, B1 |
| X2, Y2, Z2, intensity2, R2, G2, B2 |

其中 R, G, B, 值是指紅、綠、藍色，範圍從 0 到 255。

因此，三維雷射掃描儀每次測量的資料不僅僅包含點的 (X, Y, Z) 資訊，還包括物體反射強度的資訊與 (R, G, B) 顏色資訊，這樣全面的資訊能給人一種物體在電腦裡真實再現的感覺，是一般測量手段無法做到的。

## 5-3-2 點雲的編輯

點雲分類與編修部分，以產製 DEM 為例說明流程 (圖 5-7)：

(1) 消除錯誤點：系統誤差或環境因素可能造成不合理點的產生。另外資料中可能包含雲霧、鳥或其它離散點，這些雷射點不可用於建構 DEM，必須先行消除。

(2) 回波分類：雷射光束具有多重回波性質。雷射光束發射後，會因距離及反射物質不同，使接收到回波的時間亦不同。唯一回波 (only return) 通常是雷射光束自堅硬表面反射，如建物、岩石等無覆蓋物之裸露面；多重回波則是雷射點發射到植生等可能穿透的覆蓋物時的反射。製作 DEM 時以唯一回波和多重回波的最後回波 (last return) 作為起始面。

(3) 不合理點：實務作業時，可能發現少數異常的不合理點，如一片平坦地中有高程明顯不同 (通常低於其他點) 的雷射點，會造成 DEM 及模型錯誤。此不合理點出現原因可能為雷射光束受地形影響產生多次反射，造成雷射掃描儀接收到回波時間延遲。

(4) 地面點過濾：選擇適合之軟體或程式進行地面點過濾，針對不同地形設定不同參數，以求較佳效果。Terrain angle 必須設小 (最大不要超過 60°)，避免 TerraScan 將矮植被一併視為地表造成錯誤。當發生此類型錯誤時，可重設參數重新分類或是以人工加以編修；山區因為地形坡度較大，Terrain angle 須調整為較大，才能使山區過濾出地面點。但山區往往因為植被過於茂密造成雷射點無法穿透或穿透點數極少，使山區地形無法完整表示。

(5) 建立模型 (TIN 方式)：地面點自動過濾完成後，利用過濾出的地面點 (不規則點雲格式) 建立地表擬色模型，可幫助製圖人員編修時對地形的判斷，同時可利用人眼判釋自動過濾成果正確性。

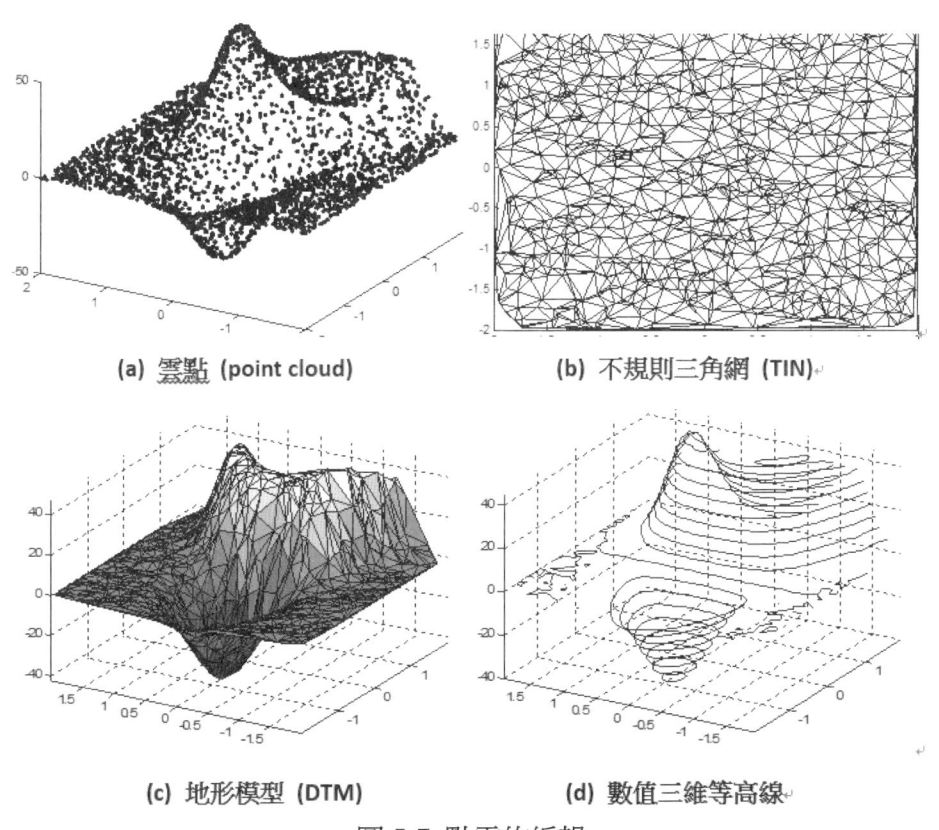

(a) 雲點 (point cloud)  
(b) 不規則三角網 (TIN)  
(c) 地形模型 (DTM)  
(d) 數值三維等高線  

圖 5-7 點雲的編輯

(6) 人工編修：在點雲資料處理過程中，此步驟需要最多人力。因程式或軟體自動過濾的成果無法達到完全正確，需要人工判斷修正。編修的主要目的是將自動過濾錯誤的雷射點分回正確的屬性、消除錯誤點及使地表模型盡量正確。
(7) 點薄化 (Thin points)：點薄化的目的是在點群 (group of points)中，移除非必要的點，以降低點密度。原則為限定之水準距離和高程距離內若有多點存在，僅保留一點代表該點群。
(8) 點平滑化 (Smoothen points)：調整雷射點高程使產生之模型更加平滑，一般使用在地面點類別，目的是移除一些隨機變化的雷射點高程以產生更精確的模型或繪出較平滑表面，則等高線和垂直剖面圖較美觀。平滑化是將點雲分群，以群為單位，利用每個雷射點與其周圍雷射點重覆比較高程的反覆運算過程，求出最佳擬合平面。

## 5-3-3 點雲的處理軟體

點雲軟體經常包含以下功能：

- 可視化 (visualization)：包括平移，傾斜和縮放。
- 編輯 (editing)：包括添加和刪除點，去除噪聲，點抽取。
- 測量 (measurement)：包括距離、角度、面積和體積。
- 註冊 (registration)：能定向點雲到現實世界座標系。
- 整合 (integration)：能夠縫合多次掃描的點雲，例如以控制點法或其它算法。
- 三角化 (create a triangulated surface)：能夠創建不規則三角網 (TIN) (圖 5-8)。
- 擬合 (fitting)：能夠以線、面、和其它形狀最佳擬合點雲團的座標 (圖 5-9)。
- 剖析 (profile)：能夠產生點雲的輪廓和剖面。
- 輸出/輸入 (input/output)：能夠處理各種輸出/輸入格式的檔案 (例如 CADD)。

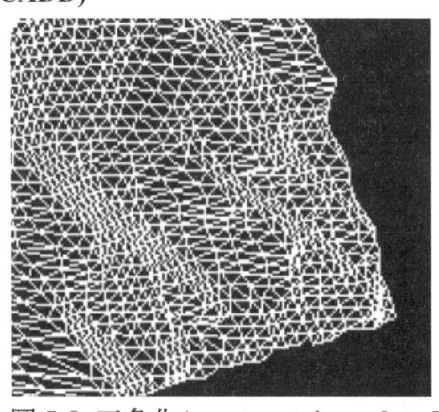

圖 5-8 三角化(create a triangulated surface)：創建不規則三角網 (TIN)

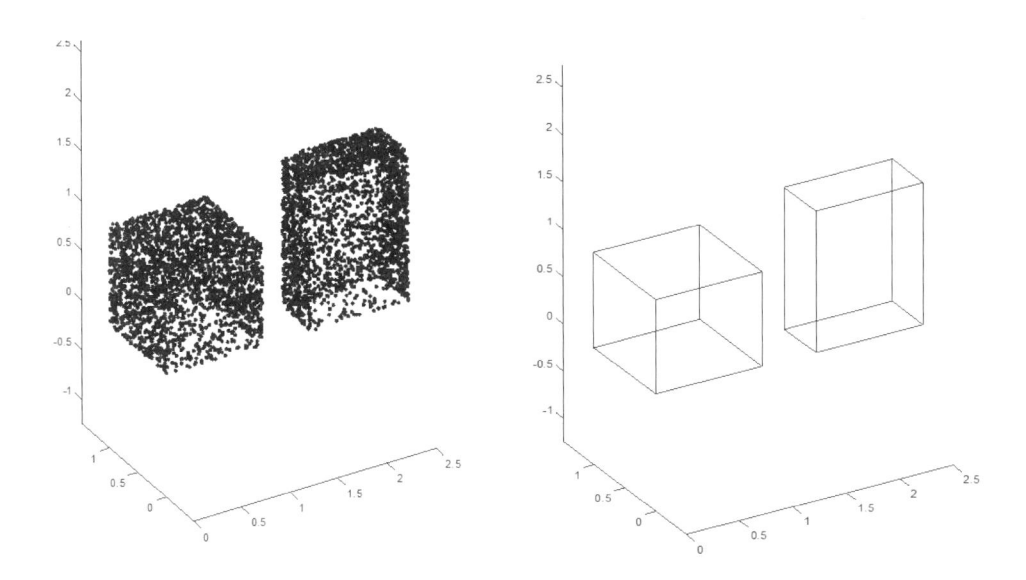

圖 5-9 擬合 (fitting)：以平面最佳擬合點雲團的座標

　　TerraSolid 系列軟體是一套商業化 LiDAR 資料處理軟體，它包括四個模組。
1. **TerraMatch 軟體模組**
　　用於調整雷射點數據裡的系統定向差，並改正雷射點數據的軟體。這些系統定向差被轉化成系統方向，東向 (X)、北向 (Y)、高程 (Z)、俯仰角 (heading)、橫滾角 (roll) 和傾角 (pitch) 的改正值。TerraMatch 能當作雷射掃描儀校正工具來用或者當作一個資料品質改正工具。當把它作為雷射掃描儀校正工具用時，它將解決在雷射掃描儀和慣性測量裝置間未對準問題。最終將偏角，滾角和傾角的改正值應用到全部的資料中。
2. **TerraScan 軟體模組**
　　用來處理 LiDAR 點數據的軟體。功能如下：
    - 三維方式瀏覽資料；
    - 自訂點類別；
    - 雷射點自動 / 手動分類；
    - 互動式判別三維目標(如鐵塔)；
    - 數位化地物；
    - 探測電力線；
    - 向量化房屋；
    - 生成雷射點的截面圖；
    - 輸出點分類。
3. **TerraModeler 軟體模組**
　　用來建立地表模型軟體，可以通過本軟體建立地表、土層或者設計的三角面模型。功能如下：

- 編輯任意獨立點；
- 在圍欄裡移動、升降、推平所有點；
- 構建斷裂線，在模型中添加元素；
- 把模型作為輔助設計的資料參照；
- 把元素降到模型表面，使元素貼近地表面；
- 建立三維的剖面圖；
- 創建等高線圖；
- 創建規則方格網圖；
- 創建坡向圖；
- 創建彩色渲染圖；
- 計算兩個面之間的體積

**4. TerraPhoto 軟體模組**

用來根據航空影像產生正射影像的軟體，是專門用於在 Lidar 系統飛行時產生的影像做正射糾正的，並且要應用雷射點的精確地表模型。整個糾正過程可以在測區中沒有任何控制點條件下執行。

## 5-4 空載光達測量

### 5-4-1 空載光達系統的組成

空載光達是一種主動式對地觀測系統，是九十年代初發展起來並投入商業化應用的一門新興技術。空載光達是一種集合雷射、全球定位系統 (GPS) 和慣性導航系統 (INS) 三種技術於一體的系統，用於獲得資料並生成精確的 DEM。這三種技術的結合，可以高度準確地定位雷射光束打在物體上的光斑。在三維空間資訊的即時獲取方面產生了重大突破，為獲取高時空解析度地球空間資訊提供了一種全新的技術手段。它具有自動化程度高、受天氣影響小、資料生產週期短、精度高等特點。

空載雷射掃描系統為整合雷射測距、光學掃描、全球定位系統及慣性導航系統等先進技術，利用飛行載具快速獲得地表面掃描點的瞬時三維座標。空載光達將雷射掃描儀固定於飛行載臺上，由空中向地面以高頻率發射雷射光束，並由感測器接收反射訊號後，記錄發射脈衝到接收反射訊號之間的時間差，再配合載臺上裝置之 GPS 接收儀及 GPS 地面參考站，將兩者以動態差分方式實施 GPS 衛星定位，輔以 INS 系統的姿態參數進行整合求解，最後求定地面掃描點的三維座標。

空載光達主要包含五個部分 (圖 5-10)：

**(1) 雷射掃描儀 (Laser Scanner)**

雷射掃描儀則能以每秒高達 60000~150000 Hz 的頻率，用於獲取

- 脈衝雷射之發射角度
- 脈衝雷射接收之時間差，以測量感測器到地面點的距離
- 偵測回波以測量地面點的反射強度；

測量距離為離地面 30~2500 m。測量到地面的雷射點密度最高可達 65 個/每平方公尺，正常飛行高度情況下 (航高 800 m)，在植被比較茂密的地區也有一定量的雷射點射到地面上。可利用專業軟體對資料進行處理辨別出地面點或是植被點。

(2) 成像裝置 (主要是數碼相機)

用於獲取對應地面的彩色數碼影像，用於最終製作正射影像。如採用高解析度數碼相機 (2200 萬圖元)，可以獲得高清晰的影像。通過影像與雷射點數據整合處理後，可以得到依比例、含座標和高程的正射影像圖。在不同航高下，可以按需要得到 1:250-1:10000 不同比例尺的正射影像。

(3) 動態差分 GPS

用於測得掃描投影中心的空間三維座標。通過接收衛星的資料，即時精確測定出設備的空間位置，再通過後處理技術與地面基站進行差分計算，精確求得飛行軌跡。由於採用動態差分 GPS，因此除了飛機上要有 GPS 接收儀 (移動站)外，地面也要有 GPS 接收儀(基站)配合。由於飛機上的 GPS 接收儀中心與雷射掃描儀中心並不重合，這屬於系統誤差，因此可以改正。

(4) 慣性測量單元 (Inertial measurement unit，簡稱 IMU)

用於測得掃描裝置主光軸的空間姿態參數 (三軸偏轉角) 及加速度等資訊，直接提供在飛航過程 200 Hz 頻率的精密航跡定位。IMU 是測量物體三軸姿態角 (或角速率) 以及加速度的裝置。一個 IMU 內會裝有三軸的陀螺儀和三個方向的加速度計，來測量物體在三維空間中的角速度和加速度，並以此解算出物體的姿態。為了提高可靠性，還可以為每個軸配備更多的感測器。一般而言，IMU 要安裝在被測物體的重心上。慣性導航系統 (Inertial Navigation System, INS) 由慣性測量元件 (IMU) 及導航電腦所組成。

(5) 控制器 (System Controller)

控制器除了作為操作者的人機介面外，並且記錄上述二項設備之時間標記 (time stamp)，以精確連結定位定向與雷射量測資訊。

其中動態差分 GPS 與慣性測量單元 (IMU) 結合成定位定向系統 (Position and Orientation System, POS)，能以「直接幾何對位」(Direct Geo-referencing) 技術，整合雷射掃描儀的雷射發射角度與測距，標定點雲的三維座標。

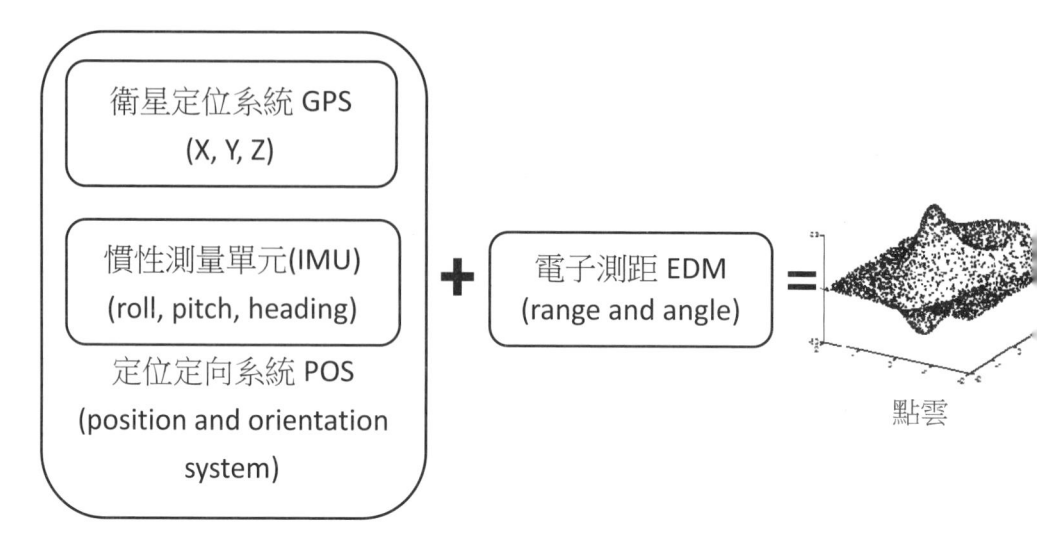

圖 5-10 空載光達系統的組成

## 5-4-2 空載光達系統的應用

　　空載光達是一種集雷射掃描儀 (Scanner)、全球定位系統(GPS)和慣性導航系統(INS)以及高解析度數碼相機等技術於一身的光機電一體化集成系統，用於獲得雷射點雲資料。資料中含有空間三維資訊和雷射強度資訊。應用分類(Classification)技術在這些原始數位表面模型中移除建築物、人造物、覆蓋植物等測點，即可獲得數位高程模型(DEM)，並同時得到地面覆蓋物的高度，並生成精確的數位表面模型(DSM)，同時獲取物體數位正射影像(DOM)資訊。通過對雷射點雲資料的處理，可得到真實的三維場景圖(圖 5-11)。

　　空載光達感測器發射的雷射脈衝能部分地穿透樹林遮擋，直接獲取高精度三維地表地形資料。空載光達資料經過相關軟體資料處理後，可以生成高精度的數位地面模型 DTM、等高線圖，具有傳統攝影測量和地面常規測量技術無法取代的優越性，因此引起了測繪界的濃厚興趣。機載雷射雷達技術的商業化應用，使航測製圖如生成 DEM、等高線和地物要素的自動提取更加便捷，其地面資料通過軟體處理很容易合併到各種數位圖中。

　　空載光達作業時受霾氣及薄霧影響小，且可夜間作業，其高程精度大約 10~15 公分，是現今於地形測量中最熱門的新興測繪科技。空載光達的應用包括生產 DEM 及 DSM、3D 城市模型建立、環境調查、監測、災害防救、海岸地帶與洪患管理等。目前空載光達儀器設備相當昂貴，未來可能有更多公部門有地形測量需求，空載光達技術將是非常適合的工具。

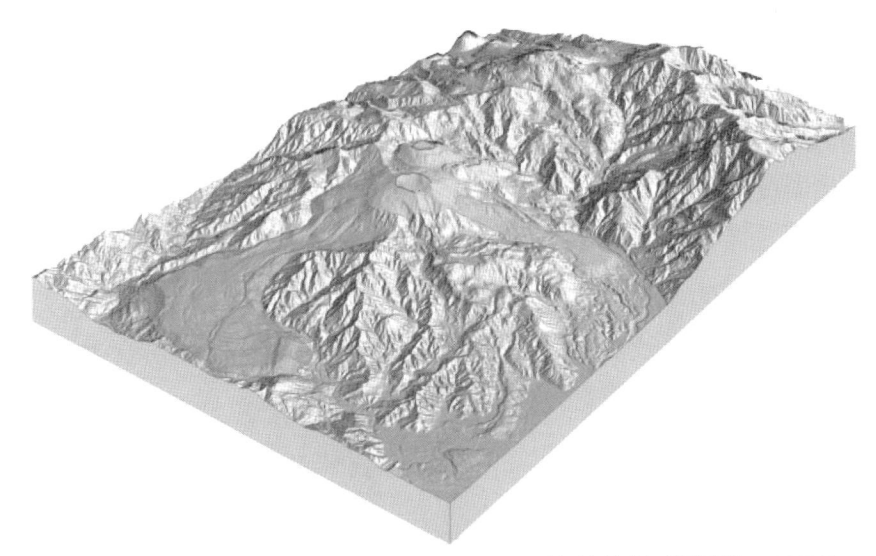

圖 5-11 大屯山群磺嘴山地區之 LiDAR 三維數值地形模型 (DTM)。
(資料來源：地質，第 25 卷，第 3 期，地質調查所測製)

　　空載光達技術在國外的發展和應用已有十幾年的歷史，該技術在地形測繪、環境檢測、三維城市建模等諸多領域具有廣闊的發展前景和應用需求，有可能為測繪行業帶來一場新的技術革命。

　　台灣因為先天地質上與地理上的條件，所以豪雨與地震常引起地形劇烈變動，自然災害已是台灣的常態，自 921 大地震後，各地幾乎逢雨成災，山區土石流也不斷發生，甚至連過去從未傳出災情的地方也難以倖免，各項整治、防災的工程總是來不及應付接踵而來的摧殘，以往所累積的數據已經無法應付所需。因此，必須以更快速、精確的技術，有效對環境資源進行精密監測與調查，而空載光達技術是能夠符合這項需求的新興科技。

　　空載光達技術是獲取廣域高密度與高精度數值地形的有效的工具。同時，數值地形是國家空間資訊基礎建設之核心圖資。因此，推動全國空載光達數值地形資訊平台是國家空間資訊基礎建設與國土保育很重要的工作。新一代空載光達每秒最高可獲得地面上四十萬個點，點高程精確度最高可達五公分。

## 5-5 地面光達測量

　　地面雷射掃描 (Terrestrial Laser Scanning, TLS) 技術即在地面使用雷射雷達的測量技術。也稱為地面光達 (Terrestrial LiDAR, T-LiDAR) ，或基於地面雷射雷達 (ground based LiDAR)。光達也可安裝在移動地面平台(車輛)上，稱為移動雷射掃描 (MLS) ，或稱車載光達。

## 5-5-1 地面光達系統

例如 Trimble TX8 雷射掃描儀 (圖 5-12) 性能如下 (詳細性能見表 5-2)：
- 最遠測距 340 m
- 掃描角度 360×317 度
- 掃描速率可達百萬點/秒
- 距離精度 2 mm
- 採用一級安全雷射

圖 5-12 Trimble TX8 雷射掃描儀

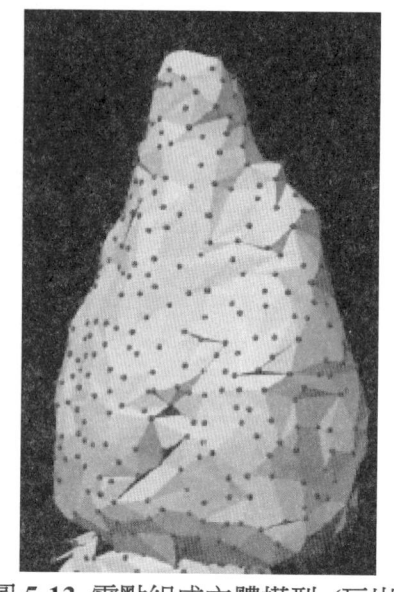

圖 5-13 雲點組成立體模型 (巨岩)

地面光達系統的使用流程如下：

1. 安置掃描儀：掃描儀不需要的水平；然而定平可以簡化掃描儀的定位 (registration) 過程。
2. 輸入掃描參數：使用膝上計算機或手持裝置，輸入掃描範圍與掃描點間距等參數。
3. 定位掃描儀：方法包括在場景中放置已知座標的目標，以建立掃描儀的位置和方向。
4. 進行點雲掃描：如果使用「飛行時間 (time-of-flight)」掃描儀，通常需要每次掃描 5-25 分鐘，以產生數萬個點的點雲。如果使用「相位位移 (phase-shift)」掃描儀只需不到一分鐘。
5. 拍攝數字影像：每次雷射雷達掃描都要配合高分辨率數字影像。大多數掃描儀自動捕捉使用內置攝影鏡頭的影像。某些相機被安裝在掃描儀的內部，一些安裝在外面。只要知道攝影鏡頭相對於雷射掃描中心的位置，以及攝像機特徵的

攝像機的位置，即可產生一個彩色點雲，並且可以使用紋理映射技術來疊加數字影像到點雲上。

6. 產生點雲檔案：點雲檔案可進一步用分析軟件處理，例如建立立體模型 (圖 5-13)。

表 5-2 Trimble TX8 雷射掃描儀

| | | |
|---|---|---|
| 基本 | 掃描原理 | 水準旋轉基礎上的豎直旋轉鏡 |
| | 測距原理 | 由天寶 Lightning™閃電技術提供的超高速脈衝雷射 |
| | 掃描速度 | 1 百萬點/秒 |
| | 最大測程 | 120 m (在大多數表面上)<br>340 m (使用升級選項) |
| | 測程雜訊 | <2 mm (在大多數表面上，標準掃描模式)<br><1 mm (高精度掃描模式 2) |
| 距離測量 | 雷射等級 | 1 類，對人眼安全，依據國際電工委員會雷射等級測試標準 EN60825-1 |
| | 雷射光束直徑 | 6 mm (在 10 m 處)<br>10 mm (在 30 m 處)<br>34 mm (在 100 m 處) |
| | 最小測程 | 0.6 m |
| | 最大標準測程 | 120 m，對於 18–90% 反射率的對象 |
| 掃描 | 視場 | 360°×317° |
| | 測角精度 | 8" |

| 掃描指標 | 1 級 | 2 級 | 3 級 | 擴展模式 1 |
|---|---|---|---|---|
| 最大測程 | 120 m | 120 m | 120 m | 340 m |
| 一站掃描用時 | 2:00 (分:秒) | 3:00 (分:秒) | 10:00 (分:秒) | 14:00 (分:秒) |
| 30 米處點間距 | 22.6 mm | 11.3 mm | 5.7 mm | 7.5 mm |
| 反射鏡旋轉速度 | 60 轉/秒 | 60 轉/秒 | 30 轉/秒 | 16 轉/秒 |
| 有效掃描速度 | 0.5 百萬點/秒 | 1 百萬點/秒 | 1 百萬點/秒 | 0.4 百萬點/秒 |
| 一站總點數 | 3400 萬點 | 1.38 億點 | 5.55 億點 | 3.12 億點 |

地面光達系統的定位 (registration) 方法有兩種：

1. 位置與方向定位

最常用的方法是在掃描範圍放置三個或更多個座標 (例如 UTM 座標) 已知的點,利用空間座標轉換法,可以得到七參數轉換空間直角座標之間的轉換公式。

2. 方向定位

對於一些應用 (如邊坡穩定) 僅方向需要註冊。這意味著該點雲的方向正確,但三維座標未被註冊到一個已知的座標系。在這些情況下,簡單的登記方法是可能的,例如僅測量掃描儀的方向,而沒有測量位置。在這種情況下,方向由三個角度決定:掃描儀視線的方位角、沿著視線方向的傾斜角、垂直於視線方向的傾斜角。

## 5-5-2 車載光達系統

車載三維雷射掃描儀的系統感測器部分集成在一個可穩固連接在普通車頂行李架或定製部件的過渡板上。支架可以分別調整雷射感測器頭、數碼相機、IMU 與 GPS 天線的姿態或位置。高強度的結構足以保證感測器頭與導航設備間的相對姿態和位置關係穩定不變。

車載三維雷射掃描儀的應用包括:

(1) 公路測量、維護和勘察
(2) 公路資產清查 (交通標誌、隔音障、護欄、下水道口、排水溝等)
(3) 公路檢測 (車轍、道路表面、道路變形)
(4) 公路幾何模型 (橫向和縱向的剖面分析)
(5) 公路結構體測量 (立體交叉橋)
(6) 公路駕駛視野和安全分析
(7) 土石方量分析
(8) 滑坡危害分析 (滑坡變形測量與危害分析、滑石和流水分析)
(9) 淹水評估分析

## 5-6 本章摘要

1. 按照載體的不同,光達系統可分為二類:(1) 空載光達 (Airborne LiDAR) (2) 地面光達 (Terrestrial LiDAR)。
2. 光達的優點:參考第 5-1-5 節。
3. 三維雷射掃描儀可分為二類:(1) 飛行時間 (time-of-flight) 掃描儀 (2) 相位位移 (phase-shift) 掃描儀。
4. 點雲的資訊:三維座標(X, Y, Z)、強度、顏色(R, G, B)。
5. 點雲軟體經常包含以下功能:(1) 可視化 (visualization) (2) 編輯 (editing) (3) 測量 (measurement) (4) 註冊 (registration) (5) 整合 (integration) (6) 三角化

(create a triangulated surface) (7) 擬合 (fitting) (8) 剖析 (profile) (9) 輸出/輸入 (input/output)。
6. 空載光達主要包含五個部分：(1) 雷射掃描儀 (Laser Scanner) (2) 成像裝置 (主要是數碼相機) (3) 動態差分 GPS (4) 慣性測量單元 (Inertial measurement unit，IMU) (5) 控制器 (System Controller)。
7. 地面光達系統的定位 (registration) 方法有兩種：(1) 位置與方向定位 (2) 方向定位。

## 習題

**5-1 本章提示 ～ 5-2 光達測量原理**
(1) 按照載體的不同，光達系統可分為哪幾類？
(2) 光達的優點為何？
(3) 三維雷射掃描儀可分為哪幾類？
[解] (1) 空載光達、地面光達。(2) 見第 5-1-5 節。(3) 飛行時間 (time-of-flight) 掃描儀、相位位移 (phase-shift) 掃描儀。

**5-3 雲點處理方法**
(1) 點雲資料包括哪些資訊？
(2) 點雲軟體經常包含哪些功能？
[解] (1) 見第 5-3-1 節 (2) 見第 5-3-3 節

**5-4 空載光達測量 ～ 5-5 地面光達測量**
(1) 空載光達的組成包含哪些元件？
(2) 地面光達系統的使用流程為何？
(3) 地面光達系統的定位 (registration) 方法有哪些？
[解] (1) 雷射掃描儀、成像裝置、動態差分 GPS、慣性測量單元 IMU、控制器。
(2) 見第 5-5-1 節。(3) 位置與方向定位、方向定位。

測量定位多根據幾何定位原理進行，如GPS為根據「交弧法」、立體攝影測量進行立體繪製時根據「前方交會法」、空載光達根據「輻射法」。請分別就以上三種幾何定位原理，繪圖並配合文字說明圖形條件與成果座標間不確定度之關係。[101 土木技師]
[解]

**(1)** GPS 根據「交弧法」：基本上是距離交會法。見第 **7-3** 節。

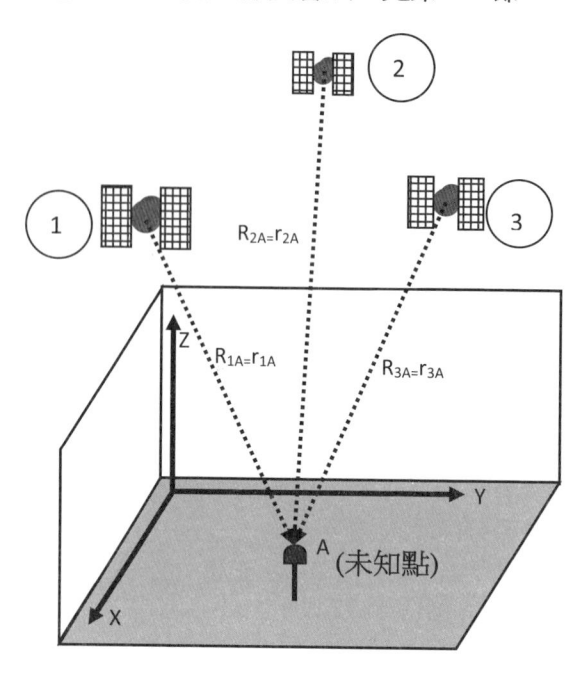

**GPS 定位原理：三維空間中的距離交會法**

**(2)** 立體攝影測量根據「前方交會法」：是共線方程式的應用。見第 **13-4-2** 節。

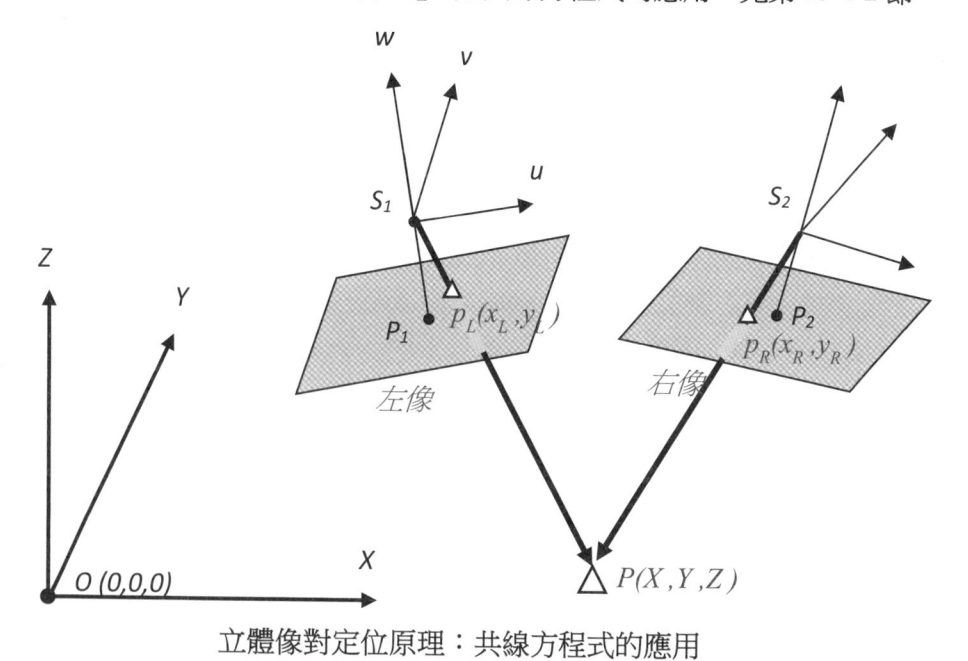

**立體像對定位原理：共線方程式的應用**

**(3)** 空載光達根據「輻射法」：基本上是測角測距法。見 **5-2-3** 節。

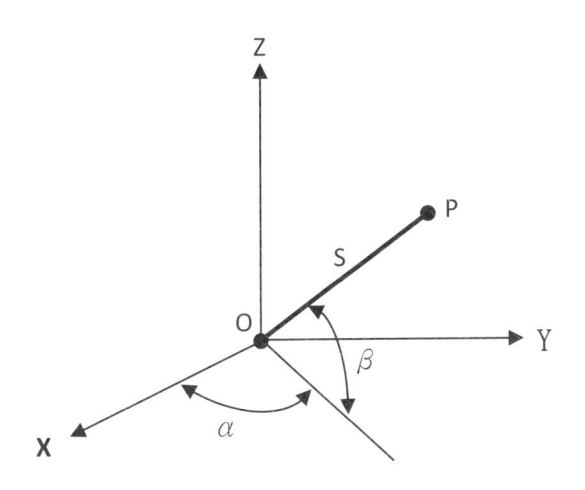

三維雷射掃描系統幾何定位原理：測角測距法

# 第 6 章　攝影測量簡介

**6-1** 本章提示
  **6-1-1** 攝影測量：概論
  **6-1-2** 攝影測量的分類：依發展的階段
  **6-1-3** 攝影測量的分類：依測量的方法
**6-2** 航空攝影測量概論
  **6-2-1** 航空攝影測量概論
  **6-2-2** 正射投影與中心投影
  **6-2-3** 視點方向對攝影成像的影響
  **6-2-4** 視點位置對攝影成像的影響
  **6-2-5** 透視角對攝影成像的影響
  **6-2-6** 航測像片與地圖的差別
  **6-2-7** 航空攝影測量的優點
**6-3** 航空攝影測量基礎 1：內方位參數與外方位參數
  **6-3-1** 航空攝影相機分類
  **6-3-2** 座標系統
  **6-3-3** 內方位參數與內定向
  **6-3-4** 外方位參數與外定向
**6-4** 航空攝影測量基礎 2：共線方程式與共面方程式
  **6-4-1** 共線方程式
  **6-4-2** 共線方程式的應用
  **6-4-3** 航測像片的簡化計算是共線方程式的簡化
  **6-4-4** 共面方程式
**6-5** 航空攝影測量基礎 3：後方—前方交會解法
  **6-5-1** 單像空間的後方交會
  **6-5-2** 立體像對的前方交會
**6-6** 航空攝影測量基礎 4：相對—絕對定位解法
  **6-6-1** 立體像對的相對定位
  **6-6-2** 立體模型的絕對定位
  **6-6-3** 相對—絕對定位之應用
**6-7** 航空攝影測量程序概論
**6-8** 航空攝影測量程序 1：航空攝影

6-8-1 航空攝影
　　　6-8-2 航測像片的簡化計算
　　　6-8-3 航測像片的傾斜與投影誤差
　　　6-8-4 像片判讀與調繪
6-9 航空攝影測量程序 2：控制測量
6-10 航空攝影測量程序 3：影像匹配
　　　6-10-1 概論
　　　6-10-2 特徵的提取
　　　6-10-3 特徵的匹配
　　　6-10-4 核線的產生
6-11 航空攝影測量程序 4：模型解析
　　　6-11-1 解析空中三角測量
　　　6-11-2 直接定位法：GPS+INS 航空測量概論
6-12 航空攝影測量程序 5：數值高程模型(DEM)
6-13 航空攝影測量程序 6：正射影像圖(DOM)
　　　6-13-1 概論
　　　6-13-2 數字微分糾正
　　　6-13-3 反解法（間接法）數字微分糾正
　　　6-13-4 正解法（直接法）數字微分糾正
6-14 航空攝影測量系統
6-15 無人飛行系統 (UAS)
　　　6-15-1 UAS 的定義及組成
　　　6-15-2 UAS 航測與傳統航測及近景攝影測量之不同
　　　6-15-3 UAS 航測的優缺點
　　　6-15-4 UAS 航測工作流程 1：航空攝影
　　　6-15-5 UAS 航測工作流程 2：控制測量
　　　6-15-6 UAS 航測工作流程 3：影像匹配
　　　6-15-7 UAS 航測工作流程 4：模型解析
　　　6-15-8 UAS 航測工作流程 5：數值高程模型(DEM)
　　　6-15-9 UAS 航測工作流程 6：正射影像圖(DOM)
　　　6-15-10 UAS 航測工作流程 7：UAS 製作 3D 模型
6-16 近景攝影測量
　　　6-16-1 概論

6-16-2 近景攝影測量之發展歷史
6-16-3 近景攝影測量與航空攝影測量之比較
6-16-4 近景攝影測量之攝影機
6-16-5 近景攝影測量之方法與程序
6-16-6 直接線性轉換法之簡介
6-16-7 直接線性轉換法之數學模式
6-16-8 直接線性轉換法之特例
6-16-9 直接線性轉換法之應用
6-16-10 近景攝影測量之優缺點
6-17 遙感探測
　　6-17-1 概論
　　6-17-2 遙感探測的原理
　　6-17-3 遙感探測的解析度
　　6-17-4 遙感探測的衛星系統
　　6-17-5 遙感探測的方法與程序
6-18 本章摘要

# 6-1 本章提示

## 6-1-1 攝影測量：概論

攝影測量法（**Photogrammetry**）是一種利用被攝物體影像來重建物體空間位置和三維形狀的技術，它的歷史和照片的歷史相當，可以上溯到 19 世紀中葉。攝影測量法應用於多個領域，除了被考古學家用於快速繪製大型和複雜建築遺址的詳細地圖以及被氣象學家用於測得龍捲風的實際風速外，它還可在地形圖繪製、建築學、工程學、生產製造、質量控制、警方偵察和地質學等方面發揮效用。在電影的後期製作中，攝影測量法也被用於將演員的真實動作融合到計算機虛擬場景中。

攝影測量的特點之一是在像片上進行量測與判釋，無需接觸被測目標物體的本身，因此很少受到自然環境條件的限制。而且像片與其它各種類型影像均是客觀的真實反映目標物體，影像訊息豐富、逼真，人們可以從中獲得目標物體的大量幾何訊息與物理訊息。

攝影測量目的可以分為兩大類：

(1) **量度的攝影測量(Metrical Photogrammetry)**，主要是對所獲取之影像進行「量」的量測，藉以獲得地面點位的三維座標，再進而繪出平面圖或地形圖；

(2) 像片判讀(Photograph Interpretation)，主要是對影像進行「質」的分析與評估。例如地表是裸露或植被。

## 6-1-2 攝影測量的分類：依發展的階段

攝影測量法依發展的階段可以分成三種 (圖 6-1 與表 6-1)：

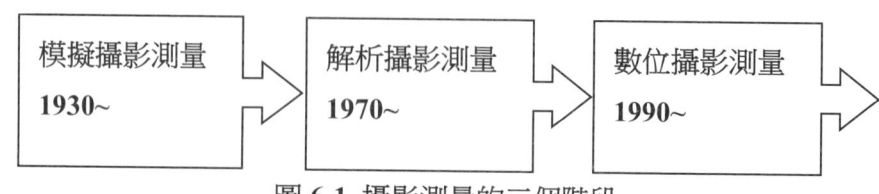

```
┌─────────────┐   ┌─────────────┐   ┌─────────────┐
│ 模擬攝影測量 │ → │ 解析攝影測量 │ → │ 數位攝影測量 │ →
│   1930~     │   │   1970~     │   │   1990~     │
└─────────────┘   └─────────────┘   └─────────────┘
```

圖 6-1 攝影測量的三個階段

**1. 模擬攝影測量**

亦稱為類比攝影測量，是攝影測量發展的第一個階段，是指利用許多拍攝點不相同、但有重疊部分的影像，應用人眼產生立體視覺的原理，來模擬立體效果，進行量測、繪製地形圖等。即利用光學－機械投影器模擬攝影過程，將空中拍攝地面之「像對」置於立體製圖儀的投影器上，以人工方式恢復「像對」拍攝瞬間的方位關係，並以光線交會的方式組成立體模型，如此便可透過立體製圖儀看到地面之立體模型影像，再直接量測被攝物體的空間位置，進而繪製出地形圖。所有處理過程都必須靠人力的投入。20 世紀 30 年代以來，攝影測量基本上都是使用模擬式的解法，但 70 年代以後，隨著解析攝影測量的崛起，模擬攝影測量已經被淘汰。

**2. 解析攝影測量**

是攝影測量發展的第二個階段，是指利用攝影機或其它感測器獲得的資訊，使用數學解析方法進行測點、測圖或空中三角測量的技術。即「以數字投影代替光學機械的物理投影」，通過照像機的參數，測量像片座標和地面控制點，經縝密地數學計算得出物體空間座標的一種方法。即利用兩大原理建立「相對」立體模型：

(1) 共直線方程式：一個照相機對一個地物點的投影線為一直線，即照相機的視點、像片上的像點、地物點三點共直線，可建立共直線方程式。

(2) 共平面方程式：兩個照相機對同一個地物點的投影線相交，即兩投影線共平面，可建立共平面方程式。

再利用相對立體模型中的點的座標進行空間相似變換，建立「絕對」立體模型。共直線方程式、共平面方程式是解析攝影測量最基本的方程式。

控制點的攝影測量加密是攝影測量的一項主要內容，以往控制點的加密主要採取圖解法或光學機械法，隨著電子計算機工業的發展，測繪計算也採用了計算機，

現今控制點的加密都採用解析空中三角測量，它可以根據少量的地面控制點，按最小二乘的原理進行平差計算，解求出各加密點的地面座標。即以電子計算機進行空中三角測量解算，得以有效地進行內業加密像片控制點，以半自動化之計算機輔助作業，解決人工定方位、組立體模型及許多測圖的瑣碎過程。

70 年代以後，電腦功能的不斷增強、價格不斷下降和解析方式的靈活性，促使解析攝影測量迅速發展，攝影測量逐步由類比方式向解析的方式過渡。解析空中三角測量已得到普遍的應用，並為攝影測量發展的第三階段「數位攝影測量」，即自動化的攝影測量打下了基礎。

3. 數位攝影測量

是攝影測量發展的第三個階段。隨著計算機技術的發展以及數字圖像處理等技術的應用，傳統攝影測量中的尋找和量測同名像點等工作，已經完全可以由計算機來完成。使得工程界可以用相對低廉計算機及其相應的軟體代替價格昂貴的精密光學儀器，使攝影測量得到了更廣泛的應用。數位攝影測量所使用的數據來自數字影像或數字化影像，經過處理可以直接得到數字產品和可視化產品。

全數位攝影測量則是指「基於數位影像和攝影測量的基本原理，應用數值圖像處理、模式識別、人工智慧、專家系統、計算機視覺等影像相關技術，將像片上的灰度轉換成電子訊號後，再轉成數值訊號，形成數值影像，提取所攝對象以數位方式表達的幾何與物理資訊的攝影測量學的分支學科。」這種定義認為，在數位攝影測量過程中，不僅產品是數位的，而且中間資料的記錄以及處理的原始資料均是數位的。

表 6-1 攝影測量的三個階段

| 攝影測量法 | 原始資料 | 投影方式 | 儀器 | 操作 | 產出 |
|---|---|---|---|---|---|
| 模擬攝影測量 1930- | 像片 | 物理 | 模擬測圖儀 | 手工 | 模擬 |
| 解析攝影測量 1970- | 像片 | 數字 | 解析測圖儀 | 半自動 | 模擬/數字 |
| 數位攝影測量 1990- | 像片、數位影像 | 數字 | 電腦系統 | 自動化+人工干預 | 數字/模擬 |

## 6-1-3 攝影測量的分類：依測量的方法

攝影測量法依處理對象可以分成：

**(1) 航空攝影測量 (Aerial photogrammetry)**

如圖 6-2，又稱空中測量，是一種遙距感應的測量方法，測量者本身並沒有親身接觸過所測量的事物，而只利用探測工具從空中量度或感應地面上被測量物的特質和位置。其主要目的是得到立體空間中，各種物體的形狀、位置和特性（例如：地質狀況、植被生長情況、建築物的種類等）。一般常用的空中測量工具包含照相機、測光掃描儀、熱感探測器、雷達系統等。應用範圍可從學術研究、地理資訊系統、各種工程的設計與規劃、災害分析，到軍事目的等。

航空攝影測量即在飛機上裝載量測型相機，於空中拍照後，透過地面控制測量、重疊像對以及光束法空中三角平差演算，即可恢復拍攝瞬間相機的姿態 (三軸旋轉角)與位置 (三維座標值)，此階段稱為「後方交會」。再以這些相機參數為基礎來解算所拍攝影像物體之物方空間座標，此階段稱為「前方交會」。航照影像可進一步產製數值地形模型 (DTM)、數值表面模型 (DSM) 等，多時期的航照經過相對定位後，可用來觀察地表的變遷，以及歷史人文的變化。除此之外，航照影像亦能用來進行建物模型之製作。

**(2) 近景攝影測量 (Close-Range Photogrammetry)**

如圖 6-3，是指利用對距離不大於 300 公尺的目標物攝取的立體像對進行的攝影測量。其主要的目的為從拍攝的像片中重建物體的三維數位型式。其方法是從兩幅以上影像中獲取物體的同名點的像平面座標，配合相機參數來解算物體之物方空間座標。

由於近景攝影的處理範圍是小尺度的，使人們更易觀察出由空中攝影所不易見的細微地方，甚至對於空中攝影無法拍攝到的地區，利用近景攝影技術更能彌補其缺憾，由此說來，空中拍攝及地景攝影乃相輔相成。近景攝影測量可劃分為建築攝影測量、工業攝影測量和生物醫學攝影測量等。其中建築攝影測量包括亭臺樓閣等古老建築或石窟雕琢的等值線圖、立面圖、平面圖的製作，可用於古蹟遺址的發掘和歷史文物的複製等。

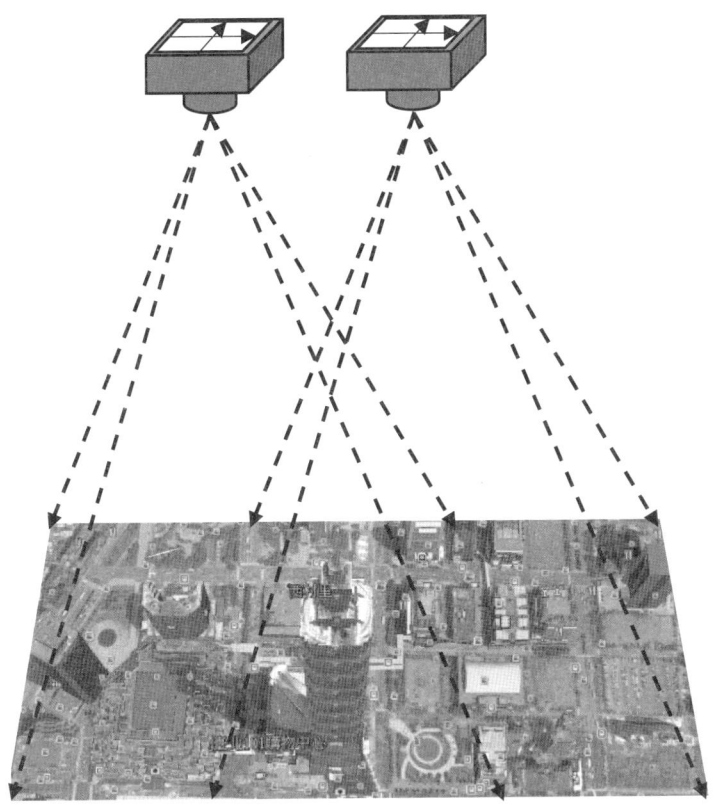

圖 6-2 航空攝影測量 (Aerial photogrammetry)

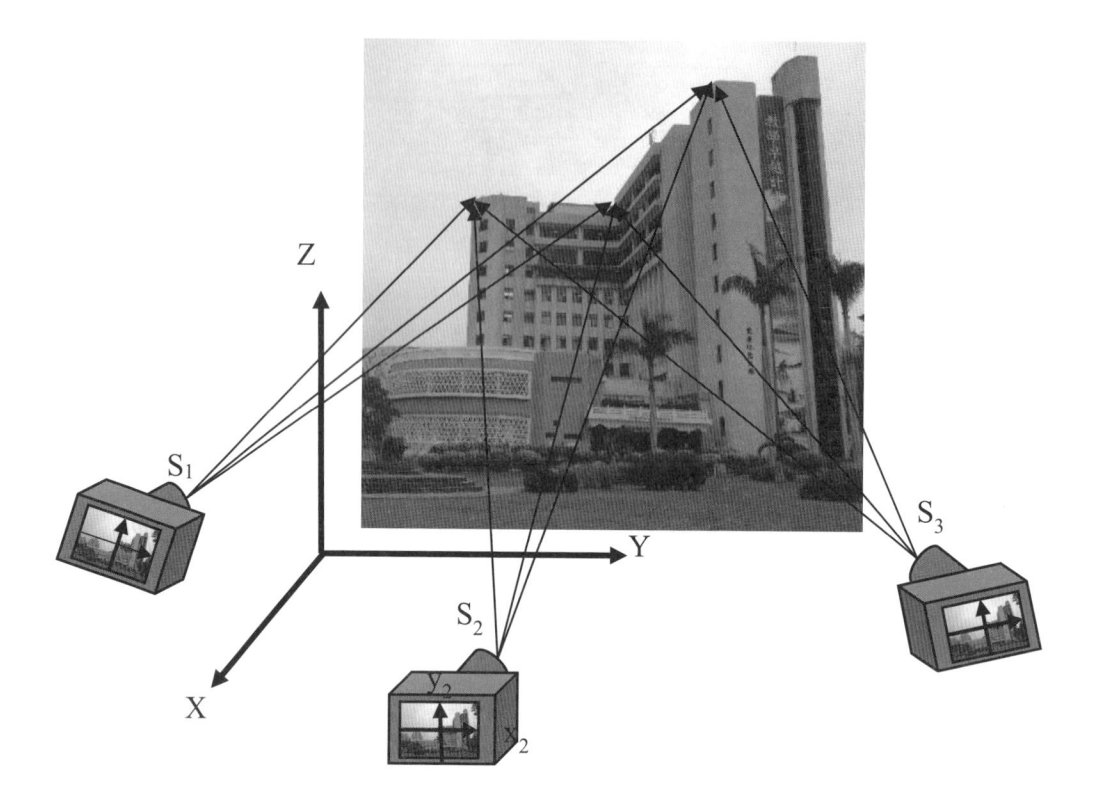

圖 6-3 近景攝影測量 (Close-Range Photogrammetr)

## 6-2 航空攝影測量概論

### 6-2-1 航空攝影測量概論

　　航空攝影一般採用垂直攝影 (圖 6-4)。攝影機鏡頭中心垂直於聚焦平面（膠片平面）的連線稱為相機的主軸線。航測上規定當主軸線與鉛垂線方向的夾角小於 3° 時為垂直攝影。攝影測量通常採用立體攝影測量方法採集某一地區空間資料，即對同一地區同時攝取兩張或多張重疊的像片，在室內的光學儀器上 (模擬法) 或電腦內 (解析法) 恢復它們的攝影方位，重構地形表面，即把野外的地形表面搬到室內進行觀測 (模擬法) 或解算 (解析法)。航測上對立體覆蓋的要求是當飛機沿一條航線飛行時，相機拍攝的任意相鄰兩張像片的航向重疊不少於 **55%-65%**，在相鄰航線上的兩張相鄰像片的旁向重疊不少於 **30%-40%**。

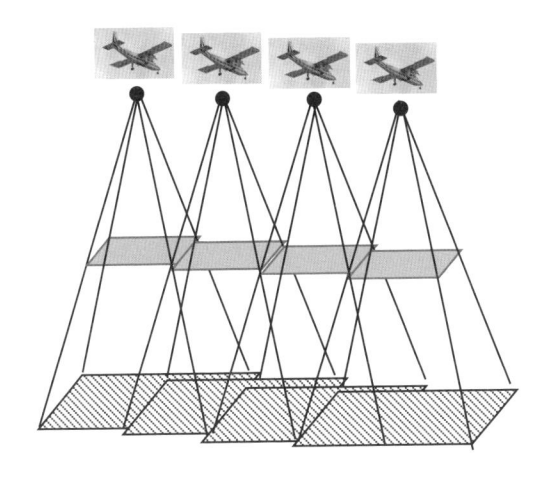

圖 6-4　航空射影測量是中心投影

## 6-2-2　正射投影與中心投影

　　由一點放射的投射線所產生的投影稱為中心投影，由相互平行的投射線所產生的投影稱為平行投影 (圖 6-5 與圖 6-6)。平行投影投射線如果垂直於投影面稱為正射投影，否則為傾斜投影。攝影測量是中心投影 (圖 6-5(b))，平面圖則是正射投影 (圖 6-5(c))。但透過為紛糾正技術，可以由攝影測量成果產生正射投影的平面圖。

　　航空攝影測量根據在航空飛行器上拍攝的地面像片，獲取地面資訊，測繪地形圖。主要用於測繪 1:1000～1:100000 各類比例尺的地形圖。用框標 (Fiducial Mark) 航攝機，按照嚴格的航攝要求攝得的航攝像片是航空攝影測量的基本資料。

　　航空攝影測量的主題，是將地面的中心投影（航攝像片）變換為正射投影（地形圖）。這一問題可以採取許多途徑來解決。如模擬法和解析法等。20 世紀 30 年代以後，攝影過程的幾何反轉都是應用各種結構複雜的光學機械的精密儀器來實現的。50 年代，開始應用數學解析的方式來實現。數學解析的基本概念包括像片的內方位元素和外方位元元素，基本原理包括共直線方程式、共平面方程式、像對的相對定向、模型的絕對定向等。

6-10　第 6 章　攝影測量簡介

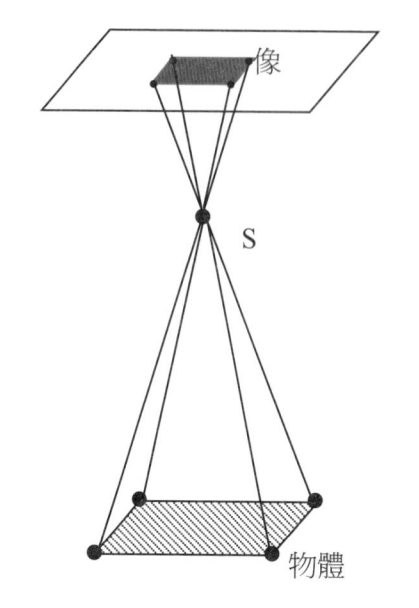

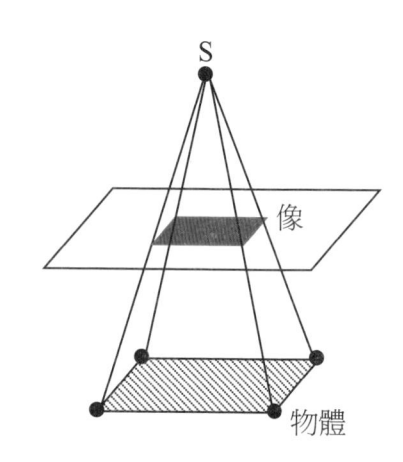

**圖 6-5(a)** 中心投影 (攝影測量是中心投影)

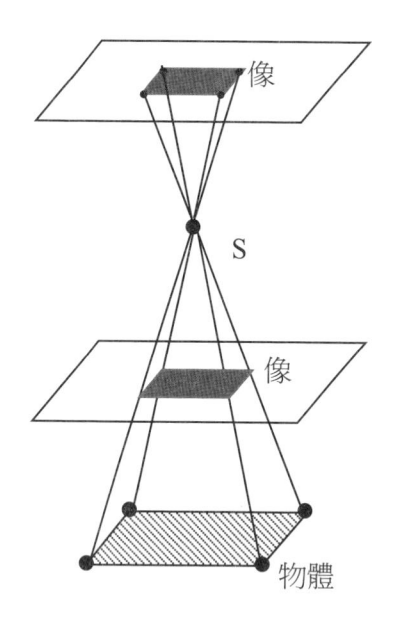

**圖 6-5(b)** 中心投影的對稱性

**圖 6-5(c)** 正射投影

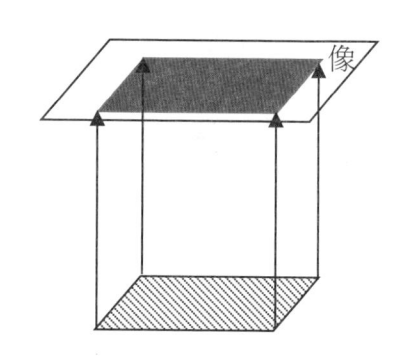

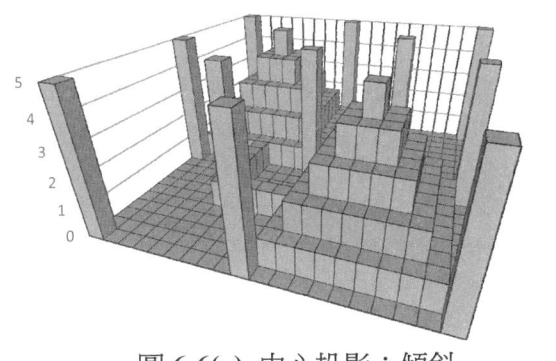

圖 6-6(a) 中心投影：傾斜　　　圖 6-6(b) 平行投影：傾斜

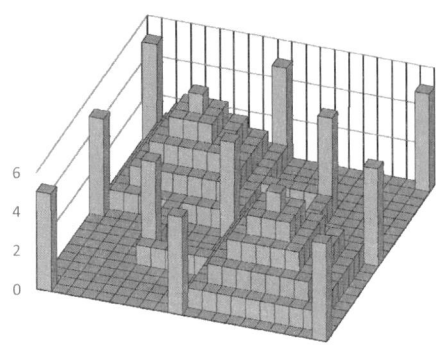

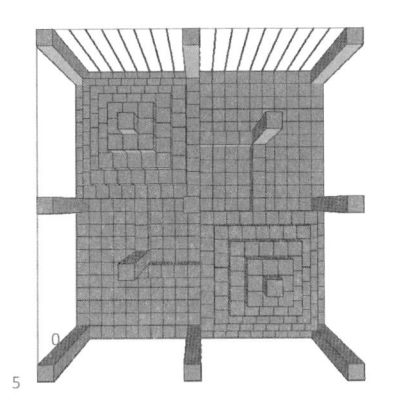

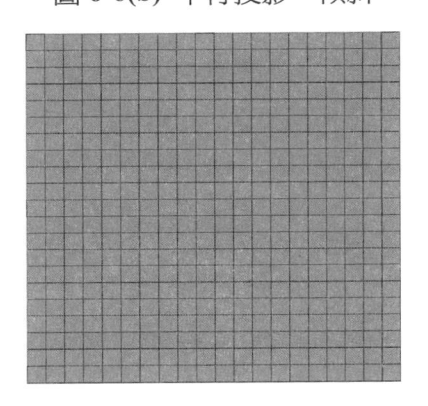

圖 6-6(c) 中心投影：垂直　　　圖 6-6(d) 平行投影：垂直 (正射投影)

## 6-2-3 視點方向對攝影成像的影響

　　由一點放射的投射線所產生的投影稱為中心投影，其視點的方向會影響攝影獲得的影像：

1. 水平角度：例如圖 6-7(a) 的 101 大樓，由大樓的垂直線來判斷，垂直線相對於地面點約南偏東 15 度，故視點位於 101 大樓的北偏西 15 度。同理，圖 (b) 的垂直線相對於地面點約西偏北 20 度，故視點位於 101 大樓的東偏南 20 度。
2. 垂直角度(傾角)：例如圖 6-8 中，假設部分地表原本是整齊的方格，則
(1) 當投影的中心投影線垂直於投影面時，原來的平行線仍為平行線，原來的正方形仍為正方形。
(2) 當投影的中心投影線不垂直於投影面時，原來的平行線會交於遠處的一點，原來的正方形不再是正方形。
(3) 當投影的中心投影線傾斜較大時，位在邊緣的投影線超過水平線，則投影面上出現地平線。

6-12　第 6 章　攝影測量簡介

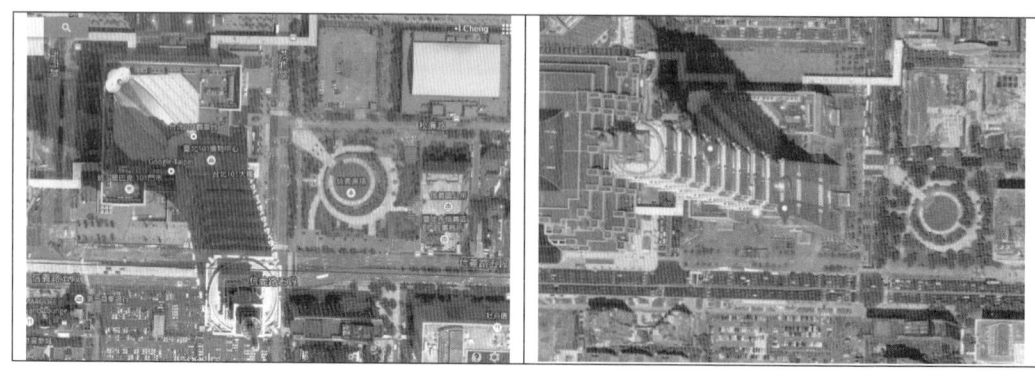

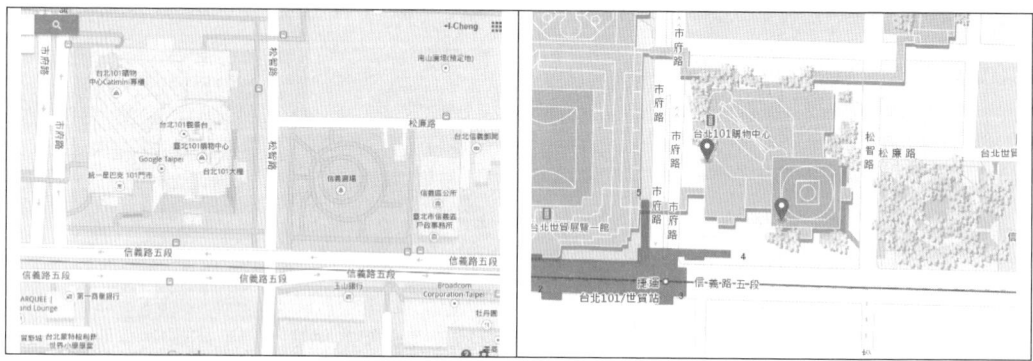

圖 6-7　航空射影測量：水平角度的影響

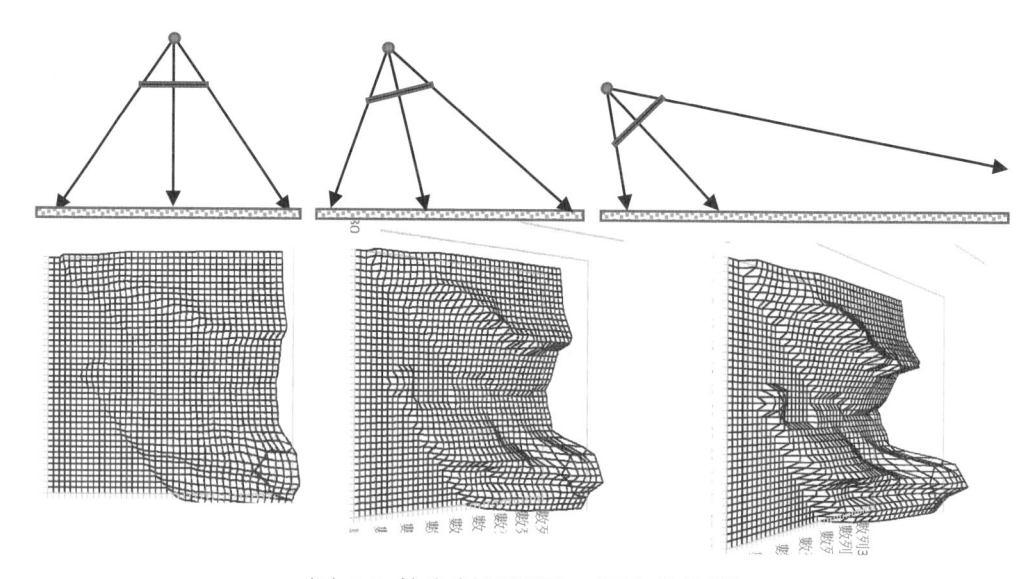

圖 6-8　航空射影測量：傾角的影響

## 6-2-4 視點位置對攝影成像的影響

視點的位置會影響攝影獲得的影像：

1. 水平位置：例如圖 6-9(a)的建築群，當採用垂直射影時，視點位於不同的水平位置產生的影像如圖 6-9(b)(c)(d)。
2. 垂直高度：例如圖 6-10 的地形，當採用垂直射影時，視點位於不同的垂直高度產生的影像如圖 6-11。

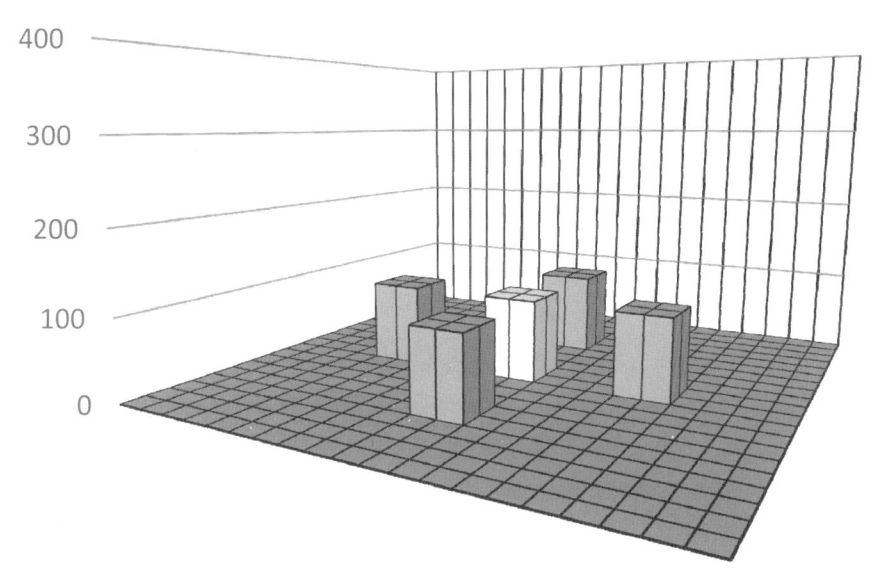

**(a) 中心投影：傾斜**

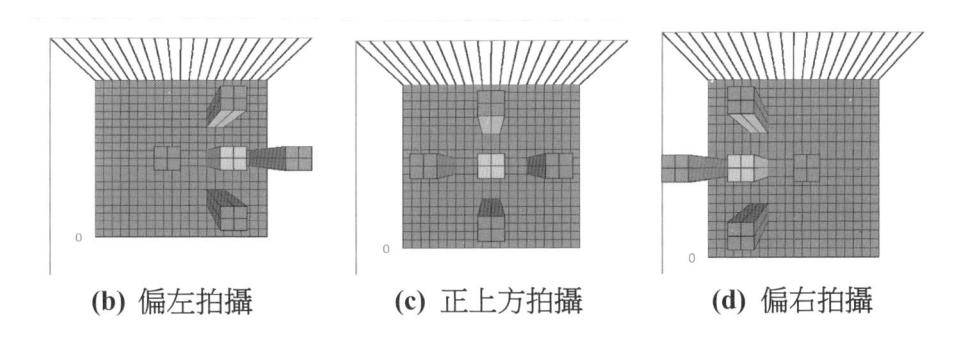

**(b) 偏左拍攝**　　**(c) 正上方拍攝**　　**(d) 偏右拍攝**

圖 6-9 航空射影測量：視點平面位置的影響

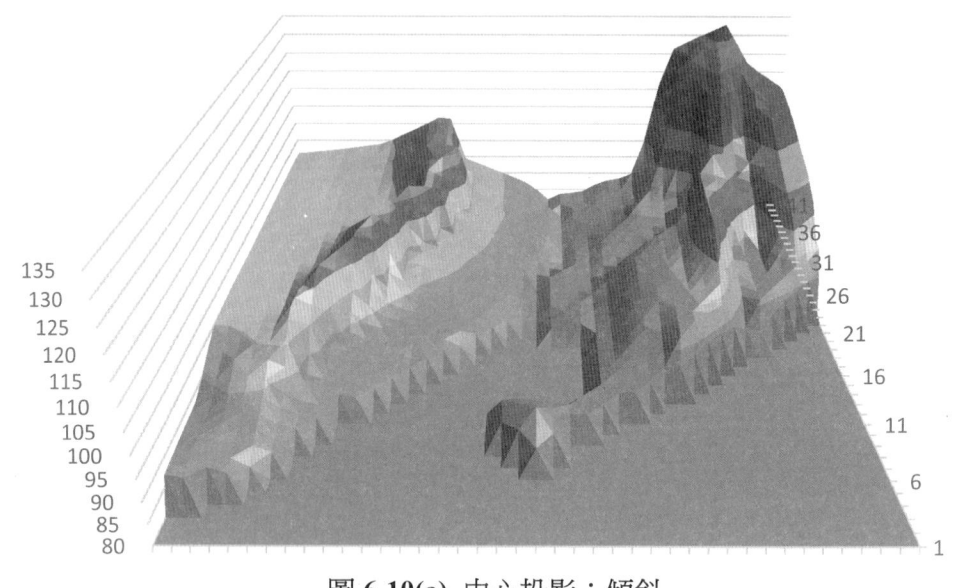

圖 **6-10(a)** 中心投影：傾斜

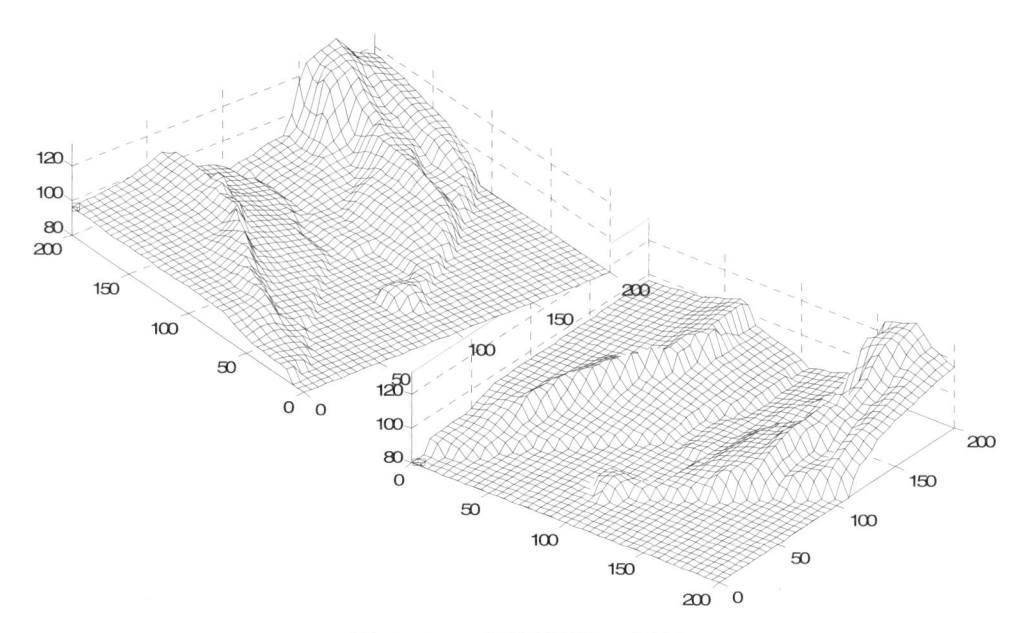

圖 **6-10(b)** 平行投影：傾斜

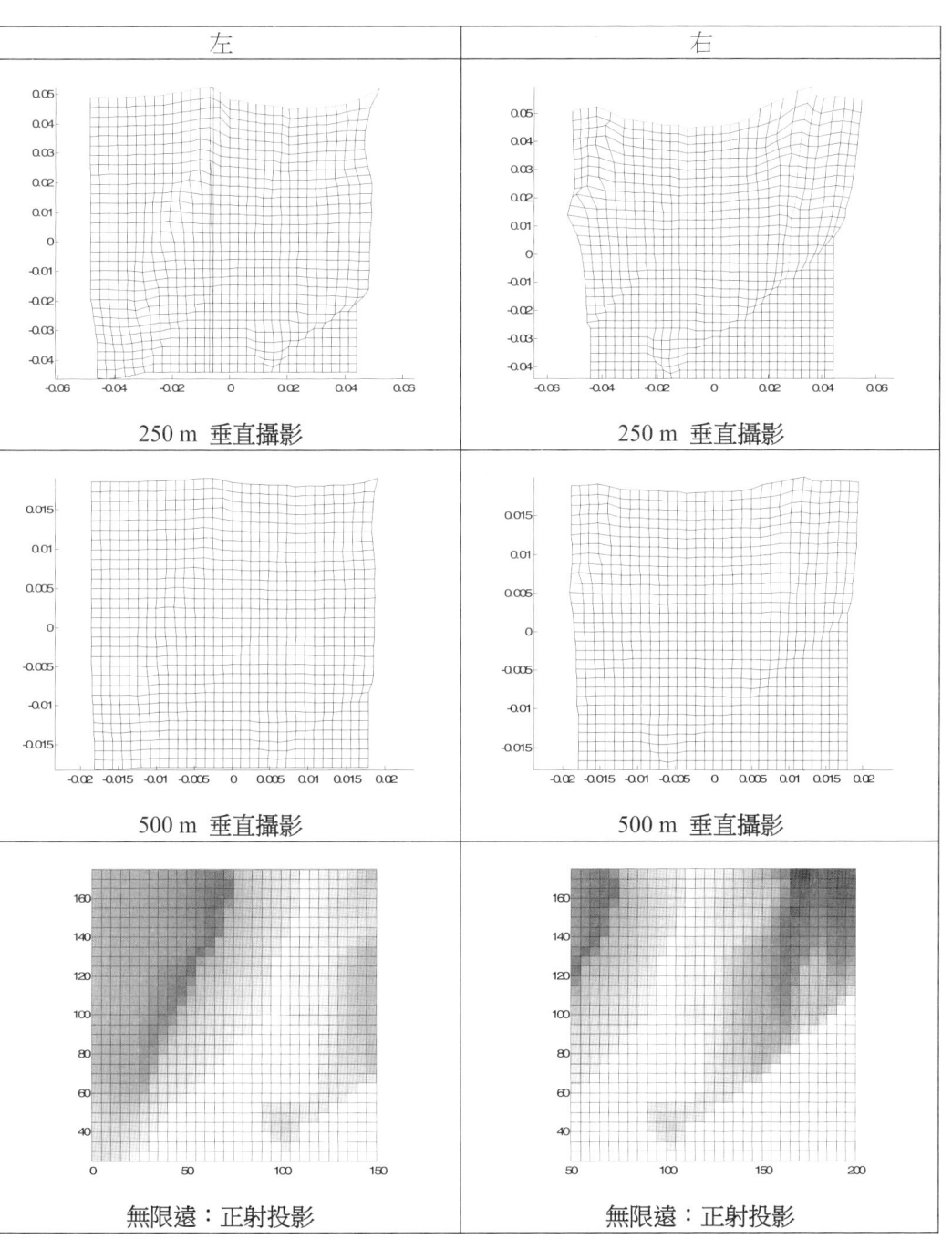

圖 6-11 航空射影測量：航高的影響

## 6-2-5 透視角對攝影成像的影響

透視角對攝影成像的影響如圖 6-12。透視角愈大，變形愈大。

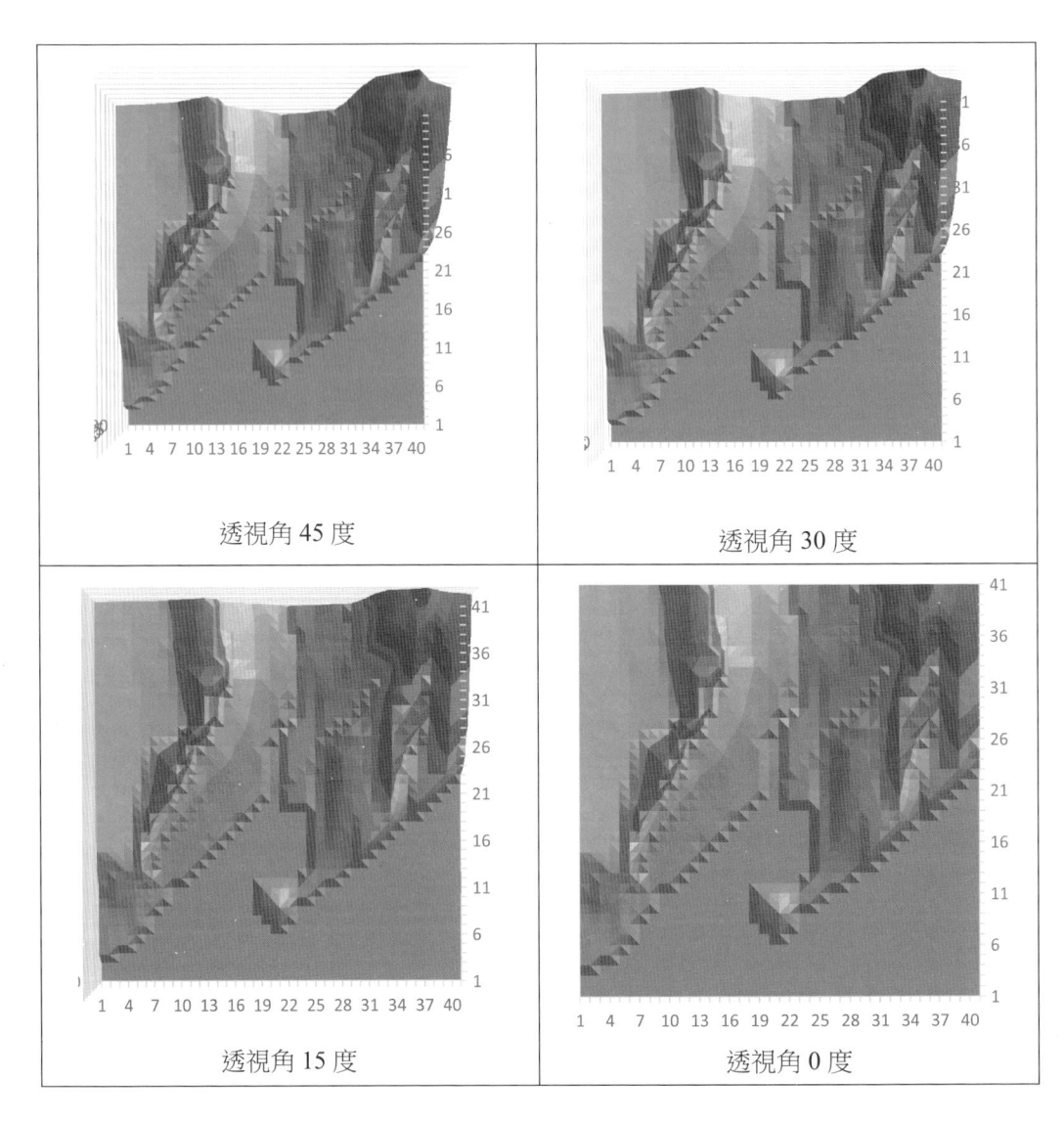

透視角 45 度

透視角 30 度

透視角 15 度

透視角 0 度

圖 6-12 航空射影測量：透視角的影響

## 6-2-6 航測像片與地圖的差別

航測像片與地圖的差別如表 6-2。

表 6-2　航測像片與地圖的差別

|  | 航攝像片 | 地形圖 |
|---|---|---|
| 投影方式上 | 中心投影 | 正射投影 |
| 投影比例尺 | 無統一比例尺 | 有統一比例尺 |
| 表示方法上 | 影像圖 | 線劃圖 |
| 標示內容上 | 包含照相機客觀拍攝到的全部地物的完整影像 | 只包含經過工程師主觀綜合取捨的一小部分地物 |
| 幾何差異 | 可組成像對，立體觀察地表起伏 | 只能用等高線判斷地表起伏 |

## 6-2-7　航空攝影測量的優點

航空攝影具有以下優點：

(1) 全面性：可以居高臨下地觀察；
(2) 動態性：可以記錄動態現象；
(3) 同步性：可以把觀察到的各種地面特徵在同一時間裡客觀地記錄下來；
(4) 永久性：可以把觀察到的各種地面特徵作永久性記錄，將外業現場搬至室內，以便有充裕時間來仔細研究。

## 6-3　航空攝影測量基礎 1：內方位參數與外方位參數

### 6-3-1　航空攝影相機分類

攝影測量的相機分成兩類：

- 量測性相機 (Metric Camera)：具有框標 (Fiducial Mark) 者，框標是相幅外緣之參考標，框標之目的是建構像片座標系統 (框標連線交點為座標原點) 以率定框標座標值進行像點量測像點座標之轉換。
- 非量測性相機 (Non-Metric Camera)：無框標者，如數位相機。

框標系統的中心點 (Fiducial Center, FC) 是建構像片座標系統的座標點。像主點 (Principal Point, PP) 是指投影中心垂直投影在像片上的點，理想情況是與框標系統的中心點重合。但實際上經常有小偏差。由於投影計算時是以像主點為基準，因此相機出廠時會標示特有之物理參數：焦距及像主點之偏移量 $(x_0, y_0, f)$，其目的是建構像片座標系統，並進行偏移量修正。

一般航測作業中需以率定 (calibration) 方法獲得像機的像機參數，並於空中三角測量平差 (aerotriangulation adjustment，以下簡稱空三平差) 計算前依據像機參數先改正成像之系統誤差，以維持共線條件方程式 (collinearity condition equations，以下簡稱共線方程式) 成立，改善空三平差的成果，提升攝影測量的精度。率定像機的方法有許多，如實驗室法、率定場法等。一般航測作業中，可佈設範圍較大的率定場，以飛機搭載量測型像機拍攝該率定場，取得航拍時的像機系統誤差模式，並將該組像機參數視為固定，應用於某段時間內的航拍作業中。

## 6-3-2 座標系統

攝影測量幾何處理的主要目的，為根據像片上像點的位置確定相對應物空間點位的位置，故必須選擇適當的座標系統來定義像點和物點的定量關係，如此才能以在像片上量測的像點座標去求出物空間上點位座標，稱為座標系統的轉換。攝影測量常用的座標系統有：

(1) 像平面像素座標系 (o-uv) (圖 6-13)
    表現像點在數位相機像素平面內的位置。

(2) 像平面座標系 (o-xy) (圖 6-14)
    用以表現像點在像平面內的位置。原點必須為像片主點，像片主點是航空攝影機主光軸與像片的交點，即攝影中心 S 對像片上的垂直線與像片的交點。框線中心應該與像片主點重合，未能重合時產生偏心。像片主點相對於框線中心的偏心為 $(x_0, y_0)$，則像點以框線中心量出的座標 (x, y) 必須換算到以像片主點為原點的座標 $(x-x_0, y-y_0)$。

(3) 像空間座標系 (S-xyz) (圖 6-15)
    用以表現像點在像空間內的位置。原點為攝影中心 (鏡頭中心) S，座標 $(x, y, z) = (0, 0, 0)$。像片主點之座標為 $(x, y, z) = (0, 0, -f)$。像片上任合像點的 z 座標都是 $-f$。

(4) 空間輔助座標系 (S-UVW) (圖 6-16)
    用以表現像點在像空間內的位置。原點為攝影中心 (鏡頭中心) S。但其 3 個座標軸 U、V、W 分別與模型座標的 3 個座標軸 X、Y、Z 相平行。

(5) 物方座標系 (O-XYZ) (圖 6-16)
    用以表現地面點在物方空間內的位置。

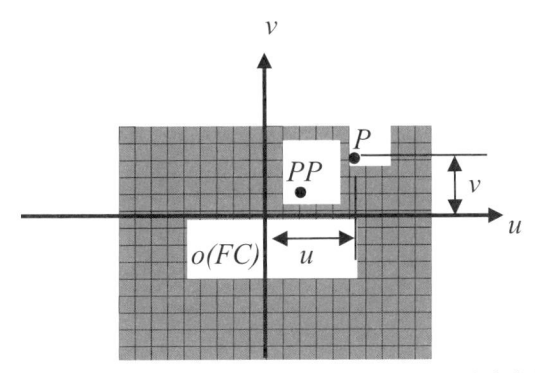

圖 6-13 像平面像素座標系 (o-uv) (PP 點座標 $u_0, v_0$)

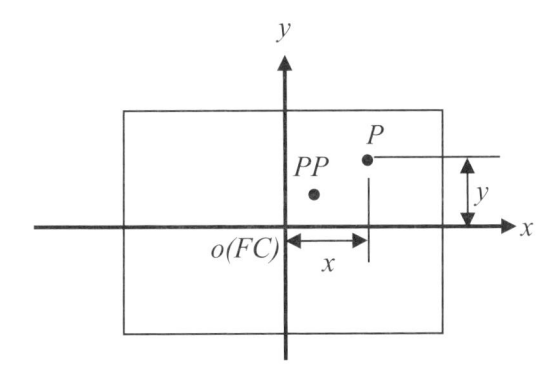

圖 6-14 像平面座標系 (o-xy) (像片主點 PP 點座標 $(x_0, y_0)$)

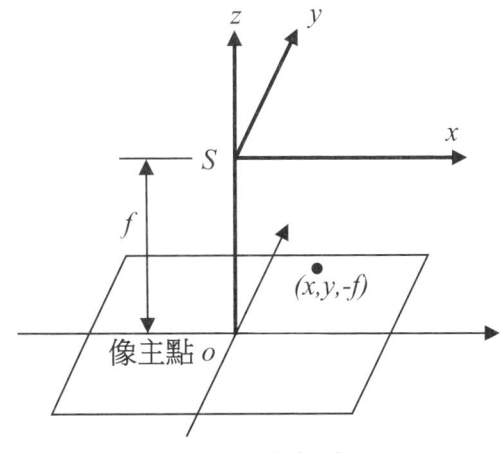

圖 6-15 像空間座標系 (S-xyz)

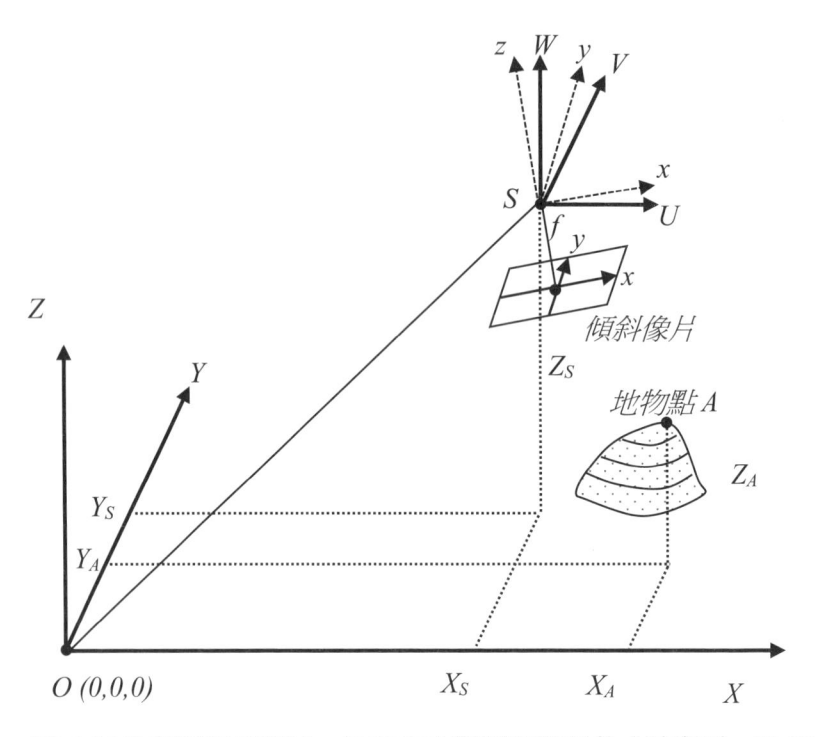

圖 6-16 空間輔助座標系 (S-UVW) 與攝影測量物方座標系 (O-XYZ)

### 6-3-3 內方位參數與內定向

內方位 (Inner Orientation) 元素用以表示攝影中心相對於像平面座標的相關位置。利用它可以恢復攝影時的攝影光線束。內方位元素包括 (圖 6-17)：

● 攝影機焦距 $f$。

● 攝影機物鏡後節點在像平面的正投影位於框標座標系中的座標值 $x_0, y_0$。

確定內方位元素稱為內定向。傳統的框標相機出廠時會標示特有之內方位參數，故內方位元素總是已知的。

相機有透鏡畸變差，包含輻射畸變差及切線畸變差，其中切線畸變差可藉由適當的多餘觀測以及精確量測數據建立參數加以改正，這些改正參數通常可由相機率定後獲得。

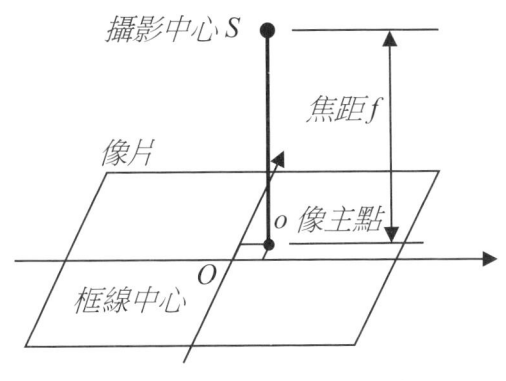

圖 6-17 內方位元素 $x_0, y_0, f$

## 6-3-4 外方位參數與外定向

外方位 (Exterior Orientation) 元素用以表示攝影中心相對於物方空間座標的相關位置。利用它可以恢復攝影光束在攝影瞬間的位置和姿態。它包含6個參數值(圖6-18)：

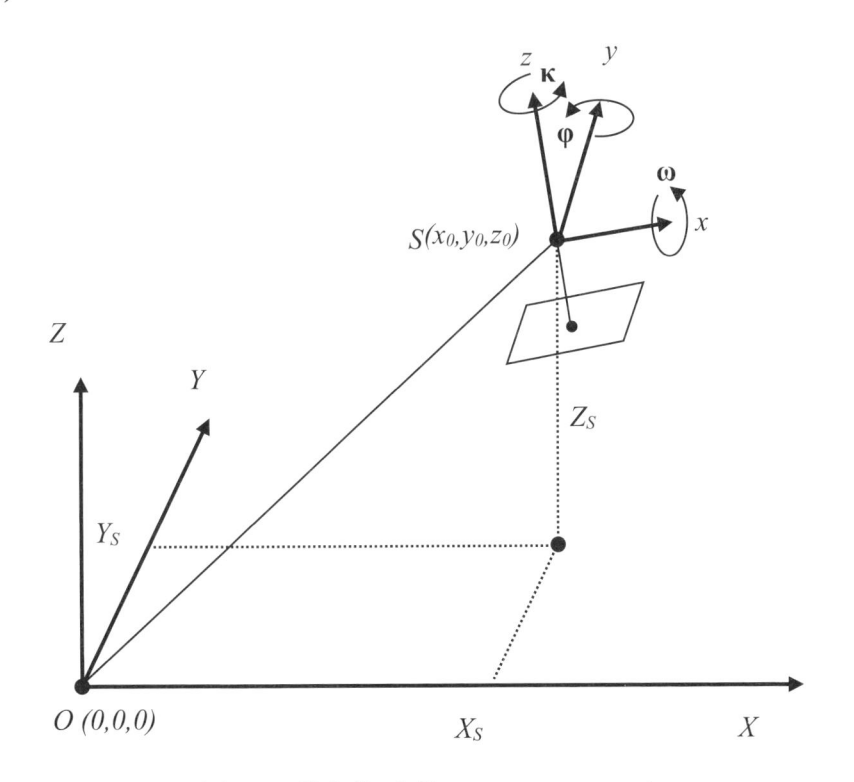

圖 6-18 外方位元素 ($x_0, y_0, z_0, \omega, \varphi, \kappa$)

- 位置 (Position)：攝影中心相對於空間座標系的位置 $(X_S, Y_S, Z_S)$，及
- 姿態 (Attitude)：攝影中心相對於空間座標系的旋轉角，稱之為轉角系統，常用 $(\omega, \varphi, \kappa)$ 表示之。

這些外方位元元素都是針對著某一個模型座標系 $\mathbf{O-XYZ}$ 而定義的。確定外方位元素稱為外定向。外定向的方法是：

**(1)** 在地面上標示一些控制點，並測得這些控制點的精確物方空間座標。
**(2)** 拍攝後，量測這些控制點的精確像平面座標。
**(3)** 利用這些控制點的精確物方空間座標、像平面座標可以算出外方位參數。

## 6-4 航空攝影測量基礎 2：共線方程式與共面方程式

### 6-4-1 共線方程式

在攝影測量中，主要是透過二維影像空間系統之座標，去獲得三維物件空間系統目標物點之座標。攝影測量常見之數學模式為共線式。共線式是依據中心透視原理建構成像共線條件，其共線特性為像點 P、攝影中心(攝影機的透鏡中心) S、物點 T 所組成，也就是這三點應落在同一條直線上。有時為幾何解析方便，會將前述之負片成像方式表達成為正片形態，但其共線性質依然維持不變。因此攝影測量中共線式其物理意義如下圖 **6-19** 所示。

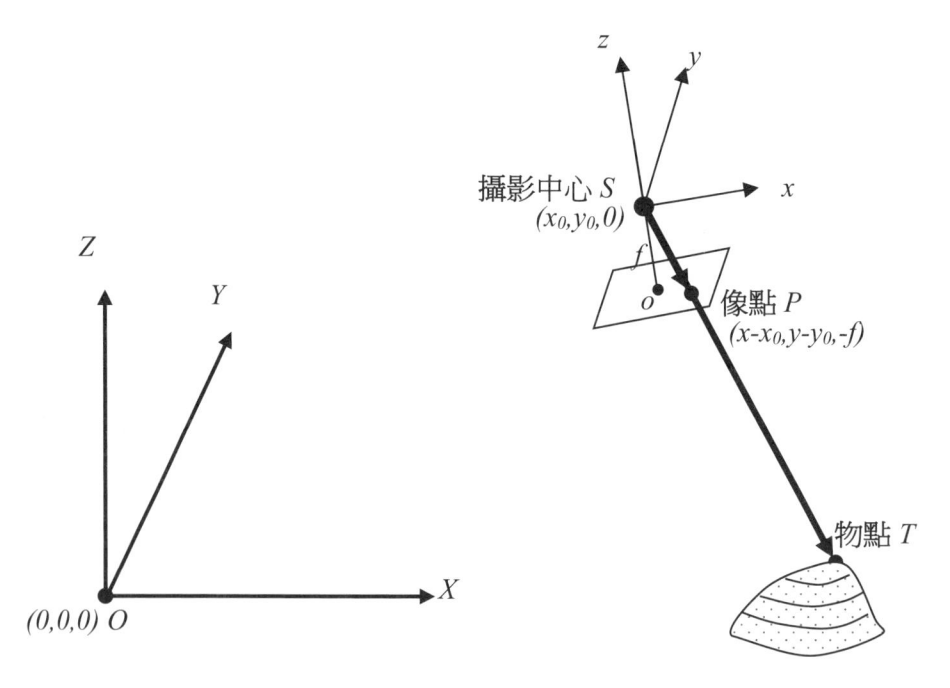

圖6-19 攝影測量3點共線示意圖

攝影測量的基本假設為共線方程式,即像點 **P**、攝影中心 **S**、物點 **T**,三者位於同一直線上,以表示攝影過程中光線沿直線行進。上述測量原理,會因所獲得的影像品質而造成計算上的共線式成立與否。其原理為相機所獲得的影像會因光線及大氣的變化而導致折射或偏射,造成形成影像並非在同一平面上。因此測量儀器的精度高低將控制攝影測量結果的品質。欲解決系統誤差所造成的測量誤差值,需先瞭解相機的系統誤差特性,再於共線方程式中加入附加參數予以改正。

共線方程式是攝影測量中最根本最重要的關係式,也就是中心投影的成像方程式,即像點 **P**、攝影中心 **S**、物點 **T** 三點共線應滿足的條件方程式:

$$x - x_0 = -f \frac{m_{11}(X-X_S) + m_{12}(Y-Y_S) + m_{13}(Z-Z_S)}{m_{31}(X-X_S) + m_{32}(Y-Y_S) + m_{33}(Z-Z_S)} \tag{6-1}$$

$$y - y_0 = -f \frac{m_{21}(X-X_S) + m_{22}(Y-Y_S) + m_{23}(Z-Z_S)}{m_{31}(X-X_S) + m_{32}(Y-Y_S) + m_{33}(Z-Z_S)} \tag{6-2}$$

其中 $x, y$ =像點之影像平面座標;

$x_0, y_0$ =主點之影像平面上座標;

$f$ =相機焦距;

$m_{ij}$ =轉換矩陣元素;

$X_S, Y_S, Z_S$ =相機之實物空間座標;

$X, Y, Z$ =實物空間中之某點座標。

共線方程式可用空間直角座標之間的轉換推導出來,也就是在像空間座標 $(x-x_0, y-y_0, -f)$ 與物空間座標 $(X, Y, Z)$ 之間進行空間直角座標轉換。

攝影測量的關鍵公式「共線方程式」也可寫成

$$X - X_S = (Z-Z_S) \frac{m_{11}(x-x_0) + m_{21}(y-y_0) - m_{31}f}{m_{13}(x-x_0) + m_{23}(y-y_0) - m_{33}f} \tag{6-3}$$

$$Y - Y_S = (Z-Z_S) \frac{m_{12}(x-x_0) + m_{22}(y-y_0) - m_{32}f}{m_{13}(x-x_0) + m_{23}(y-y_0) - m_{33}f} \tag{6-4}$$

上式右端分式的分子為攝影中心 **S** 與像主點 **o** 投影到物方 **X** 方向之距離,分母為投影到物方 **Z** 方向之距離。下式右端分式的分子為攝影中心 **S** 與像主點 **o** 投影到物方 **Y** 方向之距離,分母為投影到物方 **Z** 方向之距離。

共線方程式之證明：

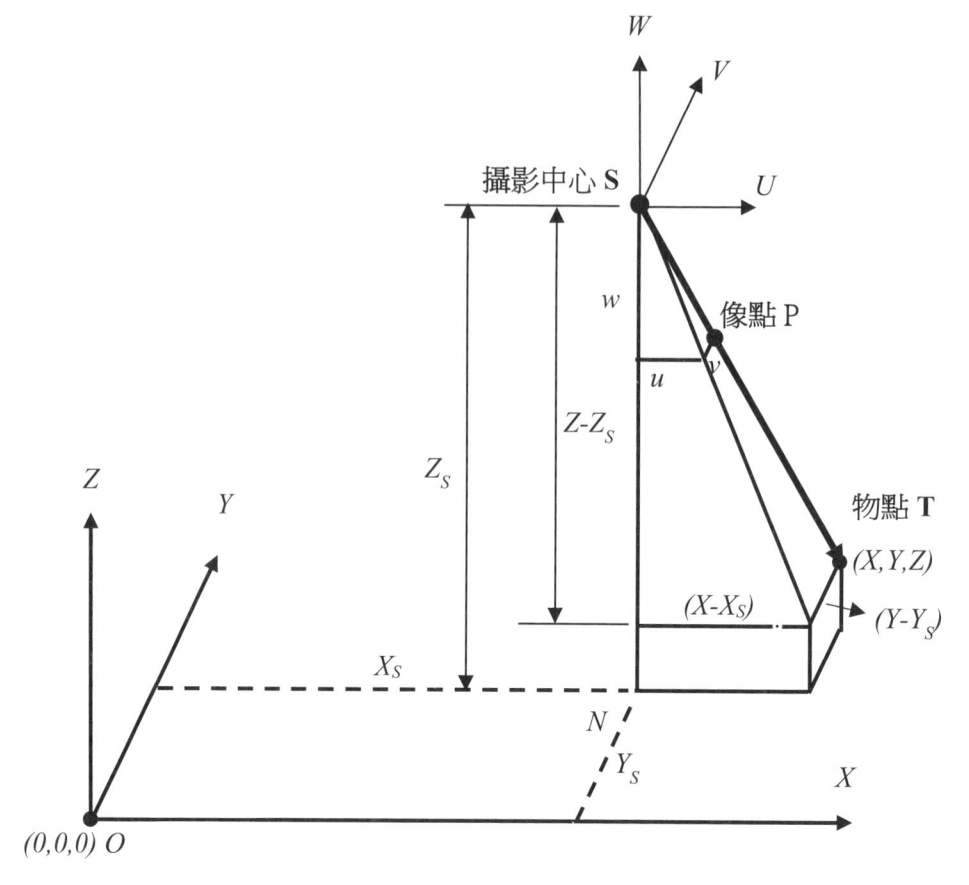

圖6-20 共線方程式之證明示意圖

**(1)** 圖6-20中像點 **P**、攝影中心 **S**、物點 **T**，三者位於同一直線上。

像點**P**在空間輔助座標系的座標為 $(u, v, w)$

攝影中心**S**在物方座標系的座標為 $(X_S, Y_S, Z_S)$

物點**T**在物方座標系的座標為 $(X, Y, Z)$

由圖的相似三角形可知

$$\frac{u}{X-X_S} = \frac{v}{Y-Y_S} = \frac{w}{Z-Z_S} = \frac{1}{\lambda} \quad 可寫成 \quad \begin{Bmatrix} u \\ v \\ w \end{Bmatrix} = \frac{1}{\lambda} \begin{Bmatrix} X-X_S \\ Y-Y_S \\ Z-Z_S \end{Bmatrix} \tag{6-5}$$

**(2)** 空間輔助座標系與像空間座標系都是空間直角座標系，且其原點都是攝影中心 S，二個座標系之間的差別是像空間座標系的 $x$ 軸、$y$ 軸、$z$ 軸各旋轉 $\omega, \varphi, \kappa$，因此由空間直角座標之間的**轉換公式** (參考第一章) 得知

$$\begin{Bmatrix} x - x_0 \\ y - y_0 \\ 0 - f \end{Bmatrix} = \begin{bmatrix} m_{11} & m_{12} & m_{13} \\ m_{21} & m_{22} & m_{23} \\ m_{31} & m_{32} & m_{33} \end{bmatrix} \begin{Bmatrix} u \\ v \\ w \end{Bmatrix} = M \cdot \begin{Bmatrix} u \\ v \\ w \end{Bmatrix} \tag{6-6}$$

其中 $M$ 為旋轉矩陣，它是由兩座標系相應座標軸之間的夾角的餘弦所組成的，它們都是像片在空間座標系中的 3 個角元素的函數：

$$\begin{aligned}
m_{11} &= \cos\varphi\cos\kappa \\
m_{12} &= \cos\omega\sin\kappa - \sin\omega\sin\varphi\cos\kappa \\
m_{13} &= \sin\omega\sin\kappa + \cos\omega\sin\varphi\cos\kappa \\
m_{21} &= -\cos\varphi\sin\kappa \\
m_{22} &= \cos\omega\cos\kappa + \sin\omega\sin\varphi\sin\kappa \\
m_{23} &= \sin\omega\cos\kappa - \cos\omega\sin\varphi\sin\kappa \\
m_{31} &= -\sin\varphi \\
m_{32} &= -\sin\omega\cos\varphi \\
m_{33} &= \cos\omega\cos\varphi
\end{aligned} \tag{6-7}$$

由於圖 6-18 的 y 軸與圖 1-13 的 y 軸旋轉方向相反，因此公式 (6-7) 與公式 (1-39) 在出現 $\sin\varphi$ 時，正負號會相反。

將 (6-5) 代入 (6-6) 得

$$\begin{Bmatrix} x - x_0 \\ y - y_0 \\ -f \end{Bmatrix} = \begin{bmatrix} m_{11} & m_{12} & m_{13} \\ m_{21} & m_{22} & m_{23} \\ m_{31} & m_{32} & m_{33} \end{bmatrix} \frac{1}{\lambda} \begin{Bmatrix} X - X_S \\ Y - Y_S \\ Z - Z_S \end{Bmatrix} = \frac{1}{\lambda} \begin{bmatrix} m_{11} & m_{12} & m_{13} \\ m_{21} & m_{22} & m_{23} \\ m_{31} & m_{32} & m_{33} \end{bmatrix} \begin{Bmatrix} X - X_S \\ Y - Y_S \\ Z - Z_S \end{Bmatrix}$$

上述矩陣式展開得三個聯立方程式

$$x - x_0 = \frac{1}{\lambda}(m_{11}(X - X_S) + m_{12}(Y - Y_S) + m_{13}(Z - Z_S))$$

$$y - y_0 = \frac{1}{\lambda}(m_{21}(X - X_S) + m_{22}(Y - Y_S) + m_{23}(Z - Z_S))$$

$$-f = \frac{1}{\lambda}(m_{31}(X - X_S) + m_{32}(Y - Y_S) + m_{33}(Z - Z_S))$$

由聯立方程式第三式得

$$\frac{1}{\lambda} = -f \frac{1}{m_{31}(X-X_S) + m_{32}(Y-Y_S) + m_{33}(Z-Z_S)}$$

將上式代入聯立方程式第一、二式得

$$x - x_0 = -f \frac{m_{11}(X-X_S) + m_{12}(Y-Y_S) + m_{13}(Z-Z_S)}{m_{31}(X-X_S) + m_{32}(Y-Y_S) + m_{33}(Z-Z_S)}$$

$$y - y_0 = -f \frac{m_{21}(X-X_S) + m_{22}(Y-Y_S) + m_{23}(Z-Z_S)}{m_{31}(X-X_S) + m_{32}(Y-Y_S) + m_{33}(Z-Z_S)} \quad \text{(得證)}$$

## 6-4-2 共線方程式的應用

一般而言，三個內方位參數：主點之影像平面上座標 $(x_0, y_0)$，相機焦距 $f$ 已知。剩下的參數分成三組：

- 點的像平面座標 $(x, y)$。
- 外方位參數：相機之實物空間座標 $(X_S, Y_S, Z_S)$，相機之實物空間三軸旋轉角 $\omega, \varphi, \kappa$ (控制轉換矩陣元素)。
- 點的物方空間座標 $(X, Y, Z)$。

上述三組參數如果知道其中的二種參數，可以解算第三種參數，因此共線方程式的應用分成三種 (圖 6-21 與圖 6-22)：

**(1)** 電腦繪圖應用 (投影計算)：像平面座標 $(x, y)$

當像片的外方位參數已知，點的物方空間座標 $(X, Y, Z)$ 已知，可以直接利用共線方程式計算像平面座標 $(x, y)$。

**(2)** 攝影測量建模應用 (後方交會解算)：外方位參數

當像片上有三個控制點的像平面座標 $(x, y)$、物方空間座標 $(X, Y, Z)$ 已知，每一個控制點有二個共線方程式，可組成六個方程式，可求解出六個外方位參數：$X_S, Y_S, Z_S, \omega, \varphi, \kappa$。

**(3)** 攝影測量計算應用 (前方交會解算)：物方空間座標 $(X, Y, Z)$

當一個未知點出現在左、右像對，其像平面座標 $(x, y)$ 已知，左、右像片的外方位參數已知，每一個像片有二個共線方程式，可組成四個方程式，可求解出物方空間座標 $(X, Y, Z)$。

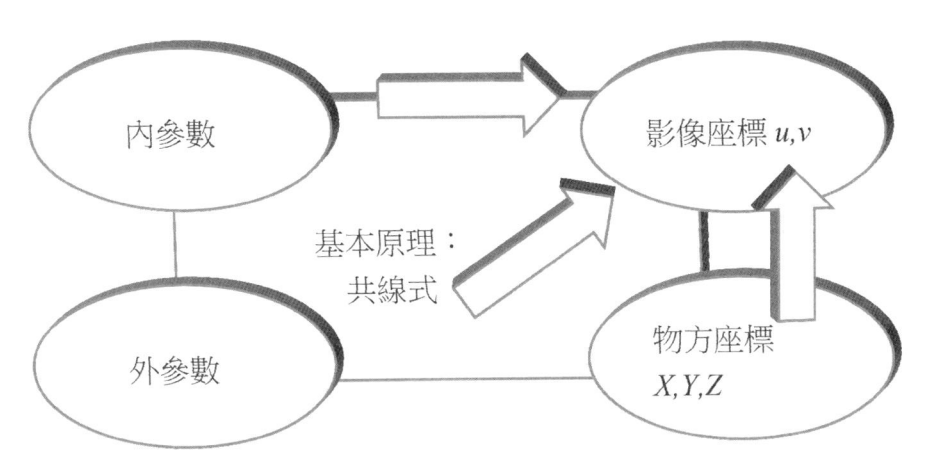

圖6-21(a) 共線方程式之參數與應用：投影計算

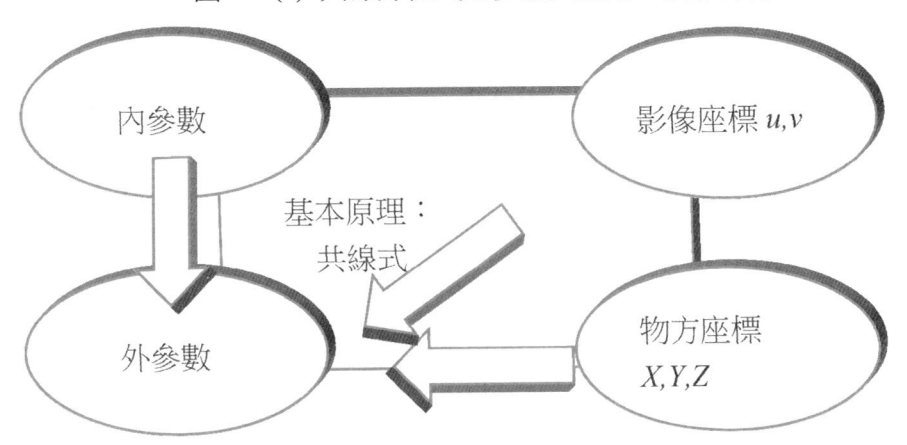

圖6-21(b) 共線方程式之參數與應用：後方交會解算

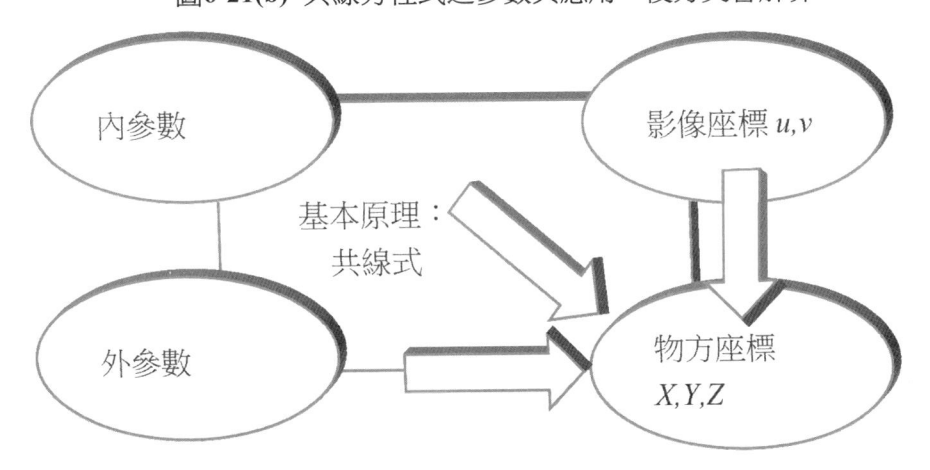

圖6-21(c) 共線方程式之參數與應用：前方交會解

## 電腦繪圖應用

物方空間座標 $X, Y, Z$ ＋ 外方位參數 $X_S, Y_S, Z_S, \omega, \varphi, \kappa$ ➡ 像平面座標 $x, y$

## 攝影測量建模應用

物方空間座標 $X, Y, Z$ ＋ 像平面座標 $x, y$ ➡ 外方位參數 $X_S, Y_S, Z_S, \omega, \varphi, \kappa$

## 攝影測量計算應用

左像平面座標 $x, y$ / 右像平面座標 $x, y$ ＋ 外方位參數 $X_S, Y_S, Z_S, \omega, \varphi, \kappa$ ➡ 物方空間座標 $X, Y, Z$

圖6-22 共線方程式之應用

---

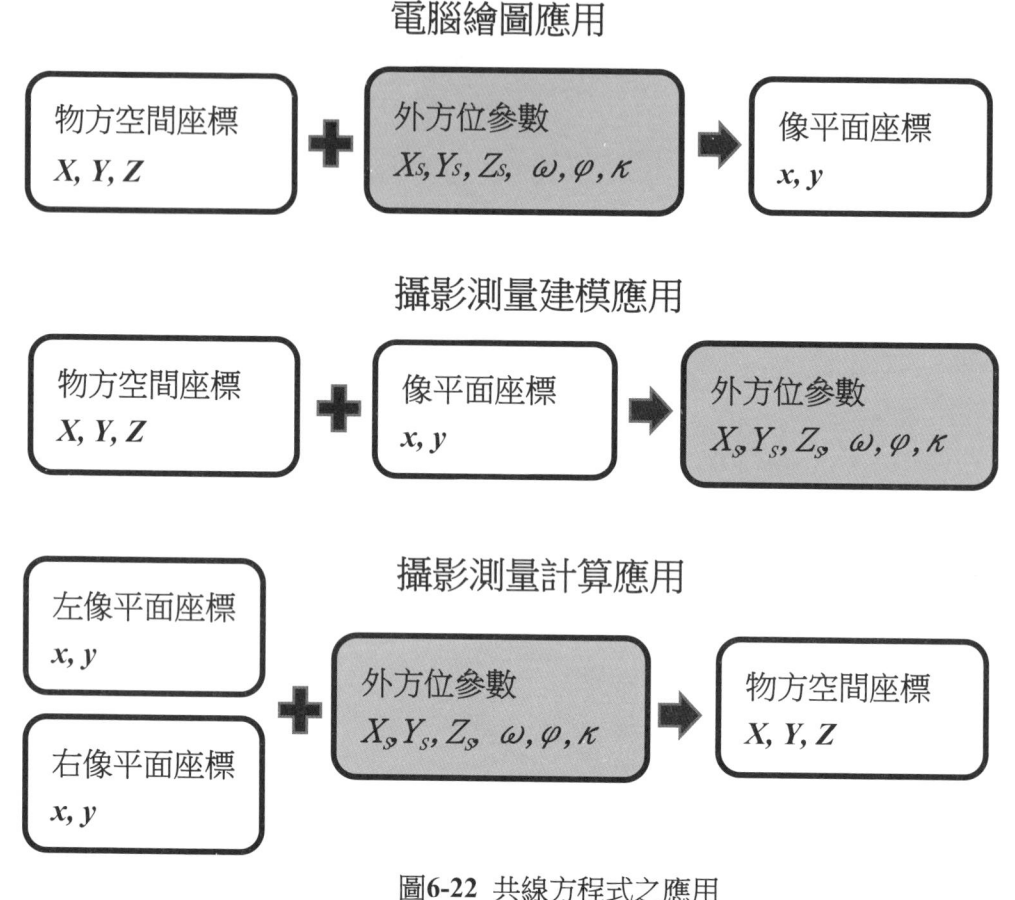

**例題 6-1 電腦繪圖應用 (投影計算)**

為了讓讀者易於理解，本章假設一個實例貫穿全章，假定在物方空間中有一個長寬高都是 100 公尺的建物，其西南角落的座標為 (X, Y)=(500, 500)，東北角(X, Y)=(600, 600)，底部高程 Z=0, 頂部 Z=100。假設攝影測量已經知道內方位參數、外方位參數如下：

| 外方位參數 | | | 內方位參數 | | |
|---|---|---|---|---|---|
| | $X_S$ | 350.000 | | $x_0$ | 0.000 |
| | $Y_S$ | 550.000 | | $y_0$ | 0.000 |
| | $Z_S$ | 400.000 | | $f$ | 0.100 |
| | $\omega$ | 1.000° | | | |
| | $\varphi$ | 2.000° | | | |
| | $\kappa$ | 3.000° | | | |

A~H 點物方空間座標如下，試計算各點的像平面座標。

| 座標 | A | B | C | D | E | F | G | H |
|---|---|---|---|---|---|---|---|---|
| $X$ | 500.000 | 600.000 | 600.000 | 500.000 | 500.000 | 600.000 | 600.000 | 500.000 |
| $Y$ | 500.000 | 500.000 | 600.000 | 600.000 | 500.000 | 500.000 | 600.000 | 600.000 |
| $Z$ | 100.000 | 100.000 | 100.000 | 100.000 | 0.000 | 0.000 | 0.000 | 0.000 |

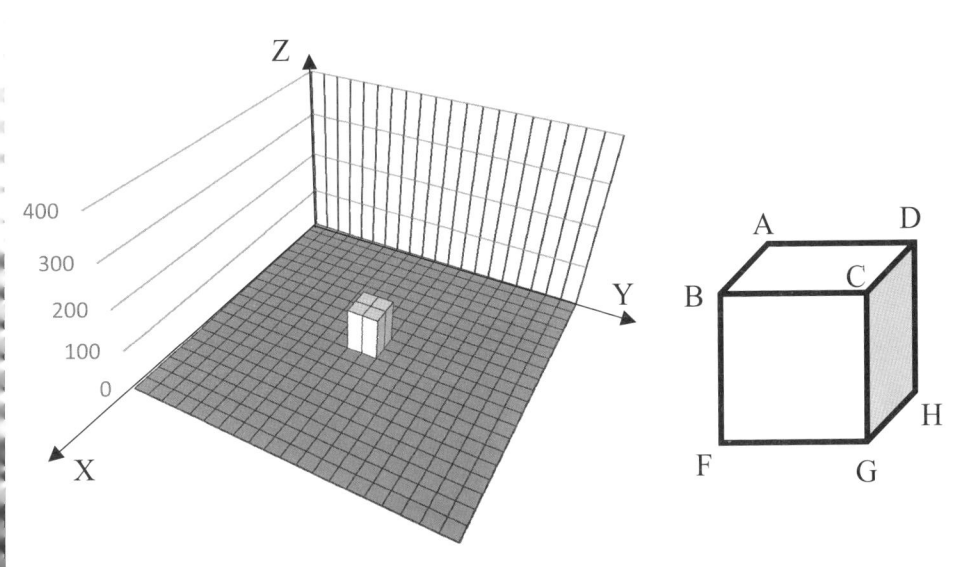

圖 6-23 例題 6-1 說明

[解]

由 (6-7) 得

$$M = \begin{bmatrix} 0.99802 & -0.05230 & -0.03490 \\ 0.05172 & 0.998509 & -0.01744 \\ 0.03576 & 0.015602 & 0.999239 \end{bmatrix}$$

以 E 點為例

$$x = -f \frac{m_{11}(X-X_S)+m_{12}(Y-Y_S)+m_{13}(Z-Z_S)}{m_{31}(X-X_S)+m_{32}(Y-Y_S)+m_{33}(Z-Z_S)} = -0.1 \times \frac{166.2782}{-395.112} = 0.042084$$

$$y = -f \frac{m_{21}(X-X_S)+m_{22}(Y-Y_S)+m_{23}(Z-Z_S)}{m_{31}(X-X_S)+m_{32}(Y-Y_S)+m_{33}(Z-Z_S)} = -0.1 \times \frac{-35.1908}{-395.112} = -0.00891$$

其餘如下：

| 座標 | A | B | C | D | E | F | G | H |
|---|---|---|---|---|---|---|---|---|
| x | 0.05515 | 0.09005 | 0.08873 | 0.05366 | 0.04208 | 0.06796 | 0.06689 | 0.04092 |
| y | -0.01251 | -0.01089 | 0.02347 | 0.02143 | -0.00891 | -0.00767 | 0.01791 | 0.01643 |

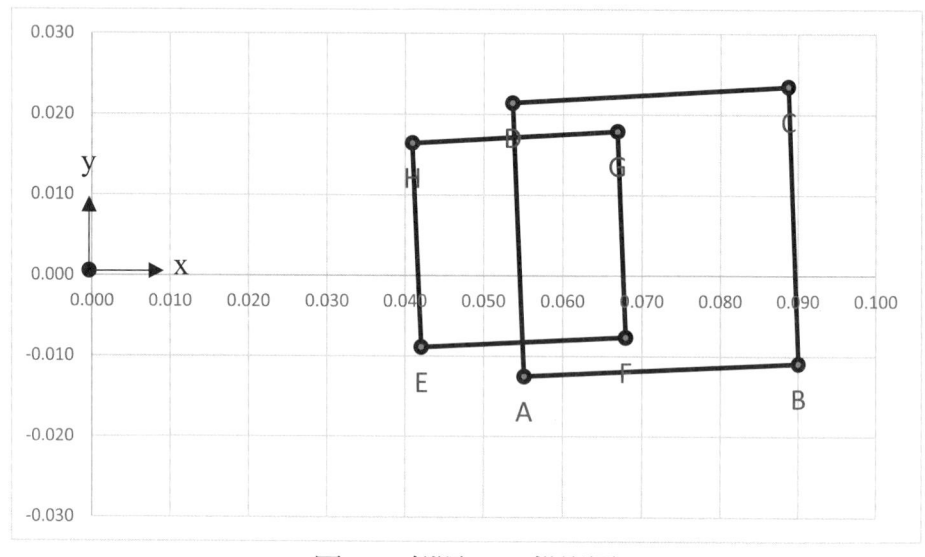

圖6-24 例題 6-1 投影圖

## 6-4-3 航測像片的簡化計算是共線方程式的簡化

共線方程式是中心投影的成像方程式，即投影中心 $(X_S, Y_S, Z_S)$、像點 $(x, y)$ 及其相應地面點 $(X, Y, Z)$，三點應滿足：

$$x = -f\frac{m_{11}(X-X_S)+m_{12}(Y-Y_S)+m_{13}(Z-Z_S)}{m_{31}(X-X_S)+m_{32}(Y-Y_S)+m_{33}(Z-Z_S)}$$

$$y = -f\frac{m_{21}(X-X_S)+m_{22}(Y-Y_S)+m_{23}(Z-Z_S)}{m_{31}(X-X_S)+m_{32}(Y-Y_S)+m_{33}(Z-Z_S)}$$

當繞 $X$ 軸、$Y$ 軸、$Z$ 軸各旋轉的角度很小時 (圖 6-25)：

$$\begin{bmatrix} m_{11} & m_{12} & m_{13} \\ m_{21} & m_{22} & m_{23} \\ m_{31} & m_{32} & m_{33} \end{bmatrix} \approx \begin{bmatrix} 1 & 0 & 0 \\ 0 & 1 & 0 \\ 0 & 0 & 1 \end{bmatrix} \tag{6-8}$$

$$x \approx -f\frac{1\cdot(X-X_S)+0\cdot(Y-Y_S)+0\cdot(Z-Z_S)}{0\cdot(X-X_S)+0\cdot(Y-Y_S)+1\cdot(Z-Z_S)} = -f\frac{X_A-X_S}{Z_A-Z_S}$$

$$y \approx -f\frac{0\cdot(X-X_S)+1\cdot(Y-Y_S)+0\cdot(Z-Z_S)}{0\cdot(X-X_S)+0\cdot(Y-Y_S)+1\cdot(Z-Z_S)} = -f\frac{Y_A-Y_S}{Z_A-Z_S}$$

令 $Z_A = h$，$Z_S = H$，$X = X_A - X_S$，$Y = Y_A - Y_S$

得 $x = -f\dfrac{X}{h-H}$，$y = -f\dfrac{Y}{h-H}$     **(6-9)**

故 $X = \dfrac{H-h}{f}x$，$Y = \dfrac{H-h}{f}y$     **(6-10)**

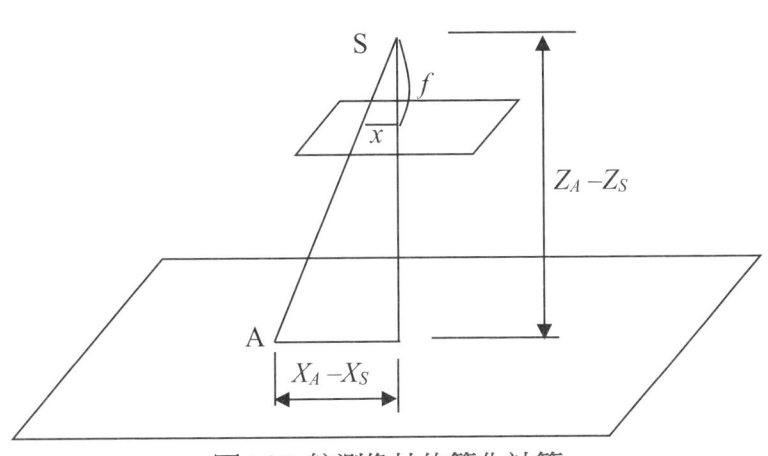

圖6-25 航測像片的簡化計算

**例題 6-2 投影計算**

假設攝影測量已經知道內方位參數、外方位參數如下：

| 外方位參數 | $X_S$ | 350.000 | 內方位參數 | $x_0$ | 0.000 |
|---|---|---|---|---|---|
| | $Y_S$ | 550.000 | | $y_0$ | 0.000 |
| | $Z_S$ | 400.000 | | $f$ | 0.100 |
| | $\omega$ | 1.000° | | | |
| | $\varphi$ | 2.000° | | | |
| | $\kappa$ | 3.000° | | | |

A~H 點物方空間座標如下，試計算各點的像平面座標。

| 座標 | A | B | C | D | E | F | G | H |
|---|---|---|---|---|---|---|---|---|
| $X$ | 500.000 | 600.000 | 600.000 | 500.000 | 500.000 | 600.000 | 600.000 | 500.000 |
| $Y$ | 500.000 | 500.000 | 600.000 | 600.000 | 500.000 | 500.000 | 600.000 | 600.000 |
| $Z$ | 100.000 | 100.000 | 100.000 | 100.000 | 0.000 | 0.000 | 0.000 | 0.000 |

[解]

以 E 點為例

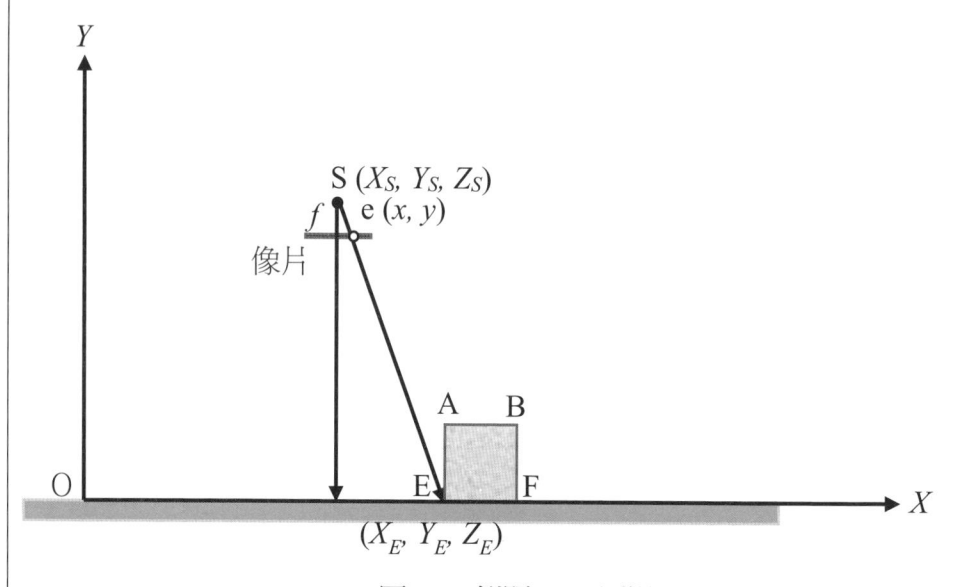

圖6-26 例題 6-2 測視圖

由 (6-9) 得

$$x = -f\frac{X_E - X_S}{Z_E - Z_S} = -0.1\frac{500 - 350}{0 - 400} = 0.0375$$

$$y = -f\frac{Y_E - Y_S}{Z_E - Z_S} = -0.1\frac{500 - 550}{0 - 400} = -0.125$$

其餘如下：

| 座標 | A | B | C | D | E | F | G | H |
|---|---|---|---|---|---|---|---|---|
| x | 0.05 | 0.083333 | 0.083333 | 0.05 | 0.0375 | 0.0625 | 0.0625 | 0.0375 |
| y | -0.01667 | -0.01667 | 0.016667 | 0.016667 | -0.0125 | -0.0125 | 0.0125 | 0.0125 |

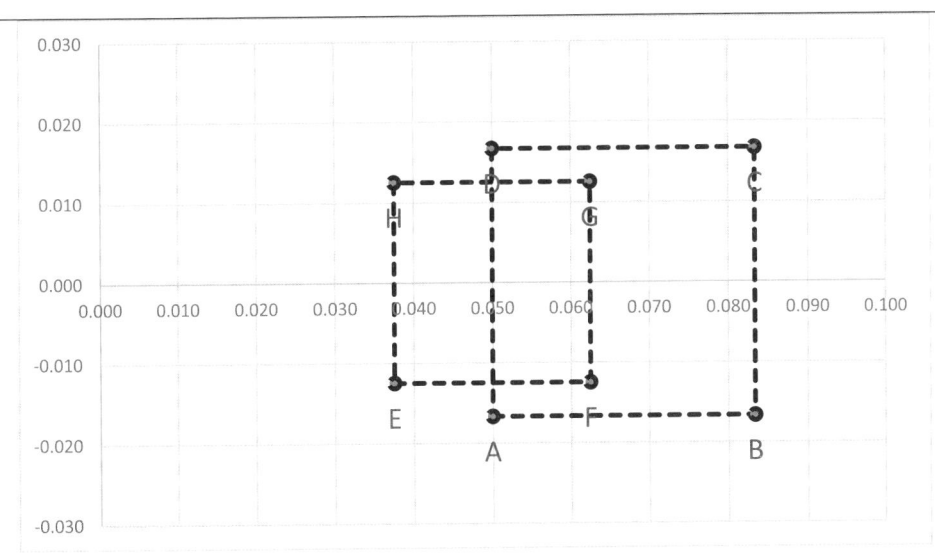

圖6-27 例題 6-2 投影圖

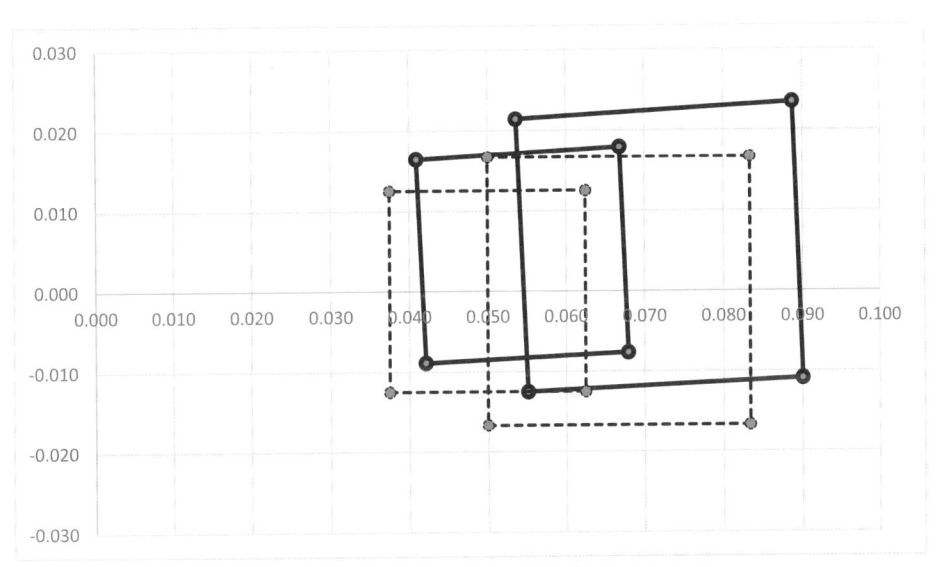

圖6-28 例題 6-1 與 6-2 的投影圖之比較

為了與共線式比較，以**E**點為例，當三軸的旋轉角分別為 **1°, 2°, 3°**時

$$x = -f\frac{m_{11}(X-X_S)+m_{12}(Y-Y_S)+m_{13}(Z-Z_S)}{m_{31}(X-X_S)+m_{32}(Y-Y_S)+m_{33}(Z-Z_S)} = -0.1 \times \frac{166.2782}{-395.112} = 0.042084$$

$$y = -f\frac{m_{21}(X-X_S)+m_{22}(Y-Y_S)+m_{23}(Z-Z_S)}{m_{31}(X-X_S)+m_{32}(Y-Y_S)+m_{33}(Z-Z_S)} = -0.1 \times \frac{-35.1908}{-395.112} = -0.00891$$

當三軸的旋轉角分別為 **0.1°, 0.2°, 0.3°**時

$$x = -f\frac{m_{11}(X-X_S)+m_{12}(Y-Y_S)+m_{13}(Z-Z_S)}{m_{31}(X-X_S)+m_{32}(Y-Y_S)+m_{33}(Z-Z_S)} = 0.0380$$

$$y = -f\frac{m_{21}(X-X_S)+m_{22}(Y-Y_S)+m_{23}(Z-Z_S)}{m_{31}(X-X_S)+m_{32}(Y-Y_S)+m_{33}(Z-Z_S)} = -0.0121$$

當三軸的旋轉角分別為 **0.01°, 0.02°, 0.03°**時

$$x = -f\frac{m_{11}(X-X_S)+m_{12}(Y-Y_S)+m_{13}(Z-Z_S)}{m_{31}(X-X_S)+m_{32}(Y-Y_S)+m_{33}(Z-Z_S)} = 0.03755$$

$$y = -f\frac{m_{21}(X-X_S)+m_{22}(Y-Y_S)+m_{23}(Z-Z_S)}{m_{31}(X-X_S)+m_{32}(Y-Y_S)+m_{33}(Z-Z_S)} = -0.01246$$

當 **x, y, z** 軸旋轉角度為 **1°, 2°, 3°**時，用簡化法與正解的差異如圖 **6-28**，可見即使是小角度也足以造成很大的不同。

## 6-4-4 共面方程式

當一個地面點出現在左、右像片時，左、右像片的透視中心 $S_L, S_R$ 與地面物點 $T$ 於物空間構成三角形，即 $\overrightarrow{S_LT}, \overrightarrow{S_RT}, \overrightarrow{S_LS_R}$ 必在同一個平面，稱為核面 **(Epipolar Plane) (圖6-29)**。

由共線方程式知，投影中心 $S$、像點 $P$ 及其相應地面點 $T$ 三點共線，因此地上一點 $T$ 與左、右像的透視中心 $S_L, S_R$，以及左、右像的像點 $P_L, P_R$，這五點必在同一平面上，稱為共面條件式。

因此當已知地面上一點的左像的像點 $P_L$，以及左、右像的透視中心 $S_L, S_R$ 的物方空間座標，這三點構成的核面必包含右像的像點 $P_R$ 與地面點 $T$。核面與左、右像平面之交線稱為核線 **(Epipolar Line)**。因此當已知地面上一點的左像的像點 $P_L$，右像的像點 $P_R$ 必在核面與右像平面相交的直線，即右像的核線上。

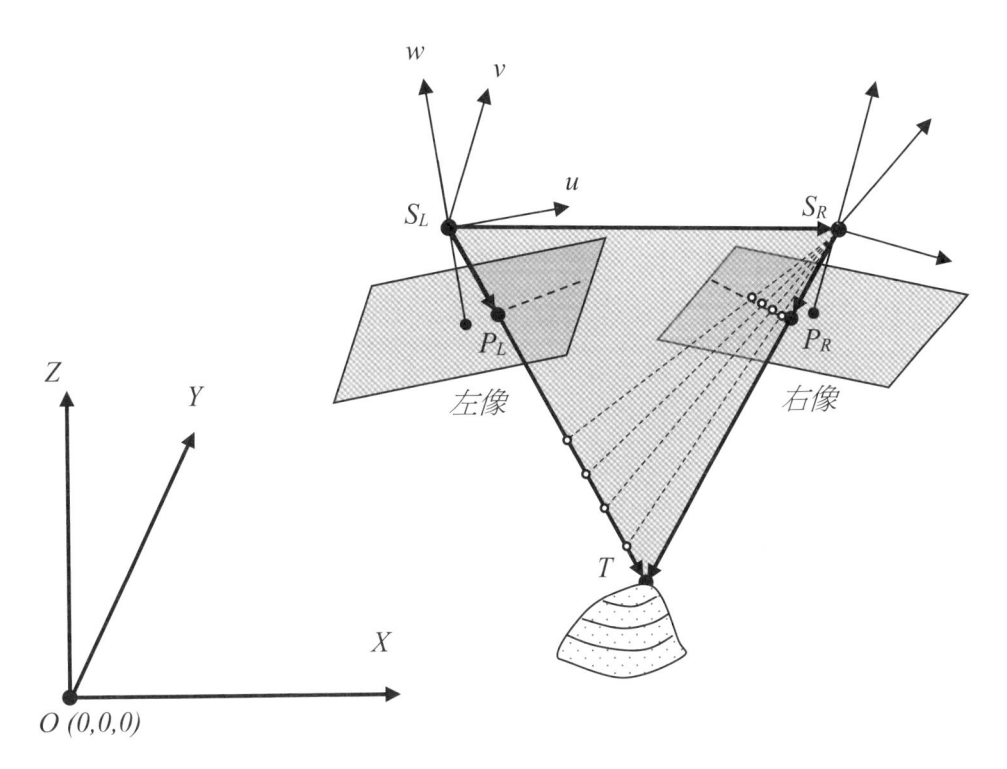

圖 6-29 共同點與物空間座標相對關係示意圖

　　由共線方程式知，要以前方交會解算物方空間座標 **(X, Y, Z)** 必須有兩張像片同時包含此點，一個地面點在兩張像片上的像點互為「共同點」，當決定一個地面點在左像片上的像點 $P_L$ 後，必須尋找它在右像片上的像點 $P_R$，即共同點，以人工方式搜尋共同點非常費時，因此在數值影像處理時，尋找共同點是一個很關鍵的問題。此時可利用共面條件式，簡化二維的共同點的搜尋為一維的搜尋，節省搜尋的次數與時間。其步驟如下：

(1) 利用左像的像點 $P_L$，以及左、右像的透視中心 $S_L, S_R$ 的物方空間座建立核面。

(2) 以核面與右像平面相交得核線。

(3) 尋找右像片上的像點 $P_R$ 時，即影像匹配時，只需沿著一維的核線來尋找即可。
　 共面方程式如下：

$$\begin{vmatrix} b_x & b_y & b_z \\ u_L & v_L & w_L \\ u_R & v_R & w_R \end{vmatrix} = 0 \qquad (6\text{-}11)$$

其中

$$\begin{Bmatrix} b_x \\ b_y \\ b_z \end{Bmatrix} = \begin{Bmatrix} X_R - X_L \\ Y_R - Y_L \\ Z_R - Z_L \end{Bmatrix} \qquad \begin{Bmatrix} u_L \\ v_L \\ w_L \end{Bmatrix} = M_L^T \begin{Bmatrix} x_L - x_{0L} \\ y_L - y_{0L} \\ 0 - f_L \end{Bmatrix} \qquad \begin{Bmatrix} u_R \\ v_R \\ w_R \end{Bmatrix} = M_R^T \begin{Bmatrix} x_R - x_{0R} \\ y_R - y_{0R} \\ 0 - f_R \end{Bmatrix}$$

$$(6\text{-}12)$$

---

共面方程式證明：

由數學定理知三向量 **a** = (a1, a2, a3)，**b** = (b1, b2, b3)，以及 **c** = (c1, c2, c3) 所構成的平行六面體的體積等於三重積 **a** · (**b** × **c**)。故由 $\overrightarrow{S_L T}, \overrightarrow{S_R T}, \overrightarrow{S_L S_R}$ 三向量所構成的平行六面體的體積如下：

$$V = \left| \overrightarrow{S_L S_R} \bullet \left( \overrightarrow{S_L T} \times \overrightarrow{S_R T} \right) \right| \qquad (6\text{-}13)$$

因 $\overrightarrow{S_L T}, \overrightarrow{S_R T}, \overrightarrow{S_L S_R}$ 三向量共平面，其構成的體積為 **0**，故

$$V = \left| \overrightarrow{S_L S_R} \bullet \left( \overrightarrow{S_L T} \times \overrightarrow{S_R T} \right) \right| = 0$$

因為投影中心 $S$、像點 $P$ 及其相應地面點 $T$ 三點共線，故

$$\overrightarrow{S_L T} = \lambda_L \overrightarrow{S_L P_L} = \lambda_L \begin{Bmatrix} u_L \\ v_L \\ w_L \end{Bmatrix} \qquad \overrightarrow{S_R T} = \lambda_R \overrightarrow{S_R P_R} = \lambda_R \begin{Bmatrix} u_R \\ v_R \\ w_R \end{Bmatrix}$$

將上二式代入得 $V = \left| \overrightarrow{S_L S_R} \bullet \left( \lambda_L \overrightarrow{S_L P_L} \times \lambda_R \overrightarrow{S_R P_R} \right) \right| = 0$

故 $V = \lambda_L \lambda_R \left| \overrightarrow{S_L S_R} \bullet \left( \overrightarrow{S_L P_L} \times \overrightarrow{S_R P_R} \right) \right| = 0$

故 $\left| \overrightarrow{S_L S_R} \bullet \left( \overrightarrow{S_L P_L} \times \overrightarrow{S_R P_R} \right) \right| = 0$

令

$$\overrightarrow{S_L S_R} = (b_x, b_y, b_z) = (X_R - X_L, Y_R - Y_L, Z_R - Z_L) \tag{6-14}$$

$$\overrightarrow{S_L P_L} = (u_L, v_L, w_L) \qquad \overrightarrow{S_R P_R} = (u_R, v_R, w_R)$$

故 $\begin{vmatrix} b_x & b_y & b_z \\ u_L & v_L & w_L \\ u_R & v_R & w_R \end{vmatrix} = 0$

因像空間輔助座標 **(u, v, w)** 與像空間座標 **(x-x₀, y-y₀, -f)** 之間的轉換如下

$$\overrightarrow{S_L P_L} = \begin{Bmatrix} u_L \\ v_L \\ w_L \end{Bmatrix} = M_L^T \begin{Bmatrix} x_L - x_{0L} \\ y_L - y_{0L} \\ -f_L \end{Bmatrix} \qquad \overrightarrow{S_R P_R} = \begin{Bmatrix} u_R \\ v_R \\ w_R \end{Bmatrix} = M_R^T \begin{Bmatrix} x_R - x_{0R} \\ y_R - y_{0R} \\ -f_R \end{Bmatrix} \tag{6-15}$$

### 例題 6-3 共平面方程式：決定核線

假設攝影測量已經知道左像與右像的內方位參數、外方位參數，以及一個 **P** 點的左像的像平面座標 **(0.03, 0.03)**，試以共平面方程式，求 **P** 點在右像的核線。

| 參數 | | 左像 | 右像 |
|---|---|---|---|
| 外方位參數 | $X_S$ | 350.000 | 750.000 |
| | $Y_S$ | 550.000 | 550.000 |
| | $Z_S$ | 400.000 | 400.000 |
| | $\omega$ | 1.000 | 3.000 |
| | $\varphi$ | 2.000 | 2.000 |
| | $\kappa$ | 3.000 | 1.000 |
| 內方位參數 | $x_0$ | 0.000 | 0.000 |
| | $y_0$ | 0.000 | 0.000 |
| | $f$ | 0.100 | 0.100 |

[解]
由 (6-12) 得

$$\begin{Bmatrix} b_x \\ b_y \\ b_z \end{Bmatrix} = \begin{Bmatrix} X_L - X_R \\ Y_L - Y_R \\ Z_L - Z_R \end{Bmatrix} = \begin{Bmatrix} 350 - 750 \\ 550 - 550 \\ 400 - 400 \end{Bmatrix} = \begin{Bmatrix} -400 \\ 0 \\ 0 \end{Bmatrix}$$

由 (6-7) 得 $M_L = \begin{bmatrix} 0.99802 & -0.05230 & -0.03490 \\ 0.05172 & 0.99851 & -0.01744 \\ 0.03576 & 0.01560 & 0.99924 \end{bmatrix}$

故

$M_L^T = \begin{bmatrix} 0.99802 & 0.05172 & 0.03576 \\ -0.05230 & 0.99851 & 0.01560 \\ -0.03490 & -0.01744 & 0.99924 \end{bmatrix}$

代入 (6-12) 得

$\begin{Bmatrix} u_L \\ v_L \\ w_L \end{Bmatrix} = M_L^T \begin{Bmatrix} x_L - x_{0L} \\ y_L - y_{0L} \\ 0 - f_L \end{Bmatrix}$

$= \begin{bmatrix} 0.99802 & 0.05172 & 0.03576 \\ -0.05230 & 0.99851 & 0.01560 \\ -0.03490 & -0.01744 & 0.99924 \end{bmatrix} \begin{Bmatrix} 0.03 - 0 \\ 0.03 - 0 \\ 0 - 0.10 \end{Bmatrix} = \begin{Bmatrix} 0.027916 \\ 0.026826 \\ -0.10149 \end{Bmatrix}$

設 P 點在右像 x 向座標 **-0.06**，y 向座標 $y_R$，則由 (6-7) 得 $M_R$，代入 (6-12) 得

$\begin{Bmatrix} u_R \\ v_R \\ w_R \end{Bmatrix} = M_R^T \begin{Bmatrix} x_R - x_{0R} \\ y_R - y_{0R} \\ 0 - f_R \end{Bmatrix}$

$= \begin{bmatrix} 0.9992386 & 0.0156023 & 0.0357597 \\ -0.0174418 & 0.9985093 & 0.0517197 \\ -0.0348995 & -0.0523041 & 0.9980212 \end{bmatrix} \begin{Bmatrix} -0.06 - 0 \\ y_R - 0 \\ 0 - 0.10 \end{Bmatrix} = \begin{Bmatrix} f_1(y_R) \\ f_2(y_R) \\ f_3(y_R) \end{Bmatrix}$

上式代表 $(u_R, v_R, w_R)$ 為 $y_R$ 的函數。由共面方程式 (6-11) 得

$\begin{vmatrix} b_x & b_y & b_z \\ u_L & v_L & w_L \\ u_R & v_R & w_R \end{vmatrix} = \begin{vmatrix} -400 & 0 & 0 \\ 0.02793 & 0.02683 & -0.10149 \\ f_1(y_R) & f_2(y_R) & f_3(y_R) \end{vmatrix} = 0$

故上式為 $y_R$ 的方程式，可解得 $y_R$ =**0.0304166**

同理，假設 P 點在右像的 x 向座標 0.00, 0, 0.02, 0.04, 0.06 時，可解得 $y_R$=0.03204, 0.032583, 0.033125, 0.033666。如果 P 點的左像的像平面座標改為 (0.03, -0.03), (0.03, -0.06), (0.03, -0.09) 可產生三條核線。
註：上面的共面方程式是非線性方程式，不易求解，一般都用電腦求解。本書實際上是用 Excel 的「規劃求解」功能求解，即解出使行列值為 0 的 $y_R$。

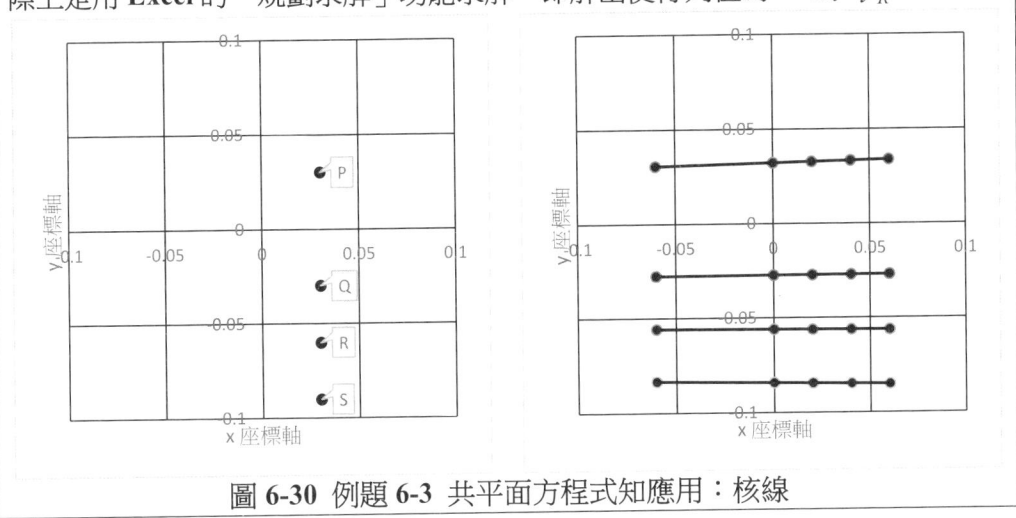

圖 6-30 例題 6-3 共平面方程式知應用：核線

# 6-5 航空攝影測量基礎 3：後方—前方交會解法

　　航空攝影測量用來決定外定向的方法主要分為三種：
**(1)** 空間後方--前方交會法。
**(2)** 相對定位--絕對定位法。
**(3)** 光束法。
本節介紹「空間後方--前方交會法」，下一節介紹「相對定位--絕對定位法」，光束法比較複雜，須參考專門書籍，本書不予詳述。

## 6-5-1 單像空間的後方交會

　　由共線方程式知（圖 6-31）

$$x - x_0 = -f \frac{m_{11}(X - X_S) + m_{12}(Y - Y_S) + m_{13}(Z - Z_S)}{m_{31}(X - X_S) + m_{32}(Y - Y_S) + m_{33}(Z - Z_S)} \qquad (6\text{-}16)$$

$$y - y_0 = -f \frac{m_{21}(X - X_S) + m_{22}(Y - Y_S) + m_{23}(Z - Z_S)}{m_{31}(X - X_S) + m_{32}(Y - Y_S) + m_{33}(Z - Z_S)} \qquad (6\text{-}17)$$

　　當像片上有三個控制點的像平面座標 (*x*, *y*)、物方空間座標 (*X*, *Y*, *Z*) 已知，每一個控制點有二個共線方程式，可組成六個方程式，可求解出六個外方位參數

$X_S, Y_S, Z_S, \omega, \varphi, \kappa$ (圖6-32)。

$$x_1 - x_0 = -f \frac{m_{11}(X_1 - X_S) + m_{12}(Y_1 - Y_S) + m_{13}(Z_1 - Z_S)}{m_{31}(X_1 - X_S) + m_{32}(Y_1 - Y_S) + m_{33}(Z_1 - Z_S)} \quad \text{(6-18a)}$$

$$y_1 - y_0 = -f \frac{m_{21}(X_1 - X_S) + m_{22}(Y_1 - Y_S) + m_{23}(Z_1 - Z_S)}{m_{31}(X_1 - X_S) + m_{32}(Y_1 - Y_S) + m_{33}(Z_1 - Z_S)} \quad \text{(6-18b)}$$

$$x_2 - x_0 = -f \frac{m_{11}(X_2 - X_S) + m_{12}(Y_2 - Y_S) + m_{13}(Z_2 - Z_S)}{m_{31}(X_2 - X_S) + m_{32}(Y_2 - Y_S) + m_{33}(Z_2 - Z_S)} \quad \text{(6-18c)}$$

$$y_2 - y_0 = -f \frac{m_{21}(X_2 - X_S) + m_{22}(Y_2 - Y_S) + m_{23}(Z_2 - Z_S)}{m_{31}(X_2 - X_S) + m_{32}(Y_2 - Y_S) + m_{33}(Z_2 - Z_S)} \quad \text{(6-18d)}$$

$$x_3 - x_0 = -f \frac{m_{11}(X_3 - X_S) + m_{12}(Y_3 - Y_S) + m_{13}(Z_3 - Z_S)}{m_{31}(X_3 - X_S) + m_{32}(Y_3 - Y_S) + m_{33}(Z_3 - Z_S)} \quad \text{(6-18e)}$$

$$y_3 - y_0 = -f \frac{m_{21}(X_3 - X_S) + m_{22}(Y_3 - Y_S) + m_{23}(Z_3 - Z_S)}{m_{31}(X_3 - X_S) + m_{32}(Y_3 - Y_S) + m_{33}(Z_3 - Z_S)} \quad \text{(6-18f)}$$

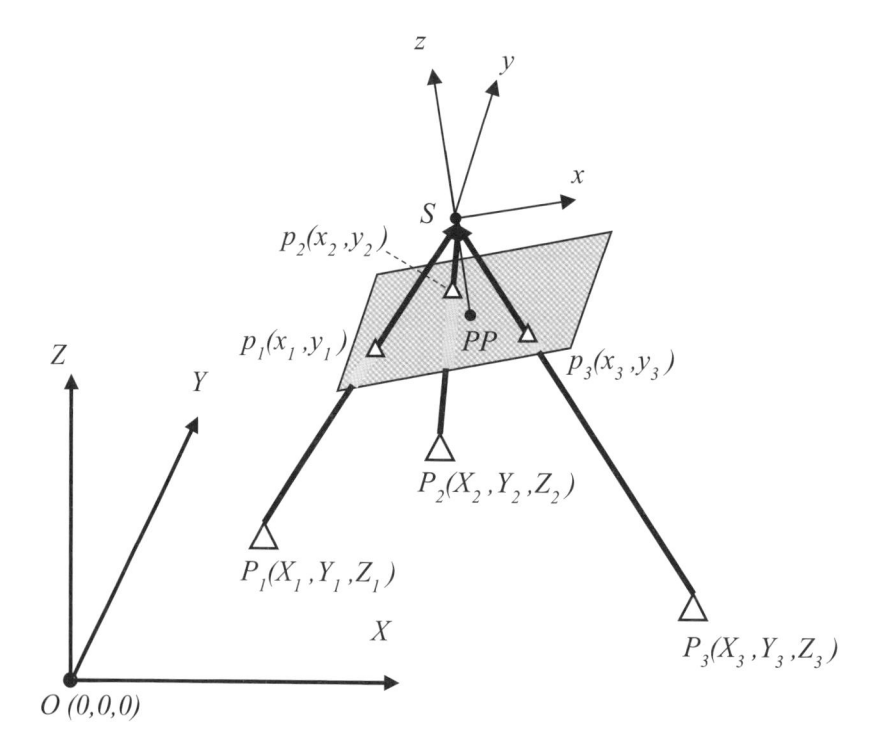

圖6-31 單像空間的後方交會

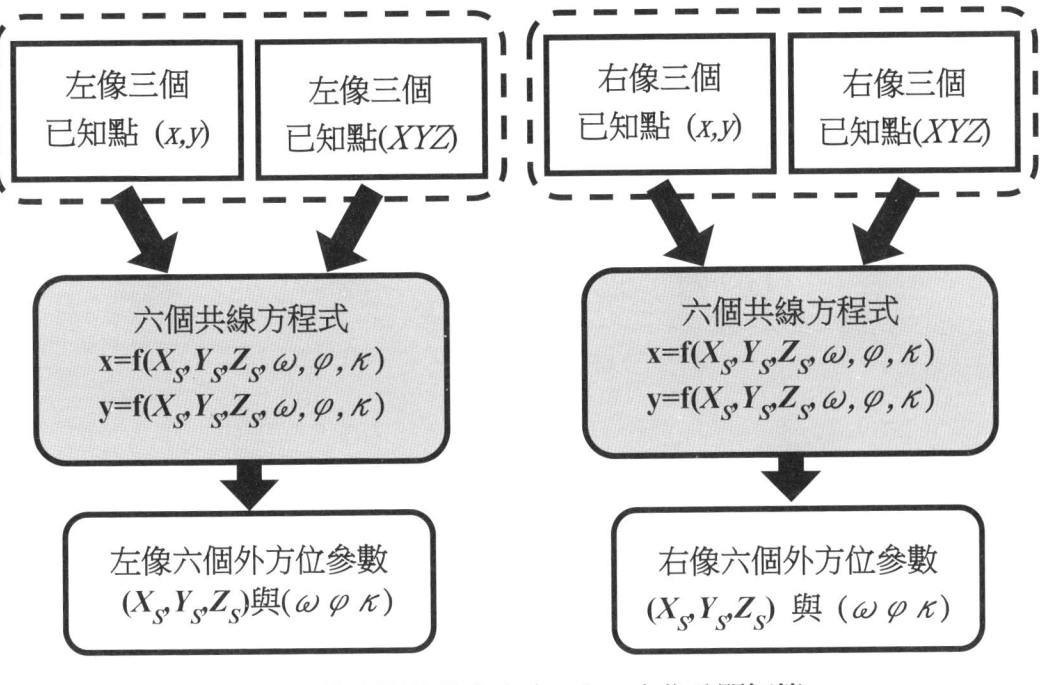

## 圖 6-32 單像空間的後方交會 (左、右像分開解算)

```
┌─────────────────────────────┐      ┌─────────────────────────────┐
│ 左像三個      左像三個        │      │ 右像三個      右像三個        │
│ 已知點(x,y)   已知點(XYZ)     │      │ 已知點(x,y)   已知點(XYZ)     │
└─────────────────────────────┘      └─────────────────────────────┘
           ↓        ↓                            ↓        ↓
    ┌──────────────────────┐              ┌──────────────────────┐
    │ 六個共線方程式        │              │ 六個共線方程式        │
    │ x=f(X_S,Y_S,Z_S,ω,φ,κ)│              │ x=f(X_S,Y_S,Z_S,ω,φ,κ)│
    │ y=f(X_S,Y_S,Z_S,ω,φ,κ)│              │ y=f(X_S,Y_S,Z_S,ω,φ,κ)│
    └──────────────────────┘              └──────────────────────┘
                ↓                                       ↓
    ┌──────────────────────┐              ┌──────────────────────┐
    │ 左像六個外方位參數    │              │ 右像六個外方位參數    │
    │ (X_S,Y_S,Z_S)與(ωφκ) │              │ (X_S,Y_S,Z_S)與(ωφκ) │
    └──────────────────────┘              └──────────────────────┘
```

**圖 6-32 單像空間的後方交會 (左、右像分開解算)**

---

### 例題 6-4 攝影測量建模應用 (後方交會解算)

假設攝影測量已經知道四個點 A, C, H, E 的物方空間座標、像平面座標如下，試計算此點的外方位參數。

| 座標系統 | 座標 | A | C | H | E |
|---|---|---|---|---|---|
| 物方空間座標 | $X$ | 500.000 | 600.000 | 500.000 | 500.000 |
|  | $Y$ | 500.000 | 600.000 | 600.000 | 500.000 |
|  | $Z$ | 100.000 | 100.000 | 0.000 | 0.000 |
| 像平面座標 (已知值) | $x$ | 0.055147 | 0.088729 | 0.040922 | 0.042084 |
|  | $y$ | -0.012512 | 0.023474 | 0.016430 | -0.008907 |

已知內方位參數

| | |
|---|---|
| $x_0$ | 0.00000 |
| $y_0$ | 0.00000 |
| $f$ | 0.10000 |

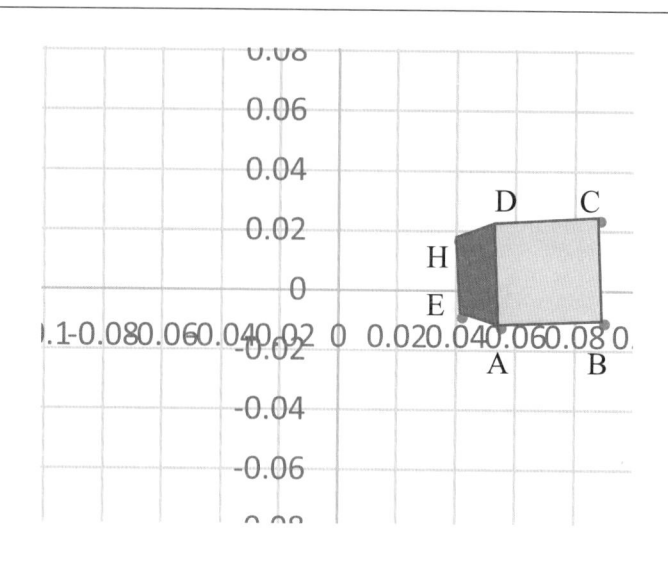

**圖6-33** 共線方程式之應用：後方交會解算

[解]

將上述數據代入 (6-18) 式的六個聯立方程式，解得外方位參數如下：

| | |
|---|---|
| $X_S$ | 349.972 |
| $Y_S$ | 549.952 |
| $Z_S$ | 399.978 |
| $\omega$ | 0.99384 |
| $\varphi$ | 1.99518 |
| $\kappa$ | 2.99599 |

註：由於 (6-18) 式的六個聯立方程式是非線性方程式，不易求解，一般都用電腦求解。本書實際上用最小誤差平方和的觀念，將解方程式轉為最佳化問題，並用 Excel 的「規劃求解」功能解此最佳化問題。有興趣深入了解的讀者可參考之。

**例題 6-5 攝影測量建模應用 (後方交會解算)**

同上一題，但假設三軸的旋轉角忽略不計。

[解]

利用 (6-9) 式，由已知點 C 得

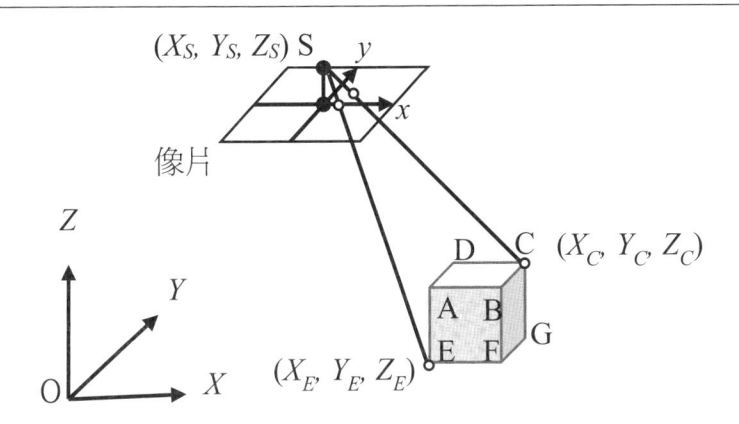

圖 6-34 共線方程式之應用：後方交會解算 (簡化法)

$$x_C = -f\frac{X_C - X_S}{Z_C - Z_S} \Rightarrow 0.088729 = -0.1\frac{600 - X_S}{100 - Z_S} \quad (1)$$

$$y_C = -f\frac{Y_C - Y_S}{Z_C - Z_S} \Rightarrow 0.023474 = -0.1\frac{600 - Y_S}{100 - Z_S} \quad (2)$$

由已知點 E 得

$$x_E = -f\frac{X_E - X_S}{Z_E - Z_S} \Rightarrow 0.042084 = -0.1\frac{500 - X_S}{0 - Z_S} \quad (3)$$

$$y_E = -f\frac{Y_E - Y_S}{Z_E - Z_S} \Rightarrow -0.008908 = -0.1\frac{500 - Y_S}{0 - Z_S} \quad (4)$$

聯立 (1)(3) 方程解得　$X_S = 329.73$　　$Z_S = 404.61$

聯立 (2)(4) 方程解得　$Y_S = 533.96$　　$Z_S = 381.32$

可見與正解 $(X_S, Y_S, Z_S) = (350, 550, 400)$ 有些差距。

如果改用 A, E 點，或 A, H 點，解答如下

| 座標 | C, E | A, E | A, H | 正解 |
|---|---|---|---|---|
| $X_S$ | 329.73 | 322.34 | 341.36 | 350 |
| $Z_S$ | 404.61 | 422.16 | 387.68 | 400 |
| $Y_S$ | 533.96 | 530.91 | 536.13 | 550 |
| $Z_S$ | 381.32 | 347.07 | 388.75 | 400 |

註：因為未知數只有三個 $(X_S, Y_S, Z_S)$，上述方程式 (1), (2), (3), (4) 有四個，方程式數目大於未知數數目，故也可用最小平方法解 (參考第十章)。例如上述方程式

(1), (2), (3), (4) 可改寫成矩陣式：

$$AX = L \quad \text{其中} \ A = \begin{bmatrix} 1 & 0 & 0.88729 \\ 1 & 0 & 0.42084 \\ 0 & 1 & 0.23474 \\ 0 & 1 & -0.08907 \end{bmatrix} \quad X = \begin{Bmatrix} X_S \\ Y_S \\ Z_S \end{Bmatrix} \quad L = \begin{Bmatrix} 688.729 \\ 500.000 \\ 623.474 \\ 500.000 \end{Bmatrix}$$

以最小平方法公式得 $X = (A^T A)^{-1} A^T L = \begin{Bmatrix} 334.68 \\ 532.82 \\ 397.03 \end{Bmatrix}$

簡化法估計解與正解的比較如下：

| 座標 | 簡化法估計解 | 正解 |
|---|---|---|
| $X_S$ | 334.68 | 350 |
| $Y_S$ | 532.82 | 550 |
| $Z_S$ | 397.03 | 400 |

## 6-5-2 立體像對的前方交會

雙像投影測圖指在立體攝影測量中，利用立體像對的兩張像片進行投影，有可能建立按比例縮小的地面幾何模型。立體攝影測量也稱雙像測圖，是由兩相鄰攝影站所攝取的、具有一定重疊度的一對像片為量測單元。這樣的兩張像片稱為立體像對 (圖 6-35)。當一個未知點出現在左、右像對，其像平面座標 $(x, y)$ 已知，左、右像片的外方位參數已知，每一個像片有二個共線方程式，可組成四個方程式，可求解出物方空間座標 $(X, Y, Z)$ (圖 6-36)。

$$x_L - x_{0L} = -f_L \frac{m_{11}(X - X_{SL}) + m_{12}(Y - Y_{SL}) + m_{13}(Z - Z_{SL})}{m_{31}(X - X_{SL}) + m_{32}(Y - Y_{SL}) + m_{33}(Z - Z_{SL})} \tag{6-19a}$$

$$y_L - y_{0L} = -f_L \frac{m_{21}(X - X_{SL}) + m_{22}(Y - Y_{SL}) + m_{23}(Z - Z_{SL})}{m_{31}(X - X_{SL}) + m_{32}(Y - Y_{SL}) + m_{33}(Z - Z_{SL})} \tag{6-19b}$$

$$x_R - x_{0R} = -f_R \frac{m'_{11}(X - X_{SR}) + m'_{12}(Y - Y_{SR}) + m'_{13}(Z - Z_{SR})}{m'_{31}(X - X_{SR}) + m'_{32}(Y - Y_{SR}) + m'_{33}(Z - Z_{SR})} \tag{6-19c}$$

$$y_R - y_{0R} = -f_R \frac{m'_{21}(X - X_{SR}) + m'_{22}(Y - Y_{SR}) + m'_{23}(Z - Z_{SR})}{m'_{31}(X - X_{SR}) + m'_{32}(Y - Y_{SR}) + m'_{33}(Z - Z_{SR})} \tag{6-19d}$$

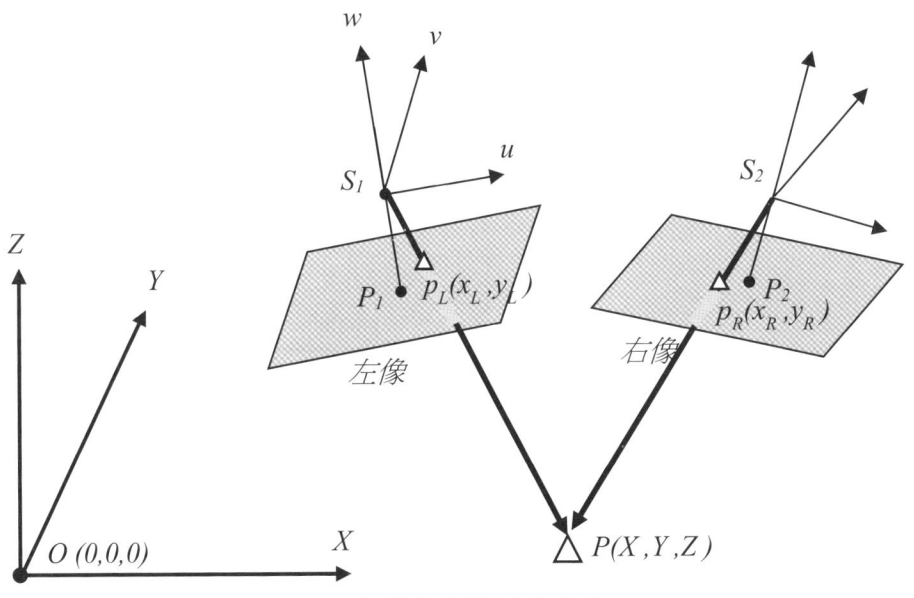

圖6-35 立體像對的前方交會

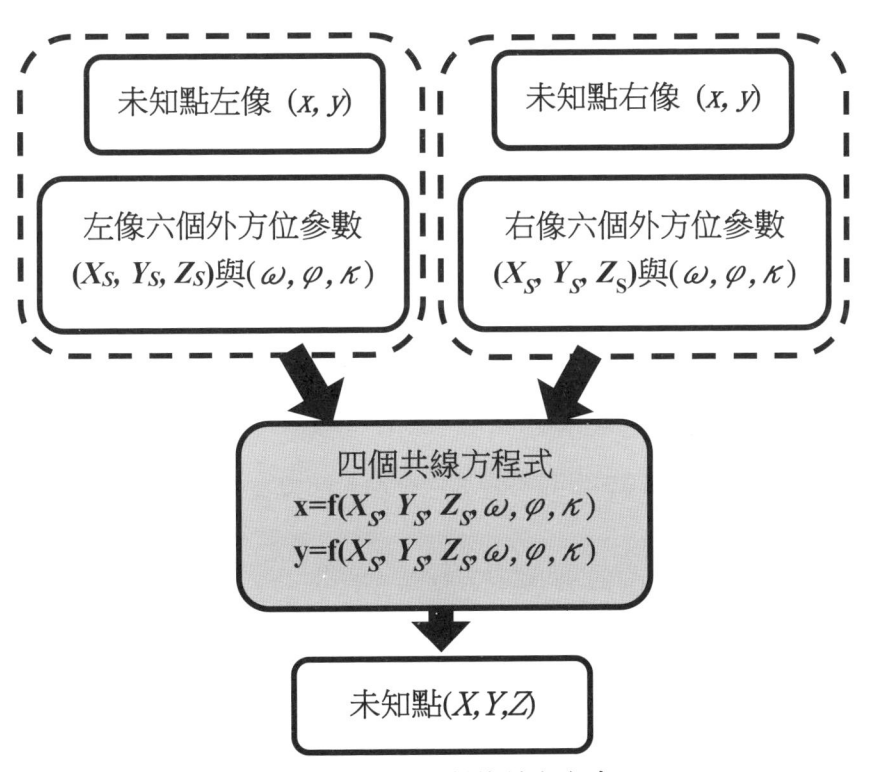

圖 6-36 立體像對的前方交會

例題 6-6 攝影測量計算應用 (前方交會解算)

假設攝影測量已經知道一個點 P 的左像與右像的像平面座標、內方位參數、外方位參數如下，試計算此點的物方空間座標。

| 參數 | | 左像 | 右像 |
|---|---|---|---|
| 外方位參數 | $X_S$ | 350.000 | 750.000 |
| | $Y_S$ | 550.000 | 550.000 |
| | $Z_S$ | 400.000 | 400.000 |
| | $\omega$ | 1.000 | 3.000 |
| | $\varphi$ | 2.000 | 2.000 |
| | $\kappa$ | 3.000 | 1.000 |
| 內方位參數 | $x_0$ | 0.000 | 0.000 |
| | $y_0$ | 0.000 | 0.000 |
| | $f$ | 0.100 | 0.100 |
| 像平面座標 | $x$ | 0.017710 | -0.093465 |
| | $y$ | 0.005370 | 0.006319 |

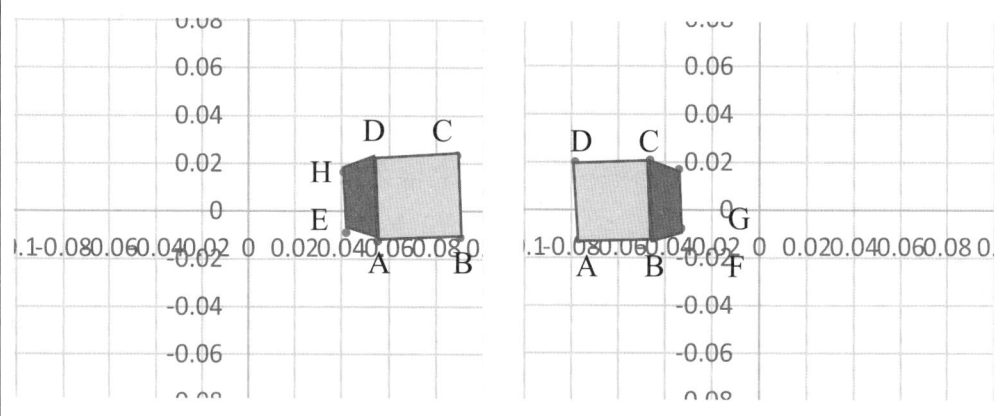

圖6-37 共線方程式之應用：前方交會解算

[解]
將上述數據代入 (6-19) 式的四個聯立方程式，解得
*X=400.001, Y=560.000, Z=50.002*
註：由於 (6-19) 式的四個聯立方程式是非線性方程式，不易求解，一般都用電腦求解。本書實際上用最小誤差平方和的觀念，將解方程式轉為最佳化問題，並用 **Excel** 的「規劃求解」功能解此最佳化問題。有興趣深入了解的讀者可參考之。

## 例題 6-7 攝影測量建模應用 (前方交會解算)

同上一題,但假設三軸的旋轉角忽略不計。

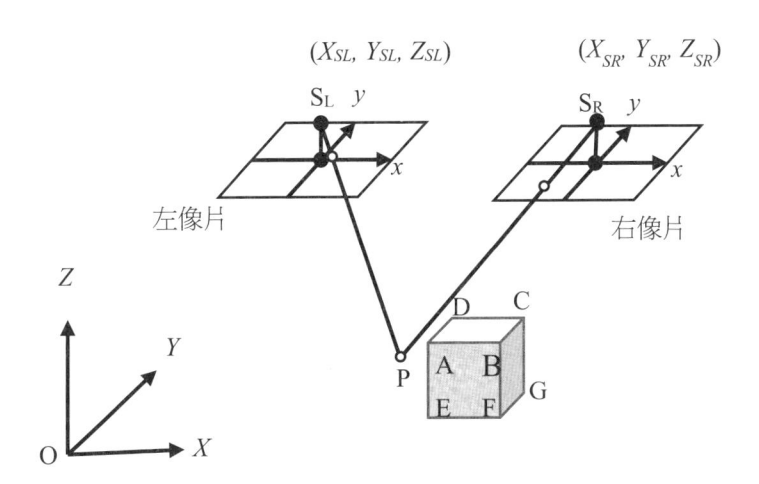

圖 6-38 共線方程式之應用:前方交會解算 (簡化法)

[解]

利用 (6-9) 式,由 P 點左像得

$$x_{CL} = -f\frac{X_C - X_{SL}}{Z_C - Z_{SL}} \quad \Rightarrow \quad 0.017710 = -0.1\frac{X_C - 350}{Z_C - 400} \quad (1)$$

$$y_{CL} = -f\frac{Y_C - Y_{SL}}{Z_C - Z_{SL}} \quad \Rightarrow \quad 0.005370 = -0.1\frac{Y_C - 550}{Z_C - 400} \quad (2)$$

由 P 點左像得

$$x_{CR} = -f\frac{X_C - X_{SR}}{Z_C - Z_{SR}} \quad \Rightarrow \quad -0.093465 = -0.1\frac{X_C - 750}{Z_C - 400} \quad (3)$$

$$y_{CR} = -f\frac{Y_C - Y_{SR}}{Z_C - Z_{SR}} \quad \Rightarrow \quad 0.006319 = -0.1\frac{Y_C - 550}{Z_C - 400} \quad (4)$$

因為未知數只有三個,方程式有四個,故可用最小平方法解。

$$AX = L \quad 其中 A = \begin{bmatrix} -1 & 0 & -0.17710 \\ -1 & 0 & 0.93465 \\ 0 & -1 & -0.05370 \\ 0 & -1 & -0.06319 \end{bmatrix} \quad X = \begin{Bmatrix} X_C \\ Y_C \\ Z_C \end{Bmatrix} \quad L = \begin{Bmatrix} -420.84 \\ -376.14 \\ -571.48 \\ -575.276 \end{Bmatrix}$$

以最小平方方法公式得 $X = (A^T A)^{-1} A^T L = \begin{Bmatrix} 413.73 \\ 571.03 \\ 40.23 \end{Bmatrix}$

簡化法估計解與正解的比較如下：

| 座標 | 簡化法估計解 | 正解 |
| --- | --- | --- |
| $X$ | 413.73 | 400.00 |
| $Y$ | 571.03 | 560.00 |
| $Z$ | 40.23 | 50.00 |

## 6-6 航空攝影測量基礎 4：相對—絕對定位解法

「相對—絕對定位解法」是一個解題思路與「後方—前方交會解法」完全不同的方法，後者解外參數的方法是一次解一張像片的六個參數，而「相對—絕對定位解法」是一次解二張像片的合計 12 個參數，但分成相對定位、絕對定位二個階段：

- 相對定位 (圖 6-39)：相對定位是確定像對兩張像片相對位置所需的 5 元素。原理是「共面方程式」，利用五個以上的共同點在左像與右像的像平面座標，代入共面方程式求解 5 個相對定位參數。相對定位完成後，可以產生一個物點之間的相對位置正確的幾何模型，但是幾何模型的比例尺 (1 個參數)、空間方位 (3 個參數)、座標原點 (3 個參數) 為假設值，因此無法得到絕對位置。

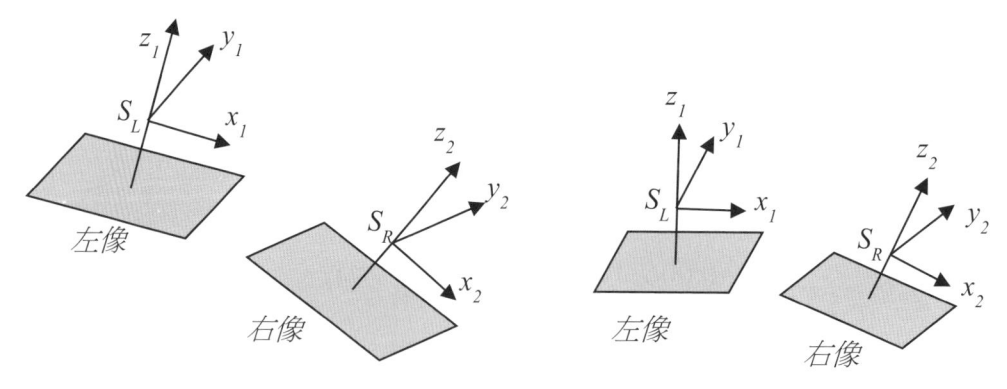

(a) 相對定位1　　　　　　　　　　(b) 相對定位2

圖6-39 相對定位的意義 (上述 (a) (b) 有相同的相對定位)

- 絕對定位 (圖 6-40)：絕對定位是確定像對兩張像片絕對位置所需的 7 元素，即比例尺 (1 個參數)、空間方位 (3 個參數)、座標原點 (3 個參數)。原理是「三維線性相似變換」，利用三個以上的共同點的相對幾何模型座標、物方空間座標，

標，代入三維線性相似變換方程式求解 7 個絕對定位參數。相對定位完成後，可以得到將相對幾何模型座標轉換成物方空間座標的 7 參數，得到絕對位置。

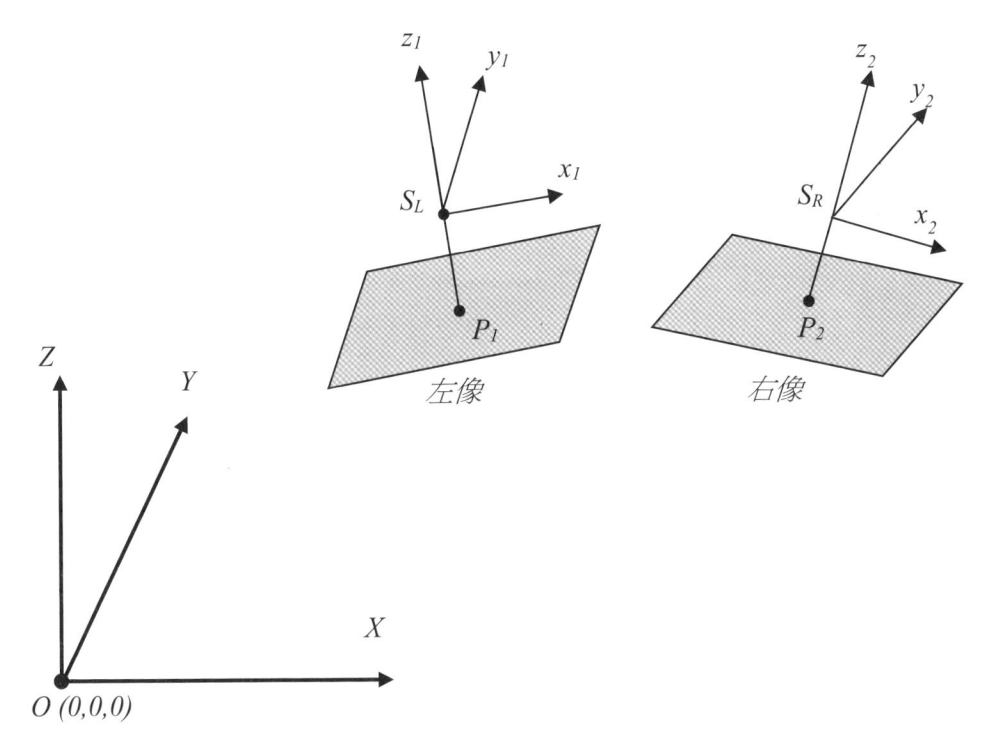

圖6-40 絕對定位的意義

## 6-6-1 立體像對的相對定位

相對定位是指恢復或確定立體像對兩個光束在攝影瞬間相對位置關係的過程 (圖 6-41)。相對定位式建立在共面方程式的基礎上。相對定位的解析法是在像片上量測各同名像點的像點座標。根據同名射線「共面條件」的理論可以推導出這些量測值與相對定位元素的關係式。

由共面方程式知

$$\begin{vmatrix} b_x & b_y & b_z \\ u_L & v_L & w_L \\ u_R & u_R & u_R \end{vmatrix} = 0$$

其中

$$\begin{Bmatrix} b_x \\ b_x \\ b_x \end{Bmatrix} = \begin{Bmatrix} X_R - X_L \\ Y_R - Y_L \\ Z_R - Z_L \end{Bmatrix} \quad \begin{Bmatrix} u_L \\ v_L \\ w_L \end{Bmatrix} = M_L^T \begin{Bmatrix} x_L - x_{0L} \\ y_L - y_{0L} \\ 0 - f \end{Bmatrix} \quad \begin{Bmatrix} u_R \\ v_R \\ w_R \end{Bmatrix} = M_R^T \begin{Bmatrix} x_R - x_{0R} \\ y_R - y_{0R} \\ 0 - f_R \end{Bmatrix}$$

上式中有 **12** 個參數，即左像與右像各有三個個平移參數與三個旋轉參數。但因為相對定位只要求像對之間的相對位置與方向具有空間相似性，因此可以做不同的假設，使參數從 12 個降低為五個。故理論上測得 **5** 對同名像點的像點座標值就能夠解算出該像片對的 **5** 個相對定位元素。

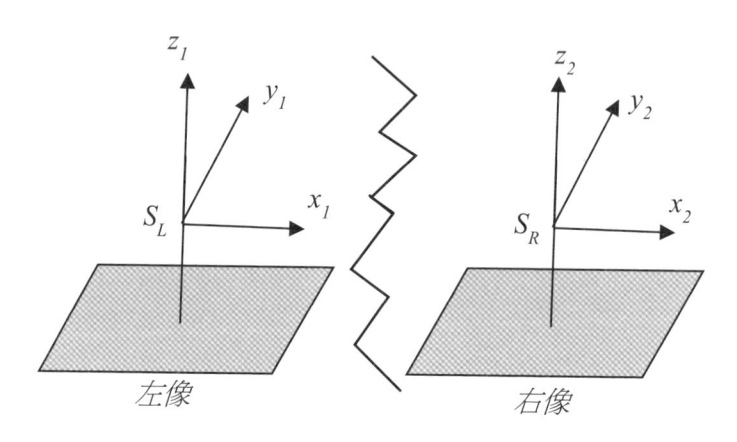

**圖 6-41 相對定位之前的左像、右像的像空間座標系(S-xyz)**

相對定位分成兩種：連續像對相對定位、獨立像對相對定位，分述如下。

## 一、連續像對相對定位

連續像對相對定位是指在相對定位中，以一張像片為基準，旋轉和移動另一張像片達到同名光線對對相交，解求相對定位元素的過程。即以左像為基準，旋轉右像的 *x, y, z* 軸和平移 *y, z* 軸達到相對定位。故共有兩個平移參數 ($b_y$, $b_z$)，三個旋轉參數 (圖 6-42)。

連續像對相對定位是令
**(1)** 左像投影中心、右像投影中心的連線長度設為 **1** 單位，即 $b_x = 1$，以及
**(2)** 左像的像空間座標的三軸無旋轉，即

$$\begin{Bmatrix} \omega_L \\ \varphi_L \\ \kappa_L \end{Bmatrix} = \begin{Bmatrix} 0 \\ 0 \\ 0 \end{Bmatrix} \quad 故 \quad M_L^T = \begin{bmatrix} 1 & 0 & 0 \\ 0 & 1 & 0 \\ 0 & 0 & 1 \end{bmatrix}$$

**(3)** 左像的像空間座標原點 (投影中心) 為相對座標系的原點，即

$$\begin{Bmatrix} X_{SL} \\ Y_{SL} \\ Z_{SL} \end{Bmatrix} = \begin{Bmatrix} 0 \\ 0 \\ 0 \end{Bmatrix}$$

因此 $\begin{Bmatrix} u_L \\ v_L \\ w_L \end{Bmatrix} = M_L^T \begin{Bmatrix} x_L \\ y_L \\ z_L \end{Bmatrix} + \begin{Bmatrix} X_{SL} \\ Y_{SL} \\ Z_{SL} \end{Bmatrix} = \begin{bmatrix} 1 & 0 & 0 \\ 0 & 1 & 0 \\ 0 & 0 & 1 \end{bmatrix} \begin{Bmatrix} x_L \\ y_L \\ z_L \end{Bmatrix} + \begin{Bmatrix} 0 \\ 0 \\ 0 \end{Bmatrix} = \begin{Bmatrix} x_L \\ y_L \\ z_L \end{Bmatrix}$

共面方程式指出地面上一點 $T$ 與左、右像的透視中心 $S_L, S_R$，以及左、右像的像點 $P_L, P_R$，這五點必在同一平面上，稱共面條件式。即

$$\begin{vmatrix} b_x & b_y & b_z \\ u_L & v_L & w_L \\ u_R & v_R & w_R \end{vmatrix} = 0 \quad \text{可簡化成} \quad \begin{vmatrix} 1 & b_y & b_z \\ x_L & y_L & z_L \\ u_R & v_R & w_R \end{vmatrix} = 0 \tag{6-20}$$

因此共面方程式中含有右像相對於左像的兩個平移參數 ($b_y, b_z$)，與右像的三個旋轉參數 (圖 6-42)。因此如果有五個以上的共同點，可列出五個共面方程式，可以解出這五個相對定位元素，達成左像與右像滿足相對定位的要求 (圖 6-43)。由於這種方法可以持續以第一個像為基準，調整其它影像的外參數達成相對定位，故稱連續像對相對定位。

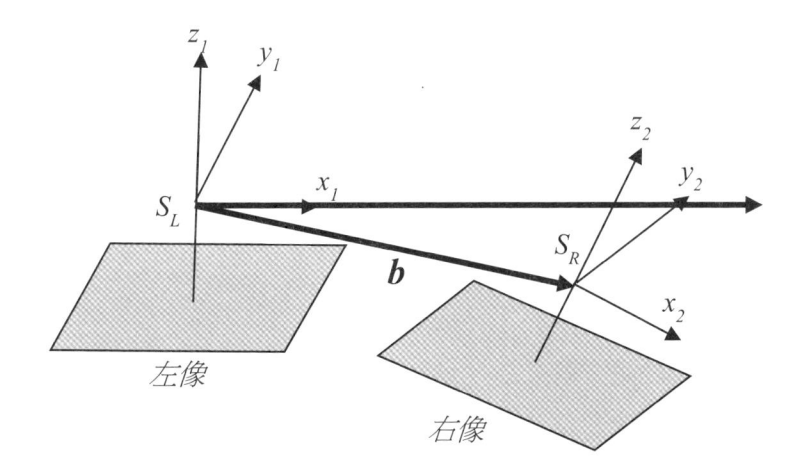

圖 6-42 立體像對的相對定位：連續像對相對定位
(三軸方向以左像三軸為基準，旋轉右像的 $x, y, z$ 軸、平移 $y, z$ 軸達到相對定位)

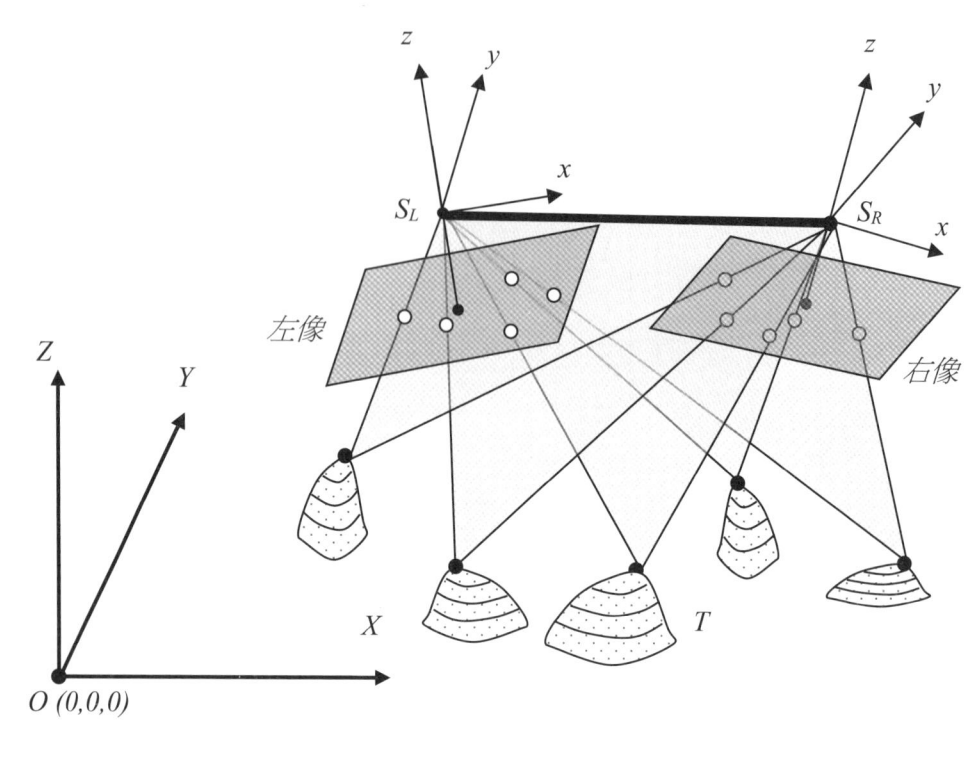

圖 6-43 共同點與物空間座標相對關係示意圖

相對定位完成後，左像投影中心 $S_L$、像點 $P_L$ 以及右像投影中心 $S_R$、像點 $P_R$ 四點的座標已經共平面，其投影線(投影中心到像點)的延伸必相交於一點，此點即左像像點與右像像點對應的共同點 $T$ (圖 6-44)，如果有三個以上的共同點也有物方座標，就可以繼續進行絕對定位。

因為左像的像空間座標原點 (投影中心) 為相對座標系的原點，即

$$\begin{Bmatrix} u_{SL} \\ v_{SL} \\ w_{SL} \end{Bmatrix} = \begin{Bmatrix} 0 \\ 0 \\ 0 \end{Bmatrix}$$

因此，左像投影線的延伸線方程式為 $\begin{Bmatrix} u_{TL} \\ v_{TL} \\ w_{TL} \end{Bmatrix} = \lambda_L \begin{Bmatrix} u_L \\ v_L \\ w_L \end{Bmatrix} + \begin{Bmatrix} 0 \\ 0 \\ 0 \end{Bmatrix}$ **(6-21(a))**

其中 $\lambda_L$ =左像投影線的延伸長度。

因為左像投影中心、右像投影中心的連線長度設為 **1 單位**，故

$$\begin{Bmatrix} u_{SR} \\ v_{SR} \\ w_{SR} \end{Bmatrix} = \begin{Bmatrix} 1 \\ b_y \\ b_z \end{Bmatrix}$$

因此，右像投影線的延伸線方程式為 $\begin{Bmatrix} u_{TR} \\ v_{TR} \\ w_{TR} \end{Bmatrix} = \lambda_R \begin{Bmatrix} u_R \\ v_R \\ w_R \end{Bmatrix} + \begin{Bmatrix} 1 \\ b_y \\ b_z \end{Bmatrix}$ **(6-21(b))**

其中 $\lambda_R$ =右像投影線的延伸長度。

因投影線的延伸必相交於一點，故 $\begin{Bmatrix} u_{TL} \\ v_{TL} \\ w_{TL} \end{Bmatrix} = \begin{Bmatrix} u_{TR} \\ v_{TR} \\ w_{TR} \end{Bmatrix}$ **(6-21(c))**

即 $\lambda_L \begin{Bmatrix} u_L \\ v_L \\ w_L \end{Bmatrix} + \begin{Bmatrix} 0 \\ 0 \\ 0 \end{Bmatrix} = \lambda_R \begin{Bmatrix} u_R \\ v_R \\ w_R \end{Bmatrix} + \begin{Bmatrix} 1 \\ b_y \\ b_z \end{Bmatrix}$

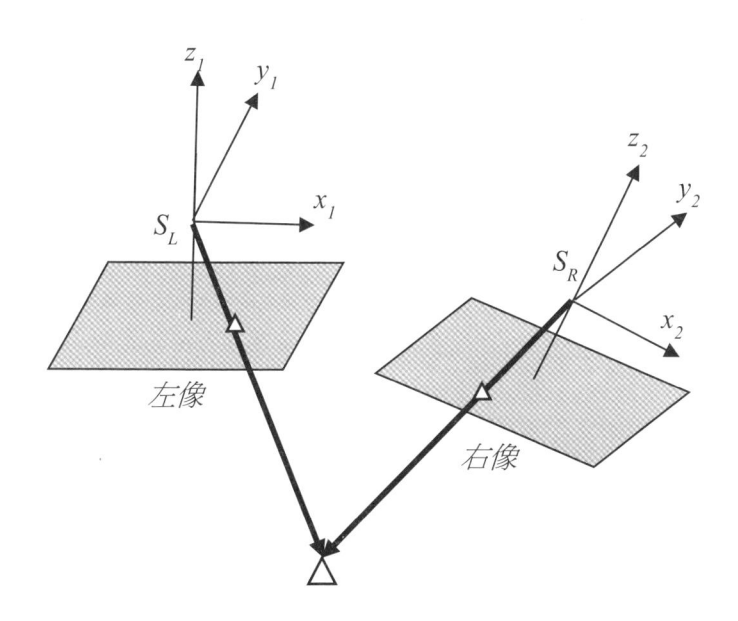

圖 **6-44** 立體像對的相對定位：投影線的延伸必相交於共同點

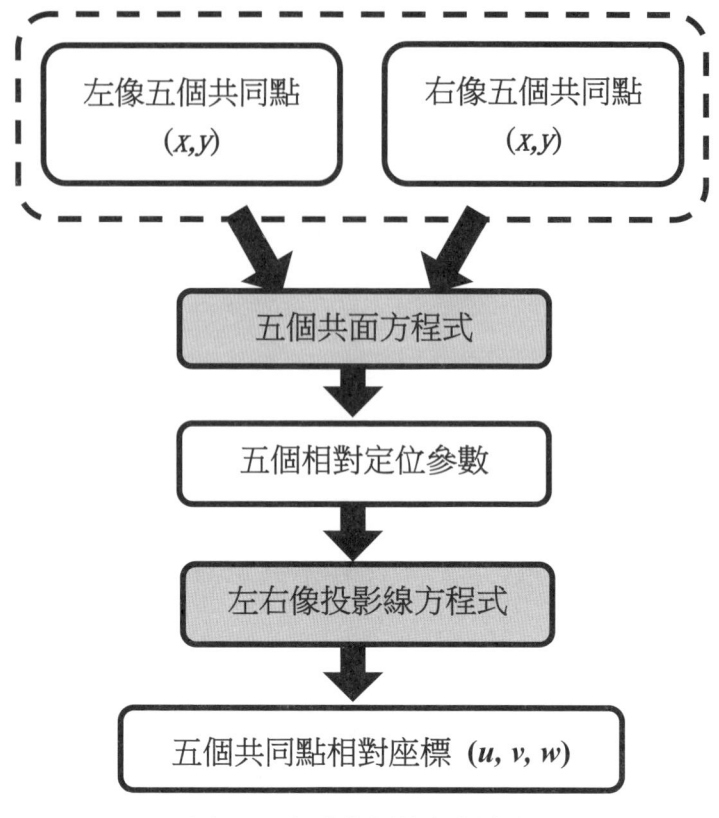

圖 6-45 立體像對的相對定位

因為上式只有二個變數 $\lambda_L, \lambda_R$，但可展開成三個聯立的方程式，故需用最小平方法求解。為方便求解，上述方程式可改寫成最小平方法的矩陣型式

$AX=L$

其中 $A = \begin{bmatrix} u_L & -u_R \\ v_L & -v_R \\ w_L & -w_R \end{bmatrix}$ $X = \begin{Bmatrix} \lambda_L \\ \lambda_R \end{Bmatrix}$ $L = \begin{Bmatrix} 1 \\ b_y \\ b_z \end{Bmatrix}$

$\lambda_L, \lambda_R$ 可用最小平方法求解，即

$X = \left(A^T A\right)^{-1} A^T L$

將 $\lambda_L, \lambda_R$ 代入 **(6-21(a))** 與 **(6-21(b))** 可得的共同點的相對座標

$$\begin{Bmatrix} u_{TL} \\ v_{TL} \\ w_{TL} \end{Bmatrix} 與 \begin{Bmatrix} u_{TR} \\ v_{TR} \\ w_{TR} \end{Bmatrix}，且理論上 \begin{Bmatrix} u_{TL} \\ v_{TL} \\ w_{TL} \end{Bmatrix} = \begin{Bmatrix} u_{TR} \\ v_{TR} \\ w_{TR} \end{Bmatrix}$$

但由於可能有微小誤差，可令共同點的相對座標

$$\begin{Bmatrix} u_T \\ v_T \\ w_T \end{Bmatrix} = \frac{1}{2} \left( \begin{Bmatrix} u_{TL} \\ v_{TL} \\ w_{TL} \end{Bmatrix} + \begin{Bmatrix} u_{TR} \\ v_{TR} \\ w_{TR} \end{Bmatrix} \right)$$

相對定位流程見圖 **6-45**。

**例題 6-8 連續像對相對定位**

假設左像與右像有 **10** 個共同點的像平面座標如下：

| 座標 | | 1 | 2 | 3 | 4 | 5 | 6 | 7 | 8 | 9 | 10 |
|---|---|---|---|---|---|---|---|---|---|---|---|
| 左像 | x | 0.04208 | 0.06796 | 0.06689 | 0.04092 | 0.05515 | 0.09005 | 0.08873 | 0.05366 | 0.01771 | 0.10410 |
| | y | -0.00891 | -0.00767 | 0.01791 | 0.01643 | -0.01251 | -0.01089 | 0.02347 | 0.02143 | 0.00537 | -0.00302 |
| 右像 | x | -0.05721 | -0.03317 | -0.03403 | -0.05837 | -0.07669 | -0.04508 | -0.04642 | -0.07856 | -0.09346 | -0.02816 |
| | y | -0.00801 | -0.00770 | 0.01704 | 0.01651 | -0.01226 | -0.01190 | 0.02094 | 0.02018 | 0.00632 | -0.00487 |

| 內方位參數 | 左像 | 右像 |
|---|---|---|
| $x_0$ | 0.000 | 0.000 |
| $y_0$ | 0.000 | 0.000 |
| $f$ | 0.100 | 0.100 |

**[解]**

將上述 **10** 點數據代入 **(6-20)** 式可以得到 **10** 個聯立方程式，以最小平方法解得 **5** 個相對定位參數如下：

| 參數 | 左像 |
|---|---|
| $b_x$ | 固定為 1 |
| $b_y$ | 0.05182 |
| $b_z$ | 0.03572 |

| 參數 | 右像 |
|---|---|
| $\omega$ | 2.07034 |
| $\varphi$ | -0.02060 |
| $\kappa$ | -1.99855 |

此時 **10** 個共同點的左像點、右像點空間座標如下：

| 座標 | | 1 | 2 | 3 | 4 | 5 | 6 | 7 | 8 | 9 | 10 |
|---|---|---|---|---|---|---|---|---|---|---|---|
| 左像 | u | 0.0421 | 0.0680 | 0.0669 | 0.0409 | 0.0551 | 0.0900 | 0.0887 | 0.0537 | 0.0177 | 0.1041 |
| | v | -0.0089 | -0.0077 | 0.0179 | 0.0164 | -0.0125 | -0.0109 | 0.0235 | 0.0214 | 0.0054 | -0.0030 |
| | w | -0.1000 | -0.1000 | -0.1000 | -0.1000 | -0.1000 | -0.1000 | -0.1000 | -0.1000 | -0.1000 | -0.1000 |
| 右像 | u | -0.0567 | -0.0327 | -0.0344 | -0.0587 | -0.0761 | -0.0445 | -0.0470 | -0.0791 | -0.0935 | -0.0278 |
| | v | -0.0136 | -0.0125 | 0.0122 | 0.0108 | -0.0185 | -0.0171 | 0.0157 | 0.0138 | -0.0006 | -0.0095 |
| | w | -0.0997 | -0.0997 | -0.1006 | -0.1006 | -0.0995 | -0.0995 | -0.1007 | -0.1007 | -0.1002 | -0.0998 |

接著用 (6-21(c)) 解左像、右像投影線的延伸長度 $\lambda_L$ 與 $\lambda_R$ 如下：

| 參數 | 1 | 2 | 3 | 4 | 5 | 6 | 7 | 8 | 9 | 10 |
|---|---|---|---|---|---|---|---|---|---|---|
| $\lambda_L$ | 9.895 | 9.806 | 9.767 | 9.856 | 7.393 | 7.304 | 7.264 | 7.354 | 8.709 | 7.501 |
| $\lambda_R$ | 10.286 | 10.197 | 10.067 | 10.157 | 7.787 | 7.698 | 7.568 | 7.658 | 9.049 | 7.877 |

將 $\lambda_L$ 與 $\lambda_R$ 代入 (6-21(a)) 與 (6-21(b)) 得 10 個共同點的物點空間座標如下：

| 座標 | | 1 | 2 | 3 | 4 | 5 | 6 | 7 | 8 | 9 | 10 |
|---|---|---|---|---|---|---|---|---|---|---|---|
| 共同點 | u | 0.4164 | 0.6664 | 0.6533 | 0.4033 | 0.4077 | 0.6577 | 0.6446 | 0.3946 | 0.1542 | 0.7809 |
| | v | -0.0881 | -0.0752 | 0.1749 | 0.1619 | -0.0925 | -0.0796 | 0.1705 | 0.1576 | 0.0468 | -0.0226 |
| | w | -0.9895 | -0.9806 | -0.9767 | -0.9856 | -0.7393 | -0.7304 | -0.7264 | -0.7354 | -0.8709 | -0.7501 |

註：由於 (6-20) 式的個聯立方程式是非線性方程式，不易求解，一般都用電腦求解。本書實際上用最小誤差平方和的觀念，將解方程式轉為最佳化問題，並用 Excel 的「規劃求解」功能解此最佳化問題。有興趣深入了解的讀者可參考之。

## 二、獨立像對相對定位

獨立像對相對定位是指在相對定位中，同時旋轉二張像片達到同名光線對對相交，解求相對定位元素的過程。即以左像與右像的投影中心連線為 $x$ 軸，旋轉左像的 $y, z$ 軸和右像的 $x, y, z$ 軸，故共有五個旋轉參數 (圖 6-46)。

獨立像對相對定位是令共面方程式中

**(1)** 左像投影中心、右像投影中心的連線長度設為 **1** 單位，及二者連線為 $x$ 軸，故

$$\begin{Bmatrix} b_x \\ b_y \\ b_z \end{Bmatrix} = \begin{Bmatrix} 1 \\ 0 \\ 0 \end{Bmatrix}$$

**(2)** 左像的像空間座標的 $x$ 軸無旋轉，即 $\omega_L = 0$
**(3)** 左像的像空間座標原點 (投影中心) 為相對座標系的原點，即

$$\begin{Bmatrix} X_{SL} \\ Y_{SL} \\ Z_{SL} \end{Bmatrix} = \begin{Bmatrix} 0 \\ 0 \\ 0 \end{Bmatrix}$$

故共面方程式變成 $\begin{vmatrix} 1 & 0 & 0 \\ u_L & v_L & w_L \\ u_R & v_R & w_R \end{vmatrix} = 0$ 可推得 $\begin{vmatrix} v_L & w_L \\ v_R & w_R \end{vmatrix} = 0$ **(6-22)**

因此共面方程式中含有左像的兩個旋轉參數，與右像的三個旋轉參數。因此如果有五個以上的共同點，可列出五個共面方程式，可以解出這五個相對定位元素，達成左像與右像滿足相對定位的要求。由於這種方法的兩個像片都有參數要調整，因此無法持續以一個像為基準，調整其它影像的外參數達成相對定位，故稱獨立像對相對定位。

接著，與連續像對相對定位一樣，要解左像、右像投影線的延伸長度 $\lambda_L$ 與 $\lambda_R$，以得到共同點的物點空間座。

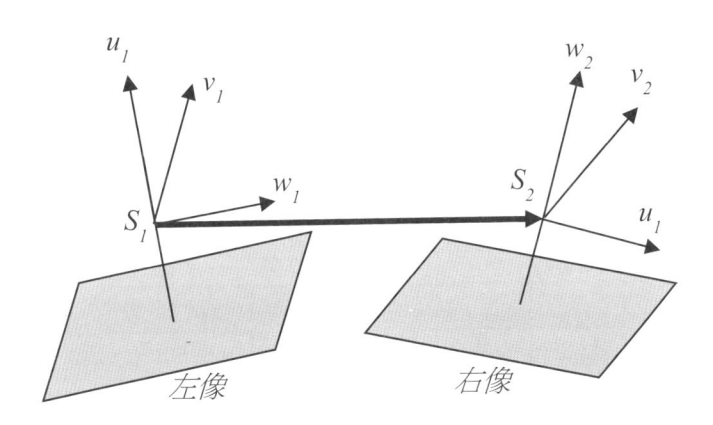

圖 6-46 立體像對的相對定位：獨立像對相對定位
( $x$ 軸方向以基線為基準，旋轉左像的 $y, z$ 軸、右像的 $x, y, z$ 軸達到相對定位)

## 例題 6-9 獨立像對相對定位

延續上一個例題，但獨立像對相對定位。

**[解]**

將上述 10 點數據代入 (6-22) 式可以得到 10 個聯立方程式，以最小平方法解得 5 個相對定位參數如下：

| 參數 | 左像 | 右像 |
|---|---|---|
| $\omega$ | 固定為 0 | 1.99868 |
| $\varphi$ | 2.05203 | 2.01713 |
| $\kappa$ | 2.96455 | 0.96479 |

此時 10 個共同點的左像點、右像點空間座標如下：

| 座標 | | 1 | 2 | 3 | 4 | 5 | 6 | 7 | 8 | 9 | 10 |
|---|---|---|---|---|---|---|---|---|---|---|---|
| 左像 | $u$ | 0.0380 | 0.0639 | 0.0641 | 0.0381 | 0.0508 | 0.0857 | 0.0862 | 0.0511 | 0.0144 | 0.1002 |
| | $v$ | -0.0109 | -0.0110 | 0.0146 | 0.0145 | -0.0152 | -0.0153 | 0.0190 | 0.0188 | 0.0046 | -0.0082 |
| | $w$ | -0.1014 | -0.1024 | -0.1023 | -0.1014 | -0.1019 | -0.1032 | -0.1031 | -0.1019 | -0.1006 | -0.1037 |
| 右像 | $u$ | -0.0609 | -0.0368 | -0.0373 | -0.0616 | -0.0804 | -0.0488 | -0.0496 | -0.0818 | -0.0969 | -0.0318 |
| | $v$ | -0.0105 | -0.0106 | 0.0142 | 0.0140 | -0.0144 | -0.0146 | 0.0183 | 0.0181 | 0.0045 | -0.0078 |
| | $w$ | -0.0976 | -0.0984 | -0.0993 | -0.0984 | -0.0968 | -0.0979 | -0.0990 | -0.0978 | -0.0968 | -0.0987 |

接著用 (6-21(c)) 解左像、右像投影線的延伸長度 $\lambda_L$ 與 $\lambda_R$ 如下：

| 參數 | 1 | 2 | 3 | 4 | 5 | 6 | 7 | 8 | 9 | 10 |
|---|---|---|---|---|---|---|---|---|---|---|
| $\lambda_L$ | 9.878 | 9.788 | 9.749 | 9.839 | 7.380 | 7.290 | 7.251 | 7.341 | 8.695 | 7.488 |
| $\lambda_R$ | 10.268 | 10.179 | 10.050 | 10.139 | 7.773 | 7.684 | 7.555 | 7.644 | 9.033 | 7.863 |

最後將 $\lambda_L$ 與 $\lambda_R$ 代入 (6-31(a)) 與 (6-31(b)) 得 10 個共同點的物點空間座標如下：

| 座標 | | 1 | 2 | 3 | 4 | 5 | 6 | 7 | 8 | 9 | 10 |
|---|---|---|---|---|---|---|---|---|---|---|---|
| 共同點 | $u$ | 0.3750 | 0.6250 | 0.6250 | 0.3750 | 0.3750 | 0.6250 | 0.6250 | 0.3750 | 0.1250 | 0.7500 |
| | $v$ | -0.1075 | -0.1075 | 0.1424 | 0.1424 | -0.1119 | -0.1119 | 0.1381 | 0.1381 | 0.0403 | -0.0615 |
| | $w$ | -1.0020 | -1.0020 | -0.9977 | -0.9977 | -0.7521 | -0.7521 | -0.7477 | -0.7477 | -0.8744 | -0.7762 |

註：由於 (6-22) 式的個聯立方程式是非線性方程式，不易求解，一般都用電腦求解。本書實際上用最小誤差平方和的觀念，將解方程式轉為最佳化問題，並用 **Excel** 的「規劃求解」功能解此最佳化問題。有興趣深入了解的讀者可參考之。

## 6-6-2 立體模型的絕對定位

在攝影測量中，相對定位所建立的立體模型常處在暫時的或過渡性的模型座標系中，而且比例尺也是任意的，因此必須把它變換至地面測量座標系中，並使符合規定的比例尺，方可測圖，這個變換過程稱為絕對定位。絕對定位的數學基礎是三維線性相似變換，即旋轉、平移、伸縮模型空間以配合物方空間座標。它有座標原點平移 (3 個參數)，模型的空間旋轉 (3 個參數) 和比例尺係數等 7 個待定參數。

三維正形座標轉換又稱為七參數相似轉換。由一個三維座標系轉換到另一個三維座標系。此座標轉換常應用於 GPS 測量與航空測量。此轉換有七個參數，包含三個旋轉參數、三個平移參數與一個比例參數。三個旋轉參數是分別繞 $x$、$y$、$z$ 軸的一連串二維旋轉，稱為絕對定位的七參數 (圖6-47)。

$$X = f_X(X_S, Y_S, Z_S, \omega, \varphi, \kappa, S) \tag{6-23(a)}$$

$$Y = f_Y(X_S, Y_S, Z_S, \omega, \varphi, \kappa, S) \tag{6-23(b)}$$

$$Z = f_Z(X_S, Y_S, Z_S, \omega, \varphi, \kappa, S) \tag{6-23(c)}$$

故至少要有二個三維 (平面與高程) 控制點和一個高程控制點，但理想數則為四個平面高程控制點，如此才有足夠多的多餘觀測量，以提升模型的精度。七參數相似轉換可參考第 1 章的「空間直角座標之間的轉換」一節。絕對定位流程見圖 6-48。

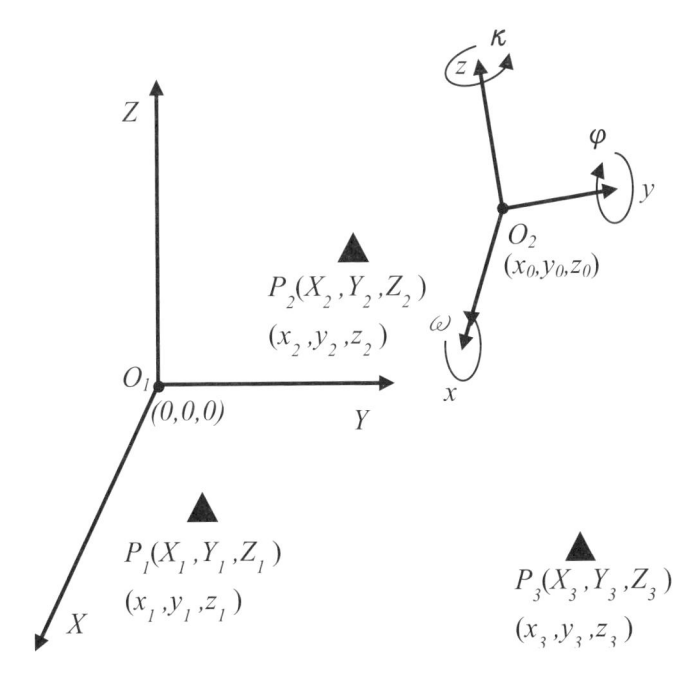

圖 6-47 立體模型的絕對定位：空間直角座標之間的轉換

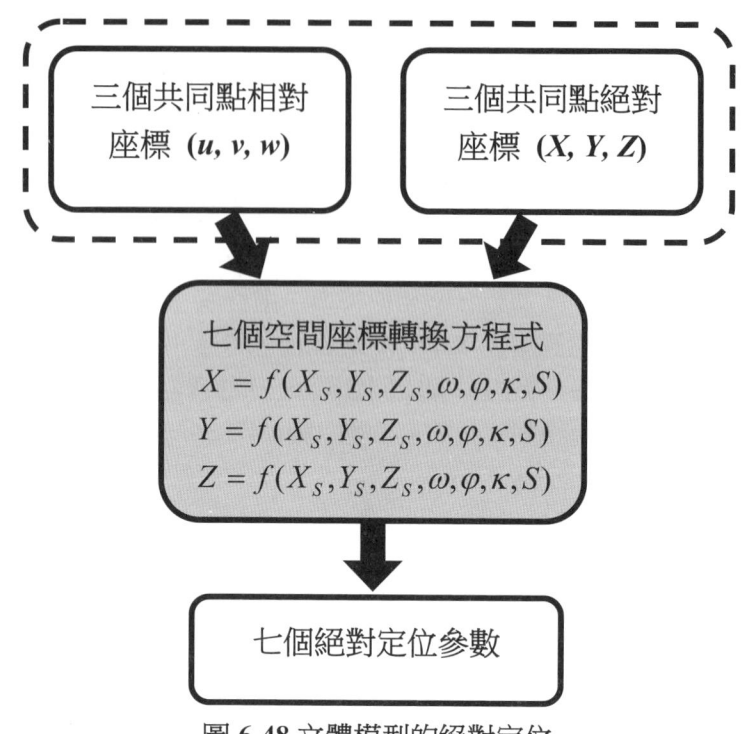

## 圖 6-48 立體模型的絕對定位

```
三個共同點相對          三個共同點絕對
座標 (u, v, w)          座標 (X, Y, Z)
           ↓                ↓
       七個空間座標轉換方程式
       $X = f(X_S, Y_S, Z_S, \omega, \varphi, \kappa, S)$
       $Y = f(X_S, Y_S, Z_S, \omega, \varphi, \kappa, S)$
       $Z = f(X_S, Y_S, Z_S, \omega, \varphi, \kappa, S)$
                   ↓
           七個絕對定位參數
```

**例題 6-10 連續像對相對定位成果的絕對定位**

延續例題 **6-8**，假設連續像對相對定位得到的 **10** 個共同點的相對空間座標，與其對應的絕對座標如下：

| 座標 | | 1 | 2 | 3 | 4 | 5 | 6 | 7 | 8 | 9 | 10 |
|---|---|---|---|---|---|---|---|---|---|---|---|
| 相對座標 | u | 0.4164 | 0.6664 | 0.6533 | 0.4033 | 0.4077 | 0.6577 | 0.6446 | 0.3946 | 0.1542 | 0.7809 |
| | v | -0.0881 | -0.0752 | 0.1749 | 0.1619 | -0.0925 | -0.0796 | 0.1705 | 0.1576 | 0.0468 | -0.0226 |
| | w | -0.9895 | -0.9806 | -0.9767 | -0.9856 | -0.7393 | -0.7304 | -0.7264 | -0.7354 | -0.8709 | -0.7501 |
| 絕對座標 | X | 500 | 600 | 600 | 500 | 500 | 600 | 600 | 500 | 400 | 650 |
| | Y | 500 | 500 | 600 | 600 | 500 | 500 | 600 | 600 | 560 | 520 |
| | Z | 0 | 0 | 0 | 0 | 100 | 100 | 100 | 100 | 50 | 90 |

求空間直角座標的轉換參數。

**[解]**

將上述 **10** 點數據代入 **(6-23)** 式可以得到 **30** 個聯立方程式，以最小平方法解得 7

個絕對定位參數如下：

| $T_x$ | 349.94094 | $\omega$ | -0.89174 |
|---|---|---|---|
| $T_y$ | 549.98052 | $\varphi$ | -2.03956 |
| $T_z$ | 399.96108 | $\kappa$ | -2.96608 |
| $S$ | 399.28870 | | |

例題 6-11 獨立像對相對定位成果的絕對定位

延續例題 6-9，假設獨立像對相對定位得到的 10 個共同點的相對空間座標，與其對應的絕對座標如下，求空間直角座標的轉換參數。

| 座標 | | 1 | 2 | 3 | 4 | 5 | 6 | 7 | 8 | 9 | 10 |
|---|---|---|---|---|---|---|---|---|---|---|---|
| 相對座標 | $u$ | 0.3750 | 0.6250 | 0.6250 | 0.3750 | 0.3750 | 0.6250 | 0.6250 | 0.3750 | 0.1250 | 0.7500 |
| | $v$ | -0.1075 | -0.1075 | 0.1424 | 0.1424 | -0.1119 | -0.1119 | 0.1381 | 0.1381 | 0.0403 | -0.0615 |
| | $w$ | -1.0020 | -1.0020 | -0.9977 | -0.9977 | -0.7521 | -0.7521 | -0.7477 | -0.7477 | -0.8744 | -0.7762 |
| 絕對座標 | $X$ | 500 | 600 | 600 | 500 | 500 | 600 | 600 | 500 | 400 | 650 |
| | $Y$ | 500 | 500 | 600 | 600 | 500 | 500 | 600 | 600 | 560 | 520 |
| | $Z$ | 0 | 0 | 0 | 0 | 100 | 100 | 100 | 100 | 50 | 90 |

[解]

將上述 10 點數據代入 (6-23) 式可以得到 30 個聯立方程式，以最小平方法解得 7 個絕對定位參數如下：

| $T_x$ | 349.98873 | $\omega$ | -1.00028 |
|---|---|---|---|
| $T_y$ | 549.99697 | $\varphi$ | 0.00210 |
| $T_z$ | 399.98869 | $\kappa$ | -0.00012 |
| $S$ | 399.99639 | | |

## 6-6-3 相對─絕對定位之應用

當相對定位的五個參數與絕對定位的七個參數都得到後，可用這些參數將左像與右像的像平面座標轉換成物方空間座標，過程如圖 6-49。以下以兩個例題分別示範連續像對與獨立像對的轉換過程。

6-62　第 6 章　攝影測量簡介

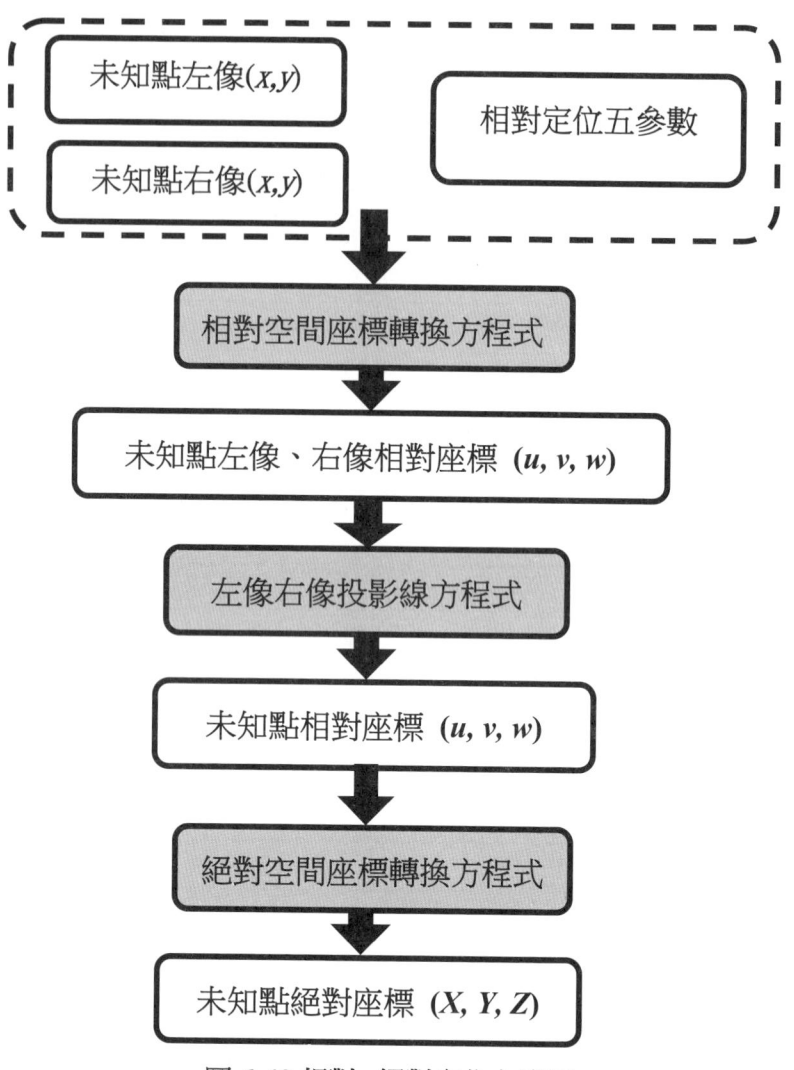

```
┌ ─ ─ ─ ─ ─ ─ ─ ─ ─ ─ ─ ─ ─ ─ ─ ─ ─ ─ ─ ┐
│  ┌─────────────────┐                   │
│  │ 未知點左像(x,y)  │   ┌─────────────┐ │
│  └─────────────────┘   │ 相對定位五參數 │ │
│  ┌─────────────────┐   └─────────────┘ │
│  │ 未知點右像(x,y)  │                   │
│  └─────────────────┘                   │
└ ─ ─ ─ ─ ─ ─ ─ ─ ─ ─ ─ ─ ─ ─ ─ ─ ─ ─ ─ ┘
                    ↓
        ┌───────────────────────┐
        │ 相對空間座標轉換方程式 │
        └───────────────────────┘
                    ↓
    ┌─────────────────────────────────┐
    │ 未知點左像、右像相對座標 (u, v, w) │
    └─────────────────────────────────┘
                    ↓
        ┌───────────────────────┐
        │ 左像右像投影線方程式   │
        └───────────────────────┘
                    ↓
        ┌───────────────────────┐
        │ 未知點相對座標 (u, v, w)│
        └───────────────────────┘
                    ↓
        ┌───────────────────────┐
        │ 絕對空間座標轉換方程式 │
        └───────────────────────┘
                    ↓
        ┌───────────────────────┐
        │ 未知點絕對座標 (X, Y, Z)│
        └───────────────────────┘
```

圖 6-49 相對—絕對定位之應用

---

**例題 6-12 相對—絕對定位之應用：連續模型**

延續例題 6-8 與 6-10，假設某一點的像平面座標如下，試求物方空間座標。

| 座標 | 左像 | 右像 |
|---|---|---|
| $x$ | 0.017710 | -0.093465 |
| $y$ | 0.005370 | 0.006319 |

[解]
(1) 相對定位
將例題 6-8 解出的 5 個相對定位參數代入下式：

$$\begin{Bmatrix} u_L \\ v_L \\ w_L \end{Bmatrix} = M_L^T \begin{Bmatrix} x_L - x_{0L} \\ y_L - y_{0L} \\ 0 - f \end{Bmatrix} \quad \begin{Bmatrix} u_R \\ v_R \\ w_R \end{Bmatrix} = M_R^T \begin{Bmatrix} x_R - x_{0R} \\ y_R - y_{0R} \\ 0 - f_R \end{Bmatrix}$$

得到共同點的像點的相對空間座標如下：

| 座標 | 左像 | 右像 |
|---|---|---|
| $u$ | 0.01771 | -0.09347 |
| $v$ | 0.00537 | -0.00056 |
| $w$ | -0.1 | -0.1002 |

以 **(6-21)** 式解左像、右像投影線的延伸長度 $\lambda_L$ 與 $\lambda_R$，並得到共同點的物點相對空間座標如下：

| 伸長量 | 左像 $\lambda_L$ | 8.709392 |
|---|---|---|
|  | 右像 $\lambda_R$ | 9.048777 |
| 共同點 | $u$ | 0.15424 |
|  | $v$ | 0.04677 |
|  | $w$ | -0.87094 |

**(2) 絕對定位**

將例題 **6-10** 解出的 **7** 個絕對定位參數代入七參數相似轉換，得到共同點的物點的絕對空間座標如下：

| 座標 | 計算解 | 正解 |
|---|---|---|
| $X$ | 399.996 | 400.00 |
| $Y$ | 559.998 | 560.00 |
| $Z$ | 50.004 | 50.00 |

可知與正解十分接近 (此一系例題目都是假設數據，故正解可知)。

**例題 6-13** 相對—絕對定位之應用：獨立模型

延續例題 **6-9** 與 **6-11**，假設某一點像平面座標如下，試求物方空間座標。

| 座標 | 左像 | 右像 |
|---|---|---|
| $x$ | 0.017710 | -0.093465 |
| $y$ | 0.005370 | 0.006319 |

**[解]**
**(1) 相對定位**
將例題 **6-9** 解出的 **5** 個相對定位參數代入下式：

$$\begin{Bmatrix} u_L \\ v_L \\ w_L \end{Bmatrix} = M_L^T \begin{Bmatrix} x_L - x_{0L} \\ y_L - y_{0L} \\ 0 - f \end{Bmatrix} \qquad \begin{Bmatrix} u_R \\ v_R \\ w_R \end{Bmatrix} = M_R^T \begin{Bmatrix} x_R - x_{0R} \\ y_R - y_{0R} \\ 0 - f_R \end{Bmatrix}$$

得到共同點的像點的相對空間座標如下：

| 座標 | 左像 | 右像 |
|---|---|---|
| u | 0.014377 | -0.09687 |
| v | 0.004633 | 0.004459 |
| w | -0.10057 | -0.09681 |

以 **(6-21)** 式解左像、右像投影線的延伸長度 $\lambda_L$ 與 $\lambda_R$，並得到共同點的物點相對空間座標如下：

| 伸長量 | 左像 $\lambda_L$ | 8.694687 |
|---|---|---|
|  | 右像 $\lambda_R$ | 9.032598 |
| 共同點 | u | 0.12500 |
|  | v | 0.04028 |
|  | w | -0.87442 |

**(2) 絕對定位**

將例題 **6-11** 解出的 7 個絕對定位參數代入七參數相似轉換，得到共同點的物點的絕對空間座標如下：

| 座標 | 計算解 | 正解 |
|---|---|---|
| X | 400.002 | 400.00 |
| Y | 560.000 | 560.00 |
| Z | 49.996 | 50.00 |

可知與正解十分接近 (此一系例題目都是假設數據，故正解可知)。比較例題 **6-12** 與 **6-13** 可知，連續模型與獨立模型兩者方法不同，但結果十分相同。

## 6-7 航空攝影測量程序概論

　　數位攝影測量一般指全數位攝影測量，它是基於數位影像與攝影測量的基本原理，應用電腦技術、數位影像處理、影像匹配、模式識別等多學科的理論與方法，提取所攝物件用數位方式表達的攝影測量方法。

　　數位攝影測量是攝影測量發展的全新階段，與傳統攝影測量不同的是，數位攝影測量所處理的原始影像是數位影像。數位攝影測量繼承立體攝影測量和解析攝影測量的原理，同樣需要內定向、相對定向和絕對定向。不同的是數位攝影測量直接在電腦內建立立體模型。由於數位攝影測量的影像已經完全實現了數位化，資料處理在電腦內進行，所以可以加入許多人工智慧的演算法，使它進行自動內定向、自動相對定向、半自動絕對定向。不僅如此，還可以進行自動識別左右像片的共同點、自動獲取數位高程模型，進而生產數位正射影像。還可以加入某些模式識別的功能，自動識別和提取數位影像上的地物目標。圖 6-50 為數位攝影測量的一般作業流程。

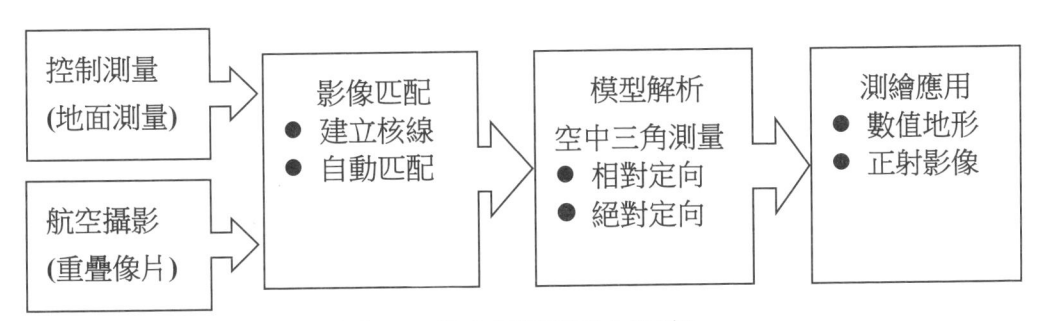

圖 6-50 航空攝影測量之程序

　　航空攝影測量程序如下 (圖 6-50、表 6-3)：
程序1：航空攝影
　　依航線規劃拍攝具重疊之像片。步驟如下：
　　① 已知控制點清理。
　　② 資料蒐集與航線規劃。
　　③ 控制點佈設對空標。
　　④ 控制測量網形規劃。
　　⑤ 航空攝影。
　　⑥ 編制航照涵蓋圖。
程序2：控制測量
　　內業測圖定像和數字為紛糾正作業都需要控制點，另外內業加密計算也需要一定數量的控制點，而這些控制點正是由航測外業的像片控制測量提供的，所以說航

測外業控制測量的目的就是為內業成圖和加密提供一定數量符合規範要求、精度較高的控制點。控制測量的方法是以地面控制測量 (GPS 或傳統角邊網形測量) 取得測區範圍必要之控制資料 (含平面及高程)。

程序3：影像匹配

　　無論是建立幾何對應關係或進行立體攝像都需要先產生「共軛點」 (Conjugate Point)。共軛點又稱「共同點」或「同名點」，是指在一張像片上 (通常稱左像) 的像點，在另一張重疊像片 (通常稱右像) 上位在相同位置的像點，這兩個像點互為共軛像點。影像匹配 (Image matching) 是指兩張影像或多張影像中，找出共軛像點在各像平面上的像空間座標 $(x, y, -f)$，以便利用共面方程式進行各影像之間的相對定位。目前數位影像匹配之方式已經由人工匹配進步到自動化的匹配。步驟如下：

① 決定左像片點的像平面座標。
② 計算右像片上對應的核線。
③ 計算核線搜索區的灰階 (重取樣)。
④ 計算目標區在核線搜索區內不同位置的灰階的相關係數。
⑤ 以最大相關係數確定右像片上的共同點的像平面座標。

程序4：模型解析：空中三角測量

　　為了建立二維影像與物方空間座標之間的幾何對應關係，可用前述的「後方前方交會法」、「相對絕對定位法」或「光束法」。實際上，要解大面積的範圍時，這些方法還不足夠，而要採用由這些方法推演出來的「空中三角測量」。步驟如下：

① 對數位影像的框標進行定位，計算掃描座標系與像片座標系間的變換參數 (內定位參數)。
② 對相對定向用的標準點進行定位與二維相關運算，尋找共同點的影像座標值，計算相對定向參數。
③ 對絕對定向用的大地點進行定位與二維相關運算，尋找共同點的影像座標值，計算絕對定向參數。

程序5：測繪應用

　　幾何對應關係建立後，即可進行「立體攝像」，即利用立體像對來解算物方空間座標，進而達成製圖之目的。步驟如下：

① 建立數位地面模型 (DEM) 或表面模型 (DSM)，自動形成等高線。
② 數位糾正產生正射影像，拼接鑲嵌疊加產生正射影像地圖 (DOM)。
③ 地物測繪。

表 6-3 航空攝影測量各程序之輸入與輸出

| 測量程序 | 輸入 | 輸出 |
|---|---|---|
| 航空攝影 | (1) 進行航空攝影<br>(2) 在像片上量測控制點座標 | 控制點像平面座標 $(x, y)$ |
| 控制測量 | (1) 佈設控制點與航測標<br>(2) 在地面進行控制點測量 | 控制點物方座標 $(X, Y, Z)$ |
| 影像匹配 | (1) 左像片像平面座標 $(x, y)_L$<br>(2) 模式參數<br>$(X_S, Y_S, Z_S, \omega, \varphi, \kappa)$ | (1) 用共面方程式在右像片產生核線<br>(2) 在核線上用匹配方法得到右像片像平面座標 $(x, y)_R$ |
| 模型解析 | (1) 控制點物方座標 $(X, Y, Z)$<br>(2) 控制點像平面座標 $(x, y)$ | 用空中三角測量計算模式參數<br>$(X_S, Y_S, Z_S, \omega, \varphi, \kappa)$ |
| 數值高程模型(DEM) | (1) 模式參數<br>$(X_S, Y_S, Z_S, \omega, \varphi, \kappa)$<br>(2) 未知點左、右像片像平面座標 $(x, y)_L$、$(x, y)_R$ | (1) 用共線方程式前方交會法計算未知點物方座標 $(X, Y, Z)$<br>(2) 內插得高程模型 $Z=f(X, Y)$ |
| 正射影像圖(DOM) | (1) 正射影像像素的物方平面座標 $(X, Y)$<br>(2) 高程模型 $Z=f(X, Y)$<br>(3) 模式參數<br>$(X_S, Y_S, Z_S, \omega, \varphi, \kappa)$ | (1) 高程模型 $Z=f(X, Y)$ 得到正射影像像素的物方高程<br>(2) 用共線方程式計算航測像片的像平面座標 $(x, y)$<br>(3) 從航測像片取得灰度 $g(x, y)$<br>(4) 正射影像灰度 $G(X, Y)=g(x,y)$ |

一個典型的航空測量規劃如下：
- 影像涵蓋地區：22°58'~23°00'N 及 120°12'~120°14'E。
- 左右重疊率：40%，前後重疊率：80%。
- 像元大小：6 μm。
- 單片影像尺寸：11310 (pixels) × 17310 (pixels)。
- 地面圖元解析度：約 10 cm。
- 像主點像座標：x = -0.18 mm, y = 0 mm。
- 焦距：$f$ = 100.5 mm。
  輸出格式為：
- 產出單一 DEM 模型。

- **DEM** 網格大小設定為 **0.25** 公尺。
- **DEM** 精度為設定為 **0.20** 公尺。
- **DEM** 範圍其左上及右下方之座標：
  左上座標：X 座標為 **169837.6851m**、Y 座標為 **2544333.3719**。
  右下座標：X 座標為 **170284.9351m**、Y 座標為 **2543987.1219**。
- 加入控制點、連結點、及調繪補測之高程點資料成果進行內插。

## 6-8 航空攝影測量程序 1：航空攝影

航測外業工作包括：

(1) 像片控制點聯測。像片控制點一般是航攝前在地面上佈設的標誌點，也可選用像片上的明顯地物點，如道路交叉點等，用普通測量方法測定其平面座標和高程。

(2) 像片調繪。是圖像判讀、調查和繪注等工作的總稱。在像片上通過判讀，用規定的地形圖符號繪注地物、地貌等要素；測繪沒有影像的和新增的重要地物；注記通過調查所得的地名等。通過像片調繪所得到的像片稱為調繪片。調繪工作可分為室內的、野外的和兩者相結合的 3 種方法。

### 6-8-1 航空攝影

按攝影機鏡頭主光軸的方位不同，攝影方式分為垂直攝影和傾斜攝影兩種。鏡頭主光軸處於鉛垂位置的攝影稱為垂直攝影，實際上，很難控制攝影機主光軸的鉛垂，常含有微小的傾斜角，只要傾角小於 **2°** 都稱之為垂直攝影。鏡頭主光軸偏離鉛垂直位置的傾斜角大於 **2°** 時就稱之為傾斜攝影。

#### 一、對航空像片的要求

(1) 像片重疊：一條航線上相鄰兩張像片應有一定的重疊影像 (圖 6-51)，一般要求 **55%-65%** 的重疊度。相鄰航線之間的影像重疊，稱為旁向重疊 (圖 6-52)，要求有 **30%~40%** 左右的重疊度。

(2) 像片傾角：航攝像片傾斜角應越小越好，必須小於 **3°**。

(3) 像片旋角：相鄰像片的主點連線與航線方向像片框線夾角稱像片旋角，必須小於 **6°**。

(4) 航線彎曲：航線彎曲最大偏離值 (△L) 與航線全長之比不大於 **3%**。

(5) 像片色調：影像呈像清晰、色調一致、反差適中。

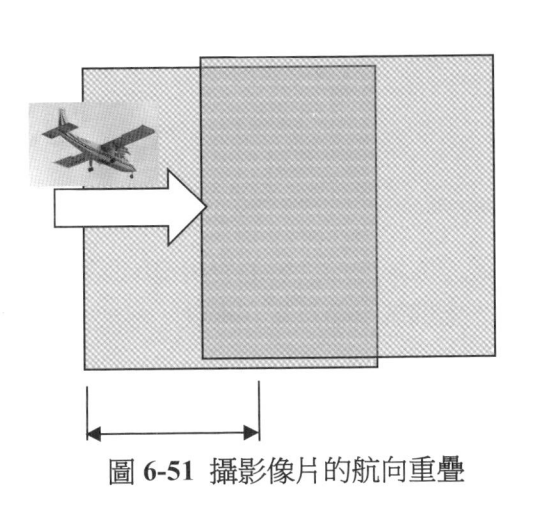

圖 6-51 攝影像片的航向重疊 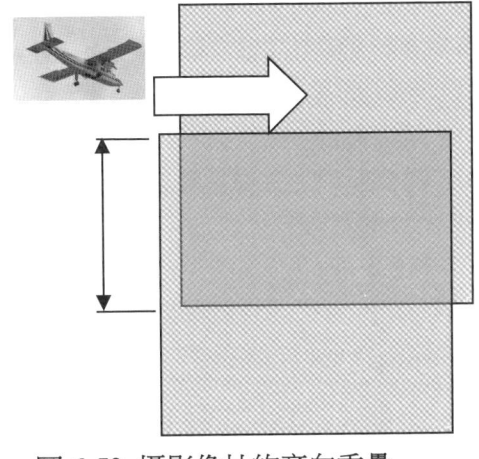　　圖 6-52 攝影像片的旁向重疊

## 二、像片比例尺

像片上某兩點間的距離與地面上相應兩點的水準距離之比，叫像片比例尺。通常用 1/m 表示：

$$\frac{1}{m} = \frac{f}{H-h} \tag{6-24}$$

其中　$f$=攝影鏡頭的焦距；$H$=航高；$h$=地表平均高程；$H-h$=鏡頭中心相對於地面的高度，稱為相對航高。

由於各種因素的綜合影響，蛇形時飛機不可能始終保持同樣的高度，地面也總有起伏，航高並不一致，因而像片上各部分的比例尺亦是不一致的。

## 三、飛行計畫

實施空中攝影測量時需擬定一套完整的飛行計畫，以所需最小成本達到測圖目的。通常航測的目的主要是為了製作立體像對，透過立體測圖儀繪製地形圖，或製作正射影像等產品，不過在設計飛行計畫時所考慮的因素大致上有幾點相同：

(1) 攝影的範圍。
(2) 攝影比例尺。
(3) 攝影機的焦距與像幅大小。
(4) 像片的前後重疊百分比與左右重疊百分比。
(5) 考慮航攝範圍內地形的高差。

根據以上五點原則考慮，通常地形圖的測繪像片的前後重疊百分比約為 **60%** (航向重疊)、左右重疊百分比為 **30%~40%** (旁向重疊)，而更細分出以下計算項目：

(1) 航高。
(2) 攝影間隔 (兩幅立體像對間的物空間距離、或稱攝影基線長)。
(3) 航線間隔。
(4) 航線數目。
(5) 每條航線上之像片數目。
(6) 全部像片數目。

當然，航空測量的飛行計劃要視乎測量範圍的地形形狀、地表情況、以及製圖目的而定。若果測量範圍同時有高山及低地，則前後重疊及左右重疊比率則要大幅提高以維持足夠的重疊率。

## 6-8-2 航測像片的簡化計算

當航拍時，攝影機保持水平，無傾斜角度時，投影計算可以大幅簡化。當攝影機保持近似水平，傾斜角度很小時，簡化計算可以得到概估結果，因此可以做為規劃與改算之用。以下以幾個例題來說明。

一、單一像片與相似三角形

**1.** 比例尺與航高與焦距的關係 (圖 6-53)

比例尺的定義為 $S = \dfrac{ab}{AB}$ (6-25)

由相似三角形得 $\dfrac{ab}{AB} = \dfrac{f}{H-h}$ (6-26)

故比例尺 $S = \dfrac{f}{H-h}$ (6-27)

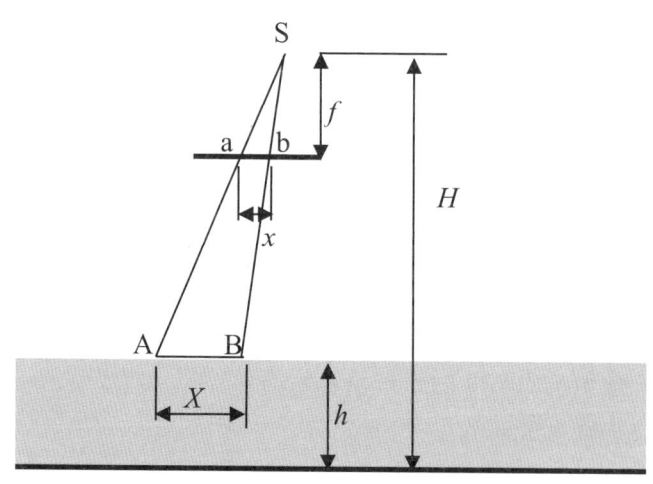

圖6-53 比例尺與航高與焦距的關係

例題 6-14 已知焦距 $f$=15 cm, 航高 $H$=1500 m, 地表平坦，試求 (1) 當平均高程 $h$ 約 750 m 時，平均比例尺=? (2) 當某點高程 $h$=800 m 時，該點的比例尺=?

(1) 平均比例尺 $S = \dfrac{f}{H-h} = \dfrac{0.15}{1500-750}$ =1/5000

(2) 該點的比例尺 $S = \dfrac{f}{H-h} = \dfrac{0.15}{1500-800}$ =1/4667

2. 像片上長度與地表長度的關係 (圖 6-54)

由相似三角形得 $\dfrac{ab}{AB} = \dfrac{f}{H-h}$ (6-28(a))

故地表長度 $X = AB = \dfrac{H-h}{f} \times ab = S \times ab$ (6-28(b))

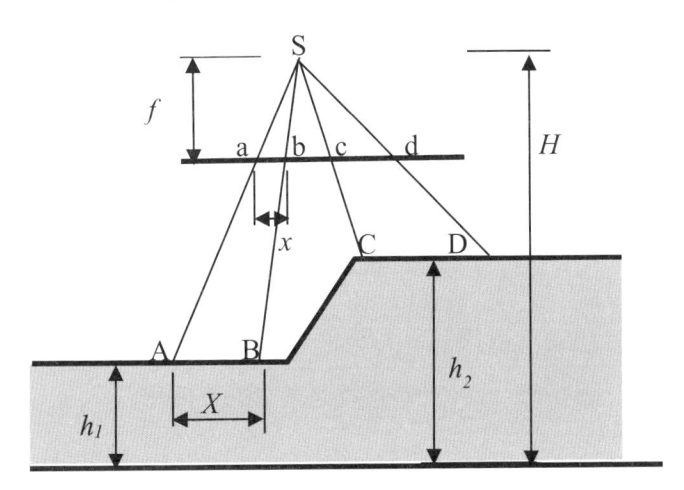

圖 6-54 比例尺與航高與焦距的關係

3. 像片上像點距主像點長度與地表物點距主像點投影點長度的關係 (圖 6-55)

由相似三角形得 $\dfrac{X}{H-h} = \dfrac{x}{f}$

故 物點距主像點投影點 X 向長度 $X = \dfrac{H-h}{f} x$ (6-29(a))

同理 物點距主像點投影點 Y 向長度 $Y = \dfrac{H-h}{f} y$ (6-29(b))

可知上式與 (6-10) 相同。

例題 6-15 已知焦距 $f$=15 cm，航高 $H$=1500 m，地表平坦，平均高程 $h$ 約 750 m，在像片上 A 點距像片中心向右 $x$=10 cm，向上 $y$=5 cm，則 A 點距攝影中心在地面投影點的距離 $X$=? $Y$=?

[解]

地表長度 $X = \dfrac{H-h}{f} x = \dfrac{1500-750}{0.15} \times 0.10$ =500 m

地表長度 $Y = \dfrac{H-h}{f} y = \dfrac{1500-750}{0.15} \times 0.05$ =250 m

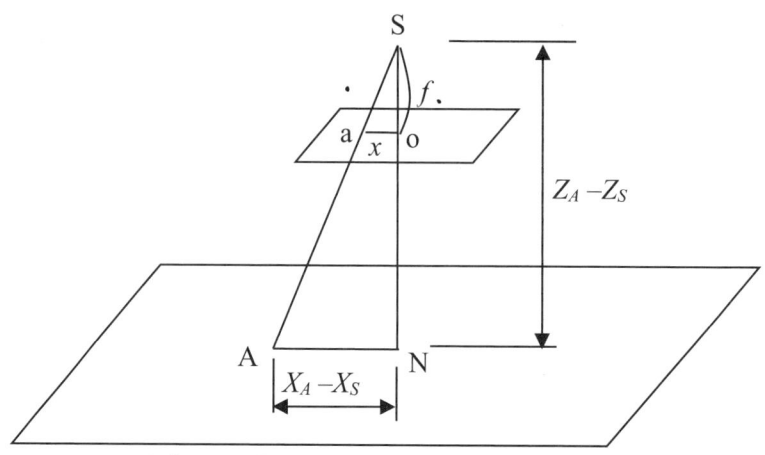

圖 6-55 像片上長度與地表長度的關係

## 二、兩張像片與立體視差

　　航測基線是指兩個空中拍攝點的水平距離，當物體出現在兩張重疊的像片時，如果航測基線已知，即使不知道地表的高程，也可以由兩張像片物體距主像點的距離，推算出物體距主像點在地表投影點的距離，公式

高程： $h = H - \dfrac{f}{p} B$              **(6-30)**

距攝影中心在地面投影點的距離： $X = \dfrac{x}{p} B$ 與 $Y = \dfrac{y}{p} B$     **(6-31)**

其中 $B$=航測基線；$p = x_L - x_R$，$x_L, x_R$=物體在左像片、右像距主像點的距離。

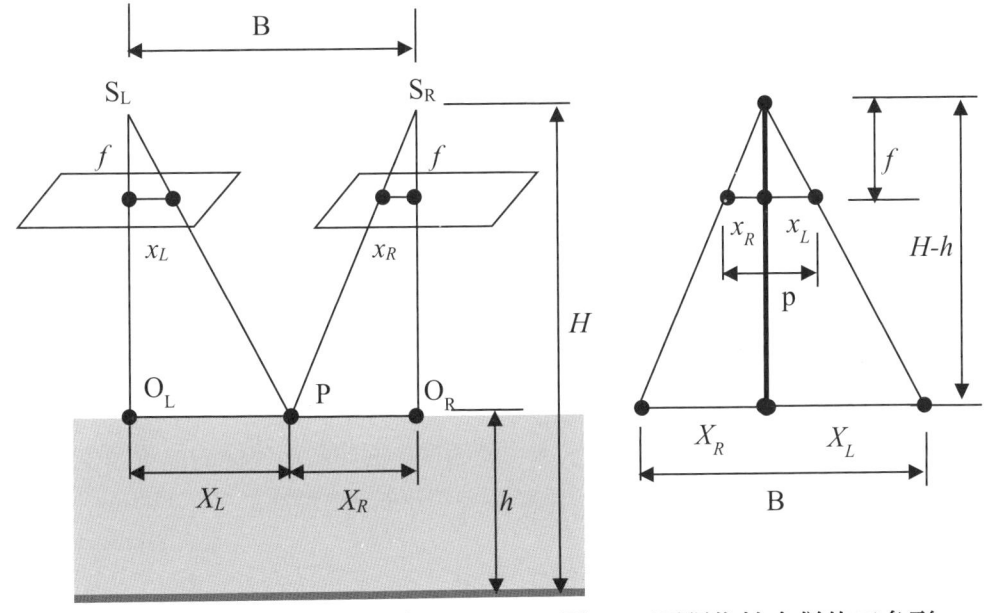

圖6-56 兩張像片與立體視差　　　圖6-57 兩張像片合併的三角形

證明：

將左像片 SOP 三角形與右像片 SOP 三角形合併為右圖的三角形 (圖6-56 與57)

**(1)** 由相似三角形得

$\dfrac{p}{f} = \dfrac{B}{H-h}$　推得　$H-h = \dfrac{f}{p}B$　故高程　$h = H - \dfrac{f}{p}B$

**(2)** 由相似三角形得

$\dfrac{x}{f} = \dfrac{X}{H-h}$　推得物體距主像點在地表投影點的距離　$X = \dfrac{(H-h)}{f}x$

將 $H-h = \dfrac{f}{p}B$ 代入上式得　$X = \dfrac{\frac{f}{p}B}{f}x = \dfrac{x}{p}B$　同理，$Y = \dfrac{y}{p}B$

**例題 6-16** 已知焦距 *f*=15 cm，航高 *H*=1500 m，地表平坦，在左像片上 A 點距像片中心向右 *x*=10 cm，在右像片上 A 點距像片中心向左 *x*=5 cm，基線 B=600 m，則 A 點的高程 *h* 多少？距左像片攝影中心在地面投影點的距離 *X*=?

[解]

$p = x_L - x_R$ =0.10-(-0.05)=0.15

(1) A點的高程  $h = H - \dfrac{f}{p}B = 1500 - \dfrac{0.15}{0.15}600$ =**900 m**

(2) 距左像片攝影中心在地面投影點的距離  $X = \dfrac{x}{p}B = \dfrac{0.10}{0.15}600$ =**400 m**

## 6-8-3 航測像片的傾斜與投影誤差

**一、像片傾斜引起的像點位移 (圖 6-58)**

若航空攝影時，像面未能保持水準，將因投影面傾斜而使像的位置發生變化，這就是因像片傾斜引起的像點位移。當傾斜角很小時，這種誤差是不易觀察出來的。公式如下：

像片傾斜引起的像點位移 = $\dfrac{r^2 \sin \alpha}{f}$ (6-32)

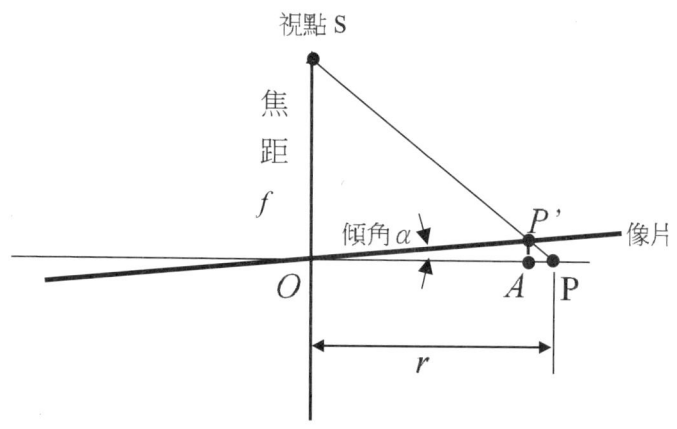

圖 6-58 像片傾斜引起的像點位移

證明：

(1) 像片傾斜引起的像點位移 = $OP - OP'$

當傾角 $\alpha$ 很小時，$OP - OP' \approx PA$ (1)

(2) 三角形 APP'與三角形 OPS 相似，故 $\frac{P'A}{PA} = \frac{SO}{PO}$

故得 $PA = P'A \times \frac{PO}{SO}$            (2)

(3) 因為 $P'A = OP\sin\alpha$

當傾角 $\alpha$ 很小時，$OP' \approx r$，故 $P'A \approx r\sin\alpha$ 代入 (2) 得

$PA = P'A \times \frac{PO}{SO} = r\sin\alpha \times \frac{r}{f} = \frac{r^2 \sin\alpha}{f}$ 得證

傾斜誤差的規律如下 (假設傾斜方向正好在像片的左右方向)：
(1) 斜誤差的方向是在像點與主像點的連線上。
(2) 傾斜誤差與像點距主像點距離的平方成正比。
(3) 傾斜誤差與像片焦距成反比。
(4) 傾斜誤差與傾角 $\alpha$ 的 sin 值成正比。

## 二、地面起伏引起的像點位移 (圖 6-59)

地面起伏引起的像點位移稱為「高差位移」(Relief Displacement)。高於地面的煙囪、水塔、電杆等豎直物體，在地形圖上的位置為一點，但在航片上的影像則往往不是一點，而是一條小線段。同理，當地面點高於或低於基準面時，在像片上，其影像雖是一點，但與其在基準面上垂直投影的點的影像相比，卻產生了一段直線位移。簡言之，地面點位會因高度之差異而在攝影成像時產生像點偏移，稱之為高差位移。其位移量之大小與高度成正比，位移方向為以像主點為中心之輻射線方向，公式：

高差位移    $aa' = \frac{h}{H}r$   或                             (6-33(a))

高程    $h = \frac{aa'}{r}H$                                      (6-33(b))

地形起伏引起的像點位移的規律：
(1) 地面起伏所產生的投影誤差在像點與主像點的連線上；
(2) 投影誤差與像點到主像點的距離 $r$ 成正比；
(3) 主像點不產生投影誤差 (因為 $r=0$)；

**(4)** 地面高低起伏 *h* 愈大，投影誤差愈大；

**(5)** 航高 *H* 愈大，投影誤差愈小。

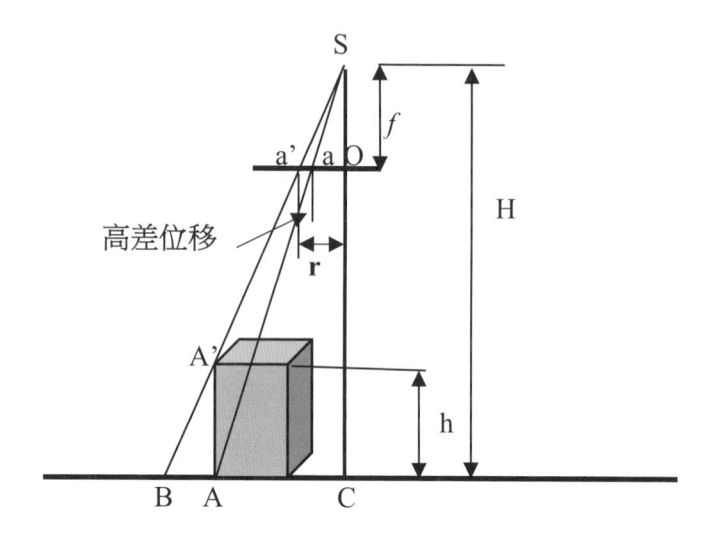

圖 6-59 地面起伏引起的像點位移：高差位移

證明：

由相似三角形△AA'B與△CSB得 $\dfrac{AB}{h} = \dfrac{BC}{H}$ (1)

由相似三角形△OSa'與△CSB 得 $\dfrac{a'O}{f} = \dfrac{BC}{H}$ (2)

由相似三角形△aSa'與△ASB 得 $\dfrac{aa'}{f} = \dfrac{AB}{H}$ (3)

由(1)(2)得 $\dfrac{AB}{h} = \dfrac{a'O}{f}$ 故 $AB = \dfrac{a'O}{f}h$ (4)

由(3)得高差位移 $aa' = f \times \dfrac{AB}{H}$ (5)

將 (4)代入(5)得

高差位移 $aa' = f \times \dfrac{1}{H} \times \left(\dfrac{a'O}{f}h\right) = \dfrac{h}{H}a'O$ (6)

因 *a'O=r*(像點距主像點距離)，代入(6)得

高差位移 $aa' = \dfrac{h}{H}r$　(得證)

## 6-8-4 像片判讀與調繪

當系統地研究航空像片時，常涉及到像片所顯示的地物特徵的幾項基本特徵。判讀時則應根據這些特徵和判讀專案要求去進行識別。因此，掌握判斷特徵及其各種因素的影響，對像片判讀有著重要意義。

(1) 形狀特徵：影像的形狀是指地物在像片上表現出來的外部形態、結構和輪廓。地物影像可按形狀分為：點狀、線狀、面狀三種。複雜的地物也是由於這些點、線、面等要素結合而成的。同時地物的形狀還受中心投影的影響，使具有一定高度的地物反應在像片的不同部位，其影像的形狀有所不同。如一棵樹，反映在航片的中心部位呈圓形樹冠影響；而若處於像片的四角時，則反映了這棵樹的不同側面，會得到不同形狀的影像。

(2) 大小特徵：地物除具有一定的形狀外，還有一定的大小。根據地物影像的形狀及其大小可以較確切地識別出地物的不同類型。像片上物體的大小，須同像片的比例尺一起考慮。在像片的比例尺一定的情況下，影像的大小反映了實地物體的大小，從而據以判定物體的性質。

(3) 色調特徵：面物體呈現出各種自然顏色。在黑白像片上其色調是以不同的黑度層次來表現的。這種黑度差別，稱為色調。影像的色調反映了地面物體的色彩或相對亮度，它與感光材料的感光特性有關，此外還受其它條件的影響，如陽光照射的角度不同，物體表面反射到底片上的光量也不同。常見山脊兩面的山坡，向陽面色調淡，背陽面色調暗，兩者對比有較明顯區別。

(4) 陰影特徵：當光線斜射到高出地面物體上時，物體就會產生陰影。陰影在像片上同樣也有其影像，他的方向取決於太陽光的照射方向。在同一張像片上，各地物陰影的影像方向均一致。陰影對高山地物判別特別有用。特別是當物體較小，又與周圍物體的影像缺乏色調上的差異時，陰影特徵顯得特別重要。利用陰影特徵判讀像片時，不能單純以陰影的大小作為判讀物體高矮的唯一標誌，因為陰影的大小除與物體高低有關外，還與陽光照射的角度和地面的坡度有關。

(5) 相關位置特徵：前述四種特徵，均對物體本身而言，沒有考慮它與周圍地物間相互關係。自然界中，任何事物都是相互關聯的，判讀時要善於分析和掌握各種事物的相互聯繫規律，才能得到正確的結論。

## 6-9 航空攝影測量程序 2：控制測量

航測外業的像片控制測量是以測區 10 cm 以上的平面控制點和高程控制點為基礎，採用地形控制測量的方法，在像片的規定範圍內聯測出像片上明顯地物點 (稱為像片控制點) 的大地座標，並在實地把點為準確刺到像片上的整個作業過程。而航測內業的「糾正」或模型「絕對定向」對像片控制點的需求，實質就是用空間後方交會的方法求解像片的方位元素 (空中三角測量)，以確定像片、攝影中心、地面三者之間的相對位置關係，即確定攝影機或傳感器的空間位置和姿態。如果所有航攝像片的方位元素已知，航測外業地面控制測量工作就基本可以取消，由於近年來 GPS (全球衛星定位系統) 在動態攝影導航及精確定位上的應用研究 (機載 GPS 接收機用於空中三角測量) 已基本成熟，航測外業的地面控制工作量將變得更小，實現攝影測量的幾何定位自動化將為時不遠。

## 6-10 航空攝影測量程序 3：影像匹配

### 6-10-1 概論

過去常用肉眼尋找共同點，方法是尋找地面上有布標的控制點或明顯的地物點，如道路標線交叉點、道路轉角、屋角、窗角等 (圖 6-60)。但這個方法十分耗時費力，且肉眼所能辨識的特徵點相當有限，特別是在非都市地區，經常缺少明顯的地物點可供比對，此時一張像片經常只能找到數十個共軛像點。現今影像數位化後，利用電腦提取特徵點、匹配特徵點可以非常有效地找到更多肉眼無法辨識的共同點，有時一張像片可找到上千個共軛像點。利用影像匹配找出影像中相對應的共同點後，即可由這些共同點求解出最佳的模型參數。歷經多年的演進，數位影像匹配之方式已經由人工匹配進步到自動化的匹配，節省了大量的人力，並提高了匹配的精度。

影像匹配的步驟如下：

(1) 決定左像片點的像平面座標 $(x_L, y_L)$。
(2) 計算右像片上對應的核線。
(3) 計算核線搜索區的灰階 (重取樣)。
(4) 計算目標區在核線搜索區內不同位置的灰階的相關係數。
(5) 以最大相關係數確定右像片上的共同點的像平面座標 $(x_R, y_R)$。

### 6-10-2 特徵的提取

一、點特徵

角點通常被定義為兩條邊的交點，更嚴格的說，角點的局部鄰域應該具有兩個

不同區域的不同方向的邊界。而實際應用中，大多數所謂的角點檢測方法檢測的是擁有特定特徵的圖像點，而不僅僅是「角點」。這些特徵點在圖像中有具體的座標，並具有某些數學特徵，如局部最大或最小灰度、某些梯度特徵等。角點檢測方法的一個很重要的評價標準是其對多幅圖像中相同或相似特徵的檢測能力，並且能夠應對光照變化、圖像旋轉等圖像變化。

Moravec 角點檢測演算法是最早的角點檢測演算法之一。其原理是將每一個圖元周邊的一個鄰域做為一個區塊 (patch)，並檢測這個區塊各方向的灰階的相關性。相關性可用相鄰圖元之間的灰階的平方差之和 (SSD) 來衡量，SSD 值越小，則越相似，即相關性越高。

- 如果圖元在平滑圖像區域內，則各方向的灰階都會有較小差異，因此各方向的 SSD 值都會較小，相關性高。
- 如果圖元在邊緣圖像上，則在與邊緣正交的方向上會有較大差異，SSD 值較大；而在與邊緣平行的方向上會有較小差異，SSD 值較小。
- 如果圖元在一個特徵點上，則各方向的灰階都會有較大差異，SSD 值較大，相關性低。

因此要判別一個圖元是否在一個特徵點上，可計算它的各方向的灰階的差異性是否較大，即 SSD 是否較大，如果是，那麼它有可能是一個「特徵點」。因此 Moravec 角點檢測演算法取各方向的 SSD 的最小值做為「興趣值」(Interest Value)，取「興趣值」是局部最大值的圖元為特徵點。

Moravec 角點檢測演算法如下

(1) 計算每一個像素的興趣值 $IV$。方法是設定一個窗口，例如 k×k，通常 k 可取 5。

以圖元為中心，計算四個方向上的相鄰圖元之間的灰階的平方差之和 (SSD)：

上下方向 $V_1 = \sum_{i=-k}^{k-1}(g_{c+i,r} - g_{c+i+1,r})^2$

45°方向 $V_2 = \sum_{i=-k}^{k-1}(g_{c+i,r+i} - g_{c+i+1,r+i+1})^2$

左右方向 $V_3 = \sum_{i=-k}^{k-1}(g_{c,r+i} - g_{c,r+i+1})^2$

-45°方向 $V_4 = \sum_{i=-k}^{k-1}(g_{c+i,r-i} - g_{c+i+1,r-i-1})^2$

其中 $g_{c,r}$ 為第 c 行，r 列的灰階值。 **(6-34(a))**

興趣值　$IV = \min\{V_1, V_2, V_3, V_4\}$ **(6-34(b))**

| | 舊標 | 標線交叉點 | 道路轉角 |
|---|---|---|---|
| 地面景象 |  |  |  |
| 航拍像片 | 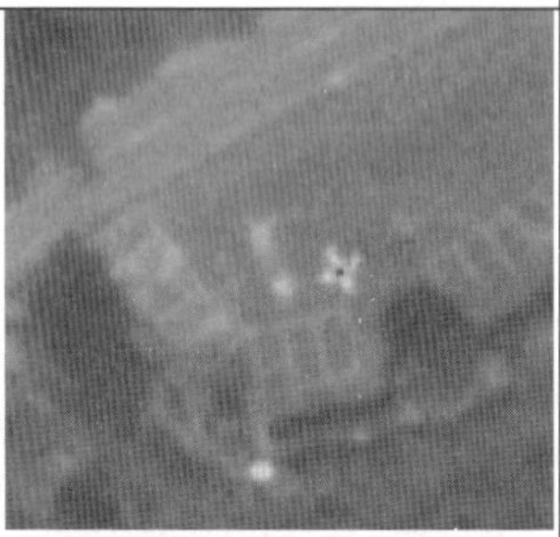 |  | 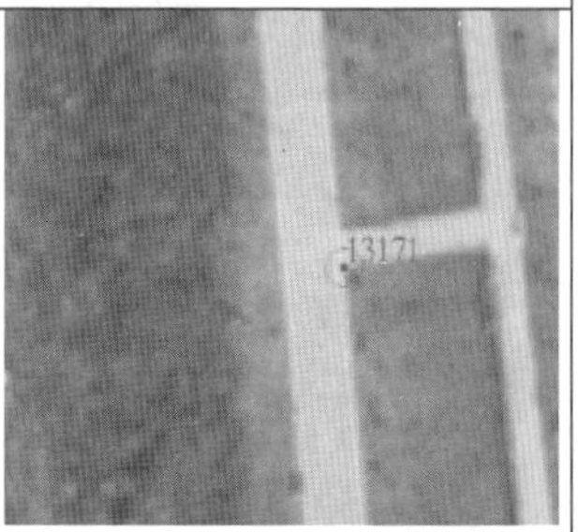 |
| 航拍像片放大 | 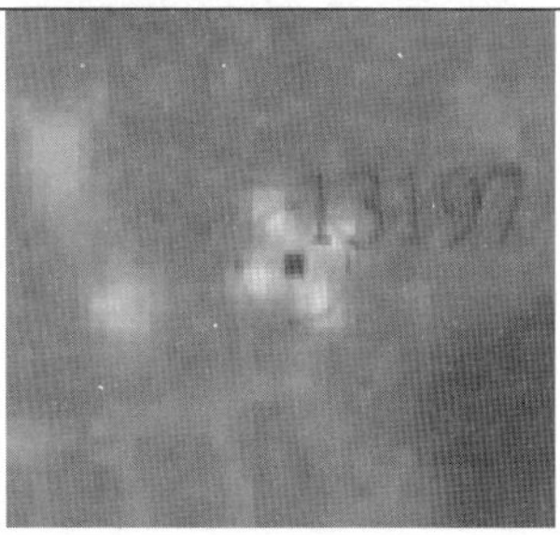 |  | 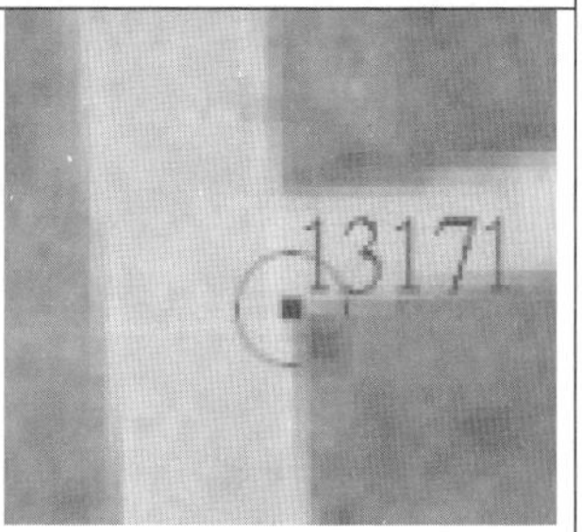 |
| 航拍像片放大 | 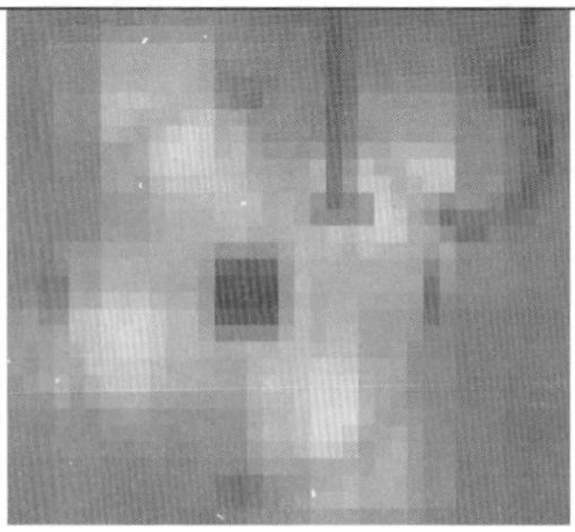 | 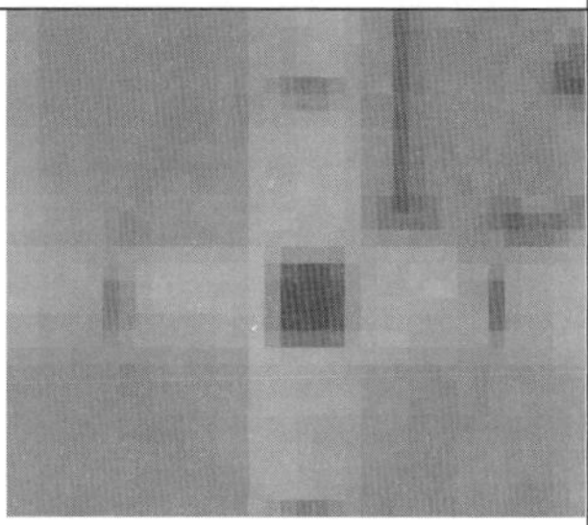 | 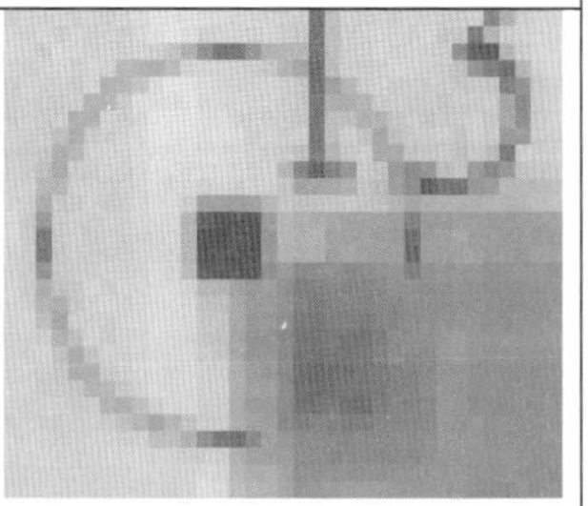 |

圖 6-60 選點的影像

(2) 設定一個門檻值，興趣值大於門檻值者為候選點。
(3) 選取候選點中為局部最大值的點為一個特徵點。方法是在每一個區塊，例如 5×5, 7×7, 或 9×9，只留一個興趣值最大的點。

**例題 6-17 點特徵：Moravec 算子**

有一個像片的部分灰階如右圖，試計算各像素的興趣值 *IV* (Interest Value)，假設窗口大小 **k=5**。此圖明顯在第 6 列第 4 行或第 5 行有一個特徵點。

|   | 1 | 2 | 3 | 4 | 5 | 6 | 7 | 8 | 9 | 10 | 11 |
|---|---|---|---|---|---|---|---|---|---|----|----|
| 1 | 0 | 0 | 0 | 0 | 0 | 0 | 0 | 0 | 0 | 0  | 0  |
| 2 | 0 | 0 | 0 | 0 | 0 | 0 | 0 | 0 | 0 | 0  | 0  |
| 3 | 0 | 0 | 0 | 0 | 0 | 0 | 0 | 0 | 0 | 0  | 0  |
| 4 | 0 | 0 | 0 | 0 | 1 | 0 | 0 | 0 | 0 | 0  | 0  |
| 5 | 0 | 0 | 1 | 1 | 3 | 6 | 1 | 0 | 0 | 0  | 0  |
| 6 | 0 | 0 | 2 | 8 | 8 | 4 | 1 | 0 | 0 | 0  | 0  |
| 7 | 0 | 0 | 1 | 4 | 7 | 7 | 2 | 0 | 0 | 0  | 0  |
| 8 | 0 | 0 | 0 | 1 | 2 | 0 | 0 | 0 | 0 | 0  | 0  |
| 9 | 0 | 0 | 0 | 0 | 0 | 0 | 0 | 0 | 0 | 0  | 0  |
| 10| 0 | 0 | 0 | 0 | 0 | 0 | 0 | 0 | 0 | 0  | 0  |
| 11| 0 | 0 | 0 | 0 | 0 | 0 | 0 | 0 | 0 | 0  | 0  |

[解]

以第 5 列第 6 行的元素為例，其 5×5 方塊內的數字如右下圖。下方向的元素為 **(0, 0, 6, 4, 7)**，平方差之和

$$V_3 = \sum_{i=-k}^{k-1}(g_{c,r+i} - g_{c,r+i+1})^2$$
$$= (0-0)^2 + (0-6)^2 + (6-4)^2 + (4-7)^2$$
$$= 49$$

|   | 4 | 5 | 6 | 7 | 8 |
|---|---|---|---|---|---|
| 3 | 0 | 0 | 0 | 0 | 0 |
| 4 | 0 | 1 | 0 | 0 | 0 |
| 5 | 1 | 3 | 6 | 1 | 0 |
| 6 | 8 | 8 | 4 | 1 | 0 |
| 7 | 4 | 7 | 7 | 2 | 0 |

第 5 列第 6 行元素為中心的方塊

其餘

45°方向的元素為 **(0, 1, 6, 1, 0)**，平方差之和 $V_2 = \sum_{i=-k}^{k-1}(g_{c+i,r+i} - g_{c+i+1,r+i+1})^2 = 52$

左右方向的元素為 **(1, 3, 6, 1, 0)**，平方差之和 $V_3 = \sum_{i=-k}^{k-1}(g_{c,r+i} - g_{c,r+i+1})^2 = 39$

-45°方向的元素為 **(0, 0, 6, 8, 4)**，平方差之和 $V_4 = \sum_{i=-k}^{k-1}(g_{c+i,r-i} - g_{c+i+1,r-i-1})^2 = 56$

6-82　第 6 章　攝影測量簡介

興趣值

$IV = \min\{V_1, V_2, V_3, V_4\}$

$= \min\{49, 52, 39, 56\} = 39$

其餘各行列的 **Moravec** 角點檢測公式結果如右圖，可見有一個最大值出現在第 **6** 列第 **4** 行（右圖）。正好就是預設的特徵點上。

|   | 3 | 4 | 5 | 6 | 7 | 8 | 9 |
|---|---|---|---|---|---|---|---|
| 3 | 0 | 0 | 0 | 0 | 0 | 0 | 0 |
| 4 | 0 | 2 | 2 | 2 | 0 | 0 | 0 |
| 5 | 2 | 6 | 14 | 39 | 2 | 0 | 0 |
| 6 | 4 | **56** | 55 | 18 | 6 | 0 | 0 |
| 7 | 2 | 16 | 43 | 38 | 5 | 0 | 0 |
| 8 | 0 | 2 | 6 | 5 | 0 | 0 | 0 |
| 9 | 0 | 0 | 0 | 0 | 0 | 0 | 0 |

二、線特徵

**1. 梯度算子**

對角方向坡度　$G_{i,j} = \sqrt{(g_{i+1,j+1} - g_{i,j})^2 + (g_{i,j+1} - g_{i+1,j})^2}$　　　(6-35(a))

直角方向坡度　$G_{i,j} = \sqrt{(g_{i,j} - g_{i+1,j})^2 + (g_{i,j} - g_{i,j+1})^2}$　　　(6-35(b))

上述兩式都可計算坡度，可擇一採用。當坡度大於門檻值，就是邊緣點。

**例題 6-18　線特徵 (1) 梯度算子**

有一個像片的部分灰階如左下圖，試計算坡度，並尋找線特徵。此圖明顯有一個 **L** 形的線特徵。

|    | 1 | 2 | 3 | 4 | 5 | 6 | 7 | 8 | 9 | 10 | 11 |
|----|---|---|---|---|---|---|---|---|---|----|----|
| 1  | 0 | 1 | 1 | 0 | 0 | 8 | 1 | 0 | 1 | 0  | 0  |
| 2  | 0 | 0 | 0 | 0 | 8 | 1 | 1 | 1 | 1 | 1  | 0  |
| 3  | 0 | 1 | 1 | 5 | 7 | 1 | 0 | 0 | 0 | 1  | 0  |
| 4  | 1 | 1 | 1 | 8 | 0 | 0 | 0 | 0 | 0 | 1  | 0  |
| 5  | 1 | 1 | 7 | 2 | 0 | 1 | 0 | 0 | 0 | 0  | 0  |
| 6  | 1 | 0 | 1 | 8 | 0 | 1 | 1 | 0 | 1 | 0  | 0  |
| 7  | 0 | 1 | 1 | 1 | 7 | 1 | 0 | 0 | 1 | 0  | 0  |
| 8  | 1 | 1 | 1 | 0 | 1 | 8 | 1 | 1 | 0 | 0  | 0  |
| 9  | 0 | 1 | 1 | 0 | 1 | 8 | 0 | 0 | 1 | 1  | 0  |
| 10 | 0 | 1 | 0 | 1 | 0 | 0 | 7 | 0 | 1 | 0  | 0  |
| 11 | 1 | 1 | 1 | 1 | 0 | 0 | 0 | 1 | 8 | 0  | 0  |

|    | 1 | 2 | 3 | 4 | 5 | 6 | 7 | 8 | 9 | 10 | 11 |
|----|---|---|---|---|---|---|---|---|---|----|----|
| 1  | 0 | 0 | 0 | 0 | 0 | 0 | 0 | 0 | 0 | 0  | 0  |
| 2  | 0 | 1 | 1 | 1 | 8 | 1 | 7 | 1 | 1 | 1  | 1  |
| 3  | 0 | 1 | 1 | 5 | 8 | 9 | 1 | 1 | 1 | 1  | 1  |
| 4  | 0 | 1 | 0 | 8 | 5 | 7 | 1 | 0 | 0 | 1  | 1  |
| 5  | 0 | 0 | 0 | 6 | 1 | 7 | 1 | 0 | 0 | 1  | 1  |
| 6  | 0 | 1 | 7 | 1 | 7 | 0 | 1 | 1 | 1 | 1  | 0  |
| 7  | 0 | 0 | 1 | 7 | 1 | 6 | 0 | 1 | 0 | 1  | 1  |
| 8  | 0 | 1 | 0 | 0 | 6 | 1 | 7 | 1 | 1 | 1  | 1  |
| 9  | 0 | 1 | 0 | 0 | 1 | 8 | 0 | 7 | 1 | 1  | 1  |
| 10 | 0 | 1 | 1 | 1 | 0 | 0 | 8 | 1 | 7 | 1  | 1  |
| 11 | 0 | 1 | 1 | 1 | 0 | 1 | 0 | 7 | 1 | 7  | 1  |

[解]

以第 **1** 列第 **6** 行的元素為例，其 **2×2** 方塊內的數字如下：

|   | 6 | 7 |
|---|---|---|
| 1 | 8 | 1 |
| 2 | 1 | 1 |

對角方向坡度

$$G_{i,j} = \sqrt{(g_{i+1,j+1} - g_{i,j})^2 + (g_{i,j+1} - g_{i+1,j})^2} = \sqrt{(8-1)^2 + (1-1)^2} = 7$$

其餘如右上，當門檻值設為 6 時，可見有二排邊緣點，分別是線特徵的兩側。

**例題 6-19 線特徵 (1) 梯度算子**

|    | 1 | 2 | 3 | 4 | 5 | 6 | 7 | 8 | 9 | 10 | 11 |
|----|---|---|---|---|---|---|---|---|---|----|----|
| 1  | 0 | 0 | 0 | 0 | 0 | 0 | 0 | 8 | 8 | 8  | 8  |
| 2  | 0 | 0 | 0 | 0 | 0 | 1 | 8 | 8 | 8 | 7  | 8  |
| 3  | 0 | 0 | 0 | 0 | 0 | 6 | 8 | 6 | 8 | 8  | 8  |
| 4  | 0 | 0 | 0 | 0 | 8 | 8 | 7 | 8 | 8 | 8  | 8  |
| 5  | 0 | 0 | 0 | 0 | 0 | 8 | 8 | 8 | 8 | 8  | 8  |
| 6  | 0 | 0 | 0 | 0 | 1 | 8 | 8 | 8 | 7 | 8  | 8  |
| 7  | 0 | 0 | 0 | 0 | 0 | 0 | 7 | 8 | 8 | 8  | 8  |
| 8  | 0 | 0 | 0 | 0 | 0 | 0 | 1 | 6 | 8 | 8  | 7  |
| 9  | 0 | 0 | 0 | 0 | 0 | 0 | 0 | 1 | 8 | 8  | 8  |
| 10 | 0 | 0 | 0 | 0 | 0 | 0 | 0 | 0 | 1 | 8  | 8  |
| 11 | 0 | 0 | 0 | 0 | 0 | 0 | 0 | 0 | 0 | 0  | 0  |

|    | 1 | 2 | 3 | 4 | 5 | 6 | 7 | 8 | 9 | 10 | 11 |
|----|---|---|---|---|---|---|---|---|---|----|----|
| 1  | 0 | 0 | 0 | 0 | 0 | 0 | 0 | 0 | 0 | 0  | 0  |
| 2  | 0 | 0 | 0 | 0 | 0 | 1 | 8 | 8 | 0 | 1  | 1  |
| 3  | 0 | 0 | 0 | 0 | 0 | 6 | 7 | 2 | 2 | 1  | 1  |
| 4  | 0 | 0 | 0 | 0 | 8 | 8 | 1 | 1 | 2 | 0  | 0  |
| 5  | 0 | 0 | 0 | 0 | 8 | 8 | 1 | 1 | 0 | 0  | 0  |
| 6  | 0 | 0 | 0 | 0 | 0 | 8 | 7 | 0 | 0 | 1  | 1  |
| 7  | 0 | 0 | 0 | 0 | 0 | 1 | 8 | 8 | 1 | 1  | 1  |
| 8  | 0 | 0 | 0 | 0 | 0 | 0 | 0 | 7 | 7 | 2  | 1  |
| 9  | 0 | 0 | 0 | 0 | 0 | 0 | 0 | 1 | 6 | 7  | 1  |
| 10 | 0 | 0 | 0 | 0 | 0 | 0 | 0 | 0 | 1 | 8  | 7  |
| 11 | 0 | 0 | 0 | 0 | 0 | 0 | 0 | 0 | 0 | 1  | 8  |

[解]

對角方向坡度如右上圖，當門檻值設為 8 時，可見有一排邊緣點，是線特徵的一側。

**2. 二階差分算子**

　　取 3×3 的窗口，進行以下「卷積」

| -1 | -1 | -1 |
|----|----|----|
| -1 |  8 | -1 |
| -1 | -1 | -1 |

當卷積值穿越 0 之處就是邊緣點。

## 例題 6-20 線特徵 (2) 二階算子：方向二階差分算子

|   | 1 | 2 | 3 | 4 | 5 | 6 | 7 | 8 | 9 | 10 | 11 |
|---|---|---|---|---|---|---|---|---|---|----|----|
| 1 | 0 | 1 | 1 | 0 | 0 | 8 | 1 | 0 | 1 | 0  | 0  |
| 2 | 0 | 0 | 0 | 0 | 8 | 1 | 1 | 1 | 1 | 1  | 0  |
| 3 | 0 | 1 | 1 | 5 | 7 | 1 | 0 | 0 | 0 | 1  | 0  |
| 4 | 1 | 1 | 1 | 8 | 0 | 0 | 0 | 0 | 0 | 1  | 0  |
| 5 | 1 | 1 | 7 | 2 | 1 | 0 | 0 | 0 | 0 | 0  | 0  |
| 6 | 1 | 0 | 1 | 8 | 0 | 1 | 1 | 0 | 1 | 0  | 0  |
| 7 | 0 | 1 | 1 | 1 | 7 | 1 | 0 | 0 | 1 | 0  | 0  |
| 8 | 1 | 1 | 1 | 1 | 1 | 8 | 1 | 1 | 0 | 0  | 0  |
| 9 | 0 | 1 | 1 | 1 | 0 | 1 | 8 | 0 | 0 | 1  | 0  |
| 10| 0 | 1 | 0 | 0 | 1 | 0 | 0 | 7 | 0 | 1  | 0  |
| 11| 1 | 1 | 1 | 1 | 0 | 0 | 0 | 1 | 8 | 0  | 0  |

**[解]**

以第 3 列第 4 行的元素為例，其 3×3 方塊內的數字如右圖：

|   | 3 | 4 | 5 |
|---|---|---|---|
| 2 | 0 | 0 | 8 |
| 3 | 1 | 5 | 7 |
| 4 | 1 | 8 | 0 |

進行右方卷積計算：

$$\begin{vmatrix} 0 & 0 & 8 \\ 1 & 5 & 7 \\ 1 & 8 & 0 \end{vmatrix} \times \begin{vmatrix} -1 & -1 & -1 \\ -1 & 8 & -1 \\ -1 & -1 & -1 \end{vmatrix} = \begin{vmatrix} 0 & 0 & -8 \\ -1 & 40 & -7 \\ -1 & -8 & 0 \end{vmatrix} = 15$$

其餘如右圖。當卷積值穿越 0 之處就是邊緣點。例如第 2 列中，由 −22 增加 42 有穿越 0，42 減到 −18 有穿越 0，可見有二排邊緣點，分別是線特徵的兩側。

|    | 1 | 2  | 3   | 4   | 5   | 6   | 7  | 8  | 9  | 10 | 11 |
|----|---|----|-----|-----|-----|-----|----|----|----|----|----|
| 1  | 0 | 0  | 0   | 0   | 0   | 0   | 0  | 0  | 0  | 0  | 0  |
| 2  | 0 | -4 | -9  | -22 | 42  | -18 | -4 | 4  | 4  | 5  | 0  |
| 3  | 0 | 4  | -8  | 15  | 33  | -9  | -4 | -3 | -5 | 5  | 0  |
| 4  | 0 | -5 | -18 | 40  | -24 | -9  | -1 | 0  | -2 | 7  | 0  |
| 5  | 0 | -5 | 34  | -10 | -11 | -3  | -2 | -2 | -2 | -2 | 0  |
| 6  | 0 | -13| -13 | 44  | -21 | -3  | 5  | -3 | 7  | -2 | 0  |
| 7  | 0 | 2  | -6  | -12 | 35  | -12 | -5 | -5 | -3 | 7  | 0  |
| 8  | 0 | 2  | 0   | -5  | -12 | 44  | -12| -2 | -3 | -2 | 0  |
| 9  | 0 | 3  | 2   | 3   | -13 | -11 | 46 | -17| -10| 7  | 0  |
| 10 | 0 | 3  | -7  | -5  | 5   | -10 | -17| 39 | -18| -1 | 0  |
| 11 | 0 | 0  | 0   | 0   | 0   | 0   | 0  | 0  | 0  | 0  | 0  |

**例題 6-21 線特徵(2)二階算子：方向二階差分算子**

| | 1 | 2 | 3 | 4 | 5 | 6 | 7 | 8 | 9 | 10 | 11 |
|---|---|---|---|---|---|---|---|---|---|---|---|
| 1 | 0 | 0 | 0 | 0 | 0 | 0 | 0 | 8 | 8 | 8 | 8 |
| 2 | 0 | 0 | 0 | 0 | 0 | 1 | 8 | 8 | 8 | 7 | 8 |
| 3 | 0 | 0 | 0 | 0 | 0 | 6 | 8 | 6 | 8 | 8 | 8 |
| 4 | 0 | 0 | 0 | 0 | 8 | 8 | 7 | 8 | 8 | 8 | 8 |
| 5 | 0 | 0 | 0 | 0 | 0 | 8 | 8 | 8 | 8 | 8 | 8 |
| 6 | 0 | 0 | 0 | 0 | 0 | 0 | 8 | 8 | 8 | 7 | 8 |
| 7 | 0 | 0 | 0 | 0 | 0 | 0 | 0 | 7 | 8 | 8 | 8 |
| 8 | 0 | 0 | 0 | 0 | 0 | 0 | 1 | 6 | 8 | 8 | 7 |
| 9 | 0 | 0 | 0 | 0 | 0 | 0 | 0 | 1 | 8 | 8 | 8 |
| 10 | 0 | 0 | 0 | 0 | 0 | 0 | 0 | 0 | 1 | 8 | 8 |
| 11 | 0 | 0 | 0 | 0 | 0 | 0 | 0 | 0 | 0 | 0 | 0 |

| | 1 | 2 | 3 | 4 | 5 | 6 | 7 | 8 | 9 | 10 | 11 |
|---|---|---|---|---|---|---|---|---|---|---|---|
| 1 | 0 | 0 | 0 | 0 | 0 | 0 | 0 | 0 | 0 | 0 | 0 |
| 2 | 0 | 0 | 0 | 0 | -7 | -14 | 27 | 10 | 3 | -8 | 0 |
| 3 | 0 | 0 | 0 | -8 | -23 | 8 | 12 | -15 | 3 | 1 | 0 |
| 4 | 0 | 0 | 0 | -8 | 42 | 19 | -4 | 3 | 2 | 0 | 0 |
| 5 | 0 | 0 | 0 | -8 | -25 | 24 | 8 | 1 | 1 | 1 | 0 |
| 6 | 0 | 0 | 0 | 0 | -9 | -16 | 24 | 9 | 2 | 0 | 0 |
| 7 | 0 | 0 | 0 | 0 | 0 | -1 | -9 | -25 | 17 | 11 | 4 | 0 |
| 8 | 0 | 0 | 0 | 0 | 0 | 0 | -8 | -14 | 7 | 10 | 0 |
| 9 | 0 | 0 | 0 | 0 | 0 | 0 | -1 | -8 | -16 | 25 | 0 |
| 10 | 0 | 0 | 0 | 0 | 0 | 0 | 0 | -1 | -10 | -17 | 0 |
| 11 | 0 | 0 | 0 | 0 | 0 | 0 | 0 | 0 | 0 | 0 | 0 |

**[解]**

進行「卷積」，結果如右上圖。當卷積值穿越 0 之處就是邊緣點。可見左側有一明顯穿越 0 的線條。

## 6-10-3 特徵的匹配

影像匹配是將兩張影像轉換為數位元元影像，透過數學關係式，尋找兩張影像中相同物點的點。所謂的數位元元影像為將影像切割成無數個小區塊，並透過一定的規則，賦予每個小區塊一個數值，目前常見數位元元影像是使用灰度值與 **RGB (Red, Green, Blue)** 值。影像匹配的步驟如下：

1. 決定左像片點的像平面座標 $(x_L, y_L)$。
2. 計算右像片上對應的核線。
3. 計算核線搜索區的灰階 (重取樣)。
4. 計算目標區在核線搜索區內不同位置的灰階的相關係數。
5. 以最大相關係數確定右像片上的共同點的像平面座標 $(x_R, y_R)$。

上述步驟中，首先，要決定左像片點的像平面座標可在左邊影像(目標影像)所拍攝的研究區域中設置點雲，點雲可用前述的點特徵提取法產生。

其次，在第二張影像上尋找與第一張影像目標點相同物點的像點，不論使用何種影像匹配方法，因為是二維搜尋，都需要花費大量的時間。例如在 10000×10000 個像素的片上有一億個點。因此需要有核線來協助搜尋，化二維搜尋為一維搜尋，可節省大量的時間。例如在 10000×10000 個像素的片上用一維搜尋，最多只有一萬多個點需要搜尋。核線可由共面條件產生，共面條件是指地面上一點 $T$ 與左、右像的透視中心 $S_L, S_R$，以及左、右像的像點 $P_L, P_R$，這五點必在同一平面上。因

此當已知地面上一點的左像的像點 $P_L$，以及左、右像的透視中心 $S_L, S_R$ 的物方空間座標，這三點構成的「核面」必包含右像的像點 $P_R$ 與地面點 $T$。核面與左、右像平面之交線稱為「核線」 (Epipolar Line)。因此當已知地面上一點的左像的像點 $P_L$，右像的像點 $P_R$ 必在核面與右像平面相交的直線，即右像的核線上。由共面條件產生核線的方法已在共面方程式中介紹過。本節將先介紹相關係數的計算。

影像匹配較為常見方法共有三種：
**(1)** 相關係數法。
**(2)** 協方差法。
**(3)** 最小二乘匹配法。

在此只介紹最簡單的相關係數法，即透過兩張影像的目標像點與周遭數位元元影像，去計算兩者之相關係數ρ。ρ數值介於 **1~0** 之間，當 **ρ=1** 時，表示兩張影像分別選取的像點與周遭數位元元影像完全一致，相關係數 ρ 越接近 **0**，表示兩張影像分別選取的像點與周遭影像差異越大。

影像匹配是利用兩幅影像的訊號的相關函數，評定它們之間的相似性以確定共同點的過程。影像匹配演算法是以特定點為中心的視窗(或區塊)內，以影像的灰度分佈為影像匹配的基礎，故它們常被稱為「灰度匹配」 (Area Based Image Matching) ，其中相關係數法常運用在影像匹配，相關係數是標準化的協方差函數，它的值等於兩影像間的協方差函數與兩影像各自方差的比值。若左影像目標視窗中心像元的座標為**(i,j)**，右影像搜索視窗的中心像元座標為 **(i+r，j+c)**，則計算此兩視窗間相關係數的具體公式如下：

$$\rho(r,c) = \frac{\sum_{i=1}^{m}\sum_{j=1}^{n}(g_{i,j}-\overline{g})(g'_{i+r,j+c}-\overline{g}'_{r,c})}{\sqrt{\sum_{i=1}^{m}\sum_{j=1}^{n}(g_{i,j}-\overline{g})^2 \cdot \sum_{i=1}^{m}\sum_{j=1}^{n}(g'_{i+r,j+c}-\overline{g}'_{r,c})^2}} \tag{6-36}$$

$$\overline{g} = \frac{1}{m \cdot n}\sum_{i=1}^{m}\sum_{j=1}^{n}g_{i,j} \qquad \overline{g}'_{r,c} = \frac{1}{m \cdot n}\sum_{i=1}^{m}\sum_{j=1}^{n}g'_{t+r,j+c} \tag{6-37}$$

其中 **m**=視窗行數；**n**=視窗列數；$\overline{g}$ =左影像目標視窗影像陣列灰度值平均值； $\overline{g}'_{r,c}$ = 右影像搜索視窗影像陣列灰度值平均值；**ρ(c,r)**=目標、搜索兩視窗間相關係數，值越接近**1.0**，兩者越近似線性關係，也就代表二點的相似性越高。

為了區別兩張影像，一張稱「目標影像」 (或稱左像)，另一張稱「搜尋影像」 (或稱右像)。在目標影像上選定一個目標像點，以目標像點為中心建立一個目標視

窗,然後在搜尋影像上以每個像點為中心,分別建立一個搜尋視窗,目標影像上的目標視窗與搜尋影像上的每個搜尋視窗計算兩者之相關係數 ρ。如此可得到目標視窗與每個搜尋視窗的 ρ,將 ρ 最大者的一組的搜尋像點,視為共軛像點。

然而並不是相關係數 ρ 最大值的那一組的目標像點與搜尋像點,就一定為共軛像點,因為相關係數 ρ 最大值的一組,但其數值不接近 1,這意謂著這一組目標像點與搜尋像點與其它組相比雖然最為相近,但是目標像點與搜尋像點不是共軛像點。因此可以設置一個相關係數 ρ 門檻值,意即目標像點與搜尋影像中的每一個搜尋像點相關係數 ρ 中的最大值,如果沒有大於相關係數 ρ 門檻值,則表示「目標影像」在「搜尋影像」中沒有共軛像點存在。這種情形可能發生在拍攝角度或陰影的關係,使共軛像點被遮蔽,造成沒有「看起來」很相似的點存在。

在影像匹配中,受到解算方法、搜尋視窗大小、影像彼此的差異性、影像內容色彩的豐富度等影響,每一次影像匹配的最大值不見得都是接近 1 的數值,因此只選取相關係數大於 0.7 的地面點座標,低於 0.7 表示右邊影像(搜尋影像)搜尋範圍中,沒有與左邊影像(目標影像)的像點觀測量具有高度相關性。

### 例題 6-22 影像匹配:相關係數法

假設在左邊影像 (目標影像) 所拍攝的研究區域中有一特徵點如左下圖,假設右邊影像(搜尋影像)中,核線上的影像如右下圖:

目標影像

| 0 | 0 | 0 | 0 | 0 |
|---|---|---|---|---|
| 0 | 0 | 8 | 0 | 0 |
| 0 | 8 | 8 | 8 | 0 |
| 0 | 0 | 8 | 0 | 0 |
| 0 | 0 | 0 | 0 | 0 |

搜尋影像

| 0 | 0 | 0 | 0 | 1 | 0 | 0 | 0 | 0 | 0 |
|---|---|---|---|---|---|---|---|---|---|
| 0 | 0 | 1 | 1 | 3 | 6 | 1 | 0 | 0 | 0 |
| 0 | 0 | 2 | 8 | 8 | 4 | 1 | 0 | 0 | 0 |
| 0 | 0 | 1 | 4 | 7 | 7 | 2 | 0 | 0 | 0 |
| 0 | 0 | 0 | 1 | 2 | 0 | 0 | 0 | 0 | 0 |

試沿著這條線進行影像匹配。

[解]

第一個 5×5 方塊的影像如左下圖,它與左邊影像的相關係數 ρ=0.169,其餘相關係數為 0.427, 0.675, 0.536, -0.016, -0.169, -0.173,繪圖如右下圖:

6-88　第 6 章　攝影測量簡介

| 0 | 0 | 0 | 0 | 1 |
|---|---|---|---|---|
| 0 | 0 | 1 | 1 | 3 |
| 0 | 0 | 2 | 8 | 8 |
| 0 | 0 | 1 | 4 | 7 |
| 0 | 0 | 0 | 1 | 2 |

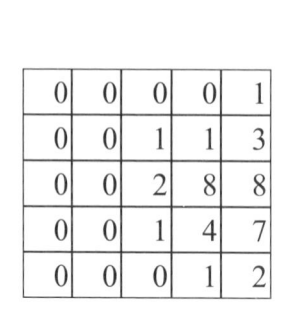

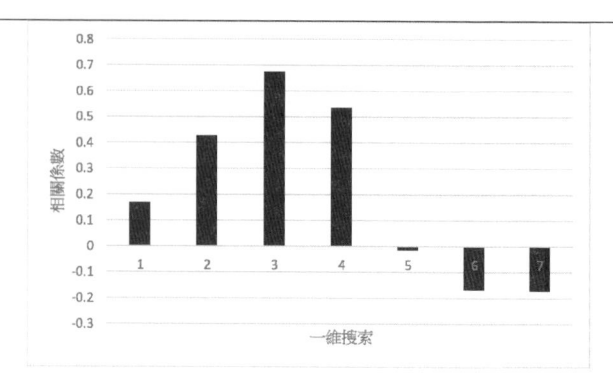

圖 6-61 核線方向上的相關係數

可見沿著這條線進行影像匹配相關係數最大的點在第五行 ($\rho(c,r)=0.675$)，為左邊影像像點的共軛像點。

| 0 | 0 | 0 | 0 | 1 | 0 | 0 | 0 | 0 | 0 |
|---|---|---|---|---|---|---|---|---|---|
| 0 | 0 | 1 | 1 | 3 | 6 | 1 | 0 | 0 | 0 |
| 0 | 0 | 2 | 8 | 8 | 4 | 1 | 0 | 0 | 0 |
| 0 | 0 | 1 | 4 | 7 | 7 | 2 | 0 | 0 | 0 |
| 0 | 0 | 0 | 1 | 2 | 0 | 0 | 0 | 0 | 0 |

**例題 6-23 影像匹配：相關係數法**

假設在左邊影像所拍攝的研究區域中有一特徵點如左下圖，假設右邊影像的二維影像如右下圖：

目標影像

| 0 | 0 | 0 | 0 | 0 |
|---|---|---|---|---|
| 0 | 0 | 8 | 0 | 0 |
| 0 | 8 | 8 | 8 | 0 |
| 0 | 0 | 8 | 0 | 0 |
| 0 | 0 | 0 | 0 | 0 |

搜尋影像

| 0 | 0 | 0 | 0 | 0 | 0 | 0 | 0 | 0 | 0 | 0 |
|---|---|---|---|---|---|---|---|---|---|---|
| 0 | 0 | 0 | 0 | 0 | 0 | 0 | 0 | 0 | 0 | 0 |
| 0 | 0 | 0 | 0 | 0 | 0 | 0 | 0 | 0 | 0 | 0 |
| 0 | 0 | 0 | 0 | 1 | 0 | 0 | 0 | 0 | 0 | 0 |
| 0 | 0 | 1 | 1 | 3 | 6 | 1 | 0 | 0 | 0 | 0 |
| 0 | 0 | 2 | 8 | 8 | 4 | 1 | 0 | 0 | 0 | 0 |
| 0 | 0 | 1 | 4 | 7 | 7 | 2 | 0 | 0 | 0 | 0 |
| 0 | 0 | 0 | 1 | 2 | 0 | 0 | 0 | 0 | 0 | 0 |
| 0 | 0 | 0 | 0 | 0 | 0 | 0 | 0 | 0 | 0 | 0 |
| 0 | 0 | 0 | 0 | 0 | 0 | 0 | 0 | 0 | 0 | 0 |
| 0 | 0 | 0 | 0 | 0 | 0 | 0 | 0 | 0 | 0 | 0 |

試在二維面上進行影像匹配。

[解]

第一個 **5×5** 方塊的影像如左下圖，它與左邊影像的相關係數 ρ= **-0.185**，全部的相關係數如下：

| 0 | 0 | 0 | 0 | 0 |
|---|---|---|---|---|
| 0 | 0 | 0 | 0 | 0 |
| 0 | 0 | 0 | 0 | 1 |
| 0 | 0 | 1 | 1 | **3** |
| 0 | 0 | 2 | 8 | **8** |

| -0.185 | -0.185 | -0.123 | -0.185 | -0.169 | -0.118 | -0.102 |
|---|---|---|---|---|---|---|
| -0.173 | -0.196 | -0.132 | 0.016 | -0.185 | -0.173 | -0.147 |
| -0.127 | 0.085 | 0.278 | 0.121 | 0.000 | -0.169 | -0.173 |
| 0.169 | 0.427 | **0.675** | 0.536 | -0.016 | -0.169 | -0.173 |
| -0.024 | 0.359 | 0.601 | 0.323 | 0.070 | -0.116 | -0.173 |
| -0.182 | -0.065 | 0.022 | 0.007 | -0.172 | -0.178 | -0.139 |
| -0.191 | -0.169 | -0.139 | -0.228 | -0.187 | -0.128 | -0.102 |

可見在二維面上進行影像匹配相關係數最大的點在第六列，第五行 (ρ(c,r)=**0.675**)，為左邊影像像點的共軛像點。

| 0 | 0 | 0 | 0 | 0 | 0 | 0 | 0 | 0 | 0 | 0 |
|---|---|---|---|---|---|---|---|---|---|---|
| 0 | 0 | 0 | 0 | 0 | 0 | 0 | 0 | 0 | 0 | 0 |
| 0 | 0 | 0 | 0 | 0 | 0 | 0 | 0 | 0 | 0 | 0 |
| 0 | 0 | 0 | 0 | 1 | 0 | 0 | 0 | 0 | 0 | 0 |
| 0 | 0 | 1 | 1 | 3 | 6 | 1 | 0 | 0 | 0 | 0 |
| 0 | 0 | 2 | 8 | 8 | 4 | 1 | 0 | 0 | 0 | 0 |
| 0 | 0 | 1 | 4 | 7 | 7 | 2 | 0 | 0 | 0 | 0 |
| 0 | 0 | 0 | 1 | 2 | 0 | 0 | 0 | 0 | 0 | 0 |
| 0 | 0 | 0 | 0 | 0 | 0 | 0 | 0 | 0 | 0 | 0 |
| 0 | 0 | 0 | 0 | 0 | 0 | 0 | 0 | 0 | 0 | 0 |
| 0 | 0 | 0 | 0 | 0 | 0 | 0 | 0 | 0 | 0 | 0 |

## 6-10-4 核線的產生

地面上一點 $T$ 與左、右像的透視中心 $S_L, S_R$，以及左、右像的像點 $P_L, P_R$，這五點必在同一平面上，此平面稱為核面。因此當已知地面上一點的左像的像點 $P_L$，以及左、右像的透視中心 $S_L, S_R$ 的物方空間座標，這三點構成的「核面」必包含右像的像點 $P_R$ 與地面點 $T$。核面與左、右像平面之交線稱為核線。因此當已知地面上一點的左像的像點 $P_L$，右像的像點 $P_R$ 必在核面與右像平面相交的直線，即右像的核線上。由共面條件產生核線的方法已在共面方程式中介紹過。由於影相匹配是對

一個 k×k 圖元的視窗進行匹配，故核線實際上會有 k 個圖元的寬度 (圖 6-62)。

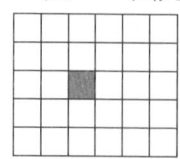

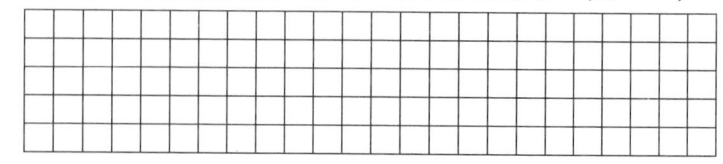

圖 6-62 一維影像相關目標區與搜索區

由共面條件產生核線的方法可參考「共面方程式」一節。由於核線通常與不會正好與原始圖元對齊，因此必須用內插法決定核線上圖元的灰階，這個過程稱為「核線重採樣」，如圖 6-63。

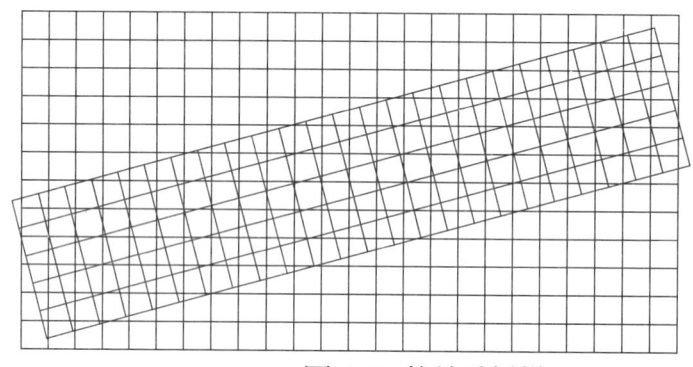

圖 6-63 核線重採樣

例題 6-24 核線的產生

假設攝影測量已經知道左像與右像的內方位參數、外方位參數，以及一個 C 點的左像的像平面座標 (0.08873, 0.02347)，試以共平面方程式，求 C 點在右像的核線。

| 參數類型 | 參數 | 左像 | 右像 |
| --- | --- | --- | --- |
| 外方位參數 | $X_S$ | 350.000 | 750.000 |
| | $Y_S$ | 550.000 | 550.000 |
| | $Z_S$ | 400.000 | 400.000 |
| | $\omega$ | 1.000 | 3.000 |
| | $\varphi$ | 2.000 | 2.000 |
| | $\kappa$ | 3.000 | 1.000 |
| 內方位參數 | $x_0$ | 0.000 | 0.000 |
| | $y_0$ | 0.000 | 0.000 |
| | $f$ | 0.100 | 0.100 |

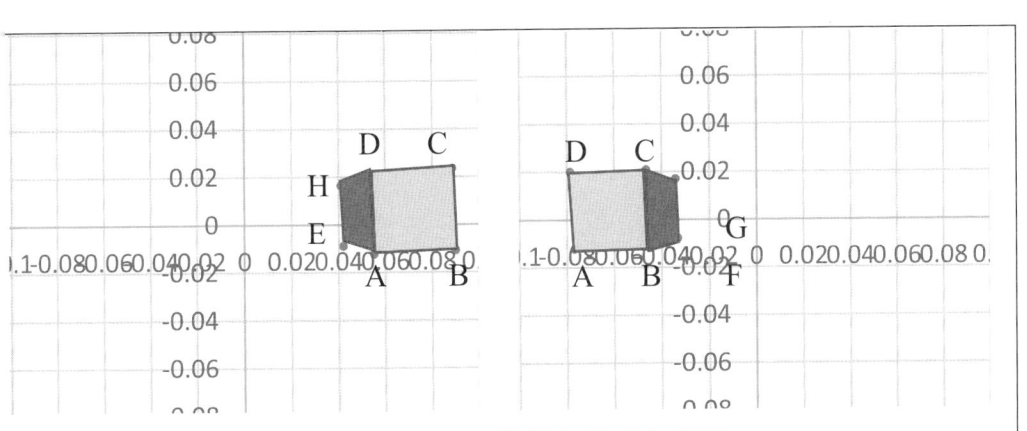

圖6-64 共面條件方程式之應用

[解]

由共面條件產生核線的方法可參考「共面方程式」一節，在此不再贅述。假設 P 點在右像的 x 向座標如下表第一列，則 y 向座標以共面方程式解得如下表第二列。下圖顯示核線，C 點在右像的像平面座標正好就在核線上，證明核線確實可以幫助搜尋共同點。

| x 向座標 | -0.10000 | 0.00000 | 0.02000 | 0.04000 | 0.06000 | 0.10000 |
|---|---|---|---|---|---|---|
| y 向座標 | 0.01968 | 0.02203 | 0.02250 | 0.02297 | 0.02344 | 0.02438 |

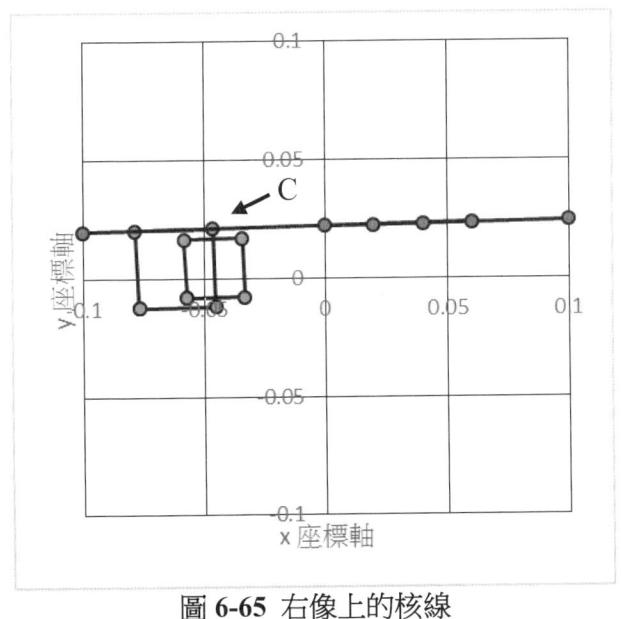

圖 6-65 右像上的核線

> 假設 C 點在右像的 x 向座標–0.04642，則 y 向座標 0.02094，此座標正好就是 C 點在右像的像平面座標。

## 6-11 航空攝影測量程序 4：模型解析

### 6-11-1 解析空中三角測量

　　控制點的攝影測量加密是攝影測量的一項主要內容，以往控制點的加密主要採取圖解法或光學機械法，隨著電子計算機工業的發展，測繪計算也採用了電腦，控制點的加密現今都採用了解析空中三角測量。它是將建立的投影光束、單位模型或航帶模型以及區域模型的數學模型，根據少量的地面控制點，按最小二乘的原理進行平差計算，解求出各加密點的地面座標。解析空中三角測量按加密區域分為單航帶法和區域網法兩類。

　　解析攝影的基本原理即是共線方程式的具體應用。例如

1. 後方–前方交會法
(1) 單像空間後方交會

　　在一張像片上，若以之三個平高控制點的地面座標，並量測出相應的像點座標 $(x, y)$ 則可利用「共線方程式」，每一個控制點列出 2 個方程式，組成 6 個聯立方程式，從而解算出該張像片的 6 個外方位元素 $(X_S, Y_S, Z_S, \omega, \varphi, \kappa)$。這在解析攝影測量中被稱為「單像空間後方交會」。

(2) 立體像對的空間前方交會

　　若一個像對兩張像片的外方位元素已知，某像點在這兩張像片上的像點座標 $(x_1, y_1)$ 和 $(x_2, y_2)$ 也已知(例如在座標量測儀上量測)，則該相應地面點的座標 $(X, Y, Z)$ 可利用共線方程式，每張像片列出 2 個方程式，組成 4 個聯立方程式，用最小二乘法原理進行平差計算解求。這在解析攝影測量中被稱為「立體像對的空間前方交會」。

2. 解析空中三角測量

　　在多張連續攝取像片的區域，若依據一定數量的地面控制點，同樣可以利用式共線方程式列出若干個方程式，解求出各張像片的外方位元素和地面未知點的座標 $(X_A, Y_A, Z_A)$。以圖 6-66 為例，它表示一個由 3 張像片所組成的區域，該區域內 Δ 表示已有的 4 個外業控制點，○ 表示 6 個特定的加密點。每個加密點的 $(X, Y, Z)$ 座標為未知數，每張像片的 6 個外方位元素也是未知數，所以該區域共有

- 加密點座標未知數 $(X, Y, Z) = 3 \times 6 = 18$
- 外方位元素未知數 $(X_S, Y_S, Z_S, \omega, \varphi, \kappa) = 6 \times 3 = 18$

合計=18+18=36 個未知數。

該區域內這 10 個點的像點座標可以量測到，為已知數。所以，按照共線方程式
- 控制點的共線方程式：**4** 個控制點，每一個控制點列出 **2** 個方程式；
- 加密點中的 **1、3、4、6** 四個點的共線方程式：每一個點都出現在兩張像片，故每個點可列出 **2×2=4** 個方程式；
- 加密點中的 **2、5** 兩個點的共線方程式：每一個點都出現在三張像片，故每個點可列出 **3×2=6** 個方程式；

故總共可列 $2 \times 4 + 4 \times 4 + 6 \times 2 = 36$ 個共線方程式，故能解求出該區域的 36 個未知數。

由於每增加一個加密點會增加 3 個未知數，但加密點如出現在兩張像片上，每增加一個加密點會增加 4 個方程式；如出現在三張像片上，會增加 6 個方程式，因此增加大量加密點有助於增加多餘觀測，使方程式數目大幅超過未知數數目，將有利於用最小二乘法精確求解加密點座標與外方位元素。

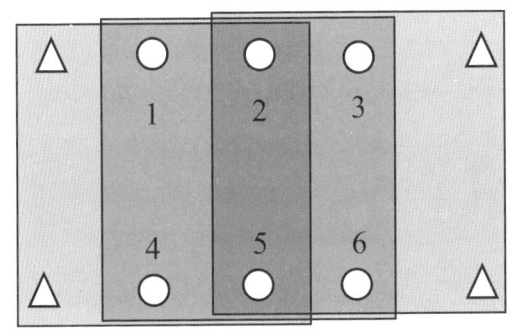

圖 6-66 解析空中三角測量

## 6-11-2 直接定位法：GPS+INS 航空測量概論

結合 **GPS (global positioning system)** 與 **INS (inertial navigation system)** 的儀器裝設於航空攝影載具上，稱為「定位定向系統」**(position and orientation system, POS)**，可直接使用感測器的定位與率定參數來決定外方位參數，這種方式稱為「直接地理定位」**(direct georeferencing)**。此法提供了一種直接獲取外方位參數的方式，亦即由 GPS 取得位置參數，由 INS 取得姿態參數。

現代的攝影測量，多在飛機上另外裝備 GPS 接收儀和慣性導航系統 **(INS)**，如圖 6-67 所示：飛機由至少四顆衛星便可以定位，以及慣性測量單元 **(IMU)** 來定向，透過直接地理定位的方式，可以快速地獲取像點之物空間概略位置，同時，亦能減少在光束法空中三角平差中所需的地面點數量。

若從 GPS 與 INS 系統中取得的外方位參數準確度夠高，而且 GPS、INS 及攝影機均經過精密的率定時，將可以在空中三角測量作業時，不再需要任何的地面控制點，免除航標點和控制點的佈設和測量工作，更甚至也有可能免除整個空中三角的量測及計算等流程。

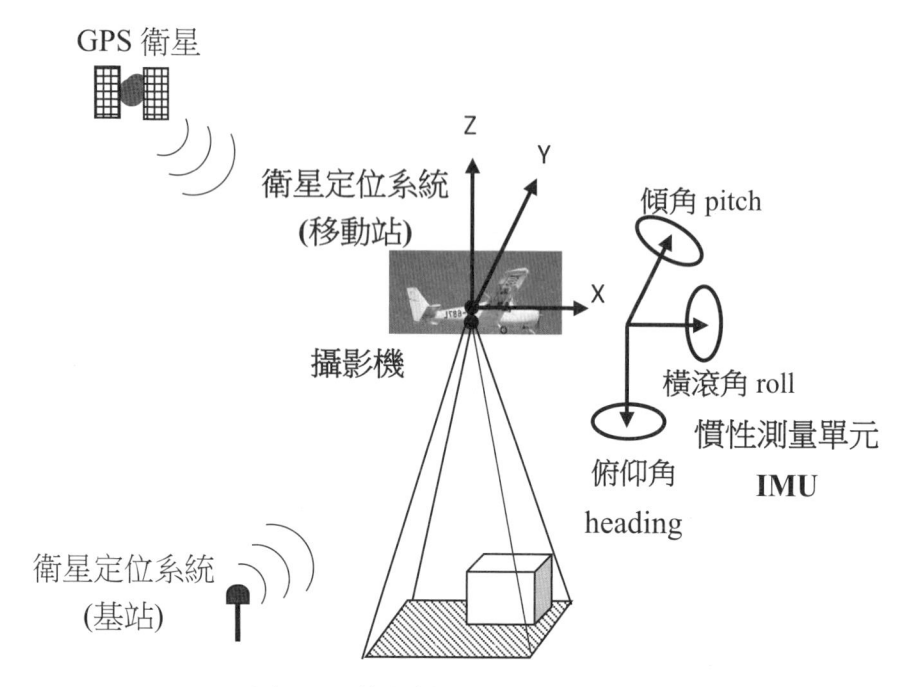

**圖 6-67** 航空射影測量是中心投影

## 6-12 航空攝影測量程序 5：數值高程模型 (DEM)

利用影像匹配可以產生大量的共同點，或稱雲點。雲點的左邊影像與右邊影像的像點觀測量 ($x_L, y_L$) 與 ($x_R, y_R$)，與先前求得的兩張影像的內、外方位參數，透過共線方程式或三維座標轉換可算得地面未知點的絕對座標值 **(X, Y, Z)**。其方法已在前面敘述過，不再贅述。

影像匹配完成後，除了地面點座標之外 **(X, Y, Z)**，也可知道另一張影像上的共軛像點觀測量 ($x_R, y_R$)。將所有計算出來的地面點座標，由邊界條件與高程變化制衡條件等限制，可將一些錯誤的地面點給於刪除。

**(1)** 高程變化制衡條件即為連續地面點中的一點，高程較周圍其它地面點高程明顯的較高或較低時，予以刪除。

(2) 邊界條件分為影像邊界條件與研究區域邊界條件：
● 影像邊界條件：共軛像點觀測量 $(x_R, y_R)$ 不可超出影像匹配範圍。
● 研究區域邊界條件：算得之地面點座標 $(X, Y, Z)$ 不可超出研究區域。
　超出邊界條件的點都視為影像匹配失敗，予以刪除；。

　　由於這些雲點不規則，因此可用內插法得到規則網格點的高程，即可得到數值高程模型 (DEM)。如果要得到等高線，可直接利用這些雲點的三維座標值 $(X, Y, Z)$ 內插等高線。這些內插法可參考第 2 章數值地形模型的部分。

# 6-13 航空攝影測量程序 6：正射影像圖 (DOM)

## 6-13-1 概論

　　正射影像相當於是正射投影的航攝像片，但是實際通過航拍得到的航攝像片是中心投影，而且還存在因為像片傾斜和地面起伏產生的像點位移。這種航攝像片由於精度不夠，不能夠精確客觀的表示地物的形狀和空間位置 (圖 6-68)。

　　如果對平坦地面攝得一水平的航攝像片，則該像片具有正射投影的性質，且像片上各處的比例尺一致。因此，這種航攝像片可以當作像片平面圖使用。但實際中，即便地面平坦，而航攝像片總難免存在一定的傾斜，由此使得航攝像片上得像點產生傾斜誤差。如何解決這一問題，正是航攝像片糾正的任務。

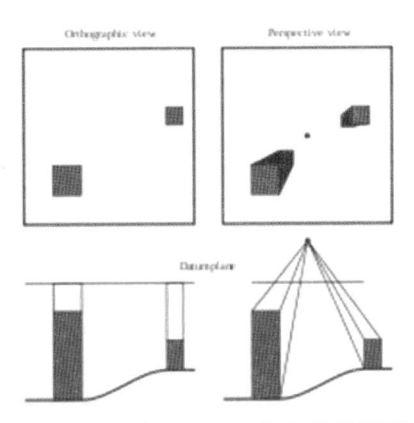

**(a) 正射影像　　(b) 中心投影影像**
圖 6-68 正射影像與中心投影影像

　　正射影像是一種經過幾何糾正的航攝像片，與沒有糾正過的航攝像片不同的是，人們可以使用正射影像量測實際距離，因為它是通過像片糾正後得到的地球表面的真實描述。 同傳統的地形圖相比，正射影像或正射影像圖 (DOM) 具有信息量大、形象直觀、易於判讀和現勢性強等諸多優點，因而常被應用到地理信息系統 (GIS) 中。網絡上的 Google 地球就是使用的正射影像。

## 6-13-2 數字微分糾正 (differential rectification)

在航測中,把由傾斜像片變換成規定比例尺的水平像片的作業過程叫做像片糾正。經像片糾正後得到的水平像片稱為糾正像片。微分糾正是利用一個足夠小的面積作為糾正單元,並根據該糾正單元的地面實際高程來控制糾正元素,使之實現從中心投影到正射投影的變換。數位微分糾正的方法分成反解法、正解法兩種。

## 6-13-3 反解法 (間接法) 數字微分糾正

反解法 (間接法) 數字微分糾正的步驟如下 (圖 6-69):
(1) 計算地面點高程:將每一個地面座標 (X, Y) 代入 DEM 模型得到高程 Z。
(2) 計算像點座標:將 (X, Y, Z) 代入下式解得像平面座標 (x, y)

$$x - x_0 = -f \frac{a_1(X - X_s) + b_1(Y - Y_s) + c_1(Z - Z_s)}{a_3(X - X_s) + b_3(Y - Y_s) + c_3(Z - Z_s)} \tag{6-38}$$

$$y - y_0 = -f \frac{a_2(X - X_s) + b_2(Y - Y_s) + c_2(Z - Z_s)}{a_3(X - X_s) + b_3(Y - Y_s) + c_3(Z - Z_s)} \tag{6-39}$$

(3) 內插地面點灰階:因為此一像平面座標 (x, y) 通常不會正好在一個像素中心,因此可先取得鄰近四個像素,在以內插法得到 (X, Y) 座標處的灰階。

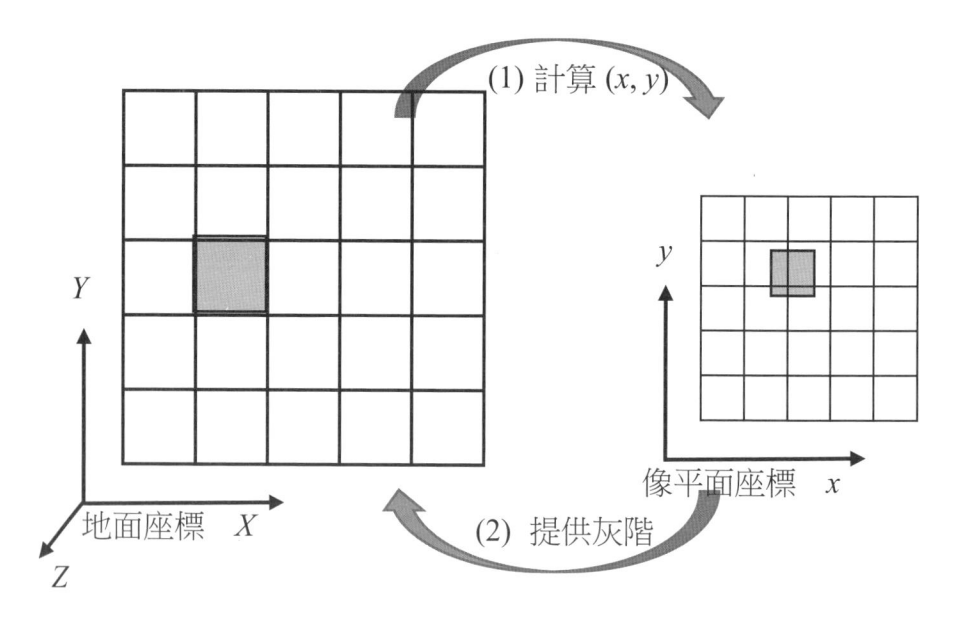

圖 6-69 數字微分糾正:反解法

## 6-13-4 正解法 (直接法) 數字微分糾正

　　正解法 (直接法) 數字微分糾正的步驟如下　(圖 6-70)：
**(1)** 取得像點灰階：由像片上的每一個像素中心像平面座標 (*x, y*) 取得灰階。
**(2)** 估計地面點高程：估計一個地面點高程 $Z_0$。
**(3)** 計算地面點座標：將像點座標 (*x, y*) 與地面點高程 *Z* 代入下面共線方程式的另一種表達形式，得到地面座標 (*X, Y*)

$$X = Z \cdot \frac{a_1 x + a_2 y - a_3 f}{c_1 x + c_2 y - c_3 f} \tag{6-40}$$

$$Y = Z \cdot \frac{b_1 x + b_2 y - b_3 f}{c_1 x + c_2 y - c_3 f} \tag{6-41}$$

**(4)** 計算地面點高程：將地面座標 (*X, Y*) 代入 **DEM** 模型得到高程 *Z*，回到步驟**(3)**，直到地面座標 (*X, Y*) 收斂。

　　正解法缺點有：
**(1)** 因為由規則像平面座標 (*x, y*) 推算對應地面座標 (*X, Y*)，造成地面座標 (*X, Y*) 非規則排列的糾正影像 (圖 6-71)。
**(2)** 二維圖像推算三維地面座標 (*X, Y, Z*) 須先假設 *Z* 值，並需疊代求解。
因此數位微分糾正通常用反解法。

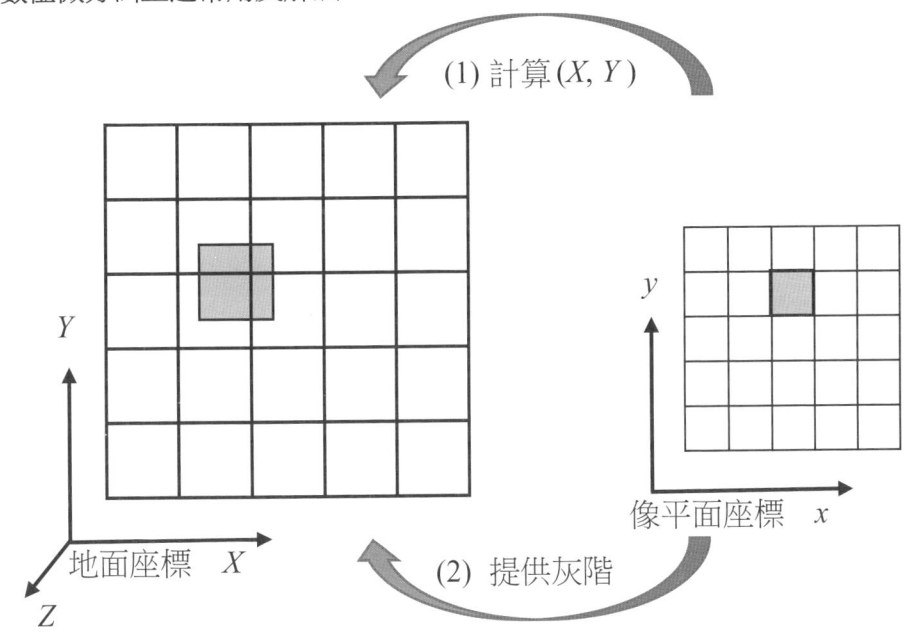

圖 6-70 數字微分糾正：正解法

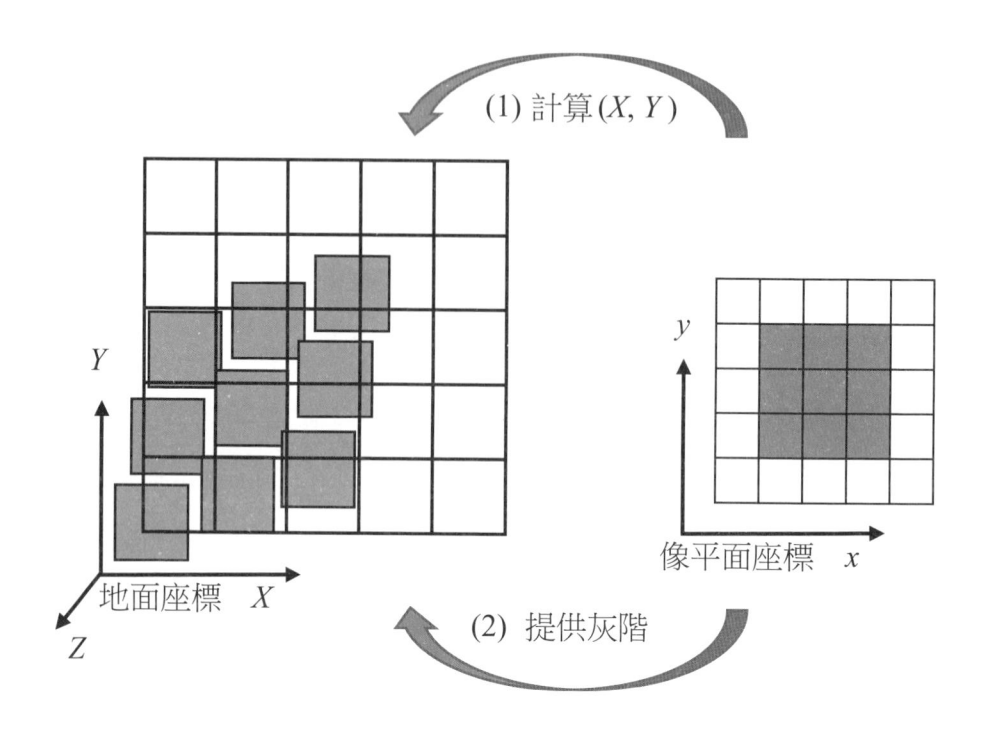

圖 6-71 數字微分糾正正解法缺點：造成地面座標 (X, Y) 非規則排列的糾正影像

## 6-14 航空攝影測量系統

航空攝影測量系統具有豐富的計算與繪圖能力，以一款軟件為例，其功能如下 (圖 6-72)：

**1.** 數字影像輸入

通過影像數字化設備對影像進行數字化，得到相應的數字影像，可以接收的數據格式有 **TIF、SGI (RGB)、BMP、TGA、JFIF/JPEG、BSF** 格式。

**2.** 自動空三量測

自動內定向、自動選點與轉刺、自動相對定向、半自動控制點量測，用區域網平差計算解求全測區加密點大地座標，自動建立測區內各立體像對模型的參數。

**3.** 內定向

框標的自動識別與定位、自動進行內定向。

**4.** 相對定向

自動尋找共同點、計算相對定向參數。

**5.** 絕對定向

人工參與確定控制點位置、系統自動匹配共同點並計算絕對定向參數。

6. 生成核線影像

　　在用戶選定的區域中，按同名核線將影像的灰度予以重新排列，形成按核線方向排列的立體影像。

7. 預處理

　　在影像自動匹配之前，可在立體模型中量測一部分特徵點、特徵線和特徵面，作為自動影像匹配的控制。

8. 影像匹配

　　沿核線進行一維影像匹配，確定共同點。

9. 匹配結果的顯示和編輯

　　匹配結果的顯示和編輯是數據的後處理工作。在立體模型中可顯示視差斷面或等視差曲線以便發現粗差，可顯示系統認為是不可靠的點。

10. 建立 DTM/DEM

　　移動曲面擬合內插 DTM/DEM。自動生成精確的數字地面模型 DTM/DEM 或被測目標的數字表面模型。精度為 1/3000~1/5000 航高。

11. 自動生成等高線

　　由 DEM 自動生成帶有注記的等高線圖，等高線間隔由參數設定。

12. 正射影像的自動製作

　　採用反解法進行數字糾正，比例尺由參數確定，自動繪製正射影像圖。

13. 正射影像與等高線疊合

　　將等高線數據裝入正射影像文件中，製作帶等高線的正射影像圖。

14. DEM 拼接與正射影像鑲嵌

　　對多個影像模型進行 DEM 拼接，給出精度信息與誤差分佈。對正射影像、等高線影像、等高線疊合正射影像鑲嵌。正射影像鑲嵌拼接無縫，色調平滑過渡。

15. 數字化地物

　　利用計算機代替解析測圖儀、用數字影像代替模擬像片、用數字光標代替光學測標，直接在計算機上對地物數字化。

16. 影像與立體影像顯示

　　可在屏幕上直接顯示當前數字影像是否清晰，其方位是否正確，查看整個數字影像的完整性，還可以在屏幕上直接顯示三維立體影像。

17. 景觀圖或透視圖顯示

　　可在屏幕上直接顯示景觀圖和透視圖、真實透視、真實三維模型，其影像可無限縮放、任意角度、人控動畫。

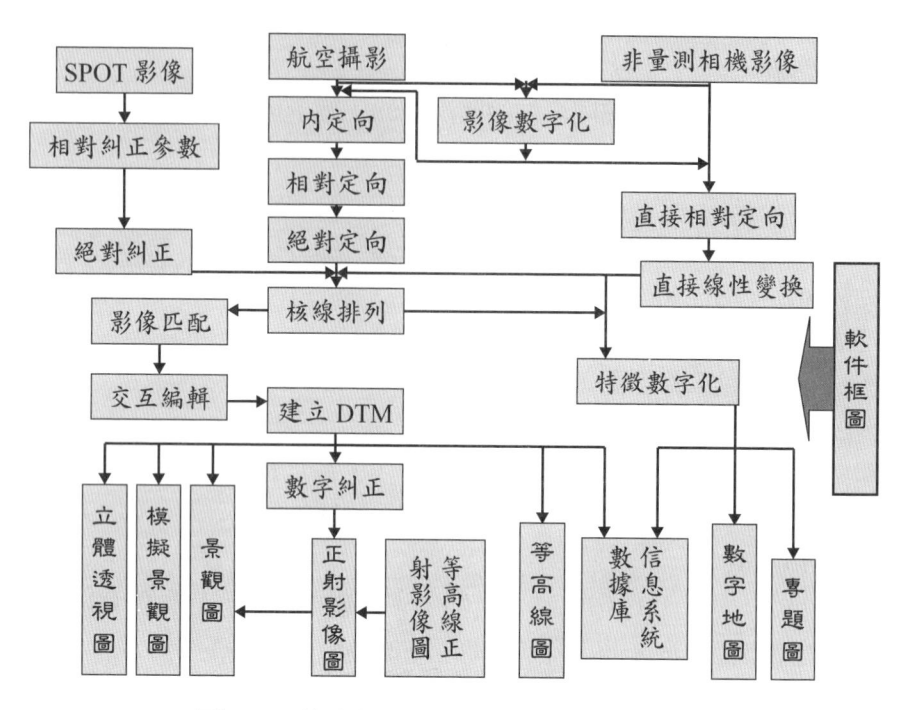

圖 6-72 航空攝影測量系統 VirtuoZo 軟件

# 6-15 無人飛行系統 (UAS)

## 6-15-1 UAS 的定義及組成

　　無人飛行載具 (Unmanned Aerial Vehicle, UAV)，簡稱無人機，定義為不需要駕駛員在載具上操作，而由無線電遙控設備或自身程序控制裝置操縱的無人駕駛飛行器，一般搭載感測器做偵查用途。無人機發展到現在，已經到達相當高的智慧化程度。目前則以無人航空系統 (Unmanned Aerial System, UAS) 來代替 UAV 一詞。

　　一組能執行任務的無人航空系統 (UAS) 需要
- 一架酬載感測器的飛行器，
- 一部與載具通訊的控制器，
- 一部能進行全自動或半自動感測的感測器。可以酬載於飛行器上的感測器，除了最常見的相機、錄影機外，亦有近紅外光相機、紅外光感熱儀、多光譜儀及光達掃描儀等。

　　無人航空系統 (UAS) 機動性高，成本比載人飛機低上許多，反應即時，能在險惡環境中執行任務。綜合上述優勢，UAS 搭載了不同的感測器被廣泛應用於各種不同領域，如災害監測、農作物監測、自然資源監測等。綜括各種應用，主要都在

提供最即時的環境資訊，做出最有利的決策。

## 6-15-2 UAS 航測與傳統航測及近景攝影測量之不同

　　過去航空攝影測量仰賴載人飛機與航測用的量測型相機，載具及相機體積都較龐大，需要飛行在一定航高上，且拍照常需萬里無雲的天氣，天氣要求相當嚴苛。而以 UAS 的優勢應用於航測，雖無法進行大範圍的航測作業，但可比載人飛機更機動地獲取更高解析度的影像，對於小範圍的圖資更新相當有效率。

　　而近景攝影測量通常會將攝影機架設於地面固定點或是地面載具上，離被攝物體較近，且只能拍攝到建物或被攝物的側面。而將 UAS 應用於近景攝影測量上，在攝影位置的選擇上比地面攝影更添靈活度，可拍攝側面至頂面之間的所有資訊，獲取的資訊更全面。以小範圍三維地形測量來說，應用 UAS 攝影測量技術更靈活，更有效率，也更省成本。

## 6-15-3 UAS 航測的優缺點

UAS 航測的優點

1. 可快速更新圖資：目前國內正射影像都依賴有人駕駛的航拍機進行空拍作業來取得，成本較高，因此只能依固定的時間更新圖資，無法即時更新影像。定翼式 UAS 有別於傳統航空攝影測量的作法，以無人飛機至工作區域進行航拍作業，取得的航拍影像再進行後處理得到影像方位後，製作成正射影像，可因時因地進行專案航拍，達到即時更新圖資的目的。

2. 可製作高解析度正射影像：正射影像的地面解析度 (GSD)，與飛機航拍高度有關，傳統航拍飛機至少需飛在 1000 m 左右，才能保持飛行安全，所以能製作的正射影像解析度有限。而定翼式 UAS 飛行高度約 600~800 m，地面解析度可達到 15 cm 以內。旋翼式 UAS 的作業高度更低，約在 100 m~250 m 之間，搭配相機拍出來的解析度可在 2-10 cm 之內，即地面上的人、車及人手孔和電信、電力設施都可分辨。

3. 作業成本低具經濟效益：若依傳統方式取得影像，航拍費用依航線公里數計價，動輒數十萬，成本較高；若以定翼式 UAS 進行航拍，不需人員作業費用，飛機成本也較低，整體作業費用較傳統航拍方式降低很多，較具經濟效益。

4. 較不受雲層遮蔽影響：傳統航拍機飛行高度較高，因此常受雲層遮蔽影響，而無法完成航拍作業；旋翼或定翼式 UAS 由於飛行高度較低，可在雲下飛行，因此較不受天氣影響，可飛行天數增加許多。

　　隨著無人機與數碼相機技術的發展，基於無人機平臺的數位航攝技術已顯示出

其獨特的優勢。無人機與航空攝影測量相結合，使得無人機數字低空遙感成為航空遙感領域的一個嶄新發展方向。無人機航測是傳統航空攝影測量手段的有力補充，在小區域和飛行困難地區高解析度影像快速獲取方面具有明顯優勢。

由於 UAS 航測對較小範圍內的監測、調查、資料更新等有優勢，應用的層面也相當廣泛。目前無人機航拍已經廣泛應用於國家重大工程建設、災害應急與處理、國土監察、資源開發、新農村和小城鎮建設等方面，尤其在基礎測繪、土地資源調查監測、土地利用動態監測、數位城市建設和應急救災測繪資料獲取等方面具有廣闊前景。

UAS 航測的缺點

1. UAS 酬載能力較低，因此常搭載內方位 (interior orientation) 較不穩定的非量測型像機及精度不佳的 GPS、INS 系統。故其影像品質並沒有傳統航測相機好，且內方位常不穩定，每次率定的結果都不相同。因此，若需製作較高精度要求的成果，例如大比例尺地形圖，應注意相機的選用品質，及事前需作好相機內方位的率定，以確保品質。
2. UAS 因為易受風的影響，其相機拍攝出來的像片的方位不若傳統相機穩定，為求的較好的後製成果，拍攝時應以雲台輔助，增加拍照穩定性，確保像片之間重疊度足夠，才能取得較佳的後製成果。雲台為一種轉向裝置，通常用於安裝相機的三腳架上。置於無人載具底部的雲台則能使相機在載具固定不動的情況下自由轉動。一般常見於無人載具上的雲台多為雙軸雲台，三軸則能實現最自由的轉向。在空中攝影作業時，雲台能偵測載具的動作，並反向補償角度以維持相機不動，確保攝影光軸都能以垂直地面角度來攝影。
3. UAS 飛行仍具有一定風險，萬一掉落砸傷人車或他人財產，可能導致嚴重傷害或賠償。因此作業前應該作好相關保險，將來政府也應立法管制相關人員的資格以及作業場所和方式，以降低風險。

## 6-15-4 UAS 航測工作流程 1：航空攝影

### 一、航拍區域及工作內容確認

UAS 作業前，先從 Google map 上面規劃踏勘路線，自 Google 街景圖上蒐集 UAS 起降點資訊，並依需求及航拍範圍自 Google earth 上規劃初步航線(圖 6-73 與 74)，同時自中央氣象局網站及預報天氣之 APP 軟體，開始觀察及評估測區之天候狀況。

圖 6-73 初步航線規劃示意圖 (福俠鷹航拍資訊有限公司提供)

圖 6-74 初步航線規劃 3D 示意圖 (福俠鷹航拍資訊有限公司提供)

## 二、實地踏勘及確認航線規劃

實地踏勘同時也可瞭解現場地形地貌，是否為禁航區、軍區或有無訊號干擾源，以及當地氣候。若能在風較小的情況下進行航拍工作，對取得穩定的影像有較大的助益。因此藉由實地踏勘也可詢問當地居民，瞭解一天內風向及風力的變化。

## 三、UAS 空拍作業

UAS 本身雖有一定的抗風性，但為求拍出較佳品質的影像，仍選擇風較小的天氣作業。此外，為減低飛機本身震動的影響，皆以較高的快門及較小的光圈拍照，因此光源必需十分的充足。等待風小及陽光足的天氣進行空拍，常是整個流程中最耗時的階段。實際空拍時則以事先規劃好的起飛點及航線，逐一進行空拍。空拍時段以早上 11 點至下午 2 點為最佳時段，光源充足且可減少建物陰影。圖 6-75 至圖 6-78 為原始影像圖。

圖 6-75 原始航拍影像

圖 6-76 原始航拍影像(100%放大)

圖 6-77 原始航拍影像

圖 6-78 原始航拍影像(100%放大)

(福俠鷹航拍資訊有限公司提供)

## 6-15-5 UAS 航測工作流程 2：控制測量

　　地面控制點目前常採用 eGPS 測量，可快速得到待測點位的座標。座標系統以 TWD97 為原則，eGPS 所測得之橢球高則經由大地起伏化算為正高。控制點選定以布設航測標或現場自然特徵點為主。自然特徵點之選取應以平坦處、不易變動、影像上清楚可辨認為選取原則。依據經驗將選取操場、停車場標線、舊航測標、道路垂直轉角等，如圖 6-79。

| | 空拍像片 | 地面景象 |
|---|---|---|
| 標線(佳) | | |
| 舊標、人孔(佳) | | |
| 道路轉角(佳) | | |

圖 6-79 自然特徵點範例圖 (福俠鷹航拍資訊有限公司提供)

## 6-15-6 UAS 航測工作流程 3：影像匹配

　　影像匹配是指兩張影像或多張影像中，找出共軛像點在各像平面上的像空間座標 (x, y, -f)，以便利用共面方程式進行各影像之間的相對定位。過去常用肉眼尋找

共同點，方法是尋找地面上有布標的控制點或明顯的地物點，如道路標線交叉點、道路轉角、屋角、窗角等。但這個方法十分耗時費力，且肉眼所能辨識的特徵點相當有限。特別是在非都市地區，經常缺少明顯的地物點可供比對，此時一張像片經常只能找到數十個共軛像點。現今影像數位化後，利用電腦提取特徵點、匹配特徵點可以非常有效地找到更多肉眼無法辨識的共同點，有時一張像片可找到上千個共軛像點。影像匹配過程如下：

**(6)** 決定左像片點的像平面座標
**(7)** 計算右像片上對應的核線
**(8)** 計算核線搜索區的灰階 (重取樣)
**(9)** 計算目標區在核線搜索區內不同位置的灰階的相關係數
**(10)** 以最大相關係數確定右像片上的共同點的像平面座標

更多的共軛像點有助於解算出更準確的相對方位。在所有影像的相對方位都匹配出來後，可利用影像中部分已經有真實三維空間座標的共軛像點(例如已經用 GPS 定位座標)，利用共線方程式解算出各影像在真實三維空間中的絕對方位，才能進行製圖工作。

## 6-15-7 UAS 航測工作流程 4：模型解析

### 一、空三量測原則

1. 以 UAS 航測影像工作站進行空中三角測量作業。
2. 空中三角像片連接點應至少分布在一像片之九個標準點位上，每一標準點上至少二點，平差後至少保留一點，連續點之編號應依航線，像片及九個標準位置之順序編號，不得同號。
3. 航線間之轉點 (Pass point) 以人工量測明顯地物點為原則，如屋角、道路交叉轉角等。

### 二、空三平差

1. 空中三角平差計算將採光束法進行全區整體平差。
2. 自由網中誤差可達 5 微米以內，強制網中誤差增量不得超過自由網之 **30%**。
3. 航帶間連結強度應足夠，至少每一模型之間要有航帶轉接點 (圖 **6-80**)。

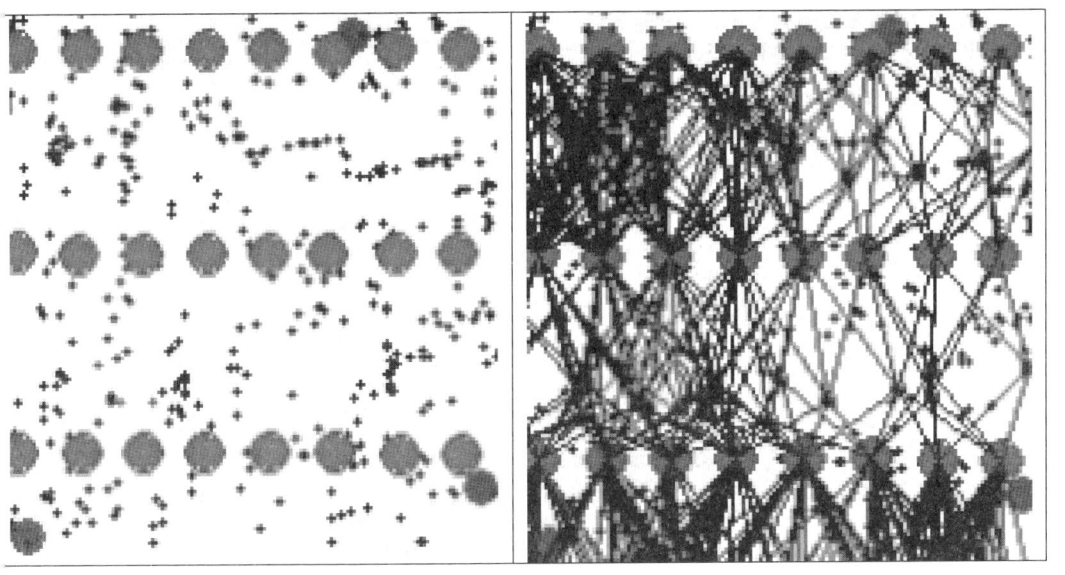

圖 6-80 航帶間網型連結分布圖 (福倈鷹航拍資訊有限公司提供)

## 6-15-8 UAS 航測工作流程 5：數值高程模型 (DEM)

利用 UAS 航空攝影測量流程，可以求得拍照當時的像片內外方位參數。將其輸入至數值影像工作站後，則可恢復拍照當時的立體模型，並在其中利用立體觀測方式，來繪製大比例尺地形圖 (圖 6-81 與 6-82)。即在得知左右像對的立體模型的內、外方位資訊後，在航測工作站上，以本章介紹的雙像前方交會法計算地物的三維空間座標。但航測本有遮蔽問題，所以一些被樹遮蔽之地方，仍需請外業人員作最後的調繪補側動作。

利用空三計算完的像片方位，可於航測專業軟體中計算出 DSM(數值表面模型)。再將 DSM 去除植被及人工建物後，修整成 DEM (數值高程模型)，為不含地表植被及人工建物之高程模型。DEM 是目前正射影像製作之依據。

## 6-15-9 UAS 航測工作流程 6：正射影像圖 (DOM)

一、正射影像處理

使用數值影像處理工作站，配合空中三角測量、DEM 資料，將中心投影之航拍像片，以微分糾正方法消除像片上因相機傾斜及地表所造成傾斜移位及高差位移，逐點糾正為正射投影，製作正射影像檔。

圖 6-81 UAS 製作大比例尺地形圖 (福俠鷹航拍資訊有限公司提供)

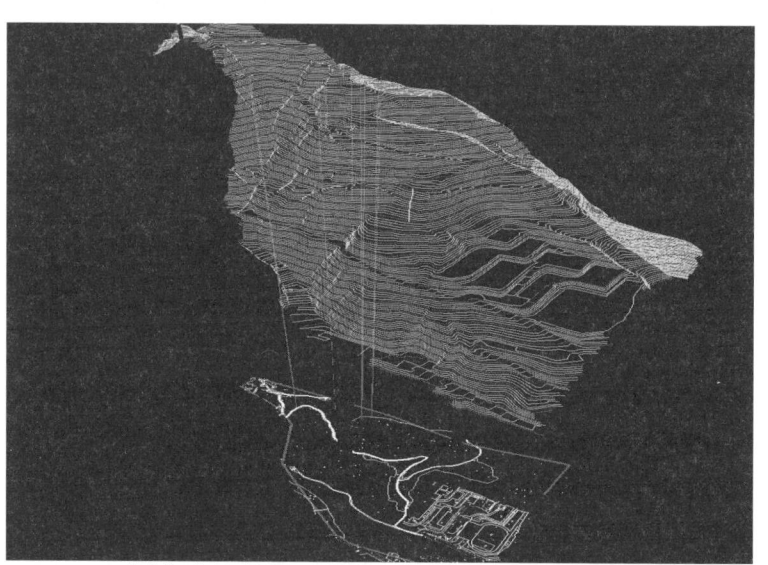

圖 6-82 UAS 製作大比例尺地形圖 (福俠鷹航拍資訊有限公司提供)

二、正射影像無接縫鑲嵌作業

1. 幾何修正：使用 DEM 製作正射影像因高差位移緣故，將使高架橋梁產生幾何變形，因此必須將該位置之 DEM 修正至正確高度後重製正射，避免影像邊緣抖動或變形，以達到美觀之目的。

2. 無接縫鑲嵌處理：正射影像由不同的原始航空影像拼接而成，拼接線 (seamline) 應儘可能選取紋理交接處 (例如：道路邊緣、田埂線等)，以達成無接縫鑲嵌

之目的，再使用正射影像處理軟體進行色調勻化處理，如圖 6-83。

## 三、精度檢核

精度要求檢核時，若有測設控制點，可與實測控制點作比對。若位於平坦地表無高差移位的明顯地物點，可與事先蒐集的圖資作比較。

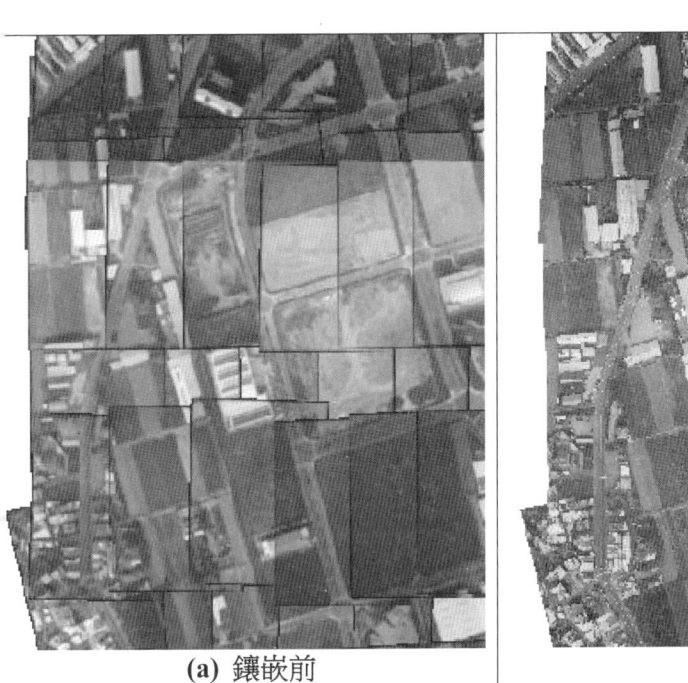

(a) 鑲嵌前　　　　　　　　　(b) 鑲嵌後

圖 6-83 正射影像鑲嵌色調勻化 (福俫鷹航拍資訊有限公司提供)

## 6-15-10 UAS 航測工作流程 7：UAS 製作 3D 模型

以純往下正拍的照片來建置 3D 擬真模型，可以快速地拉起建物模型，獲得其三維地理資訊。但由於照片大多獲取建物頂面資訊，因此作出來的 3D 擬真模型，以頂部資訊最為清楚，並可達到一般快速建模並蒐集 3D 建物資訊的效果，如圖 6-84。但建物的側面由於拍照角度較少，無法提供必要材質及資訊來建置側面紋理，因此其側面常有扭曲或紋理解析度不足的情況，如圖 6-85。為了讓建物側面一樣能有較清晰的效果，達到美觀且更高精度的成果，建議應對建物進行環拍或側拍，可達到建物模型側面也較精細的效果。如圖 6-86 及圖 6-87。因此以 UAS 作 3D 建模時，為求各個角度的照片盡量完善，應規劃交錯航線(如圖 6-88)，以得到建物各角度的像片。同航帶之航線至少 80%重疊，不同航線至少 60%重疊為原則來設計。

圖 6-84 UAS 製作 3D 模型（用正拍像片 3D 建模，以頂部資訊最為清楚）

圖 6-85 UAS 製作 3D 模型（因缺少側面影像，側面常扭曲或紋理解析度不足）

圖 6-86 UAS 製作 3D 模型（進行環拍或側拍，可達到建物模型側面也較精細的效果）

圖 6-87 UAS 製作 3D 模型（進行環拍或側拍，可達到建物模型側面也較精細的效果）

(福俫鷹航拍資訊有限公司提供)

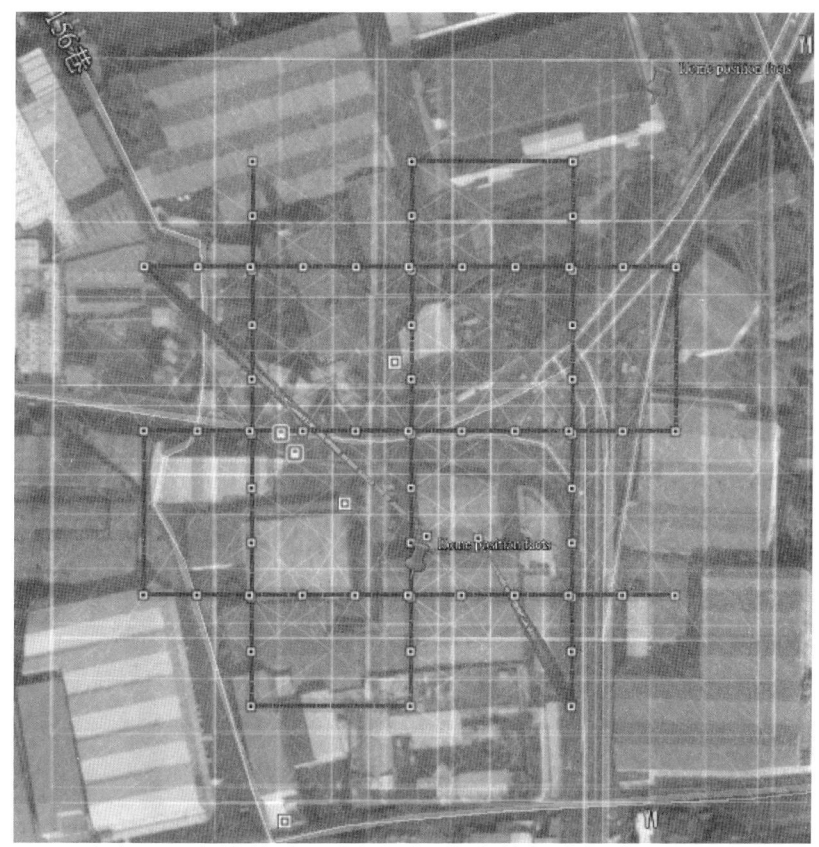

圖 6-88 交錯航線示意圖 (福俠鷹航拍資訊有限公司提供)

# 6-16 近景攝影測量

## 6-16-1 概論

　　近景攝影測量利用對近距離 (一般指小於 100 米) 目標拍攝的圖像，測定被攝目標幾何特性的技術。它的優點是像片信息量高，而且攝影與像片的攝影測量處理可分階段進行，不受時間的限制；適合於不規則物體的外形測量、動態目標的測量。由於近景攝影的處理範圍是小尺度的，使吾人更易觀察出由空中攝影所不易見的細微地方，甚至對於空中攝影無法拍攝到的地區，利用近景攝影技術更能彌補其缺憾 (圖 6-89 與 90)。近景攝影測量可劃分為建築攝影測量、工業攝影測量和生物醫學攝影測量等。建築攝影測量包括亭臺樓閣等古老建築或石窟離琢的等值線圖、立面圖、平面圖的製作。因為近景的尺度大，因此所拍攝景物的影像更細緻，可用在古蹟的重建。

**(a) 近距離**　　　　　　　　**(b) 遠距離**

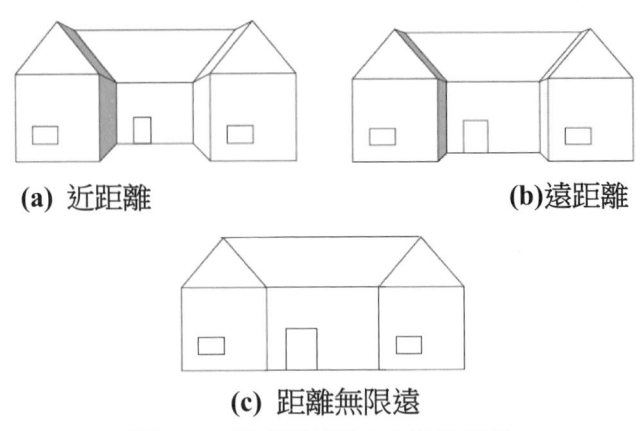

**(c) 距離無限遠**

圖 6-89 距離對攝影成像的影像

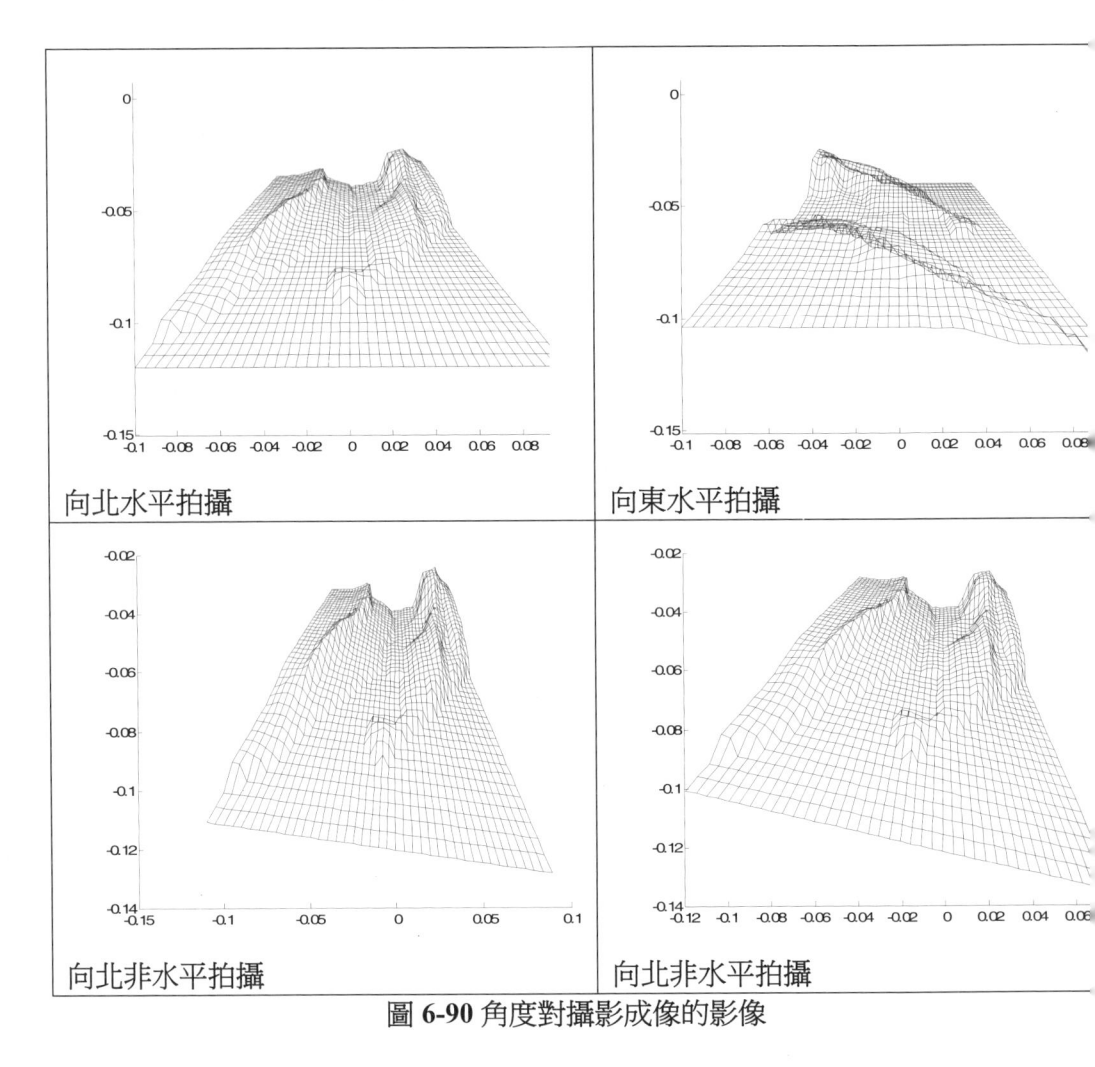

向北水平拍攝　　　　　向東水平拍攝

向北非水平拍攝　　　　向北非水平拍攝

圖 6-90 角度對攝影成像的影像

## 6-16-2 近景攝影測量之發展歷史

數位近景攝影測量的發展歷史可以概括為五個不同特徵的時期,如表 6-4。

表 6-4 數位近景攝影測量的發展歷史

| 時期 | 發展歷史 |
| --- | --- |
| 1964~84 年<br>嬰兒期 | 是數位近景攝影測量早期階段,這一時期的研究成果主要是奠定了數位近景攝影測量的理論基礎。 |
| 1984~88 年<br>逐步發展期 | 是初進入數位階段的逐步發展期,開始逐漸研發出許多數位近景攝影測量系統,儘管很少是實用的,但在系統的設計、開發、標定等方面為後續的研發奠定了基礎。 |
| 1988~92 年<br>全面發展期 | 數位近景攝影測量步入全面發展時期,越來越多的研究者在此方向進行研究和系統開發,出現了許多成功的應用報導,而且應用領域大大拓寬了。 |
| 1992~96 年<br>持續成長期 | 研究和開發不再像前一階段那樣不斷出現新成果和新發現,更多的關注是拓展應用和成型系統的市場推廣。 |
| 1996 年~<br>成熟期 | 研究及應用已步入成熟期。它已能滿足對圖像即時性、幾何高精度方面的要求。研究的重點轉為即時性、全自動化和測量結果的深加工 (虛擬實境) 等。 |

## 6-16-3 近景攝影測量與航空攝影測量之比較

近景攝影測量與航空攝影測量在數學方法上相似,但也有不同之處,如表 6-5。

表 6-5 近景攝影測量與航空攝影測量之比較

| 比較項目 | 航空攝影測量 | 近景攝影測量 |
| --- | --- | --- |
| 目的 | 絕對定位為主 | 相對定位為主 |
| 控制點 | 可利用明顯地面點 | 常使用人工佈點 |
| 目標物 | 地形、地物 | 建物、物品… |
| 目標物運動狀態 | 靜態 | 靜態或動態 |
| 攝影距離對縱深比 | 大 | 小 |
| 攝影方向 | 近似垂直 | 通常傾斜 |
| 攝影方式 | 航測儀 | 多種儀器 |

## 6-16-4 近景攝影測量之攝影機

近景攝影測量所使用的攝影機大體可分為專為量測用的攝影機和非量測用的攝影機兩類。

**(1)** 量測用的攝影機按結構又可分為單個使用的攝影機和具有定長基線的立體攝影機。它是框標、內方位元素已知並且物鏡畸變小(數微米內)的專用儀器，有的還備有外部定向設備。

**(2)** 非量測用攝影機包括普通照像機、電影攝影機和一般高速攝影機等。這類攝影機一般成像品質不高，內方位元素未知，沒有外部定向設備。用於測量目標時，定向、定位主要是依靠數量較多、分佈較好的控制點，或視情況預先進行必要的率定。

## 6-16-5 近景攝影測量之方法與程序

所謂近景攝影定義是拍攝距離在一百公尺以內均屬近景攝影，其原理乃是對於同一目標物，於不同角度、方向均予以拍攝；再利用中心投影的共線原理來組構出目標物的立體像對；而後進一步取得數值資料，便完成一個立體的數值模型建製。近景攝影像片的影像處理同通常的攝影測量類似，分為模擬法、解析法、數字法，目前前兩種方法已經不再使用，進入數字法的時代。

而近景攝影運作步驟是基於測量學中像平面與物空間座標之間的幾何關係所發展出來，步驟簡述如下：

**1.** 控制測量：選定所拍攝地區、建物或物品的控制點，控制點的位置需儘量均勻分佈。控制點的三維空間座標 *(X, Y, Z)* 可做為解算各像片的模型的定向參數的依據。

**2.** 近景攝影：由近景攝影機對目標物拍攝幾個不同角度的像片。

**3.** 影像匹配：尋找不同角度的像片上的共同點的像平面座標 *(x, y)*。

**4.** 模型解析：利用控制點的三維空間座標 *(X, Y, Z)* 與像平面座標*(x, y)*，以空間後方交會模式計算各像片的模型的定向參數。

**5.** 模型應用：利用不同角度的像片上的共同點的像平面座標 *(x, y)*，以空間前方交會模式計算它們的三維空間座標 *(X, Y, Z)*。這些共同點的三維空間座標可做為產生平面圖、立體圖、斷面圖、透視圖、等值線圖的依據。

## 6-16-6 直接線性轉換法之簡介

攝影測量常用的方法有兩類：

### 一、非線性的共線方程式

攝影測量的基本假設為共線條件式，即像點 P、攝影中心 (透視中心) S、物點 T，三者位於同一直線上，以表示攝影過程中光線沿直線行進，可由共線方程式描述。攝影測量法原理為基於共線條件之交會方法。首先，必須先恢復拍攝時之相機特性、位置與姿態，即內、外方位參數；各像片的模型的方位參數可用空間後方交會模式解出。然後，在兩張重疊像片區內之共同點之物空間三維座標，可用空間前方交會模式解出。

### 二、線性的直接線性轉換 (Direct Linear Transformation, DLT) 方程式

求解非線性的共線方程式需提供可靠的內、外方位參數的初始值，才能順利的完成疊代解算，且需要花費較多的計算時間。內方位參數未知或不穩定的非量度性攝影機無法取得可靠的內、外方位參數的初始值，在這種情況下，共線方程式並不適用。

線性的直接線性轉換方程式，簡稱 **DLT**，是為了讓內方位參數未知或不穩定的非量度性攝影機也可應用於攝影測量上而發展的方法。**DLT** 的基本觀念為直接將「像素平面座標」轉換「物方空間座標」，而不必先將「像素平面座標」轉換成「像平面座標」，再由「像平面座標」轉成「物方空間座標」，因此稱為「直接線性轉換法」。

因為 DLT 直接將「像素平面座標」轉換「物方空間座標，因此它不需求解方位元素，而是解出「像素平面座標」轉換到「物方空間座標」的參數。有了這些參數，可建立「像素平面座標」與「物方空間座標」之間的線性關係式，而方位元素則隱含於各個轉換參數中。DLT 由共線方程式改寫而成，它包含了 11 個參數。需要 11 個參數的原因是這些參數要代替 3 個內方位參數、6 個外方位參數，以及 2 個將「像素平面座標」轉換成「像平面座標」的參數(x 向與 y 向的圖元對長度的比例參數)。精確的轉換參數之求得，仰賴足夠且精確的控制點。因為有 11 個參數，因此理論上它至少需要 6 個三維控制點才能解出參數值。

直接線性轉換法有下列優點：

(1) 因為是線性關係的直接轉換，故不需要參數的概略值，也不必求觀測方程式中的各個偏導數，當然也不必疊代解算。易於用最小平方法求解模型參數。

(2) 模型簡單易懂、計算過程簡單，故電腦程式設計容易，所需儲存空間亦小，執行演算所需時間短而快，故極適用於個人電腦作業。

(3) 不需先知道內方位參數，同時完成內、外定位運算。
(4) 因不必將儀器座標換算成影像平面座標，所以框標並不需要，適用於非專門攝影機。

直接線性轉換法有下列缺點：
(1) 參數較多，單張像片必須有六個以上的已知點。
(2) 當只需相對定位時不適用。
(3) 無法解出具有明顯的幾何意義的內、外方位參數。DLT 轉換參數本身無明顯的幾何意義。

## 6-16-7 直接線性轉換法之數學模式

直接線性轉換法 (DLT) 主要是利用共線方程式予以化簡，將影像的像素平面座標透過轉換參數直接計算成物方空間座標。由共線方程式可知

$$x - x_0 = -f \frac{m_{11}(X - X_S) + m_{12}(Y - Y_S) + m_{13}(Z - Z_S)}{m_{31}(X - X_S) + m_{32}(Y - Y_S) + m_{33}(Z - Z_S)} \quad \text{(6-42(a))}$$

$$y - y_0 = -f \frac{m_{21}(X - X_S) + m_{22}(Y - Y_S) + m_{23}(Z - Z_S)}{m_{31}(X - X_S) + m_{32}(Y - Y_S) + m_{33}(Z - Z_S)} \quad \text{(6-42(b))}$$

影像的像素平面座標 (**u, v**) 的單位是圖元或像素，物方空間座標 (**x, y**) 的單位是幾何長度，因此需要將單位統一，公式如下：

$$x - x_0 = \lambda_u (u - u_0) \quad \text{(6-43(a))}$$

$$y - y_0 = \lambda_v (v - v_0) \quad \text{(6-43(b))}$$

其中 $\lambda_u$ 與 $\lambda_v$ 是 **x** 向與 **y** 向的像素對幾何長度的轉換係數。

代入上式得

$$\lambda_u (u - u_0) = -f \frac{m_{11}(X - X_S) + m_{12}(Y - Y_S) + m_{13}(Z - Z_S)}{m_{31}(X - X_S) + m_{32}(Y - Y_S) + m_{33}(Z - Z_S)} \quad \text{(6-44(a))}$$

$$\lambda_v (v - v_0) = -f \frac{m_{21}(X - X_S) + m_{22}(Y - Y_S) + m_{23}(Z - Z_S)}{m_{31}(X - X_S) + m_{32}(Y - Y_S) + m_{33}(Z - Z_S)} \quad \text{(6-44(b))}$$

移項後，共線方程式改成以像素(**u, v**)表達得

$$u = -\frac{f}{\lambda_u}\frac{m_{11}(X-X_S)+m_{12}(Y-Y_S)+m_{13}(Z-Z_S)}{m_{31}(X-X_S)+m_{32}(Y-Y_S)+m_{33}(Z-Z_S)}+u_0 \qquad \text{(6-45(a))}$$

$$v = -\frac{f}{\lambda_v}\frac{m_{21}(X-X_S)+m_{22}(Y-Y_S)+m_{23}(Z-Z_S)}{m_{31}(X-X_S)+m_{32}(Y-Y_S)+m_{33}(Z-Z_S)}+v_0 \qquad \text{(6-45(b))}$$

上兩式通分後可整理成

$$u = \frac{\begin{pmatrix}-\dfrac{f}{\lambda_u}\bigl(m_{11}(X-X_S)+m_{12}(Y-Y_S)+m_{13}(Z-Z_S)\bigr)\\ +u_0\bigl(m_{31}(X-X_S)+m_{32}(Y-Y_S)+m_{33}(Z-Z_S)\bigr)\end{pmatrix}}{m_{31}(X-X_S)+m_{32}(Y-Y_S)+m_{33}(Z-Z_S)} \qquad \text{(6-46(a))}$$

$$v = \frac{\begin{pmatrix}-\dfrac{f}{\lambda_v}\bigl(m_{21}(X-X_S)+m_{22}(Y-Y_S)+m_{23}(Z-Z_S)\bigr)\\ +v_0\bigl(m_{31}(X-X_S)+m_{32}(Y-Y_S)+m_{33}(Z-Z_S)\bigr)\end{pmatrix}}{m_{31}(X-X_S)+m_{32}(Y-Y_S)+m_{33}(Z-Z_S)} \qquad \text{(6-46(b))}$$

令 $d_u = \dfrac{f}{\lambda_u}$, $d_v = \dfrac{f}{\lambda_v}$ 將各項合併得

$$u = \frac{\begin{pmatrix}(-d_u m_{11}+u_0 m_{31})X+(-d_u m_{12}+u_0 m_{32})Y+(-d_u m_{13}+u_0 m_{33})Z\\ +(d_u m_{11}-u_0 m_{31})X_S+(d_u m_{12}-u_0 m_{32})Y_S+(d_u m_{13}-u_0 m_{33})Z_S\end{pmatrix}}{m_{31}X+m_{32}Y+m_{33}Z-m_{31}X_S-m_{32}Y_S-m_{33}Z_S} \qquad \text{(6-47(a))}$$

$$v = \frac{\begin{pmatrix}(-d_v m_{21}+v_0 m_{31})X+(-d_v m_{22}+v_0 m_{32})Y+(-d_v m_{23}+v_0 m_{33})Z\\ +(d_v m_{21}-v_0 m_{31})X_S+(d_v m_{22}-v_0 m_{32})Y_S+(d_v m_{23}-v_0 m_{33})Z_S\end{pmatrix}}{m_{31}X+m_{32}Y+m_{33}Z-m_{31}X_S-m_{32}Y_S-m_{33}Z_S} \qquad \text{(6-47(b))}$$

令 $D = -(m_{31}X_S+m_{32}Y_S+m_{33}Z_S)$ \qquad (6-48)

並將分子、分母統除 $D$ 得

$$u = \frac{\begin{pmatrix}\dfrac{-d_u m_{11}+u_0 m_{31}}{D}X+\dfrac{-d_u m_{12}+u_0 m_{32}}{D}X+\dfrac{-d_u m_{13}+u_0 m_{33}}{D}X\\ +\dfrac{(d_u m_{11}-u_0 m_{31})X_S+(d_u m_{12}-u_0 m_{32})Y_S+(d_u m_{13}-u_0 m_{33})Z_S}{D}\end{pmatrix}}{\dfrac{m_{31}}{D}X+\dfrac{m_{32}}{D}Y+\dfrac{m_{33}}{D}Z+1} \qquad \text{(6-49(a))}$$

$$v = \frac{\begin{pmatrix} \dfrac{-d_v m_{21} + v_0 m_{31}}{D} X + \dfrac{-d_v m_{22} + v_0 m_{32}}{D} X + \dfrac{-d_v m_{23} + v_0 m_{33}}{D} X \\ + \dfrac{(d_v m_{21} - v_0 m_{31}) X_S + (d_v m_{22} - v_0 m_{32}) Y_S + (d_v m_{23} - v_0 m_{33}) Z_S}{D} \end{pmatrix}}{\dfrac{m_{31}}{D} X + \dfrac{m_{32}}{D} Y + \dfrac{m_{33}}{D} Z + 1} \quad \text{(6-49(b))}$$

令

$$L_1 = \frac{-d_u m_{11} + u_0 m_{31}}{D} \quad L_2 = \frac{-d_u m_{12} + u_0 m_{32}}{D} \quad L_3 = \frac{-d_u m_{13} + u_0 m_{33}}{D}$$

$$L_4 = \frac{(d_u m_{11} - u_0 m_{31}) X_S + (d_u m_{12} - u_0 m_{32}) Y_S + (d_u m_{13} - u_0 m_{33}) Z_S}{D}$$

$$L_5 = \frac{-d_v m_{21} + v_0 m_{31}}{D} \quad L_6 = \frac{-d_v m_{22} + v_0 m_{32}}{D} \quad L_7 = \frac{-d_v m_{23} + v_0 m_{33}}{D}$$

$$L_8 = \frac{(d_v m_{21} - v_0 m_{31}) X_S + (d_v m_{22} - v_0 m_{32}) Y_S + (d_v m_{23} - v_0 m_{33}) Z_S}{D}$$

$$L_9 = \frac{m_{31}}{D} \quad L_{10} = \frac{m_{32}}{D} \quad L_{11} = \frac{m_{33}}{D} \quad \text{(6-50)}$$

則直接線性轉換法之數學模式如下 ($L_1 \sim L_{11}$ 即是所謂的 **DLT** 參數)

$$u = \frac{L_1 X + L_2 Y + L_3 Z + L_4}{L_9 X + L_{10} Y + L_{11} Z + 1} \quad v = \frac{L_5 X + L_6 Y + L_7 Z + L_8}{L_9 X + L_{10} Y + L_{11} Z + 1} \quad \text{(6-51)}$$

## 6-16-8 直接線性轉換法之特例

當繞 **X**軸、**Y**軸、**Z**軸各旋轉的角度很小時

$$\begin{bmatrix} m_{11} & m_{12} & m_{13} \\ m_{21} & m_{22} & m_{23} \\ m_{31} & m_{32} & m_{33} \end{bmatrix} \approx \begin{bmatrix} 1 & 0 & 0 \\ 0 & 1 & 0 \\ 0 & 0 & 1 \end{bmatrix}$$

故 $D = -(m_{31} X_S + m_{32} Y_S + m_{33} Z_S) = -Z_S$，則

$$L_1 = \frac{d_u}{Z_S} \quad L_2 = 0 \quad L_3 = -\frac{u_0}{Z_S} \quad L_4 = \frac{d_u X_S - u_0 Z_S}{-Z_S} = u_0 - d_u \frac{X_S}{Z_S}$$

$$L_5 = 0 \quad L_6 = \frac{d_v}{Z_S} \quad L_7 = -\frac{v_0}{Z_S} \quad L_8 = \frac{d_v Y_S - v_0 Z_S}{-Z_S} = v_0 - d_v \frac{Y_S}{Z_S}$$

$$L_9 = 0 \quad L_{10} = 0 \quad L_{11} = -\frac{1}{Z_S} \tag{6-52}$$

當 $u_0 = 0$  $v_0 = 0$ 上面公式可進一步簡化為

$$L_1 = \frac{d_u}{Z_S} \quad L_2 = 0 \quad L_3 = 0 \quad L_4 = \frac{d_u X_S - u_0 Z_S}{-Z_S} = -d_u \frac{X_S}{Z_S}$$

$$L_5 = 0 \quad L_6 = \frac{d_v}{Z_S} \quad L_7 = 0 \quad L_8 = \frac{d_v Y_S - v_0 Z_S}{-Z_S} = -d_v \frac{Y_S}{Z_S}$$

$$L_9 = 0 \quad L_{10} = 0 \quad L_{11} = -\frac{1}{Z_S} \tag{6-53}$$

將 $d_u = \frac{f}{\lambda_u}$ 代入得 $L_1 = \frac{d_u}{Z_S} = \frac{1}{\lambda_u}\frac{f}{Z_S}$

因 $x - x_0 = \lambda_u (u - u_0)$ 得 $\frac{1}{\lambda_u} = \frac{u - u_0}{x - x_0}$ 故為 $x$ 方向像片上一單位長度含的像素數目

而 $\frac{f}{Z_S}$ 為實地上一單位長度對應的像片上之單位長度，即比例尺。

故  $L_1 = x$ 方向像素數目 / $x$ 方向實地上一單位長度

同理， $L_6 = y$ 方向像素數目 / $y$ 方向實地上一單位長度

$L_4 = x$ 方向物方座標原點距離投影中心所含的像素數目

$L_8 = y$ 方向物方座標原點距離投影中心所含的像素數目

**例題 6-25** 攝影測量建模應用 **DLT** 法特例

共線方程式的模型參數如下，試解 **DLT** 參數。

| 內方位參數 | | | | 外方位參數 | | | | | | | |
|---|---|---|---|---|---|---|---|---|---|---|---|
| $\lambda_u$ | 0.00001 | $u_0$ | 0 | $X_S$ | 350 | $m_{11}$ | 1.000 | $m_{12}$ | 0.000 | $m_{13}$ | 0.000 |
| $\lambda_v$ | 0.00001 | $v_0$ | 0 | $Y_S$ | 550 | $m_{21}$ | 0.000 | $m_{22}$ | 1.000 | $m_{23}$ | 0.000 |
| | | $f$ | 0.1 | $Z_S$ | 400 | $m_{31}$ | 0.000 | $m_{32}$ | 0.000 | $m_{33}$ | 1.000 |

[解]

因為由外方位參數 $m_{11} \sim m_{33}$ 可知，旋轉角為 **0**；由內方位參數知 $u_0 = 0$　$v_0 = 0$，故可用**(6-53)**的直接線性轉換法之特例公式得

$$D = -(m_{31}X_S + m_{32}Y_S + m_{33}Z_S) = -Z_S = -400$$

$$d_u = \frac{f}{\lambda_u} = 10000, \quad d_v = \frac{f}{\lambda_v} = 10000$$

$$L_1 = \frac{d_u}{Z_S} = \frac{10000}{400} = 25 \qquad L_2 = 0 \qquad L_3 = 0$$

$$L_4 = \frac{d_u X_S - u_0 Z_S}{-Z_S} = -d_u \frac{X_S}{Z_S} = -10000 \frac{350}{400} = -8750$$

$$L_5 = 0 \qquad L_6 = \frac{d_v}{Z_S} = \frac{10000}{400} = 25 \qquad L_7 = 0$$

$$L_8 = \frac{d_v Y_S - v_0 Z_S}{-Z_S} = -d_v \frac{Y_S}{Z_S} = -10000 \frac{550}{400} = -13750$$

$$L_9 = 0 \qquad L_{10} = 0 \qquad L_{11} = -\frac{1}{Z_S} = -\frac{1}{400} = -0.0025$$

| 參數 | 參數值 |
|---|---|
| $L_1$ | 25 |
| $L_2$ | 0 |
| $L_3$ | 0 |
| $L_4$ | -8750 |
| $L_5$ | 0 |
| $L_6$ | 25 |
| $L_7$ | 0 |
| $L_8$ | -13750 |
| $L_9$ | 0 |
| $L_{10}$ | 0 |
| $L_{11}$ | -0.0025 |

## 6-16-9 直接線性轉換法之應用

**DLT**的參數分成三組：

- 點的像平面之像素座標 $(u,v)$
- **DLT**模型參數 $L_1 \sim L_{11}$
- 點的物方空間座標 $(X,Y,Z)$

上述三組參數如果知道其中的二種參數，可以解算第三種參數，因此**DLT**的應用分成三種 (圖**6-91**與圖**6-92**)：

**(1)** 電腦繪圖應用 (投影計算)：像平面像素座標 $(u,v)$

當像片的 **DLT** 模型參數 $L_1 \sim L_{11}$ 已知，點的物方空間座標 $(X,Y,Z)$ 已知，可以直接利用 **DLT** 方程式計算像平面像素座標 $(u,v)$。

**(2) 攝影測量建模應用 (後方交會解算)：DLT 模型參數**

　　當像片上有六個以上控制點的像平面座標 $(u,v)$、物方空間座標 $(X,Y,Z)$ 已知，利用 DLT 方程式可組成12個以上方程式(每一個控制點有二個DLT方程式)，可求解出11個 DLT 模型參數 $L_1 \sim L_{11}$。為方便求解，前述 DLT 方程式 **(6-51)** 可改寫成以 $L_1 \sim L_{11}$ 為變數的線性方程式

$$X \cdot L_1 + Y \cdot L_2 + Z \cdot L_3 + L_4 - uX \cdot L_9 - uY \cdot L_{10} - uZ \cdot L_{11} = u \quad \text{(6-54(a))}$$

$$X \cdot L_5 + Y \cdot L_6 + Z \cdot L_7 + L_8 - vX \cdot L_9 - vY \cdot L_{10} - vZ \cdot L_{11} = v \quad \text{(6-54(b))}$$

可以寫成最小平方法的矩陣型式　$AX=L$ 　　　　　　　　　　　　　　**(6-55)**

$$A = \begin{bmatrix} X & Y & Z & 1 & 0 & 0 & 0 & 0 & -uX & -uY & -uZ \\ 0 & 0 & 0 & 0 & X & Y & Z & 1 & -vX & -vY & -vZ \end{bmatrix}$$

$$L = \begin{Bmatrix} u \\ v \end{Bmatrix}$$

$$X^T = \begin{Bmatrix} L_1 & L_2 & L_3 & L_4 & L_5 & L_6 & L_7 & L_8 & L_9 & L_{10} & L_{11} \end{Bmatrix}$$

此線性方程式的係數由點的物方空間座標 $(X,Y,Z)$ 與像平面之像素座標 $(u,v)$ 組成，當有六個以上的已知點時，可列出12個以上的線性方程式，可用最小平方法求解，即

$$X = \left(A^T A\right)^{-1} A^T L \quad \text{(6-56)}$$

**(3) 攝影測量計算應用 (前方交會解算)：物方空間座標 $(X,Y,Z)$**

　　當一個未知點出現在左、右像對，其像平面像素座標 $(u,v)$ 已知，左、右像片的 DLT 模型參數已知，利用 DLT 方程式可組成四個方程式 (每一個像片有二個 DLT 方程式)，可求解出物方空間座標 $(X,Y,Z)$。為方便求解，前述 DLT 方程式 **(6-51)** 可改寫成以物方空間座標 $(X,Y,Z)$ 為變數的線性方程式

$$(L_1 - uL_9)X + (L_2 - uL_{10})Y + (L_3 - uL_{11})Z = u - L_4 \quad \text{(6-57(a))}$$

$$(L_5 - vL_9)X + (L_6 - vL_{10})Y + (L_7 - vL_{11})Z = v - L_8 \quad \text{(6-57(b))}$$

可以寫成最小平方法的矩陣型式　$AX=L$ (6-58)

$$A = \begin{bmatrix} L_1 - uL_9 & L_2 - uL_{10} & L_3 - uL_{11} \\ L_5 - vL_9 & L_6 - vL_{10} & L_7 - vL_{11} \end{bmatrix} \quad X = \begin{Bmatrix} X \\ Y \\ Z \end{Bmatrix} \quad L = \begin{Bmatrix} u - L_4 \\ v - L_8 \end{Bmatrix}$$

此線性方程式的係數由點的像平面之像素座標 $(u, v)$ 與 **DLT** 模型參數 $(L_1 \sim L_{11})$ 組成，當有二個以上的像片時，可列出四個以上線性方程式，可用最小平方法求解。

### 電腦繪圖應用

物方空間座標 $(X, Y, Z)$ ＋ **DLT** 模型參數 $L_1 \sim L_{11}$ ➔ 像素座標 $(u, v)$

### 攝影測量建模應用

物方空間座標 $(X, Y, Z)$ ＋ 像素座標 $(u, v)$ ➔ **DLT** 模型參數 $L_1 \sim L_{11}$

### 攝影測量計算應用

左像像素座標 $(u, v)$
右像像素座標 $(u, v)$
＋ **DLT** 模型參數 $L_1 \sim L_{11}$ ➔ 物方空間座標 $(X, Y, Z)$

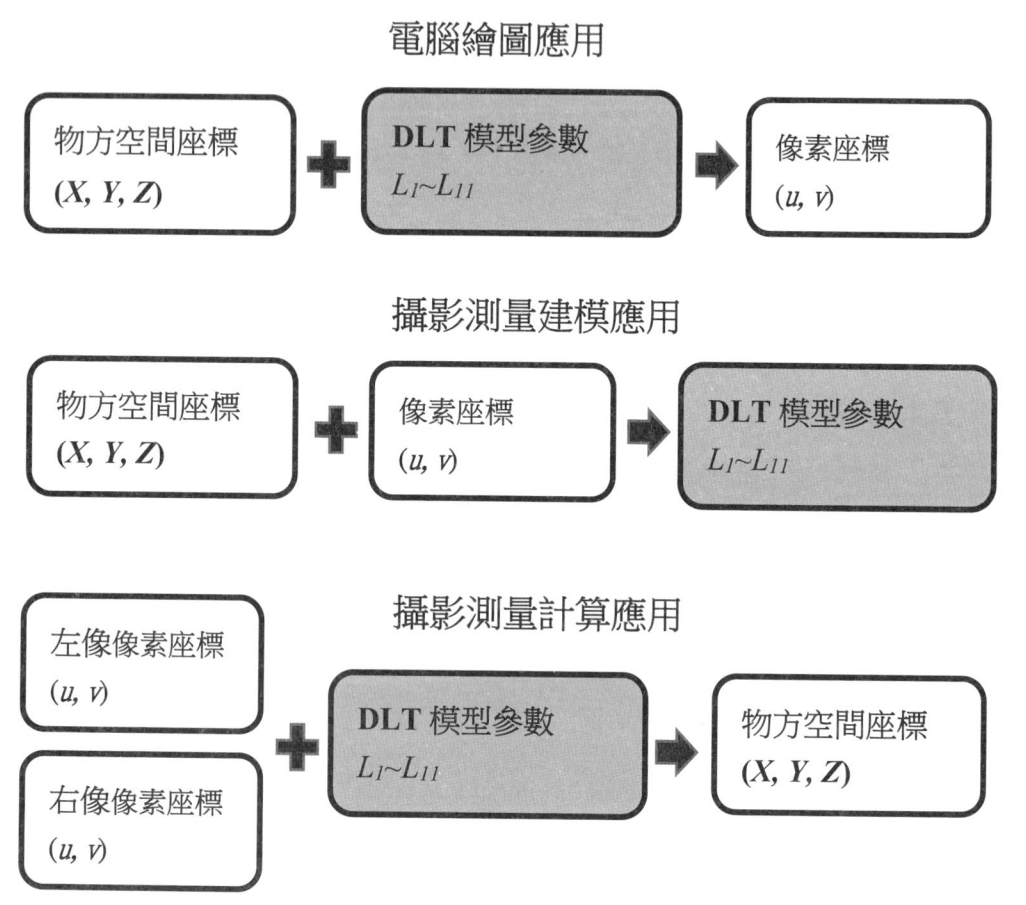

圖 6-92　**DLT** 法的參數與應用

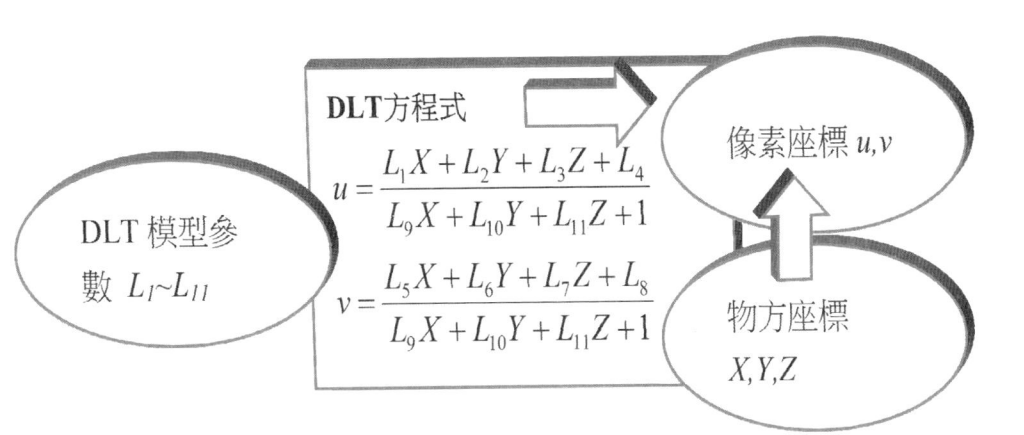

圖 6-91(a)　DLT 法的參數與應用：投影計算

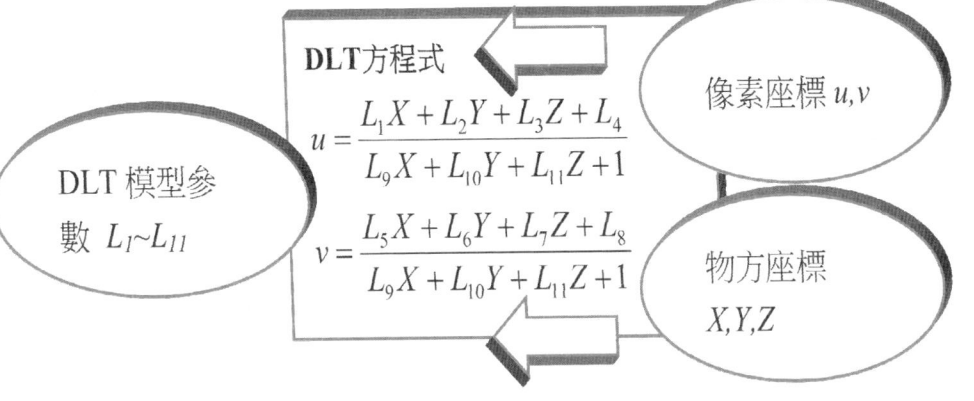

圖 6-91(b)　DLT 法的參數與應用：後方交會解算

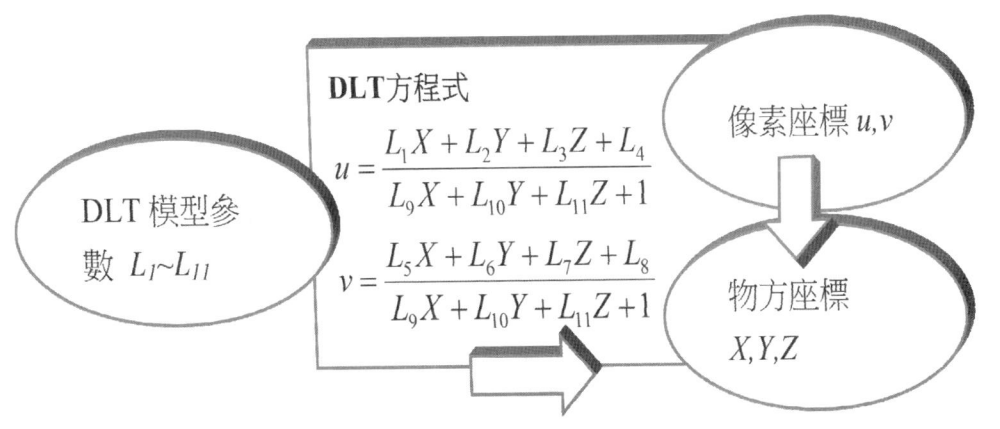

圖 6-91(c)　DLT 法的參數與應用：前方交會解算

**例題 6-26 攝影測量建模應用 DLT 法：投影計算**

假設攝影測量已經知道左像模型的 11 個 DLT 參數。假設有物方空間座標如下，試求各點的像平面像素座標。

| 參數 | 已知模型的參數 |
|---|---|
| $L_1$ | 23.71765 |
| $L_2$ | -1.24299 |
| $L_3$ | -0.82938 |
| $L_4$ | -7285.78343 |
| $L_5$ | 1.22910 |
| $L_6$ | 23.72925 |
| $L_7$ | -0.41450 |
| $L_8$ | -13315.47454 |
| $L_9$ | -8.49819E-05 |
| $L_{10}$ | -3.70783E-05 |
| $L_{11}$ | -2.37466E-03 |

| 點號 | 已知物方空間座標 $X$ | $Y$ | $Z$ |
|---|---|---|---|
| A | 500 | 500 | 100 |
| B | 600 | 600 | 100 |
| C | 500 | 600 | 0 |
| D | 500 | 500 | 0 |
| E | 500 | 600 | 100 |
| H | 600 | 500 | 100 |
| A,B,C,D 中點 | 550 | 550 | 100 |
| H, E 中點 | 500 | 550 | 0 |
| A, D, H, E 中點 | 500 | 550 | 50 |

[解]

由(6-50)式計算得 $L_1$~$L_{11}$ 參數，再以(6-51)式計算像素座標如下表，將像素座標繪出得圖 6-93。

| 點號 | 已知物方空間座標 $X$ | $Y$ | $Z$ | 投影計算的像平面像素座標 $u$ | $v$ |
|---|---|---|---|---|---|
| A | 500 | 500 | 100 | 5514.7 | -1251.2 |
| B | 600 | 600 | 100 | 8872.9 | 2347.4 |
| C | 500 | 600 | 0 | 4092.2 | 1643.0 |
| D | 500 | 500 | 0 | 4208.4 | -890.7 |
| E | 500 | 600 | 100 | 5365.9 | 2142.7 |
| H | 600 | 500 | 100 | 9004.8 | -1089.2 |
| A,B,C,D 中點 | 550 | 550 | 100 | 7179.1 | 532.3 |
| H, E 中點 | 500 | 550 | 0 | 4150.4 | 373.7 |
| A, D, H, E 中點 | 500 | 550 | 50 | 4701.9 | 402.5 |

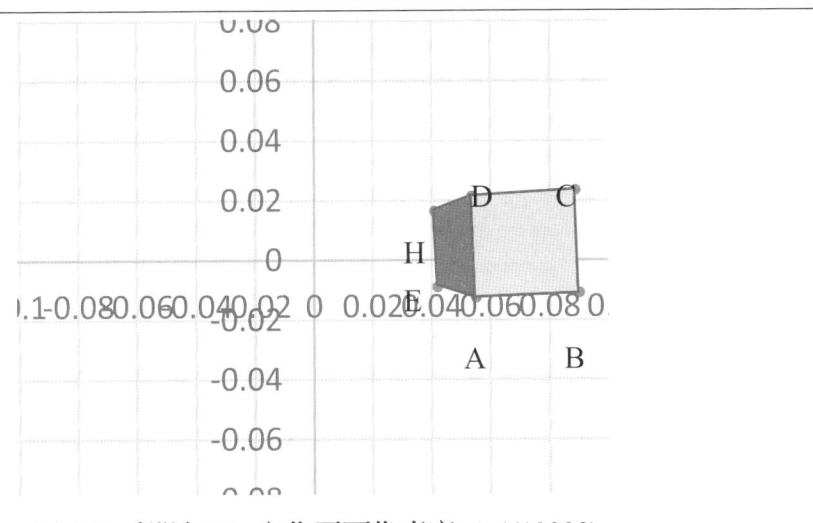

圖 6-93 例題 6-26 之像平面像素座 (×1/10000)

**例題 6-27 攝影測量建模應用 DLT 法：後方交會**

假設攝影測量已經知道九個點的物方空間座標、像平面像素座標如下，試計算此點的 DLT 參數。

| 點號 | 已知物方空間座標 |  |  | 已知像平面像素座標 |  |
|---|---|---|---|---|---|
|  | $X$ | $Y$ | $Z$ | $u$ | $v$ |
| A | 500 | 500 | 100 | 5514.7 | -1251.2 |
| B | 600 | 500 | 100 | 8872.9 | 2347.4 |
| C | 600 | 600 | 100 | 4092.2 | 1643.0 |
| D | 500 | 600 | 100 | 4208.4 | -890.7 |
| E | 500 | 500 | 0 | 5365.9 | 2142.7 |
| H | 500 | 600 | 0 | 9004.8 | -1089.2 |
| A,B,C,D 中點 | 550 | 550 | 100 | 7179.1 | 532.3 |
| H, E 中點 | 500 | 550 | 0 | 4150.4 | 373.7 |
| A, D, H, E 中點 | 500 | 550 | 50 | 4701.9 | 402.5 |

[解]

將上述 9 個點的已知物方空間座標 $(X, Y, Z)$ 與像平面像素座標 $(u, v)$ 代入(6-54) 式，列出 18 個以 $L_1 \sim L_{11}$ 為變數的 DLT 方程式，並寫成 (6-55) 的最小平方法矩陣型式 $AX = L$，最後以 (6-56) 式之最小平方法公式得到 $L_1 \sim L_{11}$ 參數如下表：

|  | 估計的 DLT 模型參數 |
|---|---|
| $L_1$ | 23.71753 |
| $L_2$ | -1.24299 |
| $L_3$ | -0.82937 |
| $L_4$ | -7285.73441 |
| $L_5$ | 1.22909 |
| $L_6$ | 23.72917 |
| $L_7$ | -0.41450 |
| $L_8$ | -13315.42660 |
| $L_9$ | -8.49877E-05 |
| $L_{10}$ | -3.70777E-05 |
| $L_{11}$ | -2.37465E-03 |

本例題的參數實際上與例題 6-4 相同，因此可使用其內、外定向參數算出 $L_1 \sim L_{11}$ 的理論解如下。比較估計的與理論的 DLT 模型參數，可見十分接近。

| 共線方程式的模型參數 ||| 理論的 DLT 模型參 ||
|---|---|---|---|---|
| 內方位參數 | $\lambda_u$ | 0.00001 | $L_1$ | 23.71765 |
| | $\lambda_v$ | 0.00001 | $L_2$ | -1.24299 |
| | $u_0$ | 0 | $L_3$ | -0.82938 |
| | $v_0$ | 0 | $L_4$ | -7285.78343 |
| | $f$ | 0.1 | $L_5$ | 1.22910 |
| 外方位參數 | $X_S$ | 350 | $L_6$ | 23.72925 |
| | $Y_S$ | 550 | $L_7$ | -0.41450 |
| | $Z_S$ | 400 | $L_8$ | -13315.47454 |
| | $\omega$ | 1.000 | $L_9$ | -8.49819E-05 |
| | $\varphi$ | 2.000 | $L_{10}$ | -3.70783E-05 |
| | $\kappa$ | 3.000 | $L_{11}$ | -2.37466E-03 |

## 例題 6-28 攝影測量建模應用 DLT 法：前方交會

假設攝影測量已經知道左像模型、右像模型的 11 個 DLT 參數如左下表。假設有一像對的像平面像素座標如右下表，試求該點的物方空間座標。

| 參數 | 已知的 DLT 模型參數 左像 | 已知的 DLT 模型參數 右像 |
|---|---|---|
| $L_1$ | 23.71753 | 21.98670 |
| $L_2$ | -1.24299 | -0.38378 |
| $L_3$ | -0.82937 | -0.76791 |
| $L_4$ | -7285.73441 | -15971.78170 |
| $L_5$ | 1.22909 | 0.34330 |
| $L_6$ | 23.72917 | 21.97065 |
| $L_7$ | -0.41450 | -1.15087 |
| $L_8$ | -13315.42660 | -11880.98814 |
| $L_9$ | -8.49877E-05 | -7.86838E-05 |
| $L_{10}$ | -3.70777E-05 | -1.13801E-04 |
| $L_{11}$ | -2.37465E-03 | -2.19599E-03 |

| 座標 | 已知的像平面像素座標 左像像點 | 已知的像平面像素座標 右像像點 |
|---|---|---|
| $u$ | 7179 | -6178 |
| $v$ | 532.3 | 410.1 |

[解]

將左像與右像像素的座標代入 (6-57) 式，列出四個以物方空間座標 (X, Y, Z)為變數的 DLT 線性方程式，並寫成(6-58)的最小平方法的矩陣型式

$AX = L$ 其中

$$A = \begin{bmatrix} 24.32765 & -0.97681 & 16.21826 \\ 1.27433 & 23.74891 & 0.84953 \\ 21.50059 & -1.08684 & -14.3347 \\ 0.37557 & 22.01732 & -0.25029 \end{bmatrix} \quad X = \begin{Bmatrix} X \\ Y \\ Z \end{Bmatrix} \quad L = \begin{Bmatrix} 14464.73 \\ 13847.72 \\ 9793.78 \\ 12291.08 \end{Bmatrix}$$

最後以 (6-56) 式之最小平方法公式得到物方空間座標

$$\begin{Bmatrix} X \\ Y \\ Z \end{Bmatrix} = X = (A^T A)^{-1} A^T L = \begin{Bmatrix} 549.992 \\ 550.001 \\ 100.009 \end{Bmatrix}$$

此題像點是例題 6-26 的第 7 點 (A,B,C,D 中點)，正解 (X, Y, Z)=(550, 550, 100)，可見十分精確。

## 6-16-10 近景攝影測量之優缺點

優點：
- 可以瞬間獲取被測物體大量物理和幾何資訊，適合於待測點數眾多的目標；
- 非接觸測量手段，可以在不干擾被測物自然狀態以及惡劣的環境下測量；
- 適合於動態物體外形和運動狀態的測量；
- 適用於微觀世界的測量。

缺點：
- 不適合待測點稀少的目標；
- 不適合無法獲得高品質影像的目標；
- 技術含量高，需高素質專業人員。

以崩塌地的土方測量為例，近景攝影測量與 e-GPS 之優缺點比較如表 6-6。

表 6-6 近景攝影測量與 e-GPS 之優缺點比較

|   | 優點 | 缺點 |
|---|------|------|
| 近景攝影測量 | (1) 外部作業時間較短，只需進行地面控制點量測與拍照。<br>(2) 而除了地面控制點佈置量測外，不必接觸量測之地形，減少人員暴露在危險下。<br>(3) 單眼相機價格低，約三萬元。<br>(4) 單眼相機重量只有 500g，儀器較為輕便、便於攜帶。 | (1) 技術含量高，使用者需掌控多個會影響量測結果之因素，包含控制點佈置與量測、影像拍攝距離與角度、進行影像匹配之視窗大小等，才能獲得較佳的量測結果。<br>(2) 量測精度受控制測量影響，因傳統控制測量如導線測量，各點間之誤差不相互獨立。<br>(3) 誤差較大，約數十公分。 |
| e-GPS | (1) 技術含量低，不需高專業人員。<br>(2) 量測點各自獨立，各點間之誤差不相互影響。<br>(3) 誤差較小，約數公分。 | (1) 外部作業時間較長，需花費大量的量測時間。<br>(2) 必須接觸量測之地形，增加人員暴露在危險下。<br>(3) 儀器設備價格高，約 100 萬。<br>(4) 儀器重量約 2.5kg，較笨重。<br>(5) 作業環境需可接收手機訊號。<br>(6) 無法在坡度較大坡地量測。 |

# 6-17 遙感探測
## 6-17-1 概論
　　凡是只紀錄各種地物電磁波大小的膠片（或像片），都稱為遙感 (remote sensing)影像，在遙感中主要是指航空像片和衛星像片。但一般而言，通常所稱的遙感影像資料指的是衛星遙感影像。衛星遙感以縮小的影像真實再現地表環境，使人類超越了自身感官的限制。遙感影像直觀逼真，便於目視定性解譯，以不同的空間尺度、感知方式快速、及時地監測地球環境的動態變化，成為獲取地球資源與環境資訊的重要手段。

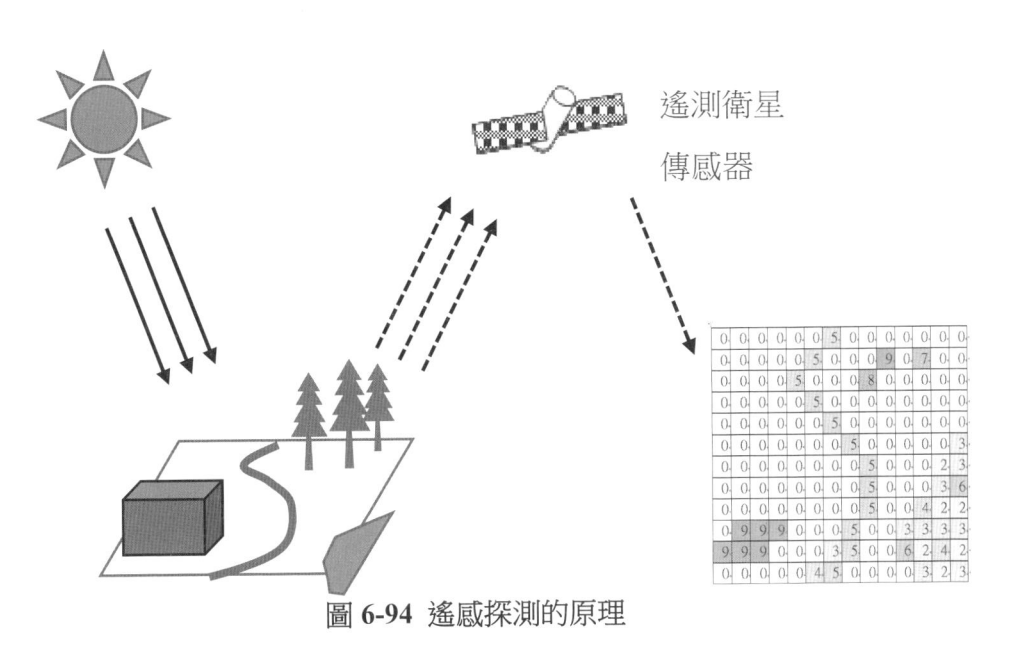

圖 6-94 遙感探測的原理

## 6-17-2 遙感探測的原理
　　通常所稱的遙感影像資料指的是衛星遙感影像，其資訊獲取方式與航空像片不同。遙感成像基本原理可以表示如圖 6-94 所示。地面接受太陽輻射，地表各類地物對其反射的特性各不相同，搭載在衛星上的感測器捕捉並記錄這種資訊，之後將資料傳輸回地面。所得資料經過一系列處理過程，可得到滿足 GIS 需求的資料。

　　遙感探測乃是一種不需接觸物體，而從收集其電磁特性作探測的測量方法。換言之，它是一個可以由遠距離進行資料收集的技術。太陽光投射在地表物體上的能量有部份會被反射，遙感探測的基本原理便是在空中使用衛星載運的監測器來接收這些反射的能量，來對地表之物件進行偵測。偵測器對於偵測到的亮度乃是以電壓

值來呈現的。系統在固定的時間間隔，便將偵測器的電壓值記錄下來。在每次記錄的那一瞬間，地表上可以偵測的面積大小稱為「瞬間觀測面積」(Instantaneous field of view，IFOV)。此值決定偵測器的解析度上限的理論值。

## 6-17-3 遙感探測的解析度

遙測影像有四種解析度 (Resolution) 分別為：

(a) 空間解析度 (Spatial Resolution)：對光學遙測系統而言，衛星之空間解析度通常是指在衛星像底點 (Nadir Point) 一個像元所對應之地面大小，一般而言可以像幅面積除以一掃瞄線 CCD 之總數而得。空間解析度會隨著傾斜觀測角度的增加而降低。對雷達遙測系統而言，衛星之空間解析度通常是指側視 (Off-Nadir) 時最遠距點一個像元所對應之地面大小，一般而言可以像幅面積除以全幅影像像元總數而得。

(b) 時間解析度 (Temporal Resolution)：指衛星在不同時間拍攝同一地點時，最短之時間差距。衛星之時間解析度除了與前述軌道週期之設計有絕對之關係外，也可以傾斜觀測方式來提升其時間解析度。若有相同性質之衛星如 SPOT-1~5，也可以提升其時間解析度。

(c) 光譜解析度：指的是該衛星感測器所能偵測之電磁波光譜範圍。就光學遙測系統而言，通常會使用可見光之紅光、綠光、藍光與近紅外光，以及涵蓋上述三個到四個光譜範圍之全色態 (Panchromatic) 光譜進行拍攝。

(d) 輻射解析度：指的是地表反射之輻射進入感測器之能量，經過量化後所使用之灰階範圍。例如 SPOT-1~4 衛星影像使用 256 個灰階，也就是一個像元 8 個 Bits，而 SPOT-5 衛星則可以選擇 8Bits 或 16Bits 兩種輻射解析度。而 IKONOS、Quickbird 影像產品則是以 11 Bits，共 2048 個灰階值來量化。相對而言，一個像元以 2048 個灰階比 256 個灰階之影像更能描述豐富的地表資訊，對陰影區資訊之判別相當重要。

偵測器的解析度一般可以分成三個層次:

(a) 偵測層次解析度 (detection)：可以看到的最小地徵之解析度。
(b) 辨認層次解析度 (recognition)：可以辨認出該地徵之解析度。
(c) 辨識層次解析度 (identification)：可以判釋該地徵各項性質之解析度。

根據研究，如果我們希望由「偵測層次」提升至「辨認層次」，則空間的解析度至少要提升為 3 倍；如果想由「辨認層次」提升至「辨識層次」，則空間解析度至少要提升為 10 倍才行。

## 6-17-4 遙感探測的衛星系統

1972 美國發射地球資源科技衛星，1978 法國開始 SPOT 計劃，人類進入了從太空作測量的遙感探測時代。幾種重要的遙測衛星系統簡介如下：

(a) 大地衛星 (地球資源科技衛星)

地球資源科技衛星一號 (Earth Resource Technology Satellite，ERTS-1) 由美國於 1972 年發射，這是第一枚專門設計來針對地球資源進行全面性觀測的衛星。最初的設計比較偏向於實驗性質，因此在資料的供應上未加太多的限制。此偵測器所得影像之每個像素大約是地表的 79 公尺×56 公尺之區域，而每張影像涵蓋的範圍為 185 公里×185 公里。衛星飛行高度為 900 公里，繞行地球一週的時間為 103 分鐘，換言之，每天可繞行十四圈。因此，衛星通過地球指定點的上空的時間每次均相同，可降低太陽照射所造成不同光影的影響。這種衛星稱為太陽同步衛星 (sun-synchronous)。

(b) 史波特衛星 (SPOT)

法國在 1978 年開始 SPOT 計畫。這是一個長期營運的商業計畫。1986 年，SPOT-1 發射。SPOT 也是太陽同步衛星，飛行高度 832 公里，26 天通過同一地區一次。由衛星影像求出的地面高程資料雖然比航測所得的較不精準，但成本卻低廉許多。在國內，SPOT 衛星影像的應用已逐漸成形。

(c) GeoEye 衛星

2008 年發射的 GeoEye-1 號衛星擁有達到 0.41 米解析度 (黑白) 的能力，簡單來說這意味著，從軌道採集的高解析度圖像將能夠辨識地面上 16 英寸或者更大尺寸的物體。以這個解析度，人們將能夠識別出位於棒球場裡放著的一個盤子或者數出城市街道內的下水道出入孔的個數。GeoEye-1 不僅能以 0.41 米黑白 (全色) 解析度和 1.65 米彩色 (多譜段) 解析度搜集圖像，而且還能以 3 米的定位精度精確確定目標位置。因此，一經投入使用，GeoEye-1 將成為當今世界上能力最強、解析度和精度最高的商業成像衛星。計劃於 2013 年發射的 GeoEye-2 號衛星擁有達到 0.25 米解析度的能力。

## 6-17-5 遙感探測的方法與程序

基本上，遙測影像僅能視為遙測偵測器對於地表進行量測所得的原始資料 (raw data)。要交給 GIS 進行整合運用前，必須將它轉換成適當的資料格式，並經過適當的校準處理才行。

遙測影像處理的目的包括：

(a) 擷取資訊。
(b) 強化或消除影像中的某些資訊。

(c) 統計或分析以萃取非影像的資訊。

遙感資料的處理與具體的資料類型 (衛星影像、雷達影像)、存儲介質等因素相關。遙感資料處理的主要內容見表 6-7。

表 6-7 遙感資料處理的主要內容

| 遙感資料處理 ||
|---|---|
| 再生校正 | 圖像重建 |
|  | 圖像復原 |
|  | 輻射量校正 |
|  | 幾何校正 |
|  | 鑲嵌 |
| 變換 | 灰度資訊變換 |
|  | 空間資訊變換 |
|  | 幾何資訊變換 |
|  | 資料壓縮 |
| 分類 | 總體測定 |
|  | 分類(classification) |
|  | 區域分割 |
|  | 匹配 |

遙感探測影像的處理與分析是一門相當複雜的學問。基本處理流程包括：

(1) 觀測資料的輸入：採集的資料包括類比資料和數位資料兩種，為了把像片等類比資料登錄到處理系統中，必須用膠片掃描器等進行 A／D 變換。對數位資料來說，因為資料多記錄在特殊的數位記錄器 (HDDT 等) 中，所以必須轉換到一般的數位電腦都可以讀出的 CCT (Computer Compatible Tape)等通用載體上。由於遙測影像所涵蓋的地區並不是方正的，而且影像本身並沒有座標系統，因此我們必須利用控制點的選取，及幾何變換進行座標定位，並加以註記。

(2) 再生、校正處理：對於進入到處理系統的觀測資料，首先進行輻射量失真及幾何畸變的校正；其次，按照處理目的進行變換、分類，或者變換與分類結合的處理。

(3) 變換處理：變換處理意味著從某一空間投影到另一空間上，通常在這一過程中觀測資料所含的一部分資訊得到增強。因此，變換處理的結果多為增強的圖像。

(4) 分類處理：從影像分析出有用的地理資訊的工作稱分類 (classification)。分類是以特徵空間的分割為中心的處理，最終要確定圖像資料與類別之間的對應關係。因此，分類處理的結果多為專題圖的形式。分類有二種做法：

   (a) 監督式分類法 (supervised classification)：利用已知的地面覆蓋情形做為學習的樣本，而推出其它未知的地面覆蓋情形。這項工作又稱為區別分析 (discrimination analysis)。這種做法的困難點在於很難得到或指定足夠的訓練樣本，來涵蓋所有有興趣的分類。

   (b) 非監督式分類法 (unsupervised classification)：這種方法按照統計的方法，將影像區分成數個不同的類別，至於每一種類別所代表的意義，則須另由野外實地調查或是人工判讀，來加以比對方能得知。人工進行影像判讀時，考慮的不只是影像的色調而已，舉凡色調、顏色、樣式、大小、形狀、紋理、周邊關係…等，均需加以考量。這一點是電腦很難做到的，這也是非監督式分類法的缺點。

   分類所能達到的精確度受影像解析度、實地測量資料精確性、分類的演算法以及各種類別定義方式等因素的影響。一般而言，分類愈細，正確度愈差。

(5) 處理結果的輸出：處理結果可分為兩種情況，一種是經 D／A 變換後作為類比資料輸出到顯示裝置及膠片上；另一種是作為地理資訊系統等其它處理系統的輸入資料而以數位資料輸出。

# 6-18 本章摘要

1. 共線方程式是攝影測量中最根本最重要的關係式，也就是中心投影的成像方程式，即投影中心、像點及其相應地面點，三點共線應滿足的條件方程式：

$$x - x_0 = -f \frac{m_{11}(X - X_S) + m_{12}(Y - Y_S) + m_{13}(Z - Z_S)}{m_{31}(X - X_S) + m_{32}(Y - Y_S) + m_{33}(Z - Z_S)}$$

$$y - y_0 = -f \frac{m_{21}(X - X_S) + m_{22}(Y - Y_S) + m_{23}(Z - Z_S)}{m_{31}(X - X_S) + m_{32}(Y - Y_S) + m_{33}(Z - Z_S)}$$

一般而言，三個內方位參數：主點之影像平面座標 ($x_0$、$y_0$)、相機焦距($f$)已知。剩下參數分三組：點的像平面座標 ($x, y$)、外方位參數 ($X_S, Y_S, Z_S, \omega, \varphi, \kappa$)、點的物方空間座標 ($X, Y, Z$)。這三組參數如果知道其中的二種參數，可以解算第三種參數，因此共線方程式的應用分成三種：

(1) 電腦繪圖應用 (投影計算)：像平面座標 ($x, y$)

(2) 攝影測量建模應用 (後方交會解算)：外方位參數($X_S, Y_S, Z_S, \omega, \varphi, \kappa$)

**(3) 攝影測量計算應用 (前方交會解算)：物方空間座標 (X, Y, Z)**

表6-8 攝影測量幾何方法之優缺點比較

| | 優點 | 缺點 |
|---|---|---|
| 後方-前方交會法 | (1) 可解出具有明顯的幾何意義的外方位參數 (視點座標、旋轉角)。<br>(2) 模型簡單易懂、計算過程簡單。 | (1) 單張像片必須有三個以上的已知點。<br>(2) 當只需相對定位時不適用。<br>(3) 非線方程式，需要知道初始估計值，否則可能不易收斂。<br>(4) 通常需先知道內方位參數。<br>(5) 通常需使用專門攝影機。 |
| 相對-絕對定位法 | (1) 單張像片不需三個以上的已知點 (可先用共同點以相對定位結合多個像片，再以所有像片的已知點作絕對定位)。<br>(2) 當只需相對定位時，計算過程簡單，且只需五個共同點 (不需已知點) 即可相對定位。 | (1) 無法解出具有明顯的幾何意義的外方位參數(視點座標、旋轉角)。<br>(2) 分成相對與絕對定位兩階段，模型較不理解，計算過程較複雜。<br>(3) 通常需先知道內方位參數。<br>(4) 通常需使用專門攝影機。 |
| DLT | (1) 因為是線性關係的直接轉換，故不需要參數的概略值，也不必求觀測方程式中的各個偏導數，當然也不必疊代解算。易於用最小平方法求解模型參數。<br>(2) 模型簡單易懂、計算過程簡單，故電腦程式設計容易，所需儲存空間亦小，執行演算所需時間短而快，故極適用於個人電腦作業。<br>(3) 不需先知道內方位參數，同時完成內、外定位運算。<br>(4) 因不必將儀器座標換算成影像平面座標，所以框標並不需要，適用於專門攝影機。 | (1) 參數較多，單張像片必須有六個以上的已知點。<br>(2) 當只需相對定位時不適用。<br>(3) 無法解出具有明顯的幾何意義的內、外方位參數。**DLT** 轉換參數本身無明顯的幾何意義。 |

表6-9 攝影測量建模與應用的方程式、輸入資料、輸出資料

| 方法 | 階段 | 原理 | 方程式 | 輸入資料 | 輸出資料 |
|---|---|---|---|---|---|
| 後方-前方交會法 | 建模 | 後方交會 | 共線方程式 | 三個以上已知點的三維座標、單像平面座標 | 六個外方位參數 |
| | 應用 | 前方交會 | 共線方程式 | 未知點至少兩個以上像平面座標 | 未知點的三維座標 |
| 相對-絕對定位法 | 建模 | 相對定位 | 共面方程式 | 五個以上共同點 | 五個相對定位參數 |
| | | 絕對定位 | 七參數空間轉換法 | 至少二個以上已知點的三維座標外加一個高程點 | 七個絕對定位參數 |
| | 應用 | 相對定位 | 五參數相對空間轉換法 | 左、右像點的像空間座標 | 左、右像點的三維相對座標 |
| | | | 直線方程式 | 左、右像點的三維相對座標 | 左、右投影線長 |
| | | | 直線方程式 | 左、右投影線長 | 物點的三維相對座標 |
| | | 絕對定位 | 七參數絕對空間轉換法 | 未知點的三維相對座標 | 未知點的三維絕為座標 |
| DLT法 | 建模 | 後方交會 | DLT方程式 | 六個以上已知點的三維座標、單像平面座標 | **11個DLT轉換參數** |
| | 應用 | 前方交會 | DLT方程式 | 未知點至少兩個以上像平面座標 | 未知點的三維座標 |

2. 由共線方程式知，投影中心、像點及其相應地面點三點共線，因此地面上一點與左、右像的透視中心，以及左、右像的像點，這五點必在同一平面上，稱為共面條件式。共面方程式如下

$$\begin{vmatrix} b_x & b_y & b_z \\ u_L & v_L & w_L \\ u_R & u_R & u_R \end{vmatrix} = 0$$

其中 $\begin{Bmatrix} b_x \\ b_x \\ b_x \end{Bmatrix} = \begin{Bmatrix} X_R - X_L \\ Y_R - Y_L \\ Z_R - Z_L \end{Bmatrix}$ $\begin{Bmatrix} u_L \\ v_L \\ w_L \end{Bmatrix} = M_L^T \begin{Bmatrix} x_L - x_{0L} \\ y_L - y_{0L} \\ 0 - f \end{Bmatrix}$ $\begin{Bmatrix} u_R \\ v_R \\ w_R \end{Bmatrix} = M_R^T \begin{Bmatrix} x_R - x_{0R} \\ y_R - y_{0R} \\ 0 - f_R \end{Bmatrix}$

共面條件式用途包括：

(1) 簡化二維的共同點的搜尋為一維的搜尋，節省搜尋的次數與時間。
(2) 建立相對定位模型。

3. 直接線性轉換法 (DLT) 可由共線方程式改寫而成，基本觀念為直接將像素座標轉換成物方空間座標，而不必先將像素座標轉換成像平面座標，再由像平面座標轉成實物空間座標。DLT 方程式如下

$$u = \frac{L_1 X + L_2 Y + L_3 Z + L_4}{L_9 X + L_{10} Y + L_{11} Z + 1} \quad v = \frac{L_5 X + L_6 Y + L_7 Z + L_8}{L_9 X + L_{10} Y + L_{11} Z + 1}$$

可應用於內方位參數未知或不穩定的非量度性攝影機的攝影測量上。

表6-10 攝影測量建模與應用的方程式數目與未知數數目

| 方法 | 階段 | 方程式數目 | 未知數數目 |
|---|---|---|---|
| 後方-前方交會法 | 建模 | 6 共線方程式 (3個三維點) | 6 ($X_S, Y_S, Z_S, \omega, \varphi, \kappa$) |
| | 應用 | 4 共線方程式 (2張像片) | 3 (X, Y, Z) |
| 相對-絕對定位法 | 建模 | 5 共面方程式 (5個共同點) | 5 (相對定位參數) |
| | | 9 空間轉換方程式 (3個三維點) | 7 (絕對定位參數) |
| | 應用 | 6 五參數空間轉換 (2個像點) | 6 (左、右像點的三維相對座標) |
| | | 3 直線方程式 (1個直線交點) | 2 (左、右投影線長) |
| | | 3 直線方程式 (1個像點) | 3 (物點的三維相對座標) |
| | | 3 七參數空間轉換 | 3 (X, Y, Z) 絕對座標 |
| DLT法 | 建模 | 12 DLT方程式 (6個三維點) | 11 (DLT轉換參數) |
| | 應用 | 4 DLT方程式 (2張像片) | 3 (X, Y, Z) |

4. 攝影測量幾何方法之優缺點比較如表 **6-8**。
5. 攝影測量建模與應用的方程式、輸入資料、輸出資料比較如表 **6-9**。
6. 攝影測量建模與應用的方程式數目與未知數數目比較如表 **6-10**。
7. 攝影測量的原理架構如圖 **6-95**。
8. 航空攝影測量程序： (1) 航空攝影 (2) 控制測量 (3) 影像匹配：數位影像的特徵提取、特徵匹配、核線搜索共同點 (4) 模型解析：空中三角測量、**GPS+INS** 輔助航空測量 (5) 數值高程模型**(DEM)**：由內插法產生 (6) 正射影像圖 **(DOM)**：有反解法、正解法。

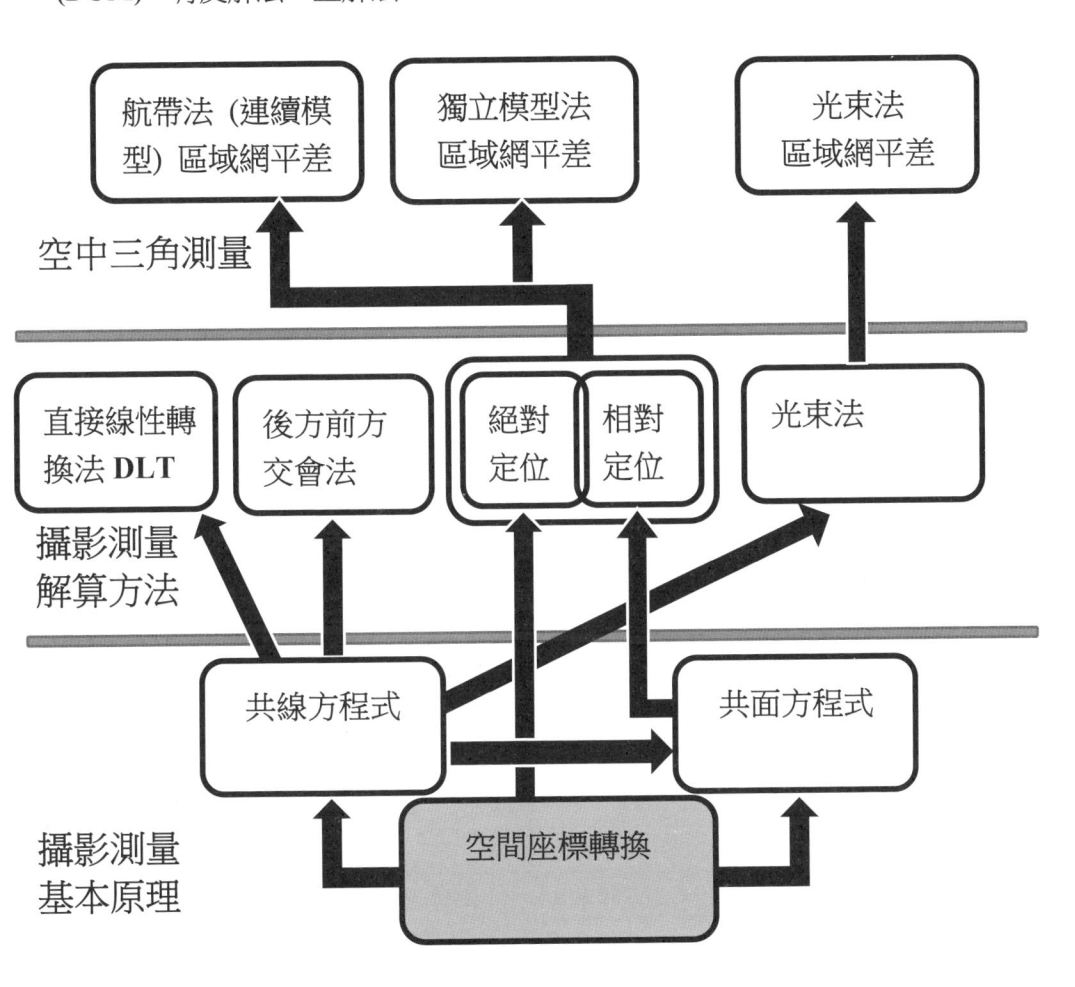

圖 6-95 攝影測量的原理架構

## 習題

**6-1 本章提示**

(1) 什麼是攝影測量？
(2) 簡述攝影測量的發展階段？
(3) 攝影測量是如何分類的？
[解] (1) 見 6-1-1 節。(2) 見 6-1-2 節。(3) 見 6-1-3 節。

**6-2 航空攝影測量基礎 1：概論**

(1) 正射投影與中心投影的區別是什麼？
(2) 簡述視點方向對攝影成像的影響
(3) 簡述視點位置對攝影成像的影響
(4) 簡述透視角對攝影成像的影響
(5) 航測像片與地圖的差別？
(6) 簡述航空攝影測量的優點、缺點。
[解] (1)~(6) 分別見 6-2-2 節~6-2-7 節。(7) 見 6-1-9 節。

**6-3 航空攝影測量基礎 1：內方位參數與外方位參數**

(1) 簡述航攝儀 (機) 的具體分類？簡述量測性相機的特徵。
(2) 攝影測量中有那些常用的座標系，它們之間的關係是什麼？
(3) 內方位元元素的含義是什麼？
(4) 外方位元元素的含義是什麼？
[解] (1)~(4) 分別見 6-3-1 節~6-3-4 節。

**6-4 航空攝影測量基礎 2：共線方程式與共面方程式**

(1) 共線方程的含義是什麼？
(2) 共面方程的含義是什麼？
[解] (1)(2) 分別見 6-4-1 節與 6-4-4 節。

同例題 6-1 電腦繪圖應用 (投影計算)

| 外方位參數 | $X_S$ | 750.000 | 內方位參數 | $x_0$ | 0.000 |
|---|---|---|---|---|---|
| | $Y_S$ | 550.000 | | $y_0$ | 0.000 |
| | $Z_S$ | 400.000 | | $f$ | 0.100 |
| | $\omega$ | 3.000° | 物方空間座標 | $X$ | 500.000 |
| | $\varphi$ | 2.000° | | $Y$ | 500.000 |
| | $\kappa$ | 1.000° | | $Z$ | 0.000 |

[解]

$$M = \begin{bmatrix} 0.999239 & -0.017442 & -0.034899 \\ 0.015602 & 0.998509 & -0.052304 \\ 0.035760 & 0.051720 & 0.998021 \end{bmatrix}$$

$$x = -f \frac{m_{11}(X-X_S)+m_{12}(Y-Y_S)+m_{13}(Z-Z_S)}{m_{31}(X-X_S)+m_{32}(Y-Y_S)+m_{33}(Z-Z_S)} = -0.0572092$$

$$y = -f \frac{m_{21}(X-X_S)+m_{22}(Y-Y_S)+m_{23}(Z-Z_S)}{m_{31}(X-X_S)+m_{32}(Y-Y_S)+m_{33}(Z-Z_S)} = -0.0080111$$

同例題 6-2 投影計算，但數據延續上一題，並改用簡化公式。

[解] $x = -d \dfrac{X_A - X_S}{Z_A - Z_S} = -0.0625$　　$y = -d \dfrac{Y_A - Y_S}{Z_A - Z_S} = -0.125$

**PS 正解 x= -0.0572; y= -0.0080**

同例題 6-3 共平面方程式，假設 P 點在左像的像平面座標**(0.03, -0.09)**
在右像的 *x* 向座標 **0.05**, *y* 向座標=？

[解] **-0.08493**

## 6-5 航空攝影測量基礎 3：後方—前方交會解法

**(1)** 簡述單像空間的後方交會的概念。
**(2)** 簡述立體像對的前方交會的概念。
[解] **(1)(2)** 分別見 **6-5-1** 與 **6-5-2** 節。

同例題 6-4 攝影測量建模應用 (後方交會解算)

| 座標 | | A | C | H | E |
|---|---|---|---|---|---|
| 物方空間座標 | $X$ | 500.000 | 600.000 | 500.000 | 500.000 |
| | $Y$ | 500.000 | 600.000 | 600.000 | 500.000 |
| | $Z$ | 100.000 | 100.000 | 0.000 | 0.000 |
| 像平面座標 (已知值) | $x$ | -0.076694 | -0.046425 | -0.058369 | -0.057209 |
| | $y$ | -0.012265 | 0.020940 | 0.016507 | -0.008011 |

內方位參數

| $x_0$ | 0.000 |
|---|---|
| $y_0$ | 0.000 |
| $f$ | 0.100 |

[解] 外方位參數

| $X_S$ | 749.896 | $\omega$ | 2.97240 |
|---|---|---|---|
| $Y_S$ | 549.856 | $\varphi$ | 1.97833 |
| $Z_S$ | 400.130 | $\kappa$ | 0.99340 |

同例題 6-5 延續上一題數據，但改用簡化公式。
[解] $X_S$=748.2396, $Y_S$=532.8424, $Z_S$=427.3734

同例題 6-6 攝影測量計算應用 (前方交會解算)

| 參數與座標 |  | 左像 | 右像 |
|---|---|---|---|
| 外方位參數 | $X_S$ | 350.000 | 750.000 |
|  | $Y_S$ | 550.000 | 550.000 |
|  | $Z_S$ | 400.000 | 400.000 |
|  | $\omega$ | 1.000 | 3.000 |
|  | $\varphi$ | 2.000 | 2.000 |
|  | $\kappa$ | 3.000 | 1.000 |
| 內方位參數 | $x_0$ | 0.000 | 0.000 |
|  | $y_0$ | 0.000 | 0.000 |
|  | $f$ | 0.100 | 0.100 |
| 像平面座標 | $x$ | 0.0251633 | -0.0928988 |
|  | $y$ | -0.0032342 | -0.0022966 |

[解] $X$=419.999, $Y$=530.000, $Z$=70.000

同例題 6-7，延續上一題數據，但改用簡化公式。
[解] $X$=435.2607, $Y$=540.6313, $Z$=61.2156　　PS. 正解：$X$=420, $Y$=530, $Z$=70

## 6-6 航空攝影測量基礎 4：相對－絕對定位解法

(1) 簡述立體像對的相對定位與相對定位元素的概念。
(2) 簡述立體像對的絕對定位與絕對定位元素的概念。

[解] (1)(2) 分別見 6-6-1 節與 6-6-2 節。

同例題 6-8~例題 6-13 相對-絕對定位法，但採用前八個點為共同點與已知點，未知點同原題目。
[解] 因為只是減少共同點與已知點數目，答案與原題目相近。

**6-7 航空攝影測量程序概論**
簡述航空攝影測量的程序。
[解] 見 6-7 節。

**6-8 航空攝影測量程序 1：航空攝影**
(1) 引起航攝像片比例尺的因素有哪些？
(2) 生產實踐中怎樣獲得局部的比例尺？
(3) 簡述空中攝影品質的評定指標？
(4) 簡述何謂像片重疊度、攝影航高、攝影比例尺、攝影基線？
(5) 簡述何謂航帶彎曲度、航高差、像片旋角、像片傾角？
[解]
(1) 由 $\dfrac{1}{m} = \dfrac{f}{H-h}$ 公式知與焦距 $f$, 航高 $H$, 平均高程 $h$ 有關，但與傾角也有關。

(2) 由 $S = \dfrac{f}{H-h}$ 公式知，$h$ 取局部高程，可得局部的比例尺。

(3)(4)(5) 見 6-8-1 節。攝影基線是指連續兩張重疊像片在空中的水平距離。

同例題 6-14，已知焦距=10 cm, 航高 2000 m, 地表平坦，試求 (1) 當平均高程約 500 m 時，平均比例尺=? (2) 當某點高程 100 m 時，該點的比例尺=?
[解]

$$S = \dfrac{f}{H-h} = \dfrac{0.10}{2000-500} = 1/15000$$

$$S = \dfrac{f}{H-h} = \dfrac{0.10}{2000-100} = 1/19000$$

同例題 6-15，已知焦距=10 cm, 航高 2000 m, 地表平坦，平均高程約 500 m，在像片上 A 點距像片中心向左 3 cm, 向下 6 cm，則 A 點距攝影中心在地面投影點的距離=?

[解]

$$X = \frac{H-h}{f}x = \frac{2000-500}{0.10} \times 0.03 = 450$$

$$Y = \frac{H-h}{f}y = \frac{2000-500}{0.10} \times 0.06 = 900$$

同例題 6-16，已知焦距=10 cm, 航高 2000 m, 地表平坦，在左像片上 A 點距像片中心向右 8.5 cm，在右像片上 A 點距像片中心向右 1 cm，基線 B=600 m，則 A 點的高程多少？距左像片攝影中心在地面投影點的距離=?

[解]

$p = x_L - x_R$ =0.085-(0.01)=0.075 m

(1) $h = H - \frac{f}{p}B = 2000 - \frac{0.10}{0.075}600 = 1200$ m

(2) $X = \frac{x}{p}B = \frac{0.085}{0.075}600 = 680$ m

(1) 引起像點位移的因素有哪些？
(2) 何謂航測像片的傾斜誤差？
(3) 何謂航測像片的投影誤差？
(4) 像片判讀與調繪的目的與方法為何？
[解] (1) 像片傾斜的傾斜誤差、地表高程不等的投影誤差 (2)(3) 見 6-8-3 節 (4) 見 6-8-4 節。

6-10 航空攝影測量程序 3：影像匹配

(1)　數字航空攝影測量如何產生共同點座標？
(2)　數位影像的點特徵、線特徵提取方法有哪些？
(3)　影像匹配方法有哪些？
(4)　如何建立核線？
(5)　何謂核線搜索？
[解] (1)~(4) 分別見 6-10-1 節~6-10-4 節。(5) 見 6-10-4 節。

同例題 6-24 核線的產生，已知 A 點的左像的像平面座標 (0.05515, -0.01251)，試以共平面方程式，求 A 點在右像的核線。
[解] 參考例題 6-24。

## 同例題 6-17 點特徵:Moravec 算子

[解]
在第 6 列第 5 行有一個點特徵。

|   | 1 | 2 | 3 | 4 | 5 | 6 | 7 | 8 | 9 | 10 | 11 |
|---|---|---|---|---|---|---|---|---|---|----|----|
| 1 | 0 | 0 | 0 | 0 | 0 | 0 | 0 | 0 | 0 | 0  | 0  |
| 2 | 0 | 0 | 0 | 0 | 0 | 0 | 0 | 0 | 0 | 0  | 0  |
| 3 | 0 | 0 | 0 | 0 | 0 | 0 | 0 | 0 | 0 | 0  | 0  |
| 4 | 0 | 0 | 0 | 0 | 1 | 0 | 0 | 0 | 0 | 0  | 0  |
| 5 | 0 | 0 | 1 | 1 | 6 | 3 | 1 | 0 | 0 | 0  | 0  |
| 6 | 0 | 0 | 2 | 8 | 8 | 7 | 1 | 0 | 0 | 0  | 0  |
| 7 | 0 | 0 | 1 | 2 | 7 | 2 | 2 | 0 | 0 | 0  | 0  |
| 8 | 0 | 0 | 0 | 1 | 2 | 0 | 0 | 0 | 0 | 0  | 0  |
| 9 | 0 | 0 | 0 | 0 | 0 | 0 | 0 | 0 | 0 | 0  | 0  |
| 10| 0 | 0 | 0 | 0 | 0 | 0 | 0 | 0 | 0 | 0  | 0  |
| 11| 0 | 0 | 0 | 0 | 0 | 0 | 0 | 0 | 0 | 0  | 0  |

|   | 1 | 2 | 3 | 4 | 5 | 6 | 7 | 8 | 9 | 10 | 11 |
|---|---|---|---|---|---|---|---|---|---|----|----|
| 1 | 0 | 0 | 0 | 0 | 0 | 0 | 0 | 0 | 0 | 0  | 0  |
| 2 | 0 | 0 | 0 | 0 | 0 | 0 | 0 | 0 | 0 | 0  | 0  |
| 3 | 0 | 0 | 0 | 0 | 0 | 0 | 0 | 0 | 0 | 0  | 0  |
| 4 | 0 | 0 | 0 | 2 | 2 | 2 | 0 | 0 | 0 | 0  | 0  |
| 5 | 0 | 0 | 2 | 6 | 31| 10| 2 | 0 | 0 | 0  | 0  |
| 6 | 0 | 0 | 4 | 41| 55| 38| 7 | 0 | 0 | 0  | 0  |
| 7 | 0 | 0 | 2 | 8 | 34| 6 | 5 | 0 | 0 | 0  | 0  |
| 8 | 0 | 0 | 0 | 2 | 4 | 5 | 0 | 0 | 0 | 0  | 0  |
| 9 | 0 | 0 | 0 | 0 | 0 | 0 | 0 | 0 | 0 | 0  | 0  |
| 10| 0 | 0 | 0 | 0 | 0 | 0 | 0 | 0 | 0 | 0  | 0  |
| 11| 0 | 0 | 0 | 0 | 0 | 0 | 0 | 0 | 0 | 0  | 0  |

## 同例題 6-18 線特徵 (1) 梯度算子

[解]
坡度大於門檻者為邊緣。

|   | 1 | 2 | 3 | 4 | 5 | 6 | 7 | 8 | 9 | 10 | 11 |
|---|---|---|---|---|---|---|---|---|---|----|----|
| 1 | 0 | 0 | 0 | 0 | 0 | 0 | 0 | 0 | 0 | 0  | 0  |
| 2 | 0 | 0 | 0 | 0 | 1 | 0 | 0 | 0 | 0 | 0  | 0  |
| 3 | 7 | 0 | 0 | 0 | 0 | 0 | 0 | 0 | 0 | 0  | 0  |
| 4 | 2 | 8 | 1 | 0 | 0 | 0 | 0 | 0 | 0 | 0  | 0  |
| 5 | 0 | 0 | 7 | 0 | 0 | 0 | 0 | 0 | 0 | 0  | 0  |
| 6 | 0 | 0 | 0 | 6 | 0 | 0 | 1 | 0 | 0 | 0  | 0  |
| 7 | 0 | 0 | 0 | 1 | 7 | 2 | 0 | 0 | 0 | 0  | 0  |
| 8 | 0 | 0 | 0 | 0 | 0 | 8 | 0 | 0 | 0 | 0  | 0  |
| 9 | 0 | 0 | 1 | 0 | 0 | 0 | 7 | 2 | 0 | 0  | 0  |
| 10| 0 | 0 | 0 | 0 | 0 | 0 | 0 | 6 | 1 | 0  | 0  |
| 11| 0 | 0 | 0 | 0 | 0 | 0 | 0 | 0 | 7 | 0  | 0  |

|   | 1 | 2   | 3   | 4   | 5   | 6   | 7   | 8  | 9  | 10 | 11 |
|---|---|-----|-----|-----|-----|-----|-----|----|----|----|----|
| 1 | 0 | 0   | 0   | 0   | 0   | 0   | 0   | 0  | 0  | 0  | 0  |
| 2 | 0 | -7  | 0   | -1  | 8   | -1  | 0   | 0  | 0  | 0  | 0  |
| 3 | 0 | -18 | -9  | -2  | -1  | -1  | 0   | 0  | 0  | 0  | 0  |
| 4 | 0 | 47  | -7  | -8  | 0   | 0   | 0   | 0  | 0  | 0  | 0  |
| 5 | 0 | -18 | 41  | -14 | -6  | -1  | -1  | 0  | 0  | 0  | 0  |
| 6 | 0 | -7  | -14 | 33  | -16 | -10 | 6   | -1 | 0  | 0  | 0  |
| 7 | 0 | 0   | -7  | -5  | 39  | -1  | -12 | -2 | 0  | 0  | 0  |
| 8 | 0 | -1  | -2  | -9  | -18 | 47  | -11 | -10| -2 | 0  | 0  |
| 9 | 0 | 0   | 8   | -1  | -8  | -16 | 39  | 1  | -9 | -1 | 0  |
| 10| 0 | -1  | -1  | -1  | 0   | -7  | -15 | 31 | -7 | -8 | 0  |
| 11| 0 | 0   | 0   | 0   | 0   | 0   | 0   | 0  | 0  | 0  | 0  |

## 同例題 6-19 線特徵 (1) 梯度算子

[解]
坡度大於門檻者為邊緣。

|   | 1 | 2 | 3 | 4 | 5 | 6 | 7 | 8 | 9 | 10 | 11 |
|---|---|---|---|---|---|---|---|---|---|----|----|
| 1 | 0 | 0 | 0 | 0 | 0 | 0 | 0 | 0 | 0 | 0  | 0  |
| 2 | 0 | 0 | 0 | 0 | 0 | 0 | 0 | 0 | 0 | 0  | 0  |
| 3 | 0 | 0 | 0 | 0 | 1 | 0 | 0 | 0 | 0 | 0  | 0  |
| 4 | 0 | 0 | 0 | 8 | 7 | 8 | 8 | 8 | 0 | 0  | 0  |
| 5 | 0 | 0 | 1 | 8 | 8 | 8 | 8 | 8 | 0 | 0  | 0  |
| 6 | 0 | 0 | 0 | 8 | 7 | 8 | 8 | 7 | 1 | 0  | 0  |
| 7 | 0 | 0 | 0 | 7 | 8 | 8 | 8 | 8 | 0 | 0  | 0  |
| 8 | 0 | 0 | 0 | 8 | 6 | 9 | 8 | 8 | 0 | 0  | 0  |
| 9 | 0 | 0 | 0 | 0 | 2 | 0 | 0 | 0 | 0 | 0  | 0  |
| 10| 0 | 0 | 0 | 0 | 0 | 0 | 0 | 0 | 0 | 0  | 0  |
| 11| 0 | 0 | 0 | 0 | 0 | 0 | 0 | 0 | 0 | 0  | 0  |

|   | 1 | 2 | 3 | 4 | 5 | 6 | 7 | 8 | 9 | 10 | 11 |
|---|---|---|---|---|---|---|---|---|---|----|----|
| 1 | 0 | 0 | 0 | 0 | 0 | 0 | 0 | 0 | 0 | 0  | 0  |
| 2 | 0 | 0 | 0 | 1 | 1 | 0 | 0 | 0 | 0 | 0  | 0  |
| 3 | 0 | 0 | 8 | 10| 10| 11| 11| 8 | 0 | 0  | 0  |
| 4 | 0 | 1 | 11| 1 | 1 | 0 | 0 | 11| 0 | 0  | 0  |
| 5 | 0 | 1 | 11| 1 | 1 | 0 | 1 | 10| 1 | 0  | 0  |
| 6 | 0 | 0 | 11| 0 | 0 | 0 | 1 | 10| 0 | 0  | 0  |
| 7 | 0 | 0 | 11| 1 | 2 | 1 | 0 | 11| 0 | 0  | 0  |
| 8 | 0 | 0 | 8 | 8 | 9 | 12| 11| 8 | 0 | 0  | 0  |
| 9 | 0 | 0 | 0 | 2 | 2 | 0 | 0 | 0 | 0 | 0  | 0  |
| 10| 0 | 0 | 0 | 0 | 0 | 0 | 0 | 0 | 0 | 0  | 0  |
| 11| 0 | 0 | 0 | 0 | 0 | 0 | 0 | 0 | 0 | 0  | 0  |

## 同例題 6-20 線特徵 (2) 二階算子：方向二階差分算子

[解]
卷積值穿越 0 之處為邊緣。

|   | 1 | 2 | 3 | 4 | 5 | 6 | 7 | 8 | 9 | 10 | 11 |
|---|---|---|---|---|---|---|---|---|---|----|----|
| 1 | 0 | 0 | 0 | 0 | 0 | 0 | 0 | 0 | 0 | 0  | 0  |
| 2 | 0 | 0 | 0 | 0 | 1 | 0 | 0 | 0 | 0 | 0  | 0  |
| 3 | 7 | 0 | 0 | 0 | 0 | 0 | 0 | 0 | 0 | 0  | 0  |
| 4 | 2 | 8 | 1 | 0 | 0 | 0 | 0 | 0 | 0 | 0  | 0  |
| 5 | 0 | 0 | 7 | 0 | 0 | 0 | 0 | 0 | 0 | 0  | 0  |
| 6 | 0 | 0 | 0 | 6 | 0 | 0 | 1 | 0 | 0 | 0  | 0  |
| 7 | 0 | 0 | 0 | 1 | 7 | 2 | 0 | 0 | 0 | 0  | 0  |
| 8 | 0 | 0 | 0 | 0 | 8 | 1 | 0 | 0 | 0 | 0  | 0  |
| 9 | 0 | 0 | 1 | 0 | 0 | 7 | 2 | 0 | 0 | 0  | 0  |
| 10| 0 | 0 | 0 | 0 | 0 | 0 | 6 | 1 | 0 | 0  | 0  |
| 11| 0 | 0 | 0 | 0 | 0 | 0 | 0 | 7 | 0 | 0  | 0  |

|   | 1 | 2 | 3 | 4 | 5 | 6 | 7 | 8 | 9 | 10 | 11 |
|---|---|---|---|---|---|---|---|---|---|----|----|
| 1 | 0 | 0 | 0 | 0 | 0 | 0 | 0 | 0 | 0 | 0  | 0  |
| 2 | 0 | -7| 0 | -1| 8 | -1| 0 | 0 | 0 | 0  | 0  |
| 3 | 0 |-18| -9| -2| -1| 0 | 0 | 0 | 0 | 0  | 0  |
| 4 | 0 | 47| -7| -8| 0 | 0 | 0 | 0 | 0 | 0  | 0  |
| 5 | 0 |-18| 41|-14| -6| -1| -1| -1| 0 | 0  | 0  |
| 6 | 0 | -7|-14| 33|-16|-10| 6 | -1| 0 | 0  | 0  |
| 7 | 0 | 0 | -7| -5| 39| -1|-12| -2| 0 | 0  | 0  |
| 8 | 0 | -1| -2| -9|-18| 47|-11|-10| -2| 0  | 0  |
| 9 | 0 | -1| 8 | -1| -8|-16| 39| 1 | -9| -1 | 0  |
| 10| 0 | -1| -1| -1| 0 | -7|-15| 31| -7| -8 | 0  |
| 11| 0 | 0 | 0 | 0 | 0 | 0 | 0 | 0 | 0 | 0  | 0  |

## 例題 6-21 線特徵 (2) 二階算子：方向 [解]

二階差分算子　　　　　　　　卷積值穿越 0 之處為邊緣。

|   | 1 | 2 | 3 | 4 | 5 | 6 | 7 | 8 | 9 | 10 | 11 |
|---|---|---|---|---|---|---|---|---|---|---|---|
| 1 | 0 | 0 | 0 | 0 | 0 | 0 | 0 | 0 | 0 | 0 | 0 |
| 2 | 0 | 0 | 0 | 0 | 0 | 0 | 0 | 0 | 0 | 0 | 0 |
| 3 | 0 | 0 | 0 | 0 | 1 | 0 | 0 | 0 | 0 | 0 | 0 |
| 4 | 0 | 0 | 0 | 8 | 7 | 8 | 8 | 8 | 0 | 0 | 0 |
| 5 | 0 | 0 | 1 | 8 | 8 | 8 | 8 | 8 | 0 | 0 | 0 |
| 6 | 0 | 0 | 0 | 8 | 7 | 8 | 8 | 7 | 1 | 0 | 0 |
| 7 | 0 | 0 | 0 | 7 | 8 | 8 | 8 | 8 | 0 | 0 | 0 |
| 8 | 0 | 0 | 0 | 8 | 6 | 9 | 8 | 8 | 0 | 0 | 0 |
| 9 | 0 | 0 | 0 | 0 | 2 | 0 | 0 | 0 | 0 | 0 | 0 |
| 10 | 0 | 0 | 0 | 0 | 0 | 0 | 0 | 0 | 0 | 0 | 0 |
| 11 | 0 | 0 | 0 | 0 | 0 | 0 | 0 | 0 | 0 | 0 | 0 |

|   | 1 | 2 | 3 | 4 | 5 | 6 | 7 | 8 | 9 | 10 | 11 |
|---|---|---|---|---|---|---|---|---|---|---|---|
| 1 | 0 | 0 | 0 | 0 | 0 | 0 | 0 | 0 | 0 | 0 | 0 |
| 2 | 0 | 0 | 0 | -1 | -1 | -1 | 0 | 0 | 0 | 0 | 0 |
| 3 | 0 | 0 | -8 | -16 | -15 | -24 | -24 | -16 | -8 | 0 | 0 |
| 4 | 0 | -1 | -17 | 39 | 15 | 24 | 24 | 40 | -16 | 0 | 0 |
| 5 | 0 | -1 | -16 | 25 | 2 | 2 | 1 | 24 | -24 | -1 | 0 |
| 6 | 0 | -1 | -24 | 25 | -7 | 1 | 1 | 15 | -15 | -1 | 0 |
| 7 | 0 | 0 | -23 | 19 | 3 | 2 | 0 | 24 | -24 | -1 | 0 |
| 8 | 0 | 0 | -15 | 41 | 6 | 32 | 23 | 40 | -16 | 0 | 0 |
| 9 | 0 | 0 | -8 | -16 | -7 | -25 | -25 | -16 | -8 | 0 | 0 |
| 10 | 0 | 0 | 0 | -2 | -2 | -2 | 0 | 0 | 0 | 0 | 0 |
| 11 | 0 | 0 | 0 | 0 | 0 | 0 | 0 | 0 | 0 | 0 | 0 |

## 例題 6-22 影像匹配：相關係數法。

假設在左邊影像中有一特徵點如下圖：

| 0 | 0 | 0 | 0 | 0 |
|---|---|---|---|---|
| 0 | 0 | 4 | 8 | 0 |
| 0 | 4 | 8 | 4 | 0 |
| 0 | 8 | 4 | 0 | 0 |
| 0 | 0 | 0 | 0 | 0 |

|   | 1 | 2 | 3 | 4 | 5 | 6 | 7 | 8 | 9 | 10 | 11 |
|---|---|---|---|---|---|---|---|---|---|---|---|
|   | 0 | 0 | 0 | 0 | 1 | 0 | 0 | 0 | 0 | 0 | 0 |
|   | 0 | 0 | 8 | 1 | 3 | 1 | 3 | 8 | 0 | 0 | 0 |
|   | 0 | 0 | 2 | 8 | 8 | 4 | 7 | 4 | 0 | 0 | 0 |
|   | 0 | 0 | 1 | 4 | 8 | 8 | 2 | 0 | 0 | 0 | 0 |

假設右邊影像中有核線上的影像如右圖，試沿著這條線進行影像匹配，找出相關係數最大的點，作為與左邊影像像點觀測量的共軛像點。

[解]

核線上的相關係數如下，可見在第 7 個像素處相關係數 **0.68013** 為最大值，是共軛像點。

| 1 | 2 | 3 | 4 | 5 | 6 | 7 | 8 | 9 | 10 | 11 |
|---|---|---|---|---|---|---|---|---|---|---|
|   | 0.08476 | 0.2855 | 0.38564 | 0.46817 | 0.68013 | 0.27152 | -0.1482 |   |   |   |

同例題 6-23 影像匹配：相關係數法

假設在左邊影像所拍攝的研究區域中有一特徵點如下：

| 0 | 0 | 0 | 0 | 0 |
|---|---|---|---|---|
| 0 | 6 | 8 | 5 | 0 |
| 0 | 8 | 0 | 7 | 2 |
| 0 | 6 | 8 | 8 | 0 |
| 2 | 0 | 0 | 0 | 0 |

假設右邊影像的二維影像如右圖。

| 0 | 0 | 0 | 0 | 0 | 0 | 0 | 0 | 0 | 7 |
|---|---|---|---|---|---|---|---|---|---|
| 0 | 0 | 0 | 0 | 0 | 0 | 0 | 6 | 7 | 8 |
| 0 | 0 | 0 | 0 | 8 | 0 | 0 | 0 | 0 | 0 |
| 0 | 0 | 6 | 0 | 8 | 1 | 0 | 0 | 0 | 0 |
| 0 | 6 | 8 | 6 | 0 | 0 | 5 | 7 | 4 | 0 | 0 |
| 0 | 0 | 6 | 6 | 0 | 0 | 7 | 0 | 6 | 1 | 0 |
| 0 | 0 | 0 | 2 | 0 | 5 | 7 | 7 | 0 | 2 |
| 0 | 0 | 0 | 8 | 0 | 1 | 0 | 0 | 1 | 0 | 8 |
| 0 | 0 | 7 | 0 | 0 | 0 | 0 | 7 | 8 | 8 |
| 0 | 6 | 0 | 0 | 0 | 0 | 0 | 0 | 0 | 0 |
| 0 | 0 | 0 | 0 | 0 | 0 | 0 | 0 | 0 | 0 |

[解]

相關係數如下：可見在二維面上進行影像匹配相關係數最大的點在第六列，第八行 **(r=0.992)**，為左邊影像像點的共軛像點。

|   | 3 | 4 | 5 | 6 | 7 | 8 | 9 |
|---|---|---|---|---|---|---|---|
| 3 | -0.150 | 0.101 | 0.179 | -0.071 | -0.104 | -0.278 | -0.053 |
| 4 | 0.220 | 0.270 | -0.195 | 0.261 | 0.110 | -0.028 | -0.142 |
| 5 | 0.491 | 0.340 | -0.001 | 0.047 | -0.146 | 0.076 | -0.002 |
| 6 | 0.146 | 0.082 | -0.200 | -0.036 | 0.151 | **0.992** | 0.143 |
| 7 | 0.115 | 0.171 | -0.120 | -0.089 | -0.070 | 0.042 | -0.292 |
| 8 | 0.129 | -0.095 | -0.061 | -0.228 | -0.081 | 0.262 | 0.270 |
| 9 | 0.111 | 0.334 | -0.012 | -0.262 | -0.268 | -0.074 | -0.181 |

**6-11 航空攝影測量 4：模型解析**

(1) 簡述何謂空中三角測量。
(2) 簡述何謂 GPS+INS 輔助航空測量。
[解] (1) 見 6-11-1 節。(2) 見 6-11-2 節。

**6-12 航空攝影測量 5：數值高程高程模型**

簡述航空攝影測量如何產生數值高程模型？
[解] 見 6-12 節。

**6-13 航空攝影測量程序 6：數字微分糾正與正射影像圖 (DOM)**

(1) 何謂正射影像圖 (DOM)？它有何用途？

(2) 何謂數字微分糾正？
(3) 何謂數字微分糾正的反解法？
(4) 何謂數字微分糾正的正解法？有何缺點？
[解] (1)~(4) 分別見 **6-13-1** 節~**6-13-4** 節。

## 6-14 航空攝影測量系統~6-15 無人飛行系統 (UAS)

(1) 航空攝影測量系統有哪些功能？
(2) 何謂無人飛行載具 (UAS) 測量？
(3) UAS 航測與傳統航測及近景攝影測量之不同？
(4) 無人飛行載具 (UAS) 測量有哪些優缺點？
[解] (1) 見 **6-14** 節。(2)~(4) 分別見 **6-15-1** 節~**6-15-3** 節。

## 6-16 近景攝影測量

(1) 何謂近景攝影測量？
(2) 試比較近景攝影測量與航空攝影測量有何不同。
(3) 何謂直接線性轉換 (Direct Linear Transformation, DLT)？有哪些優缺點？
(4) 近景攝影測有哪些優缺點？
[解] (1)見 **6-16-1** 節。(2)見 **6-16-3** 節。(3)見 **6-16-6** 節。(4)見 **6-16-10** 節。

## 同例題 6-26 攝影測量建模應用 DLT 法：投影計算

假設攝影測量已經知道左像模型的 11 個 DLT 參數。假設有物方空間座標如下，試求各點的像素座標。

| 參數 | 已知模型的參數 |
|---|---|
| $L_1$ | 2.19867 |
| $L_2$ | -0.03838 |
| $L_3$ | -0.07679 |
| $L_4$ | -1597.18 |
| $L_5$ | 0.03433 |
| $L_6$ | 2.19707 |
| $L_7$ | -0.11509 |
| $L_8$ | -1188.1 |
| $L_9$ | -0.78684 |
| $L_{10}$ | -1.13801 |
| $L_{11}$ | -21.9599 |

| 點號 | 已知物方空間座標 |||
|---|---|---|---|
| | $X$ | $Y$ | $Z$ |
| 1 | 500 | 500 | 100 |
| 2 | 600 | 600 | 100 |
| 3 | 500 | 600 | 0 |
| 4 | 500 | 500 | 0 |
| 5 | 500 | 600 | 100 |
| 6 | 600 | 500 | 100 |
| 7 | 550 | 550 | 100 |
| 8 | 500 | 550 | 0 |
| 9 | 500 | 550 | 50 |

[解]

| 點號 | 已知物方空間座標 | | | 投影計算的像素座標 | |
|---|---|---|---|---|---|
| | $X$ | $Y$ | $Z$ | $u$ | $v$ |
| 1 | 500 | 500 | 100 | -7669.4 | -1226.5 |
| 2 | 600 | 600 | 100 | -4642.5 | 2094.0 |
| 3 | 500 | 600 | 0 | -5836.9 | 1650.7 |
| 4 | 500 | 500 | 0 | -5720.9 | -801.1 |
| 5 | 500 | 600 | 100 | -7856.2 | 2018.4 |
| 6 | 600 | 500 | 100 | -4507.6 | -1190.0 |
| 7 | 550 | 550 | 100 | -6177.5 | 410.1 |
| 8 | 500 | 550 | 0 | -5778.5 | 417.0 |
| 9 | 500 | 550 | 50 | -6632.1 | 402.1 |

同例題 6-27 攝影測量建模應用 DLT 法：後方交會

假設攝影測量已經知道九個點的物方空間座標、像素座標如下，試計算此點的 **DLT** 參數。

| 點號 | 已知物方空間座標 | | | 已知像素座標 | |
|---|---|---|---|---|---|
| | $X$ | $Y$ | $Z$ | $u$ | $v$ |
| A | 500 | 500 | 100 | -7669.4 | -1226.5 |
| B | 600 | 500 | 100 | -4642.5 | 2094.0 |
| C | 600 | 600 | 100 | -5836.9 | 1650.7 |
| D | 500 | 600 | 100 | -5720.9 | -801.1 |
| E | 500 | 500 | 0 | -7856.0 | 2018.4 |
| H | 500 | 600 | 0 | -4508.0 | -1190.0 |
| A,B,C,D 中點 | 550 | 550 | 100 | -6178.0 | 410.1 |
| H, E 中點 | 500 | 550 | 0 | -5779.0 | 417.0 |
| A, D, H, E 中點 | 500 | 550 | 50 | -6632.0 | 402.1 |

[解] 估計的 DLT 模型參數

| $L_1$ | 2.1987 | $L_5$ | 0.0343 | $L_9$ | -0.7868 |
|---|---|---|---|---|---|
| $L_2$ | -0.0384 | $L_6$ | 2.1971 | $L_{10}$ | -1.1380 |
| $L_3$ | -0.0768 | $L_7$ | -0.1151 | $L_{11}$ | -21.9599 |
| $L_4$ | -1597.178 | $L_8$ | -1188.099 | | |

同例題 6-28 攝影測量建模應用 DLT 法：前方交會

假設攝影測量已經知道左像模型、右像模型的 11 個 DLT 參數如例題 6-28。假設有一像對的像平面座標如下，試求該點的物方空間座標。

| 像點 | 已知的像平面座標 | |
|---|---|---|
| | $u$ | $v$ |
| 左像像點 | 2513.6 | -322.9 |
| 右像像點 | -9289.9 | -229.7 |

[解]

| 估計物方空間座標 | | |
|---|---|---|
| $X$ | $Y$ | $Z$ |
| 419.952 | 530.010 | 69.999 |

## 6-17 遙感探測

(1) 何謂遙感探測？
(2) 試述遙感探測的原理。
(3) 遙測影像有四種解析度 (Resolution) 分別為空間、光譜、輻射與時間，請分別說明其意義。[96 年公務員普考]

[解] (1)見 6-17-1 節 (2)見 6-17-2 節 (3)見 6-17-3 節。

綜合題

(1) 試比較攝影測量幾何方法之優缺點。
(2) 試比較攝影測量建模與應用的方程式、輸入資料、輸出資料。
(3) 試比較攝影測量建模與應用的方程式數目與未知數數目。

[解] (1)見表 6-8。(2)見表 6-9。(3)見表 6-10。

# 第 7 章　地籍測量

7-1　本章提示
7-2　戶地測量
　　　7-2-1　數值法戶地測量
　　　7-2-2　戶地測量之誤差界限
7-3　地籍調查
7-4　地籍圖展繪
7-5　土地分割
7-6　地界整正
7-7　本章摘要

## 7-1　本章提示

　　地籍測量係包括地籍圖 (圖 7-1) 之測製、土地界址之測定、土地面積之清丈與計算，以及土地分割、地界鑑定與整理等之測量，以確定土地之個別權屬為要旨，為地政機關地籍管理之依據。一般地形圖之測繪，以顯示當地之現況為目的；地籍測量，則以確定正確之權利界址為重點。

　　地籍測量之程序如下：
1. 控制測量：傳統控制測量 (三角測量、三邊測量或精密導線測量) 或衛星定位測量。
2. 圖根測量。
3. 戶地測量。
4. 面積計算。
5. 地籍製圖。

　　地籍測量中之控制測量分一等、二等、三等及四等四種，其中一、二等者由中央地政機關辦理；三、四等者由省市地政機關辦理，並以縣 (市) 為實施單位，且應與一、二等者聯繫。圖根測量則依據控制測量之成果，傳統座標測量 (光線法、交會法) 或衛星定位測量施行之。

　　傳統座標測量、衛星定位測量、面積計算等方法在一般測量書籍均有述及，故本章所述僅及 (1) 戶地測量、(2) 地籍調查、(3) 地籍圖展繪、(4) 土地分割、(5) 地界整正等作業。

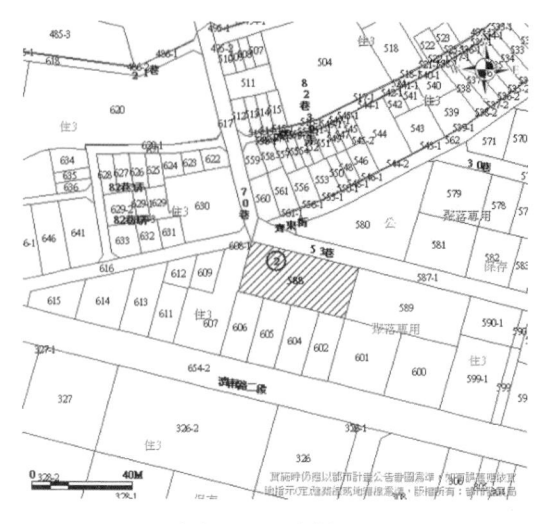

圖 7-1 地籍圖

## 7-2 戶地測量

　　戶地測量以確定一宗地之位置、面積為目的，乃地籍測量中最主要之一環。因戶地測量成果直接影響面積計算與製圖，關係土地所有權之保障及賦稅之準則，故戶地測量必須力求完善，並應使其成果具有復原界址點位之能力。

　　戶地測量所採用之比例尺大小，因地價與使用目的之不同而異：

1. 1/250：適用於都市中心高價地區。
2. 1/500：適用於一般市地。
3. 1/1000：適用於市郊及農地。
4. 1/2500：適用於丘陵地。
5. 1/5000：適用於山區。
6. 1/10000：適用於高山區。

　　臺灣地區之地籍圖，因係接受日據時代之成果，其比例尺分 1/600、1/1200、1/2400、1/4800 等四種，但自民國 65 年起政府實施地籍圖重測之地區，已改採用 1/500 及 1/1000 比例尺。

　　戶地測量之測法可分為：

1. 圖解法

　　所測定之界址點位置於圖上標示，因受點線最小限度及圖紙伸縮之影響，故其精度較低。

2. 數值法

　　所測定之界址點位置以座標值表示，因不受上列原因之影響，故精度較高，且

復原界址點位之能力較佳，便利日後複丈，並可配合電子計算機作業，優點較多。

往昔之戶地測量以採用圖解法為之，但近年來已逐漸以數值法取代之。

## 7-2-1 數值法戶地測量

數值法戶地測量，過去以使用經緯儀及捲尺或電子測距儀為主，近年來已漸採用全站儀或衛星定位測量代之。數值法戶地測量以測定各界址點之座標值為目標，其作業程序如下：

1. **準備圖片**

   數值戶地測量前，應先將每一界址點編定點號。在地籍圖重測地區，可利用原有舊圖參照地籍調查資料，酌予修正，以備編號之用；在無舊圖之新測區，則應臨時描繪草圖順次編號。

2. **編定界址點號**

   配合電子計算機作業需要，將各宗土地界址點按段、街廓順序編列點號，作為測定座標及計算面積之依據，編號方法以自右而左，自上而下為原則，街廓用英文字母（大寫）以代表，各界址點用阿拉伯數字以代表，其數字位數以不超過四位數為原則。

3. **測定界址點座標**

   界址點座標之測量方法在一般測量書籍均有述及，不再贅述。

4. **建立資料檔及展繪**

   將界址測量觀測所得資料，由專人整理後，使用電子計算機程式檢核並計算各界址點座標。再以計算所得之座標，按段、街廓別整理後以座標展繪儀，依所定比例尺，展繪界址點位置，然後核對檢查各宗土地之界址與原地籍圖無誤後，將座標資料，包括土地座落、地號、點號、座標、邊長、面積等，輸入資料檔。

5. **測定圖上座標**

   實地無法指認之界址點而需以原地籍圖界線移繪部分，應依據毗鄰地區實測界址點及原地籍圖放大精確移繪，並利用精密座標量測儀測讀圖上座標輸入資料檔中。

6. **整理原圖**

   依座標展繪儀展繪界址點位置於地籍原圖上，應用紅色墨加註街廓英文字母及各界址點號碼。

## 7-2-2 戶地測量之誤差界限

依據內政部頒布「地籍測量成果檢查規範」規定，數值法戶地地面測量之誤差規定如下：

A. 圖根點至界址點之位置誤差，不得超過以下限制：

| 項目 | 誤差標準 | 最大誤差 |
|---|---|---|
| 市地 | 2 公分 | 6 公分 |
| 農地 | 7 公分 | 20 公分 |
| 山地 | 15 公分 | 40 公分 |

B. 界址點間坐標計算邊長與實測邊長之差，不得超過以下限制 (式中 S 係邊長，以公尺為單位)：

| 項目 | 誤差 |
|---|---|
| 市地 | 2 公分 $+ 0.3$ 公分 $\sqrt{S}$ |
| 農地 | 4 公分 $+ 1$ 公分 $\sqrt{S}$ |
| 山地 | 8 公分 $+ 2$ 公分 $\sqrt{S}$ |

數值法戶地地面測量之誤差大小，不受比例尺影響，只受地區 (市地、農地、山地) 影響。由於數值法地籍測量以地段為施測單位，可視為同一個地段之地籍圖，誤差大小相同。

## 7-3 地籍調查

地籍調查係就每宗(筆)土地之座落、界址、地目、面積、使用狀況，及其所有權人、他項權利人與使用人之姓名、住址等事項，查明註記於地籍調查表，並經土地所有權人之認同，以供測製地籍圖簿之基礎工作。

**1. 地籍調查之特質**

調查結果為戶地測量之依據。調查內容應會同業主與關係人等共同辦理，並認定簽章。調查表應循縣市政府地政單位之行政系統，逐級審查並經縣市長核定後，為權利界址之基本資料，一經核定，即不能任意塗改變更。

**2. 調查準備**

目前臺灣地區實施地籍圖重測之地籍調查，可利用原有圖籍，抄謄攜赴現場核對修正；調查準備工作項目有：

**(1)** 編造地籍調查表：如歷年已建立有資料者，可事先抄錄於表內，並由填表人與

核對者分別蓋章，以示負責。
(2) 曬製地籍藍圖：以供實地調查與測繪參考、協助指界及成果檢查之用。
(3) 蒐集分割與界址鑑定資料：以作為界址調查之參證，亦為處理界址糾紛之有力證據。
(4) 劃分調查區域：依工作數量與預定進度，參照天然境界，劃分調查區域，分配調查人員以辦理之。

3.實地調查
(1) 通知業主指界設標
　　調查人員應依地區，排定日程時間先期通知業主，預先與鄰地協調埋設界樁，屆時到場指界。
(2) 調查土地座落、地號、地目、等則
　　調查業主所指地號，與原地籍圖位置、地目、等則是否相符。如有異動，應將變更情形、原因、日期據實調查，並註明於表內。地目為土地主要使用狀況之表示。
(3) 調查土地權利與使用狀況
　　查明土地權屬、業主住址、他項權利有無變更，及該土地係自用、自耕或出租、放租與使用人姓名、住址等。
(4) 調查界址
　　界址之認定調查，必須獲得鄰地所有權人之同意並蓋章，其指界之方式有下列數種：

　　(a) 到場指界：業主親自到場指界。
　　(b) 代為指界：委託繼承人、代理人或共有人代理指界。
　　(c) 協助指界：界址淹沒，無法指明，得由調查人員鑑定複丈舊地籍圖，予以實地協助指界。
　　(d) 暫定界址：業主未到亦未委託代為指界，調查人員可依鄰地界址、現使用人指界、原地籍圖界址及地方習俗之順序，暫定土地界址。
　　(e) 協議界址：界址如有曲折不利使用時，業主得於地籍調查協議截彎取直，據以設立界標，予以指界，調查人員可將協議結果詳為註明，並繪略圖示之。

4.界址認定
　　土地所有權人雙方所指界址不一致，而有糾紛時，應儘可能參照舊圖各該坵塊形狀、面積等，以協助指界方式協調，如協調無結果時，再送請界址協調會開會調處。界址之認定方法如下：
(1) 宅地界址以牆、路、溝或以屋簷滴水線為界，應會同業主及關係人共同來認定。

**(2)** 農地界址除另有約定外，習慣上當以下認定：
- **(a)** 相鄰等高之田地，以田埂中心為界，有高低差者，田埂屬於高地。
- **(b)** 水田與旱地之界址，不論土地之高低，田埂屬於水田。
- **(c)** 旱地高低懸殊者，以高地之坡腳為界。
- **(d)** 水道之堤岸概屬水道，以堤腳外側為界。
- **(e)** 水池與魚池之界址，以堤岸中心為界。

## 7-4 地籍圖展繪

　　地籍圖之繪製，大致與地形圖相似，但地籍圖關係人民之權利與義務至鉅，故繪製時應慎重為之。以數值法戶地測量者，繪製地籍圖之方法是將界址點座標以座標展繪儀展繪於原圖上，並可由展繪儀自動連結各相鄰界址點之直線，而得地籍原圖。地籍原圖為計算每宗土地面積之依據，故整理及著墨工作，務必依照製圖規格實施，使原圖準確明晰，整齊美觀。地籍原圖繪製完成後，應依戶地量誤差界限，於實地作點位檢測、邊長校核。

　　地籍原圖經檢查合格後，為地政業務工作需要，複製下列各種圖籍，以供使用：

**1. 地籍公告圖**

　　將地籍原圖四幅排成為一幅，以相同比例尺描繪於透明圖片，曬製藍圖後，加註業主姓名及面積 (都市土地坵形過於細小時，得附清冊示之) 為地籍公告圖。

**2. 地籍正圖**

　　地籍原圖經公告三十天，經業主認同或有異議經複丈修正後，即屬確定。此時應以相同圖紙應用靜電照相製版機，複製等大之地籍圖一份 (規格與測量原圖完全相同)，發交地政事務所保管使用，此項複製地籍圖稱為地籍正圖 (圖 7-2)。

**3. 藍曬底圖與地籍副圖**

　　依據公告確定後之地籍原圖描繪，並使地籍原圖四幅拼成為一幅而成之透明圖片，稱為藍曬底圖。以此透明圖片曬製之藍圖二份，交地政事務所日常處理地政事務之用者，稱為地籍副圖。地籍原圖則由省市地政機關集中保管，平時並不隨意使用，以免污損。

**4. 地段圖**

　　就地籍原圖上每宗土地與鄰地界址一併描繪 (影印)，並註明土地座落、地目、地號、比例尺等有關資料。地段圖各宗地過大或過小時，得按原圖比例尺酌量放大或縮小，另行繪圖。地段圖應每宗土地所有權人一張，但地段過大之地段圖，得以能確認其土地座落之該宗地附近之地籍副圖讓給之。

## 5. 縮製地籍圖

依地籍原圖縮製五千分之一或一萬分之一，以供有關機關作為調查規劃之用。

圖 7-2　地籍正圖

## 7-5　土地分割

土地分割係將原土地面積，依地主意願或特定需要，劃分成兩塊以上土地的測量作業。土地分割型式隨其分割原因及要求條件之不同而異，茲僅列舉常見的分割型式說明如下：

1. 過界線上一定點之分割 (圖 7-3)
2. 過土地內一定點之分割 (圖 7-4)
3. 分割線平行於一邊之分割 (圖 7-5)
4. 分割線方位角已知之分割 (圖 7-6)

土地分割之計算方法，多應用幾何原理。茲舉「過界線上一定點之分割」為例，如圖 7-3 所示，界址點 A、B、E、D、F 的座標為已知值。分割點 G 在 AB 界線上，且為定點，故亦可求得其座標。要求一分割點 X，使多邊形 AGXF 之面積等於一指定值 Q。則其分割作業方法為

(1) 由座標法計算 $\Delta AGF$ 面積。
(2) 設 GX 為正確分割線，
則　$\Delta FGX = Q - \Delta AGF$

因 $\Delta FGX = \dfrac{1}{2}\overline{FX}\cdot\overline{FG}\cdot\sin\angle XFG$

由以上兩式得

$Q - \Delta AGF = \dfrac{1}{2}\overline{FX}\cdot\overline{FG}\cdot\sin\angle XFG$

故 $\overline{FX} = \dfrac{2(Q - \Delta AGF)}{\overline{FG}\cdot\sin\angle XFG}$ (7-1 式)

上式中

**(a) ∠XFG=∠DFG=$\varphi_{FG}$-$\varphi_{FD}$**，方位角 $\varphi_{FG}$、$\varphi_{FD}$ 可由座標計算得到。

**(b) FG** 可由座標計算得到。

(3) 按計算所得 **FX** 長度，及方位角 $\varphi_{FX}$ (=$\varphi_{FD}$)，計算 **X** 點座標。

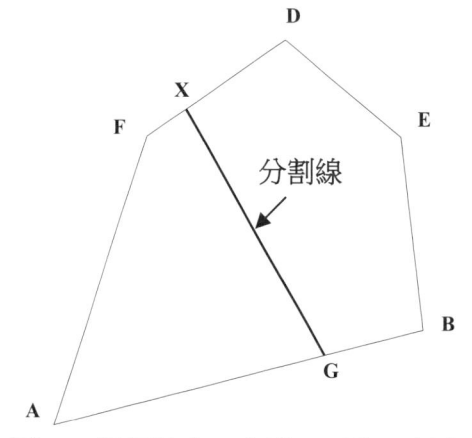

圖 7-3 過界線上一定點 (G 點) 分割

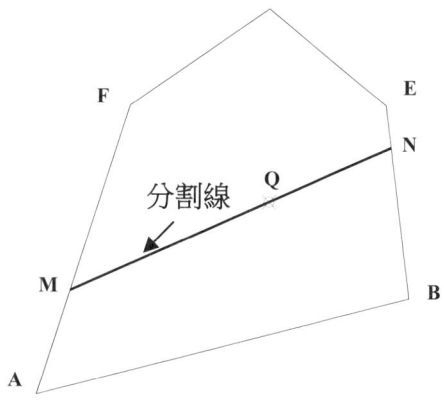

圖 7-4 過土地內一定點 (Q 點) 分割

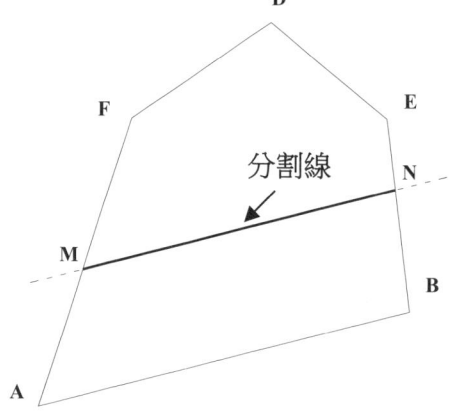

圖 7-5 分割線平行於一邊 (AB) 分割

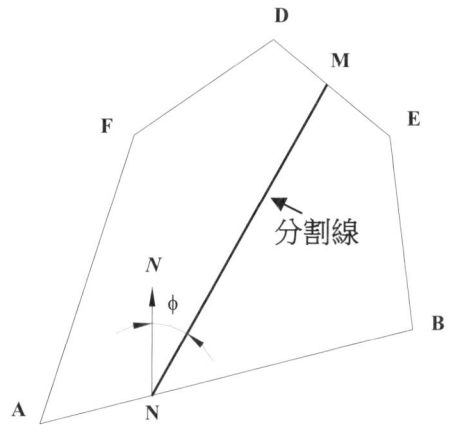

圖 7-6 分割線方位角已知 (30°) 分割

## 例題 7-1　土地分割

如右圖，已知面積各點座標如下：

|   | X | Y |
|---|---|---|
| A | 100.00 | 100.00 |
| B | 900.00 | 300.00 |
| E | 850.00 | 700.00 |
| D | 600.00 | 900.00 |
| F | 300.00 | 700.00 |
| G | 664.71 | 241.18 |

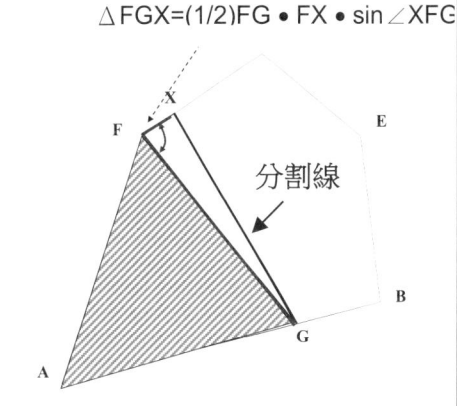

欲過 G 平分面積，試求如何分割？

[95 土木技師] [98 公務員高考]

△FGX=(1/2)FG • FX • sin∠XFG

[解]

多邊形 ABEDF 之面積 = 385000 m²，故其一半為 192500 m²

(1) 由座標法計算 △AGF 面積

　　△AGF=155294.90 m²

(2) 計算 $\overline{FX}$

　　∠XFG ＝ ∠DFG＝φ$_{FG}$－φ$_{FD}$＝141°31′10″－56°18′36″＝85°12′34″

　　$\overline{FG}$ = 586.11 m

　　$\overline{FX} = \dfrac{2(Q - \triangle AGF)}{\overline{FG}\ \sin\angle XFG}$ ＝127.40 m

(3) 計算 X 點座標

　　由 φ$_{FX}$ ＝φ$_{FD}$＝56°18′36″，$\overline{FX}$=127.40 得

　　X 點座標＝ (406.00, 770.67)

# 7-6　地界整正

　　地界整正係將不規則之土地界線，經測量調整成直線的界線，而不變更相鄰土地之面積。其目的在使土地充分發揮其利用價值。於市地或農地重劃時，為求界線整齊起見，常需應用此種作業法，以解決土地分割問題。

　　地界整正之方法，多應用幾何原理，茲舉折線地界之整正為例。如圖 7-7 所示之土地界線為一折線 A、a、b、c、d…h、B。今欲使這折線界線整正為直線，則先在 BF 界線任取一點 G，與界址點 A 相連成直線作為橫軸。並依 A 為原點，依次量得各點之支距與橫距，依面積計算法可算得橫軸上方與土地界線圍成之面積 Q₁，及橫軸下方與土地界線所圍成之面積 Q₂，若 Q₁<Q₂，則應將 G 點沿 BF 界線往下移至

一點 C，使 ΔCAG 之面積等於 $Q_2 - Q_1$，

因　$\Delta CAG = \dfrac{1}{2}\overline{GA} \cdot \overline{GC} \cdot \sin\angle AGC$

故　$\overline{GC} = \dfrac{2\Delta CAG}{\overline{GA} \cdot \sin\angle AGC} = \dfrac{2(Q_2 - Q_1)}{\overline{GA} \cdot \sin\angle AGC}$　　　　　　　　(7-2 式)

依 GC 值即可將 G 點移至 C 點，則 AC 即為整正後之土地新界線。

若 $Q_1 < Q_2$，則仍可依 (7-2 式) 計算 GC，但須將 C 點沿 BF 界線自 G 點往下移。

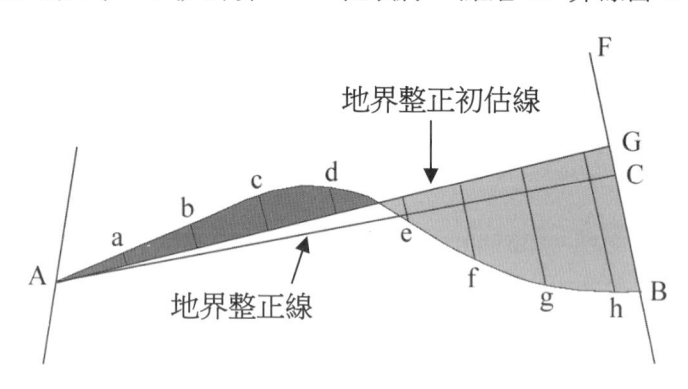

圖 7-7　地界整正

例題 7-2　地界整正

如圖 7-7，已知上方面積 92.76 m²，下方面積 150.56 m²，GA=82.462 m，∠AGC=95°20'25"，試求如何地界整正？

[解]

$\overline{GC} = \dfrac{2\Delta CAG}{\overline{GA}\sin\angle AGC} = \dfrac{2(Q_1 - Q_2)}{\overline{GA}\sin\angle AGC} = \dfrac{2(150.56 - 92.76)}{82.462 \cdot \sin 95°20'25"} = 1.41$

故應將分界線向下移 1.41 m。

## 7-7　本章摘要

1. **地籍測量之程序**：(1) 控制測量 (2) 圖根測量 (3) 戶地測量 (4) 面積計算 (5) 地籍製圖。
2. **戶地測量之測法**：(1) 圖解法 (2) 數值法。
3. **數值法戶地測量**：(1) 準備圖片 (2) 編定界址點號 (3) 測定界址點座標 (4) 建立資料檔及展繪 (5) 測定圖上座標 (6) 整理原圖。
4. **圖解法戶地測量**：(1) 控制點展繪與檢查 (2) 測量補助點 (3) 測量界址 (4) 整

原圖。

5. 戶地測量之誤差界限：參考第 7-2-2 節。
6. 地籍圖展繪：除了地籍原圖外，複製：(1) 地籍公告圖 (2) 地籍正圖 (3) 藍曬底圖與地籍副圖 (4) 地段圖 (5) 縮製地籍圖。
7. 土地分割問題：(1) 過界線上一定點之分割 (2) 過土地內一定點之分割 (3) 分割線平行於一邊之分割 (4) 分割線方位角已知之分割。
8. 地界整正：$\overline{GC} = \dfrac{2\Delta CAG}{GA\sin\angle AGC} = \dfrac{2(Q_1 - Q_2)}{GA\sin\angle AGC}$

## 習 題

### 7-2 戶地測量 ～ 7-4 地籍圖展繪

(1) 試述戶地測量方法與步驟? [解] 見 7-2 節。
(2) 試述戶地測量之誤差界限? [解] 見 7-2 節。
(3) 試述界址認定方法? [解] 見 7-3 節。
(4) 試述地籍用圖之種類? [解] 見 7-4 節。

### 7-5 土地分割

土地分割
(1) 同例題 7-1，但問題改成通過 Q 點平分面積，Q(X, Y)=(491.67, 450.00)。
(2) 同例題 7-1，但問題改成平行 FD 平分面積。
(3) 同例題 7-1，但問題改成以方位角 30° 之直線平分面積。
[解]
(1) M(X, Y)=(133.33, 200.00), N(X, Y)=(850.00, 700.00)
(2) M(X, Y)=(138.12, 214.35), N(X, Y)=(851.28, 689.79)
(3) M(X, Y)=(701.17, 819.07), N(X, Y)=(317.30, 154.35)

### 7-6 地界整正

同例題 7-2，已知上方面積 $250.6 \text{ m}^2$，下方面積 $392.6 \text{ m}^2$，AG=424.6 m，$\angle AGC=85°20'25"$，試求如何地界整正？
[解] 分界線向下移 0.67 m。

# 第 8 章 工程監測

8-1 本章提示
8-2 工程監測原理
8-3 工程監測儀器
8-4 垂直變位監測
8-5 水平變位監測
8-6 傾斜變位監測
8-7 監測數據處理
8-8 工程監測實例：高樓建築
8-9 本章摘要

## 8-1 本章提示

　　建築物和設備在施工過程中和運轉過程中都會發生幾何變形，包括下沉、位移、傾斜，並可能由此產生裂縫、構件撓曲等。不同的建築物有不同的容許變形值。如果實際變形超過了容許值，就會危害建築物或設備的正常使用。例如，不均勻沉陷會使建築物的構件斷裂或牆面裂開。精密機械的導軌如果產生了不均勻變形，會影響其正常運轉。建築技術規則規定：

1. 容許沉陷量：一般建築物 10 cm，煙囪及水塔 30 cm。
2. 容許差異沉陷：2 cm。
3. 構件容許撓度：1/180 - 1/480 跨度。

　　目前，瞭解建築物變形情況最有效的方法就是變形觀測。變形觀測是對建築物上的一些觀測點進行週期性觀測，從這些觀測點座標 (x, y, H) 的變化中瞭解建築物變形的空間分佈和隨時間發展的情況。變形觀測的施測技術與其它精密測量一樣，在一般測量書籍均有述及，本章對此不再重複。本章的任務在於討論與工程監測有關的問題。

　　工程監測係測定地層或結構物於工程施工前、施工中及施工後之變形與變位 (Deformation and Displacement)、沉陷 (Settlement)、應變 (Strain)、應力 (Stress) 及載重 (Load) 等之測量。本章則以變形與變位、沉陷為主。由於其量一般均甚小，測量精度要求高，且必須施行週期性之觀測，並對觀測資料加以分析，方可瞭解情況，並作為施工控制之依據，或提供往後工程設計之參考。

## 8-2 工程監測原理

工程微變具有二個特性：

**1. 微小性**

一般地面測量的量常常相當大，例如距離常達數十至數百公尺，因此數公分的誤差仍能使測量精度達數千至數萬分之一。然而工程微變是指一量在歷經一段時間後的變化量，其量常甚小，例如變位經常只有數 mm，因此公分級的測量誤差經常是不允許的。

**2. 持續性**

一般地面測量的量常常是不變的，例如二個埋設穩固的標石間之水平距離。然而工程微變經常是持續變化的，因為工程微變是指工程施工時的開挖所造成的位移、沉陷、隆起，以及因而引起的結構物之變形、變位，故其量常常持續變化。

基於上述二個特性，在工程監測中有二個重要問題：

**1. 變形的觀測精度**

在制定變形觀測方案時，首先要確定精度要求。如果觀測的目的是為了使變形值不超過某一允許的數值而確保建築物的安全，則其觀測的中誤差應小於允許變形值的 1/10~1/20，如果觀測的目的是為了研究其變形的過程，則其中誤差應比這個數值小得多。

---

**例題 8-1** 已知某基礎的沉陷量之允許變形值為 5 cm，試求需要的變形觀測精度？
[解]
觀測的中誤差應小於允許變形值的 1/10~1/20，故

(1/10)(5)=0.5 cm

(1/20)(5)=0.25 cm

故可知合理的變形觀測精度在 0.25 至 0.5 cm 之間。

---

**2. 變形的觀測週期**

　　假設
(1) 測點座標為 X(可以是 x、y、H 中的某一個量)。
(2) 概估變形速度的最大值為 $V_{max}$，最小值為 $V_{min}$。
(3) 危險的變形量為 $\Delta X_{upper}$。
(4) 觀測中誤差精度為 s，可信賴的變形量為 $\Delta X_{lower} = ks$，其中 k 為由誤差分佈類型和信賴水準所決定的係數，一般可取 2 至 3。則只有當 $\Delta X > \Delta X_{lower}$ 時，才

可以認為 ΔX 是建築物的變形；反之，如果 ΔX<ΔX_lower，這 ΔX 很可能僅僅是測量誤差的反應，不能確認為它就是建築物的變形。

由上述假設可以推得

(1) 設觀測週期為 Δt，則觀測所得之變形量

最大值為 $\Delta X_{max}=V_{max}\Delta t$　　　最小值為 $\Delta X_{min}=V_{min}\Delta t$

(2) 為了使觀測所得之變形量最大值 $\Delta X_{max} < \Delta X_{upper}$

則 $\Delta X_{max} = V_{max}\Delta t < \Delta X_{upper}$　　可推得 $\Delta t < \Delta X_{upper}/V_{max}$

(3) 為了使觀測所得之變形量最小值 $\Delta X_{min} > \Delta X_{lower}$

則 $\Delta X_{min} = V_{min}\Delta t > \Delta X_{lower}$　　可推得 $\Delta t > \Delta X_{lower}/V_{min}$

(4) 綜合 (2)(3) 二點推論，可得合理的變形觀測週期 Δt 公式為

$$\frac{\Delta X_{lower}}{V_{min}} \leq \Delta t \leq \frac{\Delta X_{upper}}{V_{max}} \qquad (8\text{-}1 \text{ 式})$$

簡言之，在工程監測中有二個重要原則：

1. 變量的測量要精密。
2. 變量的測量要持續。

為了提高精密度與保持持續性，可採取「五固定」的方法，即

(1) 固定觀測人員（人）
(2) 固定觀測方法（事）
(3) 固定觀測週期（時）
(4) 固定觀測路徑（地）
(5) 固定觀測儀器（物）

---

例題 8-2 已知某基礎的沉陷量之概估變形速度的最大值為 $V_{max} = 2.5$ mm/日，最小值為 $V_{min} = 0.1$ mm/日，危險的變形量為 $\Delta X_{upper} = 50$ mm，觀測精度為 s=0.5 mm，設 k=2，試求合理的變形觀測週期 Δt?

[解]

由 (8-1 式) 知：

下限：$\Delta X_{lower}/V_{min} = ks/V_{min} = (2)(0.5)/0.1 = 10$ 日

上限：$\Delta X_{upper}/V_{max} = (50)/2.5 = 20$ 日

故可知合理的變形觀測週期 Δt 在 10 至 20 日之間。

## 8-3 工程監測儀器

工程觀測之儀器依功能區分為：

**1. 變形測定儀器 (Deformation Measuring Instruments)**

包括經緯儀、水準儀、捲尺、測微計式的變形計、桿狀伸縮計等，可測定結構物或地層的水平、垂直方向的位移。

**2. 應變測定儀器 (Strain Measuring Instruments)**

包括一般之電氣式應變測定計、振動線圈式應變測定計、光彈式應變測定計等，可測結構物、基礎、支撐之應變。

**3. 應力測定儀器 (Rigid Inclusion Stress Gauge)**

特指裝置於剛性容器內，專門用以測定物體內部應力的應力計而言。如鋼筋應力測定計 (Reinforcing-Bar Stress Transducer) 測定鋼筋應力，應力測定計 (Stress Transducer) 測定混凝土應力等。

**4. 壓力或載重測定儀器 (Dynometers)**

其用途在測定外力或載重量，例如載重儀。

**5. 裂縫觀測儀器**

簡單的裂縫觀測是在裂縫兩側埋上兩個標誌，以後隨著裂縫的開裂用量具 (如鋼直尺等) 去定期丈量標誌的距離，距離變化量就代表裂縫寬度的變化。

工程觀測之儀器依原理區分為：

1. 傳統地面測量 (如經緯儀、水準儀)
2. GPS 測量
3. 攝影測量 (如近景攝影測量)
4. 物理測量 (如連通管可以測高程差、應力測定計測定應力)

## 8-4 垂直變位監測

沉陷觀測是最主要的變形觀測項目。因為沉陷觀測作業簡單、精度高，它不僅能提供沉陷量，還可以推算建築物的傾斜以及水平構件的撓度等。此外，在多數情況下，建築物發生其它變形 (如位移) 的同時，常會產生沉陷。因此，即使對於需要作位移觀測的建築物，常同時安排沉陷觀測。沉陷觀測的主要方法是精密水準測量，在有條件的地方可用靜力水準測量或微距水準測量。

垂直變位測量方法主要有：

**1. 水準儀測量**

大地區之地層下陷，一般採用精密水準測量，所需的精度為一等水準測量。精

密水準測量應嚴守下列幾個原則：
(1) 在測量時水準尺務須扶直並穩定，此項要求可藉標尺背面之圓盒水準器及支桿之助以得之。
(2) 每站水準儀與標尺之距離須相等，且最好各站均取相同之儀器與標尺距離，以避免視準軸誤差、地球曲率誤差、大氣折光誤差。

2. 三角高程測量

可使用全站儀進行三角高程測量較迅速確實。

## 8-5　水平變位監測

對於大壩、橋樑等線型建築物常須進行位移觀測，對於深開挖附近的建築物也須作位移觀測。水平變位測量方法主要有：

1. 座標測量法

基準點距目標點不遠者，可用直接座標測量 (全站儀) 或間接座標測量。基準點距目標點甚遠者，需先實施控制測量，例如導線測量法、三角測量法、自由測站法。

2. 定線法 (圖 8-1)

測量擋土牆或壩體頂端水平變位時，可於擋土牆或壩體頂端上設立與二端參考點在一直線上之若干監測點，定期將經緯儀整置於一端參考點，觀測各測點偏離連結二端參考點之直線之偏角，可得測點之變位。

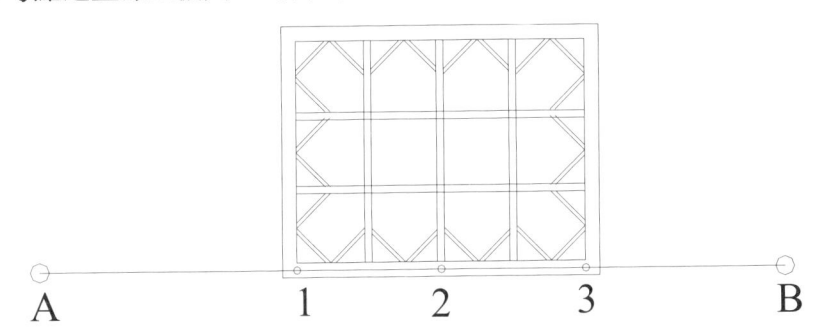

圖 8-1　水平變位監測：定線法 (觀察 1、2、3 監測點偏離 AB 線情況)

## 8-6　傾斜變位監測

傾斜觀測分成二種：

1. 一般傾斜觀測

應用水平位移或垂直位移 (沉陷) 觀測結果推算傾斜：

**(1) 水平位移法 (圖 8-2)**

傾斜度 = 二點相對水平位移 / 二點相對高度差 　　　　　　　　　　(8-2 式)

二點相對水平位移可用經緯儀測量獲得：

(a) 於牆上 P 點放樣一鉛垂線 PQ (注意要取正倒鏡以確認 Q 點)。
(b) 於 Q 點設一水平短線 (約 1 m) MN。
(c) 定期用經緯儀自 P 點放樣一鉛垂線交 MN 線得 R 點，則 QR 之距離即 PQ 二點相對水平位移。
(d) 傾斜度 = $\dfrac{QR}{PQ}$。

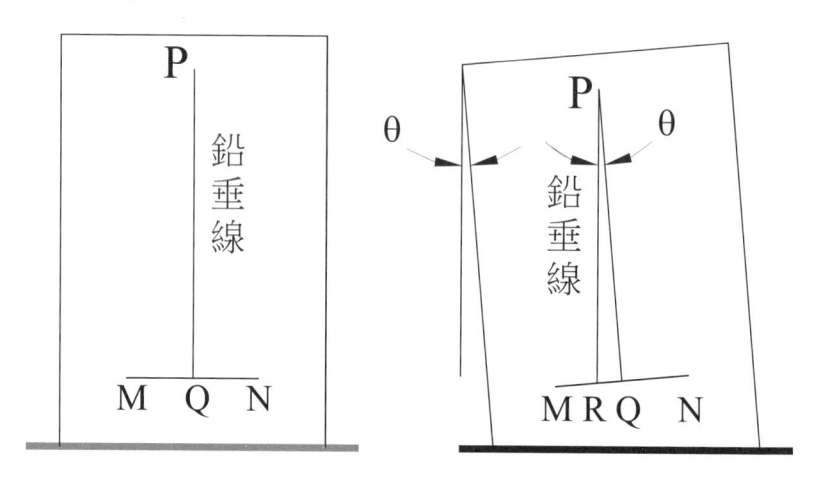

圖 8-2　傾斜觀測（一）：水平位移法 (水平位移=QR)

**(2) 垂直位移法 (圖 8-3)**

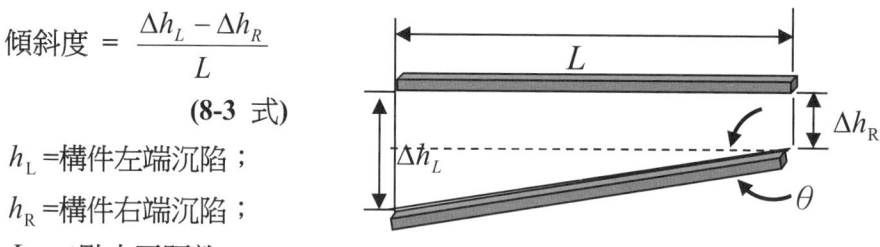

傾斜度 = $\dfrac{\Delta h_L - \Delta h_R}{L}$

　　　　　　(8-3 式)

$h_L$ = 構件左端沉陷；
$h_R$ = 構件右端沉陷；
$L$ = 二點水平距離。

圖 8-3　傾斜觀測（二）：垂直位移法

二端點沉陷可用水準儀測量獲得。

**2. 專門傾斜觀測**

指除了應用水平或垂直位移 (沉陷) 觀測結果推算傾斜度以外的傾斜觀測。

## 8-7 監測數據處理

監測數據處理的工作包括：**(1)** 計算 **(2)** 繪圖 **(3)** 統計，分述如下：

**1. 計算**

(1) 平均變形量 = $\dfrac{\sum S_i}{N}$ (8-4 式)

其中 $S_i$ = 第 $i$ 點觀測值，$N$ = 觀測點數

(2) 傾斜度 = (二點相對水平位移 / 二點相對高度差)×206265" (8-5 式)

或 = (二點相對垂直位移 / 二點水平距離)×206265" (8-6 式)

(3) 撓度 = $\dfrac{\delta}{L} = \dfrac{\Delta h_M - \dfrac{\Delta h_L + \Delta h_R}{2}}{L}$

(8-7 式)

$\delta$ = 構件橫向變形量；$L$ = 構件長；

$h_M$ = 構件中點位移；$h_L$ = 構件左端位移；

$h_R$ = 構件右端位移。

圖 8-4 撓度

(4) 二維位移總量 (圖 8-5)：$\Delta L = \sqrt{\Delta X^2 + \Delta Y^2}$ (8-8 式)

(5) 三維位移總量 (圖 8-6)：$\Delta L = \sqrt{\Delta X^2 + \Delta Y^2 + \Delta Z^2}$ (8-9 式)

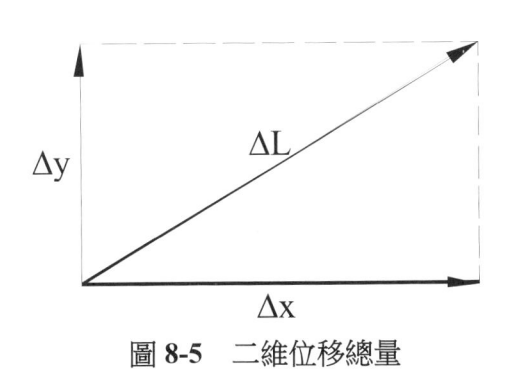

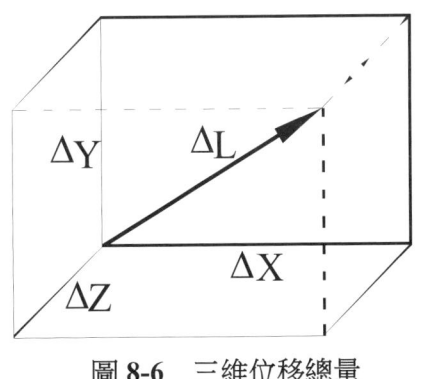

圖 8-5 二維位移總量

圖 8-6 三維位移總量

> **例題 8-3 監測數據計算**
> (1) 已知一高樓上下二點相對水平位移 = 2.0 cm，二點相對高度差 = 30 m，試求傾斜度？
> (2) 已知一長方形廠房東西二點相對垂直位移 = 2.0 cm，二點水平距離 = 50 m，試求傾斜度？
> (3) 已知一長方形廠房其筏基中點沉陷 = 4.5 cm，左端沉陷 = 0.5 cm，右端沉陷 = 2.5 cm，筏基長 50 m，試求筏基撓度？
> (4) 已知一點 X 向位移 2.0 cm，Y 向位移 1.5 cm，試求二維位移總量？
> (5) 已知一點 X 向位移 2.0 cm，Y 向位移 1.5 cm，Z 向位移 1.0 cm，試求三維位移總量？
> 
> [解]
> (1) 0.02/30=1/1500 rad 或 2'17"
> (2) 0.02/50=1/2500 rad 或 1'23"
> (3) 撓度 = (構件中點位移 − 端點位移所造成的中點位移) / 構件長
>   因 端點位移所造成的中點位移 = (左端位移+右端位移)/2 = (0.5+2.5)/2=1.5
>   故 撓度 = (4.5-1.5)/5000=1/1667
> (4) $\Delta L = \sqrt{\Delta X^2 + \Delta Y^2}$ =2.5 cm
> (5) $\Delta L = \sqrt{\Delta X^2 + \Delta Y^2 + \Delta Z^2}$ =2.7 cm

2. 繪圖

   沉陷觀測數據通常作下列幾種圖：

**(1) 變量歷時曲線圖**

   如圖 8-7 為沉陷量歷時曲線圖，由圖可知其值已漸趨穩定，但仍持續增加中，須繼續監測。

**(2) 變量等值線圖**

   如圖 8-8(a) 為 20 m 方格之沉陷觀測記錄，其沉陷量等值線圖如圖 8-8(b) 所示，由圖可知左下角沉陷量最大，右側則有隆起 (沉陷量為負值)。

3. 統計

**(1) 歷時迴歸分析 (圖 8-9)**

   將變位視為時間的函數，以迴歸分析建立迴歸公式，其用途有：

(a) 建立歷時迴歸模型。例如沉陷常與時間有關，可用下式表示

$$S=Ke^{b/T}$$　　　　　　　　　　　　　　　　　　　　　(8-10 式)

其中 S=沉陷量，T=時間，K，b 為迴歸係數。

如圖 8-9 為圖 8-7 沉陷量歷時資料之歷時迴歸分析。

(b) 推估未來變形量。
(c) 推估未來變形最大值。例如 (8-10 式) 中的 K 值即最大值。
(d) 判斷是否有異常。

(2) 空間迴歸分析 (圖 8-10)

將垂直變位視為平面位置的函數，以迴歸分析建立迴歸公式，其用途有：

(a) 建立空間迴歸模型。例如如圖 8-10 為圖 8-8(a) 沉陷觀測記錄之非線性迴歸曲面。注意 Z 軸為沉陷量，沉陷量為負值時表隆起。
(b) 推估某位置之變形量。
(c) 估計最大沉陷量值與其位置。
(d) 判斷是否為剛體沉陷。如果結構為剛體沉陷，則應可用線性迴歸建立一具有高度相關的線性迴歸公式。

(3) 因果迴歸分析 (圖 8-11)

將變位視為其它因子的函數，以迴歸分析建立迴歸公式，其用途有：

(a) 建立因果迴歸模型。例如圖 8-11 為沉陷量與上方載重量的迴歸分析，由圖可知二者有線性正比關係。
(b) 推估某狀態下變形量。
(c) 判斷是否有異常。如果實際值偏離預測值很遠，可能有異常事件發生，應檢討發生原因。

迴歸分析方法請參考統計學專書。

| 2.3 | 2.5 | 1.8 | 1.1 | 0.3 | -0.4 |
|---|---|---|---|---|---|
| 3.3 | 3.3 | 2.5 | 1.1 | -0.4 | -1.2 |
| 4.3 | 4.5 | 3.1 | 1.1 | -1.1 | -2.5 |
| 5.4 | 5.3 | 3.7 | 0.9 | -1.5 | -3.3 |
| 5.8 | 5.9 | 4.0 | 0.9 | -1.9 | -3.8 |
| 5.3 | 5.2 | 3.7 | 1.1 | -1.6 | -3.4 |

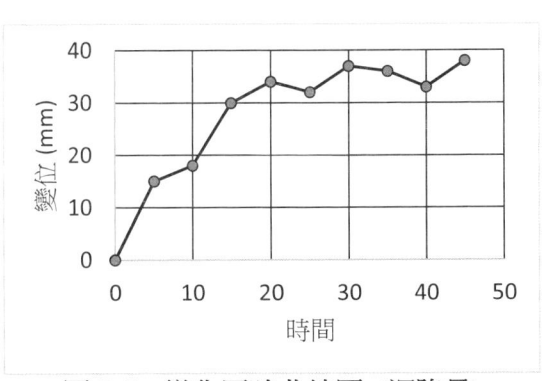

圖 8-7　變化歷時曲線圖 (沉陷量)　　圖 8-8(a)　沉陷觀測記錄 (沉陷量)

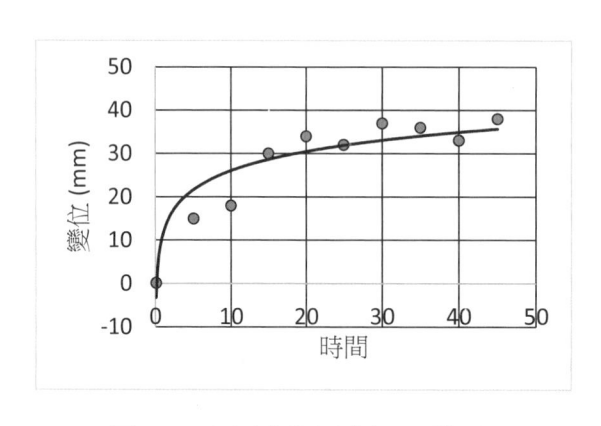

圖 8-9　歷時迴歸分析 (沉陷量)

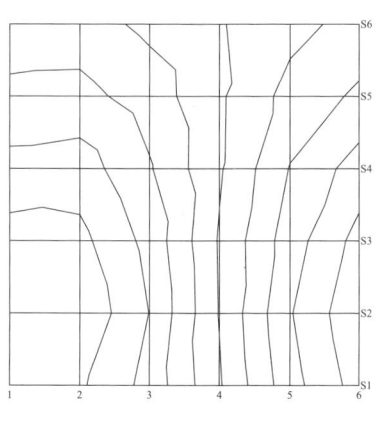

圖8-8(b)　等值線圖 (沉陷量)

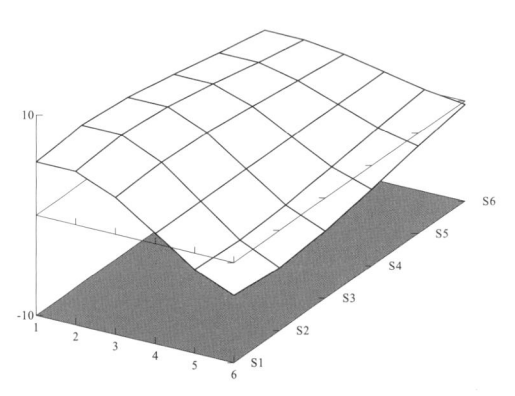

圖 8-10　空間迴歸分析 (沉陷量)

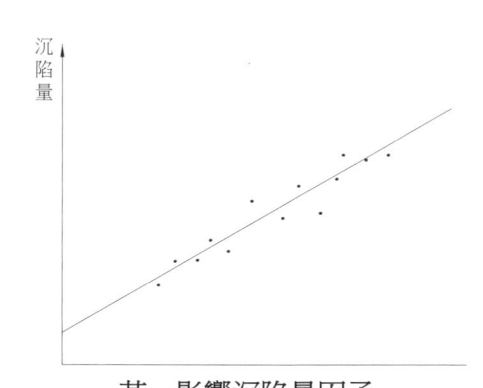

某一影響沉陷量因子

圖8-11　因果迴歸分析 (沉陷量)

## 8-8　工程監測實例：高樓建築

　　都市高樓建築工程常緊鄰建物施工。由於開挖作業可能對鄰近建物、道路產生下陷、傾斜、位移等公害，故必須藉由工程監測以實際掌握整個工程對於周遭環境之影響。

　　高樓建築工程的監測項目與儀器如下：

1. 結構物之垂直變位：可利用水準儀進行水準測量。
2. 結構物之水平變位：可利用全站儀進行三維變位測量。
3. 擋土設施之移位：可利用傾斜計進行傾度測量。
4. 支撐系統之應力：可利用應力計進行應力測量。
5. 支撐系統之應變：可利用應變計進行應力測量。

6. 四周地表之沉陷：可利用水準儀進行水準測量。
7. 開挖表面之隆起：可利用隆起桿進行隆起測量。
8. 土壤之壓力：可利用土壓計進行土壓測量。
9. 水壓及水位：可利用水壓計進行水壓測量及水位觀測。

　　以一個地上 20 層，地下 3 層之高樓建築工程為例，該高樓施工基地前面緊鄰道路，另二邊各有一地上 10 層地下 2 層，及地上 15 層地下 3 層之建築物。該工程觀測系統儀器使用數量及觀測頻率如表 8-1 所示。

表 8-1　高樓建築工程施工監測系統儀器數量及觀測週期表

| 項　　目 | 儀器數量 | 觀測週期 |
| --- | --- | --- |
| 傾　斜　計 | 4 支 | 7 日 (或每逢基地挖土前後，支撐施預力前後，拆除支撐前後) |
| 鋼筋應變計 | 40 個 | 2 日 |
| 振動應變計 | 80 個 | 1 日 |
| 沉陷計(周圍) | 40 個 | 7 日 |
| 　　(筏基) | 20 個 | 7 日 (或每層澆築混凝土前後) |
| 隆　起　桿 | 4 支 | 7 日 (或每逢基地挖土前後) |
| 土　壓　計 | 8 個 | 2 日 |
| 水　壓　計 | 20 支 | 2 日 |

# 8-9　本章摘要

1. 工程微變特性：**(1)** 微小性，**(2)** 持續性。
2. 變形觀測精度：誤差 < 1/10~1/20 允許變形值。
3. 變形觀測週期：$\Delta X_{lower}/V_{min}$ < $\Delta t$ < $\Delta X_{upper}/V_{max}$。
4. 工程監測原則：**(1)** 變量的測量要精密，**(2)** 變量的測量要持續。
5. 工程監測儀器：
   **(1)** 變形測定儀器 (Deformation Measuring Instruments)
   **(2)** 應變測定儀器 (Strain Measuring Instruments)
   **(3)** 應力測定儀器 (Rigid Inclusion Stress Gauge)
   **(4)** 壓力或載重測定儀器 (Dynometers)
   **(5)** 裂縫觀測儀器
6. 垂直變位監測
   **(1)** 水準儀測量：所需的精度相當於一等水準測量。

(2) 三角高程測量：可使用全站儀進行三角高程測量較迅速確實。
7. 水平變位監測：**(1)** 座標測量法 **(2)** 定線法。
8. 傾斜變位監測
　　**(1)** 一般傾斜觀測
　　　　**(a)** 水平位移法：傾斜度 = 二點相對水平位移 / 二點相對高度差
　　　　**(b)** 垂直位移法：傾斜度 = 二點相對垂直位移 / 二點水平距離
　　**(2)** 專門傾斜觀測
9. 監測數據處理：**(1)** 計算 **(2)** 繪圖 **(3)** 統計。
10. 監測數據計算
　　**(1)** 平均變形量 = $\dfrac{\sum S_i}{N}$
　　**(2)** 傾斜度
　　　　傾斜度 = (二點相對水平位移 / 二點相對高度差) × 206265"
　　　　傾斜度 = (二點相對垂直位移 / 二點水平距離) × 206265"
　　**(3)** 撓度 = (構件中點位移 − 構件端點位移所造成的中點位移) / 構件長
　　**(4)** 二維位移總量 $\Delta L = \sqrt{\Delta X^2 + \Delta Y^2}$
　　**(5)** 三維位移總量 $\Delta L = \sqrt{\Delta X^2 + \Delta Y^2 + \Delta Z^2}$
12. 監測數據繪圖：**(1)** 變量歷時曲線圖 **(2)** 變量等值線圖。
13. 監測數據統計分析：**(1)** 歷時迴歸分析 **(2)** 空間迴歸分析 **(3)** 因果迴歸分析。
14. 工程監測實例 (高樓建築)：參考第 8-8 節。

# 習題

**8-2 工程監測原理**

**(1)** 工程監測問題有何特性?
**(2)** 已知某基礎的沉陷量之允許變形值為 2 cm，試求需要的變形的觀測精度?
**(3)** 同例題 8-2，已知 $V_{max} = 2$ mm/日，$V_{min} = 0.2$ mm/日，$\Delta X_{upper} = 20$ mm，s=0.5 mm， k=2，試求合理的變形觀測週期 $\Delta t$。
[解] **(1)** 見 8-2 節。**(2)** 1 mm - 2 mm **(3)** 5-10 日。

**8-3 工程監測儀器~ 8-6 傾斜變位監測**

**(1)** 工程監測儀器有哪些？
**(2)** 垂直變位監測方法有哪些？

**(3)** 水平變位監測方法有哪些？

**(4)** 傾斜變位監測方法有哪些？

[解] (1)~(4) 分別見 8-3 節~ 8-6 節。

## 8-7 監測數據處理

**(1)** 已知一高樓上下二點相對水平位移=1.0 cm，二點相對高度差=25m，試求傾斜度？

**(2)** 已知一長方形廠房東西二點相對垂直位移 = 3.0 cm，二點水平距離 = 150 m，試求傾斜度？

**(3)** 已知一長方形廠房其筏基中點沉陷 = 2.5 cm，左端沉陷 = 1.5 cm，右端沉陷 = 2.0 cm，筏基長 150 m，試求筏基撓度？

**(4)** 已知一點 X 向位移 1.0 cm，Y 向位移 2.5 cm，試求二維位移總量？

**(5)** 已知一點 X 向位移 1.0 cm，Y 向位移 2.5 cm，Z 向位移 3.0 cm，試求三維位移總量？

[解] (1) 1'23"   (2) 41"   (3) 1/20000   (4) 2.7 cm   (5) 4.0 cm

## 8-8 工程監測實例

　　在都市建設工程中，緊鄰建築物施工也漸不可避免，但為瞭解施工對鄰近建物的影響，以採取必要措施，多備有監測計劃，今有一施工基地其範圍如圖示，所施築者為地上十八層，地下三層之建築物，工期預計為三十個月，鄰近建築物之分佈亦如圖示。如果你是接受委託之測量技師，進行有關鄰近建物之安全監測，請擬出監測計畫。此計畫內容至少需包括目的、綱要、內容、時程、人員配備、量測方法、記錄格式等。[81-2 土技檢覈]

[解] 見 8-8 節。

　　設欲在一油槽建造完成後，於使用時可定期監測其變形及沉陷，試問建造時在油槽上及附近佈設何種裝置，以便日後監測，以及如何監測?[78 土木技師高考]

[解] 見 8-8 節。

# 第 9 章 誤差理論

9-1 本章提示
9-2 誤差傳播定律：矩陣法
    9-2-1 線性函數之廣義誤差傳播定律矩陣法
    9-2-2 非線性函數之廣義誤差傳播定律矩陣法
9-3 誤差橢圓
    9-3-1 絕對誤差
    9-3-2 相對誤差
    9-3-3 座標誤差橢圓的特例
9-4 本章摘要

## 9-1 本章提示

在測量工作中，無論如何小心從事，謹慎操作，其所測得之結果，總會多少有一點誤差。例如以捲尺量距離時，往返測量兩次，未能得相同之值。因此，絕無任何測量，係屬完全正確無誤差者。測量之觀測值與真值之差，即為測量之誤差 (Error)。為使誤差不超過規定之界限，必須瞭解誤差發生之原因及其對成果之影響。

誤差之種類可歸納為三大類：(1) 錯誤 (Mistakes)，(2) 系統誤差 (Systematic errors)，(3) 偶然誤差 (Accidental errors)。錯誤必須排除，系統誤差必須改正，但偶然誤差係由於儀器精密度之極限，人類感官敏銳度之極限，與自然環境之微小變化等所引起之誤差。此種誤差其出現為偶然，無法立即查出，並具有下列特性： (1) 正負誤差出現的機率相當。(2) 較小值出現的機率較大。(3) 極端值出現的機率甚小。(4) 常成常態分佈。

在統計學上，由於變數含有誤差，而使函數受其影響也含有誤差，稱之為「誤差傳播」。例如圖 9-1 是模擬全站儀測量時，因測距與測角誤差導致座標產生誤差，此時這些座標點位的散佈情況。闡述這種關係的定律稱為「誤差傳播定律」。估計誤差的範圍是成熟的測量人員必備的知識，因此必須熟悉「誤差傳播定律」原理及其應用。關於「誤差傳播定律」可參考本書的姊妹作「測量學—21 世紀觀點」或其他相關書籍，在此不再贅述。

本章將探討兩個與「誤差傳播定律」相關的重要知識：(1) 誤差傳播定律的矩陣法 (2) 誤差橢圓。

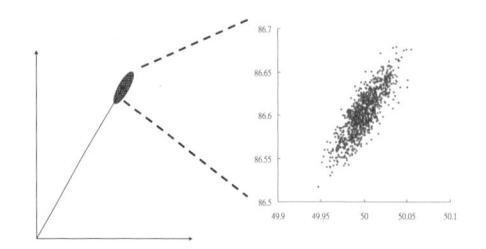

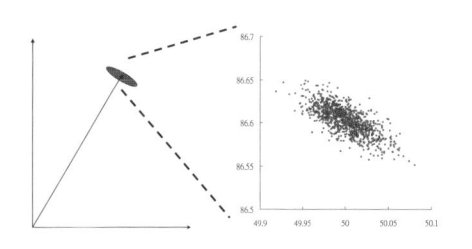

**(a)** 距離誤差大　　　　　　　　　　**(b)** 角度誤差大

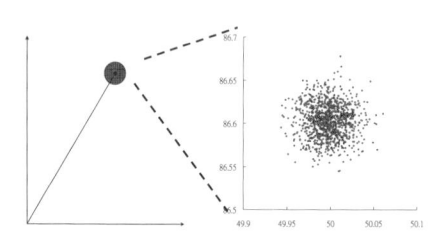

**(c)** 距離、角度誤差相當

圖 **9-1**　全站儀誤差傳播模擬

## 9-2 誤差傳播定律：矩陣法
### 9-2-1 線性函數之廣義誤差傳播定律矩陣法

如果有多個因變數，即有多個線性函數，此時線性函數可以寫成矩陣形式

$$Y = AX \tag{9-1 式}$$

其中 **Y**=因變數向量；**X**=觀測變數向量；**A**=觀測係數矩陣

$$Y = \begin{Bmatrix} y_1 \\ y_2 \\ \vdots \\ y_m \end{Bmatrix} \qquad X = \begin{Bmatrix} x_1 \\ x_2 \\ \vdots \\ x_n \end{Bmatrix} \qquad A = \begin{bmatrix} a_{11} & a_{12} & \cdots & a_{1n} \\ a_{21} & a_{22} & \cdots & a_{2n} \\ \vdots & \vdots & \ddots & \vdots \\ a_{m1} & a_{m2} & \cdots & a_{mn} \end{bmatrix}$$

則　觀測變數最或是值向量　$\overline{Y} = A\overline{X}$ 　　　　　　　　(9-2 式)

觀測變數共變異數矩陣　$\Sigma_Y = A \cdot \Sigma_X \cdot A^T$ 　　　　　　(9-3 式)

(注意 $\Sigma$ 是共變異數矩陣，不是加總的數學符號)

其中

$$\Sigma_Y = \begin{bmatrix} \sigma_{y1}^2 & \sigma_{y2y1} & \cdots & \sigma_{ymy1} \\ \sigma_{y1y2} & \sigma_{y2}^2 & \cdots & \sigma_{ymy2} \\ \vdots & \vdots & \ddots & \vdots \\ \sigma_{y1ym} & \sigma_{y2ym} & \cdots & \sigma_{ym}^2 \end{bmatrix} \quad \Sigma_X = \begin{bmatrix} \sigma_{x1}^2 & \sigma_{x2x1} & \cdots & \sigma_{xnx1} \\ \sigma_{x1x2} & \sigma_{x2}^2 & \cdots & \sigma_{xnx2} \\ \vdots & \vdots & \ddots & \vdots \\ \sigma_{x1xn} & \sigma_{x2xn} & \cdots & \sigma_{xn}^2 \end{bmatrix}$$

**例題 9-1 觀測變數共變異數矩陣**

設觀測了 **A, B, C, D** 四點高程，假設這些高程之間互相獨立，中誤差都是 **0.5 cm**，令 $\Delta H_{A,B} = H_B - H_A \quad \Delta H_{B,C} = H_C - H_B \quad \Delta H_{C,D} = H_D - H_C$

則 $\Delta H_{A,B}$, $\Delta H_{B,C}$, $\Delta H_{C,D}$ 的共變異數矩陣為何？

[解]

令 $X = \begin{Bmatrix} H_A \\ H_B \\ H_C \\ H_D \end{Bmatrix}$ 與 $Y = \begin{Bmatrix} \Delta H_{AB} \\ \Delta H_{BC} \\ \Delta H_{CD} \end{Bmatrix}$

由 $Y = AX$

得 $A = \begin{bmatrix} -1 & 1 & 0 & 0 \\ 0 & -1 & 1 & 0 \\ 0 & 0 & -1 & 1 \end{bmatrix}$

因假設這些高程之間互相獨立，中誤差都是 **0.5 cm**，故

$$\Sigma_X = \begin{bmatrix} 0.5^2 & 0 & 0 & 0 \\ 0 & 0.5^2 & 0 & 0 \\ 0 & 0 & 0.5^2 & 0 \\ 0 & 0 & 0 & 0.5^2 \end{bmatrix} = 0.25 \cdot \begin{bmatrix} 1 & 0 & 0 & 0 \\ 0 & 1 & 0 & 0 \\ 0 & 0 & 1 & 0 \\ 0 & 0 & 0 & 1 \end{bmatrix}$$

$\Sigma_Y = A \cdot \Sigma_X \cdot A^T$

$$= \begin{bmatrix} -1 & 1 & 0 & 0 \\ 0 & -1 & 1 & 0 \\ 0 & 0 & -1 & 1 \end{bmatrix} \cdot 0.25 \cdot \begin{bmatrix} 1 & 0 & 0 & 0 \\ 0 & 1 & 0 & 0 \\ 0 & 0 & 1 & 0 \\ 0 & 0 & 0 & 1 \end{bmatrix} \cdot \begin{bmatrix} -1 & 1 & 0 & 0 \\ 0 & -1 & 1 & 0 \\ 0 & 0 & -1 & 1 \end{bmatrix}^T$$

$$= 0.25 \cdot \begin{bmatrix} 2 & -1 & 0 \\ -1 & 2 & -1 \\ 0 & -1 & 2 \end{bmatrix}$$

**特例 1**：當因變數向量 **Y** 只有一個元素時，也可用公式法求解。公式法

$$m_Y^2 = \sum_{i=1}^{n} k_i^2 \mathrm{m}_i^2 + 2\sum_{j>i}^{n} k_i k_j m_{ij} \tag{9-4 式}$$

**例題 9-2** 觀測變數共變異數矩陣

假設有觀測函數 $Y = X_1 + 2X_2 - 3X_3$

$\Sigma_X = \begin{bmatrix} 4 & 0 & 1 \\ 0 & 2 & 0 \\ 1 & 0 & 3 \end{bmatrix}$，試求觀測變數共變異數矩陣 $\Sigma_Y$。

**[解]**

**(1) 矩陣法**

$$\Sigma_Y = A \cdot \Sigma_X \cdot A^T = \{1 \quad 2 \quad -3\} \begin{bmatrix} 4 & 0 & 1 \\ 0 & 2 & 0 \\ 1 & 0 & 3 \end{bmatrix} \begin{Bmatrix} 1 \\ 2 \\ -3 \end{Bmatrix} = 33$$

**(2) 公式法**

$$m_Y^2 = \sum_{i=1}^{n} k_i^2 \mathrm{m}_i^2 + 2\sum_{j>i}^{n} k_i k_j m_{ij}$$

$$= (1)^2(4) + (2)^2(2) + (-3)^2(3) + 2\big((1)(2)(0) + (1)(-3)(1) + (2)(-3)(0)\big) = 33$$

注意共變異數矩陣中的對角元素 **4, 2, 3** 是 $m_i^2$，不必再平方一次。

特例 **2**：當誤差隨機變數互相獨立時，上式的非對角元素為 **0**。

$$\Sigma_X = \begin{bmatrix} \sigma_{x1}^2 & 0 & \cdots & 0 \\ 0 & \sigma_{x2}^2 & \cdots & 0 \\ \vdots & \vdots & \ddots & \vdots \\ 0 & 0 & \cdots & \sigma_{xn}^2 \end{bmatrix}$$    (9-5 式)

此時，觀測變數 **Y** 的共變異數矩陣是一個對稱矩陣，速算公式如下：

$$\sigma_{kl} = \sum_j a_{kj} a_{lj} \sigma_j^2$$    (9-6 式)

例題 **9-3** 觀測變數共變異數矩陣

假設 $\begin{Bmatrix} Y_1 \\ Y_2 \end{Bmatrix} = \begin{bmatrix} a_{11} & a_{12} \\ a_{21} & a_{22} \end{bmatrix} \begin{Bmatrix} X_1 \\ X_2 \end{Bmatrix}$   $\Sigma_X = \begin{bmatrix} \sigma_1^2 & 0 \\ 0 & \sigma_2^2 \end{bmatrix}$

試求觀測變數共變異數矩陣 $\Sigma_Y = A \cdot \Sigma_X \cdot A^T$

[解]

**(1) 矩陣法**

$$\Sigma_Y = \begin{bmatrix} \sigma_{Y_1}^2 & \sigma_{Y_1 Y_2} \\ \sigma_{Y_1 Y_2} & \sigma_{Y_2}^2 \end{bmatrix} = A \cdot \Sigma_X \cdot A^T = \begin{bmatrix} a_{11} & a_{12} \\ a_{21} & a_{22} \end{bmatrix} \cdot \begin{bmatrix} \sigma_1^2 & 0 \\ 0 & \sigma_2^2 \end{bmatrix} \cdot \begin{bmatrix} a_{11} & a_{12} \\ a_{21} & a_{22} \end{bmatrix}^T$$

$$= \begin{bmatrix} a_{11} \sigma_1^2 & a_{12} \sigma_2^2 \\ a_{21} \sigma_1^2 & a_{22} \sigma_2^2 \end{bmatrix} \cdot \begin{bmatrix} a_{11} & a_{21} \\ a_{12} & a_{22} \end{bmatrix}$$

$$= \begin{bmatrix} a_{11}^2 \sigma_1^2 + a_{12}^2 \sigma_2^2 & a_{11} a_{21} \sigma_1^2 + a_{12} a_{22} \sigma_2^2 \\ a_{11} a_{21} \sigma_1^2 + a_{12} a_{22} \sigma_2^2 & a_{21}^2 \sigma_1^2 + a_{22}^2 \sigma_2^2 \end{bmatrix}$$

**(2) 公式法**

因為誤差隨機變數互相獨立，故可用速算公式得到相同答案。

$$\sigma_{11} = \sum_j a_{1j} a_{1j} \sigma_j^2 = a_{11}^2 \sigma_1^2 + a_{12}^2 \sigma_2^2$$

$$\sigma_{12} = \sum_j a_{1j} a_{2j} \sigma_j^2 = a_{11} a_{21} \sigma_1^2 + a_{12} a_{22} \sigma_2^2$$

$$\sigma_{21} = \sum_j a_{2j}a_{1j}\sigma_j^2 = a_{11}a_{21}\sigma_1^2 + a_{12}a_{22}\sigma_2^2$$

$$\sigma_{22} = \sum_j a_{2j}a_{2j}\sigma_j^2 = a_{21}^2\sigma_1^2 + a_{22}^2\sigma_2^2$$

### 9-2-2 非線性函數之廣義誤差傳播定律矩陣法

同理，非線性函數之「廣義誤差傳播定律」可以寫成矩陣形式如下

$$Y = F(X) \tag{9-7 式}$$

其中 **Y**=因變數向量；**F(X)**= 非線性函數之向量

$$Y = \begin{Bmatrix} y_1 \\ y_2 \\ \vdots \\ y_m \end{Bmatrix} \qquad F(X) = \begin{Bmatrix} f_1(X) \\ f_2(X) \\ \vdots \\ f_m(X) \end{Bmatrix}$$

則　觀測變數最或是值向量　$\overline{Y} = F(\overline{X})$ (9-8 式)

觀測變數共變異數矩陣　$\Sigma_Y = A \cdot \Sigma_X \cdot A^T$ (9-9 式)

其中
$$A = \begin{bmatrix} \dfrac{\partial f_1}{\partial x_1} & \dfrac{\partial f_1}{\partial x_2} & \cdots & \dfrac{\partial f_1}{\partial x_n} \\ \dfrac{\partial f_2}{\partial x_1} & \dfrac{\partial f_2}{\partial x_2} & \cdots & \dfrac{\partial f_2}{\partial x_n} \\ \vdots & \vdots & \ddots & \vdots \\ \dfrac{\partial f_m}{\partial x_1} & \dfrac{\partial f_m}{\partial x_2} & \cdots & \dfrac{\partial f_m}{\partial x_n} \end{bmatrix} \tag{9-10 式}$$

**例題 9-4** 直角座標轉極座標：距離與角度計算

以矩陣法重解例題 9-31。**(只需解方位角、距離之中誤差)**

[解]

$$Y = \begin{Bmatrix} \Phi_{AB} \\ S_{AB} \end{Bmatrix} \qquad F(X) = \begin{Bmatrix} f_1(X) \\ f_2(X) \end{Bmatrix} = \begin{Bmatrix} \tan^{-1}\left(\dfrac{X_B - X_A}{Y_B - Y_A}\right) \\ \sqrt{(X_B - X_A)^2 + (X_B - X_A)^2} \end{Bmatrix}$$

$$A = \begin{bmatrix} \dfrac{\partial \Phi_{AB}}{\partial X_A} & \dfrac{\partial \Phi_{AB}}{\partial X_B} & \dfrac{\partial \Phi_{AB}}{\partial Y_A} & \dfrac{\partial \Phi_{AB}}{\partial Y_B} \\ \dfrac{\partial S_{AB}}{\partial X_A} & \dfrac{\partial S_{AB}}{\partial X_B} & \dfrac{\partial S_{AB}}{\partial Y_A} & \dfrac{\partial S_{AB}}{\partial Y_B} \end{bmatrix}$$

$$= \begin{bmatrix} \dfrac{-(Y_B - Y_A)}{S^2} & \dfrac{(Y_B - Y_A)}{S^2} & \dfrac{(X_B - X_A)}{S^2} & \dfrac{-(X_B - X_A)}{S^2} \\ -\dfrac{X_B - X_A}{S} & \dfrac{X_B - X_A}{S} & -\dfrac{Y_B - Y_A}{S} & \dfrac{Y_B - Y_A}{S} \end{bmatrix}$$

將 $S = 200.000$，$(X_B - X_A) = 173.205$，$(Y_B - Y_A) = 100.000$ 代入，得

$$A = \begin{bmatrix} -0.0025 & 0.0025 & 0.00433 & -0.00433 \\ -0.866 & 0.866 & -0.5 & 0.5 \end{bmatrix}$$

$$\Sigma_X = \begin{bmatrix} \sigma_{XA}^2 & 0 & 0 & 0 \\ 0 & \sigma_{XB}^2 & 0 & 0 \\ 0 & 0 & \sigma_{YA}^2 & 0 \\ 0 & 0 & 0 & \sigma_{YB}^2 \end{bmatrix} = \begin{bmatrix} 0.01^2 & 0 & 0 & 0 \\ 0 & 0.01^2 & 0 & 0 \\ 0 & 0 & 0.01^2 & 0 \\ 0 & 0 & 0 & 0.01^2 \end{bmatrix}$$

因為誤差隨機變數互相獨立，故 $\Sigma_X$ 共變異數矩的非對角元素為 0，此時可用速算公式

$$\sigma_{kl} = \sum_j a_{kj} a_{lj} \sigma_j^2 \text{ 得}$$

$$\Sigma_Y = \begin{bmatrix} \sigma_{Y_1}^2 & \sigma_{Y_1 Y_2} \\ \sigma_{Y_1 Y_2} & \sigma_{Y_2}^2 \end{bmatrix} = \begin{bmatrix} 5.00 \times 10^{-9} & 0.000000 \\ 0.000000 & 0.000200 \end{bmatrix}$$

(注意此題 $\Sigma_Y$ 共變異數矩的非對角元素為 0 是特例)

**AB 之方位角之中誤差：**

$\quad m_{\Phi AB}^2 = 5.00 \times 10^{-9}$，故 $m_{\Phi AB} = \pm 7.07 \times 10^{-5}$ (以弧度為單位)

$\quad m_{\Phi AB} = \pm 7.07 \times 10^{-5} \times 206265'' = \pm 14.6''$ (以秒為單位)

**AB 之距離之中誤差：** $m_{SAB}^2 = 2.0 \times 10^{-4}$，故 $m_{SAB} = \pm 0.014 m$

## 例題 9-5  極座標轉直角座標

以矩陣法重解例題 9-33。(只需解直角座標中誤差)(注意 $X_A$, $Y_A$ 無誤差)

**[解]**

$$Y = \begin{Bmatrix} X_B \\ Y_B \end{Bmatrix} \qquad F(X) = \begin{Bmatrix} f_1(X) \\ f_2(X) \end{Bmatrix} = \begin{Bmatrix} X_A + S \cdot \sin\phi \\ Y_A + S \cdot \cos\phi \end{Bmatrix}$$

$$A = \begin{bmatrix} \dfrac{\partial X_B}{\partial S} & \dfrac{\partial X_B}{\partial \phi} \\ \dfrac{\partial Y_B}{\partial S} & \dfrac{\partial Y_B}{\partial \phi} \end{bmatrix} = \begin{bmatrix} \sin\phi & S\cos\phi \\ \cos\phi & -S\sin\phi \end{bmatrix} \qquad \Sigma_X = \begin{bmatrix} m_S^2 & 0 \\ 0 & m_\phi^2 \end{bmatrix}$$

因為誤差隨機變數互相獨立，故 $\Sigma_X$ 共變異數矩的非對角元素為 **0**，此時可用速算公式

$$\sigma_{kl} = \sum_j a_{kj} a_{lj} \sigma_j^2 \quad \text{得}$$

$$\Sigma_Y = \begin{bmatrix} \sigma_{Y_1}^2 & \sigma_{Y_1 Y_2} \\ \sigma_{Y_1 Y_2} & \sigma_{Y_2}^2 \end{bmatrix}$$

$$= \begin{bmatrix} (\sin\phi)^2 m_S^2 + (S \cdot \cos\phi)^2 m_\phi^2 & \sin\phi\cos\phi\, m_S^2 - S^2 \cdot \sin\phi\cos\phi\, m_\phi^2 \\ \sin\phi\cos\phi\, m_S^2 - S^2 \cdot \sin\phi\cos\phi\, m_\phi^2 & (\cos\phi)^2 m_S^2 + (-S \cdot \sin\phi)^2 m_\phi^2 \end{bmatrix}$$

(注意此題 $\Sigma_Y$ 共變異數矩的非對角元素不為 **0**，代表 $X_B, Y_B$ 之間是相關的)

故 $m_{XB}^2 = (\sin\phi)^2 m_S^2 + (S \cdot \cos\phi)^2 m_\phi^2$

$m_{YB}^2 = (\cos\phi)^2 m_S^2 + (-S \cdot \sin\phi)^2 m_\phi^2$

$m_{XBYB} = (\sin\phi\cos\phi)\, m_S^2 - (S^2 \cdot \sin\phi\cos\phi) m_\phi^2$

特例：當 $m_S = S \times m_\phi$ 時

$m_{XB}^2 = (\sin\phi)^2 m_S^2 + (S \cdot \cos\phi)^2 m_\phi^2 = (\sin\phi)^2 m_S^2 + (\cos\phi)^2 (S \cdot m_\phi)^2$

$\quad = (\sin\phi)^2 m_S^2 + (\cos\phi)^2 m_S^2 = ((\sin\phi)^2 + (\cos\phi)^2) m_S^2 = m_S^2$

$m_{YB}^2 = (\cos\phi)^2 m_S^2 + (-S \cdot \sin\phi)^2 m_\phi^2 = (\cos\phi)^2 m_S^2 + (\sin\phi)^2 (S \cdot m_\phi)^2$

$\quad = (\cos\phi)^2 m_S^2 + (\sin\phi)^2 m_S^2 = ((\cos\phi)^2 + (\sin\phi)^2) m_S^2 = m_S^2$

$$\begin{aligned}
m_{XBYB} &= (\sin\phi\cos\phi)\cdot m_S^2 - (S^2\cdot\sin\phi\cos\phi)\cdot m_\phi^2 \\
&= (\sin\phi\cos\phi)\cdot m_S^2 - (\sin\phi\cos\phi)\cdot (S\cdot m_\phi)^2 \\
&= (\sin\phi\cos\phi)\cdot m_S^2 - (\sin\phi\cos\phi)\cdot m_S^2 = 0
\end{aligned}$$

得 $\Sigma_Y = \begin{bmatrix} m_S^2 & 0 \\ 0 & m_S^2 \end{bmatrix}$ 此時 B 點的位移誤差

$m_L^2 = m_{XB}^2 + m_{YB}^2 = m_S^2 + m_S^2 = 2m_S^2$ 得 $m_L = \sqrt{2m_S^2} = \sqrt{2}m_S$

## 9-3 誤差橢圓

### 9-3-1 絕對誤差

當已知點位的 X 向中誤差 $\sigma_X$，Y 向中誤差 $\sigma_Y$，雖可得到位置誤差 $\sigma_P$

$$\sigma_P = \sqrt{\sigma_X^2 + \sigma_Y^2}$$

但位置中誤差本身並無實際意義，只是評估誤差大小的參考。如果除了知道 $\sigma_X$ 與 $\sigma_Y$，還知道協方差 $\sigma_{XY}$，即可計算出有實際意義的最大誤差、最小誤差、最大誤差方向。這些參數構成一個誤差橢圓 (error ellipse)，可用來描述待定點的位置的分布，如圖 **9-2**。它們的公式如下 (證明從略)：

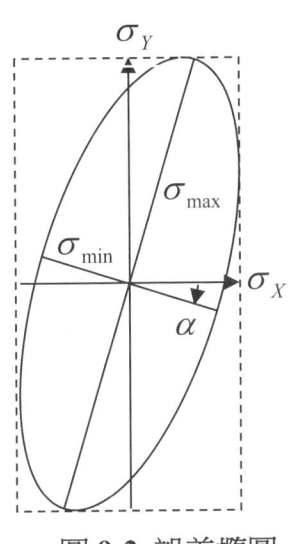

圖 9-2 誤差橢圓

最大誤差 $\sigma_{\max} = \sqrt{\dfrac{1}{2}(Q_{xx} + Q_{yy} + K)}$ (即誤差橢圓的長半徑) **(9-11 式)**

最小誤差 $\sigma_{\min} = \sqrt{\dfrac{1}{2}(Q_{xx} + Q_{yy} - K)}$ (即誤差橢圓的短半徑) **(9-12 式)**

最大誤差方向 $\alpha = \dfrac{1}{2}\tan^{-1}\left(\dfrac{2Q_{xy}}{Q_{xx} - Q_{yy}}\right)$ (即誤差橢圓旋轉角度，以逆時針為正)

**(9-13 式)**

其中 $K = \sqrt{(Q_{xx} - Q_{yy})^2 + 4Q_{xy}^2}$， (9-14 式)

$Q_{xx} = \sigma_X^2$，$Q_{yy} = \sigma_Y^2$，$Q_{xy} = \sigma_{XY} = \rho_{XY}\sigma_X\sigma_Y$ (9-15 式)

---

**例題 9-6 絕對誤差之誤差橢圓**

如圖 9-2，已知點位 A 的 X 向中誤差 $\sigma_X$=1.0 cm，Y 向中誤差 $\sigma_Y$=2.0 cm，協方差 $\sigma_{XY}$=1.0，試求最大誤差、最小誤差、最大誤差方向。

[解]

$Q_{XX} = \sigma_X^2$=1.0    $Q_{YY} = \sigma_Y^2$=4.0    $Q_{XY} = \sigma_{XY}$=1.0

$K = \sqrt{(Q_{XX}-Q_{YY})^2 + 4Q_{XY}^2} = \sqrt{(1.0-4.0)^2 + 4(1.0)^2}$=3.606

最大誤差 $\sigma_{max} = \sqrt{\frac{1}{2}(Q_{xx}+Q_{yy}+K)} = \sqrt{\frac{1}{2}(1.0+4.0+3.606)}$=2.074

最小誤差 $\sigma_{min} = \sqrt{\frac{1}{2}(Q_{xx}+Q_{yy}-K)} = \sqrt{\frac{1}{2}(1.0+4.0-3.606)}$=0.835

最大誤差方向 $\alpha = \frac{1}{2}\tan^{-1}\left(\frac{2Q_{xy}}{Q_{xx}-Q_{yy}}\right) = \frac{1}{2}\tan^{-1}\left(\frac{2(1.0)}{1.0-4.0}\right) = -16.8$ 度

討論：

同上一題，但 X 向中誤差 $\sigma_X$、Y 向中誤差 $\sigma_Y$、相關係數如下表，則根據上述公式，最大誤差、最小誤差、最大誤差方向結果如下表：

| X 向中誤差 $\sigma_X$ | 1.0 | 1.0 | 1.0 | 1.0 | 1.0 | 1.0 | 1.0 | 1.0 | 1.0 |
|---|---|---|---|---|---|---|---|---|---|
| Y 向中誤差 $\sigma_Y$ | 0.5 | 1.0 | 2.0 | 0.5 | 1.0 | 2.0 | 0.5 | 1.0 | 2.0 |
| 相關係數 $\rho_{XY}$ | -0.5 | -0.5 | -0.5 | 0.0 | 0.0 | 0.0 | 0.5 | 0.5 | 0.5 |
| X 向變異數 $\sigma_X^2$ | 1.00 | 1.00 | 1.00 | 1.00 | 1.00 | 1.00 | 1.00 | 1.00 | 1.00 |
| X 向變異數 $\sigma_Y^2$ | 0.25 | 1.00 | 4.00 | 0.25 | 1.00 | 4.00 | 0.25 | 1.00 | 4.00 |
| XY 向協方差 $\sigma_{XY} = \rho_{XY}\sigma_X\sigma_Y$ | -0.25 | -0.50 | -1.00 | 0.00 | 0.00 | 0.00 | 0.25 | 0.50 | 1.00 |
| K | 0.901 | 1.000 | 3.606 | 0.75 | 0.000 | 3.00 | 0.901 | 1.000 | 3.606 |
| 最大誤差 | 1.037 | 1.225 | 2.074 | 1.00 | 1.000 | 2.00 | 1.037 | 1.225 | 2.074 |
| 最小誤差 | 0.417 | 0.707 | 0.835 | 0.50 | 1.000 | 1.00 | 0.417 | 0.707 | 0.835 |
| 最大誤差方向 | -16.8 | 45 | 16.8 | 0.00 | 0.00 | 0.00 | 16.8 | -45 | -16.8 |
| 位置誤差 $\sigma_P$ | 1.118 | 1.414 | 2.236 | 1.118 | 1.414 | 2.236 | 1.118 | 1.414 | 2.236 |

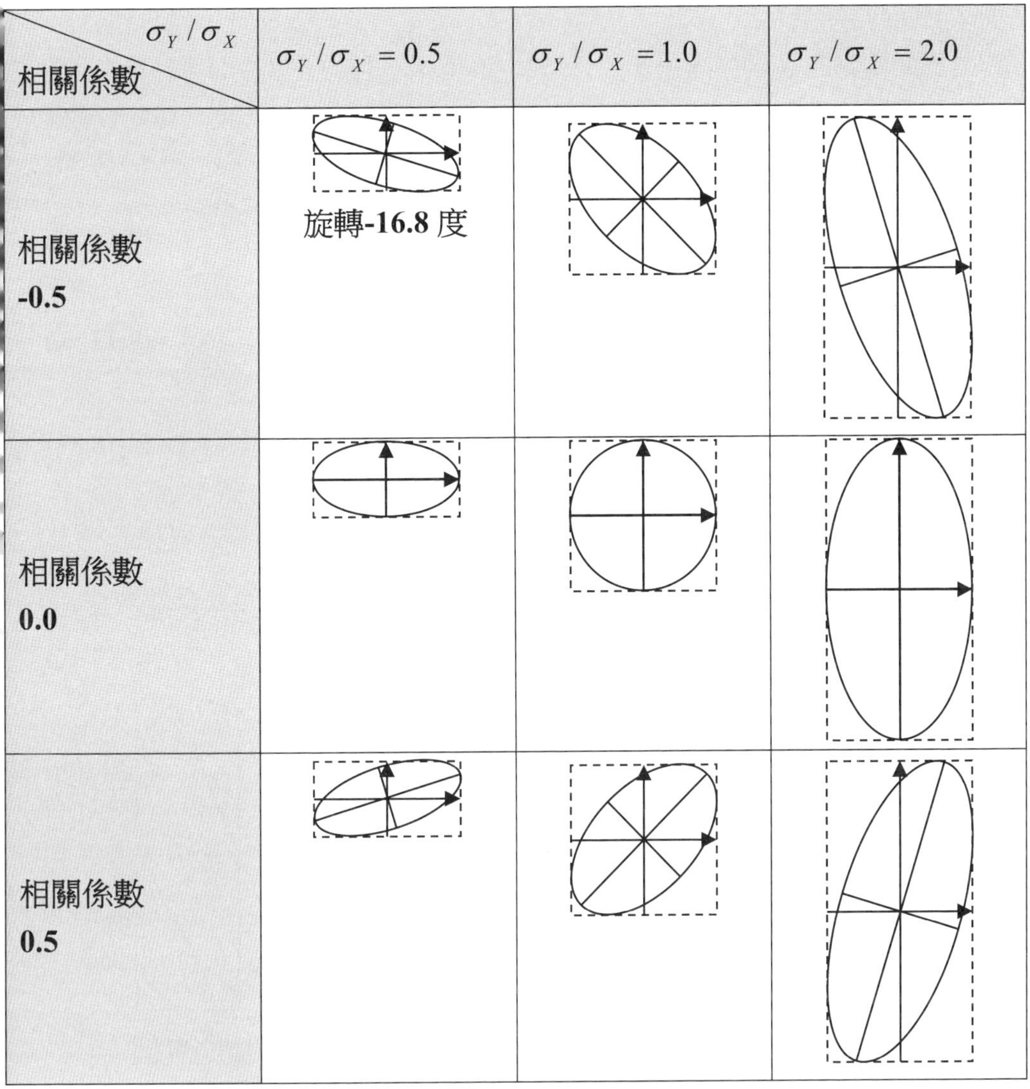

| 相關係數＼$\sigma_Y/\sigma_X$ | $\sigma_Y/\sigma_X = 0.5$ | $\sigma_Y/\sigma_X = 1.0$ | $\sigma_Y/\sigma_X = 2.0$ |
|---|---|---|---|
| 相關係數 -0.5 | 旋轉-16.8 度 | | |
| 相關係數 0.0 | | | |
| 相關係數 0.5 | | | |

圖 9-3 $\sigma_Y/\sigma_X$ 比例、相關係數對誤差橢圓的影響。

將上表整理成圖 9-3，$\sigma_Y/\sigma_X$ 比例、相關係數對誤差橢圓影響討論如下：

**(1)** 相關係數控制誤差橢圓的方向，相關係數<0 時，橢圓逆時針旋轉；反之，順時針旋轉。相關係數=0 時，橢圓無旋轉。

**(2)** $\sigma_Y/\sigma_X$ 比例控制誤差橢圓的外切矩形高寬比，$\sigma_Y/\sigma_X$ =1 時，橢圓的外切矩形高寬比=1，為正方形。

**(3)** 相關係數=0，且 $\sigma_Y/\sigma_X$ =1 時，誤差橢圓為無旋轉的正圓形。

## 9-3-2 相對誤差

當已知兩點的 X 向中誤差 $\sigma_X$，Y 向中誤差 $\sigma_Y$，協方差 $\sigma_{XY}$ 即可計算出兩點之間有實際意義的相對最大誤差、相對最小誤差、相對最大誤差方向。這些參數構成一個相對誤差橢圓，如圖 9-4。它們的公式如下 (證明從略)：

相對最大誤差 $\sigma'_{max} = \sqrt{\dfrac{1}{2}\left(Q_{\Delta x \Delta x} + Q_{\Delta y \Delta y} + K'\right)}$ **(9-16 式)**

相對最小誤差 $\sigma'_{min} = \sqrt{\dfrac{1}{2}\left(Q_{\Delta x \Delta x} + Q_{\Delta y \Delta y} - K'\right)}$ **(9-17 式)**

相對最大誤差方向 $\alpha' = \dfrac{1}{2}\tan^{-1}\left(\dfrac{2Q_{\Delta x \Delta y}}{Q_{\Delta x \Delta x} - Q_{\Delta y \Delta y}}\right)$ **(9-18 式)**

其中 $K' = \sqrt{(Q_{\Delta x \Delta x} - Q_{\Delta y \Delta y})^2 + 4Q_{\Delta X \Delta Y}^2}$ $\qquad Q_{\Delta X \Delta X} = Q_{X_j X_j} + Q_{X_i X_i} - 2Q_{X_i X_j}$

$Q_{\Delta Y \Delta Y} = Q_{Y_j Y_j} + Q_{Y_i Y_i} - 2Q_{Y_i Y_j}$ $\qquad Q_{\Delta X \Delta Y} = Q_{X_j Y_j} + Q_{X_i Y_i} - Q_{X_i Y_j} - Q_{X_j Y_i}$

**(9-19 式)**

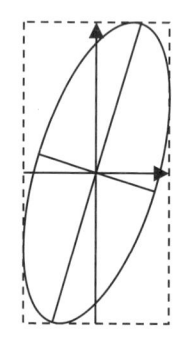

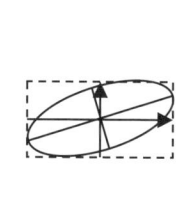

**A 點誤差橢圓**　　　**B 點誤差橢圓**　　　**AB 相對誤差橢圓**

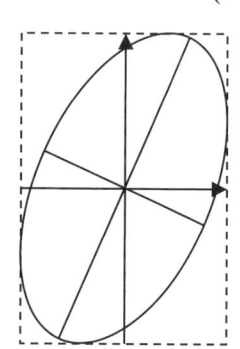

**圖 9-4** 絕對誤差、相對誤差之誤差橢圓

---

**例題 9-7 相對誤差之誤差橢圓**

如圖 9-4，已知點位 A, B, C 的資料如下

$$Q = \begin{bmatrix} Q_{XAXA} & Q_{XAYA} & Q_{XAXB} & Q_{XAXYB} \\ & Q_{YAYA} & Q_{YAXB} & Q_{YAYB} \\ & & Q_{XBXB} & Q_{XBYB} \\ 對稱 & & & Q_{YBYB} \end{bmatrix} = \begin{bmatrix} 1 & 1 & 0 & 0 \\ & 4 & 0 & 0 \\ & & 1 & 0.25 \\ 對稱 & & & 0.25 \end{bmatrix}$$

試求 AB 之間相對最大誤差、最小誤差、最大誤差方向。

[解]

$Q_{\Delta X \Delta X} = Q_{X_j X_j} + Q_{X_i X_i} - 2Q_{X_i X_j}$ =1+1–2(0)=**2**

$Q_{\Delta Y \Delta Y} = Q_{Y_j Y_j} + Q_{Y_i Y_i} - 2Q_{Y_i Y_j}$ =4+0.25–2(0)=**4.25**

$Q_{\Delta X \Delta Y} = Q_{X_j Y_j} + Q_{X_i Y_i} - Q_{X_i Y_j} - Q_{X_j Y_i}$ =1+0.25–0–0=**1.25**

$K' = \sqrt{(Q_{\Delta x \Delta x} - Q_{\Delta y \Delta y})^2 + 4Q_{\Delta X \Delta Y}^2} = \sqrt{(2-4.25)^2 + 4(1.25)^2}$ =**3.36**

相對最大誤差 $\sigma'_{max} = \sqrt{\frac{1}{2}(Q_{\Delta x \Delta x} + Q_{\Delta y \Delta y} + K')} = \sqrt{\frac{1}{2}(2+4.25+3.36)}$ =**2.19**

相對最小誤差 $\sigma'_{min} = \sqrt{\frac{1}{2}(Q_{\Delta x \Delta x} + Q_{\Delta y \Delta y} - K')} = \sqrt{\frac{1}{2}(2+4.25-3.36)}$ =**1.20**

相對最大誤差方向 $\alpha' = \frac{1}{2}\tan^{-1}\left(\frac{2Q_{\Delta x \Delta y}}{Q_{\Delta x \Delta x} - Q_{\Delta y \Delta y}}\right) = \frac{1}{2}\tan^{-1}\left(\frac{2(1.25)}{2-4.25}\right) =$ **–24.0** 度

## 9-3-3 座標誤差橢圓的特例

由前面的例題「極座標轉直角座標」知

$$\Sigma_Y = \begin{bmatrix} \sigma_X^2 & \sigma_{XY} \\ \sigma_{XY} & \sigma_Y^2 \end{bmatrix}$$

$$= \begin{bmatrix} (\sin\phi)^2 m_S^2 + (S \cdot \cos\phi)^2 m_\phi^2 & \sin\phi\cos\phi m_S^2 - S^2 \cdot \sin\phi\cos\phi m_\phi^2 \\ \sin\phi\cos\phi m_S^2 - S^2 \cdot \sin\phi\cos\phi m_\phi^2 & (\cos\phi)^2 m_S^2 + (-S \cdot \sin\phi)^2 m_\phi^2 \end{bmatrix}$$

**(9-20 式)**

因此 $\sigma_{XY}$ 可能大於或小於 **0**，與 $S, \phi, m_S, m_\phi$ 的大小有關。

三種特例如下：

**Case 1.** 當 $m_S \gg S \cdot m_\phi$

$$\Sigma_Y = \begin{bmatrix} \sigma_X^2 & \sigma_{XY} \\ \sigma_{XY} & \sigma_Y^2 \end{bmatrix} = \begin{bmatrix} (\sin\phi)^2 m_S^2 & \sin\phi\cos\phi m_S^2 \\ \sin\phi\cos\phi m_S^2 & (\cos\phi)^2 m_S^2 \end{bmatrix}$$

**(9-21 式)**

$K = \sqrt{(Q_{XX} - Q_{YY})^2 + 4Q_{XY}^2} = \sqrt{(\sin^2\phi m_S^2 - \cos^2\phi m_S^2)^2 + 4(\sin\phi\cos\phi m_S^2)^2}$

$$= \sqrt{(\sin^4\phi\, m_S^4 - 2\sin^2\phi\cos^2\phi\, m_S^4 + \cos^4\phi\, m_S^4) + 4\sin^2\phi\cos^2\phi\, m_S^4}$$

$$= m_S^2\sqrt{(\sin^2\phi + \cos^2\phi)^2} = m_S^2 \tag{9-22 式}$$

$$\text{最大誤差 } \sigma_{\max} = \sqrt{\frac{1}{2}(Q_{xx} + Q_{yy} + K)} = \sqrt{\frac{1}{2}(\sin^2\phi\, m_S^2 + \cos^2\phi\, m_S^2 + m_S^2)} = m_S \tag{9-23 式}$$

$$\text{最小誤差 } \sigma_{\min} = \sqrt{\frac{1}{2}(Q_{xx} + Q_{yy} - K)} = \sqrt{\frac{1}{2}(\sin^2\phi\, m_S^2 + \cos^2\phi\, m_S^2 - m_S^2)} = 0 \tag{9-24 式}$$

**Case 2.** 當 $m_S \ll S \cdot m_\phi$

$$\Sigma_Y = \begin{bmatrix} \sigma_X^2 & \sigma_{XY} \\ \sigma_{XY} & \sigma_Y^2 \end{bmatrix} = \begin{bmatrix} (S\cdot\cos\phi)^2 m_\phi^2 & -S^2\cdot\sin\phi\cos\phi\, m_\phi^2 \\ -S^2\cdot\sin\phi\cos\phi\, m_\phi^2 & (-S\cdot\sin\phi)^2 m_\phi^2 \end{bmatrix} \tag{9-25 式}$$

$$K = \sqrt{(Q_{XX} - Q_{YY})^2 + 4Q_{XY}^2}$$

$$= \sqrt{(S^2\cos^2\phi\, m_\phi^2 - S^2\sin^2\phi\, m_\phi^2)^2 + 4(S^2\sin^2\phi\cos^2\phi\, m_\phi^2)^2} \tag{9-26 式}$$

$$= S^2 m_\phi^2 \sqrt{(\sin^2\phi + \cos^2\phi)^2} = S^2 m_\phi^2$$

$$\text{最大誤差 } \sigma_{\max} = \sqrt{\frac{1}{2}(Q_{xx} + Q_{yy} + K)} = S\cdot m_\phi \tag{9-27 式}$$

$$\text{最小誤差 } \sigma_{\min} = \sqrt{\frac{1}{2}(Q_{xx} + Q_{yy} - K)} = 0 \tag{9-28 式}$$

**Case 3.** 當 $m_S = S \cdot m_\phi$

$$\Sigma_Y = \begin{bmatrix} \sigma_X^2 & \sigma_{XY} \\ \sigma_{XY} & \sigma_Y^2 \end{bmatrix} = \begin{bmatrix} m_S^2 & 0 \\ 0 & m_S^2 \end{bmatrix} \tag{9-29 式}$$

$$K = \sqrt{(Q_{XX} - Q_{YY})^2 + 4Q_{XY}^2} = \sqrt{(m_S^2 - m_S^2)^2 + 4(0)^2} = 0 \tag{9-30 式}$$

$$\text{最大誤差 } \sigma_{\max} = \sqrt{\frac{1}{2}(Q_{xx} + Q_{yy} + K)} = m_S \tag{9-31 式}$$

$$\text{最小誤差 } \sigma_{\min} = \sqrt{\frac{1}{2}(Q_{xx} + Q_{yy} - K)} = m_S \tag{9-32 式}$$

## 例題 9-8 絕對誤差之誤差橢圓

已知測得 A 點的方位角 30 度，距離 100 m，但因使用儀器不同，其測角與測距標準差不同，假設原點座標 (X, Y)=(0.000,0.000)，儀器與誤差的資料如下：

| 狀況 | 測角儀器 | 測距儀器 | 測角標準差 | 測距標準差 |
|---|---|---|---|---|
| 距離誤差大 | 經緯儀 | 捲尺 | 0.005 度 | 0.03 m |
| 角度誤差大 | 羅盤儀 | 電子測距儀 | 0.015 度 | 0.01 m |
| 誤差相當 | 全站儀 | 全站儀 | 0.0115 度 | 0.02 m |

試求大誤差、最小誤差、最大誤差方向。

**[解]**

首先用上述公式算出

$$\Sigma_Y = \begin{bmatrix} \sigma_X^2 & \sigma_{XY} \\ \sigma_{XY} & \sigma_Y^2 \end{bmatrix}$$

接著計算誤差橢圓如下：

| 項目 \ 狀況 | 距離誤差大 | 角度誤差大 | 誤差相當 |
|---|---|---|---|
| $Q_{XX} = \sigma_X^2$ | 0.0002821 | 0.0005390 | 0.0004021 |
| $Q_{YY} = \sigma_Y^2$ | 0.0006940 | 0.0002463 | 0.0004007 |
| $Q_{XY} = \sigma_{XY}$ | 0.0003567 | -0.0002535 | -0.0000012 |
| $K = \sqrt{(Q_{XX} - Q_{YY})^2 + 4Q_{XY}^2}$ | 0.0008238 | 0.0005854 | 0.0000028 |
| 最大誤差 $\sigma_{max} = \sqrt{\frac{1}{2}(Q_{xx} + Q_{yy} + K)}$ | 0.0300000 | 0.0261799 | 0.020071 |
| 最小誤差 $\sigma_{min} = \sqrt{\frac{1}{2}(Q_{xx} + Q_{yy} - K)}$ | 0.0087266 | 0.0100000 | 0.020000 |
| 最大誤差方向 $\alpha = \frac{1}{2}\tan^{-1}\left(\frac{2Q_{xy}}{Q_{xx} - Q_{yy}}\right)$ | -30 度 | -30 度 | -30 度 |

討論：

將電腦模擬得到的誤差傳播散佈圖與計算得到的誤差橢圓重疊，如圖 9-5，討論如下：

## (1) 距離誤差大的狀況

電腦模擬得到的誤差傳播散佈圖與計算得到的誤差橢圓相當吻合，誤差橢圓是一個長軸沿測距方向的橢圓。因為誤差橢圓的範圍為一個標準差，因此不會涵蓋所有的散佈點，但會涵蓋點最密集的區域，理論上約包含 **4/9** 的點。

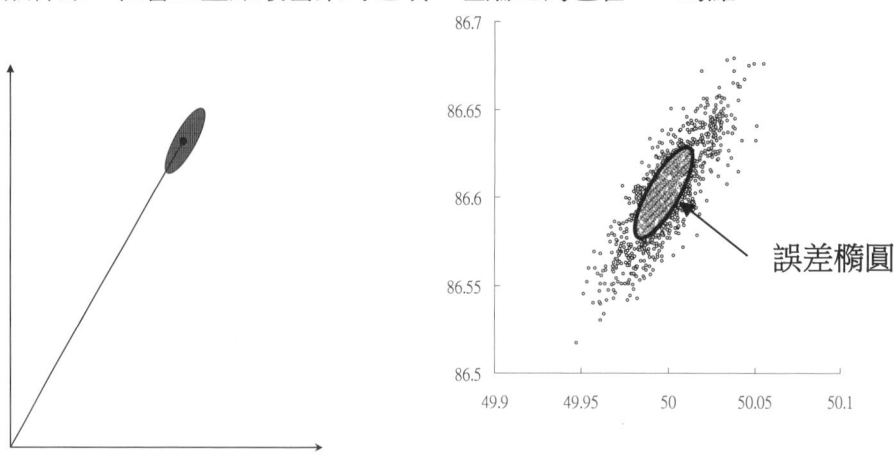

圖 9-5(a) 誤差傳播模擬與誤差橢圓：距離誤差大

## (2) 角度誤差大的狀況

誤差傳播散佈圖與誤差橢圓相當吻合，誤差橢圓是一個長軸與測距方向垂直的橢圓，涵蓋散佈圖的點最密集的區域。

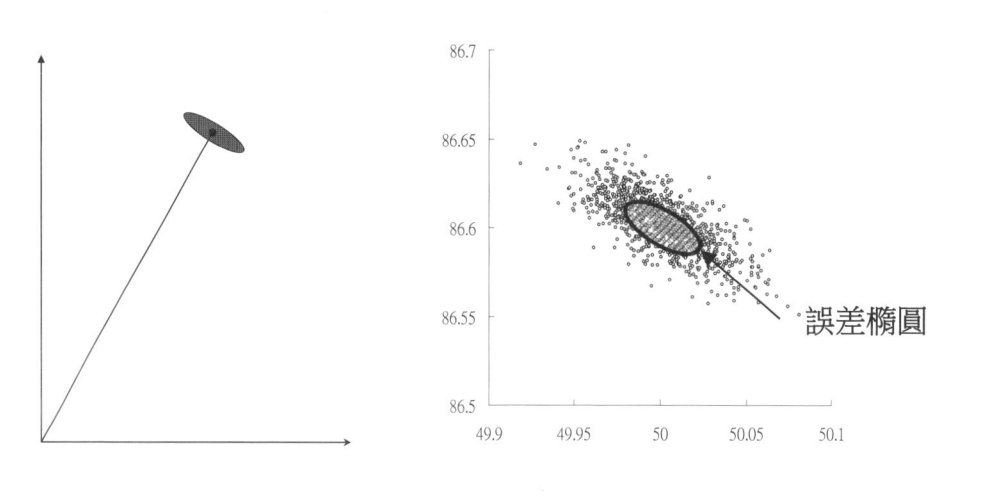

圖 9-5(b) 誤差傳播模擬與誤差橢圓：角度誤差大

(3) 距離、角度誤差相當的狀況

　　誤差傳播散佈圖與誤差橢圓相當吻合，誤差橢圓是一個近似圓形，涵蓋散佈圖的點最密集的區域。

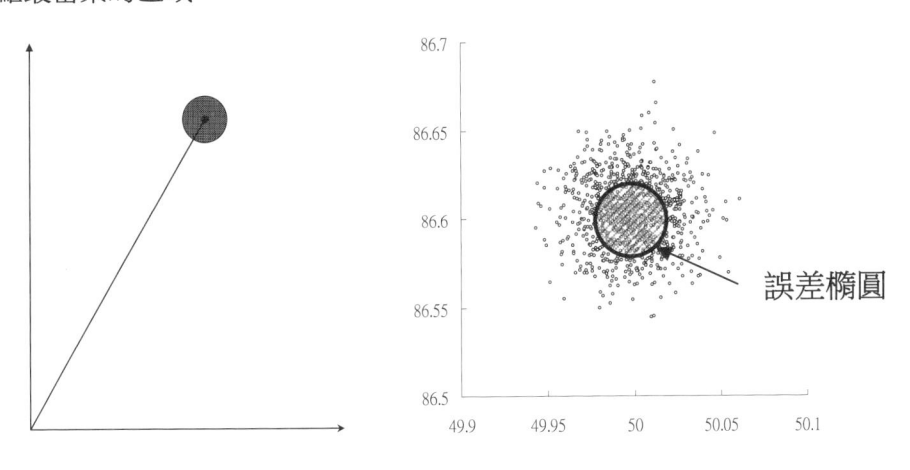

**圖 9-5(c)** 誤差傳播模擬與誤差橢圓：距離、角度誤差相當

## 9-4 本章摘要

1. 誤差傳播定律: 矩陣法

    **(1)** 線性函數之廣義誤差傳播定律

    　　觀測變數共變異數矩陣

    $$\Sigma_Y = A \cdot \Sigma_X \cdot A^T$$

    **(2)** 非線性函數之廣義誤差傳播定律

    　　觀測變數共變異數矩陣

    $$\Sigma_Y = A \cdot \Sigma_X \cdot A^T \quad (A\ \text{為右方矩陣})$$

    $$A = \begin{bmatrix} \dfrac{\partial f_1}{\partial x_1} & \dfrac{\partial f_1}{\partial x_2} & \cdots & \dfrac{\partial f_1}{\partial x_n} \\ \dfrac{\partial f_2}{\partial x_1} & \dfrac{\partial f_2}{\partial x_2} & \cdots & \dfrac{\partial f_2}{\partial x_n} \\ \vdots & \vdots & \ddots & \vdots \\ \dfrac{\partial f_m}{\partial x_1} & \dfrac{\partial f_m}{\partial x_2} & \cdots & \dfrac{\partial f_m}{\partial x_n} \end{bmatrix}$$

2. 誤差橢圓

    **(1)** 絕對誤差

    　最大誤差 $\sigma_{\max} = \sqrt{\dfrac{1}{2}(Q_{xx} + Q_{yy} + K)}$ （誤差橢圓的長半徑）

    　最小誤差 $\sigma_{\min} = \sqrt{\dfrac{1}{2}(Q_{xx} + Q_{yy} - K)}$ （誤差橢圓的短半徑）

最大誤差方向 $\alpha = \dfrac{1}{2}\tan^{-1}\left(\dfrac{2Q_{xy}}{Q_{xx}-Q_{yy}}\right)$ **(誤差橢圓旋轉角度，逆時針為正)**

其中 $K = \sqrt{(Q_{XX}-Q_{YY})^2 + 4Q_{XY}^2}$ ，

$Q_{XX} = \sigma_X^2$ ，$Q_{YY} = \sigma_Y^2$ ，$Q_{XY} = \sigma_{XY} = \rho_{XY}\sigma_X\sigma_Y$

**(2) 相對誤差**

相對最大誤差 $\sigma'_{\max} = \sqrt{\dfrac{1}{2}\left(Q_{\Delta x\Delta x}+Q_{\Delta y\Delta y}+K'\right)}$

相對最小誤差 $\sigma'_{\min} = \sqrt{\dfrac{1}{2}\left(Q_{\Delta x\Delta x}+Q_{\Delta y\Delta y}-K'\right)}$

相對最大誤差方向 $\alpha' = \dfrac{1}{2}\tan^{-1}\left(\dfrac{2Q_{\Delta x\Delta y}}{Q_{\Delta x\Delta x}-Q_{\Delta y\Delta y}}\right)$

其中 $K' = \sqrt{(Q_{\Delta x\Delta x}-Q_{\Delta y\Delta y})^2 + 4Q_{\Delta X\Delta Y}^2}$　　$Q_{\Delta X\Delta X} = Q_{X_jX_j} + Q_{X_iX_i} - 2Q_{X_iX_j}$

$Q_{\Delta Y\Delta Y} = Q_{Y_jY_j} + Q_{Y_iY_i} - 2Q_{Y_iY_j}$　　$Q_{\Delta X\Delta Y} = Q_{X_jY_j} + Q_{X_iY_i} - Q_{X_iY_j} - Q_{X_jY_i}$

**(3) 座標誤差橢圓的特例**

**Case 1.** 當 $m_S \gg S\cdot m_\phi$ ：最大誤差 $\sigma_{\max} = m_S$ 　最小誤差 $\sigma_{\min} = 0$

**Case 2.** 當 $m_S \ll S\cdot m_\phi$ ：最大誤差 $\sigma_{\max} = S\cdot m_\phi$ 　最小誤差 $\sigma_{\min} = 0$

**Case 3.** 當 $m_S = S\cdot m_\phi$ ：最大誤差 $\sigma_{\max} = m_S$ 　最小誤差 $\sigma_{\min} = m_S$

# 習題

**9-2 誤差傳播定律：矩陣法**

---

同例題 **9-2** 觀測變數共變異數矩陣，但數據改為

$Y = X_1 - 2X_2 + 4X_3$ 　　　　$\Sigma_X = \begin{bmatrix} 3 & 0 & 2 \\ 0 & 1 & 0 \\ 2 & 0 & 2 \end{bmatrix}$

[解]

$$\Sigma_Y = \{1 \ -2 \ 4\} \begin{bmatrix} 3 & 0 & 2 \\ 0 & 1 & 0 \\ 2 & 0 & 2 \end{bmatrix} \begin{Bmatrix} 1 \\ -2 \\ 4 \end{Bmatrix} = 55$$

## 9-3 誤差橢圓

同例題 9-6 絕對誤差之誤差橢圓，但數據改為 X 向中誤差 $\sigma_X$ =1.0 cm，Y 向中誤差 $\sigma_Y$ =1.0 cm，協方差 $\sigma_{XY}$ =0.5。

[解] 最大誤差=**1.225**，最小誤差=**0.707**，最大誤差方向=**45.0** 度。

同例題 9-7 相對誤差之誤差橢圓，但數據改為

$$Q = \begin{bmatrix} Q_{XAXA} & Q_{XAYA} & Q_{XAXB} & Q_{XAXYB} \\ & Q_{YAYA} & Q_{YAXB} & Q_{YAYB} \\ & & Q_{XBXB} & Q_{XBYB} \\ & & & Q_{YBYB} \end{bmatrix} = \begin{bmatrix} 1 & 0.5 & 1 & 0.5 \\ & 2 & 0.5 & 1 \\ & & 4 & 0.25 \\ & & & 1 \end{bmatrix}$$

[解]

$Q_{\Delta X \Delta X}$ =4+1–2(1)=**3**，$Q_{\Delta Y \Delta Y}$ =1+2–2(1)=**1**，$Q_{\Delta X \Delta Y}$ =0.25+0.5–0.5–0.5=**–0.25**，

$K'$ =**2.062** 相對最大誤差=**1.74**，相對最小誤差=**0.98**，相對最大誤差方向=**–7.0** 度。

# 第 10 章　平差理論

10-1 本章提示
10-2 平差原理：最小二乘法
　　10-2-1 最小二乘法
　　10-2-2 理論的設定「權」大小的方法
　　10-2-3 實用的設定「權」大小的方法
10-3 平差方法：直接、間接、條件平差法
　　10-3-1 直接平差法
　　10-3-2 間接平差法
　　10-3-3 條件平差法
　　10-3-4 間接平差法與條件平差法程序
10-4 直接平差法(一)：算術平均法
　　10-4-1 同一量複測數次
　　10-4-2 觀測值總和等於某一已知值
　　10-4-3 觀測值總和等於總量觀測值
10-5 直接平差法(二)：加權平均法
　　10-5-1 同一量複測數次
　　10-5-2 觀測值總和等於某一已知值
　　10-5-3 觀測值總和等於總量觀測值
10-6 間接與條件平差法 (一)：觀測方程式法
　　10-6-1 同一量複測數次
　　10-6-2 觀測值總和等於某一已知值
　　10-6-3 觀測值總和等於總量觀測值
　　10-6-4 複雜的觀測方程式
10-7 間接與條件平差法 (二)：矩陣法
10-8 本章摘要

## 10-1　本章提示

　　在測量工作中，無論如何小心從事，謹慎操作，其所測得之結果，總會多少有

一點誤差。測量中其正確之值，稱為「真值」(True value)，此值在測量中絕無法獲得。能得到與真值最近似之值，即已滿足，此最近似之值稱為「最或是值」(Most probable value)(圖 10-1)。

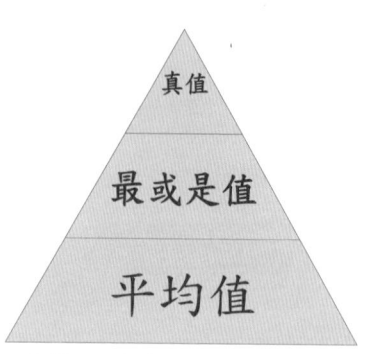

圖 10-1 真值、最或是值、平均值位階關係

　　由於在測量中得到的結果不可避免的存在誤差，因此為了提高觀測精度和檢核觀測值是否存在錯誤，在測量時常作多餘未知量的「多餘觀測」。但是進行了多餘觀測，每個觀測值都會存在一定的偶然誤差，這就產生了平差問題。例如，量測一段距離，僅丈量一次就可以得到其長度，此時不發生平差問題。但是如果對其丈量 n 次，就會得到 n 個不同的長度。又如欲確定一個平面三角形的形狀，僅需測量其中任意兩個內角即可，為了檢驗觀測誤差，提高精度，通常對三個內角都進行觀測，這樣得到的三個內角觀測值就不會等於 180°。處理這種由多餘觀測引起觀測值之間的不符值或閉合差，求得最優結果，就是測量平差要解決的基本問題。

　　最或是值係由觀測值經平差計算調整後獲得。測量平差就是指在測量中對測量數據進行調整，以求得最接近真實值的最或是值的方法。測量平差使用的計算方法主要為「最小二乘法」。當各觀測值間之關係複雜時，必須應用「最小二乘法之原理」(principle of least squares) 計算，但普通常見者，多為簡單情形，以簡易的計算程序，如算術平均法與加權平均法，即可獲得與使用最小二乘法相同之最或是值。

# 10-2 平差原理：最小二乘法

## 10-2-1 最小二乘法

　　平差理論之基礎為最小二乘法 (Method of Least Squares)。最小二乘法之基本假設如下：

1. 錯誤與系統誤差已被消除，只剩下偶然誤差。
2. 誤差呈常態分佈。
3. 觀測量必須有多餘觀測。

最小二乘法之原理為「在解算任一觀測值精度相等之平差問題時,觀測值應加之改正數的平方和須最小」,即

$$Min \sum_i v_i^2 \qquad \text{(10-1(a)式)}$$

其中 $v_i$ =第 i 個觀測值改正量 = $\overline{X} - X_i$;$\overline{X}$ =最或是值;$X_i$ =第 i 個觀測值。

當各觀測值之精度不同時,其平差屬含權平差問題。此時最小二乘法之原理為「在解算任一含權平差問題時,觀測值應加之改正數的加權平方和須最小」,即

$$Min \sum_i P_i v_i^2 \qquad \text{(10-1(b)式)}$$

其中 $P_i$ 為第 i 個觀測值之權。

## 10-2-2 理論的設定「權」大小的方法

「權」(power) 乃衡量各觀測值之份量,代表各觀測值相對之精度,故僅為比數。權愈大,表示觀測值愈可靠;權是一個相對指標,權的絕對值沒有意義。權在平差有很重要的角色,例如不同精度觀測值不能用算術平均值作為最或是值,而是用加權平均值作為最或是值得。**權與中誤差之平方成反比。**

$$P_i = \frac{1}{m_i^2} \qquad \text{(10-2 式)}$$

---

定理 10-1:權與中誤差之平方成反比

試證:

假設 $\overline{X} = \dfrac{P_1 X_1 + P_2 X_2 + ... + P_n X_n}{P_1 + P_2 + ... + P_n} = \dfrac{\sum_i P_i X_i}{\sum_i P_i} = \dfrac{[PX]}{[P]}$

則使 $\overline{X}$ 的中誤差最小化的權值為 $P_i = \dfrac{1}{m_{Xi}^2}$

其中 $m_{Xi}$ 為 $X_i$ 的中誤差

證明:

$\overline{X} = \dfrac{P_1 X_1 + P_2 X_2 + ... + P_n X_n}{P_1 + P_2 + ... + P_n} = \dfrac{\sum_i P_i X_i}{\sum_i P_i} = \dfrac{[PX]}{[P]}$

因為權重可以正規化使 **[P]**=1,故上式可以簡化為

$$\overline{X} = P_1 X_1 + P_2 X_2 + ... + P_n X_n$$

最佳的權重應該使 $\overline{X}$ 的變異最小化，根據誤差傳播定律

$$m_{\overline{X}}^2 = P_1^2 m_{X_1}^2 + P_2^2 m_{X_2}^2 + ... + P_n^2 m_{X_n}^2$$

依據微積分的極值定理，函數最小值出現在對變數的微分為零之處，故得

$$\frac{\partial m_{\overline{X}}^2}{\partial P_i} = 0$$

為了簡化，考慮只有兩個觀測數據的特例

$\overline{X} = P_1 X_1 + P_2 X_2$，故 $m_{\overline{X}}^2 = P_1^2 m_{X_1}^2 + P_2^2 m_{X_2}^2$

因 $P_1 + P_2 = 1$，故 $P_2 = 1 - P_1$

故 $m_{\overline{X}}^2 = P_1^2 m_{X_1}^2 + (1 - P_1)^2 m_{X_2}^2$

$$\frac{\partial m_{\overline{X}}^2}{\partial P_1} = \frac{\partial}{\partial P_1}\left(P_1^2 m_{X_1}^2 + (1 - P_1)^2 m_{X_2}^2\right) = 2 P_1 m_{X_1}^2 + 2(1 - P_1)(-1) m_{X_2}^2 = 0$$

$P_1 m_{X_1}^2 - (1 - P_1) m_{X_2}^2 = 0$，得 $P_1 (m_{X_1}^2 + m_{X_2}^2) - m_{X_2}^2 = 0$，故 $P_1 = \dfrac{m_{X_2}^2}{m_{X_1}^2 + m_{X_2}^2}$

分子分母統除 $m_{X_1}^2 m_{X_2}^2$，得 $P_1 = \dfrac{\dfrac{1}{m_{X_1}^2}}{\dfrac{1}{m_{X_1}^2} + \dfrac{1}{m_{X_2}^2}}$

$$P_2 = 1 - P_1 = 1 - \frac{m_{X_2}^2}{m_{X_1}^2 + m_{X_2}^2} = \frac{m_{X_1}^2}{m_{X_1}^2 + m_{X_2}^2} = \frac{\dfrac{1}{m_{X_2}^2}}{\dfrac{1}{m_{X_1}^2} + \dfrac{1}{m_{X_2}^2}}$$

因為權重可以正規化使[P]=1，故只需考慮相對大小

$$\frac{P_1}{P_2} = \frac{\dfrac{1}{m_{X_1}^2} \bigg/ \left(\dfrac{1}{m_{X_1}^2} + \dfrac{1}{m_{X_2}^2}\right)}{\dfrac{1}{m_{X_2}^2} \bigg/ \left(\dfrac{1}{m_{X_1}^2} + \dfrac{1}{m_{X_2}^2}\right)} = \frac{\left(\dfrac{1}{m_{X_1}^2}\right)}{\left(\dfrac{1}{m_{X_2}^2}\right)}$$ 得 $P_1 : P_2 = \dfrac{1}{m_{X_1}^2} : \dfrac{1}{m_{X_2}^2}$ 得證 $P_i = \dfrac{1}{m_{Xi}^2}$

## 10-2-3 實用的設定「權」大小的方法

但當中誤差未知時，亦可以其它值為權。例如在測量中常用下列定權方法：

**(1)** 當觀測值本身是多次觀測的平均值時，權重與觀測次數成正比。例如兩個技術水準相同的組，一組測三次，一組測五次，則權分別為 **3** 與 **5**。其原理是根據平均函數的誤差傳播定律，多次觀測的平均值的中誤差與觀次測數的開根號成反比

$$m_i \propto \frac{1}{\sqrt{n}}$$

故 $P_i = \dfrac{1}{m_i^2} = \dfrac{1}{(1/\sqrt{n})^2} = \dfrac{1}{1/n} = n$

**(2)** 在水準網平差時，常假設權值和各水準路線的分段數 **n** 或路線長度 **L** 成反比。其原理是根據總和函數的誤差傳播定律，水準測量時，假設各段觀測高差有相同精度，則各水準路線的權與分段數 n 開根號成正比

$$m_i \propto \sqrt{n}$$

故 $P_i = \dfrac{1}{m_i^2} = \dfrac{1}{(\sqrt{n})^2} = \dfrac{1}{n}$

如果水準測量時，各水準路線的分段數與距離成正比，則

$$n \propto L$$

$$m_i \propto \sqrt{L}$$

故 $P_i = \dfrac{1}{m_i^2} = \dfrac{1}{(\sqrt{L})^2} = \dfrac{1}{L}$

## 10-3 平差方法：直接、間接、條件平差法

平差方法可分成三種 **(圖 10-2)**：

**1. 直接平差法**

　　一觀測量觀測次數超過一次，即發生平差問題。例如以鋼尺測定一距離二次。這種方法最簡單，但應用範圍有限。

**2. 間接平差法**

　　在一測量問題中，如果並非針對未知數加以觀測，而是將觀測量經由數學式運算後，才能求得未知數，且觀測量個數多於未知數個數，這時所產生的平差問題，

可使用間接觀測模式求解。間接平差法是一種以未知數 (最或是值) 為變數的平差方法。

**3. 條件平差法**

條件平差法是間接平差法的「對偶方法」，兩種方法的基本步驟相似，會得到相同結果。條件平差法是一種以改正數為變數的平差方法。

```
            平差方法
           /        \
    直接平差法    觀測方程式法
                  /        \
           間接平差法    條件平差法
```

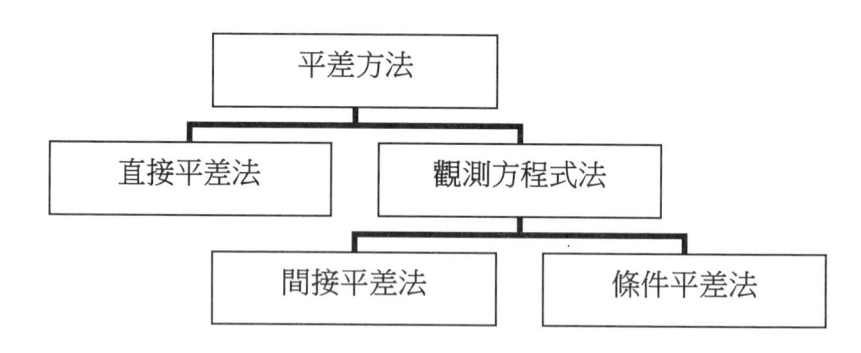

圖 10-2 平差方法

## 10-3-1 直接平差法

雖然可以用最小二乘法作平差，得到最或是值，但實際上在測量學中有不少問題為簡單情形，以簡易的計算程序即可獲得與使用最小二乘法相同之最或是值。直接平差法常以算術平均法、加權平均法來代替最小二乘法解平差問題。事實上，算術平均法、加權平均法可以用最小二乘法推導得到，因此其平差的效果等同最小二乘法。直接平差法方法最簡單，但應用範圍有限，只能應用於以下問題：

**(1)** 同一量複測數次：例如以鋼尺測定一距離二次。

**(2)** 觀測值總和等於某一已知值：例如以鋼尺測定 AB、BC 距離，但 AC 距離已知。因為 AC=AB+BC，但 AC 已知，因此產生了多於觀測，需要平差。

**(3)** 觀測值總和等於總量觀測值：例如以鋼尺測定 AB、BC、AC 距離。因為 AC=AB+BC，產生了多於觀測，需要平差。

## 10-3-2 間接平差法

間接平差法是一種以未知數(最或是值)為變數的平差方法，步驟如下：

**1.** 定義變數：首先，列出觀測量、改正數、未知數。

**2.** 列出方程式：針對每一個觀測量與所有未知數之間的關係，列出觀測方程式。

**3.** 列出改正數的平方和：接著將改正數的平方和以未知數表達。其中未知數之間會因存在著一些束制條件，使得部分未知數以其它獨立的未知數來表達。

4. 求解：最後求解使改正數的平方和達到最小化的未知數。

假設問題有 **n** 個獨立未知數，**m** 個觀測值，間接平差法可以很容易列出 **m** 個以 **n** 個獨立未知數為變數的觀測值方程 **V=AX–L**，因此很容易列出以獨立變數為自變數的改正數平方和函數。間接平差法的優點是方程式的規律性強，易於完整列出，因此便於用電腦程式解算；此外，精度評定非常便利；所選未知參數往往就是平差後所需要的成果。

---

例如測定一三角形之三內角，當 ∠A，∠B，∠C 均觀測時，即存在束制條件。觀測方程式有三個：

$v_1 = X - \angle A$

$v_2 = Y - \angle B$

$v_3 = Z - \angle C$

其中 *X, Y, Z* 為未知數，但 *X, Y, Z* 必須滿足 *X+ Y+ Z*=180°，如果取 *X, Y* 為獨立變數，則 *Z* 不是獨立變數，必須以 *Z*=180°–*X*–*Y* 來表達。故

$v_3 = 180° - X - Y - \angle C$

改正數的平方和以未知數表達如下：

$$\sum[vv] = v_1^2 + v_2^2 + v_3^2 = (X - \angle A)^2 + (Y - \angle B)^2 + (180° - X - Y - \angle C)^2$$

依最小二乘法 $\text{Min} \sum[vv]$

利用極值定理

$\dfrac{\partial}{\partial X}\sum[vv] = 0$ 得 $2(X - \angle A) - 2(180° - X - Y - \angle C) = 0$

$\qquad\qquad 2X + Y = 180° + \angle A - \angle C$ **(1)**

$\dfrac{\partial}{\partial Y}\sum[vv] = 0$ 得 $2(Y - \angle B) - 2(180° - X - Y - \angle C) = 0$

$\qquad\qquad X + 2Y = 180° + \angle B - \angle C$ **(2)**

由 2×(1)式–(2)式得 $3X = 180° + 2\angle A - \angle B - \angle C$

$\qquad\qquad 3X = 3\angle A + 180° - \angle A - \angle B - \angle C$

$\qquad\qquad X = \angle A - \dfrac{1}{3}(\angle A + \angle B + \angle C - 180°)$

同理，$Y = \angle B - \dfrac{1}{3}(\angle A + \angle B + \angle C - 180°)$

將 $X, Y$ 代入下式

$$Z = 180° - X - Y = \angle C - \frac{1}{3}(\angle A + \angle B + \angle C - 180°)$$

### 10-3-3 條件平差法

條件平差法是一種以改正數為變數的平差方法，步驟如下：

1. 定義變數：首先，列出觀測量、改正數、未知數。
2. 列出方程式：針對每一個觀測量與所有未知數之間的關係，列出觀測方程式。
3. 列出改正數的平方和：接著將改正數的平方和以改正數表達。其中改正數之間會因存在著一些束制條件，使得部分改正數以其它獨立的改正數來表達。
4. 求解：最後求解使改正數的平方和達到最小化的改正數。

條件平差法即根據多餘觀測數 r，列出 r 個條件方程，但是這些條件方程須優先選用形式簡單、易於列立、互不相關的條件方程。因為如果一個幾何模型可以列出多個條件方程，必須從中選擇形式最簡單的 r 個彼此線性獨立的條件方程。因此條件平差法的缺點是，當條件式較複雜時，不易列出條件方程。

觀測值數目 m，獨立未知數數目 n，獨立條件 r 之間有下列關係：

r=m−n                                                                                            (10-3 式)

例如測定一三角形之三內角，當 $\angle A$，$\angle B$，$\angle C$ 均觀測時，即存在束制條件。由前面例題可列出三個觀測方程式：

$v_1 = X - \angle A$  **(1)**

$v_2 = Y - \angle B$  **(2)**

$v_3 = 180° - X - Y - \angle C$  **(3)**

但條件平差法的改正數的平方和必須以改正數表達，故將**(1)**、**(2)**改寫成

$X = v_1 + \angle A$  **(4)**

$Y = v_2 + \angle B$  **(5)**

代入**(3)**得

$v_3 = (180° - (v_1 + \angle A) - (v_2 + \angle B)) - \angle C = 180° - \angle A - \angle B - \angle C - v_1 - v_2$

因此實際上只有二個獨立的改正數。改正數的平方和以改正數表達如下：

$$\sum[vv] = v_1^2 + v_2^2 + v_3^2 = v_1^2 + v_2^2 + (180° - \angle A - \angle B - \angle C - v_1 - v_2)^2$$

依最小二乘法 $\mathbf{Min} \sum [vv]$

利用極值定理

$\dfrac{\partial}{\partial v_1} \sum [vv] = 0$ 得 $2v_1 - 2(180° - \angle A - \angle B - \angle C - v_1 - v_2)$

$$2v_1 + v_2 = 180° - \angle A - \angle B - \angle C \quad \mathbf{(1)}$$

$\dfrac{\partial}{\partial v_2} \sum [vv] = 0$ 得 $2v_2 - 2(180° - \angle A - \angle B - \angle C - v_1 - v_2)$

$$v_1 + 2v_2 = 180° - \angle A - \angle B - \angle C \quad \mathbf{(2)}$$

由**(1)**、**(2)**可解 $v_1, v_2$ 改正數

$v_1 = -\dfrac{1}{3}(\angle A + \angle B + \angle C - 180°)$

$v_2 = -\dfrac{1}{3}(\angle A + \angle B + \angle C - 180°)$

將 $v_1, v_2$ 改正數代入下式

$v_3 = 180° - \angle A - \angle B - \angle C - v_1 - v_2 = -\dfrac{1}{3}(\angle A + \angle B + \angle C - 180°)$

將改正數 $v_1, v_2, v_3$ 代入觀測方程式得

$X = \angle A + v_1 = \angle A - \dfrac{1}{3}(\angle A + \angle B + \angle C - 180°)$

$Y = \angle B + v_2 = \angle B - \dfrac{1}{3}(\angle A + \angle B + \angle C - 180°)$

$Z = \angle A + v_3 = \angle C - \dfrac{1}{3}(\angle A + \angle B + \angle C - 180°)$ (與間接平差法的解答相同)

## 10-2-4 間接平差法與條件平差法程序

　　間接平差法與條件平差法都是觀測方程式法的一種，兩種方法互為對偶方法，會得到相同結果。間接平差法與條件平差法程序如圖 **10-3**。由於間接平差法的優點是方程式的規律性強，易於完整列出，因此便於用電腦程式解算；而條件平差法的缺點是，當條件式較複雜時，不易列出條件方程。因此間接平差法比條件平差法更

為常用。本章除了以直接平差法處理簡單的問題外,主要用間接平差法來處理進階的問題。但有部分題目會同時使用間接平差法與條件平差法求解。

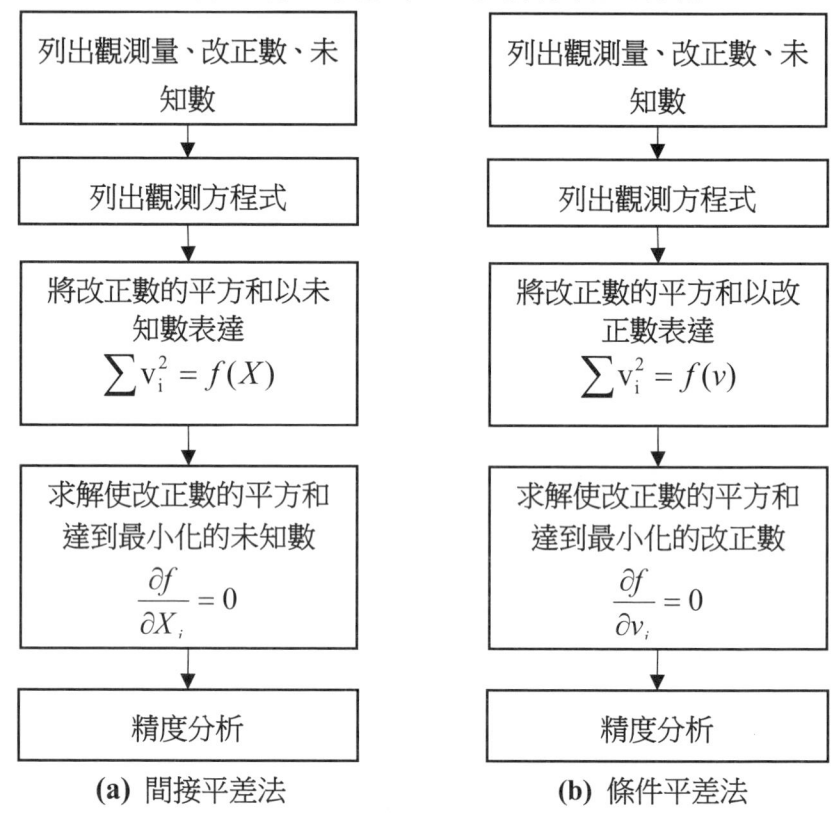

```
(a) 間接平差法                          (b) 條件平差法
列出觀測量、改正數、未知數              列出觀測量、改正數、未知數
       ↓                                      ↓
  列出觀測方程式                          列出觀測方程式
       ↓                                      ↓
將改正數的平方和以未                    將改正數的平方和以改
    知數表達                                正數表達
  $\sum v_i^2 = f(X)$                    $\sum v_i^2 = f(v)$
       ↓                                      ↓
求解使改正數的平方和                    求解使改正數的平方和
達到最小化的未知數                      達到最小化的改正數
  $\frac{\partial f}{\partial X_i} = 0$   $\frac{\partial f}{\partial v_i} = 0$
       ↓                                      ↓
    精度分析                                精度分析
```

圖 10-3 間接平差法與條件平差法程序

## 10-4 直接平差法(一) 算術平均法

在測量學中有不少問題為簡單情形,以簡易的計算程序即可獲得與使用最小二乘法相同之最或是值,包括:

1. 同一量複測數次。
2. 觀測值總和等於某一已知值。
3. 觀測值總和等於總量觀測值。

分述如下三小節。

### 10-4-1 同一量複測數次

測量中,如能採用適當之方法,其大部分錯誤與系統誤差即可被消除。故測量

結果之是否精確，將取決於其所含偶然誤差之大小。若能在同一環境下對其量作多次複測，取得數個觀測值，求其平均值，即可消減偶然誤差，得到最或是值。

設有一組在同一情況及精度下之觀測值 $X_1$，$X_2$，…$X_n$，其最或是值乃算術平均值，即：

$$\overline{X} = \frac{X_1 + X_2 + ... + X_n}{n} = \frac{\sum_i X_i}{n} = \frac{[X]}{n}$$ 　　(註：$[X] = \sum_i X_i$)　　**(10-4 式)**

由誤差傳播定律知平均函數 $\overline{X} = \Sigma X_i/n$ 之中誤差為

$$m_{\overline{X}}^2 = (m_1^2 + m_2^2 + m_3^2 + ... + m_n^2)(1/n)^2$$ 　　**(10-5 式)**

如果 $m_1 = m_2 = m_3 = ... = m_n = M$，M 為觀測值之中誤差：

$$M = \pm\sqrt{\frac{[vv]}{(n-1)}}$$ 　　(註：$[vv] = \sum_i v_i^2$)　　**(10-6 式)**

則上式可簡化為：

$$m_{\overline{X}}^2 = (n)(M^2/n^2) = M^2/n \text{ 得 } m_{\overline{X}} = \pm\frac{M}{\sqrt{n}} = \pm\sqrt{\frac{[vv]}{n(n-1)}}$$ 　　**(10-7 式)**

上式表明觀測 n 次取平均值，它的中誤差縮小 $\sqrt{n}$ 倍。故觀測次數愈多，其平均值愈接近真值。

---

**例題 10-1**　同一量複測數次 (一段距離重複測量之平差)
已知有 10 個 AB 距離記錄如下：

824.62　　824.63　　824.64　　824.63　　824.65
824.60　　824.61　　824.60　　824.61　　824.60

試平差之？

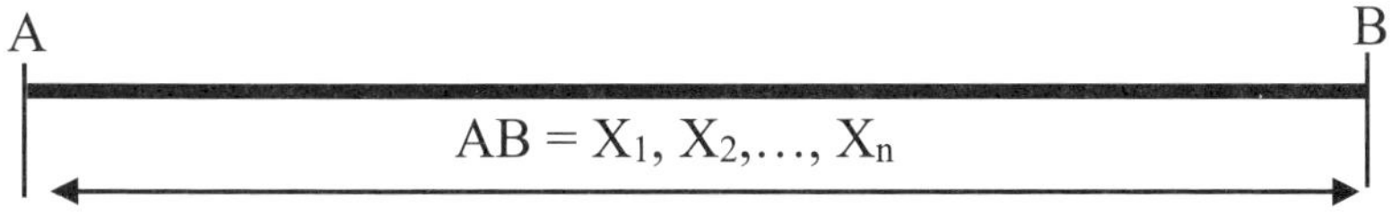

```
A ────────────────────────────── B
     AB = X₁, X₂,…, Xₙ
```

**圖 10-4**　同一量複測數次

[解]
$\overline{X} = \Sigma X_i/n = 8246.19/10 = 824.619$ m

$$M = \sqrt{\frac{[vv]}{n-1}} = \sqrt{\frac{0.00289}{10-1}} = 0.018 \qquad m_{\bar{X}} = \frac{M}{\sqrt{n}} = \frac{0.018}{\sqrt{10}} = 0.006$$

詳細計算過程見下表。

| 組別 | 觀測值 (X) | 誤差 (v) | 誤差平方 ($v^2$) |
|---|---|---|---|
| 1 | 824.62 | 0.001 | 1E-06 |
| 2 | 824.63 | 0.011 | 0.000121 |
| 3 | 824.64 | 0.021 | 0.000441 |
| 4 | 824.63 | 0.011 | 0.000121 |
| 5 | 824.65 | 0.031 | 0.000961 |
| 6 | 824.6 | -0.019 | 0.000361 |
| 7 | 824.61 | -0.009 | 8.1E-05 |
| 8 | 824.6 | -0.019 | 0.000361 |
| 9 | 824.61 | -0.009 | 8.1E-05 |
| 10 | 824.6 | -0.019 | 0.000361 |
| 總和 | 8246.19 | 0.000 | 0.00289 |

**例題 10-2** 簡單的水準網平差

如右圖之高程測量，已知$\Delta H_{AC}$=49.02 m，$\Delta H_{BC}$=48.03 m，$\Delta H_{EC}$=46.97 m，$\Delta H_{DC}$=47.98 m，$\Delta H_{FC}$=49.03 m，$H_A$=101.00 m，$H_B$=102.00 m，$H_E$=103.00 m，$H_D$=102.00 m，$H_F$=101.00 m，試求 C 點高程=?

[解]

$H_{CA}=H_A+\Delta H_{AC}$ =150.02 m

$H_{CB}=H_B+\Delta H_{BC}$ =150.03 m

$H_{CD}=H_D+\Delta H_{DC}$ =149.97 m

$H_{CE}=H_E+\Delta H_{EC}$ =149.98 m

$H_{CF}=H_F+\Delta H_{FC}$ =150.03 m

$\bar{X} = \Sigma X_i/n$=150.006 m

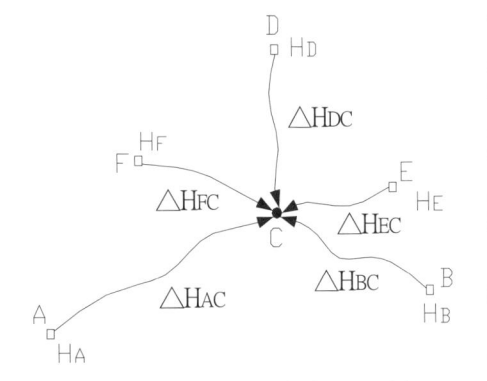

圖 10-5 簡單的水準網平差

$$M = \sqrt{\frac{[vv]}{n-1}} = \sqrt{\frac{0.00332}{5-1}} = 0.0288 \qquad m_{\bar{X}} = \frac{M}{\sqrt{n}} = \frac{0.0288}{\sqrt{5}} = 0.013$$

## 10-4-2 觀測值總和等於某一已知值

如有數個數量須予以測量，而此數個觀測值之總和應等於已知之固定值，且各觀測值之權值相同時，可計算其總和與固定值之差數，然後將此差數平均分配於該數個觀測值，即得各觀測值之最或是值。分配誤差時，已知值不參與分配誤差 (圖 10-6)。

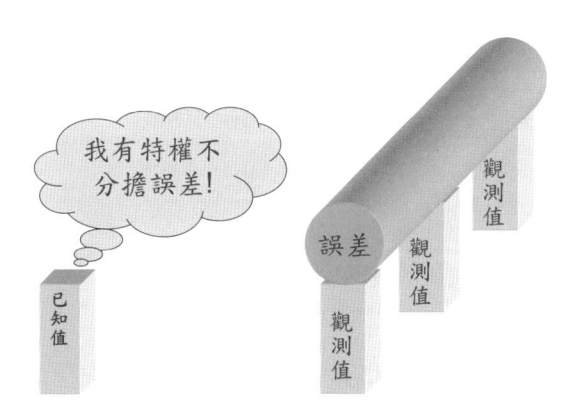

圖 10-6 觀測值總和等於某一已知值

例題 10-3　觀測值總和等於某一已知值 (一段距離分段量之總和等於某一已知值)
已知有 AD 距離經精密測量其值為 824.62，今分三段量記錄如下 (如圖 10-4)：
AB=234.56，BC=345.67，CD=244.27，試平差之？

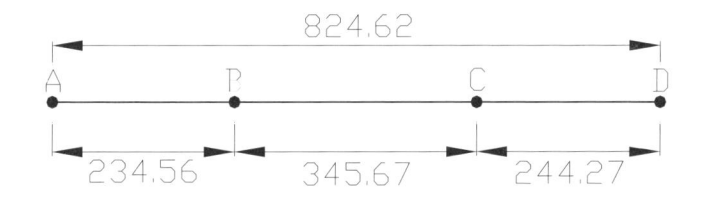

圖 10-7 觀測值總和等於某一已知值 (824.62 是已知值)

[解]
誤差=(234.56+ 345.67+ 244.27 ) – 824.62 = 824.50 – 824.62 = – 0.12
AB 之改正量=– 誤差/3=–(– 0.12/3)=+0.04
BC 之改正量=– 誤差/3=–(– 0.12/3)=+0.04
CD 之改正量=– 誤差/3=–(– 0.12/3)=+0.04
AB 最或是值= AB 觀測值 + AB 改正量 = 234.56+0.04=234.60
BC 最或是值= BC 觀測值 + BC 改正量 = 345.67+0.04=345.71
CD 最或是值= CD 觀測值 + CD 改正量 = 244.27+0.04=244.31

驗算 AB+BC+CD=824.62=AD (OK)

---

**例題 10-4** 觀測值總和等於某一已知值 (三角形三內角之總和等於 180 度)

三角形三內角觀測值為 $\theta_1$、$\theta_2$、$\theta_3$，試平差之。

[解]

誤差= $(\theta_1+\theta_2+\theta_3) - 180$

$\theta_1$ 之改正量= − 誤差/3= − (1/3) $((\theta_1+\theta_2+\theta_3) - 180)$

$\theta_2$ 之改正量= − 誤差/3= − (1/3) $((\theta_1+\theta_2+\theta_3) - 180)$

$\theta_3$ 之改正量= − 誤差/3= − (1/3) $((\theta_1+\theta_2+\theta_3) - 180)$

$\theta_1$ 最或是值=$\theta_1$ +$\theta_1$ 之改正量

      = $\theta_1$ − (1/3) $((\theta_1+\theta_2+\theta_3) - 180)$

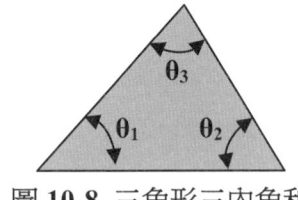

圖 10-8 三角形三內角和

同理

$\theta_2$ 最或是值=$\theta_2$ − (1/3) $((\theta_1+\theta_2+\theta_3) - 180)$

$\theta_3$ 最或是值=$\theta_3$ − (1/3) $((\theta_1+\theta_2+\theta_3) - 180)$

驗算：$\theta_1$ 最或是值+$\theta_2$ 最或是值+$\theta_3$ 最或是值=180

---

## 10-4-3 觀測值總和等於總量觀測值

如有數個數量須予以測量，而此數個觀測值之總和應等於總量之觀測值，且各觀測值之權值相同時，可計算該數個觀測值之總和與總量觀測值之差數，然後將此差數平均分配於各觀測值。因總量之觀測值亦係在同一環境、條件下作業，故「分配誤差時必須包括總量之觀測值」(圖 10-9)。但須注意總量觀測值之改正數符號與各分量觀測值改正數之符號相反。

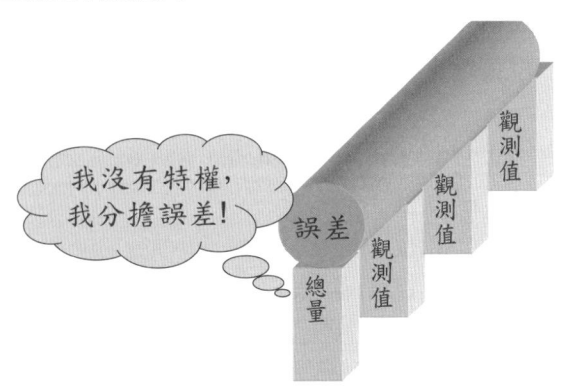

圖 10-9 觀測值總和等於總量觀測值

**例題 10-5** 觀測值總和等於總量觀測值 (一段距離分段量之總和等於總量觀測值)
已知有 AD 距離測得 **824.62**，今分三段量記錄如下：
**AB=234.56，BC=345.67，CD=244.27**，試平差之？

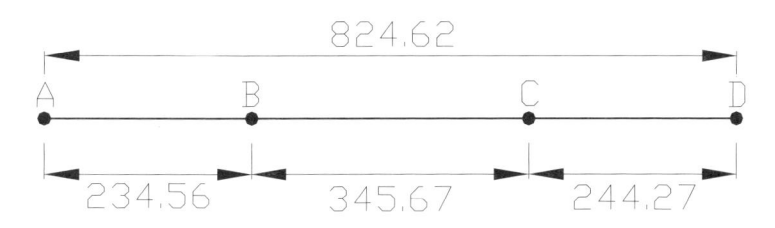

圖 10-10 觀測值總和等於總量觀測值(824.62 是觀測值)

[解]
誤差=(234.56+ 345.67+ 244.27 )–824.62=824.50–824.62 = –0.12
AD 之改正量= + 誤差/4= +(–0.12/4)= –0.03
AB 之改正量= – 誤差/4= –(–0.12/4)= +0.03
BC 之改正量= – 誤差/4= –(–0.12/4)= +0.03
CD 之改正量= – 誤差/4= –(–0.12/4)= +0.03
AD = AD 觀測值 + AD 改正量 = 824.62–0.03=824.59
AB = AB 觀測值 + AB 改正量 = 234.56+0.03=234.59
BC = BC 觀測值 + BC 改正量 = 345.67+0.03=345.70
CD = CD 觀測值 + CD 改正量 = 244.27+0.03=244.30
驗算 AB+BC+CD=824.59=AD (OK) (注意：總量觀測值 AD 之改正數符號與各分量觀測值 (AB、BC、CD) 改正數之符號相反。)

**例題 10-6** 觀測值總和等於總量觀測值 (角度)
試平差右圖的角度觀測。
[解]
誤差= $(\theta_1+\theta_2+\theta_3) - \theta_4$
$\theta_1$ 之改正量= – 誤差/4= –(1/4) (($\theta_1+\theta_2+\theta_3) - \theta_4$)
$\theta_2$ 之改正量= – 誤差/4= –(1/4) (($\theta_1+\theta_2+\theta_3) - \theta_4$)
$\theta_3$ 之改正量= – 誤差/4= – (1/4) (($\theta_1+\theta_2+\theta_3) - \theta_4$)
$\theta_4$ 之改正量= + 誤差/4= +(1/4) (($\theta_1+\theta_2+\theta_3) - \theta_4$)
$\theta_1$ 最或是值=$\theta_1 +\theta_1$ 之改正量
　　　　　=$\theta_1$ - (1/4) (($\theta_1+\theta_2+\theta_3) - \theta_4$)
同理

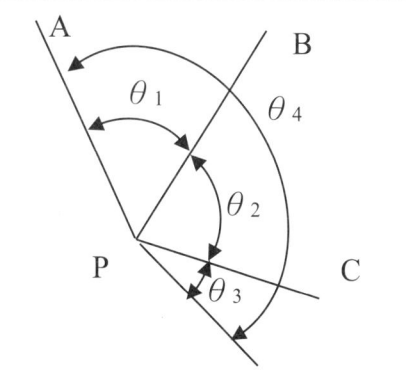

圖 10-11 三夾角觀測值總和等於總夾角觀測值

θ₂ 最或是值=θ₂ − (1/4) ((θ₁+θ₂+θ₃) − θ₄)
θ₃ 最或是值=θ₃ − (1/4) ((θ₁+θ₂+θ₃) − θ₄)
θ₄ 最或是值=θ₄ + (1/4) ((θ₁+θ₂+θ₃) − θ₄)
驗算：θ₁ 最或是值+θ₂ 最或是值+θ₃ 最或是值 − θ₄ 最或是值=0

## 10-5 直接平差法（二）加權平均法

### 10-5-1 同一量複測數次

若觀測值 $X_1$，$X_2$，$X_3$，……$X_n$，其權分別為 $P_1$、$P_2$、$P_3$、……$P_n$，則最或是值為加權平均值，即：

$$\overline{X} = \frac{P_1X_1 + P_2X_2 + ... + P_nX_n}{P_1 + P_2 + ... + P_n} = \frac{\sum_i P_iX_i}{\sum_i P_i} = \frac{[PX]}{[P]} \tag{10-8 式}$$

通常權值可取最或是值中誤差平方之倒數，即

$$P_i = \frac{1}{m_i^2} \tag{10-9 式}$$

由誤差傳播定律知加權平均函數 $\Sigma P_iX_i/\Sigma P_i$ 之「單位權中誤差」為：

$$M = \pm\sqrt{\frac{[Pvv]}{(n-1)}} \quad \text{其中} [Pvv] = \sum_i P_iv_i^2 \tag{10-10 式}$$

最或是值中誤差為：$m_{\overline{X}} = \pm\dfrac{M}{\sqrt{[P]}} = \pm\sqrt{\dfrac{[Pvv]}{[P](n-1)}}$ (10-11 式)

註：當 $P_1 = P_2 = ... = P_n = 1$，則 (10-8 式)、(10-10 式)、(10-11 式) 簡化為 (10-4 式)、(10-6 式)、(10-7 式)。

例題 10-7　同一量複測數次 (一段距離重複測量之平差)

同例題 10-1，但得到平均值、標準差如下，試平差之？ [94 年公務員普考]：

| 組別 | 平均值 | 標準差 | 組別 | 平均值 | 標準差 |
| --- | --- | --- | --- | --- | --- |
| 1 | 824.62 | 0.01 | 6 | 824.60 | 0.02 |
| 2 | 824.63 | 0.02 | 7 | 824.61 | 0.02 |
| 3 | 824.64 | 0.04 | 8 | 824.60 | 0.04 |
| 4 | 824.63 | 0.04 | 9 | 824.61 | 0.01 |
| 5 | 824.65 | 0.04 | 10 | 824.60 | 0.02 |

[解]

假設權與中誤差 (標準差) 之平方成反比,並令權最小值為 **1**,其餘依比例,則權大小如下表第 **5** 行所示。

$\overline{X} = \dfrac{[PX]}{[P]} = \dfrac{42879.96}{52} = 824.615\,\text{m}$ (注意有效位數比原數據多取一位)

$M = \sqrt{\dfrac{[Pvv]}{n-1}} = \sqrt{\dfrac{0.00589}{10-1}} = 0.0256 \quad m_{\overline{X}} = \sqrt{\dfrac{[Pvv]}{[P](n-1)}} = \sqrt{\dfrac{0.00589}{52(10-1)}} = 0.00355$

詳細計算過程見下表。

| 組別 | 平均值 | 標準差 | 標準差平方之倒數 | 權值(P) | PX | 誤差(v) | Pv | Pv² |
|---|---|---|---|---|---|---|---|---|
| 1 | 824.62 | 0.01 | 10000 | 16 | 13193.92 | 0.005 | 0.086 | 0.000 |
| 2 | 824.63 | 0.02 | 2500 | 4 | 3298.52 | 0.015 | 0.062 | 0.001 |
| 3 | 824.64 | 0.04 | 625 | 1 | 824.64 | 0.025 | 0.025 | 0.001 |
| 4 | 824.63 | 0.04 | 625 | 1 | 824.63 | 0.015 | 0.015 | 0.000 |
| 5 | 824.65 | 0.04 | 625 | 1 | 824.65 | 0.035 | 0.035 | 0.001 |
| 6 | 824.6 | 0.02 | 2500 | 4 | 3298.4 | -0.015 | -0.058 | 0.001 |
| 7 | 824.61 | 0.02 | 2500 | 4 | 3298.44 | -0.005 | -0.018 | 0.000 |
| 8 | 824.6 | 0.04 | 625 | 1 | 824.6 | -0.015 | -0.015 | 0.000 |
| 9 | 824.61 | 0.01 | 10000 | 16 | 13193.76 | -0.005 | -0.074 | 0.000 |
| 10 | 824.6 | 0.02 | 2500 | 4 | 3298.4 | -0.015 | -0.058 | 0.001 |
|  |  |  | 總和 | 52 | 42879.96 | 0.043846 | 0 | 0.00589 |

**例題 10-8** 加權之簡單的水準網平差

同例題 10-2,但假設權值和距離成反比,已知 $L_{AC}$=640 m,$L_{BC}$=360 m,$L_{EC}$=320 m,$L_{DC}$=400 m,$L_{FC}$=360 m,試求 C 點高程=?

**[解]**

因假設權與距離成反比,故

$\overline{X} = \dfrac{[PX]}{[P]} = \dfrac{P_1 X_1 + P_2 X_2 + ... + P_n X_n}{P_1 + P_2 + ... + P_n}$

$= \dfrac{(1/64)150.02 + (1/36)150.03 + (1/32)149.97 + (1/40)149.98 + (1/36)150.03}{(1/64 + 1/36 + 1/32 + 1/40 + 1/36)}$

$= 150.004$

$M = \sqrt{\dfrac{\sum P_i v_i^2}{n-1}} = \sqrt{\dfrac{0.0000925}{5-1}} = 0.0048 \qquad m_{\overline{X}} = \dfrac{M}{\sqrt{[P]}} = \dfrac{0.0048}{\sqrt{0.127}} = 0.0135$

## 10-5-2　觀測值總和等於某一已知值

如有數個數量須予以測量，而此數個觀測值之總和應等於已知之固定值，且各觀測值之權值不同時，可計算其總和與固定值之差數，然後將此差數依「權值的倒數」分配於觀測值，即得各觀測值之最或是值。即改正量

$$v_i = \frac{1/P_i}{\sum 1/P_i} v$$

以「權值的倒數」而非「權值」的理由是，觀測值的權值愈大，代表觀測值愈可靠，故修改的幅度應該愈小；反之，權值愈小代表愈不可靠，故修改應該愈大。

**例題 10-9**　觀測值總和等於某一已知值 (一段距離分段量之總和等於某一已知值)
同例題 10-3，但得到平均值：AB=234.56，BC=345.67，CD=244.27，標準差：AB=0.01，BC=0.02，CD=0.005，試平差之?

[解]

誤差=(234.56+ 345.67+ 244.27 )–824.6200=824.50–824.6200 = –0.12

假設權與中誤差 (標準差) 之平方成反比，故

AB 之權= $1/(0.01)^2$=10000　　BC 之權= $1/(0.02)^2$=2500　　CD 之權= $1/(0.005)^2$=40000

為了簡化，上述之權重統除以 2500 得

AB 之權=4，BC 之權=1，CD 之權=16

因修改的幅度與「權值的倒數」成正比，故各段長度之改正量如下：

AB 之改正量=$- (-0.12) \dfrac{1/4}{1/4 + 1/1 + 1/16} = +0.023$

BC 之改正量=$- (-0.12) \dfrac{1/1}{1/4 + 1/1 + 1/16} = +0.091$

CD 之改正量=$- (-0.12) \dfrac{1/16}{1/4 + 1/1 + 1/16} = +0.006$

AB = AB 觀測值 ＋ AB 改正量 = 234.56+0.023=234.583

BC = BC 觀測值 ＋ BC 改正量 = 345.67+0.091=345.761

CD = CD 觀測值 ＋ CD 改正量 = 244.27+0.006=244.276

驗算　AB+BC+CD=824.620=AD (OK)

例題 10-10　觀測值總和等於某一已知值 (三角形三內角之總和等於 180 度)
同例題 10-4，但三角形三內角 A, B, C 角度觀測平均值、次數如下：
平均值：45°07'32", 71°51'06", 63°01'02"，觀測次數：3, 2, 1 次，試平差之？
[解]
誤差=(45°07'32"+71°51'06"+63°01'02") – 180°00'00" = –20"

假設權與觀測次數成正比，因此 A 之權= 3，B 之權= 2，C 之權= 1
因修改的幅度與「權值的倒數」成正比，故改正量如下：

A 改正量= - (-20) $\dfrac{1/3}{1/3 + 1/2 + 1/1}$ =4"　故 A = A 觀測值 + A 改正量 = 45°07'36"

B 改正量= - (-20) $\dfrac{1/2}{1/3 + 1/2 + 1/1}$ =5"　故 B = B 觀測值 + B 改正量 = 71°51'11"

C 改正量= - (-20) $\dfrac{1/1}{1/3 + 1/2 + 1/1}$ =11"　故 C = C 觀測值 + C 改正量 = 63°01'13"

驗算　A+B+C=180°00'00" (OK)

## 10-5-3　觀測值總和等於總量觀測值

　　如有數個數量須予以測量，而此數個觀測值之總和應等於總量之觀測值，且各觀測值之權值不同時，可計算該數個觀測值之總和與總量觀測值之差數，然後將此差數依「權值的倒數」分配於各觀測值。因總量之觀測值亦含誤差，故分配時必須包括總量之觀測值。總量觀測值之改正數符號與各分量觀測值改正數之符號相反。

例題 10-11　觀測值總和等於總量觀測值 (一段距離分三段量)
同例題 10-5，但總長 AD 及分三段 AB、BC、CD 測量平均值、標準差如下：
平均值：AD=824.62，AB=234.56，BC=345.67，CD=244.27，
標準差：AD=0.02，AB=0.01，BC=0.02，CD=0.005，試平差之？
[解]
誤差=(234.56+ 345.67+ 244.27 )–824.62=824.50–824.62 = –0.12
假設權與中誤差(標準差)之平方成反比，故
AD 之權= $1/(0.02)^2$=2500　　AB 之權= $1/(0.01)^2$=10000
BC 之權= $1/(0.02)^2$=2500　　CD 之權= $1/(0.005)^2$=40000
為了簡化，AD 之權=1，AB 之權=4，BC 之權=1，CD 之權=16
因修改的幅度與「權值的倒數」成正比，故改正量如下：

AD之改正量 = +(-0.12)$\dfrac{1/1}{1/1+1/4+1/1+1/16}$ = -0.052

AB之改正量 = -(-0.12)$\dfrac{1/4}{1/1+1/4+1/1+1/16}$ = +0.013

BC之改正量 = -(-0.12)$\dfrac{1/1}{1/1+1/4+1/1+1/16}$ = +0.052

CD之改正量 = -(-0.12)$\dfrac{1/16}{1/1+1/4+1/1+1/16}$ = +0.003

AD = AD 觀測值 + AD 改正量 = 824.62−0.052=824.568

AB = AB 觀測值 + AB 改正量 = 234.56+0.013=234.573

BC = BC 觀測值 + BC 改正量 = 345.67+0.052=345.722

CD = CD 觀測值 + CD 改正量 = 244.27+0.003=244.273

驗算 AB+BC+CD=824.568=AD (OK)　(注意：總量觀測值 AD 改正數符號與各分量觀測值 (AB, BC, CD) 改正數符號相反。)

---

**例題 10-12**　觀測值總和等於總量觀測值 (角度)

同例題 10-6，但假設 $\theta_1$、$\theta_2$、$\theta_3$、$\theta_4$ 觀測次數：3, 6, 9, 6 次

[解]

誤差= $(\theta_1+\theta_2+\theta_3) - \theta_4$

假設權與觀測次數成正比，因此 $\theta_1$、$\theta_2$、$\theta_3$、$\theta_4$ 的權的比例為 1:2:3:2。

因修改的幅度與「權值的倒數」成正比，權值的倒數比例為 $\dfrac{1}{1}:\dfrac{1}{2}:\dfrac{1}{3}:\dfrac{1}{2}$

故改正量如下：$\theta_1$ 之改正量= − 誤差 × $\dfrac{1/1}{1/1+1/2+1/3+1/2}$

$\theta_2$ 之改正量= − 誤差 × $\dfrac{1/2}{1/1+1/2+1/3+1/2}$

$\theta_3$ 之改正量= − 誤差 × $\dfrac{1/3}{1/1+1/2+1/3+1/2}$

$\theta_4$ 之改正量= + 誤差 × $\dfrac{1/2}{1/1+1/2+1/3+1/2}$

$\theta_1$ 最或是值=$\theta_1$ 觀測量 +$\theta_1$ 之改正量　$\theta_2$ 最或是值=$\theta_2$ 觀測量 +$\theta_2$ 之改正量

$\theta_3$ 最或是值=$\theta_3$ 觀測量 +$\theta_3$ 之改正量　$\theta_4$ 最或是值=$\theta_4$ 觀測量 +$\theta_4$ 之改正量

# 10-6 間接與條件平差法（一）觀測方程式法

　　間接平差法與條件平差法都是觀測方程式法的一種，兩種方法互為對偶方法，會得到相同結果。由於間接平差法比條件平差法更易列出方程式，因此間接平差法比條件平差法更為常用，故本章以間接平差法為主，但有部分例題會同時使用間接平差法與條件平差法求解。

　　間接平差法的關鍵是將改正數的平方和以未知數表達。其中未知數之間會因存在著一些束制條件，使得部分未知數以其它獨立的未知數來表達。

　　間接平差法步驟如下：

1. 列出改正量 v 與最或是值 X 及觀測值 O 之關係式 (觀測方程式)：$v_i = f(X, O)$
2. 列出改正量的平方和：$\Sigma v_i^2$
3. 列出最或是值方程式：為了小化 $\Sigma v_i^2$，以 $\dfrac{\partial}{\partial X_i}\left(\sum_i v_i^2\right) = 0$ 得方程式。
4. 求解最或是值方程式：得最或是值。
5. 計算中誤差：$M = \sqrt{\dfrac{\sum v_i^2}{m-n}}$　　其中 m=觀測值數目，n=獨立未知數數目。

　　同理，如為含權之最小二乘法，可得

1. 列出觀測方程式 $v_i = f(X, O)$
2. 列出改正量的加權平方和 ($P_i$ 為第 i 個觀測方程式的權重)：$\Sigma P_i v_i^2$
3. 列出最或是值方程式：為最小化 $\Sigma P_i v_i^2$，以 $\dfrac{\partial}{\partial X_i}\left(\sum_i P_i v_i^2\right) = 0$ 得方程式。
4. 求解最或是值方程式：得最或是值。
5. 計算中誤差：$M = \sqrt{\dfrac{\sum P_i v_i^2}{m-n}}$　　其中 m=觀測值數目，n=獨立未知數數目。

　　許多問題不需列出觀測方程式也可使用前面兩節的算術平均法或加權平均法求解，但許多問題須列出觀測方程式才能求解。因此以下分四節介紹：

(1) 同一量複測數次
(2) 觀測值總和等於某一已知值
(3) 觀測值總和等於總量觀測值
(4) 複雜的觀測方程式 (不屬於前面三種特例的問題)

## 10-6-1 同一量複測數次

這類型問題可用算術平均法或加權平均法求解，如列出觀測方程式也可求得相同結果。

---

定理 **10-2**：同一量複測數次的最或是值 $\hat{X} = \dfrac{\sum X_i}{n} = \overline{X}$

**[證明一]** 以間接平差法證明

根據最小二乘法之原理：「在解算任一平差問題時，於相等精度之觀測值中應加之改正數，其平方和為最小」，即

$$\text{Min }[vv] = \sum (\hat{X} - X_i)^2 = \sum v_i^2 \quad \text{其中}[vv]=\text{改正數平方和}, \hat{X}=\text{最或是值}$$

改正數為最或是值與觀測值之差額，觀測值為常數，最或是值為平差的結果，故為變數（待定值）。因此，$[vv]$ 為最或是值的函數。依據微積分的極值定理，函數最小值出現在對變數的微分為零之處，故得

$$\dfrac{\partial [vv]}{\partial \hat{X}} = 0$$

因 $\dfrac{\partial [vv]}{\partial \hat{X}} = \dfrac{\partial \sum (\hat{X} - X_i)^2}{\partial \hat{X}} = \sum 2(\hat{X} - X_i) = 2\left(\sum \hat{X} - \sum X_i\right)$，代入上式得

$\sum \hat{X} - \sum X_i = 0$ 故 $n\hat{X} - \sum X_i = 0$ 故 $\hat{X} = \dfrac{\sum X_i}{n} = \overline{X}$ 得證

**[證明二]** 以條件平差法證明

因 $v_1 + X_1 = v_2 + X_2 = \cdots = v_n + X_n = \hat{X}$

故只有一個獨立的改正數，令

$v_2 = v_1 + X_1 - X_2,\ v_3 = v_1 + X_1 - X_3,\ \ldots,\ v_n = v_1 + X_1 - X_n$

$\text{Min }[vv] = \sum v_i^2 = v_1^2 + (v_1 + X_1 - X_2)^2 + (v_1 + X_1 - X_3)^2 + \cdots + (v_1 + X_1 - X_n)^2$

$\dfrac{\partial [vv]}{\partial v_1} = 2v_1 + 2(v_1 + X_1 - X_2) + 2(v_1 + X_1 - X_3) + \cdots + 2(v_1 + X_1 - X_n) = 0$

得 $nv_1 + (n-1)X_1 - (X_2 + X_3 + \cdots + X_n) = 0$

$nv_1 + nX_1 - (X_1 + X_2 + X_3 + \cdots + X_n) = 0$

$n(v_1 + X_1) - \sum X_i = 0$

因 $v_1 + X_1 = \hat{X}$，故 $n\hat{X} - \sum X_i = 0$ 故 $\hat{X} = \dfrac{\sum X_i}{n} = \overline{X}$  得證

定理 10-3：含權之同一量複測數次的最或是值 $\hat{X} = \dfrac{\sum P_i X_i}{\sum P_i}$

[證明一] 以間接平差法證明

根據最小二乘法之原理：「在解算任一含權平差問題時，觀測值中應加之改正數之加權平方和為最小」，即

Min $[Pvv] = \sum P_i(\hat{X} - X_i)^2 = \sum P_i v_i^2$

其中[Pvv] =改正數加權平方和，$\hat{X}$ =最或是值

改正數為最或是值與觀測值之差額，觀測值為常數，最或是值為平差的結果，故為變數 (待定值)。因此，[Pvv] 為最或是值的函數。依據微積分的極值定理，函數最小值出現在對變數的微分為零之處，故得

$\dfrac{\partial [Pvv]}{\partial \hat{X}} = 0$

因  $\dfrac{\partial [Pvv]}{\partial \hat{X}} = \dfrac{\partial \sum P_i(\hat{X} - X_i)^2}{\partial \hat{X}} = \sum 2P_i(\hat{X} - X_i) = 2\left(\sum P_i \hat{X} - \sum P_i X_i\right)$

代入上式得  $\sum P_i \hat{X} - \sum P_i X_i = 0$

推得  $\hat{X} \sum P_i - \sum P_i X_i = 0$, 故  $\hat{X} = \dfrac{\sum P_i X_i}{\sum P_i}$  得證

[證明二] 以條件平差法證明

Min $[Pvv] = \sum P_i v_i^2 = P_1 v_1^2 + P_2(v_1 + X_1 - X_2)^2 + \cdots + P_n(v_1 + X_1 - X_n)^2$

$\dfrac{\partial [vv]}{\partial v_1} = 2P_1 v_1 + 2P_2(v_1 + X_1 - X_2) + \cdots + 2P_n(v_1 + X_1 - X_n) = 0$ 得

$(P_1 + P_2 + \cdots + P_n)v_1 + (P_2 + \cdots + P_n)X_1 - (P_2 X_2 + \cdots + P_n X_n) = 0$

將上式的第 2 項與第 3 項分別加減 $P_1 X_1$ 得

$(P_1 + P_2 + \cdots + P_n)v_1 + (P_1 + P_2 + \cdots + P_n)X_1 - (P_1 X_1 + P_2 X_2 + \cdots + P_n X_n) = 0$

$$\left(\sum P_i\right)\cdot(v_1+X_1)-\sum P_i X_i=0$$

因 $v_1+X_1=\hat{X}$,故 $\hat{X}=\dfrac{\sum P_i X_i}{\sum P_i}$    得證

---

**例題 10-13**　同一量複測數次 (一段距離重複測量之平差)
以觀測方程式法重解例題 **10-1**。
[解]
設 AB 距離最或是值為 **D**。
**(1)** 列出改正量與最或是值及觀測值之關係式 (稱觀測方程式)
　　D=824.62+$v_1$　D=824.63+$v_2$　D=824.64+$v_3$　D=824.63+$v_4$　D=824.65+$v_5$
　　D=824.60+$v_6$　D=824.61+$v_7$　D=824.60+$v_8$　D=824.61+$v_9$　D=824.60+$v_{10}$
**(2)** 列出 $\sum v_i^2$
　　$\sum v_i^2$ =(D–824.62)$^2$+(D–824.63)$^2$+(D–824.64)$^2$+(D–824.63)$^2$+(D–824.65)$^2$+
　　　　　(D–824.60)$^2$+(D–824.61)$^2$+(D–824.60)$^2$+(D–824.61)$^2$+(D–824.60)$^2$
**(3)** 為了最小化 $\sum v_i^2$
　　$\partial \sum v_i^2/\partial D=0$　得最或是值方程式
　　2(D–824.62)+2(D–824.63)+2(D–824.64)+2(D–824.63)+2(D–824.65)
　+2(D–824.60)+2(D–824.61)+2(D–824.60)+2(D–824.61)+2(D–824.60)=0
　　簡化得
　　10D=(824.62+824.63+824.64+824.63+824.65+824.60+824.61+824.60+824.61+824.60)
**(4)** 解最或是值方程式得最或是值
　　D=(824.62+824.63+824.64+824.63+824.65+824.60+824.61+824.60+824.61+824.60)/10
　　=824.619 m
**(5)** 計算中誤差
$$M=\sqrt{\dfrac{\sum v_i^2}{m-n}}=\sqrt{\dfrac{0.00289}{10-1}}=0.018$$　**m**=觀測值數目=**10**，**n**=未知數數目=**1**。

---

**例題 10-14**　同一量複測數次 (一段距離重複測量之平差) (含權)
以觀測方程式法重解例題 **10-7**。**[94 年公務員普考]**
[解]
設 AB 距離最或是值為 **D**。
**(1)** 列出改正量與最或是值及觀測值之關係式 (稱觀測方程式)
　　D=824.62+$v_1$　D=824.63+$v_2$　D=824.64+$v_3$　D=824.63+$v_4$　D=824.65+$v_5$

$D=824.60+v_6$　$D=824.61+v_7$　$D=824.60+v_8$　$D=824.61+v_9$　$D=824.60+v_{10}$

(2) 列出 $\Sigma P_i v_i^2$

$\Sigma P_i v_i^2 = P_1(D-824.62)^2 + P_2(D-824.63)^2 + P_3(D-824.64)^2 + P_4(D-824.63)^2 + P_5(D-824.65)^2 +$
$\quad P_6(D-824.60)^2 + P_7(D-824.61)^2 + P_8(D-824.60)^2 + P_9(D-824.61)^2 + P_{10}(D-824.60)^2$
$= 16(D-824.62)^2 + 4(D-824.63)^2 + 1(D-824.64)^2 + 1(D-824.63)^2 + 1(D-824.65)^2 +$
$\quad 4(D-824.60)^2 + 4(D-824.61)^2 + 1(D-824.60)^2 + 16(D-824.61)^2 + 4(D-824.60)^2$

(3) 為了最小化 $\Sigma P_i v_i^2$

$\partial \Sigma P_i v_i^2 / \partial D = 0$ 得最或是值方程式

$2P_1(D-824.62) + 2P_2(D-824.63) + 2P_3(D-824.64) + 2P_4(D-824.63) + 2P_5(D-824.65)$
$\quad + 2P_6(D-824.60) + 2P_7(D-824.61) + 2P_8(D-824.60) + 2P_9(D-824.61) + 2P_{10}(D-824.60) = 0$

簡化得

$(P_1+P_2+P_3+P_4+P_5+P_6+P_7+P_8+P_9+P_{10})D = (P_1 \times 824.62 + P_2 \times 824.63 + P_3 \times 824.64 +$
$P_4 \times 824.63 + P_5 \times 824.65 + P_6 \times 824.60 + P_7 \times 824.61 + P_8 \times 824.60 + P_9 \times 824.61 + P_{10} \times 824.60)$

(4) 解最或是值方程式得最或是值

$D = (P_1 \times 824.62 + P_2 \times 824.63 + P_3 \times 824.64 + P_4 \times 824.63 + P_5 \times 824.65 + P_6 \times 824.60 + P_7 \times$
$824.61 + P_8 \times 824.60 + P_9 \times 824.61 + P_{10} \times 824.60) / (P_1+P_2+P_3+P_4+P_5+P_6+P_7+P_8+P_9+P_{10})$
$= 824.615$

(5) 計算中誤差

$$M = \sqrt{\frac{\sum P_i v_i^2}{m-n}} = \sqrt{\frac{0.00589}{10-1}} = 0.0256 \quad \text{(結果與例題 10-7 之加權平均法相同)}$$

---

**例題 10-15　簡單的水準網平差**

以觀測方程式法重解例題 10-2。

[解]

設 C 點高程最或是值為 $H_C$。

(1) 列出改正量與最或是值及觀測值之關係式 (稱觀測方程式)

$H_C = H_A + \Delta H_{AC} + v_1 = 101.00 + 49.02 + v_1 \quad \Rightarrow \quad v_1 = H_C - 150.02$

$H_C = H_B + \Delta H_{BC} + v_2 = 102.00 + 48.03 + v_2 \quad \Rightarrow \quad v_2 = H_C - 150.03$

$H_C = H_E + \Delta H_{EC} + v_3 = 103.00 + 46.97 + v_3 \quad \Rightarrow \quad v_3 = H_C - 149.97$

$H_C = H_D + \Delta H_{DC} + v_4 = 102.00 + 47.98 + v_4 \quad \Rightarrow \quad v_4 = H_C - 149.98$

$H_C = H_F + \Delta H_{FC} + v_5 = 101.00 + 49.03 + v_5 \quad \Rightarrow \quad v_5 = H_C - 150.03$

(2) 列出 $\Sigma v_i^2$

$\Sigma v_i^2 = (H_C - 150.02)^2 + (H_C - 150.03)^2 + (H_C - 149.97)^2 + (H_C - 149.98)^2 + (H_C - 150.03)^2$

(3) 為了最小化 $\Sigma v_i^2$

∂Σ $v_i^2$/∂$H_C$=0 得最或是值方程式

2($H_C$–150.02)+2($H_C$–150.03)+2($H_C$–149.97)+2($H_C$–149.98)+2($H_C$–150.03)=0

簡化得

5$H_C$=150.02+150.03+149.97+149.98+150.03

**(4)** 解最或是值方程式得最或是值

$H_C$=(150.02+150.03+149.97+149.98+150.03)/5=150.006

**(5)** 計算中誤差

$$M = \sqrt{\frac{\sum v_i^2}{m-n}} = \sqrt{\frac{0.00332}{5-1}} = 0.0288$$ (結果與例題 10-2 之算術平均法相同)

---

**例題 10-16** 加權之簡單的水準網平差（含權）

以觀測方程式法重解例題 10-8。

[解]

設 C 點高程最或是值為 $H_C$。

**(1)** 列出改正量與最或是值及觀測值之關係式（稱觀測方程式）

$H_C$=$H_A$+Δ$H_{AC}$+$v_1$= 101.00 + 49.02+$v_1$　=>　$v_1$=$H_C$–150.02

$H_C$=$H_B$+Δ$H_{BC}$+$v_2$= 102.00 + 48.03+$v_2$　=>　$v_2$=$H_C$–150.03

$H_C$=$H_E$+Δ$H_{EC}$+$v_3$= 103.00 + 46.97+$v_3$　=>　$v_3$=$H_C$–149.97

$H_C$=$H_D$+Δ$H_{DC}$+$v_4$= 102.00 + 47.98+$v_4$　=>　$v_4$=$H_C$–149.98

$H_C$=$H_F$+Δ$H_{FC}$+$v_5$= 101.00 + 49.03+$v_5$　=>　$v_5$=$H_C$–150.03

**(3)** 列出 Σ $P_iv_i^2$：因假設權值和距離成反比，故從 A、B、E、D、F 所測之 $H_C$ 權值分別為 1/64、1/36、1/32、1/40、1/36，得

Σ $P_iv_i^2$ =(1/64)($H_C$–150.02)²+(1/36)($H_C$–150.03)²+(1/32)($H_C$–149.97)²
+(1/40)($H_C$–149.98)²+(1/36)($H_C$–150.03)²

**(3)** 為了最小化 Σ $P_iv_i^2$，以 ∂Σ $P_iv_i^2$/∂$H_C$=0 得最或是值方程式

2(1/64)($H_C$–150.02)+2(1/36)($H_C$–150.03)+2(1/32)($H_C$–149.97)
+2(1/4)($H_C$–149.98)+2(1/36)($H_C$–150.03)=0

簡化得

(1/64+1/36+1/32+1/40+1/36)$H_c$=
(1/64)(150.02)+(1/36)(150.03)+(1/32)(149.97)+(1/40)(149.98)+(1/36)(150.03)

**(4)** 解最或是值方程式得最或是值

$H_C$=[(1/64)(150.02)+(1/36)(150.03)+(1/32)(149.97)+(1/40)(149.98)
+(1/36)(150.03)]/(1/64+1/36+1/32+1/40+1/36) =150.00425 取 150.004 m

**(5)** 計算中誤差

$$M = \sqrt{\frac{\sum P_i v_i^2}{m-n}} = \sqrt{\frac{0.0000925}{5-1}} = 0.0048 \quad \text{(結果與例題 10-8 之加權平均法相同)}$$

## 10-6-2 觀測值總和等於某一已知值

這類型問題可用算術平均法或加權平均法求解，如列出觀測方程式也可求得相同結果。這類問題的未知數之間會因存在著一些束制條件，使得部分未知數以其它獨立的未知數來表達。本節例題將同時使用間接平差法與條件平差法求解。

**定理 10-4**：假設 $X_1, X_2$ 為兩個分量的觀測值，其總和等於某已知值 $T$，總誤差 $v = (X_1 + X_2) - T$，則 $v_1 = v_2$

**證明**：

假設兩個分量的觀測值最或是值為 $\overline{X}_1, \overline{X}_2$，則改正量如下

$v_1 = \overline{X}_1 - X_1$

$v_2 = \overline{X}_2 - X_2$

根據最小二乘法之原理：「在解算任一含權平差問題時，觀測值中應加之改正數之加權平方和為最小」，即

$\text{Min}[vv] = (\overline{X}_1 - X_1)^2 + (\overline{X}_2 - X_2)^2$

因 $\overline{X}_1 + \overline{X}_2 = T$，故 $\overline{X}_2 = T - \overline{X}_1$，代入上式得

$\text{Min}[vv] = (\overline{X}_1 - X_1)^2 + (T - \overline{X}_1 - X_2)^2$

依據微積分的極值定理，函數最小值出現在對變數的微分為零之處，故得

$\dfrac{\partial[vv]}{\partial \overline{X}_1} = 0$

$\dfrac{\partial[vv]}{\partial \overline{X}_1} = \dfrac{\partial}{\partial \overline{X}_1}\left((\overline{X}_1 - X_1)^2 + (T - \overline{X}_1 - X_2)^2\right) = 2P_1(\overline{X}_1 - X_1) - 2P_2(T - \overline{X}_1 - X_2) = 0$

故 $(\overline{X}_1 - X_1) - (T - \overline{X}_1 - X_2) = 0$

因 $\overline{X}_2 = T - \overline{X}_1$，故可將上式的 $T - \overline{X}_1$ 改回 $\overline{X}_2$，得 $(\overline{X}_1 - X_1) - (\overline{X}_2 - X_2) = 0$

因 $v_1 = \overline{X}_1 - X_1$，$v_2 = \overline{X}_2 - X_2$，故可將上式改寫成 $v_1 - v_2 = 0$，得 $v_1 = v_2$ 得證

**定理 10-5**：假設 $X_1, X_2$ 為兩個分量的觀測值，權重分別為 $P_1, P_2$，其總和等於某已知值 T，總誤差 $v = (X_1 + X_2) - T$，則 $v_1 = \dfrac{1/P_1}{1/P_1 + 1/P_2} v$，$v_2 = \dfrac{1/P_2}{1/P_1 + 1/P_2} v$

證明：

假設兩個分量的觀測值最或是值為 $\overline{X}_1, \overline{X}_2$，則改正量如下

$v_1 = \overline{X}_1 - X_1$

$v_2 = \overline{X}_2 - X_2$

根據最小二乘法之原理：「在解算任一含權平差問題時，觀測值中應加之改正數之加權平方和為最小」，即

$\text{Min} [Pvv] = P_1(\overline{X}_1 - X_1)^2 + P_2(\overline{X}_2 - X_2)^2$

因 $\overline{X}_1 + \overline{X}_2 = T$，故 $\overline{X}_2 = T - \overline{X}_1$，代入上式得

$\text{Min} [Pvv] = P_1(\overline{X}_1 - X_1)^2 + P_2(T - \overline{X}_1 - X_2)^2$

依據微積分的極值定理，函數最小值出現在對變數的微分為零之處，故得

$\dfrac{\partial [Pvv]}{\partial \overline{X}_1} = 0$

$\dfrac{\partial [Pvv]}{\partial \overline{X}_1} = \dfrac{\partial}{\partial \overline{X}_1} \left( P_1(\overline{X}_1 - X_1)^2 + P_2(T - \overline{X}_1 - X_2)^2 \right)$

$\qquad = 2P_1(\overline{X}_1 - X_1) - 2P_2(T - \overline{X}_1 - X_2)$

故 $P_1(\overline{X}_1 - X_1) - P_2(T - \overline{X}_1 - X_2) = 0$

因 $\overline{X}_2 = T - \overline{X}_1$，故可將上式的 $T - \overline{X}_1$ 改回 $\overline{X}_2$，得 $P_1(\overline{X}_1 - X_1) - P_2(\overline{X}_2 - X_2) = 0$

因 $v_1 = \overline{X}_1 - X_1$，$v_2 = \overline{X}_2 - X_2$，故可將上式改寫成

$P_1 v_1 - P_2 v_2 = 0$，得 $P_1 v_1 = P_2 v_2$，故 $v_1 : v_2 = P_2 : P_1 = \dfrac{1}{P_1} : \dfrac{1}{P_2}$

因 $v_1 + v_2 = v$，故 $v_1 = \dfrac{1/P_1}{1/P_1 + 1/P_2} v$，$v_2 = \dfrac{1/P_2}{1/P_1 + 1/P_2} v$

得證各觀測值依「權值的倒數」分配誤差。

---

**例題 10-17** 觀測值總和等於某一已知值 (三角形三內角之總和等於 180 度)
以觀測方程式法重解例題 10-4。

[解一] 間接平差法

設 x, y, z 為 θ₁、θ₂、θ₃ 最或是值。
**(1)** 列出改正量與最或是值及觀測值之關係式 (稱觀測方程式)

$v_1 = x - \theta_1$                        (1)

$v_2 = y - \theta_2$                        (2)

$v_3 = z - \theta_3$                        (3)

但 x, y, z 之間有關係式如下(此即束制條件)　　x+y+z = 180      (4)

由 (4) 得 z=180－x－y 代入(3) 得 $v_3 = (180-x-y) - \theta_3$      (5)

**(2)** 列出 $\Sigma v_i^2$：$\Sigma v_i^2 = (x-\theta_1)^2 + (y-\theta_2)^2 + (180-x-y-\theta_3)^2$

**(3)** 解最或是值方程式得最或是值：$\text{Min } f = \Sigma v_i^2 = (x-\theta_1)^2 + (y-\theta_2)^2 + (180-x-y-\theta_3)^2$

$\dfrac{\partial f}{\partial x} = 0$ 得 $2(x-\theta_1) - 2(180-x-y-\theta_3) = 0$ 得 $2x + y = 180 + \theta_1 - \theta_3$    (6)

$\dfrac{\partial f}{\partial y} = 0$ 得 $2(y-\theta_2) - 2(180-x-y-\theta_3) = 0$ 得 $x + 2y = 180 + \theta_2 - \theta_3$    (7)

解(6)、(7)聯立方程式得

$x = \dfrac{1}{3}(180 + 2\theta_1 - \theta_2 - \theta_3)$

$\phantom{x} = \dfrac{1}{3}(3\theta_1 + 180 - \theta_1 - \theta_2 - \theta_3) = \theta_1 + \dfrac{1}{3}(180 - \theta_1 - \theta_2 - \theta_3)$

$y = \dfrac{1}{3}(180 - \theta_1 + 2\theta_2 - \theta_3)$

$\phantom{y} = \dfrac{1}{3}(3\theta_2 + 180 - \theta_1 - \theta_2 - \theta_3) = \theta_2 + \dfrac{1}{3}(180 - \theta_1 - \theta_2 - \theta_3)$

令 $w = 180 - \theta_1 - \theta_2 - \theta_3$，得 $x = \theta_1 + \dfrac{1}{3}w$，$y = \theta_2 + \dfrac{1}{3}w$

最後 $z = 180 - x - y = 180 - \theta_1 - \dfrac{1}{3}w - \theta_2 - \dfrac{1}{3}w = -\dfrac{2}{3}w + 180 - \theta_1 - \theta_2$

$\phantom{最後 z} = \theta_3 - \dfrac{2}{3}w + (180 - \theta_1 - \theta_2 - \theta_3) = \theta_3 - \dfrac{2}{3}w + w = \theta_3 + \dfrac{1}{3}w$

**[解二]條件平差法**

　　為了讓讀者了解條件平差法，本題以此法重解一次。條件平差法的關鍵是將改正數的平方和以改正數表達。其中改正數之間會因存在著一些束制條件，使得部分

改正數以其它獨立的改正數來表達。
**(1)** 列出改正量與最或是值及觀測值之關係式 (稱觀測方程式)

$v_1 = x-\theta_1$      (1)

$v_2 = y-\theta_2$      (2)

$v_3 = z-\theta_3$      (3)

但 x, y, z 之間有關係式如下    x+y+z = 180      (4)

由(4)得 z=180-x-y 代入(3)得    $v_3 = 180 - x - y - \theta_3$

條件平差法以改正量為變數，因此非獨立改正量 $v_3$ 必須以獨立改正量來表達，故

$$v_3 = 180 - x - y - \theta_3 = 180 - (v_1 + \theta_1) - (v_2 + \theta_2) - \theta_3$$
$$= 180 - \theta_1 - \theta_2 - \theta_3 - v_1 - v_2$$

令 $w = 180 - \theta_1 - \theta_2 - \theta_3$，得 $v_3 = w - v_1 - v_2$      (5)

**(2)** 列出 $\Sigma v_i^2$ : $\sum v_i^2 = v_1^2 + v_2^2 + v_3^2 = v_1^2 + v_2^2 + (w - v_1 - v_2)^2$

**(3)** 解最或是值方程式得最或是值：**Min** $f = \sum v_i^2 = v_1^2 + v_2^2 + (w - v_1 - v_2)^2$

$\dfrac{\partial f}{\partial v_1} = 0$    $2v_1 - 2(w - v_1 - v_2) = 0$    簡化得   $2v_1 + v_2 = w$      (6)

$\dfrac{\partial f}{\partial v_2} = 0$    $2v_2 - 2(w - v_1 - v_2) = 0$    簡化得 $v_1 + 2v_2 = w$      (7)

解(6)、(7)聯立方程式得 $v_1 = \dfrac{1}{3}w$，$v_2 = \dfrac{1}{3}w$，最後 $v_3 = w - v_1 - v_2 = \dfrac{1}{3}w$

故   $x = \theta_1 + v_1 = \theta_1 + \dfrac{1}{3}w$，$y = \theta_2 + v_2 = \theta_2 + \dfrac{1}{3}w$，$z = \theta_3 + v_3 = \theta_3 + \dfrac{1}{3}w$

**(結果與例題 10-4 之平均分配誤差的方法相同)**

---

**例題 10-18** 觀測值總和等於某一已知值 (三角形三內角和等於 180 度) (含權) 以觀測方程式法重解例題 10-10。

[解一]間接平差法

設 x, y, z 為 $\theta_1$、$\theta_2$、$\theta_3$ 最或是值。

**(1)** 列出改正量與最或是值及觀測值之關係式 (稱觀測方程式)

$v_1 = x-\theta_1$      (1)

$v_2 = y-\theta_2$      (2)

$v_3 = (180-x-y)-\theta_3$      (3)

(2) 列出 $\Sigma P_i v_i^2$：$\Sigma P_i v_i^2 = P_1(x-\theta_1)^2 + P_2(y-\theta_2)^2 + P_3(180-x-y-\theta_3)^2$     (4)

(3) 解最或是值方程式得最或是值

    Min $f = \Sigma P_i v_i^2 = P_1(x-\theta_1)^2 + P_2(y-\theta_2)^2 + P_3(180-x-y-\theta_3)^2$     (5)

$$\frac{\partial f}{\partial x} = 0 \quad 2P_1(x-\theta_1) - 2P_3(180-x-y-\theta_3) = 0$$

$$\frac{\partial f}{\partial y} = 0 \quad 2P_2(y-\theta_2) - 2P_3(180-x-y-\theta_3) = 0$$

如果題目是數值例題($\theta_1, \theta_2, \theta_3, P_1, P_2, P_3$為已知值)，到此已經可以解出未知數 x, y, z 的答案。

[解二] 條件平差法

(1) 列出改正量與最或是值及觀測值之關係式 (稱觀測方程式)

    $v_1 = x - \theta_1$     (1)
    $v_2 = y - \theta_2$     (2)
    $v_3 = (180-x-y) - \theta_3$     (3)

條件平差法以改正量為變數，因此非獨立改正量 $v_3$ 必須以獨立改正量來表達，故

$$v_3 = 180 - x - y - \theta_3 = 180 - (v_1 + \theta_1) - (v_2 + \theta_2) - \theta_3$$
$$= 180 - \theta_1 - \theta_2 - \theta_3 - v_1 - v_2 \quad (4)$$

令 $w = 180 - \theta_1 - \theta_2 - \theta_3$，得 $v_3 = w - v_1 - v_2$     (5)

(2) 列出 $\Sigma P_i v_i^2$

$$\sum P_i v_i^2 = P_1 v_1^2 + P_2 v_2^2 + P_3 v_3^2 = P_1 v_1^2 + P_2 v_2^2 + P_3(w - v_1 - v_2)^2 \quad (6)$$

(3) 解最或是值方程式得最或是值

Min $f = \sum P_i v_i^2 = P_1 v_1^2 + P_2 v_2^2 + P_3(w - v_1 - v_2)^2$

$$\frac{\partial f}{\partial v_1} = 0 \quad 2P_1 v_1 - 2P_3(w - v_1 - v_2) = 0 \text{ 得 } P_1 v_1 = P_3(w - v_1 - v_2) \quad (7)$$

$$\frac{\partial f}{\partial v_2} = 0 \quad 2P_2 v_2 - 2P_3(w - v_1 - v_2) = 0 \text{ 得 } P_2 v_2 = P_3(w - v_1 - v_2) \quad (8)$$

解(7)、(8)聯立方程式得 $P_1 v_1 = P_2 v_2 = P_3(w - v_1 - v_2)$

將 $v_3 = w - v_1 - v_2$ 代入上式得 $P_1 v_1 = P_2 v_2 = P_3 v_3$

因 $v_3 = w - v_1 - v_2$，故 $w = v_1 + v_2 + v_3$

故 $w = v_1 + \dfrac{P_1}{P_2}v_1 + \dfrac{P_1}{P_3}v_1 = v_1\left(1 + \dfrac{P_1}{P_2} + \dfrac{P_1}{P_3}\right)$

故 $v_1 = \dfrac{1}{1 + \dfrac{P_1}{P_2} + \dfrac{P_1}{P_3}}w = \dfrac{\dfrac{1}{P_1}}{\dfrac{1}{P_1} + \dfrac{1}{P_2} + \dfrac{1}{P_3}}w$

將上式代入 $v_2 = \dfrac{P_1 v_1}{P_2}$ 與 $v_3 = \dfrac{P_1 v_1}{P_3}$，得

$v_2 = \dfrac{\dfrac{1}{P_2}}{\dfrac{1}{P_1} + \dfrac{1}{P_2} + \dfrac{1}{P_3}}w$ 與 $v_3 = \dfrac{\dfrac{1}{P_3}}{\dfrac{1}{P_1} + \dfrac{1}{P_2} + \dfrac{1}{P_3}}w$

(結果與例題 **10-10** 之以權之倒數分配誤差的方法相同)

## 10-6-3　觀測值總和等於總量觀測值

這類型問題可用算術平均法或加權平均法求解，如列出觀測方程式也可求得相同結果。這類問題的未知數之間會因存在著一些束制條件，使得部分未知數以其它獨立的未知數來表達。本節例題將同時使用間接平差法與條件平差法求解。

**例題 10－19**　觀測值總和等於總量觀測值 (角度)

以觀測方程式法重解例題 10－6。

**[解一]間接平差法**

設 x, y, z 為 $\theta_1$、$\theta_2$、$\theta_3$ 最或是值。

**(1) 列出觀測方程式**

$\theta_1 + v_1 = x$　　　得　　$v_1 = x - \theta_1$
$\theta_2 + v_2 = y$　　　　　　$v_2 = y - \theta_2$
$\theta_3 + v_3 = z$　　　　　　$v_3 = z - \theta_3$
$\theta_4 + v_4 = x+y+z$　　　$v_4 = x+y+z - \theta_4$

**(2) 列出 $\Sigma v_i^2$**

$\Sigma v_i^2 = (x-\theta_1)^2 + (y-\theta_2)^2 + (z-\theta_3)^2 + (x+y+z-\theta_4)^2$

**(3) 為了最小化 $f = \Sigma v_i^2$**

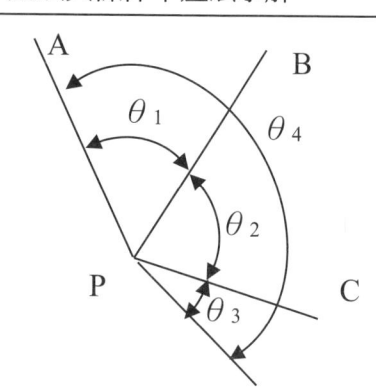

圖 **10-12**　觀測值總和等於總量觀測值

$$\frac{\partial f}{\partial x} = 0 \quad \Rightarrow \quad (x-\theta_1)+(x+y+z-\theta_4)=0 \quad \Rightarrow \quad 2x+y+z=\theta_4+\theta_1 \tag{1}$$

$$\frac{\partial f}{\partial y} = 0 \quad \Rightarrow \quad (y-\theta_2)+(x+y+z-\theta_4)=0 \quad \Rightarrow \quad x+2y+z=\theta_4+\theta_2 \tag{2}$$

$$\frac{\partial f}{\partial z} = 0 \quad \Rightarrow \quad (z-\theta_3)+(x+y+z-\theta_4)=0 \quad \Rightarrow \quad x+y+2z=\theta_4+\theta_3 \tag{3}$$

如果題目是數值例題，到此已經可以解出答案。此處為了解出公式解，以消去法將(1)式乘以 3 減去((2)+(3)) 得 $x=(1/4)(\theta_4+3\theta_1-\theta_2-\theta_3)$

令 $w = \theta_4 - \theta_1 - \theta_2 - \theta_3$ 則 $x = \frac{1}{4}(4\theta_1 + \theta_4 - \theta_1 - \theta_2 - \theta_3) = \frac{1}{4}(4\theta_1 + w) = \theta_1 + \frac{1}{4}w$

同理可得 $y = \theta_2 + \frac{1}{4}w$, $z = \theta_3 + \frac{1}{4}w$

而總觀測量 $x + y + z = \theta_1 + \frac{1}{4}w + \theta_2 + \frac{1}{4}w + \theta_3 + \frac{1}{4}w$

$$= \theta_1 + \theta_2 + \theta_3 + \frac{3}{4}w = \theta_4 + (\theta_1 + \theta_2 + \theta_3 - \theta_4) + \frac{3}{4}w$$

$$= \theta_4 - w + \frac{3}{4}w = \theta_4 - \frac{1}{4}w$$

[解二]條件平差法

為了讓讀者了解條件平差法，本題以此法重解一次。

**(1)** 列出觀測方程式

$\theta_1 + v_1 = x$                    得        $v_1 = x - \theta_1$

$\theta_2 + v_2 = y$                                $v_2 = y - \theta_2$

$\theta_3 + v_3 = z$                                $v_3 = z - \theta_3$

$\theta_4 + v_4 = x+y+z$                $v_4 = x+y+z - \theta_4$

本法以改正量為變數，因此 $v_4$ 必須以改正量來表達，故

$$v_4 = x + y + z - \theta_4 = \theta_1 + v_1 + \theta_2 + v_2 + \theta_3 + v_3 - \theta_4$$

$$= v_1 + v_2 + v_3 + \theta_1 + \theta_2 + \theta_3 - \theta_4$$

令 $w = \theta_4 - \theta_1 - \theta_2 - \theta_3$ 則 $v_4 = v_1 + v_2 + v_3 - w$

**(2)** 列出 $\Sigma v_i^2$ : $\sum v_i^2 = v_1^2 + v_2^2 + v_3^2 + v_4^2 = v_1^2 + v_2^2 + v_3^2 + (v_1 + v_2 + v_3 - w)^2$

**(3)** 解最或是值方程式得最或是值

$$\text{Min } f = \sum v_i^2 = v_1^2 + v_2^2 + v_3^2 + (v_1 + v_2 + v_3 - w)^2$$

$$\frac{\partial f}{\partial v_1} = 0 \quad 2v_1 + v_2 + v_3 = w \tag{1}$$

$$\frac{\partial f}{\partial v_2} = 0 \quad v_1 + 2v_2 + v_3 = w \tag{2}$$

$$\frac{\partial f}{\partial v_3} = 0 \quad v_1 + v_2 + 2v_3 = w \tag{3}$$

如果題目是數值例題，到此已經可以解出答案。此處為了解出公式解，以消去法將 (1) 式乘以 3 減去 ((2)+(3)) 得 $v_1 = w/4$

同理解得 $v_2 = w/4$, $v_3 = w/4$，

將 $v_1, v_2, v_3$ 代入下式得

$$v_4 = v_1 + v_2 + v_3 - w = \frac{w}{4} + \frac{w}{4} + \frac{w}{4} - w = -\frac{w}{4}$$

故 $x = \theta_1 + v_1 = \theta_1 + \frac{1}{4}w$, $y = \theta_2 + v_2 = \theta_2 + \frac{1}{4}w$, $z = \theta_3 + v_3 = \theta_3 + \frac{1}{4}w$

而總觀測量 $x + y + z = (\theta_1 + \frac{1}{4}w) + (\theta_2 + \frac{1}{4}w) + (\theta_3 + \frac{1}{4}w)$

$$= \theta_1 + \theta_2 + \theta_3 + \frac{3}{4}w = \theta_4 - \theta_4 + \theta_1 + \theta_2 + \theta_3 + \frac{3}{4}w$$

$$= \theta_4 - w + \frac{3}{4}w = -\frac{1}{4}w \quad (結果與例題 10\text{-}6 之平均分配誤差的方法相同)$$

---

**例題 10－20** 觀測值總和等於總量觀測值 (角度) (含權)

以觀測方程式法重解例題 10－12。

**[解一]間接平差法**

設 x, y, z 為 $\theta_1$、$\theta_2$、$\theta_3$ 最或是值。

(1) 列出觀測方程式

$\theta_1 + v_1 = x$     得     $v_1 = x - \theta_1$

$\theta_2 + v_2 = y$            $v_2 = y - \theta_2$

$\theta_3 + v_3 = z$            $v_3 = z - \theta_3$

$\theta_4 + v_4 = x + y + z$      $v_4 = x + y + z - \theta_4$

(2) 列出 $\Sigma P_i v_i^2$：$\Sigma P_i v_i^2 = P_1(x-\theta_1)^2 + P_2(y-\theta_2)^2 + P_3(z-\theta_3)^2 + P_4(x+y+z-\theta_4)^2$

(3) 為了最小化 $f = \Sigma P_i v_i^2$

$\dfrac{\partial f}{\partial x} = 0$  =>  $P_1(x-\theta_1) + P_4(x+y+z-\theta_4) = 0$ (1)

$\dfrac{\partial f}{\partial y} = 0$  =>  $P_2(y-\theta_2) + P_4(x+y+z-\theta_4) = 0$ (2)

$\dfrac{\partial f}{\partial z} = 0$  =>  $P_3(z-\theta_3) + P_4(x+y+z-\theta_4) = 0$ (3)

如果題目是數值例題，到此已經可以解出答案。

[解二]條件平差法
**(1) 列出觀測方程式**

$\theta_1 + v_1 = x$ 　　　得　　$v_1 = x - \theta_1$
$\theta_2 + v_2 = y$ 　　　　　　$v_2 = y - \theta_2$
$\theta_3 + v_3 = z$ 　　　　　　$v_3 = z - \theta_3$
$\theta_4 + v_4 = x+y+z$ 　　　$v_4 = x+y+z-\theta_4$

本法以改正量為變數，因此 $v_4$ 必須以改正量來表達，故

$v_4 = x+y+z-\theta_4 = (\theta_1+v_1)+(\theta_2+v_2)+(\theta_3+v_3)-\theta_4$
$\quad = v_1 + v_2 + v_3 + \theta_1 + \theta_2 + \theta_3 - \theta_4$

令 $w = \theta_4 - \theta_1 - \theta_2 - \theta_3$，得 $v_4 = v_1 + v_2 + v_3 - w$

**(2) 列出 $\Sigma v_i^2$**

$\sum v_i^2 = P_1 v_1^2 + P_2 v_2^2 + P_3 v_3^2 + P_4 v_4^2 = P_1 v_1^2 + P_2 v_2^2 + P_3 v_3^2 + P_4(v_1+v_2+v_3-w)^2$

**(3)解最或是值方程式得最或是值**

Min $f = \sum v_i^2 = P_1 v_1^2 + P_2 v_2^2 + P_3 v_3^2 + P_4(v_1+v_2+v_3-w)^2$

$\dfrac{\partial f}{\partial v_1} = 0$　　$P_1 v_1 + P_4(v_1+v_2+v_3-w) = 0$　(1)

$\dfrac{\partial f}{\partial v_2} = 0$　　$P_2 v_2 + P_4(v_1+v_2+v_3-w) = 0$　(2)

$\dfrac{\partial f}{\partial v_2} = 0$　　$P_3 v_3 + P_4(v_1+v_2+v_3-w) = 0$　(3)

解(1)、(2)、(3)聯立方程式得 $P_1 v_1 = P_2 v_2 = P_3 v_3 = -P_4(v_1+v_2+v_3-w)$

因 $v_4 = v_1 + v_2 + v_3 - w$，故 $P_1 v_1 = P_2 v_2 = P_3 v_3 = -P_4 v_4$

$$w = v_1 + v_2 + v_3 - v_4 = v_1 + \frac{P_1}{P_2}v_1 + \frac{P_1}{P_3}v_1 + \frac{P_1}{P_4}v_1 = v_1\left(1 + \frac{P_1}{P_2} + \frac{P_1}{P_3} + \frac{P_1}{P_4}\right)$$

$$v_1 = \frac{1}{\left(1 + \frac{P_1}{P_2} + \frac{P_1}{P_3} + \frac{P_1}{P_4}\right)}w = \frac{\frac{1}{P_1}}{\left(\frac{1}{P_1} + \frac{1}{P_2} + \frac{1}{P_3} + \frac{1}{P_4}\right)}w$$

由 $P_1 v_1 = P_2 v_2 = P_3 v_3 = -P_4 v_4$ 可知

$$v_2 = \frac{P_1}{P_2}v_1 = \frac{\frac{P_1}{P_2} \times \frac{1}{P_1}}{\left(\frac{1}{P_1} + \frac{1}{P_2} + \frac{1}{P_3} + \frac{1}{P_4}\right)}w = \frac{\frac{1}{P_2}}{\left(\frac{1}{P_1} + \frac{1}{P_2} + \frac{1}{P_3} + \frac{1}{P_4}\right)}w$$

$$v_3 = \frac{P_1}{P_3}v_1 = \frac{\frac{P_1}{P_3} \times \frac{1}{P_1}}{\left(\frac{1}{P_1} + \frac{1}{P_2} + \frac{1}{P_3} + \frac{1}{P_4}\right)}w = \frac{\frac{1}{P_3}}{\left(\frac{1}{P_1} + \frac{1}{P_2} + \frac{1}{P_3} + \frac{1}{P_4}\right)}w$$

$$v_2 = -\frac{P_1}{P_4}v_1 = -\frac{\frac{P_1}{P_4} \times \frac{1}{P_1}}{\left(\frac{1}{P_1} + \frac{1}{P_2} + \frac{1}{P_3} + \frac{1}{P_4}\right)}w = -\frac{\frac{1}{P_4}}{\left(\frac{1}{P_1} + \frac{1}{P_2} + \frac{1}{P_3} + \frac{1}{P_4}\right)}w$$

(結果與例題 **10-12** 之以權之倒數分配誤差的方法相同)

## 10-6-4 複雜的觀測方程式

　　這類型問題無法用算術平均法或加權平均法求解，須列出觀測方程式求解。這類問題的未知數之間會因存在著一些束制條件，使得部分未知數以其它獨立的未知數來表達。雖然條件平差法比間接平差法更難列出方程式，為了讓讀者能理解兩種方法的異同，本節例題仍將同時使用間接平差法與條件平差法求解。但實際應用時，仍建議以間接平差法做為優先考慮的方法。

例題 10-21　複雜的水準網平差

如右圖之高程測量，已知
$\Delta H_{AC}$=+49.02　m,　$\Delta H_{FC}$=+49.03　m,
$\Delta H_{CE}$=-46.97　m,　$\Delta H_{BE}$=+1.02　m,
$\Delta H_{DE}$=+0.96　m,　$H_A$=101.00　m,
$H_B$=102.00 m, $H_D$=102.00 m, $H_F$=101.00
m，試求 C, E 點高程=?

圖 10-13　複雜的水準網平差

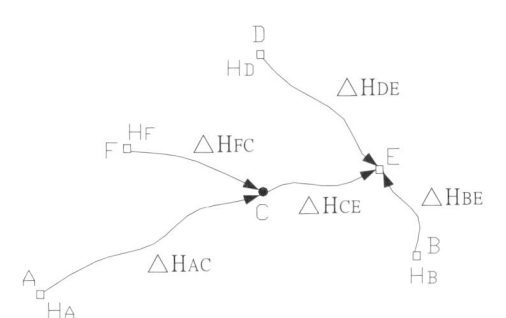

[解一]間接平差法

設 C 點高程最或是值為 $H_C$，E 點高程最或是值為 $H_E$。

(1) 列出改正量與最或是值及觀測值之關係式 (稱觀測方程式)

$H_C=H_A+\Delta H_{AC}+v_1 = 101.00 + 49.02+v_1$　=>　$v_1=H_C–150.02$

$H_C=H_F+\Delta H_{FC}+v_2 = 101.00 + 49.03+v_2$　=>　$v_2=H_C–150.03$

$H_E=H_C+\Delta H_{CE}+v_3 = H_C –46.97+v_3$　=>　$v_3=H_E–H_C+46.97$

$H_E=H_B+\Delta H_{BE}+v_4 = 102.00 +1.02+v_4$　=>　$v_4=H_E–103.02$

$H_E=H_D+\Delta H_{DE}+v_5 = 102.00 + 0.96+v_5$　=>　$v_5=H_E–102.96$

(2) 列出 $\Sigma v_i^2$

$\Sigma v_i^2 = (H_C–150.02)^2+(H_C–150.03)^2+( H_E–H_C+46.97)^2+(H_E–103.02)^2+(H_E–102.96)^2$

(3) 為了最小化 $\Sigma v_i^2$

令 $\partial \Sigma v_i^2/\partial H_C=0$ 得最或是值方程式

$2(H_C–150.02)+2(H_C–150.03)–2(H_E–H_C+46.97)=0$ => $3H_C–H_E =347.02$　　(1)

令 $\partial \Sigma v_i^2/\partial H_E=0$ 得最或是值方程式

$2(H_E–H_C+46.97)+2(H_E–103.02)+2(H_E–102.96)=0$ => $3H_E–H_C =159.01$　　(2)

(4) 解最或是值方程式得最或是值

聯立 (1)、(2) 得 $H_E$ =103.00875 m, $H_C$ =150.00625 m

(5) 求中誤差

$v_1$= –0.01125，$v_2$= –0.02125，$v_3$= –0.03250，$v_4$= –0.01375，$v_5$=+0.04625

$M = \sqrt{\dfrac{\sum v_i^2}{m-n}} = \sqrt{\dfrac{0.0039625}{5-2}} = 0.036$

[解二]條件平差法

為了讓讀者了解條件平差法，本題以此法重解一次。

(1) 列出改正量與最或是值及觀測值之關係式 (稱觀測方程式)

$H_C = H_A + \Delta H_{AC} + v_1 = 101.00 + 49.02 + v_1$ => $v_1 = H_C - 150.02$

$H_C = H_F + \Delta H_{FC} + v_2 = 101.00 + 49.03 + v_2$ => $v_2 = H_C - 150.03$

$H_E = H_C + \Delta H_{CE} + v_3 = H_C - 46.97 + v_3$ => $v_3 = H_E - H_C + 46.97$

$H_E = H_B + \Delta H_{BE} + v_4 = 102.00 + 1.02 + v_4$ => $v_4 = H_E - 103.02$

$H_E = H_D + \Delta H_{DE} + v_5 = 102.00 + 0.96 + v_5$ => $v_5 = H_E - 102.96$

條件平差法以改正量為變數，因此非獨立改正量必須以獨立改正量來表達，觀測值數目 m=5，獨立未知數數目 n=2，故獨立條件 r=m–n=5–2=3，因此需選二個獨立改正量，並列出三個條件式，在此選 $v_1, v_4$ 為獨立改正量，列出 $v_2, v_3, v_5$ 等三個非獨立改正量的條件式如下：

$v_2 = H_C - 150.03 = (v_1 + 150.02) - 150.03 = v_1 - 0.01$

$v_3 = H_E - H_C + 46.97 = (102.00 + 1.02 + v_4) - (101.00 + 49.02 + v_1) + 46.97$
$= -v_1 + v_4 - 0.03$

$v_5 = H_E - 102.96 = (102.00 + 1.02 + v_4) - 102.96 = v_4 + 0.06$

(2) 列出 $\Sigma v_i^2$

$\sum v_i^2 = v_1^2 + v_2^2 + v_3^2 + v_4^2 + v_5^2$
$= v_1^2 + (v_1 - 0.01)^2 + (-v_1 + v_4 - 0.03)^2 + v_4^2 + (v_4 + 0.06)^2$

(3) 解最或是值方程式得最或是值

Min $f = v_1^2 + (v_1 - 0.01)^2 + (-v_1 + v_4 - 0.03)^2 + v_4^2 + (v_4 + 0.06)^2$

利用 $\dfrac{\partial f}{\partial v_1} = 0$ 與 $\dfrac{\partial f}{\partial v_4} = 0$ 即可求解，後面步驟省略。

討論：由此題可以看出條件平差法比間接平差法更難列出方程式。

---

**例題 10-22** 複雜的水準網平差 (含權)

同例題 10-21，但假設 AC, FC, CE, BE, DE 的權重比為 1:2:3:3:2。

[解一]間接平差法

設 C 點高程最或是值為 $H_C$，E 點高程最或是值為 $H_E$。

(1) 列出觀測方程式：同例題 10－21。

(2) 列出 $\Sigma P_i v_i^2$

$\Sigma P_i v_i^2 = 1(H_C - 150.02)^2 + 2(H_C - 150.03)^2 + 3(H_E - H_C + 46.97)^2 + 3(H_E - 103.02)^2$
$\qquad + 2(H_E - 102.96)^2$

(3) 為了最小化 $\Sigma P_i v_i^2$

  令 $\partial\Sigma P_i v_i^2/\partial H_C=0$ 得最或是值方程式

  $(H_C-150.02)+2(H_C-150.03)-3(H_E-H_C+46.97)=0 \Rightarrow 6H_C-3H_E=590.990$   (1)

  令 $\partial\Sigma P_i v_i^2/\partial H_E=0$ 得最或是值方程式

  $3(H_E-H_C+46.97)+3(H_E-103.02)+2(H_E-102.96)=0 \Rightarrow 8H_E-3H_C=374.070$   (2)

(4) 解最或是值方程式得最或是值

  聯立(1)與(2)得 $H_E=103.0100$ m, $H_C=150.0033$ m

(5) 求中誤差

  $v_1=-0.0167$，$v_2=-0.0267$，$v_3=-0.0233$，$v_4=-0.0100$，$v_5=+0.0500$

  $$M=\sqrt{\frac{\sum P_i v_i^2}{m-n}}=\sqrt{\frac{0.0086}{5-2}}=0.054$$

[解二]條件平差法

解法與前一例題十分相似，只有步驟 (2) 改為含權的改正數平方和。

$$\sum P_i v_i^2 = P_1 v_1^2 + P_2 v_2^2 + P_3 v_3^2 + P_4 v_4^2 + P_5 v_5^2$$
$$= P_1 v_1^2 + P_2(v_1-0.01)^2 + P_3(-v_1+v_4-0.03)^2 + P_4 v_4^2 + P_5(v_4+0.06)^2$$

後面步驟省略。

---

**例題 10-23 複雜的角度觀測平差**

如右圖之角度測量，已知 $\theta_1=10.000$，$\theta_2=20.000$，$\theta_3=30.000$，$\theta_4=30.001$，$\theta_5=50.002$，試以觀測方程式法平差之。

[解一]間接平差法

設 x, y, z 為 $\theta_1$、$\theta_2$、$\theta_3$ 最或是值。

(1) 列出觀測方程式

| | |
|---|---|
| $\theta_1+v_1=x$ | $v_1=x-\theta_1$ |
| $\theta_2+v_2=y$ | $v_2=y-\theta_2$ |
| $\theta_3+v_3=z$ 得 | $v_3=z-\theta_3$ |
| $\theta_4+v_4=x+y$ | $v_4=x+y-\theta_4$ |
| $\theta_5+v_5=y+z$ | $v_5=y+z-\theta_5$ |

圖 10-14 複雜的角度觀測平差

(2) 列出 $\Sigma v_i^2$

$\Sigma v_i^2 = (x-\theta_1)^2+(y-\theta_2)^2+(z-\theta_3)^2+(x+y-\theta_4)^2+(y+z-\theta_5)^2$

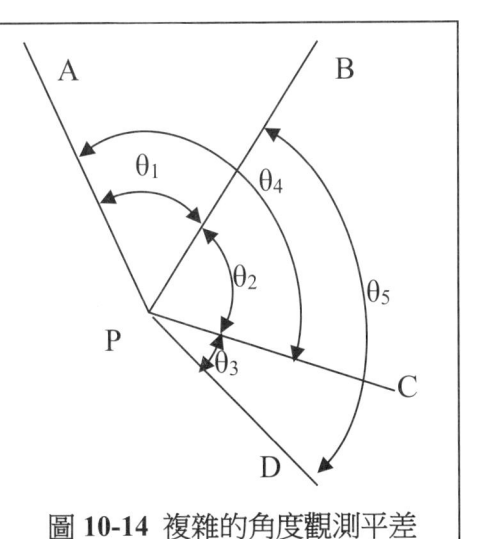

(3) 為了最小化 $\Sigma v_i^2$

　　令 $\partial \Sigma v_i^2/\partial x=0$ 得最或是值方程式　　$2x + y\quad\quad =\theta_1+ \theta_4$　　　　(1)

　　令 $\partial \Sigma v_i^2/\partial y=0$ 得最或是值方程式　　$x + 3y + z\ =\theta_2+ \theta_4+ \theta_5$　　(2)

　　令 $\partial \Sigma v_i^2/\partial z=0$ 得最或是值方程式　　$\quad\quad y +2z\ =\theta_3+ \theta_5$　　　(3)

(4) 解最或是值方程式得最或是值

聯立 (1)、(2)、(3) 式可得 x=10.00013, y=20.00075, z=30.00063，故

$\theta_1$ 最或是值 = x = 10.00013,　　$\theta_2$ 最或是值 = y = 20.00075,

$\theta_3$ 最或是值 = z = 30.00063,　　$\theta_4$ 最或是值 = x+y = 30.00088,

$\theta_5$ 最或是值 = y+z = 50.0013

(5) 求中誤差

$v_1$= 0.00013，$v_2$= 0.00075，$v_3$=0.000625，$v_4$= –0.00013，$v_5$=–0.00063

$$M = \sqrt{\frac{\sum v_i^2}{m-n}} = \sqrt{\frac{1.375 \times 10^{-6}}{5-3}} = 0.00083$$

其中 m=觀測值數目，n=獨立未知數數目。

[解二]條件平差法

　　條件平差法以改正量為變數，因此非獨立改正量須以獨立改正量來表達。觀測值數目 m=5，獨立未知數數目 n=3，故獨立條件 r=m–n=5–3=2，因此需選三個獨立改正量，並列出二個條件式，在此選 $v_1, v_2, v_3$ 為獨立改正量，列出 $v_4, v_5$ 非獨立改正量的條件式如下：

$v_4 = x + y - \theta_4 = (v_1 + \theta_1) + (v_2 + \theta_2) - \theta_4 = v_1 + v_2 - 0.001$

$v_5 = y + z - \theta_5 = (v_2 + \theta_2) + (v_3 + \theta_3) - \theta_5 = v_2 + v_3 - 0.002$

列出 $f = \sum v_i^2$

接著利用 $\frac{\partial f}{\partial v_1} = 0$，$\frac{\partial f}{\partial v_2} = 0$ 與 $\frac{\partial f}{\partial v_3} = 0$ 即可求解，後面步驟省略。

---

例題 10-24　複雜的角度觀測平差 (含權)

同例題 10-23，已知 $\theta_1, \theta_2, \theta_3, \theta_4, \theta_5$ 權重為 1:2:3:2:1。

[解]

[解一]間接平差法

設 x, y, z 為 $\theta_1$、$\theta_2$、$\theta_3$ 最或是值。

(1) 列出觀測方程式：同例題 **10-23**。

(2) 列出 $\Sigma P_i v_i^2$：$\Sigma P_i v_i^2 = 1(x-\theta_1)^2+2(y-\theta_2)^2+3(z-\theta_3)^2+2(x+y-\theta_4)^2+1(y+z-\theta_5)^2$

(3) 為了最小化 $\Sigma P_i v_i^2$

令 $\partial \Sigma P_i v_i^2 / \partial x = 0$ 得最或是值方程式　$3x + 2y \quad\quad = \theta_1 + 2\theta_4$　　　　(1)

令 $\partial \Sigma P_i v_i^2 / \partial y = 0$ 得最或是值方程式　$2x + 5y + z = 2\theta_2 + 2\theta_4 + \theta_5$　　(2)

令 $\partial \Sigma P_i v_i^2 / \partial z = 0$ 得最或是值方程式　　　　$y + 4z = 3\theta_3 + \theta_5$　　　(3)

(4) 解最或是值方程式得最或是值

聯立 (1)、(2)、(3) 式可得 x=10.00024, y=20.00063, z=30.00034，故

$\theta_1$ 最或是值 = x = 10.00024,　　　$\theta_2$ 最或是值 = y = 20.00063,

$\theta_3$ 最或是值 = z = 30.00034,　　　$\theta_4$ 最或是值 = x+y = 30.00087,

$\theta_5$ 最或是值 = y+z = 50.00097

(5) 求中誤差：$M = \sqrt{\dfrac{\sum P_i v_i^2}{m-n}} = \sqrt{\dfrac{2.293 \times 10^{-6}}{5-3}} = 0.00107$

**[解二]** 條件平差法

解法與前一例題相似，只有改為含權的改正數平方和，不再贅述。

# 10-7 間接與條件平差法（二）矩陣法

矩陣解法之原理與觀測方程式法完全相同，所不同者為用矩陣做為解題工具。本節的矩陣法是以間接平差法為基礎，以矩陣列出改正量與最或是值及觀測值之關係式如下：

觀測方程式　$V = AX - L$　　　　　　　　　　　　　　　　**(10-12 式)**

其中 **V**=改正量向量；**X**=最或是值向量；**A**=係數矩陣；**L**=係數向量

最或是值　$X = (A^T A)^{-1} A^T L$　　　　　　　　　　　　**(10-13 式)**

矩陣法的優點是適合寫成電腦程式，使用者只要輸入係數矩陣 **A** 與係數向量 **L**，電腦可自動解出最或是值向量 **X** 與改正量向量 **V**，因此使用上非常簡便，並且可快速求解大型平差問題。

首先，推導間接平差法之矩陣解法之公式如下：

**定理 10-6　間接平差法之矩陣解**

(1)　　　　　列出改正量平方和 **V^T V**

$$V^TV = (AX-L)^T(AX-L) = X^TA^TAX - X^TA^TL - L^TAX + L^TL \quad \text{(10-14 式)}$$

由矩陣定理知 $L^TAX = X^TA^TL$ （10-15 式）

故 $V^TV = X^TA^TAX - 2X^TA^TL + L^TL$ （10-16 式）

(2) 為了最小化改正量平方和 $V^TV$

$$\frac{\partial(V^TV)}{\partial X} = 0 \quad \text{(10-17 式)}$$

故 $\dfrac{\partial}{\partial X}\left(X^TA^TAX - 2X^TA^TL + L^TL\right) = 0$

得最或是值方程式 $A^TAX - A^TL = 0$ （10-18 式）

(3) 解最或是值方程式得最或是值

解 $A^TAX = A^TL$ 得 $X = (A^TA)^{-1}A^TL$ （得證）

其次，誤差分析公式如下：

中誤差：$M = \sqrt{\dfrac{V^TV}{m-n}}$ （10-19 式）

其中 $V = AX - L$，其中 **m**=觀測值數目，**n**=獨立未知數數目。

未知數之中誤差：$\sigma_X = M\sqrt{q_{XX}}$ （10-20 式）

其中 $q_{XX}$ 為 $Q_{XX} = (A^TA)^{-1}$ 矩陣的對角元素

改正數之中誤差：$\sigma_L = M\sqrt{q_{LL}}$ （10-21 式）

其中 $q_{LL}$ 為 $Q_{LL} = AQ_{XX}A^T$ 矩陣的對角元素

間接平差法之矩陣法步驟如下：

(1) 列出改正量與最或是值及觀測值之關係式 (觀測方程式)
(2) 由觀測方程式列出矩陣：**A** (係數矩陣)，**L** (係數向量)，**X** (最或是值向量)，**V** (改正量向量)
(3) 求解最或是值 $X = (A^TA)^{-1}A^TL$
(4) 計算中誤差 $M = \sqrt{\dfrac{V^TV}{m-n}}$
(5) 未知數之中誤差 $\sigma_X = M\sqrt{q_{XX}}$

**(6)** 改正數之中誤差 $\sigma_L = M\sqrt{q_{LL}}$

同理,如為含權之最小二乘法,公式改為

最或是值 $\quad X = (A^T P A)^{-1} A^T P L \quad$ **(10-22 式)**

中誤差 $\quad M = \sqrt{\dfrac{V^T P V}{m-n}} \quad$ **(10-23 式)**

$Q_{XX} = (A^T P A)^{-1} \quad$ **(10-24 式)**

其中 **P** 為權值矩陣,為一對角矩陣,矩陣元素即權值。
其餘公式不變。

---

**例題 10-25　複雜的水準網平差**
　　以矩陣解法重解例題 **10-21**。
[解]
**(1)** 列出觀測方程式:同例題 **10-21**。

$v_1 = \quad H_C \quad -150.02$
$v_2 = \quad H_C \quad -150.03$
$v_3 = \quad -H_C + H_E + 46.97$
$v_4 = \quad\quad\quad H_E - 103.02$
$v_5 = \quad\quad\quad H_E - 102.96$

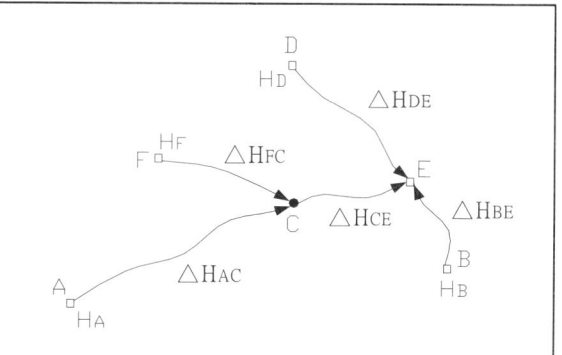

圖 10-15　複雜的水準網平差

**(2)** 觀測方程式列出矩陣
　　比較上述觀測方程式與矩陣式 **V=AX − L** 可知

$$A = \begin{bmatrix} 1 & 0 \\ 1 & 0 \\ -1 & 1 \\ 0 & 1 \\ 0 & 1 \end{bmatrix}, L = \begin{bmatrix} 150.02 \\ 150.03 \\ -46.97 \\ 103.02 \\ 102.96 \end{bmatrix}, X = \begin{bmatrix} H_C \\ H_E \end{bmatrix}, V = \begin{bmatrix} v_1 \\ v_2 \\ v_3 \\ v_4 \\ v_5 \end{bmatrix}$$

**(3)** 代入 $X = (A^T A)^{-1} A^T L$ 即得 **X** (最或是值向量)

$$A^T A = \begin{bmatrix} 3 & -1 \\ -1 & 3 \end{bmatrix}, (A^T A)^{-1} = \begin{bmatrix} 3/8 & 1/8 \\ 1/8 & 3/8 \end{bmatrix} \quad (A^T A)^{-1} A^T = \dfrac{1}{8} \begin{bmatrix} 3 & 3 & -2 & 1 & 1 \\ 1 & 1 & 2 & 3 & 3 \end{bmatrix},$$

$$X = (A^T A)^{-1} A^T L = \frac{1}{8}\begin{bmatrix} 3 & 3 & -2 & 1 & 1 \\ 1 & 1 & 2 & 3 & 3 \end{bmatrix} \begin{bmatrix} 150.02 \\ 150.03 \\ -46.97 \\ 103.02 \\ 102.96 \end{bmatrix} = \begin{bmatrix} 150.00875 \\ 103.00625 \end{bmatrix},$$

得 $H_E$ =103.00625 取 **103.01 m**, $H_C$ =150.00875 取 **150.01 m**

**(4)** 中誤差

$$V = AX - L = \begin{bmatrix} -0.01125 \\ -0.02125 \\ -0.03250 \\ -0.01375 \\ +0.04625 \end{bmatrix},$$

$$V^T V = 0.0039625，M = \sqrt{\frac{V^T V}{m-n}} = \sqrt{\frac{0.0039625}{5-2}} = 0.036$$

**(5)** 未知數之中誤差

$$Q_{XX} = (A^T A)^{-1} = \begin{bmatrix} 3/8 & 1/8 \\ 1/8 & 3/8 \end{bmatrix}$$

$\sigma_{H_C} = M\sqrt{q_{11}} = 0.036\sqrt{3/8} = 0.022$, $\sigma_{H_E} = M\sqrt{q_{22}} = 0.036\sqrt{3/8} = 0.022$

**(6)** 改正數之中誤差

$$Q_{LL} = AQ_{XX}A^T = \frac{1}{8}\begin{bmatrix} 3 & 3 & -2 & 1 & 1 \\ 3 & 3 & -2 & 1 & 1 \\ -2 & -2 & 4 & 2 & 2 \\ 1 & 1 & 2 & 3 & 3 \\ 1 & 1 & 2 & 3 & 3 \end{bmatrix}$$

$\sigma_{L_1} = M\sqrt{q_{11}} = 0.036\sqrt{3/8} = 0.022$, $\sigma_{L_2} = M\sqrt{q_{22}} = 0.036\sqrt{3/8} = 0.022$,

$\sigma_{L_3} = M\sqrt{q_{33}} = 0.036\sqrt{4/8} = 0.025$, $\sigma_{L_4} = M\sqrt{q_{44}} = 0.036\sqrt{3/8} = 0.022$,

$\sigma_{L_5} = M\sqrt{q_{55}} = 0.036\sqrt{3/8} = 0.022$

**例題 10-26　複雜的水準網平差 (含權)**
　　以矩陣解法重解例題 10-22。

**[解]**

**(1)** 列出觀測方程式：同例題 10-25。

**(2)** 由觀測方程式列出矩陣：同例題 10-25，但 **P** (權值矩陣)如下：

$$P = \begin{bmatrix} 1 & 0 & 0 & 0 & 0 \\ 0 & 2 & 0 & 0 & 0 \\ 0 & 0 & 3 & 0 & 0 \\ 0 & 0 & 0 & 3 & 0 \\ 0 & 0 & 0 & 0 & 2 \end{bmatrix}$$

**(3)** 代入 $X = (A^T PA)^{-1} A^T PL$ 即得 **X** (最或是值向量)

$$A^T PA = \begin{bmatrix} 6 & -3 \\ -3 & 8 \end{bmatrix}, \quad (A^T PA)^{-1} = \begin{bmatrix} 0.205128 & 0.076923 \\ 0.076923 & 0.153846 \end{bmatrix}$$

$$(A^T PA)^{-1} A^T = \begin{bmatrix} 0.205128 & 0.205128 & -0.12821 & 0.076923 & 0.076923 \\ 0.076923 & 0.076923 & 0.076923 & 0.153846 & 0.153846 \end{bmatrix}$$

$$(A^T PA)^{-1} A^T P = \begin{bmatrix} 0.205128 & 0.410256 & -0.38462 & 0.230769 & 0.153846 \\ 0.076923 & 0.153846 & 0.230769 & 0.461538 & 0.307692 \end{bmatrix}$$

$$X = (A^T PA)^{-1} A^T PL = \begin{Bmatrix} 150.0033 \\ 103.0100 \end{Bmatrix}$$

得 $H_E = 103.0100$, $H_C = 150.0033$

**(4)** 中誤差

$$V = AX - L = \begin{Bmatrix} -0.0167 \\ -0.0267 \\ -0.0233 \\ -0.0100 \\ +0.0500 \end{Bmatrix}, \quad V^T PV = 0.0086, \quad M = \sqrt{\frac{V^T PV}{m-n}} = \sqrt{\frac{0.0086}{5-2}} = 0.054$$

**(5)** 未知數之中誤差

$$Q_{XX} = (A^T PA)^{-1} = \begin{bmatrix} 0.205 & 0.077 \\ 0.077 & 0.154 \end{bmatrix}$$

$\sigma_{H_C} = M\sqrt{q_{11}} = 0.054\sqrt{0.205} = 0.024$, $\quad \sigma_{H_E} = M\sqrt{q_{22}} = 0.054\sqrt{0.154} = 0.021$

**(6) 改正數之中誤差**

$$Q_{LL} = AQ_{XX}A^T = \begin{bmatrix} 0.205 & 0.205 & -0.128 & 0.077 & 0.077 \\ 0.205 & 0.205 & -0.128 & 0.077 & 0.077 \\ -0.128 & -0.128 & 0.205 & 0.077 & 0.077 \\ 0.077 & 0.077 & 0.077 & 0.154 & 0.154 \\ 0.077 & 0.077 & 0.077 & 0.154 & 0.154 \end{bmatrix}$$

$\sigma_{L_1} = M\sqrt{q_{LL}} = 0.054\sqrt{0.205} = 0.024$, $\sigma_{L_2} = M\sqrt{q_{22}} = 0.054\sqrt{0.205} = 0.024$

$\sigma_{L_3} = M\sqrt{q_{33}} = 0.054\sqrt{0.205} = 0.024$, $\sigma_{L_4} = M\sqrt{q_{44}} = 0.054\sqrt{0.154} = 0.021$

$\sigma_{L_5} = M\sqrt{q_{55}} = 0.036\sqrt{3/8} = 0.021$

討論：比較例題 **10-25** 與 **10-26** 可知，雖然後者有權重，但因權重並不懸殊，對答案影響並不大。

---

**例題 10-27** 複雜的角度觀測平差
以矩陣解法重解例題 10-23。

**[解]**
設 x, y, z 為 $\theta_1$、$\theta_2$、$\theta_3$ 最或是值

**(1) 列出觀測方程式：同例題 10-23。**

| | |
|---|---|
| $\theta_1 + v_1 = x$ | $v_1 = x - \theta_1$ |
| $\theta_2 + v_2 = y$ | $v_2 = y - \theta_2$ |
| $\theta_3 + v_3 = z$ 　得　 | $v_3 = z - \theta_3$ |
| $\theta_4 + v_4 = x + y$ | $v_4 = x + y - \theta_4$ |
| $\theta_5 + v_5 = y + z$ | $v_5 = y + z - \theta_5$ |

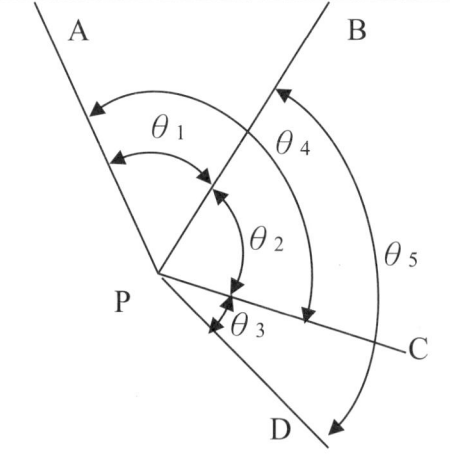

圖 10-16 複雜的角度觀測平差

**(2) 由觀測方程式列出矩陣**

比較上述觀測方程式與矩陣式 **V=AX－L** 可知

$$A = \begin{bmatrix} 1 & 0 & 0 \\ 0 & 1 & 0 \\ 0 & 0 & 1 \\ 1 & 1 & 0 \\ 0 & 1 & 1 \end{bmatrix} \quad L = \begin{Bmatrix} \theta_1 \\ \theta_2 \\ \theta_3 \\ \theta_4 \\ \theta_5 \end{Bmatrix} = \begin{Bmatrix} 10.000 \\ 20.000 \\ 30.000 \\ 30.001 \\ 50.002 \end{Bmatrix} \quad X = \begin{Bmatrix} x \\ y \\ z \end{Bmatrix} \quad V = \begin{Bmatrix} v_1 \\ v_2 \\ v_3 \\ v_4 \\ v_5 \end{Bmatrix}$$

**(3)** 代入 $X = (A^T A)^{-1} A^T L$ 即得 **X** (最或是值向量)

$$A^T A = \begin{bmatrix} 2 & 1 & 0 \\ 1 & 3 & 1 \\ 0 & 1 & 2 \end{bmatrix}, \quad (A^T A)^{-1} = \frac{1}{8}\begin{bmatrix} 5 & -2 & 1 \\ -2 & 4 & -2 \\ 1 & -2 & 5 \end{bmatrix},$$

$$(A^T A)^{-1} A^T = \frac{1}{8}\begin{bmatrix} 5 & -2 & 1 & 3 & -1 \\ -2 & 4 & -2 & 2 & 2 \\ 1 & -2 & 5 & -1 & 3 \end{bmatrix}$$

$$X = \begin{Bmatrix} x \\ y \\ z \end{Bmatrix} = (A^T A)^{-1} A^T L = \begin{Bmatrix} 10.000125 \\ 20.000750 \\ 30.000625 \end{Bmatrix}$$

故 $\theta_1$ 最或是值 = x = **10.00013**，$\theta_2$ 最或是值 = y = **20.00075**，

$\theta_3$ 最或是值 = z = **30.00063**，$\theta_4$ 最或是值 = x+y = **30.00088**，

$\theta_5$ 最或是值 = y+z = **50.00138**，

**(4) 中誤差**

$$V = AX - L = \begin{Bmatrix} +0.000125 \\ +0.000750 \\ +0.000625 \\ -0.000125 \\ -0.000625 \end{Bmatrix}, \quad V^T V = 1.375 \times 10^{-6},$$

$$M = \sqrt{\frac{V^T V}{m-n}} = \sqrt{\frac{1.375 \times 10^{-6}}{5-3}} = 0.00083 \quad \text{(結果與例題 \textbf{10-23} 相同)}$$

**(5) 改正數之中誤差**

$$Q_{XX} = (A^T A)^{-1} = \frac{1}{8}\begin{bmatrix} 5 & -2 & 1 \\ -2 & 4 & -2 \\ 1 & -2 & 5 \end{bmatrix}$$

$\sigma_x = M\sqrt{q_{11}} = 0.00083\sqrt{5/8} = 0.000066$，

$\sigma_y = M\sqrt{q_{22}} = 0.00083\sqrt{4/8} = 0.00059$，

$\sigma_z = M\sqrt{q_{33}} = 0.00083\sqrt{5/8} = 0.00066$

**(6) 改正數之中誤差**

$$Q_{LL} = AQ_{XX}A^T = \frac{1}{8}\begin{bmatrix} 5 & -2 & 1 & 3 & -1 \\ -2 & 4 & -2 & 2 & 2 \\ 1 & -2 & 5 & -1 & 3 \\ 3 & 2 & -1 & 5 & 1 \\ -1 & 2 & 3 & 1 & 5 \end{bmatrix}$$

$\sigma_{L_1} = M\sqrt{q_{11}} = 0.00083\sqrt{5/8} = 0.00066,$

$\sigma_{L_2} = M\sqrt{q_{22}} = 0.00083\sqrt{4/8} = 0.00059,$

$\sigma_{L_3} = M\sqrt{q_{33}} = 0.00083\sqrt{5/8} = 0.00066,$

$\sigma_{L_4} = M\sqrt{q_{44}} = 0.00083\sqrt{5/8} = 0.00066,$

$\sigma_{L_5} = M\sqrt{q_{55}} = 0.00083\sqrt{5/8} = 0.00066$

**例題 10-28 複雜的角度觀測平差 (含權)**

以矩陣解法重解例題 10-24。

[解]

設 x, y, z 為 $\theta_1$、$\theta_2$、$\theta_3$ 最或是值。

(1) 列出觀測方程式：同例題 10-27。
(2) 由觀測方程式列出矩陣：同例題 10-27，但 P (權值矩陣)如下：

$$P = \begin{bmatrix} 1 & 0 & 0 & 0 & 0 \\ 0 & 2 & 0 & 0 & 0 \\ 0 & 0 & 3 & 0 & 0 \\ 0 & 0 & 0 & 2 & 0 \\ 0 & 0 & 0 & 0 & 1 \end{bmatrix}$$

(3) 代入 $X = (A^T PA)^{-1} A^T PL$ 即得 X (最或是值向量)

$$A^T PA = \begin{bmatrix} 3 & 2 & 0 \\ 2 & 5 & 1 \\ 0 & 1 & 4 \end{bmatrix} \qquad X = \begin{Bmatrix} x \\ y \\ z \end{Bmatrix} = (A^T PA)^{-1} A^T PL = \begin{Bmatrix} 10.00024 \\ 20.00063 \\ 30.00034 \end{Bmatrix}$$

$\theta_1$ 最或是值 = x = **10.00024**, $\theta_2$ 最或是值 = y = **20.00063**,

$\theta_3$ 最或是值 = z = **30.00034**, $\theta_4$ 最或是值 = x+y = **30.00087**,

$\theta_5$ 最或是值 = y+z = **50.0097**,

(4) 中誤差

$$V = AX - L = \begin{Bmatrix} +0.00024 \\ +0.00063 \\ +0.00034 \\ -0.00012 \\ -0.00102 \end{Bmatrix}, \quad V^T PV = 2.293 \times 10^{-6},$$

$$M = \sqrt{\frac{V^T PV}{m-n}} = \sqrt{\frac{2.293 \times 10^{-6}}{5-3}} = 0.00107$$

**(5) 未知數之中誤差**

$$Q_{XX} = (A^T PA)^{-1} = \begin{bmatrix} 0.46341 & -0.19512 & 0.04878 \\ -0.19512 & 0.29268 & -0.07317 \\ 0.04878 & -0.07317 & 0.26829 \end{bmatrix}$$

$\sigma_x = M\sqrt{q_{11}} = 0.00107\sqrt{0.46341} = 0.000073,$

$\sigma_y = M\sqrt{q_{22}} = 0.00107\sqrt{0.29268} = 0.00058,$

$\sigma_z = M\sqrt{q_{33}} = 0.00107\sqrt{0.26829} = 0.00055$

**(6) 改正數之中誤差**

$$Q_{LL} = A Q_{XX} A^T = \begin{bmatrix} 0.4634 & -0.1951 & 0.0488 & 0.2683 & -0.1463 \\ -0.1951 & 0.2927 & -0.0732 & 0.0976 & 0.2195 \\ 0.0488 & -0.0732 & 0.2683 & -0.0244 & 0.1951 \\ 0.2683 & 0.0976 & -0.0244 & 0.3659 & 0.0732 \\ -0.1463 & 0.2195 & 0.1951 & 0.0732 & 0.4146 \end{bmatrix}$$

$\sigma_{L_1} = M\sqrt{q_{11}} = 0.00107\sqrt{0.4634} = 0.00073$

$\sigma_{L_2} = M\sqrt{q_{22}} = 0.00107\sqrt{0.2927} = 0.00058,$

$\sigma_{L_3} = M\sqrt{q_{33}} = 0.00107\sqrt{0.2683} = 0.00055$

$\sigma_{L_4} = M\sqrt{q_{44}} = 0.00107\sqrt{0.3659} = 0.00065$

$\sigma_{L_5} = M\sqrt{q_{55}} = 0.00107\sqrt{0.4146} = 0.00069$

討論：比較例題 **10-27** 與 **10-28** 可知，雖然後者有權重，但對答案並無非常大的影響。

## 10-8 本章摘要

1. 最小二乘法假設：**(1)** 錯誤與系統誤差已被消除，只剩下偶然誤差。**(2)** 誤差呈常態分佈。**(3)** 觀測量必須有多餘觀測。
2. 最小二乘法意義：在解算任一平差問題時，於相等精度之觀測值中應加之改正數，其平方和為最小：

    $Min \sum_i v_i^2$　　其中 $v_i$=為第 i 個觀測值之改正量=$\overline{X} - X_i$

    如果精度不相等時屬含權平差問題，其觀測值中應加之改正數，其加權平方和為最小：

    $Min \sum_i P_i v_i^2$　　其中 $P_i$=為第 i 個觀測值之權

3. 含權平差問題：當各觀測值之精度不同時，其平差屬含權平差問題。「權」乃衡量各觀測值之份量，代表各觀測值相對之精度，故僅為一比數。權與中誤差之平方成反比。但當中誤差未知時，亦可以其它值為權，例如在水準網平差時，常假設權值和距離成反比。
4. 平差方法：**(1)** 直接平差法 **(2)** 間接平差法 **(3)** 條件平差法。
5. 直接平差法(一) 算術平均法

    **(1)** 同一量複測數次

    最或是值=算術平均值　$\overline{X} = \dfrac{X_1 + X_2 + ... + X_n}{n} = \dfrac{\sum_i X_i}{n} = \dfrac{[X]}{n}$

    觀測值中誤差 $M = \pm\sqrt{\dfrac{[vv]}{n-1}}$　　最或是值中誤差 $m_{\overline{X}} = \dfrac{M}{\sqrt{n}} = \pm\sqrt{\dfrac{[vv]}{n(n-1)}}$

    **(2)** 觀測值總和等於某一已知值：各觀測值平均分配誤差。

    **(3)** 觀測值總和等於總量觀測值：各觀測值平均分配誤差。

6. 直接平差法(二) 加權平均法

    **(1)** 同一量複測數次

    最或是值=加權平均值=$\overline{X} = \dfrac{P_1 X_1 + P_2 X_2 + ... + P_n X_n}{P_1 + P_2 + ... + P_n} = \dfrac{\sum_i P_i X_i}{\sum_i P_i} = \dfrac{[PX]}{[P]}$

    觀測值中誤差 $M = \pm\sqrt{\dfrac{[Pvv]}{n-1}}$　　最或是值中誤差 $m_{\overline{X}} = \dfrac{M}{\sqrt{P}} = \pm\sqrt{\dfrac{[Pvv]}{[P](n-1)}}$

    **(2)** 觀測值總和等於某一已知值：各觀測值依「權值的倒數」分配誤差。

$$v_i = \frac{1/P_i}{\sum 1/P_i} v$$

**(3)** 觀測值總和等於總量觀測值：各觀測值依「權值的倒數」分配誤差。

7. **間接與條件平差法 (一) 觀測方程式法**

    間接平差法

    **(1)** 列出觀測方程式  $v_i=f(X, O)$

    **(2)** 列出改正量的平方和 $\Sigma v_i^2$  其中改正量平方和必須以最或是值 $X$ 為變數

    **(3)** 列出最或是值方程式 $\dfrac{\partial}{\partial X_i}\left(\sum_i v_i^2\right)=0$

    **(4)** 求解最或是值 $X$

    **(5)** 計算中誤差 $M=\sqrt{\dfrac{\sum v_i^2}{m-n}}$  其中 **m**=觀測值數目，**n**=獨立未知數數目。

    條件平差法

    **(1)** 列出觀測方程式  $v_i=f(X, O)$

    **(2)** 列出改正量的平方和 $\Sigma v_i^2$  其中改正量平方和必須以改正量 $v$ 為變數

    **(3)** 列出最或是值方程式 $\dfrac{\partial}{\partial v_i}\left(\sum_i v_i^2\right)=0$

    **(4)** 求解改正量 $v$，再由改正量算出最或是值 $X$

    **(5)** 計算中誤差 $M=\sqrt{\dfrac{\sum v_i^2}{m-n}}$  其中 **m**=觀測值數目，**n**=獨立未知數數目。

8. **間接與條件平差法 (二) 矩陣法**

    **(1)** 列出觀測方程式  $v_i=f(X, O)$

    **(2)** 由觀測方程式列出矩陣 $V=AX-L$

    **(3)** 求解最或是值方程式

    **(4)** 計算中誤差 $M=\sqrt{\dfrac{V^T V}{m-n}}$

    **(5)** 未知數之中誤差 $\sigma_X = M\sqrt{q_{XX}}$

    其中 $q_{XX}$ 為 $Q_{XX}=\left(A^T A\right)^{-1}$ 矩陣的對角元素

    **(6)** 改正數之中誤差 $\sigma_L = M\sqrt{q_{LL}}$

    其中 $q_{LL}$ 為 $Q_{LL}=AQ_{XX}A^T$ 矩陣的對角元素

如為含權之最小二乘法可參考內文。

9. 平差方法的選擇如圖 10-17。

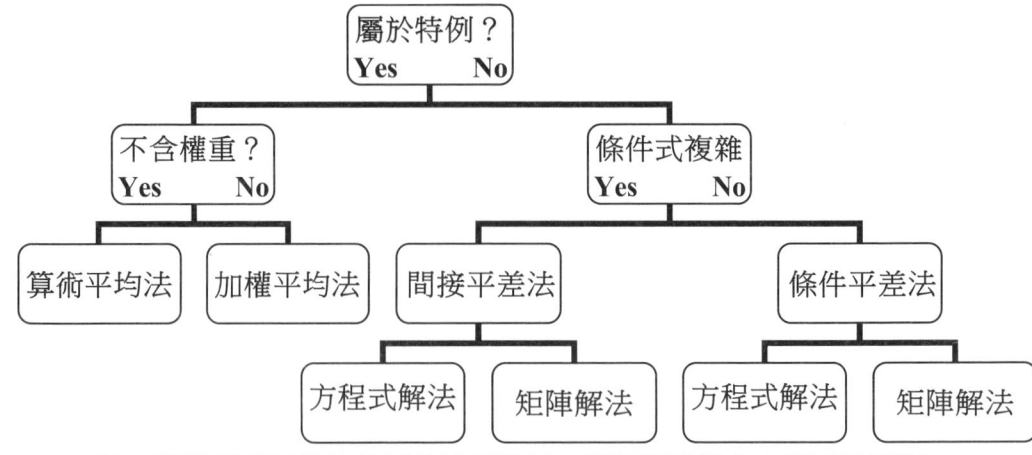

```
                    屬於特例？
                   Yes      No
          ┌─────────┘        └─────────┐
      不含權重？                    條件式複雜
     Yes    No                    Yes    No
   ┌───┘    └───┐              ┌───┘    └───┐
 算術平均法  加權平均法        間接平差法    條件平差法
                            ┌───┴───┐    ┌───┴───┐
                          方程式解法 矩陣解法 方程式解法 矩陣解法
```

註：間接平差法比條件平差法更常用。矩陣解法適合大型平差問題。

圖 10-17 平差方法的選擇

10. 本章例題整理如下

| 方法<br>題目 | 算術平均法 | 加權平均法 | 觀測方程式法 |  | 矩陣解法 |
|---|---|---|---|---|---|
| 距離測量 | 例題 1, 3, 5 | 例題 7, 9, 11 | 例題 13, 14 | | |
| 簡單水準網 | 例題 2 | 例題 8 | 例題 15, 16 | | |
| 三角形三內角 | 例題 4 | 例題 10 | 例題 17, 18 | | |
| 簡單角度組 | 例題 6 | 例題 12 | 例題 19, 20 | | |
| 複雜水準網 | | | 例題 21, 22 | | 例題 25, 26 |
| 複雜角度組 | | | 例題 23, 24 | | 例題 27, 28 |

11. 證明題

定理 10-1：權與中誤差之平方成反比 $P \propto \dfrac{1}{m^2}$

定理 10-2：同一量複測數次的最或是值 $\hat{X} = \dfrac{\sum X_i}{n} = \overline{X}$

定理 10-3：含權之同一量複測數次的最或是值 $\hat{X} = \dfrac{\sum P_i X_i}{\sum P_i}$

定理 10-4：假設 $X_1, X_2$ 為兩個分量的觀測值，其總和等於某已知值 T，總誤差 $v = (X_1 + X_2) - T$，則 $v_1 = v_2$

定理 10-5：假設 $X_1, X_2$ 為兩個分量的觀測值，權重分別為 $P_1, P_2$，其總和等於某已知值 T，總誤差 $v = (X_1 + X_2) - T$，則 $v_1 = \dfrac{1/P_1}{1/P_1 + 1/P_2} v$，$v_2 = \dfrac{1/P_2}{1/P_1 + 1/P_2} v$

定理 10-6：最或是值的間接平差法之矩陣解 $X = \left(A^T A\right)^{-1} A^T L$

## 習題

**10-2 平差原理：最小二乘法**

(1) 平差問題如何產生？
(2) 何謂 Method of Least Squares？
[解] (1) 見 10-1 節。(2) 見 10-2 節。

---

有一個六邊形圖，觀測某一自訂座標系統之閉合導線各水平角及邊長 (六個內角與六個邊長都有測量)，請回答下列問題：
(1) 自由度為若干？(2) 探討應閉合之條件。[97 年土木技師]
[解]
(1) 自由度為若干？
共有 12 個觀測值，有 12 個未知數 (六個點的縱、橫座標)
但自訂座標系統，故可自訂一個點的縱、橫座標，與一個邊的方位角，故實際只有 12–3=9 個未知數
自由度 = 觀測值數目 - 未知數數目 = 12 – 9 = 3
(2) 應閉合之條件
假設自訂 A 點的縱、橫座標，與 AB 邊的方位角
條件 1：多邊形角度閉合 (1 個條件)
條件 2：計算出的 A 點縱、橫座標必須與自訂 A 點縱、橫座標相等 (2 個條件)

---

**10-4 直接平差法(一) 算術平均法**

(1) 同一量複測數次：同例題 10-1，但量距數據改成：
824.62　　824.63　　824.64　　824.63　　824.65
824.60　　824.61　　824.60　　824.61　　824.60
(2) 觀測值總和等於某一已知值
同例題 10-3，但數據改成：AD= 824.6200，AB=234.55，BC=345.68，CD=244.30

**(3) 測值總和等於總量觀測值**

同例題 10-5，但數據改成：**AD= 824.62，AB=234.55，BC=345.68，CD=244.30**

[解] (1) 824.619 (2) AB=234.58，BC=345.71，CD=244. 33 (3) AD= 824.60，
AB=234.57，BC=345.70，CD=244.32

---

(1)以儀器測一角三次分別為 38°38'12"，38°38'8"，38°38'14"，試求最或是值?
(2)測一三角形各內角得 38°38'12"，95°21'15"，46°0'21"，試求各角最或是值?
(3)以儀器測得一角為 180°0'24"，另在分三部分分別得：38°38'12"，95°21'15"，
    46°0'21"，試求各角的最或是值?

[解]

(1) 38°38'11"   (2) 38°38'16"，95°21'19"，46°0'25"   (3) 180°0'15"，38°38'21"，
    95°21'24"，46°0'30"

---

觀測值總和等於總量觀測值 (角度)

觀測值 $\theta_1$=55°00'25", $\theta_2$=46°01'32", $\theta_3$=101°02'18"，試平差之?

[解]

誤差= $(\theta_1+\theta_2)-\theta_3$ =(55°00'25"+46°01'32")-101°02'18"=-21"

$\theta_1$ 之改正量 = -誤差/3 = +7"

$\theta_2$ 之改正量 = -誤差/3 = +7"

$\theta_3$ 之改正量 = +誤差/3 = -7"

故

$\theta_1$=$\theta_1$ 觀測值 +$\theta_1$ 改正量 = 55°00'32"

$\theta_2$=$\theta_2$ 觀測值 +$\theta_2$ 改正量 = 46°01'39"

$\theta_3$=$\theta_3$ 觀測值 +$\theta_3$ 改正量 = 101°02'11"

驗算$(\theta_1+\theta_2)-\theta_3$ = 0" (OK)

---

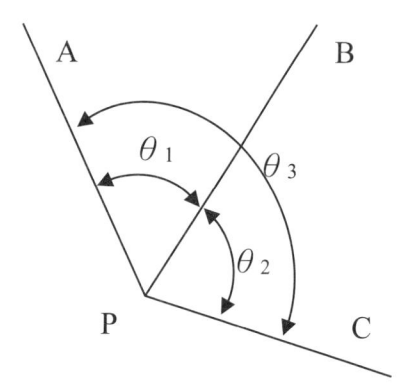

同一量複測數次 (兩點高程差重複測量之平差)

已知兩點高程差記錄如下： 4.530   4.526   4.531   4.535   4.528   4.530

試平差之?

[解]

$\overline{X}$ = $\Sigma X_i/n$=27.180/6=4.530 m

$$M = \sqrt{\frac{[vv]}{n-1}} = \sqrt{\frac{0.000046}{6-1}} = 0.0030 , \quad m_{\overline{X}} = \frac{M}{\sqrt{n}} = \frac{0.0030}{\sqrt{6}} = 0.0012$$

## 10-5 直接平差法(二) 加權平均法

**(1) 同一量複測數次**

同例題 10-7，但數據改成：

| 組別 | 平均值 | 標準差 |
|---|---|---|
| 1 | 824.62 | 0.05 |
| 2 | 824.63 | 0.06 |
| 3 | 824.64 | 0.03 |
| 4 | 824.63 | 0.04 |
| 5 | 824.65 | 0.05 |
| 6 | 824.60 | 0.02 |
| 7 | 824.61 | 0.01 |
| 8 | 824.60 | 0.05 |
| 9 | 824.61 | 0.02 |
| 10 | 824.60 | 0.01 |

**(2) 觀測值總和等於某一已知值**

同例題 10-9，但數據改成：AD= 824.6200,
平均值：AB=234.55，BC=345.68，CD=244.30,
標準差：AB=0.005，BC=0.02，CD=0.01

**(3) 觀測值總和等於總量觀測值**

同例題 10-11，但數據改成：

平均值：AD=824.62，AB=234.55，BC=345.68，CD=244.30

標準差：AD=0.03，AB=0.005，BC=0.02，CD=0.01

[解] (1) 824.608 (2) AB=234.55，BC=345.75，CD=244.32 (3) AD=824.56，AB=234.55，BC=345.71，CD=244.31

---

**同一量複測數次 (一點高程重複測量)**

已知有 3 個測量小組各自測一高程得數據如下：

| 組別 | 測得 P 點高程 | 距離 |
|---|---|---|
| 1 | 46.714 | 1.4 km |
| 2 | 46.720 | 1.8 km |
| 3 | 46.724 | 3.4 km |

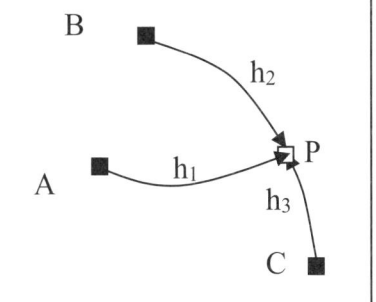

試平差之?

[解] 最或是值為三個值的加權平均  $Y = \dfrac{P_1 X_1 + P_2 X_2 + P_3 X_3}{P_1 + P_2 + P_3}$

權重 $P_1 : P_2 : P_3 = \dfrac{1}{1.4} : \dfrac{1}{1.8} : \dfrac{1}{3.4}$

最或是值 $= \dfrac{\sum P_i H_i}{\sum P_i} = 46.718$

$M = \sqrt{\dfrac{[Pvv]}{n-1}} = 0.0035$ 　　　 $m_{\overline{X}} = \sqrt{\dfrac{[Pvv]}{[P](n-1)}} = 0.0028$

已知 A、B、C、D 四導線點算得 P 點之座標及導線長如下：

| | 導線長（m） | P 點座標 N | P 點座標 E |
|---|---|---|---|
| AP | 400 | 1055.26 | 2863.37 |
| BP | 300 | 1055.50 | 2863.30 |
| CP | 250 | 1055.32 | 2863.58 |
| DP | 300 | 1055.41 | 2863.46 |

若導線測量觀測量之權與導線邊長成反比，試計算 P 點座標之最或是值及標準誤差？[96 年公務員普考]

[解]

**(1) N 座標**

| 組別 | 平均值 X | 權值 P | PX | 誤差 v | Pv | Pvv |
|---|---|---|---|---|---|---|
| 1 | 1055.26 | 0.25 | 263.815 | −0.117 | −0.029 | 0.003 |
| 2 | 1055.5 | 0.3333 | 351.8333 | 0.123 | 0.041 | 0.005 |
| 3 | 1055.32 | 0.4 | 422.128 | −0.057 | −0.023 | 0.001 |
| 4 | 1055.41 | 0.3333 | 351.8033 | 0.033 | 0.011 | 0.000 |
| | 總和 | 1.31667 | 1389.58 | −0.01785 | 0.000 | 0.01012784 |

P 點 N 座標之最或是值=1055.377

標準誤差 $m_{\bar{X}} = \sqrt{\dfrac{[Pvv]}{[P](n-1)}} = \sqrt{\dfrac{0.01012784}{1.31667(4-1)}} = 0.00406$

**(2) E 座標**

| 組別 | 平均值 X | 權值 P | PX | 誤差 v | Pv | Pvv |
|---|---|---|---|---|---|---|
| 1 | 2863.37 | 0.25 | 715.8425 | −0.069 | −0.017 | 0.001 |
| 2 | 2863.3 | 0.3333 | 954.4333 | −0.139 | −0.046 | 0.006 |
| 3 | 2863.58 | 0.4 | 1145.432 | 0.141 | 0.056 | 0.008 |
| 4 | 2863.46 | 0.3333 | 954.4867 | 0.021 | 0.007 | 0.000 |
| | 總和 | 1.31667 | 3770.195 | −0.04544 | 0.000 | 0.01573 |

P 點 E 座標之最或是值=2863.439

標準誤差 $m_{\bar{X}} = \sqrt{\dfrac{[Pvv]}{[P](n-1)}} = \sqrt{\dfrac{0.0157299}{1.31667(4-1)}} = 0.0631$

水準測量平差時常以測線長之倒數為權，請說明理由。**[100 年公務員高考]**

**[解]** 由 **10-2** 節得知權與中誤差之平方成反比：$P \propto \dfrac{1}{m^2}$ 其中 m =中誤差

逐差水準測量之總高程差如下：$\Delta h = \Sigma \Delta h_i$　　其中 $\Delta h_i$ 為各段之高程差。

依誤差傳播定律知：$m_{\Delta h}^2 = m_1^2 + m_2^2 + m_3^2 + ... + m_n^2$　(n=逐差水準測量分段數)

如果 $m_1 = m_2 = m_3 = ... = m_n = m$，則可簡化為：　$m_{\Delta h}^2 = n \cdot m^2$　　$m_{\Delta h} = \sqrt{n} \cdot m$

上式表明觀測 n 段逐差水準測量，其中誤差放大 $\sqrt{n}$ 倍。由於逐差水準測量之分段數 n 與距離 $K$ 大約成正比，故容許誤差公式為 $C\sqrt{K}$。

## 10-6 間接與條件平差法 (一) 觀測方程式法

(1) 一段距離重複測量之平差：同例題 **10-13**，但 AB 量距數據改成

824.61　　824.65　　824.60　　824.66　　824.64
824.63　　824.66　　874.60　　824.62　　824.62

(2) 簡單的水準網平差：同例題 **10-15**，但部分數據改成

$\Delta H_{AC}$=49.03 m，$\Delta H_{BC}$=48.04 m，$\Delta H_{EC}$=47.00 m，$\Delta H_{DC}$=47.97 m，$\Delta H_{FC}$=49.01 m

(3) 加權之簡單的水準網平差：同例題 **10-16**，但部分數據改成

$\Delta H_{AC}$=49.03 m，$\Delta H_{BC}$=48.04 m，$\Delta H_{EC}$=47.00 m，$\Delta H_{DC}$=47.97 m，$\Delta H_{FC}$=49.01 m

(4) 複雜的水準網平差 (觀測方程式解法)：同例題 **10-21**，但部分數據改成

$\Delta H_{AC}$= +49.01 m，$\Delta H_{FC}$= +49.05 m，$\Delta H_{CE}$= −46.96 m，$\Delta H_{BE}$= +1.03 m，$\Delta H_{DE}$= +0.94 m

**[解]** (1) 824.632 (2) 150.01 (3) 150.009 (4) $H_C$=150.01，$H_E$=103.01

---

複雜的水準網平差

　　如右圖之高程測量，已知 $h_1$ =0.46, $h_2$ = − 0.52, $h_3$ = − 0.96, $h_4$ =0.50, $h_5$ = − 0.98, $H_1$=100.00, $H_2$=101.00, $H_3$=99.00，試以觀測方程式法求 A, B 點高程=？

**[解]**

設 $H_1$, $H_2$, $H_3$ 為 $BM_1$、$BM_2$、$BM_3$ 高程
設 x, y 為 A, B 高程

(1) 列出觀測方程式

$h_1 + v_1 = x - H_1$　　　　　$v_1 = x - H_1 - h_1$
$h_2 + v_2 = y - x$　　　　　　$v_2 = y - x - h_2$
$h_3 + v_3 = H_3 - y$　　得　　$v_3 = H_3 - y - h_3$

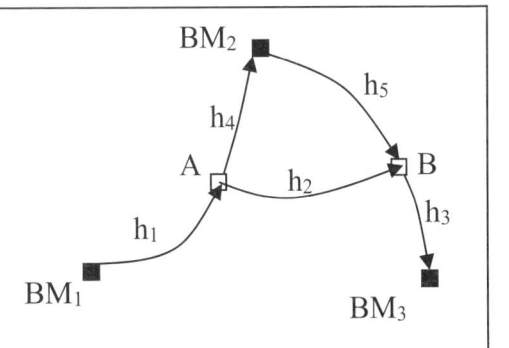

$\quad$ $h_4 + v_4 = H_2 - x$ $\qquad$ $v_4 = H_2 - x - h_4$
$\quad$ $h_5 + v_5 = y - H_2$ $\qquad$ $v_5 = y - H_2 - h_5$

(2) 列出 $\Sigma v_i^2 = (x - 100.46)^2 + (y - x + 0.52)^2 + (99.96 - y)^2 + (100.50 - x)^2 + (y - 100.02)^2$

(3) 為了最小化 $\Sigma v_i^2$

$\quad$ 令 $\partial \Sigma v_i^2 / \partial x = 0$ 得最或是值方程式 $\qquad$ $3x - y - 201.48 = 0$ $\qquad$ (1)

$\quad$ 令 $\partial \Sigma v_i^2 / \partial y = 0$ 得最或是值方程式 $\qquad$ $-x + 3y - 199.46 = 0$ $\qquad$ (2)

(4) 解最或是值方程式得最或是值：聯立(1)(2)式得 $x = 100.4875$ m, $y = 99.9825$ m

(5) 求中誤差 $v_1 = 0.0275$，$v_2 = 0.015$，$v_3 = -0.0225$，$v_4 = 0.0125$，$v_5 = -0.0375$

$$M = \sqrt{\frac{\sum v_i^2}{m-n}} = \sqrt{\frac{0.00305}{5-2}} = 0.031885$$

## 10-7 間接與條件平差法 (二) 矩陣法

複雜的水準網平差 (矩陣解法)：同例題 **10-25**，但數據改成
$\Delta H_{AC} = +49.01$ m，$\Delta H_{FC} = +49.05$ m，$\Delta H_{CE} = -46.96$ m，$\Delta H_{BE} = +1.03$ m，$\Delta H_{DE} = +0.94$ m
[解] $H_C = 150.01$，$H_E = 103.01$

複雜的水準網平差
$\quad$ 如右圖之高程測量，已知 $h_1 = 0.46$，$h_2 = -0.52$, $h_3 = -0.96$, $h_4 = 0.50$, $h_5 = -0.98$, $H_1 = 100.00$, $H_2 = 101.00$, $H_3 = 99.00$，試以矩陣法求 A, B 點高程=?

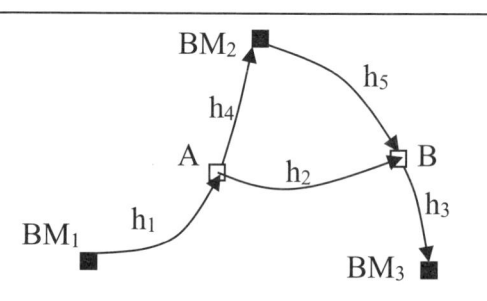

[解]
設 $H_1, H_2, H_3$ 為 $BM_1$、$BM_2$、$BM_3$ 高程
設 x, y 為 A, B 高程

(1) 列出觀測方程式

$\quad$ $h_1 + v_1 = x - H_1$ 得 $\qquad$ $v_1 = x \quad\quad - H_1 - h_1$
$\quad$ $h_2 + v_2 = y - x$ $\qquad$ $v_2 = -x + y \quad\quad - h_2$
$\quad$ $h_3 + v_3 = H_3 - y$ $\qquad$ $v_3 = \quad -y + H_3 - h_3$
$\quad$ $h_4 + v_4 = H_2 - x$ $\qquad$ $v_4 = -x \quad\quad + H_2 - h_4$
$\quad$ $h_5 + v_5 = y - H_2$ $\qquad$ $v_5 = \quad y - H_2 - h_5$

(2) 列出 A(係數矩陣)，L(係數向量)，X (最或是值向量)，V(改正量向量)

$\quad$ $V = AX - L$

$$A = \begin{bmatrix} 1 & 0 \\ -1 & 1 \\ 0 & -1 \\ -1 & 0 \\ 0 & 1 \end{bmatrix} \quad L = \begin{Bmatrix} H_1 + h_1 \\ h_2 \\ -H_3 + h_3 \\ -H_2 + h_4 \\ H_2 + h_5 \end{Bmatrix} = \begin{Bmatrix} 100.46 \\ -0.52 \\ -99.96 \\ -100.50 \\ 100.02 \end{Bmatrix} \quad X = \begin{Bmatrix} x \\ y \end{Bmatrix} \quad V = \begin{Bmatrix} v_1 \\ v_2 \\ v_3 \\ v_4 \\ v_5 \end{Bmatrix}$$

**(3)** 代入 $X=(A^TA)^{-1}A^TL$ 即得 X (最或是值向量)

$$A^TA = \begin{bmatrix} 3 & -1 \\ -1 & 3 \end{bmatrix}, \quad (A^TA)^{-1} = \frac{1}{8}\begin{bmatrix} 3 & 1 \\ 1 & 3 \end{bmatrix}, \quad (A^TA)^{-1}A^T = \frac{1}{8}\begin{bmatrix} 3 & -2 & -1 & -3 & 1 \\ 1 & 2 & -3 & -1 & 3 \end{bmatrix}$$

$$X = \begin{Bmatrix} x \\ y \end{Bmatrix} = (A^TA)^{-1}A^TL = \begin{Bmatrix} 100.4875 \\ 99.9825 \end{Bmatrix}, \quad 得 \ H_A = 100.487, \ H_B = 99.9825$$

**(4)** 中誤差

$$V = AX - L = \begin{Bmatrix} +0.0275 \\ +0.0150 \\ -0.0225 \\ +0.0125 \\ -0.0375 \end{Bmatrix}, \quad V^TV = 0.00305, \quad M = \sqrt{\frac{V^TV}{m-n}} = 0.032$$

# 第 11 章 地理資訊系統(GIS)

11-1 本章提示
    11-1-1 GIS 定義
    11-1-2 GIS 功能
    11-1-3 GIS 優點
    11-1-4 GIS 歷史
    11-1-5 GIS 架構
    11-1-6 GIS 軟體
    11-1-7 GIS 硬體

11-2 地理資料表達
    11-2-1 地理資料的要素
    11-2-2 地理資料的個體
    11-2-3 地理資料表達法 (一)：網格式
    11-2-4 地理資料表達法 (二)：向量式
    11-2-5 網格式與向量式之比較
    11-2-6 網格式與向量式之轉換
    11-2-7 數值地形模型 (Digital Terrain Model, DTM)

11-3 地理資料建構
    11-3-1 地理資料建構：系統設計與資料收集
    11-3-2 地理資料收集 (一)：外購
    11-3-3 地理資料收集 (二)：自建
    11-3-4 地理資料收集 (三)：轉換

11-4 地理資料管理
    11-4-1 資料庫系統
    11-4-2 關連式資料庫模式
    11-4-3 關連式資料庫模式實例
    11-4-4 地理資訊層次

11-5 地理資料處理

11-5-1 地理資料處理 (一)：空間資料處理
　　11-5-2 地理資料處理 (二)：屬性資料處理
　　11-5-3 地理資料處理 (三)：空間與屬性資料整合處理
11-6 地理資料展示
　　11-6-1 資料視覺化
　　11-6-2 資料圖形化
11-7 地理資料應用
　　11-7-1 GIS 應用實例
　　11-7-2 GIS 應用系統
11-8 本章摘要

## 11-1 本章提示

### 11-1-1 GIS 定義

　　地理資訊系統 (Geographic Information System, GIS) (參考圖 11-1) 可定義為：「一個可以針對地球上面的空間資料進行收集、儲存、檢查、處理、分析與顯示的系統。」或「一種特殊的資訊系統，其資料庫可以存放空間分佈的物件、行為或事件，而這些資料在空間中都是可以用點、線、面加以定義的。GIS 用一般的查詢與分析功能來存取這些點、線、面等資料。」GIS 的技術是集測量、電腦輔助設計、資料庫管理等三個領域的技術精華而成。

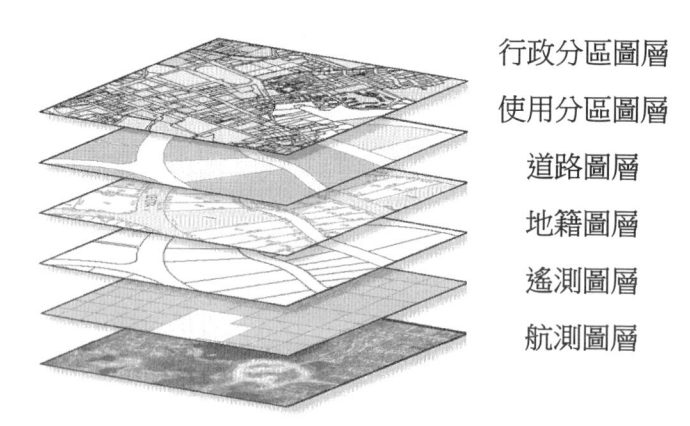

圖 11-1　地理資訊系統 (GIS) 架構 (不同圖層的整合)

## 11-1-2　GIS 功能

地理資訊系統的功能包括：

**1.圖資製作方面**

傳統的圖資製作工作，不僅耗時費事、易錯，而且修改不易。使用 GIS 工具來進行製圖修圖，不僅輕鬆快速而精確，而且易於更新。同時，由於全部為電腦檔案，因此圖資可一再重複使用，而且不同的圖料可輕易地進行套繪。以上所述，似乎電腦繪圖軟體 (如 AutoCAD) 都可以做到。然而，GIS 工具和電腦繪圖軟體的一項相當大的不同點，便是它所生產的圖資可供後續的分析處理之用。

**2.圖資管理方面**

傳統的圖資管理，使用的是各種紙圖以及圖櫃。時日一久，往往面臨紙張泛濫、無法檢索的難題。使用 GIS 進行圖資管理，縝密周詳，易於查詢維護，而且節省儲存空間。由於 GIS 係運用資料庫的技術來進行管理，各種地圖、CAD 繪圖、掃描影像圖、統計資料、多媒體資料等均可納入管理，可大幅提高資料的整合性，降低資料的重複性。同時資料的安全性方面也可有效地加以管制。

**3.查詢顯示方面**

運用 GIS 工具進行查詢時，可以組合多重條件，進行複合查詢。統計分析的工作，可以於查詢時同步完成。此外，查詢的結果可以結合空間資訊加以展現，因此清楚易懂。

**4.決策支援方面**

運用 GIS 工具進行決策分析時，可以做多種模擬分析。只要建立合理的決策模型，任何個案輸以不同的支撐資料，便可以客觀、透明而公正的產生各種替選方案，以供進一步選擇。

## 11-1-3　GIS 優點

地理資訊系統的優點包括：

1.圖形資料可以用相當有效率的方式製作與維護。
2.圖形資料可以用相當有效率的方式儲存與管理。
3.圖形和非圖形資料可以同時進行查詢處理。
4.圖形和非圖形資料可以同時進行決策分析。

## 11-1-4 GIS 歷史

地理資訊系統的萌芽與發展，可以遠溯至 1960 年代。簡述如下：

- 1960 年代：60 年代的 GIS 系統主要的研發重點在於企圖將地圖放入速度慢、

容量小而且不好使用的電腦，以及如何使用傳統的數值方法來處理圖形資料所引發的技術問題。這個年代的特色是大部分的系統都是採用網格式的資料結構。

- 1970 年代：至 70 年代，西方國家開始普遍意識到環境與土地利用的問題。因此，他們認為必須快速而有效率地收集並分析各種地理資料。1970 年，國際地理聯盟在加拿大舉辦了第一屆關於 GIS 的會議。
- 1980 年代：80 年代，對於 GIS 的需求持續上升，同時 GIS 所處理的資料，也不再侷限於單一地區或單一國家，而是跨越國界的運用。電腦科技在 80 年代也有了突飛猛進的發展，速度、容量、輸出入設備，都比以前有了長足的進度。
- 1990 年代：90 年代，GIS 已是政府施政，工商決策，工程規劃的重要工具，各種軟硬體皆已相當成熟。
- 2000 年~：2000 年起 GPS、網際網路、行動通訊逐漸成熟，更加擴大了 GIS 的應用範圍，GIS 已經是各行各業重要的管理工具。

台灣地區 GIS 的發展，大致可分成如下所述的四個時期：

- 1975-1980：本時期只有少數政府單位運用 GIS 的相關技術，GIS 的觀念則尚未建立。
- 1980-1985：在這個時期，GIS 的觀念正式被引進，而使用的系統大多是網格式系統。
- 1985-1990：這個時期可以說是我國地理資訊應用真正開始起飛的階段。國土資訊系統於此期間進入規畫與可行性分析階段。
- 1990-迄今：1991 年是我國 GIS 發展的一個新起點。以內政部資訊中心為核心的國土資訊系統計畫在此時開始進行組織化、全面性的推動。

## 11-1-5　GIS 架構

地理資訊系統依其功能可區分其架構如下（圖 11-2(a)）：

1. 地理資料建構工具

地理資料的建構乃是地理資訊應用系統建置時，最耗時費事的一個工作。收集到的地理資料如何輸入系統之中，在地理資訊應用系統的建置工作中稱為資料的轉換 (conversion)。其工作包括將紙質地圖、各種相關表格報表放入 GIS 的資料庫之中，以及和已有的、外購的各種來源之資料加以整合。這部分將在 11-3 節詳述之。

2. 地理資料管理工具

GIS 最大的價值應在於它能整合為數相當多的資料庫。根據估計，所有的資訊

中，大約有八成左右是和空間位置有關的。**GIS** 的技術可以將這八成的資訊整合起來。這部分將在 **11-4** 節詳述之。

3. 地理資料處理工具

　　**GIS** 資料收集的最終的目的，便是要發揮決策支援的功能。要將一堆資料轉化成能有支援決策功用的資訊，靠的便是 **GIS** 的分析與處理的工具。這部分將在 **11-5** 節詳述之。

4. 地理資料展示工具

　　**GIS** 資料和 **MIS** 資料有相當大的不同，在資料的展現上，也有不同的方法與考慮。這部分將在 **11-6** 節詳述之。

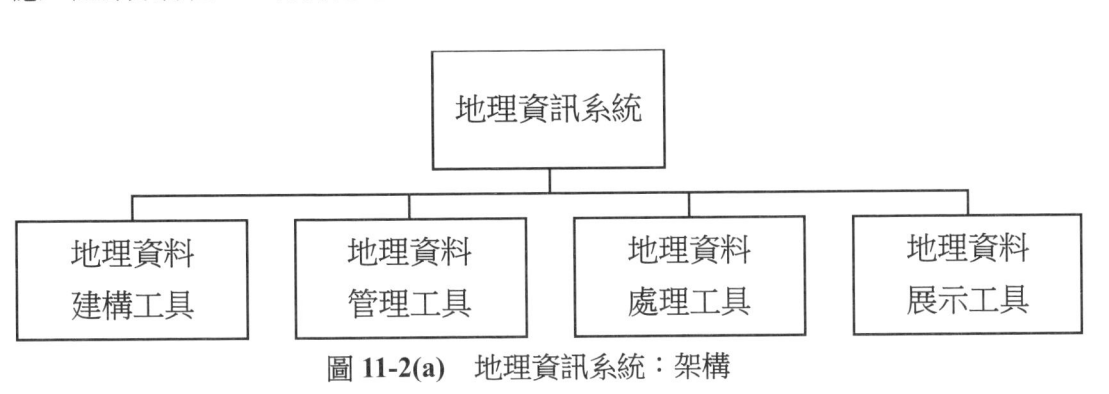

圖 11-2(a)　地理資訊系統：架構

## 11-1-6　GIS 軟體

1. 地理資訊系統軟體

　　目前全世界地理資訊系統相關軟體有數百種之多，可以使用的電腦從大型主機到個人筆記型電腦一應俱全。儘管如此，絕大部分的地理資訊系統軟體多半只具備局部的地理資訊功能。這些地理資訊系統軟體，如 **SuperGIS**、**Arc/Info** 等，均各有其特色與功能 (圖 11-2(b))。

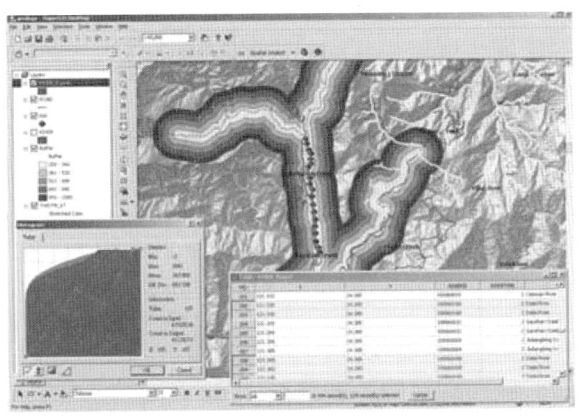

圖 11-2(b)　地理資訊系統：**SuperGIS**

2. 資料庫系統軟體

　　地理資訊系統的發展較屬性資料庫管理系統來得晚，因此，雖然目前幾乎所有的地理資訊系統軟體都提供屬性資料管理的功能，但其功能不但嫌少，且使用的方

便性與執行效率均遠不及屬性資料庫管理系統。如果使用者欲處理與管理大量的屬性資料與報表資料，一般均必須配合屬性資料庫管理系統，方能有更好的效率與品質。

## 11-1-7 GIS 硬體

**1. 數位板 (digitizer)**

數位板係地理資訊系統中被用來數化圖形資料的最基本設備。一塊數位板係由許多條交錯細小的電磁線所組成，利用數位板，可以將一般類比式的地圖，轉換成數值化的地圖。儘管數位板曾是一套地理資訊系統中數化圖形資料的最主要設備，然而，由於電腦的速度快速地提升，使得影像處理的速度達到令人滿意的程度，因此，利用將地圖用掃描儀掃描成影像檔，然後再配合軟體工具，以在電腦螢幕上進行地圖描繪數化的方式漸漸地風行起來，使得價格昂貴且極佔空間的數位板，有漸漸被淘汰的趨勢。

**2. 掃描儀 (scanner)**

掃描儀與影印機最大的不同點在於，影印機複製的結果是類比的資料，而掃描儀複製的結果則是數位化的資料。因此，我們可以利用掃描儀，將地圖掃描成影像檔，將此一影像檔顯示在電腦螢幕上，然後再配合軟體工具在電腦螢幕上進行地圖數位化的工作。

**3. 繪圖機 (plotter)**

繪圖機是一套地理資訊系統成果輸出的最主要設備。以往，由於大多數的繪圖機大多採用繪圖筆，因此能繪出的顏色有限，且進行填滿著色時，往往會導致圖紙的破損。近年來，由於硬體技術快速進步，目前繪圖機的輸出方式除了可以透過靜電式感應外，更可以透過噴墨、雷射等技術，達到快速、多樣色彩輸出的目的。其中，噴墨式繪圖機不但價格便宜，更可做全彩輸出，使得地理資訊系統輸出設備，更大眾化及普及化。

## 11-2 地理資料表達

### 11-2-1 地理資料的要素

地理資料的要素包括：

**1. 屬性資料 (attribute data)**

地理資料除了空間資料以外，還有與其位置無關的非空間資料 (non-spatial data)，我們稱其為「屬性資料」。屬性資料可以再依其對空間現象的描述效果加以

分類：

**(1) 分類性 (nominal) 資料**
此類的資料僅足夠用來將它們分成各種不同的類別 (category)，只討論其資料的性質，而與數量無關。例如行政區、地目、地址等。

**(2) 有序性 (ordinal) 資料**
此類的資料可以依序由大而小，或由小而大加以排序。例如農地等則。

**(3) 間距性 (interval) 資料**
此類的資料除了可分類、可排序之外，還可計算間距。例如在攝氏溫度中，0℃和10℃之間的間距，和至10℃至20℃之間的間距，視為完全相等。

**(4) 比例性 (ratio) 資料**
在間距性的資料中，如果還具有一個絕對 0 點的話，便是屬於比例性的資料。例如，高程、面積、降雨量、人口等。

圖 11-3　空間資料

表 11-1(a)　屬性資料

| 土地編號 | 地目 | 面積 (m²) | 地價 (NT/m²) |
|---|---|---|---|
| L501 | 建地 | 100 | 20000 |
| L502 | 建地 | 600 | 30000 |
| L503 | 農地 | 800 | 1000 |
| L504 | 建地 | 500 | 15000 |
| L505 | 農地 | 900 | 4000 |
| L506 | 農地 | 2000 | 5000 |

2. 空間資料 (spatial data)(圖 11-3)
   地理資料在空間中的位置必須要有一個方式加以標定才行。標定位置的方法有很多，例如經緯度座標、世界橫墨卡脫座標 (UTM) 等等。

3. 拓撲資料 (topology data)
   地理資料除了空間資料以外，還要知道空間中的各個物件彼此之間的關係如何。例如，道路網中各段道路相接的情形，各縣市轄區彼此接壤的情形等。拓撲資料結構在描述圖形資料間的空間相對位置關係。包含：

(1) 相連性的描述：以線段與線段之間是否相連結來表示。
(2) 多邊形的描述：除以一序列的 (x, y) 座標點來表示外，尚可用一序列圍繞著多邊形外框的封閉線段來表示。
(3) 相鄰性的描述：藉著定義一條線段其左右二側多邊形來表示多邊形相鄰性。

例如圖 11-4 中的拓撲資料列表如表 11-1。

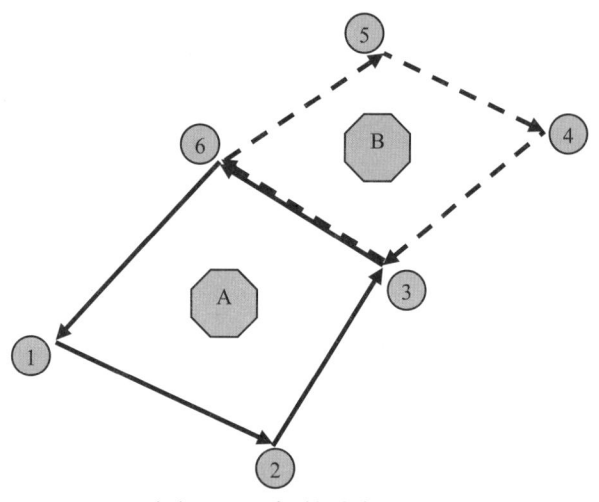

圖 11-4　拓樸資料表達

表 11-1(b)　拓撲資料表達

| 相連性描述 | 多邊形描述 ||  相鄰性描述 ||
| --- | --- | --- | --- | --- |
|  | 起點 | 終點 | 右多邊形 | 左多邊形 |
| 1→2 | 1 | 2 |  | A |
| 2→3 | 2 | 3 |  | A |
| 3→6 | 3 | 6 |  | A |
| 6→1 | 6 | 1 |  | A |
| 3→6 | 3 | 6 | B |  |
| 6→5 | 6 | 5 | B |  |
| 5→4 | 5 | 4 | B |  |
| 4→3 | 4 | 3 | B |  |

## 11-2-2　地理資料的個體

在 GIS 中所要處理的資料個體稱圖徵 (object)，圖徵可分為三種 (圖 11-5)：

**1. 點資料**

點資料乃是指地圖上，該地徵太小而無法以線或是面來加以表示者。例如：控制點、小比例尺之城市位置、山峰位置、公車站牌位置、重要地標…。

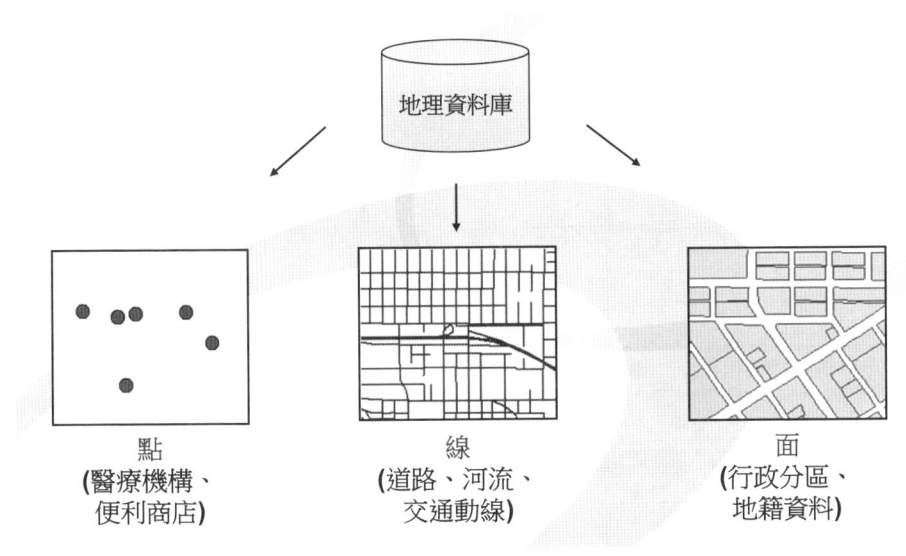

第 11 章　地理資訊系統(GIS)　　11-9

圖 11-5　地理資料的個體　(取自 SuperGIS)

2. 線資料

線資料乃是指因地徵本身太窄而無法以面來加以表示，或是其本身在理論上便無面積存在者。前者如公路線、衛生下水道、電力線…等，後者如海岸線、行政區界線。

3. 面資料

面資料乃是由線資料所圍起的一塊區域，而這塊區域內部的各點，針對某一分類方式而言，都是一致的。例如，行政區、學區、建物。

同一地徵有時會依比例尺或需求的不同，而分別以點、線、面等不同的幾何形式來加以表示。例如，道路在小比例尺的資料庫裡，可以視為線性資料；而在較大的比例尺的資料庫中，則可以面資料來處理。

## 11-2-3　地理資料表達法 (一)：網格式

在網格資料格式中 (參考圖 11-6(a))，地理資料 (點、線以及多邊形內部所形成的面) 均是以一個一致的矩陣內的各個單元來表示。各個圖徵之間，並沒有任何的界線加以區隔，整個地圖乃是當做一個連續的平面來處理，矩陣內的一個單元代表地表上的一塊面積，而單元內的資料均被概略化了，而且單元愈大，資料被概略化的程度也愈高。為了避免在資料表示時，因為網格點太粗，而使重要資料被忽略掉的情形發生，當我們在選擇網格點的大小時，其大小必須小於你所要處理的最小地徵的長度之半。更保守的做法是，這項大小不要大於所要表示的最小地徵的長度的

三分之一至四分之一。例如希望能表現直徑 **40 cm** 的人孔蓋，則網格至少要小到 **20 cm**，保守的做法是小到 **10 cm**。

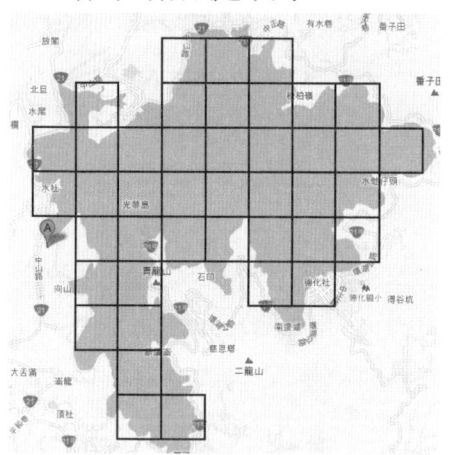

圖 11-6(a)　地理資料表達法 (一)：網格式

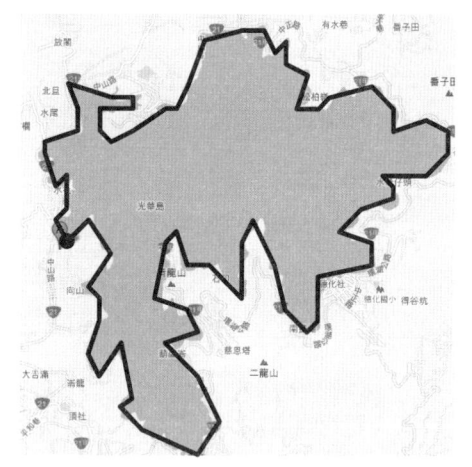

圖 11-6(b)　地理資料表達法 (二)：向量式

## 11-2-4　地理資料表達法 (二)：向量式

向量式圖形表示方式 (參考圖 11-6(b)) 主要係將圖形資料化成許多的點，每個點給定一 (x, y) 座標值，二個點連結成一條線段 (line segment)，三個點以上連結成一條多邊形折線 (Poly line)，三條以上的線段連結成一個多邊形 (Polygon)。在向量資料格式中，地理資料 (點、線、以及多邊形的邊所構成的面) 均是以一系列的點座標來加以表示。因此，線圖徵在空間資料庫中所記載的便是各個轉折點的座標值，而面圖徵則是記錄其邊上各轉角的座標。相較於網格式資料格式，其特性是精密度可以很高，而且沒有資料概略化的問題。

## 11-2-5　網格式與向量式之比較

早期的 GIS 系統大多以網格式資料為主，近年來則以向量式的系統較多。然而，隨著遙測影像應用的興起，網格式系統亦重新受到重視。此二者實各有其擅長，何者較佳，應依應用而定。因此，現在的 GIS 系統大多二者兼備，只是主力重點各有不同罷了。二者之優缺點比較如下：

**1. 網格資料**

一般認為，網格資料結構的優點在於：

(1) 資料結構簡單一致，不論點、線、或是面，在網格資料結構中，均一視同仁。
因此，分析處理運算、資料儲存架構上，均可以一套通用，不需另外區分。
(2) 多邊形分析能力佳。

(3) 儲存空間差異小，與空間資料之複雜度與否無關。
(4) 可以有效表示空間變動性。
(5) 易於統計分析。
(6) 易於使用遙測資料。
(7) 易於組合多層資料。
(8) 易於資料縮編。

　　網格資料結構的缺點為：

(1) 有資料概略化問題，因此比較不適合精確度要求較高的應用。
(2) 空間解析度低。
(3) 初始儲存空間大。
(4) 難以有效表示拓撲資料。
(5) 輸出品質無法與手繪相比。
(6) 網路分析能力差。

2. 向量資料

　　向量資料結構其優缺點恰和網格資料結構相反，因此其優點為：

(1) 無資料概略化問題，因此比較適合精確度要求較高的應用。
(2) 空間解析度高。
(3) 初始儲存空間小。
(4) 可以有效表示拓撲資料。
(5) 輸出品質可以與手繪相比。
(6) 網路分析能力佳。

　　向量資料的缺點則為：

(1) 資料結構較複雜。
(2) 多邊形分析能力差 (因僅記錄點座標，要進行圖形是否相交之類的測試時，需大量計算)。
(3) 儲存空間差異大，與空間資料之複雜度與否有關。
(4) 無法有效表示空間變動性。
(5) 不易於統計分析。
(6) 不易使用遙測資料。
(7) 不易於組合多層資料。
(8) 不易於資料縮編。

　　網格式與向量式之比較列表如表 **11-2**。

除了前述的優缺點外，在選用一種資料結構時，還有二點考量：

**1. 資料的特性**

例如對自然現象而言，有許多地理現象是平滑而連續變化的，這一類的現象便難以切割成一個個地理上的點、線、面，因此，以網格資料結構來表示會比較適當。這一類的例子像地表高度、大氣的壓力、空氣污染濃度等便是。至於像行政區界、地籍圖、管線系統等資料，本身便具有非常明確的界限，因此相當適合用向量式資料結構來儲存。

**2. 資料的來源**

例如遙測採掃描的方式收集資料，其資料本身便具備了網格資料結構的特性，因此以選用網格式資料結構為宜。而傳統地面測量採點、線、面的方式收集資料，其資料本身便具備了向量資料結構的特性，因此以選用向量式資料結構為宜。

表 11-2　網格式與向量式之比較 (灰底表示優點)

| 比較項目 | 網格式 | 向量式 |
| --- | --- | --- |
| 資料結構 | 簡單 | 複雜 |
| 空間變動性表現能力 | 佳 | 差 |
| 拓撲資料表現能力 | 差 | 佳 |
| 資料概略化問題 | 嚴重 | 輕微 |
| 空間解析度 | 差 | 佳 |
| 圖形輸出品質 | 差 | 佳 |
| 資料儲存空間需求量 | 大 | 小 |
| 資料儲存空間需求量差異性 | 小 | 大 |
| 資料縮編 | 易 | 難 |
| 使用遙測資料 | 易 | 難 |
| 組合多層資料 | 易 | 難 |
| 使用統計分析 | 易 | 難 |
| 多邊形分析 | 佳 | 差 |
| 網路分析 | 差 | 佳 |

## 11-2-6　網格式與向量式之轉換

由於系統所用格式之不同，彼此間資料交換前必須先做轉換的工作。**轉換可分成二種**：

**1. 向量式至網格式之轉換**

向量至網格的轉換問題在於精確度會變差，且是不可回復的。分為二種：
**(1) 離散性資料之轉換**

對於分類性及有序性的資料 (例如：土地使用分區…等)，可以劃分成一塊塊的面資料，在一個面資料內部的每一點，其屬性值都是一致的。因此在轉換成網格資料時，只需將這些面內的所有網格點全部填滿為該面資料所代表的資料即可。當一個網格位於二種不同資料的邊界上時，可依下列原則之一進行分類 (圖 11-7)：
**(a)** 面積原則：依各分類所佔之面積大小來分類，面積大者優先。
**(b)** 分類原則：依網格內各分類之優先權高低來分類，優先權高者優先。如水系常較其它分類優先。
**(c)** 形心原則：依形心處之分類來分類。

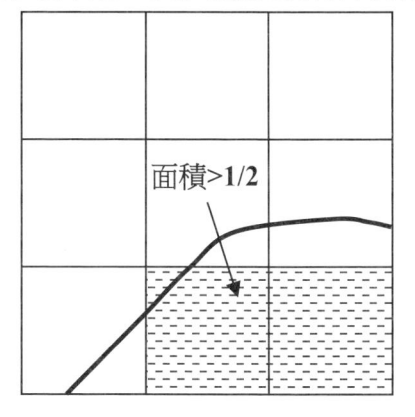

**(a)** 面積原則 (右下二塊其邊界內面積大於 1/2)

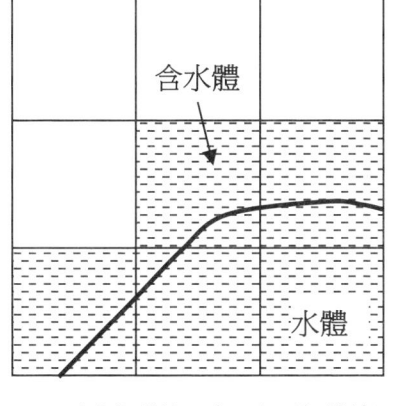

**(b)** 分類原則 (右下五塊其邊界內為水體)

**(c)** 形心原則 (右下三塊其形心位於邊界內)

說明：圖中曲線是向量式表達法的水體邊緣，水體在右下方。轉成網格式表達時，網點方格為水體。

**圖 11-7　向量式至網格式之轉換**

### (2) 連續性資料之轉換

至於間距性的 (interval) 以及比例性的 (ratio) 的資料，我們則需運用內插法，來產生各向量資料值間的網格點值，這個步驟和等值線繪製時所用的內插運算完全相同。

### 2. 網格式至向量式之轉換

網格式至向量式之轉換通常較為困難，其步驟為：**(1)** 取形心 **(2)** 取連線。例如圖 **11-8** 即為一例。

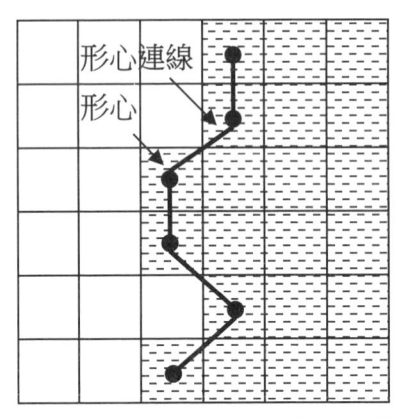

說明：圖中右方網點為網格式表達之水體。轉成向量式表達時，黑點連線為水體邊緣。

圖 **11-8** 網格式至向量式之轉換 (圖中圓點為網格的形心)

## 11-2-7 數值地形模型

近年來，由於對二度空間決策支援的需求日益殷切，乃有了**數值地形模型 (Digital Terrain Model, DTM)** 的發展。所謂數值地形模型，乃是以數值化的方式，來表現地表二度空間的起伏變化情形。

由於像懸崖之類的地形並不常見，因此數值地形模型對於地形的表示方式是採函數的方式，亦即在一個連續的平面上，各個 **(X, Y)** 點只對應到一個值 (即 **Z** 值)。從這個角度來看，數值地形模型是 **2.5D** 的資料模型，而非真正的 **3D** 模型。

目前數值地形模型最常見的表示方式有三種：

### 1. 數值等高線 (向量式資料)

將地形資料中，高度相同的點連接起來，便成了等高線。這種表示法在現今的紙面地形圖中相當常見，在資料的展現上具有相當良好的效果。如果這些等高點是以數值的方式表示，則此種等高線稱數值等高線。由於等高線實際上只是地形視覺化展現上的一種做法，要以數值化方式來表示地表時，它並不是一種很有效的做法。因為沿著等高線上的資料點過於密集，而二條等高線之間又毫無點可用，資料點之

分佈顯然差異過於懸殊。在 GIS 系統中，DTM 資料多半不會以數值等高線的型式來加以表示。現今我們之所以有時會拿到數值等高線的資料，多半是因為它們是從從傳統的類比式等高線地形圖經數化而來的。

**2. 規則網格 (網格式資料)**

　　這是一種以規則的方格來代表連續的二度空間資料的資料結構。其解析度無法隨空間資料複雜度之不同而改變，因此，地形上的劇烈變化無法有效加以表示。如果每一個方格點均量取其高程值，這些高程值便組成一個規則矩陣結構，此即數值高程模型 (Digital Elevation Model, DEM)。這種表示法的最大問題在於格網本身格子的大小。格子太大，對於地形的表現會有所失真；反之，格子太小時，又將致使記憶體空間佔用太多。

**3. 不規則三角網 (Triangulated Irregular Network, TIN)**

　　這是一種以不規則的三角形來代表連續的二度空間資料的資料結構。其解析度可隨空間資料複雜度之不同而改變，因此，地形上的劇烈變化亦可以有效的加以表示。不規則三角網對於工程挖填方的計算、地形坡度與坡向的計算、視域分析、等高線的繪製、數位化地表模型的構建與展現…等空間分析處理功能而言，相當的重要。

# 11-3　地理資料建構

## 11-3-1　地理資料建構：系統設計與資料收集

　　地理資料庫的建立，一般可以分成兩大步驟：

**1. 地理資料庫系統設計**

**(1)** 決定所需的圖層、圖徵、屬性。

**(2)** 定義各個屬性參數，並進行必要的編碼。

**(3)** 座標系統的一致化。

**2. 地理資料庫資料收集**

　　地理資料的建構方法有很多，例如：地面測量、衛星測量、光達測量、航空測量、遙感探測，以及行政機關的登錄、實地調查等等。而對於使用者而言，進行資料收集時所最關切的便是資料的來源問題。一般我們可以將資料來源分成三大類：

**(1) 外購**

　　向外尋覓能夠提供所需資料庫的來源，並加以取得 (可能包括價購、申請、調用等) 運用。一般常見的資料提供者包括政府及學術機構等。

**(2) 自建**

自行投入人力，或是委託專業機構直接收集資料。

**(3) 轉換**

將已經存在，而無法為電腦所處理的資料 (一般為紙圖) 轉換成電腦能處理的資料，稱為資料的轉換 (Conversion)，亦稱數位化 (Digitization)。

就長期而言，我們希望地理資訊在獲得時，便是適合電腦處理的數位化型式，一般稱此類資料收集工作為原始 (Primary) 資料收集。例如，全球定位系統 (Global Positioning System, GPS) 即是一個可以用來收集向量資料的技術，遙感探測則可以用來收集網格資料技術。然而，目前現有的資料大部分不是這種資料。

## 11-3-2　地理資料收集 (一)：外購

在貿然投入自行進行資料收集的工作之前，應該先看看現成的資料是不是有可以應用的地方。這些資料可分成二類：

**1. 空間資料**

在空間資料方面，台灣地區的基本圖資算是相當齊全，而且品質亦不差。例如，在地形圖方面，內政部目前提供了相當豐富的紙質地圖，可供選購。如內政部的基本地形圖 (1/5000) GIS 圖層資料。

**2. 屬性資料**

在屬性資料方面，負責收集與分析各項資料，並定期或不定期加以發表的單位相當多。為使各級政府之各項調查資料能做有系統之整體劃分，以避免發生重複或遺漏的現象，行政院於 **1987** 年訂頒了《各級政府及中央各機關統計範圍劃分方案》以確立全國應辦統計完整之架構與體系。

## 11-3-3　地理資料收集 (二)：自建

以自建方式收集地理資料必須根據所選資料來源的特徵，選擇合適的採集方法。各種野外、實地測量資料也是 GIS 常用的獲取資料的方式。實測資料具有精度高、現勢性強等優點，可以根據系統需要靈活地進行補充實測資料。地圖資料的採集，通常採用掃描向量化的方法；影像資料包括航空影像資料和衛星遙感影像兩類，對於它們的採集與處理，已有完整的攝影測量、遙感影像處理的理論與方法；實測資料指各類野外測量所採集的資料，包括全站儀測量、衛星定位測量等；統計資料可採用掃描器輸入做為輔助性資料，也可直接用鍵盤輸入；已有的數位化資料通常可通過相應的資料交換方法轉換為當前系統可用的資料；多媒體資料通常也是以資料交換的形式進入系統；文本資料可用鍵盤直接輸入。

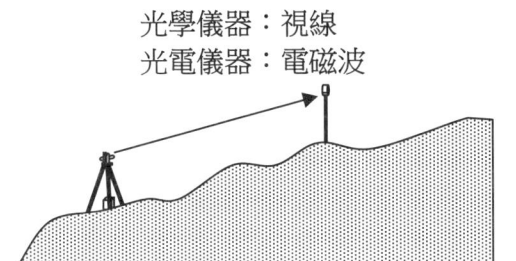

圖 11-9　自建地理資料 (1)：地面測量

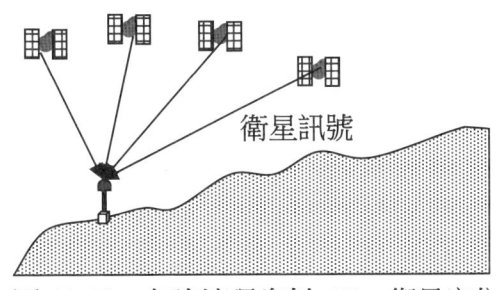

圖 11-10　自建地理資料 (2)：衛星定位

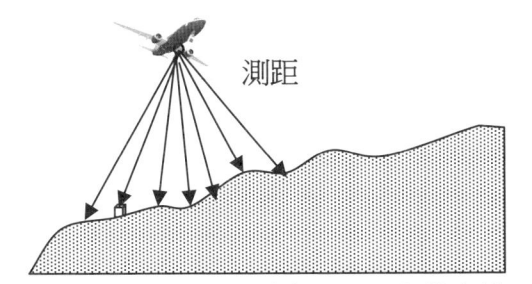

圖 11-11　自建地理資料 (3)：空載光達

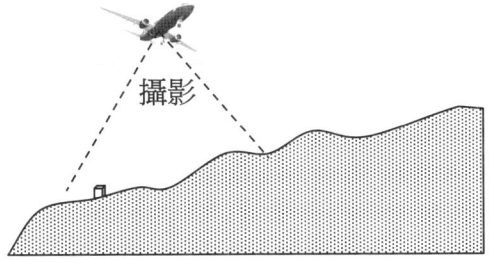

圖 11-12　自建地理資料 (4)：航空測量

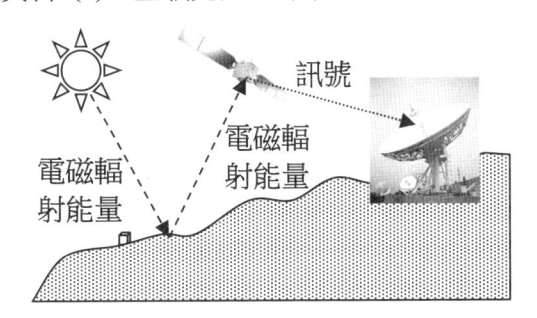

圖 11-13　自建地理資料 (4)：遙感探測

　　自行採集地理資料的方法有：**(1)** 地面測量 **(2)** 衛星定位 **(3)** 光達測量 **(4)** 航空測量 **(5)** 遙感探測。分述如下：

## 1. 地面測量 (圖 11-9)

　　傳統地面測量是基本的地理資料收集方法之一。全野外空間資料獲取與成圖分為三個階段：資料獲取、資料處理和地圖資料輸出。資料獲取是在野外利用全站儀等儀器測量特徵點，並計算其座標，賦予代碼，明確點的連接關係和符號化資訊。再經編輯、符號化、整飾等成圖，通過繪圖器輸出或直接存儲成電子資料。資料獲取和編碼是電腦成圖的基礎，這一工作主要在外業完成。內業進行資料的圖形處理，在人機對話模式下進行圖形編輯，生成繪圖檔，由繪圖器繪製地圖。

通常工作步驟為：先佈設控制導線網，然後進行平差處理得出導線座標，再測量碎部點三維座標。全野外資料獲取設備是全站儀加電子手簿或電子平板配以相應的採集和編輯軟體，作業分為編碼和無碼兩種方法。數位化測繪記錄設備以電子手簿為主。還可採用電子平板內外業一體化的作業方法，即利用電子平板（便攜機）在野外進行碎部點展繪成圖。如果僅以方位角及距離來表達位置，必須轉換成以座標來表達才能為 GIS 所運用，這種技術稱座標幾何學 (Coordinate Geometry, COGO)，例如間接座標測量中的導線法、偏角法、支距法、前方交會法…等。

野外資料獲取測量工作包括圖根控制測量和地形碎部點的測量。採用全站儀進行觀測，用電子手簿記錄觀測資料或經計算後的測點座標。每一個碎部點的記錄，通常有點號、觀測值或座標，除此以外，還有與地圖符號有關的編碼以及點之間的連接關係碼。這些資訊碼以規定的數位代碼表示。資訊碼的輸入可在地形碎部測量的同時進行，即觀測每一碎部點後按草圖輸入碎部點的資訊碼。地圖上的地理名稱及其它各種注記，除一部分根據資訊碼由電腦自動處理外，不能自動注記的需要在草圖上注明，在內業通過人機交互編輯進行注記。

2. **衛星定位測量 (圖 11-10)**

衛星定位測量係藉由地面接收儀接收衛星所發射的電磁波訊號，以測定點位三度空間座標之測量。衛星測量與地面測量的基本分別在其施測儀器置於太空，故較不受地形複雜與交通險阻之限制，也不受天候影響，夜晚雨天也可測量。為目前最具潛力的測量方法之一。

**eGPS** 的地形圖測繪方法是一人持接收儀在要測的地形地貌碎部點上待上數秒鐘，並同時輸入特徵編碼，通過手簿可以即時知道點位精度。外業完成後，如有專業的軟體介面就可以輸出所要求的地形圖。這種方法不要求碎部點必須與測站通視，僅需一人即可操作，大大提高了工作效率。採用 **eGPS** 配合電子手簿可以測繪各種地形圖，例如山坡地地形圖、鐵公路帶狀地形圖；如配合測深儀可以用於測繪水庫地形圖等。

3. **空載光達測量 (圖 11-11)**

三維雷射掃描，又稱為「光達」，是「光探測和測距」 (Light Detection And Ranging, LiDAR) 的簡稱。**3D** 雷射掃描儀是內含掃描稜鏡之快速雷射測距儀，不需反射稜鏡即可精確測得掃描點之三維座標，其掃描速度可達數萬點/秒。光達的雷射光束可掃描相當大的範圍，可水平旋轉 360 度，而反射雷射光束的鏡面則在垂直方向快速轉動。儀器所發出的雷射光束可量測儀器中心到雷射光所打到第一個目標物之間的距離。雷射掃描儀只要能有一個儀器立足點，即能以不接觸被測物的方式快速獲得掃描範圍非常高密度且高精度的三維點位，經由配合的資料處理軟體可形成

三維向量圖形的空間資料。光達具有高效率、高精度的獨特優勢。它能夠提供掃描物體表面的三維點雲(point cloud)資料，因此可以用於建構高精度、高解析度的數位地形模型、文物古跡保護等領域。

近年來由於空載光達的發明使 DEM 的測製又多一種方法，比起航空攝影測量，空載光達產製 DEM 的速度更快、精度更高，其 DEM 之精度受到兩個因素之影像：(a) 所量測到地表點的密度及量測的精度。(b) 所量測的地形特徵線及特徵點的數量是否充分掌握地表起伏。

4. 航空測量 (圖 11-12)

攝影測量法（Photogrammetry）是一種利用被攝物體影像來重建物體空間位置和三維形狀的技術。攝影測量的特點之一是在像片上進行量測與判釋，無需接觸被測目標物體的本身，因此很少受到自然環境條件的限制。而且像片與其它各種類型影像均是客觀的真實反映目標物體，影像訊息豐富、逼真，人們可以從中獲得目標物體的大量幾何訊息與物理訊息。

航空攝影測量即在飛機上裝載量測型相機，於空中拍照後，透過地面控制測量、重疊像對以及光束法空中三角平差演算，即可恢復拍攝瞬間相機的姿態 (三軸旋轉角)與位置 (三維座標值)，此階段稱為「後方交會」。再以這些相機參數為基礎來解算所拍攝影像物體之物方空間座標，此階段稱為「前方交會」。航照影像可進一步產製數值地形模型 (DTM)、數值表面模型 (DSM) 等，多時期的航照經過相對定位後，可用來觀察地表的變遷，以及歷史人文的變化。

5. 遙感探測 (圖 11-13)

遙感探測乃是一種不需接觸物體，而從收集其電磁特性作探測的測量方法。換言之，它是一個可以由遠距離進行資料收集的技術。太陽光投射在地表物體上的能量有部分會被反射，遙感探測的基本原理便是在空中使用衛星載運的監測器來接收這些反射的能量，來對地表之物件進行偵測並記錄這種資訊，之後將資料傳輸回地面。所得資料經過一系列處理過程，可得到滿足 GIS 需求的資料。

衛星遙感以縮小的影像真實再現地表環境，使人類超越了自身感官的限制。遙感影像直觀逼真，便於目視定性解譯，以不同的空間尺度、感知方式快速、及時地監測地球環境的動態變化，成為獲取地球資源與環境資訊的重要手段。

## 11-3-4 地理資料收集 (三)：轉換

向量圖形物件結合屬性資料後，讓使用者可以處理許多的空間分析功能。然而，要如何才能快速精確地取得向量圖檔，乃是進入地理資訊系統的最大門檻。將已經

存在而無法為電腦所處理的資料 (一般為紙圖) 轉換成電腦能處理的資料，稱為資料的轉換 (Conversion)，亦稱數位化 (Digitization)。

紙圖手動數位化方法有：
**(1)** 紙圖手動數位化 (圖 **11-14**)
**(2)** 掃描手動數位化
**(3)** 掃描自動數位化
**(4)** 掃描半自動數位化

這些方法在一般測量書籍均有述及，不再贅述。

紙圖數化究竟應該用手動數位化或掃描(半)自動數位化，並無定論。一般依原圖品質、精度要求、資料量、資料更新頻率、系統容量、使用單位之需求而定。

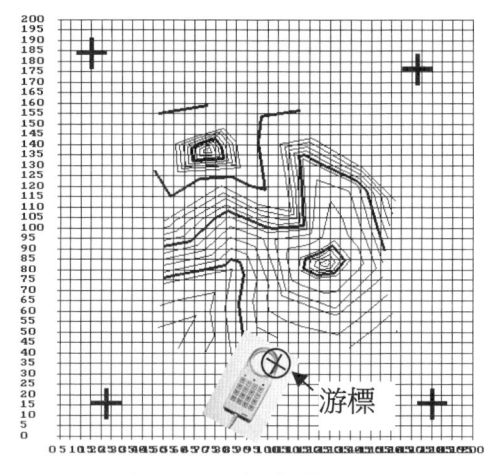

圖 **11-14** 數化儀原理

一般而言，選擇的原則如下：
**(1)** 如果圖面上不要的資訊相當的多、圖面不清楚、或是要處理的圖不多時，則用手動數位化即可。
**(2)** 當原圖品質較清楚、簡單時，或是圖面上我們所要萃取的地理資料項目相當多時，或是各個圖徵形狀不規則時，則用掃描(半)自動數位化較佳。

## 11-4　地理資料管理

### 11-4-1　資料庫系統

**1.** 定義

早期進行資料分享的方法乃是使用檔案管理，在這種做法中，各個應用系統必須自己有檔案管理的程式碼來進行檔案的管理。這將造成整個程式碼的重複，以及系統的虛胖。此外，當資料的結構有所改變時，所有的應用程式也必須跟著進行改變。而且，各個應用系統各自針對其需要而對資料進行修改，資料的一致性便難以保存，資料的品質便有疑問，於是有資料庫管理系統 (Database Management System, DBMS) 的出現。

資料庫 (data base) 是一組相關的資料，以及這些資料間的關係 (relationship) 的集合。建立資料庫並加以維護的目的，乃是要將相關而分散在各處的資料加以集中，以便管理與分享。資料庫管理系統是由一組軟體所組成，負責管理及維護資料庫內的資料。

2. 優點

　　採用資料庫管理系統的主要好處包括：

(1) 由於相關資料集中控管，因此資料的安全性、一致性、完整性可以提高。
(2) 由於相關資料整合一體，因此資料的共享性可以提高，重複性可以降低。
(3) 由於資料庫與應用程式獨立，因此應用程式開發時不需關心資料存放的結構。
(4) 由於資料庫管理系統提供許多工具，因此一般使用者也可進行資料分析工作。

3. 組成

　　資料在資料庫內的組織方式可以用欄位、記錄、鍵值等三個觀念來加以解釋：

(1) 欄位：記錄內的各個不同的資料稱為欄位(field)。
(2) 記錄：一組相關的資料集中存放的結果，稱為一筆記錄(record)。換言之，每一筆記錄所存放的，乃是與某一實體相關的各項資料。
(3) 鍵值：有一些欄位組合起來以後，可以使各筆記錄的這些欄位之組合值均不相同，因此可以靠這些欄位的組合值來區別各筆不同的記錄。這些欄位便稱為鍵值欄位 (key field)。

　　從實體組織 (Physical organization) 的層次來看，資料庫管理系統所管理的，便是資料庫內的一筆筆可以用鍵值加以區分的記錄，以及這些記錄內的各個欄位。

4. 模式

　　在概念層次 (conceptual level) 上，資料在資料庫內的組織方式稱之為資料庫模式。目前最常見的資料庫模式有：

(1) 階層式資料庫模式 (hierarchical database model)
(2) 網格式資料庫模式 (network database model)
(3) 關連式資料庫模式 (relational database model)

　　其中關連式資料庫模式是較普遍的模式，關連式資料庫自 1980 年代開始發展以來，目前已有相當成熟的產品。關連式資料庫模式和另兩種資料庫模式有一個相當大的不同點，即在這個模式中，各個實體間的關係也是用表格來加以表示的。

## 11-4-2　關連式資料庫模式

　　關連式資料庫模式的資料模式相當簡單，乃是由實體 (Entity)、關係 (Relation) 與資料項三者組成：

1. 實體 (Entity)

　　指一項事物，它可能是實體存在的實物，也可能是一種虛擬存在的概念，通常以方形圖形表示。例如在「土地管理資料庫系統」中可能包括：(1)「地段資料」(2)

「土地資料」(3)「所有人資料」等實體。

## 2. 關係 (Relation)

所謂關係是指多個實體之間所存在的關係性，通常以菱形圖形表示。例如在「土地管理資料庫系統」中可能包括：

(1)「地段與土地關係資料」關係：連結「地段資料」與「土地資料」實體。

(2)「土地與所有人關係資料」關係：連結「土地資料」與「所有人資料」實體。

## 3. 資料項

實體擁有的「資料項」代表實體的各項性質，通常以橢圓形表示。例如「地段資料」實體可能包含：「地段編號」、「地段名稱」等資料項。

實體與關係二者均以具直行橫列的表格 (Table)來表示。資料庫所存的均是一個個表格，每個表格均對應到一個真實世界的實體或關係。表格的組成如下：

1. 欄位：表格的各直行代表每個實體的各個資料項，稱為欄位。例如：

| 地段編號 | 地段名稱 |
|---|---|

2. 記錄：表格的各橫列是一筆筆實際的資料，稱為記錄。例如：

| 地段編號 | 地段名稱 |
|---|---|
| 101 | 柴橋 |

3. 鍵值：在表格的定義中，發展者可以選擇一個欄位當作主要鍵值 (Primary key)，以做為查詢、檢索的依據。例如：

| 地段編號 | 地段名稱 |
|---|---|
| 101 | 柴橋 |
| 102 | 土寮 |
| 103 | 嶺頂 |

其中「地段編號」即鍵值，注意「地段名稱」不能當鍵值，因為有可能有同名地段出現。

關連式資料庫中，並不容許同一表格有相同的記錄存在。故表格中每個記錄為主要鍵值均不可相同，如此才可透過查詢語言，從主要鍵值直接找到相對應的記錄。若有必要，也可另選一欄位或幾個欄位的組合當做外加鍵值(Foreign key)，以便與其它表格的主要鍵值建立起兩表格間的關係，如此我們便可以使用外加鍵值的值與其它表格的主要鍵值的值進行比對，來找到該另一表格內的某些筆記錄。例如在「土地與所有人關係資料」表格中單是「土地編號」或「所有人身份證字號」並不具唯一性，但二者結合便具唯一性，可作鍵值。

| 土地編號 | 所有人身分證字號 | 持分比例 |
|---|---|---|
| L501 | A01 | 1/1 |
| L502 | A02 | 1/1 |
| L503 | A02 | 1/2 |
| L503 | A03 | 1/2 |
| L504 | A03 | 1/2 |
| L504 | A04 | 1/2 |

## 11-4-3 關連式資料庫模式實例

在此舉一個「土地管理資料庫」為例子。在此例中有三個實體，二個關係，需五個表格來加以儲存 (圖 11-15)：

1. 地段資料 (表 11-3)
2. 地段與土地關係資料 (表 11-4)
3. 土地資料 (表 11-5)
4. 土地與所有人關係資料 (表 11-6)
5. 所有人資料 (表 11-7)

由這些表格我們可以對資料庫進行下列查詢：

1. 張三擁有的土地總值多少?
   (1) 由表 11-7 知張三的身分證字號為 A03。
   (2) 由表 11-6 知 A03 擁有 L03, L04, L05, L06 土地各 1/2、1/2、1/3、1/1。
   (3) 由表 11-5 知 L03 面積 800(m2)，地價 1000(元/m2)；L04 面積 500，地價 15000；L05 面積 900，地價 4000；L06 面積 2000，地價 5000。
   (4) 總值=(1/2)(800)(1000)+(1/2)(500)(15000)+(1/3)(900)(4000)+(1/1)(2000)(1000)
         =15350000 元
2. 土寮地段之地目為農地的土地總面積多少?
3. 張三在土寮地段土地總值多少?

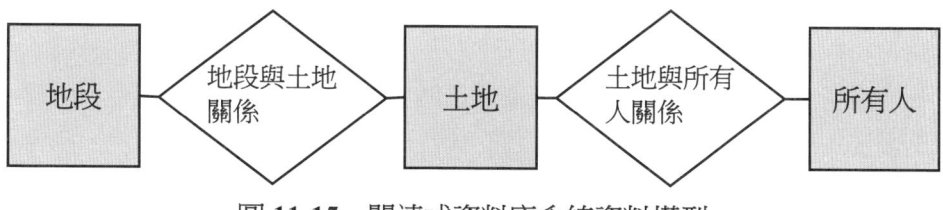

圖 11-15　關連式資料庫系統資料模型

表 11-3　地段資料

| 地段編號 | 地段名稱 |
|---|---|
| 101 | 柴橋 |
| 102 | 土寮 |
| 103 | 嶺頂 |

表 11-4　地段與土地關係資料

| 地段編號 | 土地編號 |
|---|---|
| 101 | L501 |
| 103 | L502 |
| 102 | L503 |
| 102 | L504 |
| 102 | L505 |
| 103 | L506 |

表 11-5　土地資料

| 土地編號 | 地目 | 面積($m^2$) | 地價(NT/$m^2$) |
|---|---|---|---|
| L501 | 建地 | 100 | 20000 |
| L502 | 建地 | 600 | 30000 |
| L503 | 農地 | 800 | 1000 |
| L504 | 建地 | 500 | 15000 |
| L505 | 農地 | 900 | 4000 |
| L506 | 農地 | 2000 | 5000 |

表 11-6　土地與所有人關係資料

| 土地編號 | 所有人身分證字號 | 持分比例 |
|---|---|---|
| L501 | A01 | 1/1 |
| L502 | A02 | 1/1 |
| L503 | A02 | 1/2 |
| L503 | A03 | 1/2 |
| L504 | A03 | 1/2 |
| L504 | A04 | 1/2 |
| L505 | A03 | 1/3 |
| L505 | A04 | 1/3 |
| L505 | A05 | 1/3 |
| L506 | A03 | 1/1 |

表 11-7　所有人資料

| 所有人身分證字號 | 姓名 |
|---|---|
| A01 | 丁一 |
| A02 | 趙二 |
| A03 | 張三 |
| A04 | 李四 |
| A05 | 王五 |

## 11-4-4　地理資訊層次

地理資訊可分五個層次 (圖 11-16)：

1. **資訊系統 (Information System)**

一個資訊系統是指在某一個特定應用領域中，所有需要資料的組合。由於不同應用的需要，一個 GIS 系統所需使用到的資料種類及內容也不相同。

2. **地圖 (Map)**

在一個系統中，我們根據不同地理位置來定義出不同的地圖。地圖指的就是一個特定的區域範圍。在傳統所熟悉的紙面地圖上，是將一個區域內所有資料展現在

一張地圖上；在這裡，我們給地圖的定義，就是這一個特定的空間區域，而位於這個區域內的資料則依其特性及種類，分別存放在不同的圖層中。

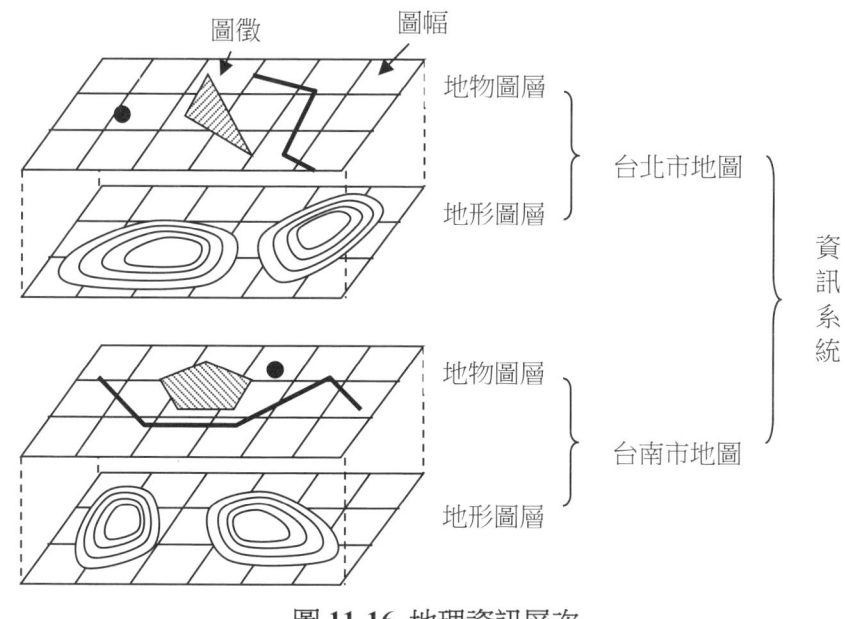

圖 11-16 地理資訊層次

3. 圖層 (Layer)

在儲存地理資料時，為了管理與後續處理之需，我們將地理資料按其「主題」(theme) 分門別類存放在各個不同的圖層之中。所謂主題，乃是指在地理資訊的處理過程中，具有特定意義，可成為處理的標的者。例如，道路、水系、地質…等，都是不同的主題。而所謂的圖層乃是指包含了一組具有相同主題的地理圖徵及其屬性的組合。例如，我們通常將國道、省道、縣道等等放在同一個「道路」圖層中；而將湖泊、河流等放在一個稱為「水系」的圖層中。

4. 圖幅 (Tile)

當我們將一張涵蓋範圍相當大的地圖輸入到 GIS 系統裡面去時，為了系統效率的考慮，系統必須將較大的圖面加以分割，而切成一塊塊較小的圖幅。當這張地圖要進行存取或是做分析處理時，均是以小圖幅為單位，沒有用到的小圖幅則不必去處理它。如此，處理的對象較小，圖徵較少，效率自然可以提升。這個動作稱為「圖幅切割」(Tiling)。

5. 圖徵 (Object)

在 GIS 系統中，所能處理的圖形元素稱之為圖徵。一個圖徵可以為點、線、或

是面。一個圖徵所包含的資料大致可分為：
**(1)** 空間資料：記錄圖徵所在的座標位置，依圖徵類別的不同，所記錄的內容也不相同，例如點只要記錄一個座標值，而線則要記錄一串座標值；
**(2)** 屬性資料：用以描述圖徵的非空間資訊，例如，土地的所有人、土壤的類別等；
**(3)** 拓撲資料：記錄圖徵與圖徵間的空間位置關係，例如節點與線的關係、線與多邊形的關係、多邊形與多邊形的關係等。

## 11-5　地理資料處理

**1.** 資料編輯

　　由於各種空間資料來源本身的誤差，以及資料獲取過程中不可避免的錯誤，使得獲得的空間資料不可避免的存在各種錯誤。為了「淨化」資料，滿足空間分析與應用的需要，在採集完資料之後，必須對資料進行必要的檢查，包括空間實體是否遺漏、是否重複錄入某些實體、圖形定位是否錯誤、屬性資料是否準確以及與圖形資料的關聯是否正確等。資料編輯是資料處理的主要環節，並貫穿於整個資料獲取與處理過程。

**2.** 空間變換

　　每一個地理資訊系統所包含的空間資料都應具有同樣的地理數學基礎，包括座標系統、地圖投影等。掃描得到的圖像資料和遙感影像資料往往會有變形，與標準地形圖不符，這時需要對其進行幾何校正。當在一個系統內使用不同來源的空間資料時，它們之間可能會有不同的投影方式和座標系統，需要進行座標變換使它們具有統一的空間參照系。統一的數學基礎是運用各種分析方法的前提。

　　地理資料處理的種類包括：

**1.** 空間資料處理；
**2.** 屬性資料處理；
**3.** 空間與屬性資料整合處理。

### 11-5-1　地理資料處理 (一)：空間資料處理

　　空間資料處理的項目包括：

**1.** 幾何校正 (圖 11-17)

　　由於 GIS 系統可能必須整合來自不同來源的許多資料，而這些資料的精確程度，可能相異甚大，當我們要整合這些資料進行分析時，這些資料之間便必須先進

行校正。所謂校正 (registration)，乃是修正一個地圖或是圖層的座標，使得某一個圖層可以精確地疊在同一區域的另一個圖層上面。

採集完畢的資料，由於原始資料來自不同的空間參考系統，或者資料登錄時是一種投影，輸出是另外一種投影，造成同一空間區域的不同資料，它們的空間參考有時並不相同，為了空間分析和資料管理，經常需要進行座標變換，統一到同一空間參考系下。座標變換的實質是建立兩個空間參考系之間點的一一對應關係。

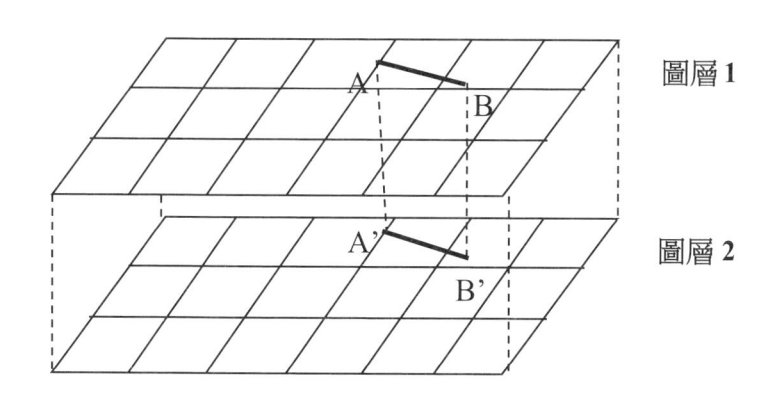

**圖 11-17** 幾何校正 (圖層 1 的 AB 線在圖層 2 中被校正至 A'B'線)

由於如下原因，使掃描得到的地形圖資料和遙感資料存在變形，必須加以校正。
(1) 地形圖的實際尺寸發生變形；
(2) 地圖圖幅的投影與其它資料的投影不同，或需將遙感影像的中心投影或多中心投影轉換為正射投影等；
(3) 在掃描過程中，工作人員的操作會產生一定的誤差，如掃描時地形圖或遙感影像沒被壓緊、產生斜置或掃描參數的設置不恰當等，都會使被掃入的地形圖或遙感影像產生變形，直接影響掃描品質和精度；
(4) 掃描時受掃描器幅面大小的影響，有時需將一幅地形圖或遙感影像分成幾塊掃描，這樣會使地形圖或遙感影像在拼接時難以保證精度。對掃描得到的圖像進行校正，主要是建立要校正的圖像與標準的地形圖或地形圖的理論數值或校正過的正射影像之間的變換關係，消除各類圖形的變形誤差；
(5) 遙感影像本身就存在著幾何變形；

依照校正對象不同可分成兩種幾何校正：
(1) 地形圖的校正
對地形圖的校正，一般採用以下方法：

- 圖廓控制點校正法：一般是根據選定的數學變換函數，輸入需校正地形圖的圖幅行、列號、地形圖的比例尺、圖幅名稱等，生成標準圖廓，分別採集四個圖廓控制點座標來完成。
- 逐網格校正法：是在四點校正法不能滿足精度要求的情況下採用的。這種方法和四點校正法的不同點就在於採樣點數目的不同，它是逐網格進行的，也就是說，對每一個網格都要採點。具體採點時，一般要先採源點 (需校正的地形圖)，後採目標點 (標準圖廓)，先採圖廓點和控制點，後採網格點。

**(2) 遙感影像的校正**

遙感影像的校正，一般選用和遙感影像比例尺相近的地形圖或正射影像圖作為變換標準，選用合適的變換函數，分別在要校正的遙感影像和標準地形圖或正射影像圖上採集同名地物點。具體採點時，要先採源點 (影像)，後採目標點 (地形圖)。選點時，要注意選點的均勻分佈，點不能太多。如果在選點時沒有注意點位的分佈或點太多，這樣不但不能保證精度，反而會使影像產生變形。另外選點時，點位元應選由人工建築構成的並且不會移動的地物點，如渠或道路交叉點、橋樑等，儘量不要選河床易變動的河流交叉點，以免點的移位影響配準精度。

依照校正基準不同可分成兩種幾何校正：

**(1)** 相對位置校正： 以一張圖為準，另一張依照它來校正。
**(2)** 絕對位置校正： 二張圖均依一絕對座標系統 (如三角點) 來校正。
但二者的步驟相似，均在二張圖上選數個控制點進行座標轉換。

依照校正模式不同可分成三種幾何校正：

**(1)** 四參數轉換。
**(2)** 六參數轉換。
**(3)** 八參數轉換。
這些方法已在第一章的「平面直角座標之間的轉」一節敘述過，不再贅述。

## 2. 圖層校正 (圖 11-18)

圖層校正的工作是要使同時出現在不同圖層上的同一個圖徵能夠一致。原來的不一致情形，可能是輸入時的不精確所導致，或是圖幅伸縮所引起，也可能是不同圖層的資料來源收集時間不同，地表有所變動而致。當所要進行的分析需要匯集不同的資料來源時，這件工作便相當重要。人工處理的程序是訂定某一個圖層的圖徵為標準，其它的圖層均依據此一標準重繪。而電腦化的做法，則是在不同圖層上，指定應該相同位置的點，讓電腦來加以調整修正。

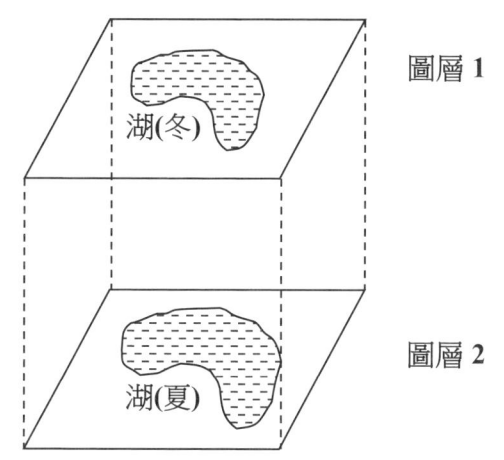

圖 11-18　圖層校正 (在圖層 1 與圖層 2 中，同一圖徵因季節因素大小不同)

3. 接圖校正 (圖 11-19)

　　GIS 所存放的地理資料往往跨越紙面上的數幅圖幅，因此 GIS 必須將這些圖幅接合起來，讓使用者有一張完整地圖的感覺。然而由於不同圖幅在繪製時的差異、數位化時的差異，或是紙張熱脹冷縮的影響，兩張圖幅的資料放在一起時，並不見得能百分之百接合。在相鄰圖幅的邊緣部分，由於原圖本身的數位化誤差，使得同一實體的線段或弧段的座標資料不能相互銜接，或是由於座標系統、編碼方式等不統一，需進行圖幅資料邊緣匹配處理。

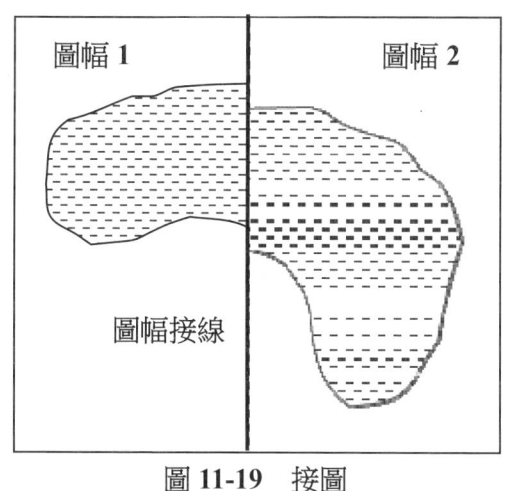

圖 11-19　接圖

## 4. 內插計算 (重採樣)

重採樣是網格資料空間分析中處理網格解析度匹配問題的常用資料處理方法。進行空間分析時，用來分析的資料資料由於來源不同，經常要對網格資料進行何校正、旋轉、投影變換等處理，在這些處理過程中都會產生重採樣問題。因此重採樣在網格資料的處理中佔有重要地位。下面介紹三種常用的重採樣方法。

**(1)** 最鄰近像元法：接取與 **P(x, y)** 點位置最近像元 **N** 的值作為該點的採樣值

**(2)** 雙線性插值法：根據最鄰近的四個資料點，確定一個雙線性多項式：

$$Z_P = (1 \quad x)\begin{bmatrix} a_{00} & a_{01} \\ a_{10} & a_{11} \end{bmatrix}\begin{bmatrix} 1 \\ y \end{bmatrix} \qquad \text{(11-1 式)}$$

上述四個參數可由四個已知點的 (x, y, Z) 來決定。

當四個資料點為正方形排列時，設邊長為 **1**，內插點相對於 **A** 點的座標為 **dx**、**dy**，則不需使用上式，可直接使用下式

$$Z_p = (1-\frac{dx}{L})\cdot(1-\frac{dy}{L})\cdot Z_A + (1-\frac{dy}{L})\cdot\frac{dx}{L}\cdot Z_B + \frac{dx}{L}\cdot\frac{dy}{L}\cdot Z_C + (1-\frac{dx}{L})\cdot\frac{dy}{L}\cdot Z_D$$

$$\text{(11-2 式)}$$

**(3)** 雙三次卷積法：當推廣到雙三次多項式時，採用分塊方式，每一分塊可以定義出一個不同的多項式曲面，當 n 次多項式與其相鄰分塊的邊界上所有 **n - 1** 次導數都連續時，稱之為樣條函數。樣條函數可用於精確的局部內插，即通過所有的已知採樣點。由於採用分塊技術，每次只採用少量已知資料點，故內插運算速度很快，此外由於保留了局部微特徵，在視覺上也有令人滿意的效果。在資料點為規則網格的情況下，採用三次曲面來描述格網內的內插值時，待定點內插值為：

$$Z_p = (1 \quad x \quad x^2 \quad x^3)\begin{bmatrix} a_{00} & a_{01} & a_{02} & a_{03} \\ a_{10} & a_{11} & a_{12} & a_{13} \\ a_{20} & a_{21} & a_{22} & a_{23} \\ a_{30} & a_{31} & a_{32} & a_{33} \end{bmatrix}\begin{bmatrix} 1 \\ y \\ y^2 \\ y^3 \end{bmatrix}$$

$$\text{(11-3 式)}$$

上述 **16** 個參數可由 **16** 個已知點的 (x, y, Z) 來決定。

## 5. 幾何計算

常見的幾何運算包括空間資料的旋轉、平移、縮放等的處理，或是像計算面積、距離、形心之類的運算。

## 6. 拓撲計算 (圖 11-20)

在圖形修改完畢後，需要對圖形要素建立正確的拓撲關係。目前，大多數 GIS 軟體都提供了完善的拓撲關係生成功能。正如拓撲的定義所描述的，建立拓撲關係時只需要關注實體之間的連接、相鄰關係，而節點的位置、弧段的具體形狀等非拓撲屬性則不影響拓撲的建立過程。例如下圖的 3 條弧段的端點 A、B、C 本來應該是同一結點，但由於數位化誤差，三點座標不完全一致，造成它們之間不能建立關聯關係。因此，以任一弧段的端點為圓心，以給定容差為半徑，產生一個搜索圓，搜索落入該搜索圓內的其它弧段的端點，若有，則取這些端點座標的平均值作為結點位置，並代替原來各弧段的端點座標。這種拓撲計算稱為節點匹配（snap）。

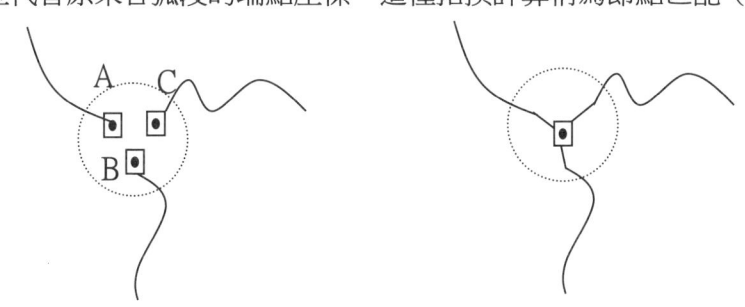

圖 11-20　拓撲計算

## 7. 資料概略化

在我們所建立的地理資料庫中，為了使將來的包容性與擴充性最大，我們往往收集了相當龐大的資料。然而在實際應用中，為了要能明確而清楚地表達特定主題，或是為了系統效率上的考慮，就不能太強調個別資料的特殊性，而應加以綜合成比較普遍性的特性，這種處理便叫概略化。例如在 1/5000 比例尺地圖出現的道路，在 1/50000 比例尺地圖可以被忽略。

## 8. 資料壓縮

資料壓縮是指從取得的資料集合中抽取一個子集，這個子集作為一個新的資訊源，在規定的精度範圍內最好地逼近原集合，而又取得盡可能大的壓縮比。

(1) 網格資料的壓縮：網格資料的壓縮是指網格資料量的減少，這是與網格資料結構密切相關的主題。其壓縮技術有游程長度編碼、塊狀編碼、四叉樹法等。

(2) 　向量資料的壓縮：間隔取點法：每隔規定的距離取一點，或者每隔 k 個點取一點，但首末點一定要保留。例如弧段由頂點序列 $\{P_1, P_2, ... P_n\}$ 構成，D 為臨界距離。首先保留弧段的起始點 $P_1$，再計算 $P_2$ 點與 $P_1$ 點之間的距離 $D_{21}$，若 $D_{21} \geq D$ 臨，則保留第 $P_2$ 點，否則捨去 $P_2$ 點。依此方法，逐一比較相鄰兩點間

的距離，以確定需要捨棄的點。

## 11-5-2　地理資料處理 (二)：屬性資料處理

將屬性資料和空間資料分開來考慮時，它們的分析工作和傳統的統計方法並沒什麼兩樣。一個空間單元內，不同的屬性值之間可以進行數學運算，像加、減、乘、除等。例如某一區域的總人口數除以其總面積便得到其人口密度值。

當我們需要對單一圖層的屬性做運算時，網格資料結構和向量資料結構在效率上的差異相當的大：

1. 網格式資料結構

　　在網格資料結構中，由於屬性資料是附屬於各個格子之中，因此，我們必須把所有網格點的值均加以取出，做完運算後再逐一存回。不論在一個圖層中，真正存在有意義的資料量有多少，所需的時間都一樣，因此效率較低。

2. 向量式資料結構

　　在向量式資料結構中，由於屬性值是存放在屬性表中，因此真正的運算並不會去用到空間資料的部分，而僅針對屬性表進行。在此資料結構中，只有存在有意義的資料才需加以處理，因此效率上要比網格式系統為佳。

## 11-5-3　地理資料處理 (三)：空間與屬性資料整合處理

將屬性資料和空間資料結合來考慮時，處理的項目包括：

1. 分類 (classification)

　　分類乃是由圖徵中辨識出具有共同屬性的部分，加以歸類成一組的運算。例如圖 11-21 將住、商、文重分類為「市區」。

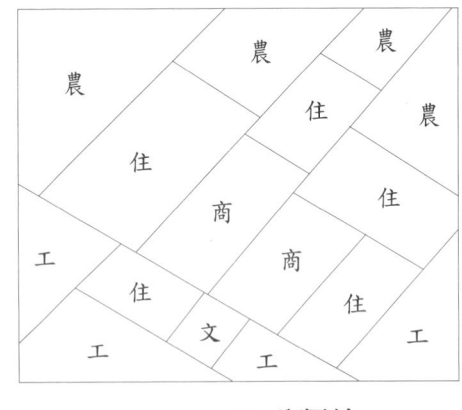

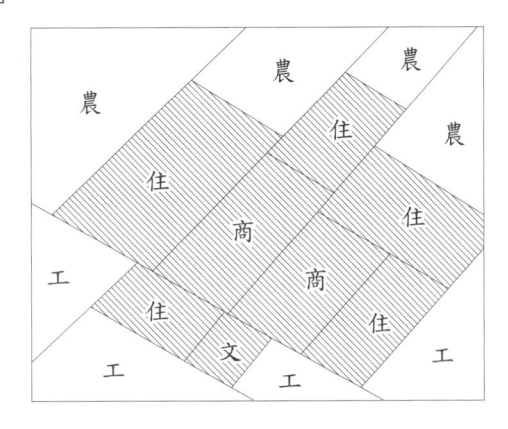

**(a) 分類前**　　　　　　**(b) 分類後**

圖 11-21　分類 (classification) (住、商、文分為一類)

## 2. 環域 (buffering)

距離一圖徵某一指定距離內的區域稱之為環域。因處理圖徵的不同，環域運算分成對點、線、面三種運算 (參考圖 11-22)：

**(1)** 點環域：可瞭解某一污染源對外的擴散區域。
**(2)** 線環域：可瞭解捷運沿線的噪音污染區域。
**(3)** 面環域：可瞭解機場外圍應禁止養鴿的區域。

環域的功能常與疊合功能一起運用。

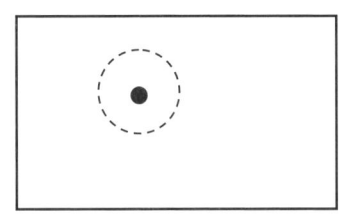

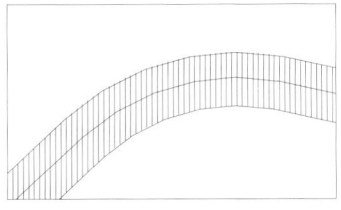

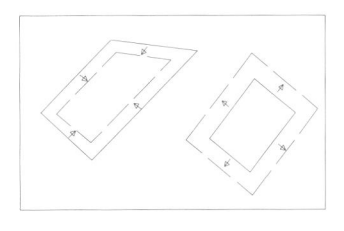

**(a)** 點環域　　　　　　**(b)** 線環域　　　　　　**(c)** 面環域

圖 11-22　環域 (buffering) (多邊形環域有向內與向外兩種)

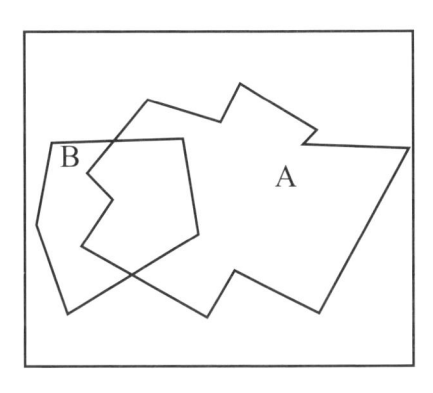

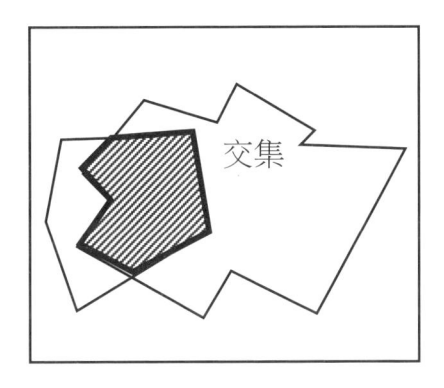

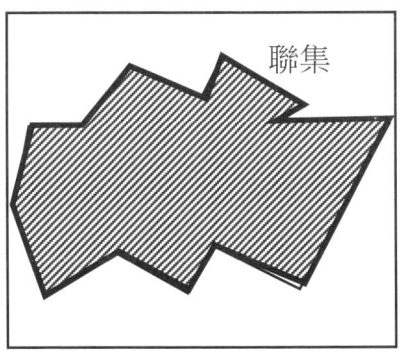

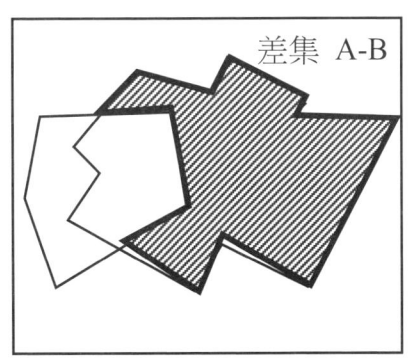

圖 11-23　疊合 (overlay)：聯集、交集、差集

3. 疊合 (overlay)

　　大部分的空間決策需同時考慮到多項空間資料，故常須將數種不同主題的資料加以疊合，方能進行決策。因此不同空間資料的疊合分析是空間資料整合的主要功能。疊合圖形的運算可以是聯集、交集、差集等的運算，但以交集最為常見。

聯集：$A \cup B$ 代表在 $A$ 或在 $B$ 之內其邏輯運算為真。
交集：$A \cap B$ 代表在 $A$ 且在 $B$ 之內其邏輯運算為真。
差集：$A - B$ 代表在 $A$ 且不在 $B$ 之內其邏輯運算為真。

　　例如圖 11-23 將 A (市區) 與 B (污染區) 進行聯集、交集、差集等疊合。

4. 空間查詢

　　空間查詢一般可大分為「由空間查詢」以及「由屬性查詢」兩大類。例如 GIS 系統可以回答下列的空間查詢 (參考圖 11-24)：

(1) 點落多邊形查詢：例如查詢一區域內有哪些戲院。
(2) 線落多邊形查詢：例如查詢一區域內有哪些道路段落。
(3) 多邊形落多邊形查詢：例如查詢一區域內有哪些公園。

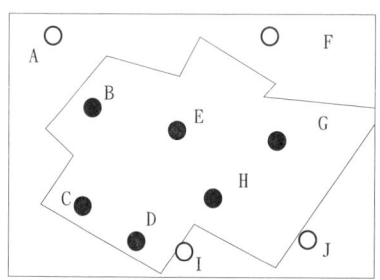

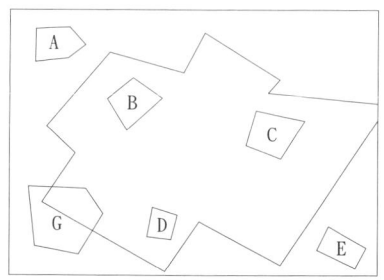

點落多邊形查詢　　　　　　　　　多邊形落多邊形查詢

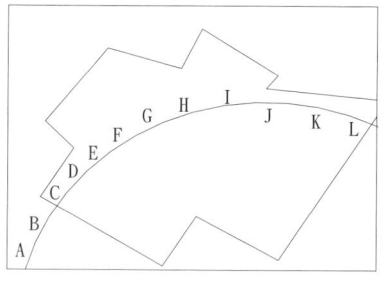

線落多邊形查詢

圖 11-24　空間查詢

5. 網路分析

　　網路分析的目的在於根據某些指定的判斷準則，尋求資源運輸成效最佳的方案。例如圖 11-25 為二點間最經濟之車輛行駛路線規劃。

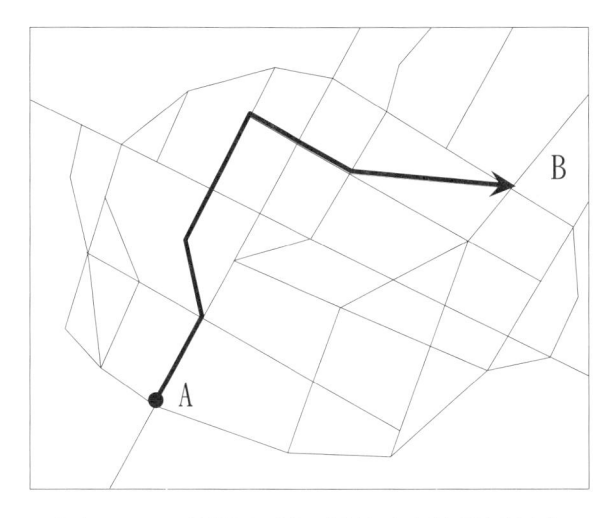

圖 11-25　網路分析 (最佳車輛行駛規劃)　　　圖 11-26　坡度

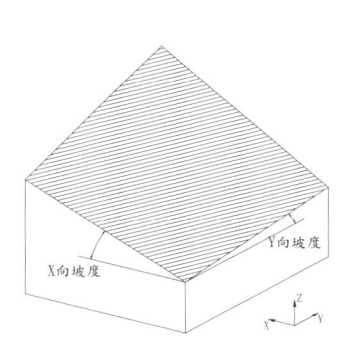

6. 坡度

　　坡度 (slope) 的定義乃是在單位距離內高度改變的情形。坡度因計算的方式之不同，而有不同的值。例如，可以計算出 X 方向坡度 (僅考慮 X 方向的高度變化)，Y 方向坡度 (僅考慮 Y 方向的高度變化)，以及最大坡度 (考慮高度變化最大方向的高度變化)，如圖 11-26 所示。

7. 坡向

　　坡向 (aspect) 代表一個面積所朝向的方向，也就是其法線向量的方向，例如圖 11-27 以陰影將坡向標出。坡向分析常用於山坡地雨水流向、日照強度等應用。坡向對於山地生態有著較大的作用。山地的方位對日照時數和太陽輻射強度有影響。對於北半球而言，輻射收入南坡最多，其次為東南坡和西南坡，再次為東坡與西坡及東北坡和西北坡，最少為北坡。

圖 11-27　坡向 (由顏色表達坡向)

8. 等值線

等值線繪製的工作乃是由已知的離散點資料，推算出 (稱為內插) 未知各點的值，然後將值相等的點連接起來。一般工程進行測量所得的資料，多是屬於離散型的點資料，而我們的真實世界，或是我們要運用的模式，卻都是屬於連續性的。此時，我們便需要使用等值線來加以模擬出這些連續性的資料。

事實上，只要是能以面表示的資料，均可以繪製其等值線。最常見到的應用，乃是在地形圖中，用以表示相同高度點所連接而成的等高線。此外，像氣候等溫線、空氣污染物濃度的等值線等等，均是這項技術的運用。例如圖 11-28 為颱風的降雨量等值線圖，由圖中可明顯看出南部山區的降雨量最高。

等值線繪製時，最基本的技術問題便是內插 (interpolation)，即給定若干已知點，求出這些已知點間未知點的值。內插法中最常見的方法為不規則三角網 (TIN)。首先，根據已知的資料點建構其 TIN 資料結構；接著，任何一個未知點的值可由包含該點的那一個三角形來加以決定。一般只要將該點的 (X, Y) 值與該三角形各頂點的 (X, Y, Z) 值代入公式中，便可求出未知點的 Z 值。TIN 內插法的詳細計算步驟請參考第二章。

TIN 的主要優點是其效率很高，一旦第一階段的 TIN 資料結構建構完成，往下的工作便相當的快速。另一個優點在於它是一種局部性的方法，因此資料的中斷相當容易納入考慮。事實上，由於以上的優點，TIN 內插法是目前在大量資料的情形下，仍可運用的少數方法之一。

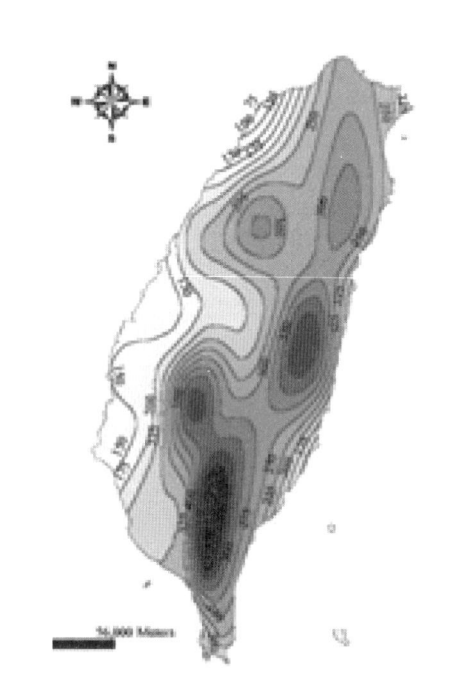

圖 11-28　等值線 (降雨量等值線圖)

9. 視域

所謂的視域乃是指由一觀測點進行觀測時，所能觀察得到的區域。例如圖 11-29 為一觀景台所能看到的範圍。

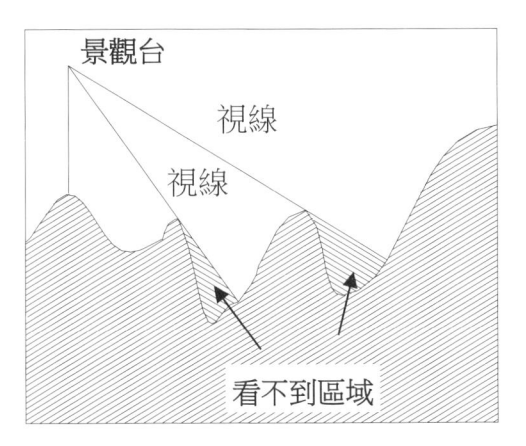

圖 11-29　視域(景觀台所能看到的範圍)

A

| 0.0 | 1.0 | 2.0 | 3.0 | 4.0 |
|---|---|---|---|---|
| 1.0 | 1.4 | 2.2 | 3.2 | 4.1 |
| 2.0 | 2.2 | 2.8 | 3.6 | 4.5 |
| 3.0 | 3.2 | 3.6 | 4.2 | 5.0 |
| 4.0 | 4.1 | 4.5 | 5.0 | 5.7 |

圖 11-30　擴散 (指定函數為距離 A 點的距離)

## 10. 擴散

擴散分析基本上是以網格式資料結構為考慮對象。擴散分析是以某一參考點為基準，就其鄰近範圍內，依指定的計算函數求出結果。圖 11-30 便是一例，它指定的計算函數為距離。

## 11. 尋徑

尋徑分析由一個起始點出發，一步一步的向外發展，並且每一步做一次判斷，直到根據判斷準則不再需要往外走為止。基本上，它的運算和擴散分析相當類似。例如，在預測雨水流向時，我們由某一點出發，進行尋徑分析。其判斷準則是，如果鄰近點的高度較低，則向其發展。此程序將重複至我們到達某一個點，四周的點的高度都較這一個點高時才停止。圖 11-31 便是一例，它在於預測雨水的流向。方格中的數字為高程，雨水由 A 流至 B (灰底為路徑)。

A

| 5 | 4 | 3 | 5 | 3 |
|---|---|---|---|---|
| 3 | 3 | 4 | 4 | 5 |
| 3 | 2 | 2 | 2 | 3 |
| 4 | 3 | 3 | 3 | 2 |
| 1 | 1 | 5 | 4 | 1 |

B

圖 11-31　尋徑 (數字為高程，雨水由 A 點開始選擇數字最小的方格流向 B 點)

## 12. 徐昇氏多邊形

荷蘭氣候學家 A. H. Thiessen 提出了一種根據離散分佈的氣象站的降雨量來計算平均降雨量的方法，即將所有相鄰氣象站連成三角形，作這些三角形各邊的垂直

平分線，於是每個氣象站周圍的若干垂直平分線便圍成一個多邊形。用這個多邊形內所包含的一個唯一氣象站的降雨強度來表示這個多邊形區域內的降雨強度，並稱這個多邊形為徐昇氏多邊形 (Thiessen's Polygon)。

徐昇氏多邊形是指將一個水平面上的面積，按照指定的若干資料點，分成數個多邊形，而每個多邊形內均恰含有一個資料點。對於任一個多邊形內的任何一點而言，它和多邊形外其它資料點的距離，均大於它和該多邊形內所分配的資料點距離。例如某流域內有數個降雨觀測站，要推估流域內總降雨量時，須先將流域依降雨觀測站分割成數個徐昇氏多邊形。圖 11-32 便是一例，它在於替降雨觀測站劃分面積，以估計一流域內總降雨量。

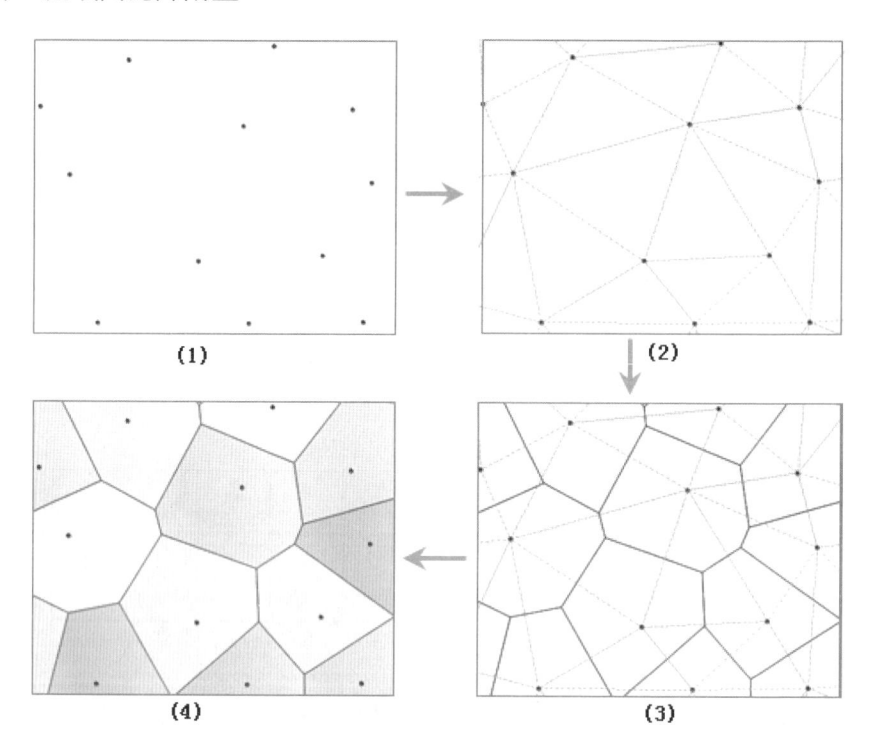

圖11-32　徐昇式多邊形 (1) 原始數據點 (黑點為降雨觀測站) (2) 建立 Delaunay 不規則三角網 (3) 構成徐昇氏多邊形 (4) 徐昇氏多邊形的錨點

徐昇氏多邊形的特性是：

1. 單點性：每個徐昇氏多邊形內僅含有一個離散點數據；
2. 最近性：徐昇氏多邊形內的點到相應離散點的距離最近；
3. 等距性：位於徐昇氏多邊形邊上的點到其兩邊的離散點的距離相等。

徐昇氏多邊形可用於定性分析、統計分析、鄰近分析等。例如，可以用離散點

的性質來描述徐昇氏多邊形區域的性質；可用離散點的資料來計算徐昇氏多邊形區域的資料；判斷一個離散點與其它哪些離散點相鄰時，可根據徐昇氏多邊形直接得出，且若徐昇氏多邊形是 n 邊形，則就與 n 個離散點相鄰；當某一資料點落入某一徐昇氏多邊形中時，它與相應的離散點最鄰近，無需計算距離。

利用下面的圖示來理解徐昇氏多邊形建立的過程：

1. 對待建立徐昇氏多邊形的點數據進行由左向右，由上到下的掃描，如果某個點距離之前剛剛掃描過的點的距離小於給定的鄰近容限值，那麼分析時將忽略該點。此步驟是為了排除太密集的點。
2. 基於掃描檢查後符合要求的所有點建立不規則三角網，並且遵循 Delaunay 規則 (例如圖 11-32 右上圖中的三角網)。
3. 畫出每個三角形邊的中垂線，由這些中垂線構成徐昇氏多邊形的邊，而中垂線的交點是相應的徐昇氏多邊形的頂點 (例如圖 11-32 右下圖中的多邊形)。
4. 用於建立徐昇氏多邊形的點的點位將成為相應的徐昇氏多邊形的錨點 (例如圖 11-32 左下圖中的各多邊形的內部點)。

其中步驟 2 提到的 Delaunay 規則包括 (1) 最大化最小角特性。(2) 空圓特性。可參考第 2 章的「不規則三角網」一節。

## 11-6 地理資料展示

對於地理資訊系統而言，資料的視覺化表現甚為重要。地理資料的視覺化一般可以有兩大類：

1. 地理原始資料：如地形、地物、景觀。
2. 分析處理結果：如環域、等值線、統計結果。

## 11-6-1 資料視覺化

1. 投影

地理資料的展示，不論是螢幕上的展示，或是紙圖的輸出，都是屬於平面式的展現。因此真實空間中的物件必須投影至二維平面上，而成為二維的影像。一般常見的投影方式有平行投影及透視投影。如圖 11-33 為一校區地形透視投影。

2. 繪影

為了使資料展現的效果更具真實感，我們還需要考慮物體在不同光源照射下的外觀，亦即需要進行表面繪影的工作。如圖 11-34 為不同光源照射下的繪影。

## 3. 貼圖

在地理資訊系統中，如果能將交通網圖和地形圖合而為一，則可以看到隨山巒起伏的公路，使視覺化的效果更佳。為達到這個目的，可用貼圖 (draping) 處理。貼圖又稱為紋理映射 (texture mapping)，乃是將一張平面的圖想像成具伸縮性的彈性面，貼在立體的模型上，然後再用光影分析來觀察它。如圖 11-35 用航測圖把建物及地形蓋起來。

**(a) 現場照片**　　　　　　　　　　　**(b) 虛擬實境**

圖 11-33　資料視覺化：投影 (右圖為現場測量後，以 TIN 建模，以虛擬實境技術產生此畫面)

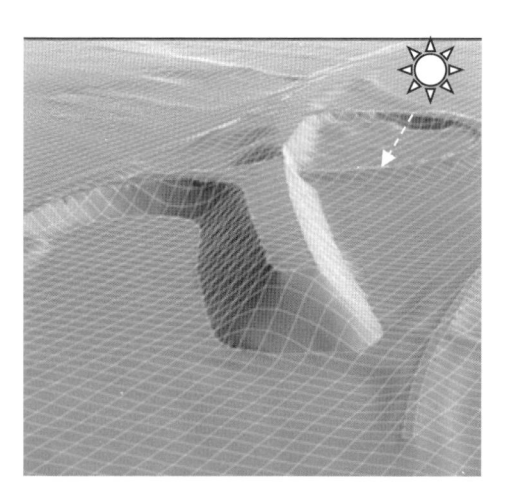

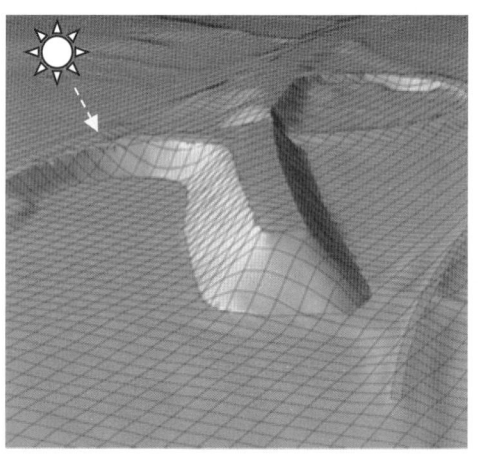

圖 11-34　資料視覺化：繪影 (不同光源照射下)

圖 11-35　資料視覺化：貼圖 (這不是照片，但效果直逼照片。使用用航測圖把建物及地形蓋起來，再現地拍建物側面照片，用 **3dMAX** 處理，最後再整合到 **GIS** 平臺做輸出。)(http://www1.chu.edu.tw/chinese/CHU_3D_01.htm 中華大學／陳建凱‧邱垂德)

## 11-6-2　資料圖形化

主題圖 **(thematic map)** 是分析與展示地理資料最有效的工具，它利用著色 **(shading)** 與註記 **(annotation)** 的方式來展示地理資料，使得那些原本在屬性資料中無法做有效與明確展示的地理資料變得淺顯易懂。

主題圖可以簡單分成三種型態：

(1) 點主題圖：如圖 11-34(a) 為市區郵局分佈圖，並以點之大小表示其規模。
(2) 線主題圖：如圖 11-34(b) 為市區道路分佈圖，並以線之粗細表示其寬度。
(3) 面主題圖：如圖 11-34(c) 為市區地價分佈圖，並以面之灰階表示其價格。

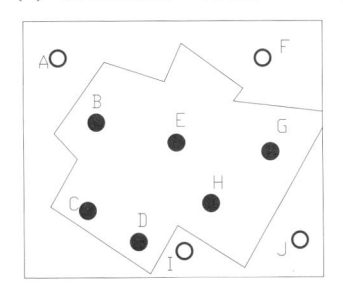

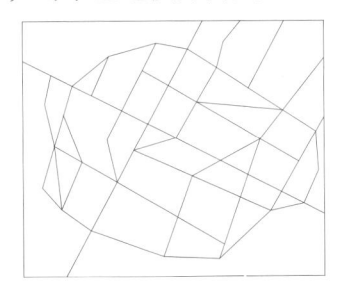

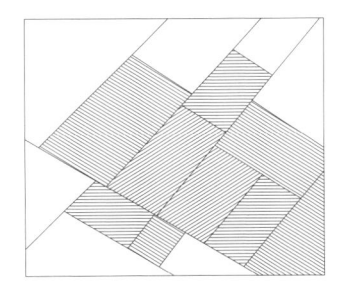

　　(a) 點主題圖　　　　　(b) 線主題圖　　　　　(c) 面主題圖
圖 11-36　主題圖

對於許多應用來說，分析的結果如果能以統計圖表的型式表現的話，將更有助於成果的展現與溝通。這部分的功能，相當類似於管理資訊系統的功能。例如報紙在選舉之後常以統計圖表顯示全國各選區各政黨或各候選人得票比例。圖 11-37 為全球人均 GDP 之面主題圖，從此圖可以明顯看出人類世界的不均勻性。

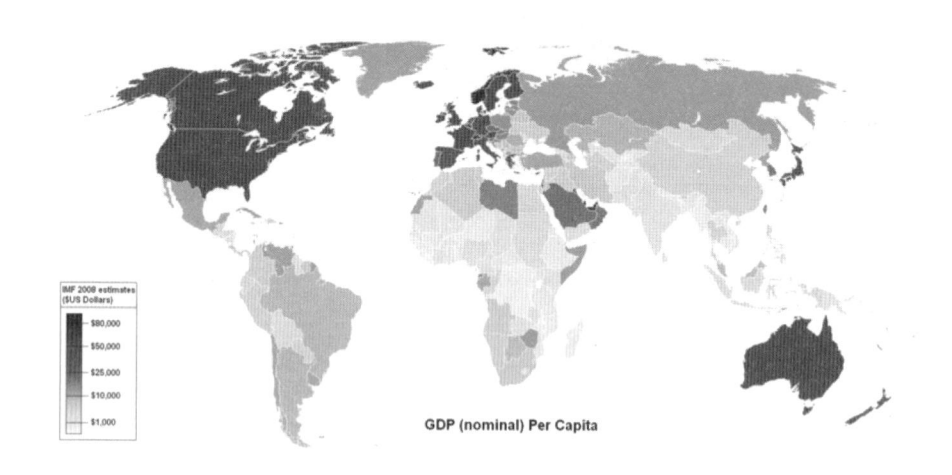

圖 11-37　資料圖形化：面主題圖 (人均 GDP)

## 11-7　地理資料應用

### 11-7-1　GIS 應用實例

地理資訊的應用程序大略可以分成五個步驟：

1. 描述問題需求
2. 定義問題模型
3. 選取地理資料
4. 實作模型處理
5. 展示處理結果

以下以一個假設的案例，對這五個步驟加以解說。

例題 11-1 GIS 應用實例
　　某營造廠想找一塊可以用來棄土的空地，試依 1. 描述問題需求 2. 定義問題模型 3. 選取地理資料 4. 實作模型處理 5. 展示處理結果步驟解之。
[解]

1. 描述問題需求
(需求 1) 必須靠近道路；

(需求 2) 必須位於緩坡區；
(需求 3) 必須遠離水體；
(需求 4) 必須可立即使用；
(需求 5) 必須容易購得。

2. 定義問題模型
(模型 1) 必須位於道路旁 500 公尺內；
(模型 2) 必須坡度 3% 以內；
(模型 3) 必須遠離水體 1000 公尺外；
(模型 4) 必須沒有建物存在；
(模型 5) 必須是私有地。

3. 選取地理資料
(資料 1) 道路圖 (需求 1)
(資料 2) 地形圖 (需求 2)
(資料 3) 水系圖 (需求 3)
(資料 4) 建物分佈圖 (需求 4)
(資料 5) 地籍圖及土地登記簿 (需求 5)

4. 實作模型處理
(處理 1) 對道路圖用「環域」處理，標出位於道路旁 500 公尺範圍內的土地；
(處理 2) 對地形圖用「坡度」處理，標出坡度 3% 以內的土地；
(處理 3) 對水系圖用「環域」處理，標出位於水體 1000 公尺以外的土地；
(處理 4) 對建物分佈圖用「分類」處理，標出沒有建物存在的土地；
(處理 5) 對地籍圖及土地登記簿用「分類」處理，標出私有地的土地；
(處理 6) 對上述五種處理所得的土地用「疊合」處理，標出滿足所有需求的土地。
　　如果滿足所有需求的土地太多，則可將需求定得更苛刻些；反之，要放鬆需求。即回到步驟 2，直到滿足所有需求的替代方案的數目適當後，到步驟 5。

5. 展示處理結果
　　展示滿足所有需求的替代方案下列資料：
(展示 1) 距道路距離；
(展示 2) 坡度；
(展示 3) 距水體距離；
(展示 4) 附近建物分佈；
(展示 5) 地主；

> **(展示 6)** 公告地價；
> 對替代方案進行決策

## 11-7-2　GIS 應用系統

　　地理資訊的應用範圍相當的廣泛，包括：區域規劃、土地利用、林業經營、國防部署、資源開發、環境保育、公共管線管理、運輸網路設計、工程地形分析…等。

　　GIS 在土木工程的應用包括：

1. 規劃設計

　　GIS 可以整合都市計畫規定之中心樁位及道路交叉切角等資料，以及各種管線資料、雨污水排放管線資料，加上地形地貌、地質鑽探資料等等，而提供各種規劃所需的整體資訊，輔助各項規劃工作之進行。例如土木、建築、交通之選址或選線等規劃工作。

2. 施工管理

　　例如地形資料結合地理資訊系統的挖填方計算功能，便可以預先計算出工程將產生的廢土體積，或是所需的填方體積。此外，如果透過網際網路連線，調度挖填方得宜，可使土方的運用達到最經濟。

3. 設施維護

　　例如結合地形圖、都市計畫圖、樁位圖、行政區界圖、下水道系統圖等等，可提供下水道工程、道路工程維護管理等功能。

4. 土地行政

　　例如疊合 (overlay) 地籍圖及都市計畫圖，便可自動計算出徵收地價及補償清冊，運用環域 (buffering) 功能處理工程所在地之地籍圖，便可自動計算各級工程受益費清冊。

　　以市政府工務局為例，可能的應用包括：

(1) 養護課：道路、路橋、地下道維護。
(2) 水利課：河川管理，下水道管理與用地徵收。
(3) 都計課：都市計畫範圍內各種土地使用分區規劃。
(4) 土木課：新闢道路規劃與用地徵收。
(5) 公用課：公園、路燈、路牌等之設計管理維護，公園用地徵收。
(6) 建管課：建物管理，建照、使用執照核發。

　　據估計，政府相關單位所收集的各項資料中，有 **80%** 與地理位置有關，例如：環境、人口、土地、犯罪、資源、交通…等。這些資料的整合運用，將成為政府部門發揮最大部門績效的憑藉。因此地理資訊系統的功能必然會逐漸在政府各個部門

的電腦化業務中出現。

## 11-8 本章摘要

1. GIS 概論
- 定義：地理資訊系統 (Geographic Information System, GIS)可定義為：「一個可以針對地球上面的空間資料進行收集、儲存、檢查、處理、分析與顯示的系統。」
- 功能：(1) 圖資製作 (2) 圖資管理 (3) 查詢顯示 (4) 決策支援。
- 架構：(1) 地理資料建構工具 (2) 地理資料管理工具 (3) 地理資料處理工具 (4) 地理資料展示工具。
- 軟體：(1) 地理資訊系統軟體 (2) 資料庫系統軟體。
- 硬體：(1) 數位板 (digitizer) (2) 掃描儀 (3) 繪圖機。
2. 地理資料的要素：
- 空間資料 (spatial data)。
- 屬性資料 (attribute data)：(1) 分類性 (nominal) 資料 (2) 有序性 (ordinal) 資料 (3) 間距性 (interval) 資料 (4) 比例性 (ratio) 資料。
- 拓撲資料 (topology data)：(1) 相連性的描述 (2) 多邊形的描述 (3) 相鄰性的描述。
3. 地理資料的個體：(1) 點資料 (2) 線資料 (3) 面資料。
4. 地理資料之表達：
- 表達法之分類：(1) 網格式 (2) 向量式。
- 表達法之比較：參考第 11-2-5 節。
- 表達法之選用考量：(1) 資料的特性 (2) 資料的來源。
5. 網格式與向量式之轉換：
- 向量式至網格式之轉換
  (1) 離散性資料之轉換：(a) 面積原則 (b) 分類原則 (c) 形心原則。
  (2) 連續性資料之轉換：內插法。
- 網格式至向量式之轉換：步驟為先取網格形心，再將形心連線。
6. 數值地形模型 (Digital Terrain Model, DTM)：(1) 數值等高線 (2) 規則網格 (DEM) (3) 不規則三角網 (TIN)。
7. 地理資料建構：
- 外購：(1) 空間資料 (2) 屬性資料。
- 自建：(1) 地面測量 (2) 衛星定位 (3) 光達測量 (4) 航空測量 (5) 遙感探測。

- 轉換：**(1)** 紙圖手動 **(2)** 掃描手動 **(3)** 掃描自動 **(4)** 掃描半自動。
8. 資料庫系統
- 定義：是一組相關的資料，以及這些資料間的關係的集合。
- 優點：見 **11-4-1** 節。
- 組成：**(1)** 欄位 **(2)** 記錄 **(3)** 鍵值。
- 模式：**(1)** 階層式 **(2)** 網格式 **(3)** 關連式。
9. 關連式資料庫模式
- 模式組成：**(1)** 實體 **(Entity) (2)** 關係 **(Relation) (3)** 資料項。
- 實體與關係二者均以具直行橫列的表格 **(Table)** 來表示。表格的組成如下：
  **(1)** 欄位 **(2)** 記錄 **(3)** 鍵值。
10. 地理資訊層次：**(1)** 資訊系統 **(Information System) (2)** 地圖 **(Map) (3)** 圖層 **(Layer) (4)** 圖幅 **(Tile) (5)** 圖徵 **(Object)**。
11. 地理資料處理：
- 空間資料：**(1)** 幾何校正 **(2)** 圖層校正 **(3)** 接圖校正 **(4)** 內插計算(重採樣) **(5)** 幾何計算 **(6)** 拓撲計算 **(7)** 資料概略化 **(8)** 資料壓縮。
- 屬性資料
- 空間與屬性資料整合：**(1)** 分類 **(classification) (2)** 環域 **(buffering) (3)** 疊合 **(overlay) (4)** 空間查詢 **(5)** 網路分析 **(6)** 坡度 **(7)** 坡向 **(8)** 等值線 **(9)** 視域 **(10)** 擴散 **(11)** 尋徑 **(12)** 徐昇氏多邊形。
12. 地理資料展示：
- 資料視覺化：**(1)** 投影 **(2)** 繪影 **(3)** 貼圖。
- 資料圖形化：**(1)** 點主題圖 **(2)** 線主題圖 **(3)** 面主題圖。
13. 地理資訊應用程序：**(1)** 描述問題需求 **(2)** 定義問題模型 **(3)** 選取地理資料 **(4)** 實作模型處理 **(5)** 展示處理結果。
14. 地理資訊在工程之應用：**(1)**規劃設計 **(2)**施工管理 **(3)**設施維護 **(4)**土地行政。

## 習題

**11-1 前言**

(1) GIS 的定義、功能、優點為何?
(2) GIS 的架構，與相關軟、硬體為何?
[解] (1) 見 11-1-1~11-1-3 節。(2) 見 11-1-5~11-1-7 節。

## 11-2 地理資料表達

(1) 地理資料的要素為何?
(2) 地理資料的個體為何?
(3) 地理資料表達法為何?
(4) 比較地理資料表達法優缺點?
(5) 地理資料表達法選用之考量為何?

[解] (1)~(5) 分別見 11-2-1 節 ~ 11-2-5 節。

　　基本地形圖為國土資訊系統之核心圖資,現有數值地形圖之向量成果常以 CAD 檔案格式儲存,為利日後各項地理資訊系統應用,多將其轉置成 GIS 圖層格式,試回答下列問題:(1) 基本地形圖包含哪些類主題圖層?(2) 地形圖 CAD 檔案格式與 GIS 檔案格式間主要差異為何?並舉例說明。[100 年公務員普考]

[解]
(1) 基本地形圖包含主題圖層:(a) 水系圖類:河川、湖泊之分布。(b) 地表形貌圖類:等高線、標高點及各種地形物之分布狀況。(c) 植被覆蓋圖類:林池、農地、魚塭、草地等分布狀況。
(2) 地形圖 CAD 檔案格式與 GIS 檔案格式間主要差異:
(a) 比例尺差異:CAD 製圖中,允許不同比例尺之資料摻雜於單一圖面資料上。GIS 製圖中於單一圖面中,不能並存兩種比例尺資訊。
(b) 座標系統差異:CAD 製圖中,座標只是簡單的 2D 與 3D 直角座標,各座標系之間無關係存在,允許不同座標於單一圖面資料上。GIS 製圖中於單一圖面中,座標系包括具地球空間概念的 2D 與 3D 直角座標,以及 橢球面座標,各座標系之間有複雜的關係存在,允許不同座標套疊在於單一圖面資料上。
(c) 屬性資料差異:CAD 製圖於過去的應用上,缺少屬性資料的觀念,製圖的唯一目的僅在於最終成果的輸出與列印。因此,多半線劃與標註皆為分開,彼此相互不關連。GIS 的屬性資料與幾何資料採一對一關連,每一筆幾何資料都可以透過主鍵的連結,與屬性資料產生關連。

## 11-3 地理資料建構

(1) 地理資料的收集方法有哪些? [95 年公務員高考][97 年公務員普考]
(2) 紙圖數化的方法有哪些?選用原則為何?

[解] (1) 見 11-3-1 節。(2) 見 11-3-4 節。

## 11-4 地理資料管理

(1) 何謂資料庫系統？優點為何？其資料組成為何？
(2) 何謂關連式資料庫系統？其資料模型為何？
(3) 試舉一個關連式資料庫系統實例。
(4) 地理資訊層次為何？

[解] (1)~(4) 分別見 11-4-1 節 ~ 11-4-4 節。

## 11-5 地理資料處理

(1) 空間資料處理有哪些？
(2) 試解釋下列術語：1. 幾何校正 2. 圖層校正 3. 接圖校正 4. 內插計算(重採樣) 5. 幾何計算 6. 拓撲計算 7. 資料概略化 8. 資料壓縮。
(3) 空間與屬性資料整合處理有哪些？
(4) 試解釋下列術語：1.分類 (classification) 2.環域 (buffering) 3.疊合 (overlay) 4.空間查詢 5.網路分析 (network analysis) 6.坡度 7.坡向 8.等值線 9.視域 10.擴散 11.尋徑 12.徐昇氏多邊形。

[解] (1)(2) 見 11-5-1 節。(3)(4) 見 11-5-3 節。

## 11-6 地理資料展示

(1) 資料視覺化方法有哪些？
(2) 試解釋下列術語：1.投影 2.繪影 3.貼圖。
(3) 何謂主題圖？

[解] (1)(2) 見 11-6-1 節。(3) 見 11-6-2 節。

## 11-7 地理資料應用

(1) 地理資訊的應用程序可分成哪些步驟？並以大型遊樂場為例簡述之。
(2) 試舉 GIS 在土木工程的可能用途。

[解] (1) 見 11-7-1 節。(2) 見 11-7-2 節。

# 附錄 A. 電腦輔助測量試算表簡介

本書提供學生自我練習配合的試算表檔案，放置於網站：**www.tunghua.com.tw**。

使用說明：在測量試算表中，黃色儲存格是輸入，綠色儲存格是計算過程的結果，藍色儲存格是輸出。是算表中有文字輔助說明。

檔案列表如下：

| 資料匣 | | 檔名 |
|---|---|---|
| CH1 座標轉換 | 橢球空間 | CH01 例題 1-1　橢球 LBh 轉直角 XYZ.xlsx |
| | | CH01 例題 1-2　直角 XYZ 轉橢球 LBh.xlsx |
| | 橢球平面 | CH01 例題 1-3　平面直角座標(UTM)與地理 (橢球) 座標轉換.xlsx |
| | 平面 vs 平面 | CH01 例題 1-4　四參數平面座標轉換 (二點).xlsx |
| | | CH01 例題 1-5　四參數平面座標轉換 (二點以上).xlsx |
| | | CH01 例題 1-6　六參數平面座標轉換.xlsx |
| | | CH01 例題 1-7　八參數平面座標轉換.xlsx |
| | 空間 vs 空間 | CH01 例題 1-8　空間直角座標之間的轉換 (應用).xlsx |
| | | CH01 例題 1-9　空間直角座標之間的轉換 (建模).xlsx |
| | | CH01 例題 1-10　空間直角座標之間的轉換 (簡化模型) (應用).xlsx |
| | | CH01 例題 1-11　空間直角座標之間的轉換 (簡化模型) (應用).xlsx |
| CH02 數值地形模型 | 網格式 | CH02 例題 2-1　建立網格式 DEM.xlsx |
| | | CH02 例題 2-2　網格式 DEM 的內插方程式.xlsx |
| | | CH02 例題 2-4　網格式 DEM 的應用.xlsx |
| | TIN | CH02 例題 2-5　高程內插方程式：解聯立方程式.xlsx |
| | | CH02 例題 2-6　高程內插方程式：公式法.xlsx |
| | | CH02 例題 2-10　內插等高線：公式法.xlsx |
| CH03-CH04 衛星定位 | | CH03 衛星定位測量(一) 方法：例題 3-1 線性化聯立方程式解測站座標.xlsx |
| | | CH04 衛星定位測量(二) 控制測量：例題 4-13 無約束平差.xlsx |
| CH06 攝影測量 | 共線共面方程 | CH06 例 6-1　共線方程式 (投影).xlsx |
| | | CH06 例 6-2　簡化計算.xlsx |
| | | CH06 例 6-3　共面方程式 (核線範例).xlsx |

| | | |
|---|---|---|
| | 後方前方交會解法 | CH06 例 6-4 後方前方交會 (建模).xlsx |
| | | CH06 例 6-5 簡化計算 (後方).xlsx |
| | | CH06 例 6-6 後方前方交會 (應用).xlsx |
| | | CH06 例 6-7 簡化計算 (前方).xlsx |
| | 相對絕對定位解法 | CH06 例 6-8 相對絕對定位 (連續) (相對建模).xlsx |
| | | CH06 例 6-9 相對絕對定位 (獨立) (相對建模).xlsx |
| | | CH06 例 6-10 相對絕對定位 (連續) (絕對建模).xlsx |
| | | CH06 例 6-11 相對絕對定位 (獨立) (絕對建模).xlsx |
| | | CH06 例 6-12 相對絕對定位 (連續) (應用).xlsx |
| | | CH06 例 6-13 相對絕對定位 (獨立) (應用).xlsx |
| | 影像匹配 | CH06 例 6-17 點特徵提取.xlsx |
| | | CH06 例 6-18  6-19 線特徵提取 (坡度法).xlsx |
| | | CH06 例 6-20  6-21 線特徵提取 (二階法).xlsx |
| | | CH06 例 6-22  6-23 影像匹配(相關係數法).xlsx |
| | | CH06 例 6-24 共面方程式 (以建物點驗證).xlsx |
| | DLT 程式 | CH06 例 6-25 DLT 特例.xlsx |
| | | CH06 例 6-26 DLT 投影.xlsx |
| | | CH06 例 6-27 DLT 後方交會.xlsx |
| | | CH06 例 6-28 DLT 前方交會.xlsx |
| CH09 誤差理論 | | CH09 例題 9-45 誤差傳播矩陣法.xlsx |
| | | CH09 例題 9-47 誤差橢圓.xlsx |
| | | CH09 例題 9-49 誤差橢圓.xlsx |
| CH10 平差理論 | | CH10 例題 10-1  10-7 重複測距平差.xlsx |
| | | CH10 例題 10-25 平差矩陣法.xlsx |
| | | CH10 例題 10-27  10-28 平差矩陣法.xlsx |

# 附錄 B. Excel 使用補充說明

## 一、矩陣計算

　　Excel 在作矩陣運算時，公式必須輸入為陣列公式。步驟：
**(1)** 選取要存放矩陣運算結果的範圍。
**(2)** 輸入矩陣運算函數。常用的矩陣運算函數有 **mmult** (矩陣乘法)、**transpose** (矩陣轉置)、**minverse** (反矩陣)。
**(3)** 按 **CTRL+SHIFT+ENTER**。

圖 1　矩陣運算

## 二、規劃求解

　　使用 Excel 的「規劃求解」求解最佳化問題時，步驟：
**(1)** 先設定某儲存格為「目標」
**(2)** 設定是要：至「最小值」或至「值」等於特定值。
**(3)** 設定某些儲存格為「變數」

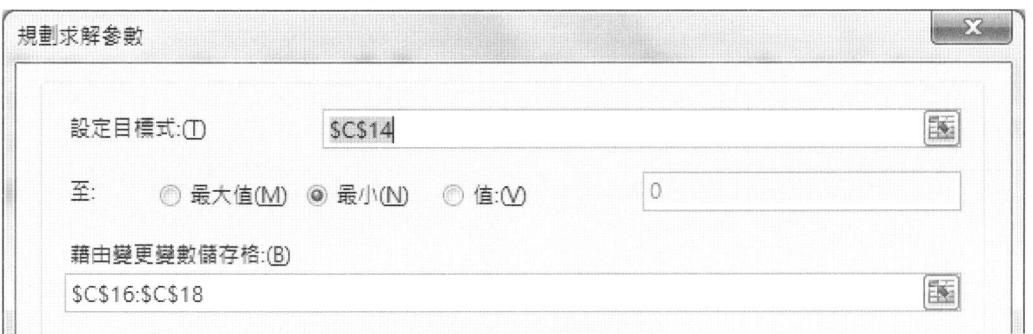

圖 2　規劃求解

## 三、工作表間傳遞資料

　　Excel 可以在工作表之間傳遞資料，例如儲存格「='Sheet1'!E17」代表此儲存格資料來自「Sheet1」工作表的 E17 儲存格。